그림으로 이해하며
핵심적인 키워드 3가지 기억 학습을 통한

발송배전기술사 해설

공학박사/기술사 김 세 동 저

동일
출판사

머리말

1. 변화에 대한 대응을 게을리 한다면 도태와 퇴출 위기를 자초하게 됩니다.

물이나 뭍에서 사는 양서동물인 개구리는 외부 온도에 대한 적응력이 매우 뛰어나 적응 가능한 온도 고저 교차가 40도가 넘는다고 합니다. 이러한 개구리를 차가운 물에서 꺼내 갑자기 뜨거운 물에 집어넣으면 뛰쳐나오지만, 개구리가 가장 좋아하는 섭씨 23도의 적당한 물에 기분 좋게 해놓고 서서히 가열하면 온도 변화에 적응하는 개구리는 적응 한계치를 넘어선 이후에도 뛰쳐나오지 않아 개구리 탕이 되고 맙니다.

뜨거운 물을 갑자기 만났다면 개구리는 언제든지 뛰쳐나올 수 있지만 서서히 올라가는 수온의 따뜻함을 즐기다가 끝내 죽고 만다는 것입니다. 변화에 순응하기만 했을 뿐 시시각각 다가오는 변화의 심각성을 감지하지 못해 끝내 불행을 당한 것입니다. 개구리 우화처럼 변화에 때맞추어 변신하지 않으면 회복하기 어려운 지경에 빠지는 국가나 인간이 우리 주변에 드물지 않습니다.

삼성(三星)은 정말 대단하지 않습니까? 삼성전자만 해도 2012년도 매출액만 200조원을 초과하였습니다. 이러한 성공에도 불구하고 삼성의 이건희(李健熙) 회장은 긴장의 끈을 늦추지 않기로 유명합니다. 이 회장은 "향후 5년, 10년을 생각하면 등에서 식은땀이 흐른다"며 간부들의 안이한 자세를 질타했다고 합니다. 이 말은 '성공의 함정'에 빠지기 쉬운 임직원들을 독려하여 지속적인 혁신을 도모하기 위해 한 말일 것입니다. 우리 한 사람의 개인도 마찬가지일 것입니다.

2. 인간의 목표는 그가 할 수 있는 것보다 훨씬 높게 잡아야 합니다. 그리고, 인생의 패러다임이 80을 기준으로 설계되어야 합니다.

이제 대학까지 공부하는 것은 물론 생애 주기 전체에 걸쳐 끊임없이 교육의 기회를 갖지 않으면 안 되는 이른바 평생사회가 되고 있습니다. 직장을 갖는다 하더라도 이전처럼 정년 보장과 연공서열에 의해 직업을 보장받는 시대는 물 건너가고 있습니다.

인생의 패러다임 전환은 삶에 대한 성찰적 기획의 절실함을 말해줍니다. '나는 누구인가?', '왜 사는가?', 그리고 '어떻게 살아야 하는가?'에 대한 실존적 질문들을 자신에

게 끊임없이 제기해야 합니다. 이러한 성찰을 통해서 얻어진 나름의 해답을 '삶의 계획'
으로 전환시켜야 합니다. 자신의 전기는 스스로 만들어갈 수밖에 없습니다.

앞으로는 평생 직업을 가질 수 있도록 노력을 해야 하는 사회가 오고 있고, 멀리 보는
계획을 세우고 스스로를 굳게 믿고 그걸 바탕으로 큰 그림을 그리자는 제안입니다.

인터넷에서는 〈어느 95세 어른의 수기〉, 〈솔개의 이야기〉라는 글이 화제입니다.
당신은 새해 아침에 어떤 계획을 잡고 또 어떤 한해를 설계하셨는가요? 우리는 나이가
많거나 너무 어리다는 이유로, 여건이 안 좋다는 핑계로, 자신의 능력이 부족하거나 넘
치다는 생각으로 하루 하루를 헛되게 살지는 않고 있는지?
오늘이 가기 전에 다시 한번 새로운 다짐을 해 봅시다.

♠ 어느 95세 어른의 수기 ♠

나는 젊었을 때
정말 열심히 일했습니다.
그 결과 나는 실력을 인정받았고
존경을 받았습니다.
그 덕에 65세때 당당한 은퇴를 할 수 있었죠.

그런 내가 30년 후인 95살 생일 때
얼마나 후회의 눈물을 흘렸는지 모릅니다.
내 65년의 생애는 자랑스럽고 떳떳했지만
이후 30년의 삶은 부끄럽고 후회되고
비통한 삶이었습니다.

나는 퇴직 후
"이제 다 살았다, 남은 인생은 그냥 덤이다."
라는 생각으로 그저 고통없이
죽기만을 기다렸습니다.
덧없고 희망이 없는 삶...
그런 삶을 무려 30년이나 살았습니다.

30년의 시간은
지금 내 나이 95세로 보면...
3분의 1에 해당하는 기나긴 시간입니다.

만일 내가 퇴직할 때
앞으로 30년을 더 살수 있다고 생각했다면
난 정말 그렇게 살지는 않았을 것입니다.

그때 나 스스로가 늙었다고
뭔가를 시작하기에 늦었다고
생각했던 것이 큰 잘못이었습니다.

나는 지금 95살이지만 정신이 또렷합니다.
앞으로 10년, 20년을 더 살지 모릅니다.
이제 나는 하고 싶었던 어학공부를
시작하려 합니다.

그 이유는 단 한가지...
10년 후 맞이하게 될 105번째 생일 날
95살 때 왜 아무것도 시작하지 않았는지
후회하지 않기 위해서입니다.

♠ 솔개의 이야기 ♠

솔개는 새들 중 수명이 매우 길어 약 70~80년을 살아 갑니다.
하지만 솔개가 그렇게 오래 살기 위해서는
반드시 거쳐야 할 힘겨운 과정이 있습니다.
솔개가 40년 정도를 살게 되면
부리는 구부러 지고

발톱은 닳아서 무뎌지고,

날개는 무거워져 날기도 힘든 볼 폼 없는
모습이 되고 맙니다.
그렇게 되면 솔개는 중요한 선택을 해야 합니다.

용기 있는 결정을 하지 못하면
아무것도 달라지지 않기 때문입니다

그렇게 지내다가 서서히 죽느냐
아니면... 고통스러운 과정을 통해 새로운 삶을 살 것이냐

변화와 도전을 선택한 솔개는 바위산으로 날아가 둥지를 틉니다.
솔개는 먼저 자신의 부리로 바위를 마구 쪼기 시작합니다.

쪼고 쪼아서 낡고, 구부러진 부리가 다 닳아 없어질 때까지
쪼아 버립니다.

그러면 닳아진 부리 자리에서 매끈하고 튼튼한 새 부리가 자랍니다.
그리고, 새로 나온 부리로 자신의 발톱을 하나씩 뽑기 시작합니다.

그렇게 낡은 발톱을 뽑아 버려야 새로운 발톱이 나오기 때문입니다.
마지막으로 새 깃털이 나도록 무거워진 깃털을 하나 하나 뽑아 버립니다.

그렇게 생사를 건 130여일 지나면
솔개는 새로운 40년의 삶을 살 수 있게 되는 것입니다.

인생을 살다보면 많은 선택을 해야 합니다.

그런데, 당신에게 필요한 것은
Choice 선택이 아니라 Decision 결정입니다.

중요한 변화를 위한 선택의 기회가 찾아와도
용기있는 결정을 하지 못하면 아무 것도 달라지지 않기 때문입니다.

당신에게 필요한 변화가 무엇인지, 무엇이 기회인지
어떤 결정을 내려야 할지는
당신만 알고 있습니다.

그러나, 그 결정으로 얻게 될 변화는
모두가 알게 될 것입니다.
당신의 결정은 당신의 미래입니다.   [인터넷 자료 인용]

3. 효과적인 시간 관리를 위해서는 당장 실행하는 것입니다.

만약 전화할 일이 있으면 곧 바로 하고 한 가지 일에 집중해야 합니다. 이제 연말이 되어 어느 덧 1년이 또 지나갑니다. 한번 지나간 시간을 되돌릴 수 없기 때문에 다가오는 내년을 더욱 효과적으로 사용하기 위한 계획을 수립하고 가급적 시행착오 없이 집행해 나가야 할 것입니다.

성공한 이들이 이르는 시간 관리법은 무슨 일에서든지 미루지 말고, 지금 바로 하며, 나에게 최고로 능률이 오르는 시간이 언제인가를 파악하고 그 시간에 가장 중요한 일을 하여야 합니다. 이기고 지는 것은 마음가짐의 몫입니다.

4. 체계적인 공부가 절대적으로 필요합니다.

이번에 발행하게 된 '발송배전기술사 시험대비 해설집'은 쉽고, 체계적으로 이해할 수 있도록 작성하기 위해 노력하였으며, 각 단원에 있는 사항들에 대한 정의를 명확히 이해하고, 그것에 따르는 기본적 이론과 기술기준 사항, 실무사항 등을 명백히 해 두어야 합니다. 그래야 어떤 문제가 출제되어도 자유자재로 이미 학습한 내용을 적용시킬 수가 있고, 이를 위해서는 체계적인 공부가 절대적으로 필요함을 명심하여야 합니다.

이 책을 작성하는데 있어서 수많은 국내외 전문서적 및 전문기술회지 등을 참고하고 인용하면서 일일이 그 내용을 밝히지 못하였으나, 이 자리를 빌어 이들 저자 각위에게 깊은 감사를 드리며, 본 도서에서 오타, 잘못 표기 및 작성된 부분이 있는 경우에는 Email(ksdsky1@hanmail.net) 주소로 문의하면 재검토하여 알려 드리겠습니다. 그리고, 발송배전기술사를 준비하고 계신 모든 분들에게 합격의 영광이 있기를 기원합니다.

5. 모든 것 기억하려다간 핵심 놓쳐 – 3개씩만 집중합시다.

먼저 '스마트 싱킹'이라는 용어가 있습니다. 스마트 싱킹은 궁극적으로 인간이 최대한 효율적으로 일해 조직의 자부심과 열정을 높이고 조직원에 대한 존경과 칭찬이 드러나는 문화를 만드는 방법이다. 첫 출발점은 '3의 법칙'이다. 어떤 주제나 사안에 대해 기억을 할 때 핵심적인 3가지만 기억하라는 것이다. 인간이 정보를 머리에서 검색해 낼 수 있는 적정 수준이 3개인데, 우리는 더 많이 기억하기만을 바라고 있다고 합니다. 당신에게 20개 단어가 적힌 단어 목록을 주고 내일 그걸 모두 기억하라고 하면 3개 이상 기억하지 못한 답니다.

– 왜 3가지만 기억하라는 건가?

'사람의 뇌는 전체 정보의 아주 일부분만 기억할 수 있는 성질을 갖고 있기 때문이다. 핵심적인 3가지 기억을 갖고 있다면 다른 분야와의 접점을 통해 유사점을 찾고 유추를 통해 사고의 폭을 넓히기 쉽다고 합니다.

3의 법칙 준수

수십개 내용 프레젠테이션해도
남는 것 없으므로 3개로 줄여야
그리고, 1만 시간은 투자합시다.

직업 불변의 법칙

믿을 건 기술 뿐

끝으로 이 책을 출간하는 데 수고하여 주신 동일출판사 여러분들에게 심심한 사의를 표하며, 발송배전기술사를 준비하고 계신 모든 분들에게 행운이 있기를 기원합니다.

저자 씀

합격을 위한 수험대비 12계명

1. 기술사 시험은 주관식 논술시험이다.

안타깝게도 주관식 문제에서는 단기간에 실력을 향상시킬 수 있는 비법은 없다. 어떤 주제에 대한 '관련 이론 및 실무 사항에 대한 생각 거리'를 정리할 줄 알아야 하고, 읽기보다는 쓰기에 집중할 필요가 있다.

2. 기본적인 글쓰기에 충실해야 한다.

기술사 시험은 보고서나 논문을 쓸 때와는 달리 현장성이 강한 글을 쓰는 시험이다. 짧은 시간에 한정된 분량의 글을 작성해내야 한다. 그래서, NG를 허용하지 않는다. 한 번 NG를 내면 1년을 기다려야 한다.

글쓰기 훈련은 어떻게 할 것인가? 전반기에는 충분히 시간을 할애해서, 1번과 같은 사례를 참고하여 일정한 시간에 얽매이지 말고 다양한 방식으로 구상해보고 자신이 쓸 수 있는 최선의 답안을 쓰려고 노력해야 한다.

각 단원에 있는 사항들에 대한 정의를 명확히 이해하고, 매일같이 두 세쪽의 기본서를 읽는 습관이 절대적이다. 또한, 유사한 자료를 두 세권 구입하여 비교 검토하면서 한 두쪽의 요약 노트를 작성하는 습관이 필요하다. 그리고, 어떤 내용에 대해서 왜 그런지 구체적인 근거를 제시하는 것이 현명한 글쓰기이다.

또한, 각 분야에 대한 실무 경험을 토대로 생각을 정리하고 서술해보는 습관을 익혀야 한다. 생각나는 것을 종이 위에 잔뜩 써보고 그 중에서 가장 적절한 것을 고르고 또 다듬는 것이 가장 바람직하다.

이 과정이 바로 주관식 학습의 과정이다. 그러다가 시험 준비 후반기에는 정해진 시험시간에 맞추어 답안을 작성하면서 실전 연습을 하는 것이 바람직하다.

3. 무엇을 쓸 것인가? 기출 문제 분석을 통한 심화학습이 좋은 방법이다.

본격적인 기술사시험 준비를 하려 한다면 전문분야별 기출문제 점검부터 하는 것이 가장 중요하다. 최근 5년간 문제를 모두 풀어보는 것이 좋다. 어떤 특별한 경향을 파악해서 문제를 찍어보려는 쓸데없는 노력은 할 필요없다. 단지 문제들의 일반적인 특징, 공통점,

형식적인 특징 정도에만 익숙해지면 되고, 중요한 것은 한 문제, 한 문제 심혈을 기울여 실전처럼 써 보는 것이다.

4. 어떻게 쓸 것인가? 연습을 실전처럼, 하루에 한편을 집중해서 쓰자.

무조건 많이 쓴다고 좋은 것은 아니다. 제일 좋은 방법은 하루에 한편씩 실전처럼 집중해서 쓰는 것이다. 글쓰기 훈련은 양보다 질이 더 중요하다.

1) 10점 문제의 경우

짧은 문제는 형식에 얽매이지 않아도 된다. 짧은 답안일수록 글의 형식보다는 내용이 채점에서 미치는 비중이 더 크다.

2) 25점 문제의 경우

가) 서론 쓰기

　(1) 첫 단락은 문제 제기의 기능을 충실히 수행한다.

　(2) 첫 단락에 필요 이상의 시간과 분량을 투자하지 않아도 된다.

나) 본론 쓰기

　(1) 짜임새 있는 문단 구성이 필요하다. 그래서 문제의 요구 사항에 맞추어 답해야 할 내용을 정리한 다음, 한 단락에 한 가지 내용을 배치하면서 각 문단의 연결에 짜임새 있게 구성한다.

　(2) 기본적인 이론 및 원리, 특징(장단점), 기술적 과제, 경제성, 관련 규정, 실무적인 지식과의 연관성 등을 토대로 작성한다.

　(3) 관련 기술기준, 관계 법규의 조항을 들어 설명하는 것도 잊지 않아야 한다.

　(4) 실무적인 경험을 토대로 사례를 들어 설명하는 것도 바람직하다.

다) 결론 쓰기

결론에서 대책을 제시할 경우, 문제의 요구 사항에 해결 방향을 제시하라고 할 경우에는 목표만 추상적으로 밝혀도 되지만, 구체적인 방안을 제시하라고 할 경우에는 목표에 그치지 않고, 그 목표를 이룰 수 있는 수단과 방법을 제시하여야 한다.

5. 쓰고 난 뒤에 어떻게 할 것인가? 생각을 주고받는 자세가 필요하다. 평가받은 뒤 이를 반영해서 반드시 다시 한 번 써본다.

쓰고 난 뒤에는 동료나 선배, 교수님 등 다른 사람에게 보여주어 가급적 평가를 받는 것이 좋다. 물론 혼자서 계속 글을 쓰고 스스로 고쳐나가는 것만으로도 논술 실력은 향상된다. 그러나, 믿을만한 사람에게 평가를 받아보면 더 빠르게 향상될 수 있을 것이다. 적절한 사람이 없을 경우에는 동료들끼리 모여 같은 주제로 글을 쓴 뒤 이를 돌려 읽고 토론

해 보는 것도 좋은 방법이다. 평가받는 과정에서 지적된 글의 약점은 채점자들이 감점할 가능성이 있는 내용들이다. 이러한 감점 요인을 줄여가는 것이 주관식 학습의 중요한 과정이고 이를 위해서는 지적 사항을 고쳐나가는 복습 글쓰기가 반드시 필요하다.

6. 성적이 오르지 않을수록 기본학습법에 충실해야 한다.

예습과 복습, 반복 학습, 전문서적과 사전 활용, 요약 노트의 단권화, 기출 문제 분석, 오답·요약노트 작성 및 활용, 시간·체력관리 등이 포함된다. 다음의 사항을 꼭 점검한다.

(1) 기본적인 용어와 기호, 개념을 정확하게 알자. 또, 어떤 현상에 대해 '왜'라는 의문을 가지고 풀어가는 습관을 갖는다.

(2) 교과서에 나오는 그림, 표, 그래프를 이해한다. 이해는 단순히 기억하는 것을 넘어서 자료의 의미를 아는 것을 말한다. 이해에는 새로운 상황에서 학습한 지식을 알아내는 능력과 자료의 형태를 바꾸는 능력 등이 포함된다.

(3) 기기에 대한 동작원리 및 정격 선정에 대하여 확실히 자기 것으로 만들어라.

(4) 전문서적에 등장하는 개념이나 공식에 대한 원리를 명확하게 이해하고, 이를 응용하여 문제를 해결할 수 있도록 준비해야 한다.

(5) 관련 기술기준 및 법규적인 사항은 확실히 자기 것으로 만들어라.

(6) 기술사는 실무 경험을 중요시한다. 즉, 기술사는 현실적으로 활용하고 적용하는 입장에서 기술적 능력을 활용해야 한다. 따라서, 실무적인 사항을 찾아 자기의 것으로 만들어라.

(7) 요약노트, 오답 노트 작성과 활용으로 약점을 보완한다.

(8) 전기기기 전시회, 전기설비 및 전력전자 전시회 등 다양한 견학 및 체험을 통하는 방법도 매우 큰 도움을 준다. 주변의 아는 사람을 통하여 대형 빌딩 시설, 열병합발전소, 신재생에너지설비의 견학 등도 견문을 넓히고 면접을 대비하는데 매우 중요하다.

7. 요약 노트를 단권화한다.

분야별로 개념학습을 하든, 내용 정리를 하든, 문제 풀이 공부를 하든 항상 참고자료로 활용하는 한 권의 요약 노트가 있어야 한다. 다른 자료로 공부하다가 참고할 내용이 있으면 그 요약 노트의 관련 단원의 여백에 써넣는 습관을 갖는다.

8. 분습법(分習法)과 전습법(全習法)을 적절하게 활용한다.

분습법이라 함은 단원별, 혹은 소단원별로 완전 학습을 해나가는 학습법이다. 전습법이라 함은 설비분야별, 설비기기별로 모든 시험 범위에 포함된 내용을 한꺼번에 학습하는 방법이다. 앞에서 언급한 기본 및 전문서적이나 요약 노트의 목차부터 외우는 것이 한 방법이다.

9. 자기만의 암기가 잘 외워지도록 하는 방법을 찾아서 실행한다.

(1) 일단 인형이나 사람들을 앞에 앉혀 놓고 설명해주듯이 말하는 겁니다.

(2) 일과 중에서 자투리 시간을 활용한다. 예를 들면, 출퇴근 시간의 활용, 해후소에서 일보는 시간의 활용, 잠자기 전의 시간 활용(천정에 목차를 적어 놓는다) 등의 방법이 있고, 항상 호주머니에 가지고 다니면서 틈틈이 생각하고 확인해 보는 습관이 필요하다. 5초, 5분만 잘 써도 합격할 수 있다.

(3) 답을 보지 않고 공부하는 습관이다. 일반적으로 수험생들은 답이 잘 풀리 않으면 해답을 먼저 보게 된다. 그런 식의 공부는 이해하는 것이 아니라 외우는 것과 같다. 한 단원에서 다음 단원으로 넘어가는 과정도 대충 대충 해서는 안된다. 따져 보고 분석해 보는 습관을 길러야 엔지니어링 사고를 하게 된다.

공학을 잘 하는 사람은 수학적인 사고를 많이 하는 사람이란 것을 잊지 말아야 한다.

10. 기술사시험에서 허용하는 필기도구를 확인하여 그 도구로 연습한다.

기술사 시험은 연필을 사용하지 못하고 교정 부호를 써서 고쳐야 하기 때문에 연습 과정에서부터 자기가 쓸 필기구로 연습을 해야 현장에서 실수 없이 진행할 수 있을 것이다.

11. 시험날 준비물 챙기세요.

◆ 신분증, 수험표, 필기구
◆ 추위에 대비하여 껴입을 옷과 방석
◆ 시계, 따뜻한 물, 휴지, 도시락
◆ 그동안 정리해 두었던 핵심 노트와 오답 노트 등

12. '체력 관리' 매우 중요하다.

미국 노스웨스트대 심리행동센터 대니얼 키르센바움 박사는 '천천히 자신을 돌아보는 마음, 잠깐이라도 여유 시간을 활용해 건강을 다지는 노력이 진정한 Wellbeing Life'라고 말한다. 그의 저서 'Time Reorder'에서 강조하고 있는 Wellbeing 방법을 소개하면 다음과 같다.

(1) 5초 웰빙 : 반대쪽 사용하기, 자세 바꾸기, 넥타이 풀기, 비타민 먹기, 물 마시기, 발 베개하기

(2) 5분 웰빙 : 계단 오르기, 박장대소하기, 잠시 일손 놓기, 입안 상쾌하게 하기, 사무실에서 움직이기

(3) 10분 웰빙 : 척추 운동하기, 구두굽 갈기, 티타임 갖기

(4) 15분 웰빙 : 식사 전·후 걷기, 혼자만의 시간 갖기, 잠깐 졸기

　어떤 합격자 후기를 읽어보니, 그 분은 '기술사시험 응시횟수만큼 윗몸 일으키기를 매일 실천하였다'는 이야기를 들은 적이 있다. 자기 체질에 적합한 체력관리 방법을 적용하면 더욱 좋겠습니다.

차례

부록 발송배전기술사 출제문제 ·················· 607

기술계산문제는 「전력설비기술계산해설(동일출판사)」에서 발송배전기술사 시험대비에 필요한 내용을 체계적으로 정리하고 있으므로 본 해설서에서는 제외하였습니다.

1부

발전설비 문제 해설

1장

수력발전

01

아래와 같은 수력발전소의 출력을 구하는 공식을 쓰고 설명하시오.
(단, 낙차 H[m], 유량 Q[m³/s], 효율 η[%])

■ 본 문제를 이해하고, 기억을 오래 가져갈 수 있는 그림이나 삽화 등을 생각한다.

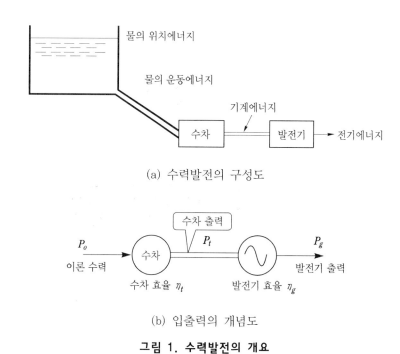

(a) 수력발전의 구성도

(b) 입출력의 개념도

그림 1. 수력발전의 개요

해설

1. 수력발전의 원리

수력발전은 1차 에너지로서 하천 또는 호수 등에서 물이 갖는 위치에너지를 수차를 이용하여 기계적 에너지로 변환하고 다시 이것을 발전기로 전기에너지, 곧 전력으로 변환하는 발전방식이다.

여기서, 발생하는 출력은 낙차와 수량과의 곱에 비례하므로 발전소 상부의 포장수력에 좌우하지만, 이 때의 출력을 늘리기 위해서는 이들의 물을 1개소에 집중하도록 인공적으로 유수를 바꾸고 또 수차에 큰 낙차가 작용할 수 있는 발전지점을 선정하여야 한다.

2. 수력발전의 출력 공식

1) 이론 수력

사용수량 $Q[\mathrm{m^3/s}]$의 물이 유효낙차 $H[\mathrm{m}]$를 낙하해서 수차에 유입될 경우 수차에 주는 동력 $P_o[\mathrm{kW}]$는 다음과 같다.

$$P_o = 9.8\,Q\,H[\mathrm{kW}]$$

2) 수차출력

$$P_t = 9.8\,Q\,H\,\eta_t[\mathrm{kW}]$$

여기서, η_t는 수차의 효율을 나타내며, 수차의 형식, 용량, 부하의 크기 등에 따라 약간 다르지만, 정격운전시에 $\eta_t = 80 \sim 90[\%]$ 정도의 값을 가진다.

3) 발전기출력

$$P_g = 9.8\,Q\,H\,\eta_t\,\eta_g[\mathrm{kW}]$$

여기서, η_g는 발전기의 효율을 나타내며, 발전기의 형식, 용량, 부하의 크기 등에 따라 약간 다르지만, 정격운전시에 $\eta_g = 90 \sim 97[\%]$ 정도의 값을 가진다. 그리고, $\eta_t\,\eta_g$를 종합효율이라고 한다.

3. 수력발전 이론수력에 나오는 9.8의 계산

단위 부피 $1[\mathrm{m^3}]$의 물을 떨어뜨릴 때의 출력은 다음과 같이 계산된다.

$$
\begin{aligned}
P_o &= 1[\mathrm{t/m^3}] \times 1[\mathrm{m^3/s}] \times 1[\mathrm{m}] \\
&= 1,000[\mathrm{kg/m^3}] \times 1[\mathrm{m^3/s}] \times 1[\mathrm{m}] \\
&= 10^3[\mathrm{kg \cdot 중 \cdot m/s}] \\
&= 10^3 \times 9.8[\mathrm{kg \cdot m/s^2 \cdot m/s}] \\
&= 10^3 \times 9.8[\mathrm{N \cdot m/s = J/s = W}] \\
&= 9.8[\mathrm{kW}]
\end{aligned}
$$

추가 검토 사항

◢ 공학을 잘 하는 사람은 수학적인 사고를 많이 하는 사람이란 것을 잊지 말아야 한다. 본 문제에서 정확하게 이해하지 못하는 것은 관련 문헌을 확인해 보는 습관을 길러야 엔지니어링 사고를 하게 되고, 완벽하게 이해하는 것이 된다는 것을 명심하기 바랍니다. 상기의 문제를 이해하기 위해서는 다음의 사항을 확인바랍니다.

1. 총낙차(H_o) 280[m], 사용 수량(Q) 30[m³/s]인 발전소의 수차 출력(P_t), 발전기 출력(P_g)을 구하여라. 단, 수차 효율 $\eta_t = 90[\%]$, 발전기 효율 $\eta_g = 97[\%]$라 하고, 손실 낙차(H_t)는 총낙차의 5[%]라고 한다.

| 풀이 |

손실 낙차 $H_t = 280 \times 0.05 = 14[m]$

유효 낙차 $H = $ 총낙차 $-$ 손실낙차 $= 280 - 14 = 266[m]$

따라서, 수차 출력 $P_t = 9.8\,QH\eta_t = 9.8 \times 30 \times 266 \times 0.9 = 70,383.6[kW]$

발전기 출력 $P_g = 9.8\,QH\eta_t\eta_g = 9.8 \times 30 \times 266 \times 0.9 \times 0.97 = 68,272[kW]$

2. 손실 낙차가 왜 생기는지 알아 둡시다.

물이 취수구로부터 방수구까지 흘러나가는 과정에서 수로, 침사지, 상수조, 수압관 등에서 주로 마찰에 의한 손실 수두가 생기고 있기 때문에 총낙차가 일정하더라도 손실 낙차의 크기에 따라 유효낙차의 크기가 달라지게 된다. 총낙차로부터 손실낙차를 빼준 것을 유효낙차라고 한다.

손실 낙차 = 취수구 손실 + 수로 손실(자연유하식은 수로의 기울기에 기인하는 손실, 압력수로식은 마찰에 기인하는 손실) + 수로구조물에 의한 손실 + 수압철관 손실 + 방수로 손실

3. 1) 경사로 1/1,000 긍장 4[km]의 수로식 발전소가 있다. 취수구와 방수구와의 고저차를 180[m], 손실 낙차를 2[m]라고 할 때 매분 최대사용수량이 360[m³] 이라면, 이 발전소에서 발생할 수 있는 최대출력을 구하시오.

2) 그리고, 연간 전력발생량을 구하시오.(여기서, 수차 효율 90[%], 발전기 효율 95[%], 연간 부하율 65[%])

| 풀이 |

1) 발전소의 최대 출력

$$P_g = 9.8\,QH\eta_t\eta_g[kW]$$

여기서, 유량 $Q = 360[m³/min] = 6[m³/s]$(매분이므로 매초로 수정한다)

유효낙차 = 총낙차 - 손실낙차 이며, 총손실낙차는 수로 내의 수두 손실을 고려해야 하며, 수로 내의 수두 손실은 수로 전장에 수로 구배를 곱한 것과 같다.

총 손실낙차 $= \left(4,000 \times \dfrac{1}{1,000}\right) + 2 = 6[m]$

종합 효율 $= \eta_t\eta_g = 0.9 \times 0.95 = 0.855$

따라서, 발전소의 최대 출력 $= 9.8 \times 6 \times (180-6) \times 0.855 = 8,747.7[kW]$

2) 연간 전력발생량 = 최대 출력 × 시간 × 연간 부하율

$= 8,747.7 \times (365 \times 24) \times 0.65$

$= 49,809,403.8[kWh]$

참고문헌

1. 송길영, 발전공학, 동일출판사, 2012
2. http://www.khnp.co.kr

02 양수발전소의 효율 계산식을 표시하고, 각 변수들에 대해서 설명하시오.

■ 본 문제를 이해하고, 기억을 오래 가져갈 수 있는 그림이나 삽화 등을 생각한다.

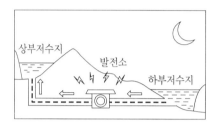
(a) 양수시

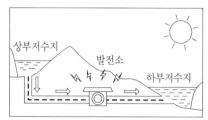
(b) 발전시

그림 1. 양수발전(출처 : www.khnp.co.kr)

해설

1. 양수발전소의 개요

양수 발전은 심야 또는 경부하시의 잉여 전력을 사용하여 낮은 곳에 있는 물을 높은 곳으로 퍼 올려서 첨두 부하시에 이 양수된 물을 사용해서 발전하는 것이다.

양수 발전소는 잉여 전력의 유효한 활용과 피크 대책을 위해 건설 운전되고 있으며, 전력계통 상의 첨두 부하의 일부를 담당하여 전체적인 발전효율을 향상함은 물론, 경제적인 전력계통의 운용 효율을 높이고 있다.

2. 양수발전소의 효율 계산

양수발전의 종합 효율 η는 다음 식으로 표시된다.

$$\eta = \frac{H_g}{H_p} \eta_t \, \eta_g \, \eta_p \, \eta_m$$

여기서, η_t : 수차의 효율,　η_g : 발전기의 효율,　η_p : 펌프의 효율

η_m : 전동기의 효율,　H_g : 유효 낙차[m]

H_p : 유효 양정(전 양정이라고도 함)[m]

추가 검토 사항

📖 공학을 잘 하는 사람은 수학적인 사고를 많이 하는 사람이란 것을 잊지 말아야 한다. 본 문제에서 정확하게 이해하지 못하는 것은 관련 문헌을 확인해 보는 습관을 길러야 엔지니어링 사고를 하게 되고, 완벽하게 이해하는 것이 된다는 것을 명심하기 바랍니다. 상기의 문제를 이해하기 위해서는 다음의 사항을 확인바랍니다.

1. 양수발전의 가치와 편익에 대해서 알아 둡시다.

1) 경제적 전력공급

양수발전의 특징은 전력을 저장하는 기능이 있다. 대용량 발전원의 잉여 전기에 너지(여유 전력)를 위치에너지(상부 저수지물)로 변환시켜 저장하기 때문에 전기를 저장하고, 전력계통 전체로 보아 발전원가를 절감하게 된다.

전기수요의 변동에 따른 대용량 화력 및 원자력발전소의 출력변동으로 인한 기기의 수명단축, 효율 저하 등을 보완하여 이들 발전소의 열효율과 이용률 향상에 기여하게 된다.

2) 전력계통의 신뢰도 향상

기동성이 타 에너지원의 발전설비보다 상대적으로 우수하고 대용량 발전소의 고장시 또는 전력계통의 돌발적인 사고나 긴급한 부하변동으로 인하여 발생되는 예기치 못한 상황 등에 적극적인 대처가 가능하므로 국가 전력수급상의 신뢰도 제고 및 양질의 전력공급에 중요한 역할을 담당한다. 또한 전력계통의 전압과 주파수 조절을 하며 고품질의 전력을 공급하는 역할을 한다.

3) 대규모정전시 최초 전력공급

대규모 정전시 자체 기동발전을 통하여 타 발전소에 최초로 전력을 공급해 주는 역할을 수행한다.

2. 그림 2는 양수발전의 운전 시간과 전체 부하곡선 상에서의 기능을 나타낸 것이다. 양수전력량 W_p[kWh]의 계산 방법을 확인해 둡시다.

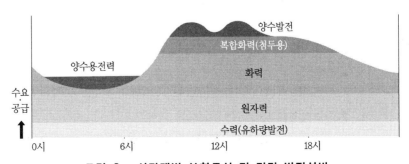

그림 2. 시간대별 부하곡선 및 담당 발전설비

저수지 용량 $V[\text{m}^3]$를 양수하는 데 필요한 양수 전력량 $W_p[\text{kWh}]$는 양수 전력 P_p와 양수 계속시간 T_p의 곱으로 나타낸다.

$$W_p = P_p \times T_p [\text{kWh}]$$

여기서, 양수전력 $P_p = \dfrac{9.8\, Q_p\, H_p}{\eta_p\, \eta_m}$ [kW]이며, 양수량을 Q_p라 한다.

$$\text{저수지의 용량}\quad V = Q_p \times 3,600\, T_p [\text{m}^3]$$

로 계산된다.

3. 양수발전의 최대전력을 생산하는데 걸리는 시간을 알고 있나요?

"양수발전소는 전력거래소에서 핫라인을 통해 지시가 떨어지고 나서 2분 30초면 최대 출력으로 전력 생산이 가능하다"며 "멈춘 상태에서 출력을 최대로 높이는 데 4시간 가량 걸리는 화력발전이나 24시간이 소요되는 원전(原電)뿐 아니라 30분 정도 필요한 가스발전보다도 훨씬 빠르다"고 한다. 갑작스러운 블랙아웃 우려 등 전력수급에 비상이 걸렸을 때 가장 빠른 시간 안에 전력을 공급할 수 있는 최후의 소방수인 셈이다.

즉, 양수발전은 수요가 적은 밤엔 원전과 화력발전에서 생산하는 전기를 소비하고, 공급이 달리는 낮시간엔 일시적으로 전기를 공급하는 방식으로 국내 전력수급의 균형을 맞춘다

그리고, 양수발전소는 국내 전력계통의 주파수와 전압을 일정하게 해주는 핵심설비로 꼽힌다. 양수발전소는 "시시각각으로 바뀌는 전력 수요에 맞춰 양수발전소는 우리 몸의 맥박과 같은 전력계통의 주파수를 일정하게 유지하기 위해 전력 공급을 조절한다. 마치 통장에서 카드 값과 공과금 등이 빠져나갈 때마다 잔액을 맞추기 위해 급하게 자금을 이체하는 것과 같은 역할"이라고 한다. 발전을 시작하면 100만 [kW]나 50만[kW]로 출력을 유지하는 원전이나 화력발전과는 달리 양수발전소는 수만 [kW]에서 수십만 [kW]까지 전력 공급을 조절할 수 있어 계통 조정역할을 할 수 있다는 것이다.

참고문헌

1. 송길영, 발전공학, 동일출판사, 2012
2. www.khnp.co.kr
3. 조선일보, 블랙아웃이 닥치기 전 움직인다. 양양의 3분 특공대, 2012

03

그림과 같은 유황곡선을 가진 하천에서 최대 사용수량 90[m³/s], 최소 사용수량 30[m³/s], 유효 낙차 60[m]의 수력발전소를 설계할 경우 아래 사항의 값을 구하시오. 단, 수차 효율 η_t는 88[%], 발전기 효율 η_g는 97[%]라고 한다.
(1) 발전소 출력,   (2) 연간 발전 전력량,   (3) 연간 발전소 이용률

◢ 본 문제를 이해하고, 기억을 오래 가져갈 수 있는 그림이나 삽화 등을 생각한다.

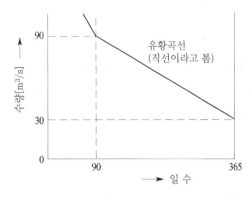

그림 1. 유황곡선

해설

1. 발전소 출력

발전소 출력이란, 발생할 수 있는 최대전력을 말하므로 다음과 같이 계산한다.

$$P_g = 9.8\,Q\,H\,\eta_t\eta_g = 9.8 \times 90 \times 60 \times 0.88 \times 0.97 = 45,173[\text{kW}]$$

2. 연간 발전 전력량

연간 발전전력량은 발전력 × 시간의 관계이므로

$$\text{연간 발전전력량} = (9.8 \times Q_a \times 60 \times 0.88 \times 0.97) \times (365 \times 24)$$

여기서, 평균사용수량[m³/s] $Q_a = \dfrac{V}{365 \times 24 \times 60 \times 60}$ 이며,

1년간 사용할 수 있는 총 수량 $V[\text{m}^3]$

$$= \left[90 \times 90 + 30(365 - 90) + \frac{(90 - 30)(365 - 90)}{2} \right] \times 24 \times 3,600$$

$$= 212,544 \times 10^4 [\text{m}^3]$$

이 된다. 따라서, $Q_a = \dfrac{212,544 \times 10^4}{365 \times 24 \times 60 \times 60} = 67.4 [\text{m}^3/\text{s}]$가 된다.

즉, 연간 발전전력량 $= (9.8 \times 67.4 \times 60 \times 0.88 \times 0.97) \times (365 \times 24)$

$$= 296.33 \times 10^6 [\text{kWh}]$$

3. 연간 발전소 이용률

연간 발전소 이용률 $= \dfrac{Q_a}{Q_p} = \dfrac{\text{평균 수량}}{\text{최대사용수량}}$의 관계가 있으며, 효율 등의 변화가 없다고 하면, 설비이용률은 평균수량 Q_a로 1년간 운전해서 발생하는 전력량이 최대 사용수량 Q_p로 1년간 운전해서 얻게 되는 전력량과의 비로 표시된다.

따라서, 발전소 이용률 F는 다음과 같이 계산된다.

$$F = \frac{9.8\, Q_a H \eta_t \eta_g \times 365 \times 24}{9.8\, Q_p H \eta_t \eta_g \times 365 \times 24} = \frac{Q_a}{Q_p} = \frac{67.4}{90} = 0.749$$

즉, 발전소 이용률은 74.9[%] 이다.

추가 검토 사항

🔲 공학을 잘 하는 사람은 수학적인 사고를 많이 하는 사람이란 것을 잊지 말아야 한다. 본 문제에서 정확하게 이해하지 못하는 것은 관련 문헌을 확인해 보는 습관을 길러야 엔지니어링 사고를 하게 되고, 완벽하게 이해하는 것이 된다는 것을 명심하기 바랍니다. 상기의 문제를 이해하기 위해서는 다음의 사항을 확인바랍니다.

1. 유황곡선에 대해서 알아 둡시다.

유황곡선(Discharge-duration curve)이란, 유량도를 기초로 해서 작성하며, 횡축에는 일수 365일, 종축에는 유량[m^3/s]을 잡고, 유량이 큰 것부터 순차로 배열하여 이들 점을 연결한 곡선으로서, 이 곡선과 횡축 및 종축으로 둘러 쌓인 부분의 면적은 그 수력지점에 1년간 흘러 내린 물의 총량이 된다.

2. 유량도(Hydrograph)는 무엇인가?

가로축에 1년 365일을 캘린더의 순으로 잡고, 세로축에 그 날에 상당하는(곧 매일매일) 하천 유량을 기입해서 연결한 것이다. 이 유량도만 있으면 1년을 통한 하천 유량의 변동 상황을 쉽게 알 수 있다.

참고문헌

1. 송길영, 발변전공학, 동일출판사, 2012
2. http://www.khnp.co.kr

04 수력발전에서 조압수조(Surge Tank)의 기능을 설명하고, 그 종류를 들어 설명 하시오.

📘 본 문제를 이해하고, 기억을 오래 가져갈 수 있는 그림이나 삽화 등을 생각한다.

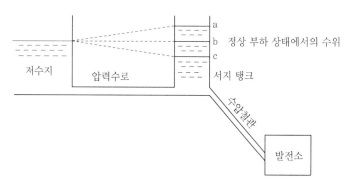

그림 1. 조압 수조의 기능

해설

1. 조압수조의 기능

조압 수조는 댐식 수력발전의 압력수로와 수압관을 접속하는 장소에 자유 수면을 가진 수조로서 그 기능은 다음과 같다.

1) 수격작용의 흡수

수력발전소의 부하가 급격하게 변화하였을 때 생기는 수격작용(Water hammering)을 흡수한다.

2) 서징작용의 흡수

수차의 사용 유량 변동에 의한 서징(Surging) 작용을 흡수한다. 여기서, 서징이란, 그림 1에서 급격한 부하 증감에 따라 조압 수조 내의 수위가 시간과 더불어 상하로 승강 진동하는 현상을 말한다.

2. 조압수조의 종류

종 류	개요 및 특징
단동형(Simple) 서지탱크	1) 가장 간단한 구조이다. 2) 수로의 유속 변화에 대한 움직임이 둔하여 큰 용량의 수조가 필요 3) 수격작용의 흡수가 확실하고, 발전소의 운전이 안정된다는 장점이 있다.
차동형(Differential) 서지 탱크 포트 (제수공)	1) 수조와 수로를 작은 구멍(포트)으로 연결한 구조이다. 2) 구조가 복잡한 대신 수격의 감쇠가 빠르다. 3) 수조용량은 단동식의 50 % 정도이다.
수실(Chamber) 서지 탱크 수실	1) 수조의 상하단에 수실을 설치한 구조이다. 2) 수조는 부하변동에 의한 서징을 억제하고, 수량의 과부족은 수실로써 조정한다.
제수공(Restricted oriffice) 서지 탱크 포트 (제수공)	1) 수조와 수로를 조그마한 Oriffice로 결합한 구조이다. 2) 구조가 간단하며, 경제적이다. 3) 수격작용을 충분히 다 흡수할 수 없는 점에 주의해야 한다.

> ### 추가 검토 사항

💻 공학을 잘 하는 사람은 수학적인 사고를 많이 하는 사람이란 것을 잊지 말아야 한다. 본 문제에서 정확하게 이해하지 못하는 것은 관련 문헌을 확인해 보는 습관을 길러야 엔지니어링 사고를 하게 되고, 완벽하게 이해하는 것이 된다는 것을 명심하기 바랍니다. 상기의 문제를 이해하기 위해서는 다음의 사항을 확인바랍니다.

1. 상수조(Head tank)와 구분하여 둡시다.

이것은 무압수로와 수압관을 연결하는 접속부에 설치되는 못으로서 그 기능은 ① 유하 토사의 최종적인 침전(유수의 정화), ② 부하가 갑자기 변화하였을 때 유량의 과부족을 조정한다. 이 때문에 어느 정도(보통은 최대 사용 수량의 1~2분 정도)의 조정 용량을 가질 필요가 있다.

2. **수력설비에 대해서 알아 둡시다.**

   수력설비는 유량과 낙차를 이용한 설비이므로 항상 발전에 필요한 유량을 안전하게 취수하고, 또한 낙차 및 유량의 손실을 가능한 한 적게 되도록 건설되어야 한다. 수력발전소에서의 수력설비를 그 기능에 따라 분류하면, 취수설비(취수댐과 취수구), 도수설비(댐식의 경우는 압력수로와 조압수조로 구성되고, 수로식의 경우는 침사지, 무압수로, 상수조로 구성된다), 발전설비(수차), 방수설비(방수로, 방수구)의 4가지로 크게 나누어진다.

3. 그림 2는 양수발전의 구조를 나타낸 것이며, 조압수조의 설치 위치를 확인한다.

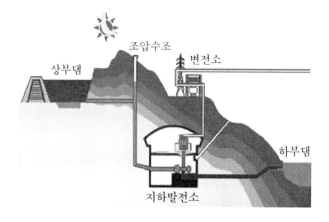

그림 2. 양수발전의 구조

참고문헌

1. 송길영, 발변전공학, 동일출판사, 2012
2. http://www.khnp.co.kr

05 수차의 종류를 들고, 적용낙차 범위, 비속도, 효율 등을 설명하시오.

🔳 본 문제를 이해하고, 기억을 오래 가져갈 수 있는 그림이나 삽화 등을 생각한다.

(a) 펠톤 수차

(b) 프란시스 수차

그림 1. 수차의 개념도

> **해설**

1. 수차의 종류와 특징

수차란 물이 보유하고 있는 에너지를 기계적인 에너지로 바꾸는 수력 원동기(회전기계)이다. 수차는 물이 갖는 에너지를 기계적인 에너지로 바꾸는 방법에 따라 충동수차(Impulse water turbine : 물을 노즐로부터 분출시켜서 위치에너지를 전부 운동에너지로 바꾸는 수차)와 반동수차(Reaction water turbine : 물의 위치에너지를 압력에너지로 바꾸고 이것을 러너에 유입시켜 여기서부터 빠져 나갈 때의 반작용으로 동력을 발생하는 수차)으로 크게 나누어진다.

항목	펠톤 수차	프란시스 수차
물의 작용형태에 따른 분류	충동형	반동형
적용 낙차 범위	250[m] 이상 고낙차	50~500[m]의 중낙차
비속도	비속도가 낮아($12 \leq N_s \leq 23$) 고낙차 지점에 적합하다.	저속도형(65~150[m]), 중속도형(150~250[m]), 고속도형(250~350[m])으로 분류되며, 비속도는 $$N_s \leq \frac{13,000}{H+20}+50$$ 이며, 낙차의 범위가 가장 넓다.

항목	펠톤 수차	프란시스 수차
효 율	◦ 출력변화에 대한 효율 저가하 적어서 부하변동에 유리하다. ◦ 노즐수를 늘렸을 경우에는 그 사용개수를 조절해 가면서 고효율 운전을 할 수 있다.	◦ 출력변화에 대한 효율 저하가 심해서 부하변동에 불리하다.
기 타	◦ 러너 주위의 물은 압력이 가해지지 않으므로 누수 방지의 문제는 없다. ◦ 마모 부분의 교체가 비교적 용이하다.	◦ 낙차를 늘리기 위해 흡출관을 채용한다. ◦ 구조가 간단하고, 가격이 저렴하다. ◦ 수차의 회전수가 높을수록 이것에 직결되는 발전기의 크기가 작아지는 장점이 있다. ◦ 고낙차 영역에서는 펠톤수차에 비해 고속 소형으로 되어 경제적이다.

항목	프로펠러 수차	카플란 수차	사류 수차
물의 작용형태에 따른 분류	반동형	반동형	반동형
적용 낙차 범위	3~90[m]	3~90[m]	40~200[m]
비속도	350~800[m-kW] $N_s = \dfrac{20,000}{H+20}$	350~800[m-kW] $N_s = \dfrac{20,000}{H+20}$	150~250[m-kW] $N_s = \dfrac{16,000}{H+20}+50$
효 율	◦ 부하변동에 효율저하가 가장 심해서 부하변동에 불리하다.	◦ 낙차부하의 변동에 대하여 효율저하가 적다.	◦ 낙차부하의 변동에 대하여 효율저하가 적다. ◦ 효율특성이 평탄해서 낙차부하의 변동에 유리하다.
기 타	◦ 비속도가 높아 저낙차지점에 적합하다. ◦ 고정날개형은 구조가 간단해서 가격도 저렴하다. ◦ 날개를 분해할 수 있어서 제작, 수송, 조립 등이 편리하다.	◦ 비속도가 높아 저낙차지점에 적합하다. ◦ 날개를 분해할 수 있어서 제작, 수송, 조립 등이 편리하다.	◦ 프란시스 수차의 저낙차 범위에 사용하면 효율이 높다.

추가 검토 사항

◪ 공학을 잘 하는 사람은 수학적인 사고를 많이 하는 사람이란 것을 잊지 말아야 한다. 본 문제에서 정확하게 이해하지 못하는 것은 관련 문헌을 확인해 보는 습관을 길러야 엔지니

어링 사고를 하게 되고, 완벽하게 이해하는 것이 된다는 것을 명심하기 바랍니다. 상기의 문제를 이해하기 위해서는 다음의 사항을 확인바랍니다.

1. **비속도(특유속도라고도 함, Specific speed)에 대해서 알아 둡시다.**

   비속도란, 그 수차와 기하학적으로 서로 닮은 수차를 가정하고, 이 수차를 단위 낙차(가령 1[m]) 아래에서, 또한 실제와 서로 닮은 운전상태에서 운전시켜 단위 출력(가령 1[kW])을 발생시키는데 필요한 1분간의 회전수 N_s를 말하며, 다음과 같은 계산식으로 표시된다.

$$N_s = \frac{N P^{\frac{1}{2}}}{H^{\frac{5}{4}}} [\text{m-kW}]$$

   여기서, N : 수차의 정격회전속도[rpm]

   　　　H : 유효 낙차[m]

   　　　P : 낙차 H[m]에서의 수차의 정격 출력[kW]

   일반적으로 각종 수차에 적용될 유효낙차와 비속도와의 사이에는 일정한 관계가 있다. 유효낙차가 높은 지점에 비속도가 큰 수차를 사용하면 캐이테이션(Cavitation)을 일으키는 등의 불안이 있기 때문에 유효낙차에 대해서 사용할 수 있는 비속도에는 최고 한계가 있으므로 그 이하의 N_s를 쓰지 않으면 안 된다.

2. **수력발전소를 설계할 때 수차의 회전속도를 결정하는 과정에 대해서 설명하시오.**

   수차의 회전속도는 유효낙차 H와 최대사용수량 Q에 의해서 결정되는 그 결정 순서는 다음과 같다.

   1) 유효낙차 H로부터 수차의 종류를 결정한다.

   2) 수차의 종류와 유효낙차 H를 써서 수차의 비속도 N_s를 결정한다.

   3) 유효낙차 H와 최대사용수량 Q로부터 수차의 출력($P = 9.8\,QH\eta_t$)을 산출하고, 이 P와 H, N_s를 아래의 식에 대입해서 회전속도 N을 구한다.

$$N = N_s\, P^{-\frac{1}{2}} H^{\frac{5}{4}} [\text{rpm}]$$

   4) 수차의 회전속도 N을 동기속도를 구하는 식에 대입해서 극수 p를 구한다. 이 극수보다 크면서 가장 가까운 짝수를 수차의 극수 p를 구한다. 여기서, 동기속도의 식으로부터 구한 극수의 값보다 작은 짝수 p를 선정하면, 비속도 N_s가 커져서 낙차에 의한 한계값을 초과하게 되므로 언제나 작은 극수를 선정해야 한다는데 유의해야 한다.

   5) 최종적인 수차의 회전속도 N을 동기속도 N_o의 식으로부터 산출해서 구한다.

6) 최종적인 수차의 회전수는 $N = N_s P^{-\frac{1}{2}} H^{\frac{5}{4}}$ 의 계산한 값이 $N = \frac{120 f}{p}$ 의 계산한 값보다 크도록 조화시킬 필요가 있다.

3. 수차의 무구속속도(Runway speed)에 대해서 알아 둡시다.

수차의 부하가 전부하에서 갑자기 무부하로 되었을 때, 조속기가 동작하지 않고 수구 개도가 완전한 개방상태로 그냥 두어져 있다면 이 때 수차가 도달하는 최고의 속도를 말한다. 수차와 발전기는 무구속속도가 1분간 정도 계속되더라도 견딜 수 있게끔 설계된다.

표 1. 무구속 속도의 범위

수차의 종류	정격회전수에 대한 %
펠톤 수차	150~200
프란시스 수차	160~220
사류 수차	180~230
프로펠러 수차	200~250
카플란 수차	200~240

4. 수차 등에서 발생되는 캐비테이션(공동현상, Cavitation)을 알아 둡시다.

수차 등에서 유수(流水)의 단면이 급변하거나 흐름의 방향이 바뀔 때 그 가까이에 공동부(空洞部)가 생겨 소용돌이를 일으키는 현상을 말하며, 유수 중에 미세한 기포가 발생하여 이 기포가 압력이 높은 곳에 도달하면, 더 이상 기포상태를 유지하지 못하고 갑자기 터져서 부근의 물체에 충격을 주게 된다. 이 충격이 되풀이 되면 수차의 각 부분 특히 그 중에서도 러너나 버킷 등을 침식하게 된다.

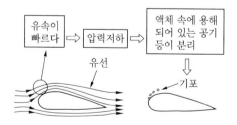

그림 2. 캐비테이션의 발생

1) 캐비테이션의 장해

① 수차의 효율, 출력, 낙차가 저하된다.

② 유수에 접한 러너나 버킷 등에 침식이 일어난다.

③ 수차에 진동을 일으켜서 소음을 발생한다.

④ 흡출관 입구에서의 수압의 변동이 현저해진다.
2) 캐비테이션의 방지대책
　① 수차의 비속도를 너무 크게 잡지 않을 것
　② 흡출관의 높이(흡출 수두)를 너무 높게 취하지 않을 것
　③ 침식에 강한 재료로 러너를 제작하든지 부분적으로 보강할 것
　④ 러너 표면을 미끄럽게 가공 정도를 높일 것
　⑤ 과도한 부분 부하, 과부하 운전을 가능한 한 피할 것

참고문헌

1. 송길영, 발전공학, 동일출판사, 2012
2. http://www.khnp.co.kr

06 조속기의 역할과 성능에 대해서 설명하시오.

■ 본 문제를 이해하고, 기억을 오래 가져갈 수 있는 그림이나 삽화 등을 생각한다.

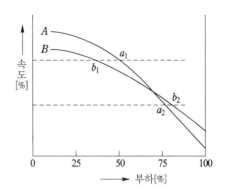

그림 1. 수차의 속도 특성

해설

1. 조속기의 개요와 역할

발전기의 부하는 항상 일정하지 않고 수시로 변한다. 수차의 유입 개도를 일정하게 유지하고, 부하를 변동시키면 부하에 따라서 유입 수량의 과부족이 생기므로 수차의 회전수가 변한다.

이와 같이 부하 변동에 따라 회전수가 변화하면 수차에 직결된 발전기는 전압변동 및 주파수 변화를 일으킨다. 그러나, 수차는 어떠한 부하의 변동에도 정속도 운전이 요구되므로 부하의 증감에 따라 유입구의 개도를 조정해서 수차에 유입되는 수량을 증감시켜 수차속도를 정속도로 유지시키는데, 이와 같이 수차속도를 일정하게 유지시키는 장치를 조속기(Governor)라고 한다.

2. 조속기의 성능

1) 속도 조정률(Speed Regulation)

동기발전기가 병행 운전하고 있을 경우 각 발전기의 유효전력의 분담은 원동기의 속도 특성으로 결정된다. 그림 1에서 보는 바와 같이 수차는 부하가 증가하면 회

전수가 저하하는 특성을 지니고 있다.($\triangle f = - k \triangle P$)

어떤 유효낙차에서 임의의 출력으로 운전 중인 수차의 조속기에 아무런 조정을 가하지 않고 직결된 발전기의 출력을 변화시켰을 때 정상상태에서의 회전속도의 변화분과 발전기 출력의 변화분과의 비를 '속도조정률'이라고 한다.

임의의 출력 P_1[kW]에서의 회전속도를 N_1[rpm], 출력 변화 후의 출력 P_2[kW] 에서의 회전속도를 N_2[rpm], 정격시의 출력 및 회전속도를 각각 P_o[kW], N_o [rpm]이라고 하면, 속도조정률 δ[%]는 다음과 같이 표시된다.

$$\delta = \frac{(N_2 - N_1)/N_o}{(P_1 - P_2)/P_o} \times 100 [\%] \qquad \cdots\cdots (1)$$

식 (1)에서 임의의 출력을 정격출력 $P_1 = P_o$, 변화 후의 출력 $P_2 = 0$이라고 하면,

$$\delta = \frac{N_2 - N_1}{N_o} \times 100 [\%] \qquad \cdots\cdots (2)$$

여기서, N_o : 정격 출력시의 회전수

N_1 : 정격 출력(= 전부하시)의 회전수

N_2 : 무부하시의 회전수

일반적으로 속도 조정률 δ는 보통 2~5[%] 정도로 잡고 있다. 조속기의 속도 조정률이 크다는 것은 계통 주파수, 따라서 발전기의 회전속도가 크게 움직이지 않으면 그 발전기 출력의 변화가 작다는 것을 의미한다.

2) 속도 변동률(Speed variation)

부하의 변동으로 수차의 속도가 조정되어 새로운 상태에 따른 속도에 안정될 때까지의 사이에 과도적으로 도달하게 될 최대 속도는 관성, 변동 부하의 크기, 조속기 특성, 특히 그 부동시간과 폐쇄시간 등에 관계하게 되는데, 일반적으로 다음과 같이 표시된다.

$$\delta_m = \frac{N_m - N_n}{N_n} \times 100 [\%]$$

여기서, N_m : 최대 회전속도[rpm], N_n : 정격 회전속도[rpm]

일반적으로 속도 변동률은 30[%] 이하가 되도록 설계하는 것이 좋다.

추가 검토 사항

■ 공학을 잘 하는 사람은 수학적인 사고를 많이 하는 사람이란 것을 잊지 말아야 한다.

본 문제에서 정확하게 이해하지 못하는 것은 관련 문헌을 확인해 보는 습관을 길러야 엔지니 어링 사고를 하게 되고, 완벽하게 이해하는 것이 된다는 것을 명심하기 바랍니다. 상기의 문제를 이해하기 위해서는 다음의 사항을 확인바랍니다.

1. 조속기의 부동시간과 폐쇄시간에 대해서 알아 둡시다.

　1) 부동시간(Dead time)

　　부하의 변화가 일어나서부터 서보 모터의 피스톤이 움직이기 시작할 때까지의 시간을 말하며, 보통 0.2~0.5초 정도로 이 시간은 짧을수록 좋다.

　2) 폐쇄시간(Closing time)

　　서보모터의 피스톤이 움직여서 어떤 수구 개도에서 전폐할 때까지 요하는 시간 을 말하며, 보통 2~5초 정도이다.

참고문헌

1. 송길영, 발전공학, 동일출판사, 2012
2. http://www.khnp.co.kr

2 장

화력발전

01

기력발전소 랭킨사이클의 장치구성도와 $T-s$선도를 그리고 설명하시오. 또한, 기력발전소의 열효율, 보일러효율, 열사이클효율, 증기터빈 효율 및 송전단 효율을 각각 설명하시오.

본 문제를 이해하고, 기억을 오래 가져갈 수 있는 그림이나 삽화 등을 생각한다.

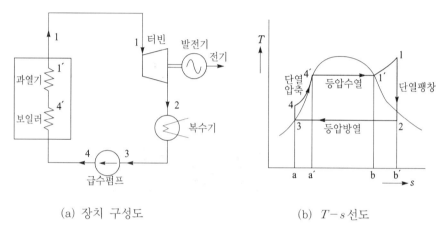

(a) 장치 구성도   (b) $T-s$선도

그림 1. 랭킨사이클의 설명도

해설

1. 랭킨사이클(Rankine Cycle)의 정의

기력발전소의 가장 기본적인 사이클이며, 2개의 정압과 2개의 단열과정으로 이루어진 사이클이다.

2. 랭킨사이클의 설명

그림 1에서 보는 바와 같이 포화수 3은 급수펌프로 단열 압축되어 승압된다. 압축수 4는 보일러 내에서 수열하여 포화수 4′로 되고, 다시 가열되어 포화증기 1′로 된다. 이 포화증기 1′가 과열기에 보내져서 과열증기 1로 되어 증기터빈에 들어간다.

터빈에 유입된 과열증기는 단열 팽창해서 압력, 온도를 강하하여 습증기 2로 된다. 습증기는 복수기 내에서 냉각되어 다시 포화수 3으로 되면서 1사이클을 완료하게 된다.

이 사이클 중 면적 12344′1′가 발생하는 일에 상당하는 열량 AW, 면적 a44′1b가

외부(보일러)로부터 공급하는 열량 Q_b, 면적 a32b가 복수기에서 버리는 열량을 나타낸다.

3. 랭킨사이클의 열사이클 효율

1, 2, 3, 4의 각 점에서의 엔탈피(증기 또는 물이 보유하는 전열량, kcal/kg)를 i_1, i_2, i_3, i_4하고 하면, 열사이클 효율 η_{rk}는 다음과 같다.

$$\eta_{rk} = \frac{(i_1 - i_2) - (i_4 - i_3)}{(i_1 - i_3) - (i_4 - i_3)} \fallingdotseq \frac{i_1 - i_2}{i_1 - i_3} \qquad \cdots\cdots (1)$$

여기서, i_1 : 터빈 입구에서의 증기가 갖는 엔탈피

i_2 : 터빈 출구에서의 증기가 갖는 엔탈피

i_3 : 보일러 입구에서 물이 갖는 엔탈피

4. 기력발전소의 효율 계산

1) 열효율 η

$$\eta = \frac{860\,P_G}{B\,H} \times 100\,[\%]$$

여기서, P_G : 발전기의 출력[kW]

B : 연료의 소비량[kg/h]

H : 연료의 발열량[kcal/kg]

2) 보일러 효율 η_b

$$\eta_b = \frac{(i_1 - i_4)\,Z}{B\,H} \times 100\,[\%]$$

여기서, $i_1 \sim i_4$: 각 부분을 흐르는 급수 또는 증기의 엔탈피[kcal/kg]

Z : 발생 증기량[kg/h]

3) 열사이클 효율 η_c

$$\eta_c = \frac{i_1 - i_2}{i_1 - i_3} \times 100\,[\%]$$

4) 증기터빈 효율 η_t

$$\eta_t = \frac{860\,P_T}{(i_1 - i_3)\,Z} \times 100\,[\%]$$

여기서, P_T : 증기 터빈 출력[kW]

5) 송전단 효율 η_l

$$\eta_l = \frac{860\,P_G}{B\,H}\left(1 - \frac{P_L}{P_G}\right) \times 100 = \eta\,(1-l)\,[\%]$$

여기서, P_L : 소내용 전력 [kW]

l : 소내율이며, $l = \dfrac{P_L}{P_G} \times 100[\%]$로 나타낸다.

추가 검토 사항

■ 공학을 잘 하는 사람은 수학적인 사고를 많이 하는 사람이란 것을 잊지 말아야 한다. 본 문제에서 정확하게 이해하지 못하는 것은 관련 문헌을 확인해 보는 습관을 길러야 엔지니어링 사고를 하게 되고, 완벽하게 이해하는 것이 된다는 것을 명심하기 바랍니다. 상기의 문제를 이해하기 위해서는 다음의 사항을 확인바랍니다.

1. 랭킨사이클의 열효율을 향상시키는 방법을 알아 둡시다.

1) 터빈 입구의 증기온도(초기 증기의 온도 상승)을 높여 준다.

2) 터빈 입구의 증기압력(보일러의 압력을 높게)을 높여 준다.

3) 터빈 출구의 배기 압력(복수기 압력을 낮게)을 낮게 한다.

참고문헌

1. 송길영, 발전공학, 동일출판사, 2012

2. http://www.kospo.co.kr

02

증기압력 80[kg/cm²], 온도 500[℃]에서 엔탈피 812.2[kcal/kg]의 증기를 터빈에서 사용하여 압력 0.05[kg/cm²](온도 32.5[℃], 엔탈피 492[kcal/kg])의 복수기에 배기하고, 다시 32.55[kcal/kg]의 엔탈피를 갖는 물로 바뀌어서 보일러에 급수하였을 경우 이 랭킨 사이클의 열효율은 얼마인가? 또, 이것을 이 때의 카르노 사이클에서의 열효율과 비교하여라.

📖 본 문제를 이해하고, 기억을 오래 가져갈 수 있는 그림이나 삽화 등을 생각한다.

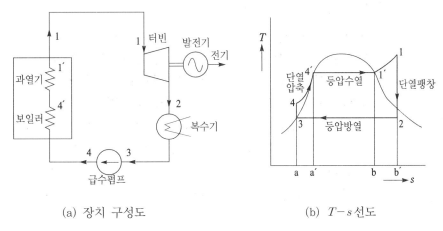

(a) 장치 구성도   (b) $T-s$ 선도

그림 1. 랭킨사이클의 설명도

해설

1. 랭킨사이클(Rankine Cycle)의 열효율은 다음과 같다.

$$\eta_{rk} = \frac{(i_1 - i_2) - (i_4 - i_3)}{(i_1 - i_3) - (i_4 - i_3)} \fallingdotseq \frac{i_1 - i_2}{i_1 - i_3} \times 100 [\%]$$

여기서, $i_1 = 812.2[\text{kcal/kg}]$, $i_2 = 492[\text{kcal/kg}]$, $i_3 = 32.55[\text{kcal/kg}]$을 사용한다. 따라서,

$$\eta_{rk} = \frac{812.2 - 492}{812.2 - 32.55} \times 100 = \frac{320.2}{779.65} = 41.07 [\%]$$

2. 한편, 같은 온도 사이에서 움직이는 카르노사이클의 열효율은 다음과 같다.

$$\eta = \left(1 - \frac{T_2}{T_1}\right) \times 100$$

여기서, $T_1 = 500 + 273 = 773[^\circ\mathrm{K}]$

$T_2 = 32.5 + 273 = 305.5 \quad [^\circ\mathrm{K}]$ 이다.

$$\eta = \left(1 - \frac{305.5}{773}\right) \times 100 = 60.47[\%]$$

추가 검토 사항

■ 공학을 잘 하는 사람은 수학적인 사고를 많이 하는 사람이란 것을 잊지 말아야 한다. 본 문제에서 정확하게 이해하지 못하는 것은 관련 문헌을 확인해 보는 습관을 길러야 엔지니어링 사고를 하게 되고, 완벽하게 이해하는 것이 된다는 것을 명심하기 바랍니다. 상기의 문제를 이해하기 위해서는 다음의 사항을 확인바랍니다.

1. 카르노사이클(Carnot Cycle)은 이상적인 가역(可逆)사이클로서 그림 2와 같이 2개의 등온변화(온도가 일정한 상태에서 용적과 압력이 서로 반비례하는 성질)와 2개의 단열변화(외부와의 열교환없이 팽창 또는 수축하는 변화)로 이루어지고 있으며, 모든 사이클 중에서 최고의 열효율을 나타내는 사이클이다.

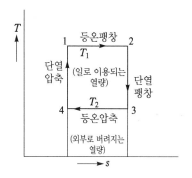

그림 2. 카르노사이클의 $T-s$ 선도

카르노사이클은 수열원과 방열원과의 온도차가 일정할 경우에는 많은 열사이클 중 가장 열효율이 좋은 사이클이다. 그러나, 이 열사이클의 과정에 있는 등온팽창과 단열압축과의 양 과정은 완전하게 실현하기 어려운 것이므로 이 열사이클이 실용화될 가능성은 없는 것이다. 다만, 이와 같은 이상 사이클을 가정함으로써 열기관 효율의 상승 한도를 알 수 있다는 데 도움을 얻고 있다.

카르토사이클의 열효율은 다음과 같이 나타낸다.

$$\eta = \frac{\text{외부에 대하여 한 일}}{\text{흡수한 열}} = 1 - \frac{Q_2}{Q_1} = 1 - \frac{T_2}{T_1}\,[\%]$$

참고문헌

1. 송길영, 발전공학, 동일출판사, 2012
2. http://www.kospo.co.kr

03

기력발전소 재열재생사이클의 장치구성도와 $T-s$선도를 그리고 설명하시오.

◼ 본 문제를 이해하고, 기억을 오래 가져갈 수 있는 그림이나 삽화 등을 생각한다.

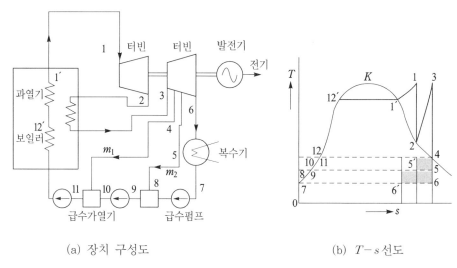

(a) 장치 구성도   (b) $T-s$선도

그림 1. 재열재생사이클의 설명도

> **해설**

1. 재열재생사이클의 정의

랭킨사이클에서는 복수기에서 냉각수로 빼앗기는 열량이 작아서 손실이 크다. 그러므로, 증기터빈에서 팽창 도중에 있는 증기를 일부 추기하여 그것이 갖는 열을 급수가열(feed water heater)하여 이용하는 사이클을 '재생사이클(Regenerative Cycle)'이라 하며, 열효율을 역학적으로 증진시키는 것이 주목적이다.

그리고, '재열사이클(Reheat Cycle)'은 어느 압력까지 터빈에서 팽창한 증기를 보일러에 되돌려 가지고 재열기로 적당한 온도까지 재과열시킨 다음 다시 터빈에 보내서 팽창시키도록 하는 것이며, 터빈의 내부손실을 경감시켜서 효율을 높이는 것이 주목적이다.

이 두 사이클을 합친 것을 '재열재생사이클'이라 한다.

2. 재열재생사이클의 설명

그림 1에서 보는 바와 같이 1단 재열, 2단 추기 급수가열의 재열재생사이클의 장치 선도와 $T-s$ 선도를 보여주고 있다. 일반적으로 추기단수를 늘려 감에 따라 열효율 이 증대하는 경향이 있지만, 이것도 어느 단수 이상에서는 포화현상을 나타내게 된 다. 따라서, 추기 단수로서는 보통 4~6단 정도, 일부 대용량의 터빈에서는 9단까지 추기한 예도 있다.

3. 사이클 열효율

터빈의 일은 1, 2, 3, 4, 5′, 6′, 8, 10, 12, 12′, 1′로 둘러싸인 면적으로 표시된다. 터빈 팽창할 때 3-4 사이에서는 증기 1[kg]이 흐르고, 4-5 사이에서는 m_1[kg]이 추기되므로, $(1-m_1)$[kg], 5-6 사이에서는 다시 m_2[kg]이 추기되므로 $(1-m_1-m_2)$[kg]이 흘러서 복수기에 들어간다. 이 사이클의 열효율은 수식 (1)과 같다.

$$\eta_{rhg} = \frac{(i_1 - i_2) + (i_3 - i_4) + (1 - m_1)(i_4 - i_5) + (1 - m_1 - m_2)(i_5 - i_6)}{(i_1 - i_{12}) + (i_3 - i_2)} \quad (1)$$

추가 검토 사항

▪ 공학을 잘 하는 사람은 수학적인 사고를 많이 하는 사람이란 것을 잊지 말아야 한다. 본 문제에서 정확하게 이해하지 못하는 것은 관련 문헌을 확인해 보는 습관을 길러야 엔지니 어링 사고를 하게 되고, 완벽하게 이해하는 것이 된다는 것을 명심하기 바랍니다. 상기의 문제를 이해하기 위해서는 다음의 사항을 확인바랍니다.

1. **대용량 기력발전소의 열효율을 증대시키기 위하여 설계 면에서 고려되고 있는 사항을 알아보자.**

   1) 사용 증기의 압력 및 온도 : 사용 증기의 압력 및 온도는 발전소의 열효율에 근본적인 영향을 미친다. 증기 압력과 온도가 높을수록 열효율은 높아진다. 일반적으로 대용량 기력발전소의 증기압력은 180[kg/cm^2] 전후의 것이 많고, 최근에는 초임계 압력의 것도 사용되고 있다.

   2) 열사이클 : 열사이클 중에서 가장 효율이 높은 것이 재열재생사이클이며, 추기 회수가 많을수록 열효율의 증가도 크다.

   3) 연도 가스열손실의 감소 : 보일러에서 나가는 연도가스는 상당한 고온도이므 로 그대로 대기로 배출시키면 막대한 열손실을 가져오게 된다. 이 연도가스의 열량회수 방법으로서 절탄기 또는 공기예열기 등을 설치하여 급수 또는 연소용 공기에 이 열을 흡수시켜 열효율의 증가를 기하고 있다.

4) 연료 연소법 : 특히 석탄연소발전소에서는 미분탄 연소방식을 채택하여 연소 효율을 높이는 동시에, 화로에 수냉벽을 설치하여 복사열을 급수에 최대한도로 흡수시켜 열효율을 높이도록 하고 있다. 자동연소제어장치를 설비하여 보일러를 합리적으로 운전하는 것도 열효율 증진에 도움이 된다.

2. 초초임계압(Ultra Super Critical : USC)이란 무엇인가?

초초임계압은 물의 임계점(압력 225.54[kg/cm^2], 온도 374.15[℃])을 기준으로 압력 관점에서 임계압력 이상의 임계압(Super Critical)보다 훨씬 높은 조건을 의미하고 있다.

즉, 초초임계압 발전소란 증기압력이 254[kg/cm^2] 이상이고, 주증기 혹은 재열증기온도가 593[℃] 이상인 발전소를 의미한다.

증기의 압력과 온도를 높이는 이유는 발전소 효율을 상승시키기 위함이며, 일반적으로 주증기 및 재열증기 온도가 10[℃] 상승시 효율은 0.5[%] 증가하고, 압력이 10[kg/cm^2] 상승시 0.2[%]의 효율이 증가한다. 증기온도와 압력이 1950년대부터 현재까지 지속적으로 증가하여 발전 효율이 39[%]에서 44.2[%]까지 상승하였다.

즉, 10년에 1[%]의 효율 상승이 이루어진 셈이다. 1,000[MW] 발전소 효율을 1[%] 올리면, 연간 약 100억원의 경제적 이익과 1,100,000[ton]의 CO_2 절감효과를 기대할 수 있다.

현재 265[kg/cm^2], 610/621[℃] 조건의 1,000[MW]급이 신보령 1, 2호기에 적용되어 건설 중이다.

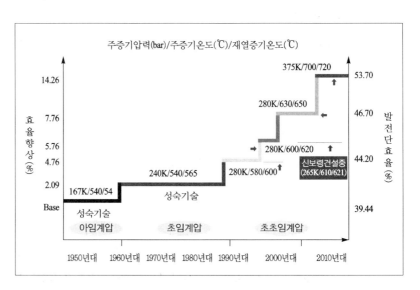

그림 2. 화력발전소 증기조건 및 발전효율 변화

3. 석탄화력발전소의 구성 장치도를 확인해 봅시다.

그림 3은 석탄화력발전소의 구성 장치도를 나타낸 것이며, 석탄을 하역하여 저탄장에 쌓게 되며, 컨베이어벨트를 통하여 석탄은 미분탄기를 거쳐 보일러로 들어가 연소하게 된다. 보일러는 석탄연소열로 물을 적정한 온도와 압력으로 끓여 포화증기를 만들게 된다. 그 포화증기는 터빈으로 들어가 터빈을 돌리며, 터빈과 연결된 발전기가 회전하여 전기를 생산하게 된다. 여기서, 미분탄연소 방식은 석탄을 미분탄기(Mill)로 아주 작은 미분으로 분쇄해서 이것을 버너로부터 연소실에 불어넣어 로 내에서 부유상태로 연소시키는 방식이다.

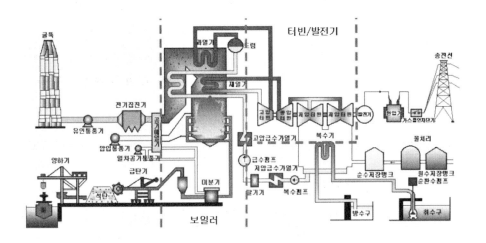

그림 3. 석탄화력발전소의 계통도

참고문헌

1. 송길영, 발전공학, 동일출판사, 2012
2. http://www.kospo.co.kr
3. 하관호, 초초임계압 발전설비 국내외 기술동향, 전기저널, 8월, 2012

04 기력발전소의 장치 중에서 절탄기와 공기예열기의 기능에 대해서 설명하시오.

▰ 본 문제를 이해하고, 기억을 오래 가져갈 수 있는 그림이나 삽화 등을 생각한다.

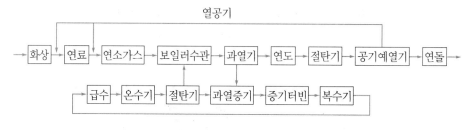

그림 1. 기력발전소의 열계통

해설

1. 절탄기의 기능

화로에 공급된 연료의 연소가스는 연도를 빠져나갈 때에도 상당한 여열을 지니고 있다. 따라서, 이와 같은 높은 온도를 가진 배기가스의 보유열을 흡수할 수 있다면 연료의 소비율을 어느 정도 낮출 수 있다. 절탄기(Economizer)는 보일러 본체, 과열기를 통과한 배기가스의 여열을 이용해서 보일러에 공급되는 급수를 예열함으로써 연료소비량을 줄이거나 증발량을 증가시키기 위해서 설치하는 여열회수장치이다. 이것은 주로 강관을 사용하고, 관 내에는 급수를, 관에 직각으로 연소가스를 통과시켜 주도록 하고 있으며, 연료 절약은 4~11[%] 정도이다.

절탄기를 사용함으로써 얻을 수 있는 효과는 다음과 같다.

① 보일러의 효율이 향상됨과 동시에 연료소비량을 줄일 수 있다.

② 드럼에 대한 열응력을 경감할 수 있도, 또 관벽에 부착되는 불순물(스케일)의 발생을 줄일 수 있다.

2. 공기예열기의 기능

절탄기를 나온 연소가스의 열을 회수해서 공기를 예열하고, 이것을 화로로 보내어 연소효율을 높여서 보일러 효율을 높이기 위한 장치가 공기예열기(Air Preheater)이다. 미분탄 연소의 경우 그 온도는 150~350[℃]에 달하는 것도 있다.

공기예열기는 일반적으로 절탄기 뒤쪽에 위치하며, 공기예열기를 사용할 경우의 잇점은 다음과 같다.

① 연료의 연소효율을 높일 수 있다.

② 고온 배기의 배출에 따른 열손실을 적게 하고 보일러 효율을 높인다.

③ 연소 속도가 증대되어 연소실 열발생률[$kcal/m^2 \cdot hr$]이 커지므로 연소실 체적을 작게할 수 있다.

④ 작은 공기비(과잉 공기율)로서 완전 연소시킬 수 있다.

추가 검토 사항

📊 공학을 잘 하는 사람은 수학적인 사고를 많이 하는 사람이란 것을 잊지 말아야 한다. 본 문제에서 정확하게 이해하지 못하는 것은 관련 문헌을 확인해 보는 습관을 길러야 엔지니어링 사고를 하게 되고, 완벽하게 이해하는 것이 된다는 것을 명심하기 바랍니다. 상기의 문제를 이해하기 위해서는 다음의 사항을 확인바랍니다.

석탄화력발전소의 경우는 석탄을 하역하여 저탄장에 쌓게 되며, 컨베이어벨트를 통하여 석탄은 미분탄기를 거쳐 보일러로 들어가 연소하게 된다. 보일러는 석탄연소 열로 물을 적정한 온도와 압력으로 끓여 포화증기를 만들게 된다. 그 포화증기는 터빈으로 들어가 터빈을 돌리며, 터빈과 연결된 발전기가 회전하여 전기를 생산하게 된다. 여기서, 미분탄연소 방식은 석탄을 미분탄기(Mill)로 아주 작은 미분으로 분쇄해서 이것을 버너로부터 연소실에 불어넣어 로 내에서 부유상태로 연소시키는 방식이다. 그림 2는 기력발전소의 계통도 중에서 절탄기와 공기예열기의 설치 위치를 나타내고 있다.

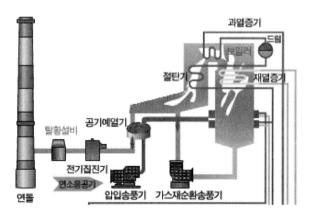

그림 2. 절탄기와 공기예열기위 설치 위치

참고문헌

1. 송길영, 발전공학, 동일출판사, 2012
2. http://www.kospo.co.kr

05 발전기와 전동기는 가역적이다. 이 원리에 대해서 수식을 들고 설명하시오.

■ 본 문제를 이해하고, 기억을 오래 가져갈 수 있는 그림이나 삽화 등을 생각한다.

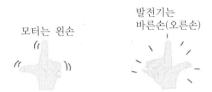

그림 1. 플레밍의 법칙

해설

1. 전동기의 원리

1) 개요

전류와 자계 간에 작용하는 힘은 플레밍의 왼손법칙에 따라 결정된다. 손의 가운데 손가락을 전류, 두번째 손가락을 자계의 방향으로 잡으면, 엄지 손가락이 힘의 방향을 가리킨다.

2) 전자력의 크기

자속밀도가 $B[\text{Wb/m}^2]$인 평등 전계 내에 놓여 있는 도체의 길이가 $l[\text{m}]$일 때, 이에 외부로부터 $E[\text{V}]$의 전압을 가하여 $I[\text{A}]$의 전류를 흘렸다고 하면, 도체 마다 다음과 같은 힘이 작용하여 운동을 시작할 것이다.

$$F = BlI \, [\text{N}]$$

여기서, $B[\text{Wb/m}^2]$: 발전기 자극으로부터 발생한 자속밀도

$l[\text{m}]$: 도체 한 개의 길이

3) 전기기기에의 적용

자기장 내에 놓여진 도선에 전류가 흐르면, 플레밍의 왼손법칙에 따라 도선에 힘을 받게 되며, 전기에너지를 운동에너지로 변환하는 전동기에서 회전력을 얻게 된다.

2. 발전기의 원리

1) 개요

도체의 운동에 의한 유도기전력의 방향은 플레밍의 오른손법칙에 따라 결정된다. 손의 엄지 손가락, 검지(두번째) 손가락 및 중지(가운데) 손가락을 서로 직각이 되도록 하면 그림 1과 같다.

 ∘ 엄지 손가락 : 도체의 운동 방향
 ∘ 검지 손가락 : 자계의 방향
 ∘ 중지(가운데) 손가락 : 기전력의 방향

2) 유도기전력의 크기

힘 F[N]와 도체에 가해진 기계적 부하가 평형을 이루어 그 속도가 v[m/sec]가 되었다고 하면, 발전기 작용을 하게 되어 이 도체에는 다음과 같은 기전력이 유기된다.

$$E = Blv \,[\text{V}]$$

여기서, B[Wb/m^2] : 발전기 자극으로부터 발생한 자속밀도

3) 전기기기에의 적용

자기장 내에 놓여진 도선이 이동하게 되면, 플레밍의 오른손법칙에 따라 도선에 유도전류가 흐른다는 점에서 운동에너지를 전기에너지로 변환하는 발전기에 적용한다.

추가 검토 사항

☞ 공학을 잘 하는 사람은 수학적인 사고를 많이 하는 사람이란 것을 잊지 말아야 한다. 본 문제에서 정확하게 이해하지 못하는 것은 관련 문헌을 확인해 보는 습관을 길러야 엔지니어링 사고를 하게 되고, 완벽하게 이해하는 것이 된다는 것을 명심하기 바랍니다. 상기의 문제를 이해하기 위해서는 다음의 사항을 확인바랍니다.

1. 전동기의 원리에 대해서 구성을 들고 설명해 봅시다.

자석(자기장) 속에 놓여 있는 도선에 전류가 흐르면 도선은 힘을 받아 움직인다. 이때 받는 힘의 방향은 플레밍의 왼손 법칙으로 알 수 있다. 자기장 속에 사각형 모양의 코일을 넣고 전류를 흐르게 하면 코일은 힘을 받아 회전하는데, 이것을 전동기(모터)라고 한다. 전동기의 회전력은 코일의 감은 수와 코일에 흐르는 전류의 세기에 비례한다. 전동기의 구조를 살펴보면, 코일이 감긴 회전자가 있으며, 회전자 밖으로 고정 자석(전자석), 회전자에 전류를 연결하는 브러시가 있다.

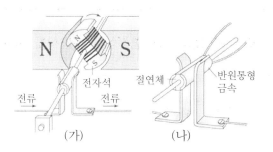

그림 2. 전동기의 원리

2. 발전기의 원리에 대해서 알아 둡시다.

어떤 형태의 에너지를 전류의 방향이 계속 변하는 교류 형태의 전기 에너지로 전환시켜 주는 장치로서, 그림과 같이 자석의 양극 사이에 네모꼴의 코일을 넣고 자기장에 수직인 축을 중심으로 코일을 빠르게 회전시키면 코일을 지나는 자기력 선의 변화 때문에 코일에는 방향이 계속 바뀌는 유도 전류가 생긴다.

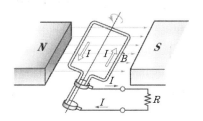

그림 3. 교류발전기의 원리

참고문헌

1. 전기자기학, 동명사, 2012
2. 신근섭, 신원문화사, 2002

06　동기발전기(비돌극기)의 출력식을 벡터식을 이용하여 유도하시오.

■ 본 문제를 이해하고, 기억을 오래 가져갈 수 있는 그림이나 삽화 등을 생각한다.

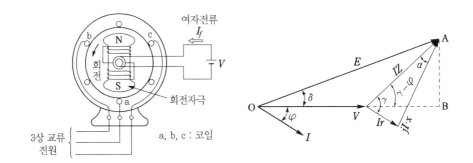

(a) 동기발전기의 출력발생　　　　(b) 출력 벡터도

그림 1. 동기발전기의 출력발생 원리와 비돌극기의 출력 벡터도

해설

비돌극기의 출력은 그림 1(b)의 동기임피던스법 벡터도에서 구한다. 이 그림에서 기호는 다음과 같다.

　　V : 단자전압,　I : 전기자 전류,　E : 공칭 유기기전력

　　$Z = r + jx$: 동기임피던스,　φ : 역률각

　　δ : V와 E 사이의 각이며, 이것을 부하각(Power Angle)이라 한다.

또한, 그림에서

$$\alpha = \sin^{-1} \frac{r}{Z}$$

$$\gamma = \tan^{-1} \frac{x}{Z}$$

그러면, 발전기의 출력 P는 다음과 같다.

$$P = VI\cos\varphi = \frac{VIZ\cos\varphi}{Z}$$

벡터도에서 $\triangle OAB$의 $\overline{AB}$는 다음과 같이 구한다.

$$IZ\sin(\gamma - \varphi) = IZ\cos(\varphi + \alpha) = E\sin\delta$$

또, $\overline{OB}$는 다음과 같다.

$$V+IZ\cos{(\gamma-\varphi)}=V+IZ\sin(\varphi+\alpha)=E\cos\delta$$

따라서,

$$IZ(\cos\varphi\cos\alpha-\sin\varphi\sin\alpha)=E\sin\delta$$
$$IZ(\sin\varphi\cos\alpha+\cos\varphi\sin\alpha)=E\cos\delta-V$$

위의 두 식에서

$$IZ\cos\varphi(\cos^2\alpha+\sin^2\alpha)=E\sin\delta\cos\alpha+(E\cos\delta-V)\sin\alpha$$
$$IZ\cos\varphi=E\sin(\delta+\alpha)-V\sin\alpha$$

그러므로, $P=\dfrac{EV}{Z}\sin(\delta+\alpha)-\dfrac{V^2}{Z}\sin\alpha$

E, V를 각 상의 전압값으로 하면, 3상 동기발전기의 출력 P는

$$P=\frac{3EV}{Z}\sin(\delta+\alpha)-\frac{3V^2}{Z}\sin\alpha$$

전기자저항은 매우 적으므로, 이것을 무시하고 $Z=x$, $\alpha=0$이라 하면, 매상의 출력 P는

$$P=\frac{EV}{x}\sin\delta$$

이 식에서 비돌극기의 출력은 $\delta=90°$에서 최대가 된다.

그림 2는 유기기전력 E와 단자전압 V를 일정하게 하고, 출력과 부하각 δ와의 관계를 표시한 것이다.

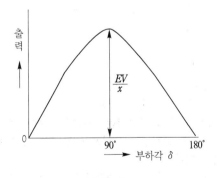

그림 2.

추가 검토 사항

■ 공학을 잘 하는 사람은 수학적인 사고를 많이 하는 사람이란 것을 잊지 말아야 한다.

본 문제에서 정확하게 이해하지 못하는 것은 관련 문헌을 확인해 보는 습관을 길러야 엔지니어링 사고를 하게 되고, 완벽하게 이해하는 것이 된다는 것을 명심하기 바랍니다. 상기의 문제를 이해하기 위해서는 다음의 사항을 확인바랍니다.

1. 발전기 단자 전압 선정에 대해서 알아 둡시다.

1) 국내외 적용 규격
   - IEC 60034-3 : 제작자와의 협의에 의하여 결정하도록 유도
   - KS C IEC 60034-3 : 합의로 결정
   - IEEE C50, 12-14 : 계통 표준전압인 4.16, 4.8, 6.9, 13.8 및 14.1[kV]를 표준으로 하며, 대용량 발전기의 경우 더 높은 전압을 권장(IEEE C50.13f에서는 일반적으로 10 ~ 30[kV]로 명시하고 있다.)
   - 발전기의 전력계통 관련 규정 기술규격에 관한 연구보고서 추천 전압을 참조한다.

     100 ~ 300[MVA]급 : 13.8 ~ 18[kV]

     300 ~ 500[MVA]급 : 18 ~ 24[kV]

     500 ~ 800[MVA]급 : 20 ~ 25[kV]

     900[MVA]급 이상 : 24 ~ 30[kV]
   - IEC 60038 : 4.16 ~ 34.5[kV](IEC Standard Voltage)

2. 발전기 전압의 증감에 따른 상관 관계에 대해서 알아둡시다.

- 발전기 정격전압은 일반적으로 발전기 출력에 비례하여 증가되지만, 발전기와 부속설비의 경제성, 신뢰성을 종합 평가하여 최적 전압을 선정한다.
- 발전기 전압을 높이면 권선의 대지 절연이 두꺼워지고, 도체가 차지하는 점적률이 낮아져 열 방산이 나빠지게 되며, 중량이 증가하여 가격이 상승하는 경향이 있다.

> **점적률이란?**
> 적층한 철심의 실 중량과 계산 중량(체적 × 비중)과의 비율[%]로 나타낸 것이며, 100[%]에 가까울수록 좋다.
> 일반적으로 전기기기는 대형이 될수록 점적률의 중요성이 커진다.
> 점적률이 설계값보다 낮으면 실제로 기기에 들어가는 전기강판의 양이 적어지는 것이 된다.
> 따라서, 그 부족분 만큼의 힘을 보충하기 위해 설계값 이상의 자속밀도에서 운전이 되며, 그 만큼 철손도 높아진다. 점적률의 1[%]의 차이는 철손 5[%]의 차에 상당할 정도로 점적률은 중요한 특성이다.

- 발전기 가격, 신뢰성과 정격전압과의 관계

  발전기 전압을 높일 때 설계에 미치는 영향은 일반적으로 권선의 온도상승과

전자력의 증가와 같은 기술적 문제가 있으므로 신뢰성을 높일 수 있는 가능한 범위 내에서 정격전압을 선정한다.

· 부속 기기 가격, 신뢰성과 정격전압과의 관계

발전기 모선 및 개폐설비의 전류 정격용량과 지지애자의 기계적 강도에서 보면, 일반적으로 높은 전압을 채용하는 것이 경제적이다. 그러나, 전압을 너무 높이면 온도와 전자장 문제가 있다.

참고문헌

1. 송길영, 발전공학, 동일출판사
2. 신동원, 열병합 발전설비 전기계획 설계, 전기기술인, 2017.01

07

대용량 화력발전기와 승압변압기의 보호계전 단선도를 그리고, 계전기(87G, 40, 32, 46, 51V)의 보호목적과 동작원리에 대하여 각각 설명하시오.

▪ 본 문제를 이해하고, 기억을 오래 가져갈 수 있는 그림이나 삽화 및 Keyword Family 등을 생각한다.

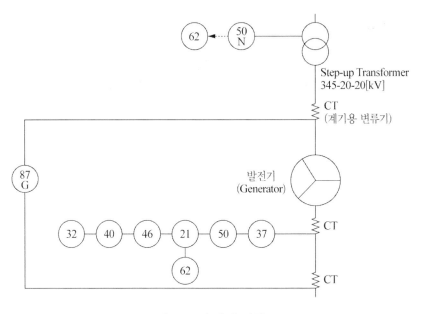

그림 1. 보호계전 단선도

해설

1. 발전기 고장의 종류

교류 발전기의 사고종류는 절연열화의 진전 등에 의한 자발적인 것과 외부 요인에 의한 돌발적인 것이 있으며, 전기적 보호계전장치는 이들 사고를 전기적 변화에 의해 검출하는 것으로서 사고발생 개소와 사고의 종류를 구분해서 대책을 용이하게 할 필요가 있다. 발전기 고장의 종류에는 다음과 같은 것들이 있다.

① 권선사고(고정자 및 회전자 권선에 단락, 지락) : Winding Failure
② 과부하 및 과열 : Over Load and Over Heat
③ 과속도 : Over Speed

④ 여자 상실 : Loss of Excitation

⑤ 발전기의 전동기화 : Motoring

⑥ 외부 사고에 의한 영향 : External Fault(후비보호 필요)

⑦ 불평형 전류 : Unbalance Current

⑧ 동기 탈조 : Out of Step

⑨ 과전압과 저전압 : Over Voltage and Under Voltage

⑩ 저/과 주파수 : Under Frequency

따라서, 상기와 같은 이상 현상에 대해서 전기자 권선이나 계자권선의 지락, 층간 단락사고를 검출해서 고장 발전기를 신속하게 건전 계통에서 차단한다. 계자상실, 계자전류의 과대로 인한 과부하일 때 대 소손사고를 방지한다.

2. 87G, 40, 32, 46, 51V의 보호목적과 동작원리

1) 87G(전류차동계전기)

(1) 보호 목적 : 발전기 지락보호

(2) 원리 : 단락 또는 지락 차전류에 의해 동작하는 것, 원리는 변압기의 비율차동 계전방식과 동일하며, 송전 측 CT와 중성점 측 CT를 차동 접속하여 전기자 권선에 생기는 사고를 검출해서 차단한다.

2) 40(계자전류계전기 또는 계자상실계전기)

(1) 보호 목적 : 계자 상실 시에 발전기 보호

(2) 원리 : 계자전류의 유무에 의해 동작하는 것 또는 계자 상실을 검출하는 것, 계자 상실 시에는 계통에서 발전기로 뒤진 무효전력이 크게 유입되어 전기자 권선을 소손할 염려가 있으므로 발전기의 단자에서 본 임피던스의 변화를 검출해서 차단하여 비상 정지시킨다.

3) 32(직류 역류계전기 또는 역전력계전기)

(1) 보호 목적 : 터빈의 공회전 방지

(2) 원리 : 직류가 반대로 흐를 때 동작하는 것

(3) 정정방법
- 동작치 정정 : 발전기와 터빈이 동기속도로 Motoring되는데 필요한 전력 [kW]의 50[%]
- 한시 정정 : 발전기 동기 투입시나 계통 동요시 일시적인 전력 반전으로 오동작되지 않도록 정정하며, 터빈계통 조정장치의 특성과 관련하여 결정한다. 일반적으로 10초

4) 46(역상 과전류계전기)

(1) 보호 목적 : 발전기 불평형으로 인한 국부과열 방지

(2) 원리 : 불평형부하, 단상 부하 운전시는 고정자 권선에 역상전류가 흐른다. 이 역상전류에 의한 회전자계는 회전자 회전방향과 반대이기 때문에 2배 주파수의 와전류가 회전자 표면에 흘러 여자전류에 의한 온도상승에 가해져 국부발열을 일으켜 위험성이 있으므로 이를 검출, 보호한다.

실제 동작은 발전기의 연속 허용한계인 0.7 ~ 0.09[PU]이며, 0.63[PU] 이상에서는 유도원판형 한시 과전류요소가 동작하여 발전기를 비상 정지시킨다.

5) 51V(전압억제부 OCR 계전기)

(1) 보호 목적 : 단락 후비보호 및 과부하 보호

(2) 원리 : 전기자 및 계자전류를 검출하여 어느 일정한 값을 초과한 것을 검출하여 차단한다.

(3) 정정방법

   – 동작치 정정 : 정격전류의 150[%], 전압제어부인 경우는 전압 80[%]에 정정

   – 한시 정정 : 전위 보호계전기와 협조(0.4 ~ 0.5초)

추가 검토 사항

■ 공학을 잘 하는 사람은 수학적인 사고를 많이 하는 사람이란 것을 잊지 말아야 한다. 본 문제에서 정확하게 이해하지 못하는 것은 관련 문헌을 확인해 보는 습관을 길러야 엔지니어링 사고를 하게 되고, 완벽하게 이해하는 것이 된다는 것을 명심하기 바랍니다. 상기의 문제를 이해하기 위해서는 다음의 사항을 확인바랍니다.

1. 대용량 발전기 단자에 설치하여 다음과 같은 기능을 수행하는 계전기도 알아 둡시다.

1) 발전기 과여자에 대한 승압변압기의 보호

2) 계통 사고에 대한 후비보호

3) 발전기의 모터화 보호

〈해설〉

1) 발전기 과여자에 대한 승압변압기의 보호

   ① 저주파 과여자 보호계전기(81G 또는 53G)

     – 보호 목적 : 발전기, 주변압기, 소내 변압기 등의 과여자로 인한 과열 손상방지가 목적

　　　　－ 원리 : 일반적으로 무부하시 V/F = 1.20에서 45초 정도로 되어 있으나,
　　　　　　기타 조건을 고려하여 V/F = 1.18에서 45초로 제한하며, 그 이상 시는
　　　　　　2초 이내에 트립시킨다.

　　② 과전압 보호계전기(59G)

　　　　－ 발전기, 변압기 등은 일반적으로 ±5[%]까지 연속 운전 가능

　　　　－ 발전기 전압상승은 변압기가 먼저 과여자되어 과열 손상될 위험성이
　　　　　　있어 이를 고려 과전압 보호를 행한다.

　2) 계통 사고에 대한 후비보호

　　발전기의 과부하전류의 보호와 모선, 송전선 등 외부 단락사고가 제기되지
　　않을 경우의 후비보호는 전압억제부 과전류계전기나 거리계전기를 적용한
　　다. 또한, 고정자권선의 과열 보호에는 써치코일을 사용한다.

　3) 발전기의 모터화 보호

　　－ 역전력 보호계전기(67G)

　　－ 발전기가 계통에 병입된 상태에서 원동기 입력이 없어지면, 발전기는 동기
　　　전동기로 되어 문제 없으나 풍손에 의한 열을 제거하지 못해 터빈 Blade가
　　　가열되어 위험하며, 수차에서는 유량 부족으로 Cavitation이 발생하기 때
　　　문에 발전기 Lead에서 전력이 방향을 모니터하여 경보 또는 Unit를 트립
　　　시킨다.

2. 비율차동계전기의 기본 원리 및 구조도 알아 둡시다.

〈해설〉

비율차동계전기는 변압기 권선의 상간 단락, 층간 단락, 권선과 철심 간의 절연파
괴에 의한 지락사고, 고저압 권선혼촉 및 단선 등의 변압기 내부 고장보호용 계전
기로 사용된다.

그림 2와 같이 억제코일(RC)과 동작코일(OC)을 가지고 있으며, CT 2차 회로를
차동접속하여 억제코일 통과 전류로 억제력을 발생시키고, 동작코일의 차전류로
동작력을 발생시키도록 하는 방식이다.

평상시 및 외부 사고 시에는 $i_1 = i_2$, 즉 차전류 $i_d = i_1 - i_2 = 0$이 되어 계전기는
동작하지 않지만, 내부 사고 시에는 $i_1 \neq i_2$가 되어 동작코일을 교차하는 차전류
$i_d = i_1 - i_2 \neq 0$이 되어, i_1 또는 i_2가 일정 비율 이상으로 차이가 나게 되면 동작
되는 구조로 되어 있다.

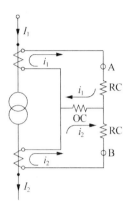

그림 2. 비율차동계전기의 기본 원리도

비율차동계전기용 CT 결선시 CT 2차측 선전류 위상을 동위상으로 맞추기 위하여
다음과 같은 방법으로 결선한다.

- 변압기 측이 Y결선이면 CT는 △결선, 변압기 측이 △결선이면 CT는 Y결선으
  로 한다.
- 변압기 1차측 CT의 K단자(•) 측의 방향을 전원 측으로 하면, 변압기 2차측
  CT의 K단자(•)는 부하 측으로 한다.
- CT의 K단자(•) 측의 방향을 1차 측이 변압기 측으로 하면, 2차측도 변압기
  측으로 설치하여 결선한다.

여기서, CT의 Y결선 시에는 별문제가 없지만, △결선 시에는 여간 주의를 하지
않으면 오결선할 우려가 많다.

참고문헌

1. 유상봉 외, 보호계전시스템의 실무활용 기술, 기다리출판사
2. 신기창, 전기안전, 1997

08 발전기 여자방식의 개요와 종류에 대해서 설명하시오.

■ 본 문제를 이해하고, 기억을 오래 가져갈 수 있는 그림이나 삽화 등을 생각한다.

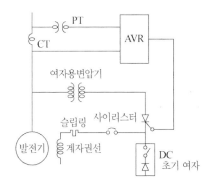

그림 1. 정지형 여자방식의 회로구성도

해설

1. 발전기 여자기란?

주발전기의 회전자 코일에 자장을 형성할 수 있도록 직류를 공급하는 장치이며, 여자전류를 조정하여 발전기 전압이나 무효전력을 제어한다.

2. 여자방식의 종류

① 직류 여자기(DC Excitor) : 직결 방식과 별치 방식이 있으며, 직류 여자기 방식은 여자기 용량이 커져 기계적 제약을 받기 때문에 채택하지 않는 추세이다.

② 교류 여자기(AC Excitor) : 회전정류자 방식(Brushless 방식)

③ 정지형 여자기(Static Excitor) : 사이리스터 직접 여자방식

④ 대용량 발전기의 경우에는 정지형 여자기를 채택하고, 소용량의 발전기는 회전정류자 여자방식을 채택한다.

3. 회전정류자 방식과 정지형 여자방식의 특징 비교

1) 회전 정류자 여자방식(Brushless)

① 개요 : 회전 전기자형 교류여자 발전기에서 발생한 교류를 축과 함께 회전하는
실리콘 정류기를 거쳐 직류로 정류하여 주 교류발전기의 계자권선을 여자하는
방식이다.

② 장점

· 슬립 링과 브러시가 없으므로 유지정비가 용이하다.

· 정지형 여자기에 비하여 외부에서 공급받아야 하는 초기 여자전류가 필요
없다.

· 상대적으로 가격이 다소 저렴하다.

③ 단점

· 응답속도가 정지형 여자기에 비해 떨어진다.

④ 회로 구성도

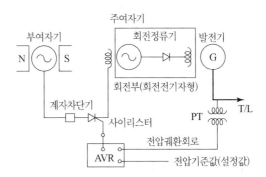

그림 2. 회전 정류자 여자방식의 구성도

2) 정지형 여자방식(Static Excitor)

① 개요 : 발전기에 필요한 계자전류는 발전기 출력단에 연결된 여자기용 변압기
로부터 전원을 취해, 사이리스터에서 직류 여자잔류로 변환시켜 발전기 계자
에 전류를 공급하는 장치이다.

② 장점

· 사이리스터에서 발전기 계자전류가 직접 제어되기 때문에 시간지연이 거의
없다.

· 응답속도가 빠르다.

③ 단점

· 여자전원을 발전기 출력으로부터 취하기 때문에 초기 여자를 외부 전원으로
부터 공급받아야 한다.

④ 회로 구성도 : 그림 1 참조

추가 검토 사항

■ 공학을 잘 하는 사람은 수학적인 사고를 많이 하는 사람이란 것을 잊지 말아야 한다. 본 문제에서 정확하게 이해하지 못하는 것은 관련 문헌을 확인해 보는 습관을 길러야 엔지니어링 사고를 하게 되고, 완벽하게 이해하는 것이 된다는 것을 명심하기 바랍니다. 상기의 문제를 이해하기 위해서는 다음의 사항을 확인바랍니다.

1. 발전기의 기동방식에 대해서도 알아 둡시다.

  1) 그림 3은 발전소 기동과 관련한 소내 계통도를 나타낸 것이며, 발전기 기동에 필요한 부하는 송수전선로를 이용하여 수전(①)하여 기동하고 난 후 발전기용 차단기를 투입(②)하여 역송 및 부하에 사용한다.

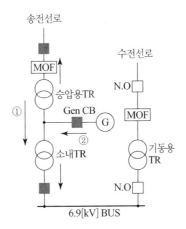

그림 3. 발전소 소내 계통도의 구성 예

  2) 기동용 변압기를 이용하는 방식
     터빈의 기동을 위한 소내 보조전원을 위한 기동용변압기를 설치하며(일반적으로 열병합발전설비에서는 22.9[kV] 한전계통 전원을 수전하며, 대용량 발전설비에서는 154[kV] 전원을 수전함), 발전소가 기동된 후에는 운전하지 않는다.

  3) 기동용 디젤발전기를 이용하는 방식
     국내에서는 이용되지 않고, 중동국가들과 같이 발전소와 담수플랜트가 함께 설치될 때나 화학공장들과 같이 발전소가 아닌 부속 플랜트의 연속성을 위해 설치되기도 한다.

참고문헌

1. 신동원, 열병합발전설비 전기계획 설계, 전기기술인, 2017.1/2

09   동기기의 정태안정 극한전력과 과도안정 극한전력에 대해서 설명하시오.

■ 본 문제를 이해하고, 기억을 오래 가져갈 수 있는 그림이나 삽화 등을 생각한다.

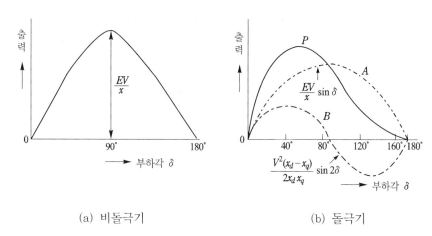

(a) 비돌극기   (b) 돌극기

그림 1. 동기기의 출력 벡터도

해설

발전기를 전압이 일정한 모선에 접속하여 여자전류를 일정하게 하고, 부하를 서서히 증가시켰을 때 발전기가 얼마만큼의 부하를 부담하는가는 앞의 문제에서 다루었으며, 발전기의 출력의 식은 다음과 같다.

비돌극기의 경우

$$P = \frac{EV}{x}\sin\delta$$

돌극기의 경우

$$P = \frac{EV}{x}\sin\delta + \frac{V^2(x_d - x_q)}{2\,x_d\,x_q}\sin 2\delta$$

원통형 회전자를 가진 발전기에서 부하각 δ_m 이 90°, 돌극기에서는 δ_m 이 60° 부근에서 극한전력이 된다. 즉, 부하각 δ_m 에 이르는 데까지는 출력 P는 부하각 δ에 따라서 증가하지만, 극한값 δ_m 이상으로 되면, 부하각 δ가 증가할수록 P는 감소한다. 이와 같은 극한전력을 '정태안정 극한전력(Static power limit)'이라 한다.

그런데, 부하가 급변한다든지 또는 선로의 개폐, 단락사고 등의 경우에는 이들이 난조의 원인이 되므로 난조의 정도가 심할수록 발전기에 걸 수 있는 부하는 작아진다. 왜냐 하면, 난조 때문에 극한전력을 돌파하는 일이 일어나기 쉽기 때문이다. 이와 같이 여러 원인에 의한 과도상태가 지난 다음에도 동기기가 탈조하지 않고 계속 운전할 수 있는 계통요란(系統擾亂) 전의 출력에는 한도가 있는데, 이것을 '과도안정 극한전력(Transient power limit)'이라 한다. 일반적으로 과도안정 극한전력은 정태안정 극한전력보다 훨씬 적은 값이다.

추가 검토 사항

📖 공학을 잘 하는 사람은 수학적인 사고를 많이 하는 사람이란 것을 잊지 말아야 한다. 본 문제에서 정확하게 이해하지 못하는 것은 관련 문헌을 확인해 보는 습관을 길러야 엔지니어링 사고를 하게 되고, 완벽하게 이해하는 것이 된다는 것을 명심하기 바랍니다. 상기의 문제를 이해하기 위해서는 다음의 사항을 확인바랍니다.

1. 전력계통의 안정도는 '전력계통 내의 각 요소가 미소한 외란에 대해서 평형상태를 유지할 수 있는 능력 또는 그 어떤 원인으로 한번 이 평형상태가 무너진 경우에 다시 평형 상태로 회복할 수 있는 능력'이라고 정의하며, 정태안정도와 과도안정도로 구분하고 있다. 안정도의 분류와 해석방법에 대해서 확인하시기 바랍니다.

참고문헌

1. 송길영, 발전공학/전력계통공학, 동일출판사

10 터빈발전기의 안전운전한계를 나타내는 가능출력 곡선은 4가지의 제한요소로서
성립된다. 이들 제한요소 영역별 특징에 대하여 설명하시오.

📑 본 문제를 이해하고, 기억을 오래 가져갈 수 있는 그림이나 삽화 등을 생각한다.

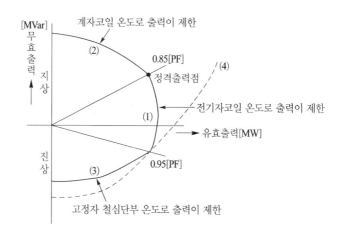

그림 1. 터빈발전기의 가능출력곡선

해설

1. 발전기 가능출력곡선(AC Generator Capability Curve)의 개념

발전기가 계통에 접속되어 계통이 요구하는 출력과 역률로 운전할 경우 가능한 출력
범위를 나타내는 곡선이며, 종축에는 무효전력, 횡축에는 유효전력을 취해서 표시
한다. 일반적으로 발전기가 진상 역률로부터 지상 역률까지의 운전에 대하여 안전
하게 부하를 걸 수 있는 한계를 나타낸다.

발전기의 운전 상태를 제한하는 요소로서 고정자, 회전자 및 여자기 용량 문제가
있으며, 안정도 및 보호계전기 동작 범위가 고려된다.

2. 제한 요소

1) **고정자(전기자) 코일 온도에 제한받는 범위 (1), 〈즉, 발전기의 출력에 의하여 제한받는
   범위〉**

   정격 역률 부근의 운전에서는 고정자(전기자) 전류의 크기에 의한 전기자권선의
   온도 상승이 문제가 된다. 이 온도상승에 의하여 발전기의 출력이 제한을 받는다.

역률의 범위는 발전기의 정격역률에서 역률 100[%]의 정격 출력 부근을 통하여 진상역률 95[%]까지의 범위이며, 그림 1에서 곡선 (1)의 범위로 나타낸다.

실제 운전에서는 100[%] 역률 부근에서는 발전기 용량보다도 Turbine 출력에 의해 발전기 출력이 억제되는 경우가 많다.

2) 회전자(계자) 코일 온도에 제한받는 범위 (2), ⟨즉, 발전기의 지상 무효출력에 의해 제한받는 범위⟩

계자전류가 일정한 조건에서 Turbine 발전기를 정격역률보다 낮은 역률로 운전할 때는 계자전류(회전자 전류)를 증가시킬 필요가 있지만, 계자전류는 계자 코일의 온도상승 한도에 의해 억제된다. 이 온도 상승에 의하여 발전기의 지상 무효출력이 제한을 받는다.

또한, 계자전류는 여자기의 용량에 의해 제한되는 경우도 있다. 그림 1에서 곡선 (2)의 범위로 나타낸다.

3) 고정자(전기자) 철심 단부 온도에 의해 제한되는 범위 (3), ⟨즉, 발전기의 진상 무효출력에 의해 제한받는 범위⟩

이 범위는 특히 고정자 철심단 치부(齒部)의 온도상승에 의해 제한되는 범위이다. 고정자 단부 공간에는 고정자 전류, 회전자 전류에 의해 회전자와 동기속도로 회전하는 누설자속이 존재하는데, 자속은 되도록 자기저항이 적은 회로를 통해 폐루프를 형성하려고 하기 때문에 자성체로 되어 있는 단부 구조물에는 상당히 큰 단부 자속이 통한다.

진상 운전 시에 고정자 단부가 과열하는 것은 이 자속이 진상 운전시에 증가하여 고정자 단부의 와전류손이 증대하기 때문이다. 이 온도 상승에 의하여 발전기의 진상 무효출력이 제한을 받는다.

그러나, 이 진상 운전에 대한 제한범위는 이론적으로 정해지는 것이 아니고, 단부의 구조 재료 등에 따라 개개의 발전기마다 다르고, 실험적으로 정해지고 있다. 그림 1에서 곡선 (3)의 범위로 나타낸다.

4) 정태안정도에 의하여 제한되는 범위 (4)

발전기를 송전계통에 연계해서 운전하는 경우 발전기 동기리액턴스 및 계통의 리액턴스에 의해서 정해지는 정태안정도 한계가 있어, 이것을 넘어서 운전할 수는 없다. 이 정태안정도 곡선이 종축과 교차하는 점은 동기리액턴스의 역수 $1/x_d$ 와 같은 거리를 통하므로 진상 영역에 있어서의 여유는 적다. 계통의 정태안정도 한계에 의하여 제한을 받는 범위를 그림 1에서 곡선 (4)의 범위로 나타낸다.

3. 곡선의 영역별 특징

영역	특징
(1)-(2) 영역	이 영역은 Stator Winding의 온도 상승한계로 여자전류에 의해 Field Winding의 과열 및 온도 변화에 의한 기계적인 Stress를 받기 쉬운 영역이며, 제한되어야 하는 영역이다.
(1)-(3) 영역	이 영역은 Stator Winding의 온도한계에 의해 제한되는 영역이다.
(3) 영역	이 영역은 Under Exciting 상태로 운전시 전기자 반작용에 의해 Leakage Flux가 증가한다. 따라서, Eddy Current도 증가한다. 그러므로, Stator의 단말부가 과열될 수 있기 때문에 제한되어야 하는 영역이다.

4. 발전기 정격출력을 초과하면 안 되는 이유

이상과 같이 발전기 가능출력은 회전자, 고정자 등의 온도에 의해 그림 1과 같이 출력 제한을 받고 있으므로 발전기 내의 수소 압력을 변화시키면 냉각 효과가 변화하여 동일 허용온도에 대해 가능출력 범위가 달라진다.

발전기의 가능출력은 발전기 내의 수소압력, 발전기의 역률, 불평형 부하 등에 의해 제한되므로 반드시 이 가능출력 곡선 영역 내에서 운전을 하되, 어떠한 경우이든 발전기의 'Name Plate'에 표시된 정격범위를 초과하여 운전하면 안 된다. 또, Field Excitation System에서는 이 영역을 제한할 수 있도록 설계되어야 한다.

송배전용 전기설비이용규정 별표 8(발전접속 조건)에서 '발전기 무효전력'은 정격전압에서 정격출력(MW) 기준으로 지상역률 0.9에서 진상역률 0.95 범위 내에서 공급할 수 있는 성능을 유지하도록 정하고 있다.

추가 검토 사항

■ 공학을 잘 하는 사람은 수학적인 사고를 많이 하는 사람이란 것을 잊지 말아야 한다. 본 문제에서 정확하게 이해하지 못하는 것은 관련 문헌을 확인해 보는 습관을 길러야 엔지니어링 사고를 하게 되고, 완벽하게 이해하는 것이 된다는 것을 명심하기 바랍니다. 상기의 문제를 이해하기 위해서는 다음의 사항을 확인바랍니다.

1. 발전기의 진상 운전시 유의사항에 대해서 알아 둡시다.

진상 운전시에 주로 발전기(고정자 철심) 단부 온도상승, 안정도 저하, 소내 전압 저하 등 3가지 문제점이 있으며, 유의사항을 들면 다음과 같다.

1) 발전기 단부 온도상승

발전기를 저여자로 운전하면, 여자전류가 적기 때문에 회전자 유지환이 자기

포화되지 않고 누설자속이 통하기 쉽게 되어 고정자 단부의 철심 및 구조물이 와전류에 의해 국부적인 온도상승을 가져온다. 이 값은 진상범위를 크게 하는 만큼 증대하므로 허용온도 범위 내에서 진상운전을 하여야 하며, 여자전류 감소로 발전기 내부 유기전압이 작아지고, 위상각의 증대, 동기화력의 감소 등에 따라 발전기의 안정도가 저하하여 계통 동요가 있으면 탈조하기 쉽게 된다. 따라서, 진상 운전 중 계통 동요가 발생하면 즉시 진상운전을 중지하고 신속히 증자를 행하여 불안정을 방지하는 조치가 필요하다.

2) 소내 전압 저하

진상 운전을 행하면, 발전기 전압의 저하에 따라 소내 모선의 전압이 저하된다. 소내 모선전압이 저하하면 보조기기용 전동기 토크 부족으로 과부하 상태가 발생된다.

일반적으로 전동기는 10[%]까지의 전압강하를 허용할 수 있지만, 전압변동과 케이블의 전압강하 분을 고려해서 진상시 소내 모선전압은 5[%] 정도의 저하를 한도로 운용하는 것이 바람직하다.

그러므로, 진상 운전의 범위는 발전기 단부 온도상승, 정태 안정 한계 및 발전기용량 곡선에서 우선 허용운전 한계를 구하고, 여기에 대해 적당한 여유를 보아 계통 측에서의 요구량에 균형이 맞는 범위로 해야 한다.

일반적으로 정격 부근의 진상 운전 폭은 안정도 및 온도상승 문제로 저부하 영역의 폭에 비해 적게 하는 것이 보통이다.

2. 발전기의 비정상 운전시 유의사항에 대해서 알아 둡시다.

1) 불평형 부하운전

일반적으로 발전기의 정격은 평형 부하운전에 기초를 두고 결정한다. 즉, 각 상전류의 크기가 동일할 뿐만 아니라 3상 Lines의 부하도 Balance 상태를 유지하는 것이 바람직하다.

불평형 부하 시에는 상전류와 각 선간전압이 불평형 상태가 되어 발전기 측으로 전류가 역류하게 된다.

따라서, 불평형 부하가 점차 증가하면, 발전기 손실도 점차 증가하는데, 발전기 손실 증가의 대부분은 Rotor 표면에서 발생되므로 Rotor는 열을 받게 된다. 그러므로, 부하상태에 따른 고유의 Field Current 크기와 연관하여 주어진 제한값 이내로 억제할 필요성이 있다.

정격전압의 95 ~ 105[%] 범위 내에서 가능출력 곡선 상의 용량은 사고 없이 실제로 낼 수 있다.

그러나, 불평형 부하 운전시 허용 가능출력 부하제한은 가능출력곡선 상의 최대 허용 가능 상전류와 최대 허용 가능 역상전류에 의해 제한된다.

2) 과부하 운전

발전기는 어떠한 경우에도 Name Plate에 표시된 Capability 값을 초과한 상태에서 운전을 하면 안 된다.

발전기는 정격 출력에서 연속적이든 단속적이든 장시간 사고 없이 안전하게 운전되도록 설계되었으며, 순간적인 과부하에 대해서는 어느 정도의 Margin을 두고 설계된다.

3) 계자 상실

만일, 발전기가 여자 상실된 상태로 계속 운전을 하면 과열 상태가 되어 대단히 위험하다.

과열의 정도는 여자 상실 때의 부하 상태에 의해 결정된다. 그러므로, 이와 같은 특수한 상태의 운전은 불가능하다.

계자가 상실되면 발전기는 계통에서 분리되므로 Over Speed 상태가 될 수 있다. 만일, 발전기가 Over Speed 상태로 운전을 하면, Induction Generator와 같은 작용을 한다.

그러므로, 발전기 부하는 발전기의 특성에 따라 감소되고, Armature Current는 증가하고 단자 전압은 감소된다. 또, 이때 Field Current는 최대한 상승된다. 이로 인해 Rotor는 과열된다. 위험한 정도까지 과열되는데 소요되는 시간은 약 2~3초 정도이다.

Field Excitation System 내에는 여자 상실시 발전기를 Trip시키는 보호회로가 설치된다.

참고문헌

1. 송길영, 발전공학/전력계통공학, 동일출판사, 2014
2. 발전기의 운전조작설명서, 2008

11 동기발전기의 발전원리 및 동기발전기가 생산하는 유효전력과 무효전력 특성에 대하여 설명하시오.

📖 본 문제를 이해하고, 기억을 오래 가져갈 수 있는 그림이나 삽화 등을 생각한다.

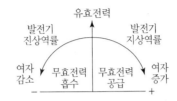

그림 1. 동기 발전기의 무효전력 제어

> **해설**

1. 동기발전기의 발전원리

동기기는 자속 발생부에 해당하는 회전자(rotor)와 권선부에 해당하는 고정자(stator)로 구성되어 있다. 회전자의 계자권선(field winding)에 여자기(exciter)로 직류 전류를 흘리면 이 계자전류(field current)는 회전자를 자석으로 만들어 자계를 형성시키고, 이 때 원동기에 의해 회전자의 축에 기계적 회전력(토크, torque)이 가해지면 회전자가 회전하면서 회전자계(rotating magnetic field)를 만들게 된다. 이 회전자계는 고정자의 권선에 교변하게 되고 이로 인해 식 (1)에 따라 전압이 유기된다. 이 때 고정자의 3상에 해당하는 각 권선은 120° 간격으로 배치되어 있어서 3상 교류전압을 유기시키게 되는 것이다.

$$e = -\frac{d\phi}{dt}[\text{V}] \qquad \cdots\cdots (1)$$

여기서, ϕ는 자속(magnetic flux), e는 유기전압(induced voltage)을 나타낸다. 동기기는 발전기의 극수에 따라 연계계통의 주파수와 일치하는 속도로 구동되어야 한다. 즉, 동기기의 회전자는 연계계통과 동기속도(synchronous speed)로 회전을 해야 한다. 여기서 동기속도란 계통의 주파수(60[Hz])에 해당하는 속도를 의미하며, 발전기의 회전자가 계통 주파수와 일치하는 속도로 회전함을 의미한다. 회전자의 동기속도는 식 (2)와 같이 계통의 주파수 및 발전기의 극수와 관련이 있다. 즉, 발전기가 2극기일 경우 동기속도는 3,600[rpm]이고, 4극기일 경우 동기속도는

1,800[rpm]이 된다.

$$N = \frac{120f}{p}[\text{rpm}] \qquad\qquad \cdots\cdots (2)$$

여기서, N은 회전자의 기계적 동기속도[rpm, 분당 회전수], f는 계통의 주파수[Hz], p는 발전기의 극수를 나타낸다.

2. 동기발전기가 생산하는 유효전력과 무효전력의 특성

2.1 동기발전기의 출력〈06번 문제 참조〉

동기발전기의 출력은 식 (3)과 (4)와 같다.

비돌극기의 경우

$$P = \frac{EV}{x}\sin\delta[\text{W}] \qquad\qquad \cdots\cdots (3)$$

돌극기의 경우

$$P = \frac{EV}{x}\sin\delta + \frac{V^2(x_d - x_q)}{2x_d x_q}\sin 2\delta[\text{W}] \qquad\qquad \cdots\cdots (4)$$

여기서, E는 공칭 유기기전력, V는 단자전압, x는 동기리액턴스, δ는 V와 E 사이의 각(부하각, power angle)을 나타낸다. 즉 원통형 회전자를 가진 발전기(비돌극기)에서는 부하각 δ_m이 90°, 돌극기에서는 δ_m이 60°에서 극한전력이 발생하게 되며, 극한값 δ_m 이상으로 되면 부하각 δ가 증가할수록 출력 P는 감소하는 특성을 가진다.

동기 발전기가 생산하는 유효전력은 원동기의 조속기에 의해 제어되며, 무효전력은 계자의 여자 정도에 따라 제어된다.

> **알아보기 : 조속기와 여자기의 역할**
> 동기 발전기를 계통 주파수와 동기속도로 회전하게 하기 위해서는 회전자의 회전축에 연결된 원동기에 조속기(governor)가 필요하다. 동기 발전기는 원동기가 연소터빈이나 증기터빈일 경우에는 고속, 내연기관일 경우에는 중속, 수력터빈일 경우에는 저속으로 구동된다.
> 동기 발전기의 여자기로는 별도의 전동-발전기 세트, 직접 접속된 자기여자(self-excited) 직류 발전기, 또는 외부전원이 필요 없는 무브러쉬 여자기(brushless exciter) 등이 사용된다.
> 동기 발전기는 계통과 동기화를 시키거나 회전자의 계자전류를 제어하기 위해서 조속기나 여자기와 같이 유도기보다 복잡한 제어장치가 필요하다.

회전자의 축에 더 많은 회전력을 가하면 회전자의 동기성 회전자계(synchronously

rotating field)가 고정자의 일정한 회전자계(fixed rotation of the stator field)
보다 앞서게 하는 경향을 나타내고, 이는 고정자 내에 흐르는 전류를 증가시켜 결과
적으로 계통에 대한 출력 전력을 증가시킨다. 고정자와 회전자의 동기성 회전자계
간의 각도차를 회전각(torque angle)이라 하는데, 이는 동기기에 의해 발전되는
전력의 레벨을 직접적으로 반영한다.

즉, 회전축의 회전력 변화로 인해 회전자의 속도에 어떤 증분(增分, incremental)
의 변화가 생기면 그에 상응하는 회전각의 변화를 유발하고 이는 동기기의 순간출
력에 변화를 가져온다.

2.2 무효전력의 특성

발전기는 전기에너지를 발생함과 동시에 전력계통의 전압을 유지하는데 기여한
다. 발전기는 일반적으로 정격출력에서 85~90[%] 정도의 역률에 상당하는 무효
전력을 공급할 수가 있다. 이 무효전력은 여자전류를 가감해서 제어할 수가 있다.
즉, 여자전류를 증가 → 무효전력의 발생이 증가 → 발전기 단자전압이 상승, 반
대로 여자전류를 감소 → 무효전력의 발생이 감소 → 발전기 단자전압이 저하한
다. 또한 여기서 여자전류를 더 줄이면, 발전기 단자에 있어서의 역률은 진상으로
되어 이번에는 연계계통으로부터 무효전력을 흡수해서 소비함과 동시에 단자전
압을 더욱더 저하시킨다. 이와 같은 특성을 갖는 것이 '터빈발전기의 공급 가능출
력곡선'이라고 한다.

그림 1은 동기 발전기에 대한 무효전력 제어 특성을 나타낸 것이다. 이 그림에
의하면 계자의 여자가 증가하면 동기 발전기는 연계계통에 더 많은 무효전력을
공급한다. 또한, 계자의 여자가 공칭 중간값(nominal midpoint) 이하로 감소하
면 동기 발전기는 연계계통으로부터 무효전력을 흡수한다.

경부하 상태의 경우 계통은 유도성(inductively reactive) 보다는 용량성 무효분
(capacitively reactive)을 더 많이 나타내게 된다. 비록 무효전력 공급이 정상적
인 일반 요건이라 하더라도 이런 경우에는 동기 발전기에서 무효전력을 흡수함이
타당할 것이다.

그림 1은 또한 동기 발전기가 계통에 무효전력을 공급하고 있을 때 해당 발전기
자체는 지상역률로 운전되고 있음을 보여주고 있다. 무효전력을 흡수하고 있을
때에는 동기 발전기의 역률이 진상이 된다.

동기 발전기의 또 다른 장점은 발전기 운영자가 직류 계자전류를 조정함으로써
역률을 제어할 수 있다는 것이다. 동기 발전기는 계자가 별도로 여자되기 때문에
거의 모든 운전 조건에 대하여 지속된 고장전류를 발생시킬 수 있다는 점에 유의
해야 한다.

오늘날 사용되는 대부분의 발전기는 동기기이다. 동기기는 정상운전 상태에서 회전속도가 일정하며 연계계통의 주파수와 동기화되어 운전되는 교류 발전기이다.

추가 검토 사항

◾ 공학을 잘 하는 사람은 수학적인 사고를 많이 하는 사람이란 것을 잊지 말아야 한다. 본 문제에서 정확하게 이해하지 못하는 것은 관련 문헌을 확인해 보는 습관을 길러야 엔지니어링 사고를 하게 되고, 완벽하게 이해하는 것이 된다는 것을 명심하기 바랍니다. 상기의 문제를 이해하기 위해서는 다음의 사항을 확인바랍니다.

1. 동기발전기의 자립운전과 단독운전에 대해서 알아둡시다.

동기 발전기는 계통연계 없이 자립운전(stand alone, 분산형전원이 한전계통으로부터 분리된 상태에서 해당 구내계통 내의 부하에만 전력을 공급하고 있는 상태)할 수도 있고, 계통에 연계하여 운전할 수도 있다. 계통 연계 시 동기 발전기의 출력은 계통의 전압 및 주파수와 정확히 일치해야 한다.

연계계통의 고장 등으로 단독운전 상태가 발생할 경우 신속히 동기 발전기를 계통으로부터 분리시키기 위한 별도의 보호장치를 필요로 한다. 동기 발전기는 계통으로부터 분리되어도 자립운전으로 자체 부하에 전력을 공급할 수 있다는 장점이 있으나, 이 점은 또한 단독운전(islanding : 한전계통의 일부가 한전계통의 전원과 전기적으로 분리된 상태에서 분산형전원에 의해서만 가압되는 상태를 말한다) 발생 등 계통 운영상 불리한 측면으로 작용할 수도 있다.

단독운전(islanding)과 자립운전(stand-alone)의 차이를 다시 말하자면, 단독운전은 그림 2와 같이 한전계통 부하의 일부가 한전계통 전원과 분리된 상태에서 분산형전원에 의해서만 전력을 공급받고 있는 상태를 말하며, 자립운전은 그림 3과 같이 분산형전원이 한전계통으로부터 분리된 상태에서 해당 구내계통 내의 부하에만 전력을 공급하고 있는 상태를 말한다.

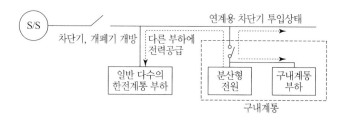

그림 2. 단독운전(islanding) 상태

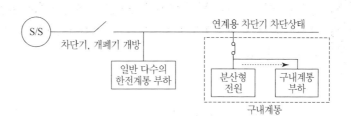

그림 3. 자립운전(stand-alone) 상태

2. '터빈발전기의 공급 가능출력곡선'과 그림 1과의 차이점이 무엇인지 확인해 둡시다.

참고문헌

1. 분산형전원 배전계통 연계기술 Guideline, 한전, 2015.10.23

12 동기발전기의 특성 중 무부하포화곡선과 단락곡선을 설명하고, 곡선상에서 단락
비를 설명하시오. 그리고, 발전기의 단락비가 구조 및 성능에 미치는 영향에 대
하여 설명하시오.

■ 본 문제를 이해하고, 기억을 오래 가져갈 수 있는 그림이나 삽화 등을 생각한다.

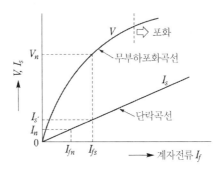

그림 1. 특성 곡선

해설

1. 개요

동기발전기의 특성에 있어서 단락비의 특성은 중요하며, 무부하포화곡선과 단락곡
선의 특성을 이용하여 산정하게 된다.

2. 무부하포화곡선과 단락곡선과의 관계

1) 무부하포화곡선(No-load saturation curve)

동기발전기가 정격속도에서 무부하로 운전하고 있는 경우, 발생 유도기전력은
자속 φ 에 비례한다. 자속은 계자전류에 의해서 정해지므로 무부하 유도기전력과
계자전류의 관계는 그림 1과 같은 곡선으로 나타낼 수 있으며, 동기발전기의 무부
하포화곡선이라고 한다. 이 곡선은 전압이 낮은 부분에서는 유도기전력이 정비례
하여 증가하지만, 전압이 높아짐에 따라 철심의 포화로 인하여 유도기전력을 증
가시키는데 큰 계자전류를 필요로 하므로 포화곡선이 된다.

그림 2는 시험 설치구성도를 나타낸 것이며, 시험절차는 다음과 같다.

① 구동장치(Driving Motor)를 발전기 커플링에 연결한다.

② 발전기 단자(전기자) 개방, 베어링 온도가 안정될 때까지 정격속도(3600[rpm])를 유지한다.

③ 계자를 인가하여 발전기 단자전압 0~120[%]까지 상승시켜 계자전류와 전기자전류를 측정하여 무부하포화곡선을 결정한다.

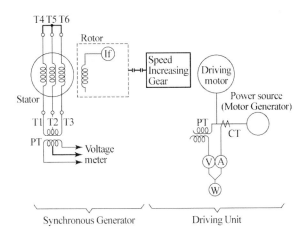

그림 2. 무부하포화시험 설치구성도

2) 단락곡선(Short-circuit curve)

동기발전기의 중성선을 제외한 3단자를 전부 단락시키고 계자전류와 단락전류의 관계를 나타내면 그림 1과 같은 직선이 되는데, 이것을 단락곡선(Short circuit curve)이라 한다. 동기발전기가 정격속도 및 정격전압시 무부하로 운전 중일 때 갑자기 3상 단락을 하면, 그림 1과 같은 단락전류가 흐른다.

단락 직후에는 전기자반작용이 없어서 대단히 큰 전류가 흐르게 되는데, 이것을 돌발 단락전류라고 한다.

시험절차는 다음과 같다.

① 구동장치(Driving Motor)를 발전기 커플링에 연결한다.

② 전기자 3상을 단락시키고 정격속도(3600[rpm]) 유지한다.

③ 계자를 인가하여 전기자 정격전류의 20~105[%]까지 상승시켜 전기자전류와 계자전류를 측정한다.

3) 동기 임피던스

동기 임피던스 Z_s는 편의상 정격전류 I_n[A]에 의한 임피던스 강하 $Z_s I_n$[V]와 정격 유도기전력 E_n[V]와의 비를 백분율로 나타내며, 이 퍼센트 동기임피던스 Z_s는 식 (1)과 같다.

$$Z_s = \frac{Z_s I_n}{E_n} \times 100 = \frac{I_n}{I_s'} \times 100\,[\%] \qquad \cdots\cdots\ (1)$$

3. 단락비(Short-circuits ratio, SCR)의 정의

단락비는 무부하정격속도에 있어서 전기자 정격전압을 발생하는데 요하는 계자전류와 전기자 3상 지속단락의 경우에 전기자 정격전류와 같은 크기의 지속 단락전류를 흐르게 하는데 필요한 계자전류의 비를 말한다.

그림 1의 특성곡선에서 정격전압 V_n[V]를 발생하는데 필요한 계자전류 I_{fs}[A]와 정격전류 I_n[A]를 흘리는데 필요한 계자전류 I_{fn}[A]의 비를 나타낸 것으로 단락비 SCR는 식 (2)와 같다.

$$SCR = \frac{I_{fs}}{I_{fn}} = \frac{I_s'}{I_n} = \frac{100}{Z_s} \qquad \cdots\cdots\ (2)$$

여기서, I_{fs} : 무부하포화곡선상 무부하 정격전압을 유기하는데 요하는 계자전류

$\qquad\quad I_{fn}$: 3상 지속단락곡선상 정격 전기자전류가 흐르는데 요하는 계자전류

샘플 발전소의 터빈발전기 계자전압은 640[V], 계자전류는 3,900[A], 단락비는 0.466이다. 일반적으로 터빈발전기의 단락비는 0.5~0.7 정도이고, 수차발전기의 단락비는 0.8~1.2 이상이다.

4. 단락비가 발전기의 구조 및 성능에 미치는 영향

단락비가 큰 기계는 공극이 크며, 동기임피던스가 작다. 그리고, 전기자반작용이 작으며, 무부하 정격전압을 유기하는데 커다란 계자전류가 필요하며, 계자철심과 동량이 커져서 철기계라고 한다. 장점으로는 다음과 같다.

① 전기자 권선의 권수가 적고, 자속량이 크기 때문에 중량이 무겁다.

② 동이 비교적 적고 철을 많이 사용한다.

③ 전압변동률이 작아진다.

④ 장거리 송전선로를 충전하는 경우에 적합하다.

⑤ 동기리액턴스가 작을수록 출력이 크다.

⑥ 안정도도 크다(그러나, 계통의 리액턴스분이 커지고 있으므로 단락비의 증가로 인하여 안정도의 향상은 좋아지지 않는다)

단락비가 작은 기계의 경우의 특성은 발전기 중량과 선로 충전용량이 작아지고, Ampere 도체수가 증가하며, 고정자 철심 단부의 누설자속 증가의 문제, 전기자 권수가 많아지고, 자속량이 적어서 크기도 작아진다.

5. 단락비의 결정

① 발전기의 계통부하 담당 형태, 선로의 충전용량, 발전기의 자기여자현상 방지, 전력계통의 구성 등의 복합요소에 의해 결정되어야 하므로 발전기 제작사와 협의가 필요하다.

② 송전용 전기설비이용 규정 '별표 8(발전접속 조건)'에서는 다음과 같이 규정하고 있다.

- 100[MW]급 이상의 터빈발전기의 경우 : 0.35 이상
- 수차발전기의 경우 : 1.0 이상

추가 검토 사항

■ 공학을 잘 하는 사람은 수학적인 사고를 많이 하는 사람이란 것을 잊지 말아야 한다. 본 문제에서 정확하게 이해하지 못하는 것은 관련 문헌을 확인해 보는 습관을 길러야 엔지니어링 사고를 하게 되고, 완벽하게 이해하는 것이 된다는 것을 명심하기 바랍니다. 상기의 문제를 이해하기 위해서는 다음의 사항을 확인바랍니다.

1. **발전기 포화특성과의 차이점을 알아둡시다.**

발전기 포화특성이란 발전기가 무부하 정격속도 상태에 있을 때 여자전류를 조정하면서 단자전압을 정격의 약 70~110[%]로 상승시킬 경우 단자전압과 여자전류와의 관계를 말한다.

발전기의 여자전류 단자전압의 관계를 구하는데, 그 목적은 발전기 단자전압의 포화계수를 산정하고, 아울러 공극 선상의 정격전압에 해당하는 발전기 여자전류의 p.u. 기준을 정하는데 이용된다.

2. **발전기에 대한 데이터가 전력계통 해석에 어떻게 적용되는 가를 확인해 둡시다.**

해석 방법	발전기 적용 데이터
고장전류 해석	정확한 발전기 초기과도리액턴스(X'')가 요구
전압안정도 해석	발전기 용량곡선의 무효전력 한계특성 중요
대형 발전단지 과도안정도 해석	정확한 관성정수(H)와 여자시스템의 모델정수 요구
미소 신호 안정도 해석	검증된 전력계통 안정화장치(PSS)의 모델정수 요구
주파수 안정도 해석	검증된 조속기의 속도조정률 모델정수 요구

여기서, 초기과도리액턴스는 발전기 정격속도 운전상태에서 전체의 전기자 자속에 의해 발생되는 전기자 전압의 기본파 교류분 중 급격히 변화하는 초기값을 같은 시간에 전기자 전류의 교류 기본파분의 변화값으로 나눈 것이다. 과도리액

턴스의 허용기준은 설계값의 ±15[%] 이내이며, 샘플발전소 동기발전기의 초기리 액턴스는 X'=0.325, X''=0.258이다.

3. **전기자반작용이 무엇인지 알아둡시다.**

발전기에 부하가 걸려서 전기자 권선에 전류가 흐르면, 기자력이 생겨서 새로운 자속을 발생하여 주자속이 만드는 공극의 자속분포에 변화를 주는 현상을 말한다.

일반적으로 보극을 설치하여 양호한 정류를 할 수는 있으나 전기자반작용에 의해 주자극 밑의 자속 분포의 비틀림을 제거할 수는 없다. 이것 때문에 정류자편 사이의 불꽃이 발생되고, 아크가 발생되어 정류자 전면에 퍼질 수가 있다. 특히나 대용량의 기계나 속도 조정범위가 넓은 직류전동기라면 이런 현상이 심하게 발생된다. 이것을 피하기 위해 주자극의 자극편에 슬롯을 만들고 그 속에 절연된 권선을 넣어서 전기자 도체의 전류와 반대 방향의 전류를 통하여 전기자 기전력을 소멸시켜 준다. 이것을 보상권선이라고 한다.

4. **'전력계통 신뢰도 및 전기품질 유지기준'에서 정하고 있는 제22조(발전기의 출력변동 허용값) 및 제23조(발전기의 주파수 운전 기준)에 대해서 알아 둡시다.**

1) 제22조(발전기의 출력변동 허용값)

전력시장에 신규로 진입하는 발전기의 출력변동 허용치 운영기준은 다음 각 호와 같다. 다만, 제2호의 발전기 출력변동률은 원자재 수급불안 등으로 인하여 부득이 발전기 제작시에 정해진 연료설계범위를 초과 또는 미달하는 연료를 사용하는 경우에는 예외로 할 수 있다.

(1) 경사 변동폭 : 운전 중 기력발전기의 연속적인 출력변동 가능치

(가) 석탄발전소 : 정격용량의 20[%] 이상

(나) 중유발전소 : 정격용량의 20[%] 이상

(2) 발전기 출력 변동률

(가) 석탄발전소 : 정격용량의 3.0[%/분] 이상

(나) 중유발전소 : 정격용량의 4.5[%/분] 이상

(다) 가스터빈 발전소 : 정격용량의 5.0[%/분] 이상

2) 제23조(발전기의 주파수 운전 기준)

전력계통에 접속되는 발전기는 다음 각 호와 같은 주파수 변동 범위에서 운전이 가능하여야 한다.

(1) 60±1.5[Hz] 연속 운전

(2) 58.5~57.5[Hz] 범위에서 최소한 20초 이상 운전상태 유지

참고문헌

1. 송길영, 발전공학, 동일출판사

2. 원충연 외, 전기기계, 동일출판사

3. 김동준, 국내 발전기특성시험의 방법과 중요성, 전기저널, 2015.10

4. 전력계통 신뢰도 및 전기품질 유지기준, 산업통상자원부 제2012-296호, 2012.12.7.

5. Generator Performance Test, 한국기술사회 CPD교육자료, 2014.3

6. 송전용 전기설비이용 규정, 2017

13 가스터빈 발전의 원리와 장단점을 기술하고 가스터빈 복합발전에 대해서 설명하시오.

▪ 본 문제를 이해하고, 기억을 오래 가져갈 수 있는 그림이나 삽화 등을 생각한다.

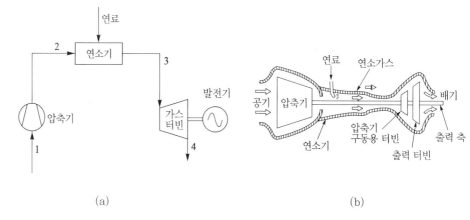

그림 1. 가스터빈의 장치도

해설

1. 개요와 원리

가스터빈발전(Gas turbine power generation)은 가스터빈을 원동기로 사용하여 발전하는 방식이며, 기체(공기 또는 공기와 연소가스)를 압축, 가열한 후 팽창시켜서 기체가 보유한 열에너지를 기계적 에너지로서 끄집어 내는 열기관이다. 가스터빈의 주요 구성요소는 그림 1과 같이 압축기, 연소기, 가스터빈 및 발전기 등으로 구성되고 있다.

동작원리는 공기를 압축기로 압축해서 가열하고, 이 때 발생한 고온, 고압의 기체를 가스터빈에서 팽창시키는 과정에서 터빈을 구동하는 것으로서 압축 → 가열 → 팽창 → 방열의 4과정으로 되어 있다.

2. 장단점 비교

1) 장점

　① 증기터빈 발전보다 구조가 간단하다.

② 시동에 소요되는 시간이 짧다.

③ 기동과 정지가 용이하다.

④ 물처리가 필요없으며, 또한 냉각수의 소요량도 적다.

⑤ 설치장소를 비교적 자유롭게 선정할 수 있다.

⑥ 건설기간도 짧고, 건설비도 적다.

2) 단점

① 가스온도가 높기 때문에 값비싼 내열재료를 사용해야 한다.

② 열효율은 내연력발전소나 대용량의 기력발전소보다 떨어진다.

③ 사이클 공기량이 많기 때문에 이것을 압축하는 데 많은 에너지가 필요하다.

④ 가스터빈의 종류에 따라서는 성능이 외기온도와 대기압의 영향을 받는다.

3. 가스터빈 복합화력발전의 특징

1) 개요와 특징

천연가스나 경유 등의 연료를 사용, 1차로 가스터빈을 돌려 발전하고, 가스터빈에서 나오는 배기가스열을 다시 보일러에 통과시켜 증기를 생산해 2차로 증기터빈을 돌려 발전하는 것이다. 복합화력은 두 차례에 걸쳐 발전을 하기 때문에 장점이 많다.

① 일반화력발전보다 효율이 약 10[%] 높다.

② 석탄과 비교하여 연소가스의 이산화탄소 배출량이 절반 수준이며, 수은이나 황화합물과 같은 유해물질의 배출량이 적어서 친환경발전설비로 분류되고 있다.

③ 최신의 연소기술인 Dry low NOx의 연소방식이 보급되고 있다.

추가 검토 사항

▰ 공학을 잘 하는 사람은 수학적인 사고를 많이 하는 사람이란 것을 잊지 말아야 한다. 본 문제에서 정확하게 이해하지 못하는 것은 관련 문헌을 확인해 보는 습관을 길러야 엔지니어링 사고를 하게 되고, 완벽하게 이해하는 것이 된다는 것을 명심하기 바랍니다. 상기의 문제를 이해하기 위해서는 다음의 사항을 확인바랍니다.

1. 복합화력발전 계통도를 그려보고 확인해 봅시다.

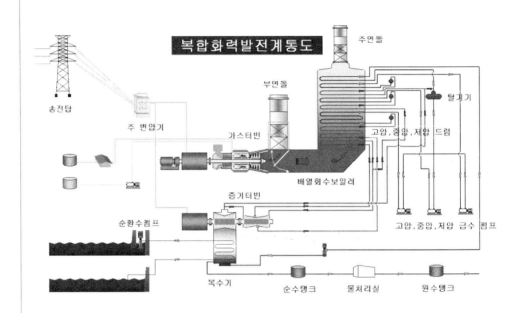

2. 가스엔진과 가스터빈를 비교하여 알아 둡시다.

가스터빈과 가스엔진을 효율 면에서 비교해 볼 때, 발전효율은 가스엔진 쪽이 높으나, 열회수 효율은 가스터빈이 상대적으로 높기 때문에 열부하가 많은 시설에는 가스터빈이 적합함을 알 수 있다.

항목	가스엔진	가스터빈
사용 연료	LNG, LPG, 부생가스	LNG, LPG, 액체연료
규 모	15 ~ 2,000[kW]	500[kW] 이상
폐열회수 방식	온수 또는 증기회수	증기회수
시스템 효율	발전효율 30 ~ 40[%] 열회수효율 40 ~ 45[%] 총효율 70 ~ 80[%]	발전효율 20 ~ 30[%] 열회수효율 50 ~ 60[%] 총효율 70 ~ 80[%]
NOx 발생량	약간 많음	적음
매 연	적음	적음
배가스 온도	400 ~ 500[℃]	400 ~ 500[℃]
소 음	95 ~ 100[dB]	10 ~ 110[dB]
설치면적	크다	적다
가 격	낮다	높다

항목	가스엔진	가스터빈
성 능	• 기동시간이 짧다 • 즉시 부하투입 불가 • 외기 온도변화에 따른 출력의 변화가 적음 • 속도변동률이 커서 전원이 불안정 • 저속회전에 따른 회전관성력이 작아 순간 과부하 흡수가 곤란	• 기동시간이 긴 편임 • 즉시 부하투입 가능 • 외기 온도변화에 따른 출력의 변화가 크다 • 속도변동률이 적어 전원이 안정적 • 고속회전에 따른 회전관성력이 커서 순간 과부하 흡수가 가능

3. 열병합발전소를 이해하고 다른 점을 알아 둡시다.

1) 전기에너지와 열에너지를 단일 열원으로 생산하여 공급

2) 유효 에너지 이용의 극대화 도모(배열 회수 및 활용)

3) 계통 구성 : 가스터빈 발전기+배열회수보일러+증기터빈 발전기+열공급설비

　① 가스터빈 발전기

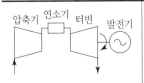

공기압축기로부터 압축된 공기와 연료공급 장치로부터 공급된 LNG가 연소기 내에서 혼합 연소하여 발생된 연소가스를 작동 유체로 하여 발전에 회전력을 전달하여 전기를 생산한다.	

　② 배열회수 보일러

　　가스터빈과 증기터빈 사이에 설치되어 가스터빈 배기가스 중의 열에너지를 흡수하여 증기에너지로 변환시키는 설비이며, 발생된 증기는 증기터빈으로 유입된다.

　③ 증기터빈 발전기

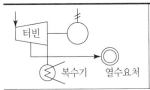

배열회수 보일러에서 보내진 증기로 터빈을 회전시켜 발전하여 전기를 생산한다.
터빈을 회전시키고 남은 열은 열공급설비로 다시 보내진다.

4) 효율 비교

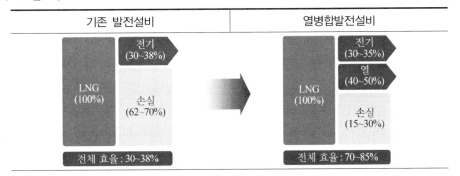

참고문헌

1. 송길영, 발전공학, 동일출판사
2. 발전설비 안전점검 및 사고예방에 관한 연구, 지식경제부
3. 신동원, 열병합 발전설비 전기계획 설계, 전기기술인, 2017.01

14 마이크로 가스터빈발전에 대해서 설명하시오.

• 본 문제를 이해하고, 기억을 오래 가져갈 수 있는 그림이나 삽화 등을 생각한다.

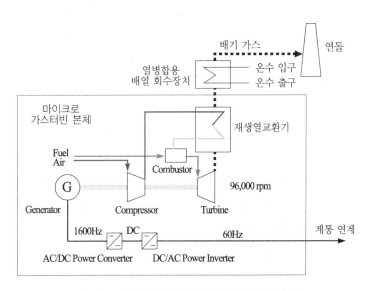

그림 1. 마이크로 가스터빈발전시스템 구성도

해설

1. 마이크로가스터빈발전의 개요

일반적으로 마이크로 가스터빈이라고 하는 것은 가스터빈과 발전기, 제어장치가 하나의 패키지로 된 출력 200[kW] 정도 이하의 가스터빈발전시스템을 말한다.

2. 특징

1) 열효율 향상

최대의 특징은 '재생사이클'이라는 시스템을 채용하여 열효율의 향상을 도모하고 있는 점이다. 가스터빈의 배기가스는 일반적으로 500[℃] 이상의 고온으로 그대로 방출하면 열손실이 대단히 커지는데, 가스터빈을 사용한 열병합발전에서는 이 배기가스의 열로 증기를 만들어 가스터빈과 증기터빈의 양쪽 힘으로 발전하여 열효율을 높이고 있다. 그림 1에서 연소기에 들어가기 전의 공기를 배기가스와 열교환하여 예열함으로써 연소기에 투입하는 연료의 양을 저감시키는 방법으로 열효율을 높이고 있다. 기존 소형 가스터빈의 열효율(저위발열량 기준 15[%] 내외)을 재생사이클을 채용함으로써 열효율을 25~30[%] 정도로 개선하고 있다.

2) 기존의 윤활유 계통이 없다.

단일축으로 연결된 압축기와 터빈 사이에 '공기베어링'이 적용되어, 로터가 회전할 때 스스로의 회전력에 의해 로터와 베어링과의 사이에 공기 막을 형성하여 로터를 부상시킨다는 것이다. 따라서, 기존의 오일 윤활유 계통이 필요없어 설비가 간단해지고, 정비가 필요하지 않으며 운전의 신뢰성도 함께 높아진다.

3) '인버터' 기술을 활용하여 감속기를 생략한다.

일반적인 소형 가스터빈발전에서는 1분간에 수만 회전하는 가스터빈의 회전수를 발전기와 가스터빈 간에 감속기를 설치하여 60[Hz]로 하고 있는데, 마이크로 가스터빈에서는 1분간에 수만회전하는 가스터빈의 회전을 직접 발전기에 전달하는 방식을 채용하고 있다. 발전기는 고주파의 교류전력을 발생시키는데 이것을 일단 직류화하고 인버터를 사용하여 60[Hz]의 교류로 변환시키기 때문에 회전수에 제한을 받지 않는 운전이 가능해지는 것이다. 따라서, 감속기가 불필요하여 설비가 매우 간단해지고 소형화될 수 있다.

3. 적합 장소

마이크로가스터빈(Micro Gas Turbine : MGT)은 잦은 윤활제 교환을 필요로 하는 부품들을 가지고 있지 않다. 일부 MGT는 공기베어링을 사용하고 공기냉각방식을 적용하므로 유해한 윤활제와 냉각제를 전혀 필요로 하지 않는다. 어떤 상황에서든 MGT는 대형 발전소처럼 최대출력을 내면서 오랜 기간 동안 연속적으로 운전할 수 있고, 비슷한 용량을 가진 기존의 왕복엔진 발전기와 비교할 때 아주 드물게 정기적인 유지보수를 필요로 한다. 이러한 특징으로 인하여 MGT는 안정적인 고급전력을 필요로 하는 곳에 아주 적합하다.

4. 시장 전망

1) MGT 열병합발전은 기존의 가스엔진열병합발전에 비하여 저공해 및 저소음의 특성과 함께 크기가 현저히 작아서 설치장소의 제약을 덜 받기 때문에 인구밀집지역이나 도심지 등에서 선호도가 높다.

2) NOx 배기 규제치가 전국적으로 50[ppm]으로 제한됨에 따라 왕복동식 가스엔진 열병합발전시스템으로는 배기규제를 만족시키기 힘들고, 점차 강화되는 배기규제치 때문에 MGT 열병합발전시스템이 이를 대체할 것으로 예상한다.

3) 현재 개발되어 있는 1세대 65[kW] MGT 열병합발전시스템은 단위 건물용으로 활용하며, 2세대 개발 중에 있는 200[kW]급 MGT 열병합발전시스템은 바이오가스를 연료기반으로 대형 건물, 아파트 단지 등 집단 주거용 및 공업, 농축 산업용 열병합발전설비로 활용될 전망이다.

추가 검토 사항

공학을 잘 하는 사람은 수학적인 사고를 많이 하는 사람이란 것을 잊지 말아야 한다. 본 문제에서 정확하게 이해하지 못하는 것은 관련 문헌을 확인해 보는 습관을 길러야 엔지니어링 사고를 하게 되고, 완벽하게 이해하는 것이 된다는 것을 명심하기 바랍니다. 상기의 문제를 이해하기 위해서는 다음의 사항을 확인바랍니다.

1. 대표적인 마이크로터빈의 제작회사와 규격을 알아 둡시다.

제작회사	Capstone Turbine (미국)	Honeywell Power Systems (미국)	Eliott Energy Systems (미국)	IRES(Igersot –Rand Energy Systems) (미국)	Turbec (스웨덴)
발전출력[kW]	28	75	80	70	100
발전효율 (저위발열량 기준) %	26	28.5	29	33	30
기본 구성	1축 인버터	1축 인버터	1축 인버터	2축 유도발전기	1축 인버터
터빈회전수[rpm]	98,000	65,000	68,000	–	70,000
본체중량[kg]	489	1,540	1,800	1,360	1,360

참고문헌

1. 200[kW]급 마이크로가스터빈 열병합발전시스템의 상용화, 에기평
2. 대표적인 마이크로가스터빈의 주요 사양, 월간 전기기술, 2000

<table>
<tr><td>**15**</td><td>석탄가스화 복합발전(IGCC)에 대해서 설명하시오.</td></tr>
</table>

■ 본 문제를 이해하고, 기억을 오래 가져갈 수 있는 그림이나 삽화 등을 생각한다.

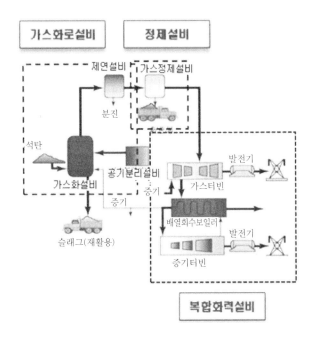

그림 1. 석탄가스화 복합발전시스템 구성도

해설

1. 석탄가스화 복합발전의 개요

석탄가스화 복합발전(Integrated Gasification Combined Cycle : IGCC)은 석탄을 고온·고압에서 일산화탄소(30~60%), 수소(25~30%)가 주성분인 가스로 제조·정제해서 우선 이것을 연소시켜 가스터빈발전을 하고, 다음에 가스화시 발생한 열과 가스터빈 배기가스 열에 의해 발생된 증기를 이용해서 증기터빈을 구동하는 복합발전을 하는 2단계 발전시스템이며, 미래 친환경 발전기술이다.

2. 원리 및 구성

기본 원리는 복합사이클 화력발전과 같으며, 그림 1과 같이 가스화로설비, 정제설비
와 복합화력설비로 구성된다. 다만 연료의 공급에 있어서 석탄을 가스화하는 공정
이 추가될 뿐이다.

3. 특징

1) 발전효율의 향상

석탄을 곱게 갈아 불태우는 기존 미분탄화력 방식에 비해 발전효율이 매우 높다.
발전효율은 40~45[%] 정도이다.

2) 환경성 우수

석탄을 태울 때 나오는 환경오염원인 황산화물(SO_x), 질소산화물(NO_x)과 먼지
를 기존 대비 20[%] 수준으로 줄일 수 있다. 온실가스인 이산화탄소도 종전보다
10~15[%] 덜 배출한다.

3) 사용연료의 이용 확대 및 연료사용량의 저감

저질탄, 바이오매스, 폐기물 등 다양한 연료를 사용할 수도 있고, 연료사용량을
줄일 수 있다.

4) 수소 생산 응용

석탄액화연료(CTL), 합성천연가스(SNG), 수소 등을 생산하는데 응용할 수도 있
으며, 수소를 사용하여 연료발전시스템에도 응용 가능하다.

4. 국내외 적용 현황

현재 IGCC 플랜트는 미국, 네덜란드, 스페인, 일본에서 30만[kW]급 5기가 운전되고
있다. 국내에서는 2011. 12월 확정된 제5차 전력수급계획에 따라 2016년 태안, 2017
년 영남, 2019년 군장에서 각각 30만[kW]급 IGCC를 건설할 예정이다. 이로써 우리
나라는 세계 5번째로 IGCC 실증플랜트를 건설·운영하는 나라로 기록될 전망이다.
그림 2는 태안 IGCC 조감도를 나타낸 것이며, 태안 IGCC 실증플랜트의 ▲설계와
제작기술개발은 두산중공업이 맡았으며, ▲실제 제작과 건설, 시운전은 서부발전이
▲운영기술 개발은 현대중공업이 각각 담당한다. 총사업비는 약 1조 4334억원이
들어간다.

그림 2. 태안 IGCC 발전소 조감도

추가 검토 사항

📊 공학을 잘 하는 사람은 수학적인 사고를 많이 하는 사람이란 것을 잊지 말아야 한다. 본 문제에서 정확하게 이해하지 못하는 것은 관련 문헌을 확인해 보는 습관을 길러야 엔지니어링 사고를 하게 되고, 완벽하게 이해하는 것이 된다는 것을 명심하기 바랍니다. 상기의 문제를 이해하기 위해서는 다음의 사항을 확인바랍니다.

1. 석탄 중 함유된 유황분은 양적으로 가장 큰 오염원이며, 연소 배기가스 중에 나타나는 황산화물(SOx)은 주로 SO_2의 형태로서 이를 억제하기 위한 방법을 들고 설명해 봅시다.
   - 연소 전 처리방법인 석탄정제법(Coal cleaning)
   - 연소 중 탈황방법인 석회석 등을 이용한 유동층 연소방법
   - 연소 후 처리방법인 배연탈황법(Flue Gas Desulfurization)

등이 있으며, 이 중에서 배연탈황기술이 가장 널리 보급되어 상용화되어 있다. 배연탈황설비의 동작원리는 다음과 같다.

① 보일러 연소시 생성된 배기가스에는 아황산가스(SO_2)가 함유되어 있다.

② 아황산가스와 석회석 슬러리를 접촉시키면 석회석이 아황산가스 성분을 흡수하는 화학반응을 일으켜 석고로 바뀌게 된다.

③ 탈황설비는 석회석 슬러리와 배기가스를 효과적으로 접촉시켜 아황산가스와 먼지 등의 공해물질을 제거하고 부산물로 재활용 가능한 고순도 석고를 생산하게 된다. 아황산가스의 제거효율은 90[%] 이상이다.

2. 일반 석탄화력발전과 IGCC발전과의 환경오염물질의 배출량을 비교하면 다음과 같다.(단위 : g/kWh)

구분	일반 석탄화력발전	IGCC 발전
이산화탄소	762	639
황산화물	0.32	0.03
질소산화물	0.26	0.19
수은	0.05	0.02

※ 탄소포집저장장치 미설치 기준,   출처 : 미국에너지부(DOE)

3. 최근의 IGCC기술을 알아봅시다.

석탄, 중질잔사유 등의 저급원료를 고온·고압의 가스화기에서 수증기와 함께 한 정된 산소로 불완전연소 및 가스화시켜 일산화탄소와 수소가 주성분인 합성가스를 만들어 정제공정을 거친 후 가스터빈 및 증기터빈 등을 구동해 발전하는 신기술이다.

우리나라는 충청남도 태안에 국내 최초로 300MW급 태안IGCC 실증플랜트를 지난 2016년 8월 준공한 후 성공적으로 운영해 오고 있다. 현재는 전 세계적으로도 미국, 일본 등 7개국에서만이 설비를 운영하고 있다.

IGCC의 핵심기술인 석탄가스화에 의해 생산된 합성가스는 발전시스템에 이용하는 것뿐만 아니라 합성천연가스(SNG, Synthetic Natural Gas, 메탄), 석탄액화석유(CTL, Coal To Liquid), 수소 및 암모니아, 메탄올, 요소 등 화학원료 생산이 가능해 병산(Poly-Generation) 시스템을 구축할 경우 투자비 절감과 에너지 효율 향상의 두 마리 토끼를 잡을 수 있게 된다.(전기신문 2020.7.13.)

참고문헌

1. 차세대 친환경발전기술, IGCC, 전기신문, 2012.3
2. 서부발전, IGCC 실증플랜트 착공, 전기신문, 2011.11
3. 임희천, 석탄가스화 연료전지발전(IGFC) 기술 개요 및 전망, 대한전기협회, 2014.4
4. IGCC(가스화복합발전), 전기신문, 2020.7.13

16

석탄가스화 연료전지 복합발전(IGFC)에 대해서 설명하시오.

■ 본 문제를 이해하고, 기억을 오래 가져갈 수 있는 그림이나 삽화 등을 생각한다.

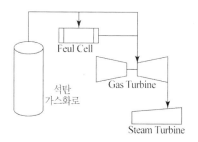

그림 1. IGFC 복합발전시스템 구성도

해설

1. 석탄가스화 연료전지 복합발전의 개요

석탄가스화 연료전지 복합발전(IGFC, Integrated Gasification Fuel Cell Combined Cycle) 방식은 석탄을 부분 연소시켜 가스화한 후 생성된 석탄가스를 이용하여 가스터빈, 연료전지를 구동 발전하고, 발전 후 나오는 배열(폐열)을 이용하여 스팀 터빈을 구동하는, 즉, 단일 연료를 사용해 3가지 발전 방식으로 운용되는 복합발전 시스템이며, 미래 친환경 발전기술이다.

2. 원리 및 구성

기본 원리는 복합사이클 화력발전과 같으며, 그림 1과 같이 가스화로설비, 연료전지 발전설비, 가스터빈과 증기터빈으로 구성된다. IGCC 복합발전에 비해서 연료전지 발전시스템이 추가된다.

석탄가스화로는 가스화 반응을 일으키는 반응로이다. 이는 반응로 내에서 산소 부족에 의한 불완전 연소를 유도하는 것으로 가스화 반응에 따라 석탄이 고온·고압에서 산소와 반응하여 가연성 가스로 변화된다.

연료전지 발전은 연료가 가지는 화학에너지를 전기화학 반응을 통해 공기 중의 산소와 결합시켜 물과 전기를 발생하는 직접 발전 방식이다. 직접발전 방식으로 에너지 변환 효율이 높으며, 연소반응이 없어 환경친화적인 발전방식이다.

3. 특징

1) 발전효율의 향상

미분탄 연소의 최신 기술인 초초임계압 보일러를 이용하여 발전하는 경우 발전효율을 41[%] 정도 얻을 수 있다. 또한, 현재 최신 복합발전 기술에 해당하는 IGCC(1500[℃] 급)인 경우에도 46[%]에서 48[%](Net 기준) 정도를 얻을 수 있으나, IGFC를 적용하는 경우에는 Net 기준 55[%] 이상의 전기효율을 얻을 수 있다.

2) 환경성 우수

현재 미분탄 화력을 기준으로 한다면, CO_2 발생을 25[%] 이상 저감할 수 있는 가장 환경친화적인 발전 방식이다.

3) 가장 환경친화적인 발전설비

IGFC 시스템 내에 설치된 정제시스템을 통하여 사전에 SOx나 NOx, 분진 등을 제거함으로써 가장 환경친화적인 발전 설비로 운영할 수 있다.

4) 저온형 연료전지의 사용 제한

IGFC 발전방식은 수소(H_2), 일산화탄소(CO)가 주성분인 석탄가스를 연료전지에 적용하기 때문에 CO 피독성이 없고, 연료로 사용이 가능한 고온형 연료전지를 선택해야 함은 물론 여러 종류의 불순물을 엄격하게 제거해야 할 필요성이 전제된다. 이러한 이유로 CO 및 유황 피독성이 큰 저온형 연료전지인 고분자 전해질 연료전지(PEMFC, Proton-exchange Membrane Fuel Cell) 및 인산형 연료전지(PAFC, Phosphoric Acid Fuel Cell)는 IGFC 적용에 있어 커다란 제한이 따르게 된다.

연료전지는 전해질 및 운전 온도에 따라 다양한 형태로 구분되는데, 석탄을 가스화한 연료를 사용할 수 있는 연료전지는 고온형 연료전지인 MCFC(용융탄산염, Molten Carbonate Fuel Cell)와 SOFC(고체산화물, Solid Oxide Fuel Cell)가 있다. 이는 석탄가스 주성분인 수소 및 일산화탄소를 연료로 사용하는 것이 가능하기 때문이다. 반면 저온형 연료전지인 PEMFC 및 PAFC는 내부에 있는 촉매의 CO 피독성으로 사용에 제한이 따르게 된다.

5) CCS 기술 접목 가능

CCS(Carbon Capture & Storage) 기술 등을 접목할 경우 석탄을 활용한 고효율 청정 복합발전을 실현할 수 있다.

4. 석탄가스화 연료전지의 종류

1) 석탄가스화 MCFC 시스템

(1) 외부개질형 MCFC 시스템

MCFC는 Anode Recycle을 통하여 탄소 석출을 방지하고 공기극에서 필요로 하는 이산화탄소는 연료극에서 CO_2 Recycle을 통하여 공급 받는다. 이러한 IGMCFC 시스템에서는 석탄가스 이용 시 석탄 가스화로 형태에 따라 생성가스 구성 성분이 차이가 나기 때문에 가스정제 설비도 가스 조성에 따라 성능에 크게 영향을 미치게 된다.

(2) 내부개질형 MCFC 시스템

– MCFC용 연료 : 메탄(CH_4)를 사용

– 석탄가스로부터 메탄화 하고 다시 이를 수소와 이산화탄소로 만들어 반응에 사용해야 하기 때문에 전체적으로 외부개질 MCFC를 사용하는 것보다도 종합효율이 크게 저하되어 경제성이 낮다.(현재 상업화가 가장 앞서 있다)

2) 석탄가스화 SOFC 시스템

연료전지를 SOFC로 대체하는 경우 MCFC와 비교하여 커다란 차이는 없다. 그러나 MCFC 운전온도가 SOFC 보다 낮고, 전해질 내 전하 이동 매체가 MCFC는 탄산이온(CO_3), SOFC는 산소이온 O_2라는 점에서 설비의 간소화가 가능하고, 고온의 배 가스를 이용할 수 있어 효율이 높은 IGFC 발전 시스템 구성이 가능하다. SOFC는 아직 실용 시스템 개발 규모로 전지 개발에 따른 지속적인 검토가 필요하다.

추가 검토 사항

▪ 공학을 잘 하는 사람은 수학적인 사고를 많이 하는 사람이란 것을 잊지 말아야 한다. 본 문제에서 정확하게 이해하지 못하는 것은 관련 문헌을 확인해 보는 습관을 길러야 엔지니어링 사고를 하게 되고, 완벽하게 이해하는 것이 된다는 것을 명심하기 바랍니다. 상기의 문제를 이해하기 위해서는 다음의 사항을 확인바랍니다.

1. 연료전지의 종류와 특징에 대해서 간단히 알아둡시다.

종류/특징	저온형		고온형			
구 분	용융탄산염 (MCFC)	고체산화물 (SOFC)	인산염 (PAFC)	알칼리 (AFC)	고분자전해질막 (PEMFC)	직접메탄올 (DMFC)
전 해 질	탄산염	세라믹	인산염	알칼리	이온교환막	이온교환막
작동온도[℃]	550~700	600~1000	150~250	50~120	50~100	50~100
주 촉 매	Perovskites	니켈	백금	니켈	백금	백금
효 율	80	85	70	85	75	40
용 도	발전용	발전용	중소건물	특수용 (우주선)	수송용, 가정용	휴대용

※ 자료 : 신재생에너지의 이해

2. 석탄가스화 복합발전(IGCC, Integrated Gasification Combined Cycle) 방식의 구성도와 차이점을 알고 있나요.

그림 2는 석탄가스화 복합발전시스템 구성도를 나타낸 것이며, 석탄가스화 복합발전(Integrated Gasification Combined Cycle : IGCC)은 석탄을 고온·고압에서 일산화탄소, 수소가 주성분인 가스로 제조·정제해서 우선 이것을 연소시켜 가스터빈발전을 하고, 다음에 가스화시 발생한 열과 가스터빈 배기가스 열에 의해 발생된 증기를 이용해서 증기터빈을 구동하는 복합발전을 하는 2단계 발전시스템이며, 미래 친환경 발전기술이다.

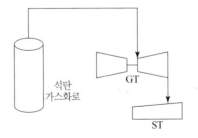

그림 2. 석탄가스화 복합발전시스템의 구성도

참고문헌

1. 임희천, 석탄가스화 연료전지발전(IGFC) 기술개요 및 전망, 전기저널, 2014.4
2. 차세대 친환경발전기술, IGCC, 전기신문, 2012.3
3. 연료전지산업의 용도별 개발현황 및 향후 전망, 산업이슈

17 화력발전소의 환경대책설비에 대해서 설명하시오.

■ 본 문제를 이해하고, 기억을 오래 가져갈 수 있는 그림이나 삽화 등을 생각한다.

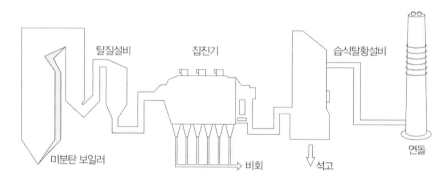

그림 1. 탈질, 집진기, 탈황설비 구성도

해설

1. 개요

일반적으로 화력발전소가 환경에 미치는 공해로서는 굴뚝으로부터 배출하는 회, 유해가스 외에 복수기로부터 온배수, 석유에 의한 해수의 오염, 발전소 운전 시의 소음 등을 들 수 있다. 한편 석유를 연료로 할 경우에는 배출될 아황산가스(SO_2), 질소산화물(NO_2)이 문제가 된다.

2. 환경대책설비의 종류와 특징

2.1 집진장치

1) 개요 : 굴뚝으로부터 나가는 배기에 미진이 포함되므로 이를 제거하기 위한 집진장치가 필요하다.

2) 종류

(1) 전기식 : 배기가스로부터 그을림, 분진 등의 분리포집장치로서 현재 가장 많이 사용되고 있는 것은 전기식 집진장치인 코트렐식 집진장치(Cottrell Dust Precipitator)이다. 이 장치는 평판, 파형판, 쇠그물 등을 접지한 집

진극을 양극으로 하고, 중앙에 절연시킨 피아노선을 두고, 이것을 음극으로 한다. 이들 사이에 30,000~60,000 V의 직류전압을 걸고, 여기에 연소가스를 통과시키면 희립자는 부로 회전해서 집진극에 흡착된다.

이 장치에서는 아주 미세한 입자까지도 흡착할 수 있으나, 그 반면 이를 위해서는 가스의 유속은 3 m/s 이하로 해야 하기 때문에 용적을 크게 해야 한다는 결점이 있다.

전기집진기에는 건식과 습식으로 구분된다. 건식 집진기와 기본적인 차이점은 습식설비의 경우 가스의 온도가 이슬점이거나 이슬점보다 낮은 환경에서 사용하며, 집진판의 집진물의 제거방법도 간헐적으로 물이나 기타 액체로 씻어낸다는 것에 차이가 있다.

(2) 기계식 : 원심분리식의 사이크론 집진장치가 있다. 사이크론은 원심력을 이용하여 배기가스 중의 입자상 물질을 분리하여 처리하는 장치이다. 원리는 배기가스를 사이크론의 입구로 유입시켜 선회류(Vortex)를 형성시키면 입자들이 사이크론의 원통과 원추 부분의 내부벽을 따라 미끄러지듯이 내려가면서 입자는 호퍼로 포집되어지고 처리된 가스는 외부로 배출된다.

2.2 황산화물 저감기술

석탄 중 함유된 유황분은 양적으로 가장 큰 오염원이며, 연소 배기가스 중에 나타나는 황산화물(So_x)은 주로 SO_2의 형태로서 이를 억제하기 위한 방법을 들면 다음과 같다.

- 연소 전 처리방법인 석탄정제법(Coal Cleaning)
- 연소 중 탈황방법인 석회석 등을 이용한 유동층 연소방법
- 연소 후 처리방법인 배연탈황법(Gas Desulfurization)

이 중에서 배연탈황기술이 가장 널리 보급되어 상용화되어 있다. 배연탈황설비의 동작원리는 다음과 같으며, 그림 2는 구성도를 나타낸다.

① 보일러 연소 시 생성된 배기가스에는 아황산가스가 함유되어 있다.

② 아황산가스와 석회석 슬러리를 접촉시키면 석회석이 아황산가스 성분을 흡수하는 화학반응을 일으켜 석고로 바뀌게 된다.

③ 탈황설비는 석회석 슬러리와 배기가스를 효과적으로 접촉시켜 아황산가스와 먼지 등의 공해물질을 제거하고, 부산물로 재활용 가능한 고순도 석고를 생산하게 된다. 아황산가스의 제거효율은 90 % 이상이다.

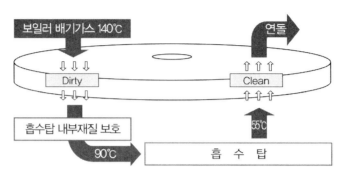

그림 2. 탈황설비 구성도

2.3 질소산화물 저감기술

1) 개요

질소산화물은 모든 종류의 연료 연소에서 발생하며, 특히 석탄의 경우에는 생성 기구가 복잡하기 때문에 배출 억제가 힘들다. 또한, 질소산화물은 황보다는 미량 오염물이며, 규제치가 낮기 때문에 정교한 탈질 효율의 제고가 중요하다.

2) 방지 대책

연소과정에서 NOx 생성을 억제하는 저 NOx 연소기술 및 연소 후 배기가스에서 NOx를 제거하는 탈질기술로 구분되며, 현재 화력발전소에서는 배기가스 재순환, 저과잉공기 연소, 2단 연소 및 저NOx 버너 설치 등의 저NOx 기술을 단독 혹은 2가지 이상의 기술을 조합하여 사용함으로써 배출규제값을 준수하고 있다.

2.4 이산화탄소 저감기술

전력산업에 발생하는 주요 온실가스인 이산화탄소 저감기술로서는 이산화탄소 배출 자체를 억제하는 방안과 배출된 이산화탄소를 처리하는 기술이 있다.

이산화탄소 발생 억제기술로는 에너지이용효율 향상방안, 적정 에너지 선정 및 신발전기술이 있으며, 이산화탄소 처리기술로는 이산화탄소 제거기술, 이산화탄소 고정화기술 등이 있다.

> **추가 검토 사항**

■ 공학을 잘 하는 사람은 수학적인 사고를 많이 하는 사람이란 것을 잊지 말아야 한다. 본 문제에서 정확하게 이해하지 못하는 것은 관련 문헌을 확인해 보는 습관을 길러야 엔지니어링 사고를 하게 되고, 완벽하게 이해하는 것이 된다는 것을 명심하기 바랍니다. 상기의 문제를 이해하기 위해서는 다음의 사항을 확인바랍니다.

1. 발전원별 이산화탄소 배출발생량을 알아둡시다.

[단위 : g(탄산가스 환산값)/kWh]

구분	석탄	석유	LNG	태양광	조력	풍력	지열	원자력	소수력
발생량	295	204	181	55	35	20	11	8	6

2. 순환유동층보일러(CFBC)의 특징을 알아보고, 유동층 보일러를 채택하게 되면 탈질설비와 탈황설비는 설치하지 않아도 됨으로써 화력발전소의 투자비 및 운영비를 약 30% 절감할 수 있는 효과가 있다. 그림 3은 유동층보일러 채택 시의 구성도를 나타낸다.

① 석탄 완전 연소 시까지 노내 순환

② 연료 석탄의 유연성 : 미분탄 보일러 사용 불가 석탄의 연소가 가능하다.

③ 석탄 구매 범위가 대폭 완화

④ 주기기 제작사 선택폭의 한계(단위용량 최대 500 MW 한계)

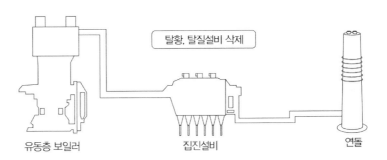

그림 3. 유동층보일러 채택 시의 구성도

참고문헌

1. 차세대 친환경발전기술, IGCC, 전기신문, 2012.3

2. 서부발전, IGCC 실증플랜트 착공, 전기신문, 2011.11

3. www.kc-cottrell.com

4. 노건수, 탈황설비 운전개선사례, 대한전기협회 워크샾, 2012.4.9

18 초초임계압이 적용된 석탄화력발전의 구성기기에 대한 특징에 대해서 설명하시오.

📰 본 문제를 이해하고, 기억을 오래 가져갈 수 있는 그림이나 삽화 등을 생각한다.

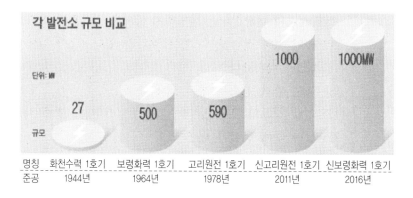

각 발전소 규모 비교

단위: ㎿

규모	27	500	590	1000	1000MW
명칭	화천수력 1호기	보령화력 1호기	고리원전 1호기	신고리원전 1호기	신보령화력 1호기
준공	1944년	1964년	1978년	2011년	2016년

그림 1. 발전소 종류별 발전용량 비교

해설

1. 초초임계압 기술 개요

고온 고압 증기를 사용하여 기존 석탄화력발전에 비해 효율 향상과 용량을 증대시킨 고효율/대용량 발전기술을 말하며, 최근 해외에서 건설 중인 USC(Ultra Super Critical) 발전소는 대부분 600[℃] 이상, 1,000[MW]급으로 대용량, 고효율화를 추구하고 있다.

표 1. 1,000MW USC 발전효율 비교

발전소 명칭(국가)	용량(MW)	증기조건(압력/주증기/재열증기) (kg/cm²/℃/℃)	Net Thermal Efficiency(%)
Tachibanawan #1,2(일본)	1,050	256/600/610	42.1
Tanners Creek #4(미국)	580	246/538/552/566	39.8
Niederaussem K(독일)	1,000	278/580/600	42~43
USC 화력발전 플랜트(한국)	1,000	265/610/621	Min. 44

국내의 경우 현재 가동 중인 최고효율의 발전소는 500[MW], 566[℃]/593[℃]급이 며, USC 발전소의 경우는 1,000[MW], 610[℃]급이다. 표 1은 1,000[MW] USC 발 전효율을 비교한 것이다.

2. 초초임계압 기술을 적용하는 석탄화력발전의 개요와 특징

2016년과 2017년 각각 준공할 예정인 신보령 1·2호기는 국내 기술로는 처음 짓는 1000[MW](메가와트·100만[kW])급 석탄화력발전소이며, 기존 설비보다 발전 능 력이 2배로 늘어난 비결은 초초임계압(USC) 기술 덕분이다.

500MW급인 보령 7·8호기와 비교했을 때 신보령 1·2호기의 증기 온도는 566~ 593[℃]에서 610~621[℃]로 올라갔고, 압력은 246[kg/cm²]에서 256[kg/cm²]으 로 높아졌다. 일반적으로 증기 온도가 10[℃] 오르면 열에너지를 전기에너지로 바꾸 는 발전 효율은 0.5[%]가 높아지고, 압력이 10[kg/cm²] 높아지면 효율은 0.2[%]가 오른다. 그리고, "USC 기술을 적용하면서 발전 효율은 41.4[%]에서 44.1[%]로 높아 진다."고 한다. 이 발전시스템은 미래 친환경 발전기술이다.

3. 신형 석탄화력 발전의 주요 구성기기의 특징 비교

석탄화력 발전의 주요 구성기기의 기능을 들고, 초초임계압을 적용한 구성기기별 성능 향상 사항을 들면 다음과 같다.

구성	기능	특징
보일러	부두에서 석탄을 하역하여 저탄장에 쌓고, 저탄장에서 컨베이어벨트를 이용해 이동 후, 미분기에서 석탄을 곱게 분쇄, 보일러에 공급된 석탄이 물을 끓여 고온 고압의 증기를 생산	– 보일러 용기 재질인 스테인리스강의 크롬 비율을 기존 9~18[%]에서 18~25[%]로 높임. – 초초임계압(USC : Ultra Super Critical) 기술 적용
발전기	터빈의 회전력이 발전기 내의 회전자를 돌림. 회전자가 회전하면서 고정자에서 22[kV] 교류 전기가 생산	출력 500[MW]에서 1000[MW]로 상승
터빈	보일러에서 물을 끓여 만든 고온 고압의 증기가 고압터빈–저압터빈의 날개를 고속으로 회전시킴. 터빈은 1분에 3600회(3600[rpm]) 회전하며 회전력을 만들어 냄	– 세계 최대의 화력발전용 직렬형 터빈 – 날개(블레이드) 등의 재질을 스테인리스강에서 강도가 높은 인코넬(니켈합금강)로 교체

초초임계압 보일러의 장점을 들면 다음과 같다.

① 고효율 : 발전 효율도 높고, 비용도 줄어든다.

② 친환경 : 이산화탄소, 이산화황 등 유해물질 줄어든다.

③ 안정성 : 고온 고압에 견디는 능력이 높아진다.

④ 저급탄 사용 : 값싼 석탄도 사용 가능하다.

4. 초임계압 및 초초임계압 적용 신형 석탄화력발전의 성능 비교

구분	초임계압(SC)	초초임계압(USC)
발전 규모	500 MW	1000 MW
발전 효율	41.4 %	44.1 %
증기 온도	593 ℃	620 ℃
증기 압력	246kg/㎠	256kg/㎠
이산화탄소 배출량	780 g/kWh	710 g/kWh
이산화황 배출량	2.2 g/kWh	2.0 g/kWh
발전 단가	47.8 $/MWh	46.9 $/MWh

추가 검토 사항

📥 공학을 잘 하는 사람은 수학적인 사고를 많이 하는 사람이란 것을 잊지 말아야 한다. 본 문제에서 정확하게 이해하지 못하는 것은 관련 문헌을 확인해 보는 습관을 길러야 엔지니어링 사고를 하게 되고, 완벽하게 이해하는 것이 된다는 것을 명심하기 바랍니다. 상기의 문제를 이해하기 위해서는 다음의 사항을 확인바랍니다.

1. 초초임계압 기술의 중요성을 들면 다음과 같다.

　　① 에너지 사용 효율 개선

　　② 에너지 안정적 공급

　　③ 차세대 에너지 기술 선점

　　④ 에너지 산업 해외 진출

　　⑤ 기후변화 대응 역량 강화

2. 석탄화력발전에 있어서 신기술 동향에 대해서 알아 둡시다.

　1) IGCC 기술

　2) USC 기술

　3) 순산소 연소(Oxy-PC) 기술

순산소 연소는 공기에서 질소를 분리해 내고 순산소를 통해 연료를 연소한 뒤 이산화탄소와 수증기가 주성분인 배가스에서 수증기를 분리하여 이산화탄소를 회수하는 기술로, 이산화탄소 회수 기술의 3가지 분류 중에서 연소 중 포집기술에 해당한다.

순산소 연소에 의한 이산화탄소 회수법은 기존 발전소에 적용이 가능하며, 2020년까지 상업 적용을 위해 기술개발이 전 세계적으로 활발하게 이루어지고 있다.

- 단점 : 질소 분리를 위한 전력소모가 많고, 발전효율을 약 10% 내외로 저하시킨다.
- 장점 : 저등급의 연료를 사용할 수 있고, 노내(연소실 내부) 탈황 및 탈질이 가능하여 후처리 설비를 위한 비용을 줄일 수 있으며, 발전소 내 이산화탄소 회수를 위해 필요한 별도의 공간이 작은 점이 있다.

참고문헌

1. 조선 경제, 원전 못지않은 1000MW 석탄화력, 2014.5.20
2. 두산중공업 및 한국중부발전 자료
3. 이현동, 석탄에너지이용 기술과 시장 동향, 전기저널, 2014.04
4. 황순홍, 중부발전 신보령 1,000MW USC Plant 건설 현황 및 전망, 전기저널, 2014.01

3장

원자력 발전

01 원자로의 구성에 대해서 설명하시오.

■ 본 문제를 이해하고, 기억을 오래 가져갈 수 있는 그림이나 삽화 등을 생각한다.

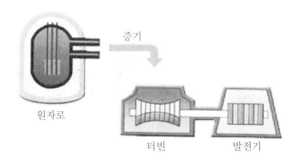

그림 1. 원자력발전의 개념도

해설

1. 원자로의 개념

핵분열의 연쇄반응을 안정하게 제어하면서 일으켜 가지고 발생한 에너지를 유효하게 얻어낼 수 있게 한 장치를 원자로(nuclear reactor)라고 한다. 원자로에서 생성되는 열에너지를 가지고 증기터빈을 구동해서 이것에 직결된 발전기로 전력을 얻는 플랜트가 원자력발전소이다.

2. 구성 요소

원자력발전소에서 사용되고 있는 주요 구성요소는 다음과 같다.

1) 핵연료(nuclear fuel)

원자로에서 직접 핵분열을 일으키고 있는 부분을 노심(reactor core)이라고 하는데, 이 속에 임계량 이상의 핵연료를 넣어서 연소, 즉 핵분열을 일으키고 있다. 핵연료로서는 천연우라늄, 농축우라늄, Pu^{239}, U^{233}로 사용된다.

2) 중성자 감속재

핵분열에 의해 생긴 중성자는 일반적으로 에너지가 너무 커서, 이것을 열 중성자 정도까지 감속시키지 않고서는 연쇄반응을 지속시키기가 곤란하다. 이와 같이 적당한 에너지까지 떨어뜨리는 작용을 하는 것이 감속재이다. 일반적으로 물, 중수 등이 사용된다.

3) 냉각재

냉각재는 원자로 내에서 발생한 열에너지를 외부로 배출하기 위한 열 매체이다. 냉각재는 노심을 통과해서 열에너지를 배출시킴과 동시에 노 내의 온도를 적당한 값으로 유지할 필요가 있다. 일반적으로 물(경수 및 중수), 액체금속 등이 사용된다.

4) 제어재(제어봉)

원자로 내의 핵분열을 적당하게 제어하고, 연쇄반응이 지나치게 일어나지 않도록 한다. 제어재로서 중성자를 흡수하기 쉬운 물질, 즉 카드뮴, 붕소 등이 사용된다.

5) 반사재(반사체)

핵분열에 의하여 생긴 중성자를 되도록 외부로 내빼지 않도록 하여 이용도를 높이기 위하여 사용된다. 흑연, 중수, 경수 등이 사용된다.

6) 차폐재

원자로 내부의 방사선이 외부에 누출되는 것을 방지하기 위한 벽의 역할을 한다. 콘크리트, 물 등이 사용된다.

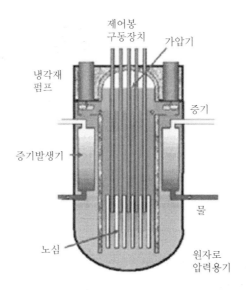

그림 2. 우리나라 일체형원자로의 구성도

[원자력발전의 경제성]

우라늄은 석유나 천연가스에 비해 월등히 싸기 때문에 매우 경제적입니다.

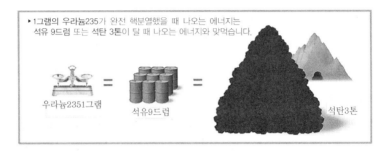

▸1그램의 우라늄235가 완전 핵분열했을 때 나오는 에너지는
 석유 9드럼 또는 석탄 3톤이 탈 때 나오는 에너지와 맞먹습니다.

우라늄2351그램   석유9드럼   석탄3톤

추가 검토 사항

🔲 공학을 잘 하는 사람은 수학적인 사고를 많이 하는 사람이란 것을 잊지 말아야 한다. 본 문제에서 정확하게 이해하지 못하는 것은 관련 문헌을 확인해 보는 습관을 길러야 엔지니어링 사고를 하게 되고, 완벽하게 이해하는 것이 된다는 것을 명심하기 바랍니다. 상기의 문제를 이해하기 위해서는 다음의 사항을 확인바랍니다.

1. 가압경수로 원전과 비등경수로 원전을 비교하세요.

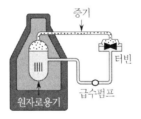

증기

터빈

급수펌프

원자로용기

– 별도의 증기발생기 없음
– 냉각수의 방사능 오염 가능성 큼

참고문헌

1. www.konepa.or.kr, 2011
2. 송길영, 발변전공학, 동일출판사, 2010
3. 국내원전, 규모7지진, 조선일보, 2019.4.26

02 발전용원자로 중에서 가압경수로(PWR)의 구조와 개요, 특징에 대해서 설명하시오.

■ 본 문제를 이해하고, 기억을 오래 가져갈 수 있는 그림이나 삽화 등을 생각한다.

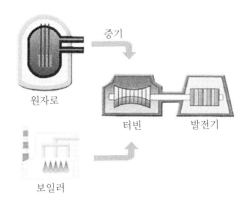

그림 1. 원자력발전과 화력발전의 구성 개념도 비교

해설

1. 원자로의 종류

원자로의 종류를 간단히 요약하면 다음과 같다.

원자로의 종류		연료	감속재	냉각재	비고	국내 적용현황
경수로	가압수형 (PWR)	농축우라늄	경수	경수	미국 WH에서 개발	고리, 영광, 울진
	비등수형 (BWR)	농축우라늄	경수	경수	미국 GE에서 개발	일본 후쿠시마
중수로(CANDU)		천연우라늄 농축우라늄	중수	경수, 중수, 탄산가스	캐나다에서 개발	월성

2. 가압수형 원자로

경수감속 냉각로는 주로 미국에서 개발된 것으로서 가압수형 원자로(Pressurized Water Reactor : PWR) 및 비등수형 원자로(Boiling Water Reactor : BWR)의 2가지가 현재 실용화되어 세계에서 많이 건설되어 운전 중에 있다.

가압수형 원자로는 그림 2와 같은 구조를 가지고 있으며, 사용 연료는 핵분열이 가능한 우라늄 235가 2~4[%] 들어있는 저농축우라늄을 사용하고, 감속재와 냉각재로는 물(경수)을 사용하고 있는데, 냉각재의 물이 비등하지 않게끔 노 전체를 압력용기에 수용해서 노 내를 160[kg/cm²] 정도로 가압하고 있는 것이 특징이다. 따라서, 냉각수의 노 출입구 온도는 각각 약 320[℃], 290[℃]로 되고 있다. 이 고온 가압수를 열교환기의 1차측에 유도해서 2차측에 온도 269~274[℃], 압력 약 55~60[kg/cm²]의 증기를 만들고 이것으로 증기터빈을 구동해서 발전하고 있다.

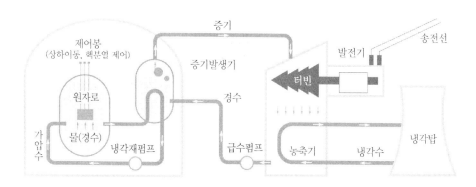

그림 2. 가압경수형 원자로의 발전시스템

2. 가압수형 원자로의 특징

1) 열사이클이 간접적이기 때문에 방사능을 띤 증기가 터빈측에 유입하지 않는다. 이로 인해서 보수 점검이 용이하다.
2) 가압수를 사용하고 있기 때문에 출력밀도가 높고 노심으로부터 끄집어낼 수 있는 열출력이 크다.
3) 증기발생기를 포함하는 간접 사이클이기 때문에 계통이 복잡하다. 또 가압수를 사용하기 때문에 압력용기 및 배관의 두께가 두꺼워져서 가격이 비싸진다.
4) 노의 반응은 큰 마이너스의 온도계수를 지니기 때문에 안전성은 좋은 편이다.
5) 기타 연료로서는 저농축우라늄(농축도 3~4[%])을 필요로 한다.

참고문헌

1. http://www.konepa.or.kr, 2011
2. 송길영, 발전공학, 동일출판사, 2010
3. http://www.khnp.co.kr, 2011
4. http://www.chosun.com, 2011

O3 화력발전과 비교하여 원자력발전의 특징에 대해서 설명하시오.

■ 본 문제를 이해하고, 기억을 오래 가져갈 수 있는 그림이나 삽화 등을 생각한다.

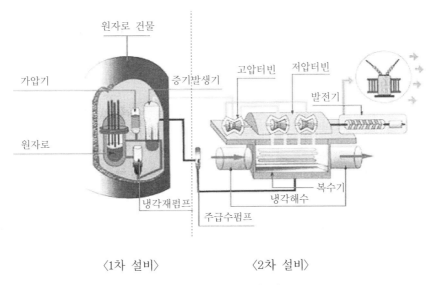

〈1차 설비〉   〈2차 설비〉

그림 1. 원자력발전소의 계통도

해설

1. 원자력발전의 개념

원자력발전은 핵분열 현상에 의해서 얻어지는 에너지를 에너지원으로 이용하는 발전방식이다. 원자력발전소는 화력발전소처럼 연료를 보일러에서 연소시켜서 증기를 만드는 대신에 원자로 내에서 우라늄 등을 핵분열 시키고 이때 발생하는 열을 이용해서 증기를 만들어 터빈을 돌리고 있다.

원자력에서의 증기는 화력처럼 고온 고압이 아니기 때문에 효율 좋게 운전한다는 목적으로 원자력의 발전기에서는 통상 1,500[rpm] 또는 1,800[rpm]의 회전수가 선정되고 있다.

2. 원자력발전의 특징

원자력발전설비는 핵연료로부터 에너지를 추출하여 증기를 발생시키는 1차계통(원자로, 가압기 등)과 발생된 증기를 전기를 생산하는 2차계통(증기터빈, 발전기 등)으로 구성되며, 2차계통은 기력발전설비와 동일하며, 다음과 같은 특징이 있다.

1) 출력밀도

화력발전과 비교해서 원자력발전은 출력밀도(단위체적당의 출력)가 크므로 같은 출력이라면 소형화가 가능하다.

2) 열효율

표 1에서 보는 바와 같이 연료 등의 온도제한과 열전달 특성에 따라 발생되는 증기는 포화증기이므로 증기조건이 나빠서 열효율은 화력의 38~40[%]에 비해 33~35[%] 정도로 낮은 편이다.

표 1. 증기조건 및 열효율의 비교

종류＼항목	증기 압력[kg/cm²]	증기 온도[℃]	열효율[%]
화 력	246	538	40
원자력	60 ～ 70	270 ～ 280	33

※ 원자력의 압력, 온도는 터빈 입구에서의 값을 나타낸다.
　(원자로 내에서는 가압수형[PWR]은 160[kg/cm²], 300[℃] 정도이다.)

3) 연료 수송, 저장공간

원자력의 경우에는 연료인 우라늄 1[g]에서 석탄 3톤에 해당하는 열에너지가 얻어지므로 원자력발전에서는 연료의 수송, 저장, 장소에 관한 문제는 거의 없다. 반면에 화력발전은 연료의 종류에 따라 연료의 수송, 저장 등에 관한 사항을 확보하여야 한다.

4) 연료 사용후 처리

핵연료로서는 현재 천연우라늄과 농축우라늄을 쓰고 있는데, 그 소모량이 적기 때문에 보통 1년 내지 수년분을 한꺼번에 노내에 장전해서 어느 일정한 기간마다 조금씩 새로운 연료와 교환하면서 사용하고 있다. 반면에 석탄화력 발전에서는 사용이 끝난 연료는 회(Ash)로 처리되지만, 원자력발전에서는 사용이 끝난 연료에서 뿐만 아니라 사용 중에도 핵반응을 통하여 새로운 연료(예, $_{94}U^{239}$ 등)가 계속 생산된다는 특징이 있다.

5) 환경오염

화력발전소에서는 SO_x, NO_x, CO_2 등의 배출이 우려되며, 원자력발전소에서는 대기, 수질, 토양의 오염이 없고 깨끗한 에너지로 알려져 있다.

6) 방사능 대책

핵분열에 의해서 생기는 방사능이 원자로 주변에 누출되거나 환경을 오염시킬 우려가 있으므로 특히 안정성과 방사능 대책에 유의할 필요가 있다. 특히, 원자로가 정지 중이더라도 상당량의 방사능이 원자로 내에 내장되어 있고, 이러한 위험물질이 원자로 시설 밖으로 누출되지 않도록 만전의 대책을 강구하여야 한다.

추가 검토 사항

■ 공학을 잘 하는 사람은 수학적인 사고를 많이 하는 사람이란 것을 잊지 말아야 한다. 본 문제에서 정확하게 이해하지 못하는 것은 관련 문헌을 확인해 보는 습관을 길러야 엔지니어링 사고를 하게 되고, 완벽하게 이해하는 것이 된다는 것을 명심하기 바랍니다. 상기의 문제를 이해하기 위해서는 다음의 사항을 확인바랍니다.

1. 최근 예상하지 못한 자연재해에도 견딜 수 있도록 원자력발전소의 안전설비에 대해서 다음과 같은 사항이 추진되고 있다.
   - 10[m] 쓰나미까지 대비 가능한 원자력발전소의 해안 방벽 올리기
   - 침수에 안전한 위치에 비상용 축전지 확보
   - 비상 디젤발전기 시설에 물을 차단하는 방수문을 설치하여 침수 방지
   - 전기없이 작동가능한 수소제거설비 설치, 수소 폭발 예방
   - 격납건물의 압력상승을 막는 배기 감압설비 설치
   - 차량 장착 이동형 비상발전기를 원전 부지별로 확보
   - 각종 펌프의 방수화

참고문헌

1. www.konepa.or.kr, 2011
2. www.chosun.com, 2011
3. 송길영, 발변전공학, 동일출판사, 2010

04 방사성 폐기물에 대해서 설명하시오.

■ 본 문제를 이해하고, 기억을 오래 가져갈 수 있는 그림이나 삽화 등을 생각한다.

원자력발전소　　　병원　　　산업체/연구기관

폐기물

그림 1. 방사성폐기물의 발생 개념도

해설

1. 방사성 폐기물의 정의

원자력법에 의하면 방사성 물질 또는 그에 의하여 오염된 물질로 폐기의 대상이 되는 무질을 말한다. 방사성 폐기물은 원전 연료로 사용된 사용후 핵연료를 비롯하여 원전내 방사선 관리구역에서 작업자들이 사용했던 작업복, 장갑, 기기 교체 부품 등과 병원, 연구기관, 대학, 산업체 등에서 발생하는 동위원소 폐기물을 말하며, 법적으로 일정기간 안전하게 관리하도록 되어 있다.

2. 방사성 폐기물의 종류

방사성 폐기물에는 그 형태, 방사능(방사성 물질의 양)의 농도, 발생원에 따라서 여러 가지의 종류가 있다. 물리적인 형태로 보면 기체의 것, 액체의 것, 고체의 것이 있다.

1) 기체 폐기물 : 방사성 희유 기체와 옥소 및 미립자가 포함되어 있다.

2) 액체 폐기물 : 액체 상태의 폐기물에는 작은 입자가 들어 있다.

3) 고체 폐기물 : 방사능의 세기에 따라 중저준위 폐기물과 고준위 폐기물로 구분한다.

또한, 폐기물에 포함되어 있는 방사능의 논도가 상대적으로 높은 것과 낮은 것으로 구분하여 아래의 표와 같이 구분한다.

구 분	방사능 농도	발생원 및 관리현황
고준위레벨 폐기물	높다	• 보통 사용후핵연료가 여기에 해당함. • 원전에서 쓰는 핵연료는 일정 기간(경수로 기준 5년 정도) 원자로 안에서 타다 보면 더 이상 충분한 열을 생산하지 못한다. 원자로에는 세슘, 요오드, 테크네튬 등의 방사성 동위원소(원자번호는 같지만, 원자량이 다른 원소)들이 는다. 이때 새 연료로 교체하고 기존 연료를 버려야 하는데, 사용 후 연료라도 방사능 함유량이 아주 높다. 테크네튬의 경우 방사성 물질의 양이 반으로 줄어드는 데 걸리는 시간인 반감기만 21만 년에 이를 정도로 길다. 이 폐기물은 모두 많은 양의 방사선을 내뿜는데, 특히 베타선이나 감마선 같은 방사선은 몸속으로 침투해 인간 DNA에 해를 입히거나 신체 조직을 파괴한다. 그 피해는 2차 세계대전 당시 히로시마 원자폭탄 사건에서 보듯 무섭고 오래간다. 보통 방사성 물질의 양은 10만 년 정도가 지나면 자연 방사능 수준으로 줄어들기 때문에 방사성 폐기물은 지하 500 m 땅속에 수만 년 정도 생태계와 분리해서 보관해야 한다고 한다. • 전세계가 계속 임시저장만 하고 있다. 현재 시도되는 유일한 방식은 땅속 깊이 묻어두는 '심층처분'이다. • 지하 500 m가 넘는 깊은 땅속 안정된 지층에 터널을 뚫고 방을 만들어 여러 겹으로 방벽을 치고 반감기가 지나 안전해질 때까지 격리하는 방법임. • 핀란드가 공사 중인(2004~2024) 세계 최초이자 유일한 사용후핵연료 영구처분시설인 '온칼로(Onkalo)'가 대표적이다.
중·저준위레벨 폐기물	낮다	• 발생량의 90 % : 원전 내 방사선관리구역에서 사용된 작업복, 장갑, 걸레 등과 기기교체 부품 등으로 원전 부지 내 임시 보관 중 • 발생량의 10 % : 연구소, 병원 등에서 발생되는 시약병, 주사기 등으로 원자력발전기술원 부지 내 임시 보관 중

추가 검토 사항

☞ 공학을 잘 하는 사람은 수학적인 사고를 많이 하는 사람이란 것을 잊지 말아야 한다. 본 문제에서 정확하게 이해하지 못하는 것은 관련 문헌을 확인해 보는 습관을 길러야 엔지니어링 사고를 하게 되고, 완벽하게 이해하는 것이 된다는 것을 명심하기 바랍니다. 상기의 문제를 이해하기 위해서는 다음의 사항을 확인바랍니다.

1. 사용후 핵연료의 관리방안에 대해서 알아둡시다.
   • 직접처분 : 사용후 핵연료의 높은 열과 방사능으로 인한 장기적 안정을 위하여 지하 500~1,000[m]의 암반층에 격리 보관(미국, 스웨덴, 핀란드, 캐나다 등에서 계획중)
   • 재처리 : 사용후 핵연료에 남아있는 플루토늄 등 유용한 물질을 분리, 추출(영국, 일본 등에서 운영중)
   • 중간저장 : 직접처분 또는 재처리에 앞서 소내외 부지에 일정기간 저장(습식저장은 핵연료 저장수조에 저장하며 프랑스 등에서 적용중, 건식저장은 불활성기체를 이용하여 건식저장설비에 저장하며 미국, 일본 등에서 적용중)

참고문헌

1. www.konepa.or.kr, 2011
2. www.krmc.or.kr, 2011
3. www.kaeri.re.kr, 2011
4. 조선일보. 재미있는 과학 '사용후핵연료 처리 시설', 2020.6.24

4 장

신발전설비 · 계통연계

01 태양광발전의 개념과 특징, 구성, 인버터의 기능, 적용 효과에 대해 설명하시오.

📘 본 문제를 이해하고, 기억을 오래 가져갈 수 있는 그림이나 삽화 등을 생각한다.

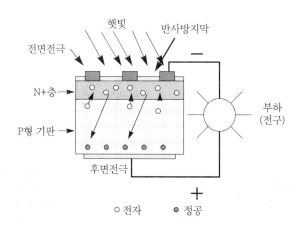

그림 1. 태양광발전의 발전원리

해설

1. 태양광발전의 원리와 구성 및 특징

1) 원리

태양광발전시스템은 태양으로부터 지상에 내리쪼이는 방사에너지를 태양전지로 직접 전기로 변환해서 출력을 얻는 발전방식이다. 그림 1과 같이 P형과 N형을 접합한 실리콘 반도체에 태양광 에너지르 입사시키면 부(−)의 전기와 정(+)의 전기가 발생하고, 부의 전기는 N형 실리콘으로, 정의 전기는 P형 실리콘으로 분리되어 전극에 전압이 발생하고, 이것에 외부 부하, 가령 전구를 접속하면 전류가 흘러서 전구가 켜지게 된다.

2) 구성

태양전지 집합체(그림 2)와 직류−교류 변환장치(직류출력을 교류로 변환하는 변환장치), 제어장치, 축전지설비로 구성된다.

3) 특징

① 장점

- 태양에너지원이 무진장이고 깨끗하다.
- 시스템도 단순하고 보수가 용이하다.
- 수용가에 설치하여 분산형 전원으로 적용이 기대된다.

② 단점

- 에너지밀도가 낮다.
- 기상조건의 영향을 심하게 받게 되며 발전능력이 저하한다.
- 설치비가 고가

2. 태양전지의 종류

결정 구조에 따라 단결정, 다결정, 비결정질로 구분할 수 있다.

① 단결정 : 순도가 높고 결정결함밀도가 낮은 고품위 재료로서 당연히 높은 효율을 달성할 수는 있으나 가격이 고가이다.

② 다결정 : 상대적으로 저급한 재료를 저렴한 공정으로 처리하여 상용화가 가능한 정도의 효율의 전지를 낮은 비용으로 생산 가능하다.

③ 비결정질 : 재료 및 제조를 하는데 필요한 에너지를 절감할 수 있고 대폭적으로 가격을 낮출 수 있지만, 효율 및 장기 안정성은 떨어진다.

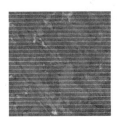 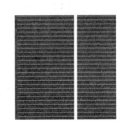 

다결정   단결정   비결정질

그림 2. 태양전지의 종류

태양전지의 종류별 효율은 다음과 같다.

태양전지 재료	전지효율 (실험실) %	전지효율 (양산) %	모듈효율 (양산) %
단결정 실리콘	20.3	16.5	14.2
다결정 실리콘	24.0	21.5	Sunpower 18.5, BP, MSK 16.5
비결정질 실리콘	13.0	10.5	7.5

3. 인버터의 기능과 회로방식

1) 기능

인버터는 태양전지에서 출력된 직류전력을 교류전력으로 변환하고, 사업자용은 전력계통(특고압 22.9[kV], 저압 220/380[V]로 공급)에 역송전하는 장치이며, 태양전지의 성능을 최대로 높게 발생시키기 위한 기능과 이상시나 고장시를 위한 보호기능 등을 종합적으로 갖추고 있다. 건축물 등에 적용하는 계통연계형의 경우에는 전력계통에 접속되는 부하설비에 전력을 공급하는 장치를 말한다.

2) 회로방식

회로방식에는 여러 가지가 있지만 크게 나누어 상용주파 변압기 절연방식, 고주파 변압기 절연방식, 트랜스리스(Transless)방식 등이 있다.

회로방식	구성도	개 요
상용주파 변압기 절연방식	PV ▶ 인버터 ▶ 변압기 ▶ 전력계통	직류출력을 상용주파의 교류로 변환한 후 변압기로 절환하는 방식
고주파 변압기 절연방식	PV ▶ 고주파 인버터 ▶ 고주파 변압기 ▶ 콘버터 ▶ 인버터 ▶ 전력계통	직류출력을 고주파의 교류로 변환한 후 소형의 고주파변압기로 절연을 한다. 그후 일단 직류로 변환하고 재차 상용주파의 교류로 변환하는 방식
트랜스리스 (Transless)방식	PV ▶ 콘버터 ▶ 인버터 ▶ 전력계통	직류출력을 DC-DC 컨버터로 승압하고 인버터에서 상용주파의 교류로 변환하는 방식

각 회로방식의 장점과 단점을 들면 다음과 같다.

구 분	상용주파 변압기절연방식	고주파 변압기절연방식	트랜스리스 방식
장점	• 주회로와 제어부를 가장 간단히 구성할 수가 있다. • 변압기로 절연이 되어 계통과의 안정성이 확보된다. • 3상 10 kW 이상의 인버터에 적용된다.	• 계통선과 전기적으로 절연되어 안정성이 높다. • 저주파 절연변압기를 사용하지 않기 때문에 고효율화, 소형 경량화가 가능하다. • 10 kW 인버터를 병렬 연결하여 100 kW까지 생산	• 저주파 변압기를 사용하지 않기 때문에 고효율, 소형, 경량화에 가장 유리하다. • 시스템 구현에 적합하다.
단점	• 변압기 때문에 효율이 떨어진다. • 크기와 무게가 커진다.	• 많은 파워 소자를 사용하며 구성이 복잡하고 비용이 증가한다. • 직류 전류성분 유출의 우려가 있다.	• 안전성 확보를 위해 복잡한 제어가 요구된다. • 직류 전류성분 유출의 우려가 있다.
무게/크기	미흡	양호	양호
비용	미흡	보통	양호

구 분	상용주파 변압기절연방식	고주파 변압기절연방식	트랜스리스 방식
효율	미흡	보통	양호
안정성	양호	보통	미흡
회로구성	양호	미흡	보통

4. 태양광발전시스템의 종류

그림 3은 태양광발전시스템의 구성도를 나타낸 것이며, 종류는 다음과 같다.

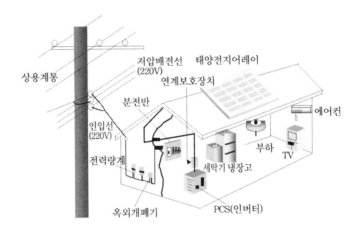

그림 3. 태양광발전시스템의 구성도

① 계통연계형 : 전력회사의 공급선이 들어오는 주택, 빌딩, 대규모 발전시스템에
   사용
② 독립시스템 : 등대, 중계소, 도서, 산간, 벽지 등에 사용
③ 하이브리드시스템 : 풍력발전 등 다른 에너지원에 의한 발전방식과 결합된 방식

5. 적용 효과

태양전지 집합체를 건자재와 일체화하여 건물 외벽이나 유휴공간에 설치하고, 태양
전지에서 발생된 전력을 건물 내부의 전원으로 사용하고 있다. 이와 같이 분산형
신전원을 이용하여 상용시에 자체 발전함으로써 수용가의 전력관리를 도모할 수 있
고, 특히 최대수요전력 제어도 가능하며 다음과 같은 효과가 기대된다.
① 최대수요전력을 억제함으로써 부하율 향상이 가능하다.
② 전력용 변압기 시설용량의 여유를 증가시킬 수 있다.
③ 전기요금의 기본요금을 절감한다.
④ 분산형 발전을 증대시킴으로서 발전소 건설의 비용을 저감시킬 수 있다.

추가 검토 사항

📌 공학을 잘 하는 사람은 수학적인 사고를 많이 하는 사람이란 것을 잊지 말아야 한다. 본 문제에서 정확하게 이해하지 못하는 것은 관련 문헌을 확인해 보는 습관을 길러야 엔지니어링 사고를 하게 되고, 완벽하게 이해하는 것이 된다는 것을 명심하기 바랍니다. 상기의 문제를 이해하기 위해서는 다음의 사항을 확인바랍니다.

1. 태양전지의 용어에 대해서도 알고 있나요?

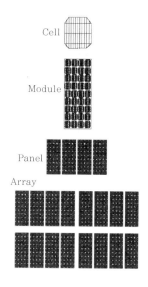

  - 모듈 : 수 개의 태양전지를 연결시켜 태양전지판으로 제작한 것
  - 어레이 : 태양전지 모듈을 직병렬로 연결한 것

2. '건축물의 에너지절약설계기준'에서 정하고 있는 설치요건에 대해서 알고 있나요?
   (1) 태양전지판은 다음의 사항을 고려하여 설치한다.
       ① 음영이 발생하지 않는 곳에 설치한다.
       ② 방위각은 최대한 남향으로 설치하도록 한다. 다만, 건축물의 디자인 등 현장 여건에 따라 최대의 일사 효율을 얻을 수 있도록 방위각을 조절할 수 있다.
       ③ 경사각은 지역별로 최대 일사량을 받을 수 있도록 계획하여 설치한다.
   (2) 설치 가능면적과 발전효율을 고려하여 최적의 효율을 얻을 수 있도록 설계해야 한다.

3. '대체에너지개발 및 이용 보급 촉진법'에서 정하고 있는 전력거래에 대한 사항도 확인하여야 한다.

이 법에서 규정된 신재생에너지를 이용한 발전사업자로서 당해 발전설비용량이 200[kW] 이하인 경우 전력시장을 통하지 않고, 전기판매사업자와 전력거래가 가능하도록 정하고 있다.

4. 대체에너지 개발 및 이용, 보급촉진법 제11조(대체에너지사업에의 투자 권고 및 대체에너지 이용의 의무화 등) 제2항(개정 2002.3.25)에 의거, 공공기관이 발주하는 연면적 3천[m^2] 이상 신축 건축물에 대해서 총 건축공사비의 5[%] 이상을 대체에너지 설비 설치에 투자하도록 의무화하고 있으며, 앞으로 대체에너지 보급이 확대되리라 생각된다.

참고문헌

1. 신에너지 및 재생에너지 개발·이용·보급촉진법 제12조제2항(개정 2008.3.14) 및 동법 시행령 제15조 내지 제19조(개정 2008.9.10)
2. 산자부고시 제2008-3호 : "설치의무기관의 신·재생에너지설비보급", 2008.1.21
3. 국토해양부, 건축물의 에너지절약설계기준, 2010.7
4. 신재생에너지센터(http://www.energy.or.kr)
5. Photo-Voltaic Systems, 한국조명전기설비학회 2009 춘계학술대회 전문워크샵

O2 태양전지 모듈의 간이등가회로를 구성하고, 전류-전압곡선을 설명하시오.

▣ 본 문제를 이해하고, 기억을 오래 가져갈 수 있는 그림이나 삽화 등을 생각한다.

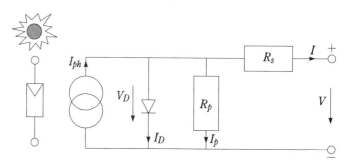

그림 1. 태양전지의 등가회로

해설

1. 태양전지 모듈의 개념

태양전지는 태양의 빛에너지를 전기에너지로 변환하는 기능을 가진 최소 단위로서 '태양전지셀'이 그 기본이 된다. 태양전지셀은 10~15[cm] 각 판상의 실리콘에 pn 접합을 한 반도체의 일종이다. 태양전지셀은 본래 발생전압이 0.5~0.6[V] 정도로 낮기 때문에 여러 장을 직렬로 접속하여 만든 모듈로서 이용된다.

태양전지 모듈은 수십 장의 태양전지 셀을 일정한 틀에 고정하여 구성되는 것으로 태양전지 모듈 속에 태양전지 셀을 연결하여 소정의 전압, 출력을 얻을 수 있게 되어 있다.

2. 태양전지의 등가회로

그림 1은 태양전지의 등가회로를 나타낸 것이다. 등가회로는 그림 1과 같이 직렬저항(R_S)과 병렬저항(R_P)으로 구성되며, 다음과 같은 수식으로 표현된다.

$$I = I_{Ph} - I_D - I_P$$
$$I_P = \frac{V_D}{R_P} = \frac{V + R_S I}{R_P}$$

그림 1에서 직렬저항이 커지면 단자전압 V가 적어지고, 병렬저항이 적어지면 누설전류가 증가하여 출력전류가 감소한다. 일반적으로 직렬저항은 전기적 접촉으로 발생하고 수[mΩ] 정도이고, 병렬저항은 10[Ω] 이상이다. 태양전지의 직렬 및 병렬저항은 셀의 성능을 결정하며, 태양전지의 실리콘 순도와 직렬 및 병렬 저항에 의해 태양전지의 등급은 1~15등급으로 나누어진다.

2. 태양전지 모듈의 전류-전압 특성

태양전지 모듈에 입사된 빛 에너지가 변환되어 발생하는 전기적 출력의 특성을 전류-전압 특성이라고 하며, 그림 2와 같다. 여기에서, 최적 동작점이란 최대출력을 얻을 수 있는 동작점을 의미하며, 용어의 정의는 다음과 같다.

최대출력(P_{mpp}) : 최대출력 동작전류(I_{mpp}) × 최대출력동작전압(V_{mpp})
개방전압(V_{oc}) : 정부 극간을 개방한 상태의 전압
단락전류(I_{sc}) : 정부 극간을 단락한 상태에서 흐르는 전류
최대출력동작전류(I_{mpp}) : 출력 최대시의 동작전류
최대출력동작전압(V_{mpp}) : 출력 최대시의 동작전압

모듈의 출력은 태양의 방사조도, 광원의 종류 및 온도 등 여러 가지 자연조건에 의해 좌우된다. 따라서, 모듈의 출력특성을 평가할 경우에는 태양광의 방사조도와 분광분포를 모의 시험한 솔라시뮬레이터(Solar Simulator)에 의한 옥내 측정을 표준 측정방법으로 한다.

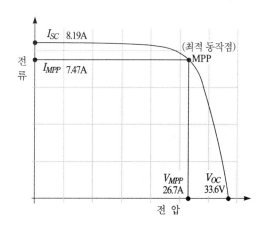

(a)

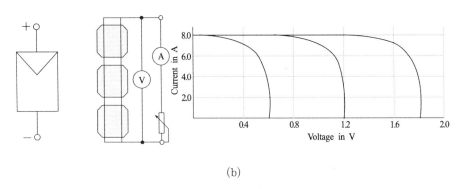

(b)

그림 2. 태양전지 모듈의 전류-전압 특성

추가 검토 사항

📋 공학을 잘 하는 사람은 수학적인 사고를 많이 하는 사람이란 것을 잊지 말아야 한다. 본 문제에서 정확하게 이해하지 못하는 것은 관련 문헌을 확인해 보는 습관을 길러야 엔지니어링 사고를 하게 되고, 완벽하게 이해하는 것이 된다는 것을 명심하기 바랍니다. 상기의 문제를 이해하기 위해서는 다음의 사항을 확인바랍니다.

1. 태양전지 모듈의 Array 구성과 각 모듈의 성능의 차이로 동작전압이 불일치하게 되는 원인이 되기도 하므로 이를 주의하여야 한다.

　1) 모듈에 따라 전류의 크기가 1[A] 가까이 차이가 발생하기도 하므로 같은 전류의 모듈을 한 직렬로 구성하는 것이 좋다.

　2) 같은 용량의 모듈도 전압이 수[V]까지 차이가 나는 경우도 있다. 전압이 높은 모듈을 멀리 배치하고 낮은 모듈을 가까이 배치하면 효과가 크다.

　　그림 3은 태양전지 모듈을 직렬과 병렬로 연결한 경우의 전압과 전류의 관계를 보여주고 있다.

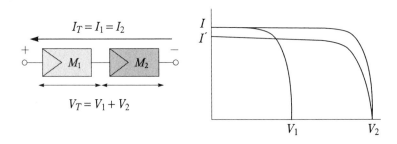

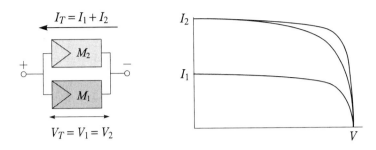

그림 3. 태양전지 모듈의 직병렬 연결시 전류-전압 특성

2. Fill Factor(곡선인자)

최대출력을 개방전압과 단락전류의 곱으로 나눈 값으로 다음과 같이 나타낸다.

$$FF = \frac{P_{mpp}}{V_{oc} \times I_{sc}}$$

여기에서, FF : Fill Factor를 의미한다. 태양전지의 특성을 나타내는 파라메터로서 내부 직렬저항, 병렬저항 및 다이오드 인자에 좌우된다.

3. 태양전지 모듈의 변환효율은 종류 및 제품에 따라 다르며, 일반적으로 단결정 실리콘 태양전지가 12~19[%], 다결정 실리콘 태양전지가 10~15[%], 그리고 아몰퍼스 실리콘 태양전지 및 화합물반도체 태양전지(CdS 등)에서는 6~12[%] 정도된다. LS 산전 및 S-ENERGY 등의 제품을 확인해 보기 바랍니다.

참고문헌

1. 유권종 역, 태양광발전시스템 설계 및 시공, 인포더북스, 2009
2. 이지용, Photo-Voltaic Systems, R&D Center of Hex Power System Co., Ltd. 한국조명전기설비학회 전문워크샵, 2009.4
3. 하영복, 태양광발전시스템, (주)에디슨전기, 2011

03

태양광발전설비에서 태양전지 패널설치 방식의 종류 5가지를 제시하고, 각각의
특성을 간단히 설명하시오.

◼ 본 문제를 이해하고, 기억을 오래 가져갈 수 있는 그림이나 삽화 등을 생각한다.

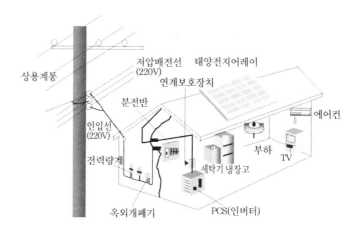

그림 1. 태양광발전시스템의 구성도

> 해설

1. 태양광발전시스템의 구성도와 종류

그림 1은 태양광발전시스템의 구성도를 나타낸 것이며, 태양전지 집합체를 건자재
와 일체화하여 건물 외벽이나 유휴 공간에 설치하고, 태양전지에서 발생된 전력을
건물 내부의 전원으로 사용하고 있다. 이와 같이 분산형 전원을 이용하여 상용시에
자체 발전함으로써 수용가의 전력관리를 도모할 수 있다.

태양광발전시스템의 종류별 개념을 들면 다음과 같다.

1) 계통연계형 시스템

태양광으로 발전된 직류 전기에너지를 인버터에 공급하여 사용전력으로 변환시
켜 안정된 전원을 수요자에게 공급하는 시스템이며, 역송전이 있는 시스템은 태
양광발전시스템에 잉여전력이 발생한 경우 전력회사에서 매입하는 제도를 이용
할 수 있다. 현재 주택용 태양광발전시스템에서 이용되고 있는 방식은 대부분이
역송전이 가능한 시스템이고, 이외에 대규모 발전시스템에 적용되고 있다.

2) 독립형 시스템

전력회사의 배전선과 연계하지 않는 시스템을 말하며, 야간이나 태양광이 적을

때에는 전력을 공급하기 위한 축전지설비를 갖추고 있어 축전지에 전력을 저장했다 사용하는 방식임. 주로 등대, 중계소, 도서, 산간, 벽지 등에서 적용된다.

3) 하이브리드 시스템

풍력발전 등 다른 에너지원에 의한 발전방식과 결합된 방식을 말한다.

2. 태양전지 패널 설치방식의 종류와 특징

1) 경사 고정형(Fixed Array)

① 가장 보편적으로 활용되고 있는 방식이며, 가장 견고한 방식임

② 태양전지판을 연중 평균적으로 가장 잘 채광할 수 있도록 방위각과 양각을 산정한 후 전체 어레이를 고정함

③ 방위각은 설치장소의 위도와 같은 각도를 유지하도록 설정하는 것이 일반적임

④ 국내의 경우 춘분과 추분에 전력발생이 최대가 됨. 추적형 등에 비해 발전효율이 낮다.

⑤ 장점으로 낮은 설치투자비, 좁은 설치면적과 적은 유지비용

⑥ 설치면적 $9.9 \ m^2/kW$(공간면적 제외)

그림 2. 경사 고정형

2) 경사 변동형(Semi-Tracking Array)

① 계절별 태양의 고도의 변화에 따른 어레이의 경사를 다르게 하여 계절마다 전력발생이 최대가 되도록 함

② 계절에 따른 태양 고도 변화에 맞추어 경사각을 적절하게 조절(일반적으로 4계절에 한 번씩 어레이 경사각을 변화시키는 방식임)

③ 대략 연평균 4~5% 정도의 발전량 증대가 예상됨

3) 양축 추적형

① 태양빛이 있는 동안에는 계절과 시간에 상관없이 방위각과 양각을 지속적으로 변화시켜 태양빛을 최대로 입사시키는 방식임

② 경사고정형 보다 약 25~35 % 정도 발전량 증대가 예상됨

③ 설치 투자비가 많이 들고, 설치면적이 경사고정형에 비해 넓게 필요함

④ 설치면적 : 16.5 m^2/kW

4) 단축 추적형

① 태양광의 하루 이동경로를 동서로 쫓아가는 시스템임.

② 경사고정형 보다 약 10~15% 정도 발전량 증대가 예상됨.

③ 설치면적 : 13.2 m^2/kW

5) 건물 일체형(BIPV : Building Intergrated PhotoVoltaic)

① 기존의 태양광발전 기술을 건축물에 접목한 다기능 복합시스템을 지칭
   - 태양전지 모듈 자체가 곧 건물 외장재로서 기존 건축물의 마감재를 대체하
     면서 전기를 발생

② 전기에너지 생산과 동시에 지붕, 파사드, 블라인드, 태양열 집열기 등과 같이
   건물 외피와 결합하여 또 다른 기능을 제공할 수 있는 가능성이 존재

③ BIPV 시스템은 에너지성능 측면의 비용 저감 차원을 넘어, 사회·경제적으로
   많은 부가적 가치를 제공

④ 전통적인 실리콘 태양전지를 사용하는 기존 태양광발전 설비보다 높은 비용
   때문에 경제성에섭 불리

⑤ 특히 토지가격이 비싸고 태양광발전소를 설치할 토지면적이 부족한 국내에
   BIPV 시스템은 다른 태양광 적용 기술 분야에 비해 빠르게 성장하고 유용하게
   활용될 것으로 전망

그림 3. 건물 일체형 태양전지 패널

추가 검토 사항

📖 공학을 잘 하는 사람은 수학적인 사고를 많이 하는 사람이란 것을 잊지 말아야 한다. 본 문제에서 정확하게 이해하지 못하는 것은 관련 문헌을 확인해 보는 습관을 길러야 엔지니어링 사고를 하게 되고, 완벽하게 이해하는 것이 된다는 것을 명심하기 바랍니다. 상기의 문제를 이해하기 위해서는 다음의 사항을 확인바랍니다.

1. 전기설비기술기준의 판단기준에 정하는 태양광발전설비에 관한 규정을 알고 있나요.

    제15조 (연료전지 및 태양전지 모듈의 절연내력) 연료전지 및 태양전지 모듈은 최대사용전압의 1.5배의 직류전압 또는 1배의 교류전압(500V 미만으로 되는 경우에는 500V)을 충전부분과 대지사이에 연속하여 10분간 가하여 절연내력을 시험하였을 때에 이에 견디는 것이어야 한다.

    제54조[태양전지 모듈 등의 시설)

    ① 태양전지 발전소에 시설하는 태양전지 모듈, 전선 및 개폐기 기타기구 시설
       - 충전부분은 노출되지 아니하도록 시설할 것
       - 태양전지 모듈을 병렬로 접속하는 전로에 단락이 생긴 경우에 전로를 보호하기 위한 과전류 차단기 기타 기구를 시설할 것 등

    ② 태양전지 모듈의 지지물은 자중, 적재하중, 적설 또는 풍압 및 지진 기타의 진동과 충격에 대하여 안전한 구조의 것

2. 태양광발전설비에 대하여 한국전기안전공사의 검사대상에 대해서 알고 있나요.

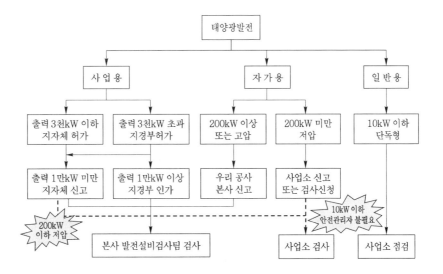

참고문헌

1. 유권종 역, 태양광발전시스템 설계 및 시공, 인포더북스, 2009

2. 김선구 외, 태양광발전시스템 검사지침, 2009

3. 신재생에너지센터 (http://www.energy.or.kr)

4. http://triman.tistory.com

04 풍력발전 장치를 풍차의 종류에 따라 분류하고, 풍력발전의 구성개요 및 특징에 대해서 설명하시오.

📰 본 문제를 이해하고, 기억을 오래 가져갈 수 있는 그림이나 삽화 등을 생각한다.

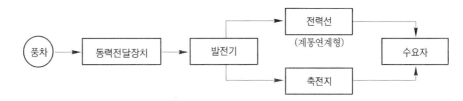

그림 1. 풍력발전시스템의 구성

해설

1. 풍력발전의 개요

풍력발전은 풍력을 풍차로 기계적 에너지로 변환해서 발전하는 것으로서 비록 그 규모는 작으나 자연 에너지 이용의 신시스템으로서 각광을 받고 있다.

풍력 에너지 E는 다음 식으로 주어진다.

$$E = \frac{1}{2}\rho A V^3 [\text{W}]$$

단, ρ : 공기의 밀도, V : 평균풍속[m/s], A : 흐름의 단면적[m²]

위의 식으로부터 알 수 있듯이 출력발전시스템의 출력은 풍속의 3승에 비례하기 때문에 가장 불안정한 발전시스템이라 할 수 있다. 그리고, 풍차 출력을 크게 하기 위해서는 회전자를 크게 해야 하기 때문에 탑도 높아진다. 예상될 최대 풍속으로 풍차를 설계한다는 것은 비경제적이기 때문에 프로펠러 풍차에서는 날개의 피치를 변화시켜서 여분의 바람을 일부 그냥 통과시키도록 하고 있다.

2. 풍차의 종류

풍차에는 수직축과 수평축으로 분류되며, 비교적 대용량의 발전에 적합한 형태로서는 2~3매 날개의 프로펠러 풍차와 다리우스 풍차가 사용되고 있다.

• 수평축 풍차 : 프로펠러형, 네덜란드-4암형, 다익 미국형, 세일윙형

• 수직축 풍차 : 다리우스형, 바들형, 사보니우스형

여기에서는 프로펠러형과 다리우스형의 특징을 비교하면 다음과 같다.

1) 프로펠러형

• 장점 : 현재의 형식 중에서 가장 효율이 좋고, 소형에서 대형까지 가장 널리 이용되고 있다.

• 단점 : 풍차의 회전축을 바람을 향하게 하여야 하고, 발전기 등의 중량물을 지지물의 상부에 설치하여야 한다.

2) 다리우스형

• 장점 : 풍향에 대하여 무지향성이며, 발전기 등의 기기를 풍차 회전축의 상부에 설치할 수 있고, 보수 점검이 손쉽다.

• 단점 : 프로펠러형보다 고가이며, 큰 시동토크가 필요하다.

그림 2. 수직축 발전기

그림 3. 수평축 발전기

3. 풍력발전시스템의 구성

풍력발전기는 바람에너지를 기계에너지로 변환하는 회전자와 나셀(nacelle)로 불리는 동력장치실 내부에는 동력전달장치, 증속기(gear box), 발전기 및 요잉장치 등이 있고, 이들 부품들을 지지하는 철탑과 철탑 바닥에는 무인 운전을 가능하게 하는 제어장치들로 구성되어 있다.

• 풍차날개(Blade) : 바람의 운동에너지를 기계적 회전력으로 변환

• 동력전달장치(Gearbox) : 입력된 에너지를 증폭

• 발전기 : 기계적 회전력을 전기에너지로 변환

• 전력변환장치(Inverter) : 직류(DC)전기를 교류(AC)전기로 변환

4. 풍력발전기의 종류와 특징

풍력발전기는 시스템의 형태에 따라 수직축 풍력발전기(VAWT, vertical axis wind turbine)과 수평축 풍력발전기(HAWT, horizontal axis wind turbine)로 분류된다. 즉, 풍력발전기는 날개의 회전축이 놓인 방향에 따라 수평축 발전기와 수직축 발전기로 나뉜다. 수직축 발전기는 땅 위에 세워진 기둥 주위에 볼록한 형태의 큰 날개가 붙어서 서서히 도는 형태를 하고 있다. 그러나, 수직축 발전기는 수평축에 비해 효율이 떨어지기 때문에, 현재 풍력발전기 시장에서 판매되는 것은 거의 모두 수평축발전기이다. 수평축 풍력발전기도 크게 날개의 수가 세 개인 것과 두 개인 것으로 나눌 수 있다.

다리우스형 수직축 풍력발전기 날개가 두 개인 형태는 주로 바다에 세우는 초대형 발전기(예상 발전용량 3~6메가와트)에 많고, 지상에 세워지는 풍력발전기는 대부분 세 개의 날개를 가지고 있다.

또한, 풍력으로부터 오는 힘이 발전기에 전달될 때 기어라는 중개 장치를 이용하는지, 그 힘이 날개 이외의 아무런 매개체도 거치지 않고 직접 전달되는지에 따라 형태가 달라진다. 날개의 도는 힘이 직접 발전기를 돌리는 형태는 최근에 독일의 에너콘(Enercon)이라는 회사에서 개발한 것으로, 기어를 거치지 않기 때문에 효율이 조금 높아진다는 이점을 가지고 있다.

5. 풍력발전기의 타당성 검토

풍력발전기를 세우려면 먼저 대상 지역에서 부는 바람의 세기와 성질을 조사해야 한다. 조사 결과가 나오면 이에 따라 그 곳에 가장 적합한 풍력발전기의 형태와 크기 그리고 여러 개를 설치할 경우에는 어떻게 배치할 것인가가 결정된다. 바람의 세기가 약 4[m/s] 이상인 곳에는 풍력발전기를 세울 수 있는데, 바람은 공중으로 올라갈수록 강하게 불기 때문에 바람이 약한 곳에도 풍력발전기를 높게 세우면 전기를 생산하기에 충분한 바람을 얻을 수 있다.

추가 검토 사항

▪ 공학을 잘 하는 사람은 수학적인 사고를 많이 하는 사람이란 것을 잊지 말아야 한다. 본 문제에서 정확하게 이해하지 못하는 것은 관련 문헌을 확인해 보는 습관을 길러야 엔지니어링 사고를 하게 되고, 완벽하게 이해하는 것이 된다는 것을 명심하기 바랍니다. 상기의 문제를 이해하기 위해서는 다음의 사항을 확인바랍니다.

1. **풍력발전기를 운전 형태에 따라 분류해 보면 다음과 같다.**

운전형태 분류	독립운전형	• 도서지역 등의 독립 전원용 • 연계방식 : AC/DC/AC • 디젤, 태양광 등과 복합발전으로 적용
	계통연계형	• 기존 발전원의 대체 전원용 • 연계방식 : AC/DC/AC, AC/AC • 대규모로 Power Plant용

독립운전형은 전력계통이 없이 생산된 전력을 사용자에게 직접 공급하는 방식으로 저장장치인 축전기과 보조 전력인 디젤발전기 등과 함께 복합적으로 사용되는 형태로서 도서지역, 산간오지, 등대 및 통신장비 전원용 등으로 활용되고 있다. 계통연계형은 풍력발전기는 연계되는 전력계통의 조건에 맞게 저압/중압/고압으로 계통에 연계됨으로 변압기, 계통연계장치 등을 포함하여 구성되어 있다.

2. **풍력발전설비의 설치시 유의 사항에 대해서 '건축물의 에너지절약설계기준'에서 정하고 있는 사항에 대해서 알고 있나요? (개정되면서 삭제됨)**

   1) 풍력발전설비는 건축물의 설치 유효공간, 연중 풍향 및 풍속, 경제성, 안전성 등을 고려하여 풍력발전 적용 여부 및 적용시스템의 종류를 선정하여야 한다.
   2) 풍력발전설비는 설치 가능위치와 발전 효율을 고려하여 최적의 효율을 얻을 수 있도록 설계하여야 한다.
   3) 대지에서 연중 일정한 풍향 및 풍속을 얻을 수 있는 위치를 고려하여 발전설비를 설치한다.
   4) 태풍 등 과도한 풍속에 의해 발전설비 및 발전설비의 전복으로 인한 주변 피해를 방지할 수 있어야 한다.

3. **대체에너지의 발전전력 기준가격(2002. 6. 3)이 정해져 있으며, 알고 있나요?**

   대체에너지를 이용하여 전력을 생산할 경우 생산가격과 전력시장에서 거래되는 판매가격과의 차액을 정부로부터 보조받을 수 있다. 대체에너지 발전기준의 세부가격을 보면, 태양광발전의 경우 714.40[원/kWh], 풍력발전은 107.66[원/kWh], 소수력은 73.69[원/kWh]으로 결정되었다. 그러나, 실제는 지난해 평균 전력거래가격인 48.80[원/kWh]은 대체에너지 기준가격에서 빼고 나머지 차액만을 지원한다. 즉, 태양광은 714.40[원/kWh]에서 지난해 평균 전력거래가격을 뺀 나머지 667.60[원/kWh]만을 대체에너지 발전기업체에게 지원된다.

4. 국내에서 해상풍력에 관심의 많으며, 육상에 비해 다른 점을 알아 둡시다.

세계적으로 육상 풍력은 양호한 입지의 고갈과 민원 증가로 인한 추가적인 입지 확보에 어려움이 있어 최근 해상풍력 개발이 급성장하고 있다. 해상은 육상에 비해 대형터빈 설치가 가능하며, 대단위 풍력단지를 조성하기가 용이한 반면 설치 및 유지보수 비용(육상풍력에 비해 2배 정도)이 많이 소요되어 육상풍력단지 보다 경제성 면에서 뒤떨어져 있는 것이 현실이다. 그러나, 해상풍력기기의 설치기술 및 유지보수 기술이 점점 발전함에 따라 향후 해상풍력발전 분야가 풍력발전 분야의 주축이 될 것으로 전망이다. 우리나라는 서남해안에 2019년까지 2.5[GW] 규모의 해상풍력단지를 개발할 계획이며, 계통연계는 실증단지와 시범단지의 경우 서고창변전소로, 확산단지의 경우 새만금변전소로 송전할 계획이다.

해상 풍력발전기는 대용량화와 신뢰성이 핵심이다. 안정된 전력계통를 기반으로 경제성을 향상시키는 기술 개발 등이 차질없이 이루어지고, 이에 대한 기술 확보가 향후 글로벌 시장을 이끌어 나갈 원동력이 될 것이다.

기기 비용은 현재 20억원/MW 수준에서 2030년까지 15억원/MW 수준으로 저감될 것이며, 지지구조물 및 계통연계비용은 10억원/MW에서 8억원/MW 정도가 될 것으로 예상된다고 한다. 2017년 12월 정부는 '재생에너지 3020 이행계획'을 발표했다. 2030년까지 재생에너지 발전량을 전체의 20%(63.8GW)까지 확대 추진하는 것이 목표이다. 태양광발전이 57%(36.5GW)로 절반이 넘고, 풍력 28%(17.7GW), 폐기물 6%(3.8GW), 바이오 5%(3.3GW) 등의 순서이다. 풍력 17.7GW 중에서 해상풍력이 12GW를 차지한다. 해상풍력은 육상풍력보다 풍력 자원의 질이 좋고 소유주가 특정되지 않은 넓은 면적을 확보할 수 있다는 장점도 있다.

5. 해상풍력발전설비는 해상변전소를 거쳐서 육지로 전기를 공급?

전북 고창군 위도 인근에 위치한 60 MW급 서남해 해상풍력 실증단지에는 국내 최초이고 아시아 최초로 설계된 해상변전소가 구축되고 있다. 이곳 단지에는 2019.11월 건설이 완료되었으며, 풍력단지에서 생산한 전기를 해상변전소를 통해 전압을 높여 육지로 전송한다. 앞으로 서남해 지역에 총 2.5 GW 규모의 풍력단지를 조성할 계획이다.

해상 풍력 지지구조에는 신개념의 석션버켓(내외부 수압차를 이용하여 설치하는 해상풍력 발전기 하부기초) 기초작업인데, 공기 80일 ⇒ 3일 이내 단축, 비용은 30% 절감한다고 한다. 또한, 해상풍력터빈 일괄설치시스템을 개발중이며, 1기당 설치비 6억원 이상 절감효과를 기대하고 있다.

(a) 해상 변전소   (b) 해상풍력발전설비

그림 4. 해상 풍력

참고문헌

1. 송길영, 발전공학, 동일출판사, 2004

2. http://kemco.or.kr

3. 유지봉, 2.5[GW] 서남해 해상풍력 단지 개발, 전기저널, 04. 2012

4. 우리나라 바다 한가운데 변전소가 있다구?, 한전 뉴스레터, 2020

05

풍력발전시스템의 낙뢰피해와 피뢰대책에 대해서 설명하시오.

■ 본 문제를 이해하고, 기억을 오래 가져갈 수 있는 그림이나 삽화 등을 생각한다.

그림 1. 손상된 블레이드

해설

1. 풍력발전시스템의 개요와 구성

풍력발전은 풍력을 풍차로 기계적 에너지로 변환해서 발전하는 것으로서, 풍력발전기는 바람에너지를 기계에너지로 변환하는 회전자와 나셀(nacelle)로 불리는 동력장치실 내부에는 동력전달장치, 증속기(gear box), 발전기 및 요잉장치 등이 있고, 이들 부품들을 지지하는 철탑과 철탑 바닥에는 무인 운전을 가능하게 하는 제어장치들로 구성되어 있다.

2. 피해 사례 및 피해 양상

풍력발전기는 주로 해안가 또는 높은 지역(산의 정상 등)에 설치되는 경우가 많으므로 강도 높은 낙뢰에 직접 노출되어 있다. 피해 양상은 다음과 같다.

1) 블레이드 파손

낙뢰 피해로 가장 심각한 것이며, 블레이드 파손에 의해 장기간 발전기 정지하는 것에 의한 손실도 적지 않다.

2) 접지전위 상승으로 기기에 과전압

풍력발전시스템에 낙뢰가 있었을 경우 접지전위가 상승하여 외부로 설치된 도체가 접속되고 있는 기기에 과전압이 생긴다. 과전압이 가해진 부분에서 절연파괴가 생기고 과전류가 흘러들어 기기가 파손한다.

3. 국내외 관련 기준의 현황

1) 전기설비기술기준 제6조의 2(전기설비의 피뢰)

뇌방전으로 인한 과전압으로부터 전기설비의 손상, 감전 또는 화재의 우려가 없도록 피뢰설비를 시설하고, 그 밖에 적절한 조치를 하여야 한다.

2) 한국전기설비규정(KEC) 530(풍력발전설비) 532.3.5(피뢰설비)

기술기준 제175조의 규정에 준하여 다음에 따라 피뢰설비를 시설하여야 한다.

가. 피뢰설비는 KS C IEC 61400-24에서 정하고 있는 피뢰구역(Lightning Protection Zones)에 적합하여야 하며, 다만 별도의 언급이 없다면 피뢰레벨(Lightning Protection Level : LPL)은 Ⅰ 등급을 적용하여야 한다.

나. 풍력터빈의 피뢰설비는 다음에 따라 시설하여야 한다.

　(1) 수뢰부를 풍력터빈 선단부분 및 가장자리 부분에 배치하되 뇌격전류에 의한 발열에 용손(溶損)되지 않도록 재질, 크기, 두께 및 형상 등을 고려할 것.

　(2) 풍력터빈에 설치하는 인하도선은 쉽게 부식되지 않는 금속선으로서 뇌격전류를 안전하게 흘릴 수 있는 충분한 굵기여야 하며, 가능한 직선으로 시설할 것.

　(3) 풍력터빈 내부의 계측 센서용 케이블은 금속관 또는 차폐케이블 등을 사용하여 뇌유도과전압으로부터 보호할 것.

　(4) 풍력터빈에 설치한 피뢰설비(리셉터, 인하도선 등)의 기능저하로 인해 다른 기능에 영향을 미치지 않을 것.

다. 풍향·풍속계가 보호범위에 들도록 나셀 상부에 피뢰침을 시설하고 피뢰도선은 나셀프레임에 접속하여야 한다.

라. 전력기기·제어기기 등의 피뢰설비는 다음에 따라 시설하여야 한다.

　(1) 전력기기는 금속시스케이블, 내뢰변압기 및 서지보호장치(SPD)를 적용할 것.

　(2) 제어기기는 광케이블 및 포토커플러를 적용할 것.

마. 기타 피뢰설비시설은 150(피뢰시스템)의 규정에 따른다.

3) IEC 61400-24(풍력발전기의 뇌보호)

4) NFPA 780(풍력발전기의 피뢰시스템 시설 표준)

4. 풍력발전기의 낙뢰대책

1) 독립 피뢰철탑에 의한 대책

뇌운의 접근 방향이 어느 정도 한정되어 있는 경우(동계뢰) 풍향을 고려하여 피뢰 철탑의 위치를 선정한다.(그림 1 참조)

그림 1. 풍력발전시스템을 낙뢰로부터 보호하는 피뢰철탑

2) 블레이드의 피뢰대책

블레이드의 Type에 따라 다소 차이가 있으며, Tip에 Receptor를 설치하고, 리셉 터를 개량하거나, 블레이드 내부의 피뢰도선을 굵게 하여 전류용량을 크게 한다. 또한, 다음과 같은 방법도 강구한다.

- 블레이드 자체를 기계적으로 강화(관통 파괴 및 압력상승 파괴방지)
- 표면 접착 : 블레이드 표면에 알루미늄 테이프 접착(쉽게 벗겨짐, 피뢰장치 없는 블레이드 적용 용이)
- 전도성 표면물질 : 도전성 물질을 블레이드 외부 중에 첨가, 전자장 차폐 효과, 유도전압 감소 효과
- 블레이드 내외부에 설치된 인하도선과 센서 배선 사이의 유도전압 방지(광케이 블 또는 꼬임전선)

3) 풍향/풍속계의 대책

- 풍력발전기의 제어에 중요한 관측기기인 풍향, 풍속계를 보호한다.
- 피뢰침을 풍력발전기의 나셀 상부에 부착한다.

4) **나셀의 피뢰대책**

- 금속 하우징 : 나셀 프레임의 여러 지점을 등전위본딩을 한다.
- 비금속 하우징 : 상부 돌침이 전체 나셀의 최대 45°의 보호각을 제공한다.

5) **접지시스템**

- 통합접지 구현 : 풍력발전기 타워 기초 환상 접지극 활용, 가능한 10옴 이하의 접지저항을 유지한다.
- 등전위 접지시스템 : 대규모 풍력발전단지의 경우, 개별 발전기 사이의 전위차가 없도록 한다.

참고문헌

1. 강성만, 풍력발전시스템의 낙뢰피해와 피뢰대책 기술, 풍력발전 표준화 워크샵, 대한전기협회, 2012
2. 한국전기설비규정, 산업통상자원부, 2018

06 연료전지의 발전원리, 종류와 특징, 적용효과에 대해서 설명하시오.

◼ 본 문제를 이해하고, 기억을 오래 가져갈 수 있는 그림이나 삽화 등을 생각한다.

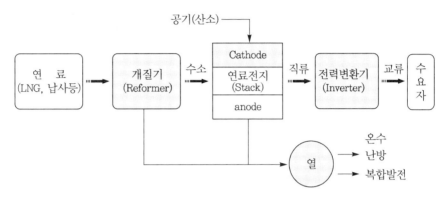

그림 1. 연료전지시스템의 구성도

해설

1. 발전원리 개요

물을 전기분해하면 수소와 산소로 나누어지는데, 그 반대로 수소와 산소를 반응시켜서 물을 만들 때에 수소가 갖는 화학적인 결합 에너지가 전기 에너지로 변환되어 기전력을 발생한다는 원리를 응용한 장치가 연료 전지(Fuel Cell)이다.

2. 연료전지의 발전원리

연료전지는 전지라기보다는 일종의 발전 장치이다. 수소와 산소의 전기화학 반응을 이용하여 전기를 만든다. 물을 전기분해하면 수소와 산소를 얻을 수 있으나 바로 꺼꾸로의 반응을 이용한 것이다. 따라서 연료인 수소와 산소의 공급을 중단하면 발전도 곧 멈춘다.

구조는 그림 2와 같이 매우 간단하다. 산이나 알칼리성의 전해액을 사이에 둔 2장의 전극에 각각 수소와 산소를 공급하는 장치로 되어 있다. 수소 전극에서 전해액의 수산 이온과 수소가 반응하여 전자가 방출되는 한편 산소 전극에서는 수소 전극에서 방출된 전자를 받아들여 수산 이온을 방출한다. 전극은 액체와 기체가 잘 반응할 수 있게 다공질로 되어 있다.

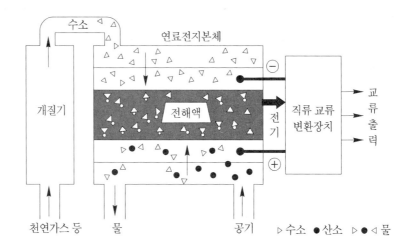

그림 2. 연료전지 시스템의 원리도(인산 전해액의 예)

3. 연료전지발전시스템의 구성

연료전지는 연료가스를 분해해서 수소를 제조하고 이것을 공기중의 산소와 화학 반응시켜서 직접 전기를 얻는 것으로서, 다음의 3가지 요소로 이루어지고 있다.

(1) 첫 번째는 천연가스, 나프사 등의 연료로부터 개질기를 사용해서 수소를 제조하는 부분

(2) 두 번째는 이 수소와 공기 중의 산소와를 전해액의 양면으로부터 집어넣어서 반응시켜 직류전력을 발생하는 부분

(3) 세 번째는 직류 전력을 교류 전력으로 변환하는 부분(직류로 이용할 경우에는 이 부분은 필요 없음)

4. 특징

(1) 에너지의 변환 효율이 높다.

(2) 단위 출력당의 용적 또는 무게가 작다.

(3) 대기 오염, 소음, 진동, 배수 등 환경상의 문제가 전혀 없기 때문에 수용가에 근접해서 설치할 수 있다.

(4) 부하 조정이 용이하고 저부하에서도 발전 효율의 저하가 작다.

(5) 설비의 모듈화가 용이해서 대량 생산이 가능하므로 건설 기간도 짧다.

(6) 연료로서는 천연가스, 메탄올로부터 석탄가스까지 사용 가능하므로 석유 대체 효과를 기대할 수 있다.

(7) 발전 효율은 40~60[%]로 높고, 배열까지 이용할 경우 종합 효율은 80[%] 정도이다.

5. 종류

항 목	제1세대형	제2세대형	제3세대형
	인산형	용융탄산염형	고체전해질형
주된 전해질	인산, 유산	탄산리튬, 탄산나트륨의 혼합물	질코니아와 산화칼슘의 혼합물 등
작동 온도	약 200[℃]	400~700[℃]	800~1,000[℃]
연　료	천연가스, 메탄올	석탄가스, 메탄올, 천연가스	석탄가스
발전효율	40~45[%]	45~60[%]	50~60[%]
특　징	• 개질연료 및 공기중의 이산화탄소 흡수에 의한 전해액의 오염이 없다. • 수용가 근처 설치	• 고발전 효율 • 광범위한 연료 이용 가능 • 분산배치형 • 대용량 화력 대체형 • 가스터빈과 조합하여 복합 발전 가능	• 시스템 구성이 간단 • 고발전 효율 • 광범위한 연료 이용 가능 • 분산배치형

6. 석탄가스화 연료전지 복합발전

(IGFC, Integrated Gasification Feul Cell Combined Cycle)

1) 개요

이 방식은 석탄을 부분 연소시켜 가스화한 후 생성된 석탄가스를 이용하여 가스 터빈, 연료전지를 구동 발전하고, 발전 후 나오는 배열(폐열)을 이용하여 스팀터 빈을 구동하는 즉, 단일 연료를 사용하여 3가지 발전 방식으로 운용되는 복합발전 방식(GT-가스터빈-와 ST-스팀터빈- 및 FC-연료전지- 복합발전)이다.

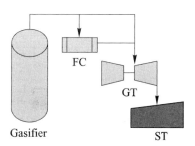

그림 3. IGFC 개념도

2) 장점

열효율(Net 기준 55% 이상의 전기효율)이 높을 뿐 아니라 CCS(Carbon Capture

& Storage) 기술(이산화탄소 발생을 25% 이상 저감) 등을 접목할 경우 석탄을 활용한 고효율 청정 복합발전을 실현할 수 있다.

그러나, IGFC 발전방식은 수소(25~30%), 일산화탄소(30~60%)가 주성분인 석탄가스를 연료전지에 적용하기 때문에 CO 피독성이 없고, 연료로 사용이 가능한 고온 연료전지를 선택해야 함은 물론 여러 종류의 불순물을 엄격하게 제거해야 할 필요성이 전제된다.

7. 연료전지의 용도

연료전지의 용도로는 ① 자동차용 동력원으로 이용, ② 분산전원으로 이용, ③ 컴퓨터나 휴대전화 등의 전자기기용 전원으로의 이용 등이 있다. 이 중에서 분산전원 용도로 개발이 진행되고 있는 이유는 연료전지가 코제너레이션에 적합하기 때문이다. 연료전지는 발전과 동시에 열을 발생한다. 그 열을 전기와 함께 이용하는 코제너레이션은 종합 열효율은 80[%]를 넘으며, 업무용뿐만 아니라 가정에도 널리 보급될 것이 기대되고 있다.

그림 3은 가정용 연료전지 코제너레이션 시스템을 보여주고 있으며, 도시가스를 연료로 발전하고 동시에 나오는 열을 사용하여 온수를 만들어 저탕조에 모아서 욕조의 물 또는 부엌이나 세면소 등에 사용할 수 있다. 가정용 연료전지는 장래의 목표 효율을 발전효율 35[%], 열 이용효율 45[%], 따라서 종합효율을 80[%] 정도로 두고 있다. 여기에 사용하는 연료전지는 고체고분자형 연료전지(PEFC, Polymer Electrolyte Fuel Cell)는 고분자막을 전해질로 사용하는 연료전지이며, 저온 작동이기 때문에 기동이 용이하고 염가의 재료를 사용할 수 있어 저 비용화가 기대되는 등의 특징이 있다.

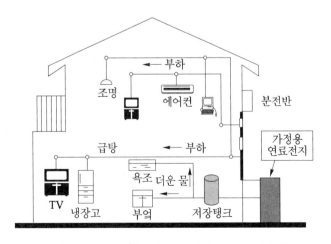

그림 3. 가정용 연료전지 코제너레이션 시스템

추가 검토 사항

▣ 공학을 잘 하는 사람은 수학적인 사고를 많이 하는 사람이란 것을 잊지 말아야 한다. 본 문제에서 정확하게 이해하지 못하는 것은 관련 문헌을 확인해 보는 습관을 길러야 엔지니어링 사고를 하게 되고, 완벽하게 이해하는 것이 된다는 것을 명심하기 바란다. 상기의 문제를 이해하기 위해서는 다음의 사항을 확인 바란다.

1. 앞으로 신재생에너지의 보급이 활발하게 진행될 예정이며, 연료전지발전의 국내 현황에 대해서 관심을 갖고 기술 수준을 파악하고 있는가요?

2. '대체에너지개발 및 이용 보급 촉진법'에서 정하고 있는 전력거래에 대한 사항도 확인하여야 한다.
   이 법에서 규정된 신재생에너지를 이용한 발전사업자로서 당해 발전설비용량이 200[kW] 이하인 경우 전력시장을 통하지 않고, 전기판매사업자와 전력거래가 가능하도록 정하고 있다.

3. 대체에너지 개발 및 이용, 보급촉진법 제11조(대체에너지사업에의 투자 권고 및 대체에너지 이용의 의무화 등) 제2항(개정 2002.3.25)에 의거, 공공기관이 발주하는 연면적 3천[m^2] 이상 신축 건축물에 대해서 총 건축공사비의 5[%] 이상을 대체에너지 설비 설치에 투자하도록 의무화하고 있으며, 앞으로 대체에너지 보급이 확대되리라 생각된다.

참고문헌

1. 길상철, 연료전지 재료, pp.139-160, 기술신보
2. 태양광발전 전력시장 진입, 한국전기신문, 2004. 9. 23
3. 대체에너지 개발 및 이용, 보급촉진법 제11조(대체에너지사업에의 투자 권고 및 대체에너지 이용의 의무화 등) 제2항(개정 2002.3.25)
4. 小關和雄, 연료전지의 최신 기술동향, 전기기술, 2001. 5.
5. 임희천, 석탄가스화 연료전지발전(IGFC) 기술 개요 및 전망, 대한전기협회, 2014.4

07 초전도에너지저장장치의 원리, 특징, 적용 효과에 대해서 설명하시오.

■ 본 문제를 이해하고, 기억을 오래 가져갈 수 있는 그림이나 삽화 등을 생각한다.

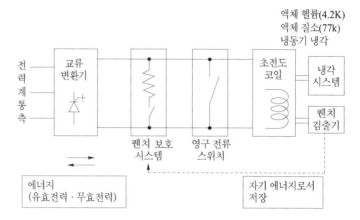

그림 1. SMES의 기본 구성

해설

1. 초전도 현상의 개념

수은을 액체헬륨가스를 이용하여 절대온도 4[℃](영하 269[℃])에서 냉각시켰을 때 수은의 전기저항이 갑자기 0이 되는 현상을 '초전도현상'이라고 하며, 네덜란드의 저온물리학자인 Kamerling Onnes가 발견하였다. 이와 같이 전기저항이 갑자기 0이 되는 전이온도를 '임계 온도'라고 한다(그림 2 참조).

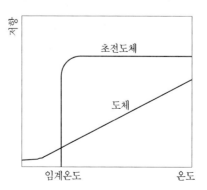

그림 2. 온도에 따른 저항 변화

2. 초전도에너지저장장치의 저장원리와 기본 구성

1) 저장 원리

초전도 물질은 극저온하에서는 전기저항이 영이 되므로 초전도상태가 된 물질은 에너지가 소비되지 않는다. 따라서 이 물질을 사용한 도체로 폐회로(코일)를 만들면 일단 흘린 전류는 영구히 계속 흐르게 된다. 이 원리를 응용한 것이 SMES (Superconducting Magnet Energy Storage System)이다.

코일에 흐르는 전류를 I[A], 코일을 인덕턴스를 L[H]이라고 하면 코일에는 $\frac{1}{2}LI^2$[J]의 자기에너지가 축적된다.

2) SMES의 기본 구성

SMES는 그림 1과 같이 ① 전력계통(교류 운전)과 초전도코일(직류 운전)과의 사이에서 전력을 수수하기 위한 직교변환장치, ② 외기와 진공 단열된 냉각용기에 수납된 초전도 코일, ③ 코일을 냉각하여 초전도상태를 유지하기 위한 냉동기, ④ 초전도코일을 양단을 단락하여 에너지를 저장하기 위한 영구전류 스위치, ⑤ SMES에 이상이 발생한 경우에 회로를 차단하는 직류차단기, ⑥ 초전도코일을 쿠엔치(초전도 상태가 안되는 상태)를 순시에 검출하기 위한 쿠엔치 검출기, ⑦ 쿠엔치 검출기의 신호에 의해 코일에 저장된 에너지를 안전하게 방출하기 위한 보호 저항이 구성된다.

3) 주요 특징

① 초전도는 무손실이기 때문에 저장 효율이 높다(80~90[%])

② 전기에너지를 직접 전력변환장치를 통하여 저장, 방출이 고속(수 10[msec] 정도)으로 행해지기 때문에 속응성이 우수하다.

③ 교류측으로의 입출력으로서 유효전력과 무효전력을 독립적으로 제어할 수 있다.

④ 대용량의 전기에너지를 장시간에 걸쳐서 저장이 가능하다.

⑤ 소용량에서 대용량까지 임의의 크기를 적용할 수 있으며, 코일의 용량을 크게 하고, 전류량을 증가시켜 주면 저장에너지를 증대시킬 수 있다.

⑥ 정지기기이며 수명이 길다.

3. 적용 효과

1) 전력저장용 SMES

충방전 시간이 길고(1시간~1주일 정도), 저장 용량이 양수발전 규모($10^{11} \sim 10^{14}$ [J] 정도)인 전력저장용으로 이용이 가능하다.

2) 전력계통 안정용 및 무효전력 보상용의 SMES

충방전시간이 짧고($10^{-2} \sim 1$분 정도), 저장용량($10^6 \sim 10^8$[J] 정도)이 적어도 되는 SMES의 이용이 가능하다.

① 전력계통 안정화용 : 계통사고시 유효전력의 과부족을 흡수 또는 방출하여 계통 안정을 도모한다.

② 무효전력 보상용 : 계통사고시 무효전력을 흡수 또는 방출하여 무효전력을 도모한다.

4. 향후 과제

① 대형 초전도코일의 개발

② 대전류형 전력변환장치

③ 저손실이고, 대전류 영구전류스위치의 개발

④ 코일 보호 기술 등

추가 검토 사항

📧 공학을 잘 하는 사람은 수학적인 사고를 많이 하는 사람이란 것을 잊지 말아야 한다. 본 문제에서 정확하게 이해하지 못하는 것은 관련 문헌을 확인해 보는 습관을 길러야 엔지니어링 사고를 하게 되고, 완벽하게 이해하는 것이 된다는 것을 명심하기 바란다. 상기의 문제를 이해하기 위해서는 다음의 사항을 확인 바란다.

1. 초전도체의 종류에 대해서 알고 있나요?

초전도체는 임계온도가 낮은 금속계 저온초전도체와 임계온도가 상대적으로 높은 산화물계의 고온초전도체의 2 종류로 나눌 수 있다. 금속계의 저온초전도체는 산화물계의 고온초전도체에 비해 선재로 가공하기 쉽고 전기적 특성이 우수한 것이 특징이다. 그러나 대부분이 저온초전도시스템은 고가의 액체 헬륨을 사용하기 때문에 냉각 비용을 줄여서 경제성을 높이는 것이 상용화의 관건이라고도 할 수 있다.

2. 초전도기술의 기대 효과는 무엇이라고 할 수 있나요?

초전도 현상이 발견된 이후 다양한 영역에서 초전도기술의 발전이 이루어졌다. 1990년대 초전도기술을 응용한 자기공명영상진단장치가 상품화되면서부터 초전도기술의 실용화가 본격적으로 이루어지기 시작하였다. 이후 고온초전도선재(Bi-2223), 한류기, 초전도케이블, 소형 초전도에너지저장장치 등의 상용화도 곧 이루어질 전망이다. LG전선은 작년말에 22.9[kV] 초전도전력케이블을 개발하였고, 장기적으로 154[kV] 초전도전력케이블 개발을 적극 추진하고 있다.

참고문헌

1. 초전도기술로 21세기를 연다. 한국전기신문, 제1607호, 2000.5.22
2. 坂口秀治, 초전도전력저장시스템의 개발 상황, 월간 전기, 2002. 1
3. 권영길, 조영식, 초전도기술의 산업 응용 및 연구 현황, 전기학회지 제50권, 제9호, 2001. 9

08 전지전력저장시스템의 발전원리, 종류와 특징, 적용 효과에 대해서 설명하시오.

본 문제를 이해하고, 기억을 오래 가져갈 수 있는 그림이나 삽화 등을 생각한다.

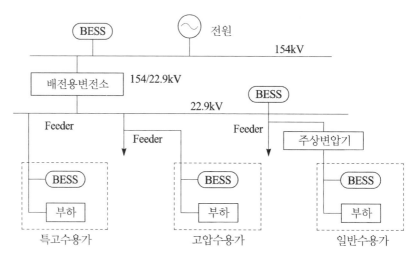

그림 1. 전지전력저장시스템의 설치 장소

해설

1. 전지전력저장의 원리

대용량의 축전지로 심야전력을 전기화학적 반응으로 인해서 저장(충전)하고, 피크 시간대에 방출(방전)하는 부하 평준화 기능을 가지고 있는 시스템으로 전지전력저장시스템은 장래 실현 가능성이 가장 큰 시스템으로 부각되고 있다.

2. 구성

축전을 위한 축전지, 직교류 변환을 위한 전력변환장치, 그리고 감시제어장치 등으로 구성된다.

3. 특징

* 저장 효율이 비교적 우수하다(60~75[%])
* 높은 에너지밀도를 가지고 있어 기동정지 및 부하추종 등의 운전 특성이 우수하다.

- 진동, 소음이 적어서 환경에 미치는 영향이 거의 없다.
- 입지 제약이 거의 없어 수요지 부근에 설치가 가능하다.
- 모듈 구조로 양산이 가능하며, 건설 기간이 짧다.
- 비용 절감 가능성이 높으며, 적용범위가 광범위하다.

4. 이차전지의 종류와 특징

이차전지를 이용한 전기저장장치에서 사용되는 이차전지에는 LiB, NaS, RFB, 연축전지 등이 있으며, 표 1과 같이 장단점을 비교하였다. 리튬이차전지가 현재 상용화 단계에 있으며, 에너지밀도($300 \sim 400 kWh/m^3$)가 높고, 수명이 대략 10년 정도이며, 단주기 ESS(방전시간 : Minutes)에 적합한 반면에 비용이 고가이다.

1) 나트륨황전지(NaS Battery)

이차전지 중 나트륨황전지는 음극으로서 나트륨, 양극으로서 유황을 사용하고 전해질로서 베타알루미나 세라믹스(나트륨이온 전도성을 가진 고체전해질)를 사용하고 있다. 전지의 충·방전은 300℃ 부근에서 가능한 고온형 전지이다.

2) 레독스 흐름 전지(Redox Flow Battery)

전기화학적 발전의 레독스 흐름 전지는 환원, 산화, 흐름의 단어를 합성한 것으로, 가수(假數)가 변화하는 금속 이온을 가진 수용성 전해액을 탱크에 저장하고 그 전해액을 펌프로 셀이라고 불리는 부분에 송액하여 충전/방전하는 전지를 의미한다. 양극과 음극의 전해액으로서 바나듐 등 금속 이온을 용해시킨 산성수용액을 이용하여 양극과 음극의 전해액은 각각의 탱크에 저장되어 전지 셀로 송액 순환한다.

레독스 흐름 전지는 전지반응이 바나듐 이온의 원자의 변화에 의존하기 때문에 12,000회 충·방전이 가능하여 수명이 길다. 그리고 셀과 탱크부를 분리할 수가 있어 설치장소에 적합하게 제작 가능하다. 또 펌프, 냉각장치 등의 가동부분이 필요하기 때문에 보수 및 유지가 필요하고 바나듐 이온 멤브레인의 교환이 필요하다.

그림2는 RFB 전지의 원리와 구성을 나타낸다.

표 1. 이차전지의 종류와 특징

종류	동작 원리	특징
LiB (Lithium-Ion Battery)	양극/음극 리튬 이온 이동에 의한 저장	· 고에너지밀도(300~400kWh/m³) · 수명 : 10년 · 고가 · 대용량 셀 곤란 · 국내 기술 상용화(제조 기술은 세계 최고 수준임) · 단주기 ESS(방전시간 : Minutes)에 적합 · 가정용, 산업용에 설치 운용 중
NaS (Na-Sulfur 전지)	용융 상태의 Na 과 S 반응으로 전기저장	· 에너지밀도(150~250kWh/m³) · 수명 : 15~20년 · 저비용 · 방전시간 : Hours · 대형셀 가능 · 고온 작동 · 일본 NGK가 상용화에 성공했으며, 국내는 2018년 이후 상용화 예상 · 고용량, 다양한 환경 적용이 가능하나 안정성, 신뢰성 확보가 우선적으로 필요
RFB (레독스 흐름 전지)	전해질 내 중심 금속 이온의 전자 수수반응으로 저장	· 에너지밀도(150~250kWh/m³) · 수명 : 15~20년 · 저비용 · 방전시간 : Hours · 대용량화 용이 : 출력과 용량 독립적 설계 · ZnBr 위주로 개발 진행 중이며, 2016년 이후 상용화 예상 · 신재생에너지 통합용을 목적으로 많이 개발 중

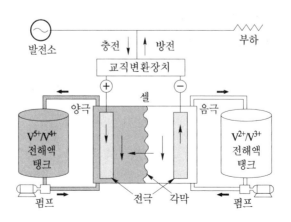

그림 2. RFB전지의 원리와 구성

5. 적용 용도별 요구 성능 사항

이차전지를 이용한 전기저장장치의 수요관리용 ESS를 크게 발전 및 송배전용, 산업용, 주택용으로 구분하며, 또는 수용가용, 철도용, 신재생에너지 연계용, 계통 주파수 응동용(FR) ESS 등으로 구분하기도 한다. 각각의 특성을 요약하면 표 2와 같다.

1) 수용가용 ESS

전기요금이 저렴한 경부하 시간의 전력을 충전 후 최대부하(계시별 요금에 따른 최대부하시간 설정)시간에 충전한 전력을 공급함으로써 경부하와 최대부하의 요금차에 의해 사용요금을 절감할 수 있다.

표 2. 적용 용도별 요구 성능사항

항목	발전 및 송배전용	산업용 (빌딩, 공장 등)	주택용
출력밀도	대	중	소
에너지밀도	소	중	대
안전성	대	중	중
수명	대	대	대
크기	소	대, 중	대
비용	대	중	중
운용 용이성	소	중	중
적용 배터리	대용량 전지(NaS) Li-ion/LIB 장수명 연축전지(VGS)	대용량 전지(NaS) Li-ion/LIB 장수명 연축전지(VGS)	Li-ion/LIB 장수명 연축전지(VGS)
요구 전지 사양	• 고율 충방전특성 : 4C~10C • 요구 수명 : 15년 • Back-up 시간 : 0.5~2h	• 충방전 Rate : 0.2C~0.5C • 요구 수명 : 6년 • Back-up 시간 : 2~6h	• 충방전 Rate : 0.2C~0.5C • 요구 수명 : 6년 • Back-up 시간 : 2~6h

2) 철도용 ESS

철도차량 제동에 사용되는 에너지는 견인력의 최대 약 40%에 이르며, 열로 변형되어 소멸되었으나, ESS 설치 후 제동 시 소멸되는 회생에너지를 저장하여 다른 철도차량의 가속에 필요한 에너지로 제공함으로써 에너지 절감, 가선전압 안정화, 유지보수비용 절감효과가 있는 것으로 확인되었다.

3) 신재생에너지 연계용 ESS

신재생에너지 연계용 ESS는 섬, 벽지, 군사, 통신설비 등 한전의 전력공급이 어려운 지역 또는 현재 디젤 발전을 하고 있는 지역에 신재생에너지(풍력, 태양광 등)를 이용하여 고품질의 친환경 전력을 공급하는 시스템이다.

4) 계통주파수 응동용 ESS

전력계통에서 주파수 변동을 감지하여 정상상태 및 과도상태를 판단하게 된다. 정상상태인 경우 규정주파수로 부터의 변동폭에 따라 충방전을 하게 된다. 그리고 과도상태인 경우 주파수 변동폭 및 부하정수를 이용하여 충방전량을 계산하고 순간적으로 응동하게 된다. 과도상태는 시간당 주파수변동 폭이 일정값을 넘어서는 경우 PMS에 설치된 주파수제어 알고리즘이 판단하게 된다.

6. 적용 효과

표 2는 BESS의 적용 효과를 나타낸 것이며, 전지전력저장시스템의 도입으로 인한 기대 효과는 전력계통과 연계 운전하는 경우 전력계통을 단독으로 운전하는 경우보다 안정한 전원을 얻을 수 있을 뿐만 아니라 잉여전력을 시스템에 공급함으로 에너지의 효율적 이용이 가능하고 비상시 전력공급이 용이하며 순동 예비력의 확보 간헐 전원 및 난조 부하 등의 흡수 억제는 물론 대도시의 전력수급의 불균형 및 불평형을 해소할 수 있다. 또한, 전지전력저장시스템이 도입된 후에는 변전소에 집중 설치하여 부하평준화는 물론 첨두부하 삭감 및 부가가치(조상설비 대체, 주파수 제어, 안정도 향상 등) 효과를 기대할 수 있다.

표 3. 전지전력저장시스템의 적용 효과

항 목	계통측면에서의 효과	분산설치시의 효과
경제성 및 에너지 절약측면	• 저발전비용 전원의 가동률 향상 • 유통설비 신증설 지연 • 전원개발 지연 • 송전손실 경감	• 송변전설비 이용률 향상 • 송전손실 저감 • 지협적인 최대부하 삭감
설비계획 측면	• 전원개발 계획의 유연성 • 건설기간의 단축	• 입지의 유연성 • 송변전설비 증설 지연
계통 운용측면	• 수요부하의 부하평준화 • 특정 송배전계통의 부하평준화 • 피크 전원의 확보 • 순동예비력의 확보 • 간헐전원 및 난조 부하 등의 흡수와 억제	• 전압 유지 • 정전시 긴급 전원공급

추가 검토 사항

📧 공학을 잘 하는 사람은 수학적인 사고를 많이 하는 사람이란 것을 잊지 말아야 한다. 본 문제에서 정확하게 이해하지 못하는 것은 관련 문헌을 확인해 보는 습관을 길러야 엔지니어링 사고를 하게 되고, 완벽하게 이해하는 것이 된다는 것을 명심하기 바란다. 상기의 문제를 이해하기 위해서는 다음의 사항을 확인 바란다.

1. 산업통상자원부에서는 에너지저장장치의 보급 활성화를 위해 2013년 11월 15일 아래와 같이 전기설비기술기준(고시)에서 규정하고 있는 '비상용 예비전원'에 에너지저장장치를 포함하여 개정하였으며, 관련 기준의 확인하면 다음과 같다.

> 제72조(비상용 예비전원의 시설)
> ① 상용전원이 정전되었을 때 사용하는 비상용 예비전원(수용장소에 시설하는 것만 해당한다)은 상용전원 측의 수용장소에 시설하는 전로 이외의 전로와 비상용 예비전원이 전기적으로 접속되지 않도록 시설하여야 한다.
> ② 비상용 예비전원으로 발전기 또는 이차전지 등을 이용한 전기저장장치를 시설하는 공간에는 환기 등 필요한 시설을 갖추어야 한다.

2. 고효율에너지인증대상기자재 및 적용범위에서 규정하고 있는 전력저장장치(ESS)에서 정의하는 내용을 찾아 봅시다.

전지협회의 배터리에너지저장장치용 이차전지 인증을 취득한 '이차전지'를 이용하고, 스마트그리드협회 표준 'SPS-SGSF-04-2012-07 에너지저장시스템용 전력변환장치의 성능요구사항 중 안전성능시험을 완료한 PCS(Power conditioning system)로 제작한 전력저장장치. 단, 절연변압기는 포함하지 않음

이 기준에서 정한 전력저장장치의 정격 및 적용 범위는 정격 출력(kW)으로 연속하여 부하에 공급할 수 있는 시간은 2시간 이상인 것

3. **일본에서는 풍력발전과 전지전력저장시스템과의 병설 운전하는 방법을 개발하고 있는데, 참고문헌을 본 적이 있나요.**

풍력발전은 최근 도입되어 앞으로 점점 더 촉진될 것으로 생각되는데, 날씨 및 입지조건 등에 따라 출력이 변동한다는 과제가 있으며, 그 출력 평준화 대책으로서 플로우전지(RF전지) 등 전력저장용 전지를 병설하는 시스템이 효과적이라고 한다. 그림 2는 일본 신에너지산업기술총합개발기구(NEDO)의 프로젝트로 수행되고 있는 풍력 출력 평준화 실증시험 중인 시스템을 나타낸 것이다.

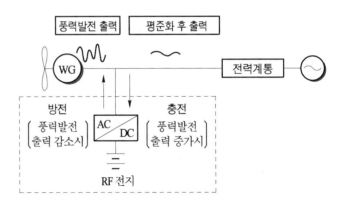

그림 3. 풍력발전 병설 전지시스템

참고문헌

1. 노대석, 수요관리용 전기저장장치의 일반 요구사항 및 시험방법, 2014.3.18.
2. 김응상, 국내외 EES 인증현황 및 추진방향, 2014.1.21.
3. 진창수, ESS 기술개발현황 및 추진방향, 에기평, 2014.1.21.
4. 현덕수, 연축전지 기반의 ESS 개발 동향 및 사업화 모델, 전기산업미래포럼, 2013.11.28

09 열병합발전시스템의 주요 구성을 그리고 그 특징을 5가지 열거하시오

📖 본 문제를 이해하고, 기억을 오래 가져갈 수 있는 그림이나 삽화 등을 생각한다.

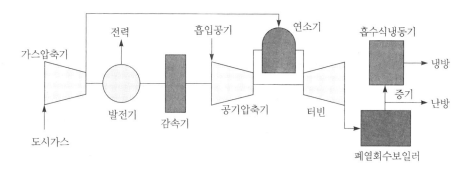

그림 1. 열병합발전설비의 구성 요소

해설

1. 열병합발전의 개요

열병합발전 시스템은 그림 1과 같이 열과 전기를 동시에 생산하는 발전시스템으로 에너지 이용효율을 극대화시키고 환경오염 유발요인을 최소화하는 전력공급 시스템으로 상용화력 발전의 효율이 40[%] 내외인 점을 비교해 볼 때 효율이 75~85[%]의 고효율 시스템이다.

즉, 열병합발전시스템은 전기를 생산하여 부하에 보내고, 잉여 전기를 전력회사에 판매를 하며, 발전 후 남은 열은 열 부하에 공급하게 된다. 열이 부족한 경우에는 보조 보일러를 가동하여 열 부하에 공급하고, 열이 남는 경우에는 폐열로 배출한다.

2. 열병합 발전의 주요 특징

① 발전시스템의 효율이 높고 발전량과 폐 에너지 회수비가 적절하면 경제성 극대화가 가능하다.

② 부하변동에 빠른 대응성이 있으며, 수요형태에 따른 모델별 운전패턴을 결정해 놓으면 여러 상황 속에서도 효율적인 운전이 가능하다.

③ 사용 발전에 비해 공사기간이 짧고 설치면적이 적어 소형화가 가능하고 NIMBY 현상에 의한 건설제약이 적다.

④ 단위출력당 건설비용이 낮고 출력변화가 용이하다.

⑤ 저부하에서 효율저하가 적다.

⑥ 공정에 이용하는 증기, 냉방전력의 대체, 난방온수 공급, 전력공급이 동시에 가능하므로 수요관리는 물론 변동비용이 경감된다.

⑦ 효율을 75~85[%]까지 향상시킬 수 있어 에너지절약에 특히 효과적이다.

⑧ 기후변화 협약에 의한 CO_2 배출가스 저감 등에 효과적인 기능을 발휘할 수 있다.

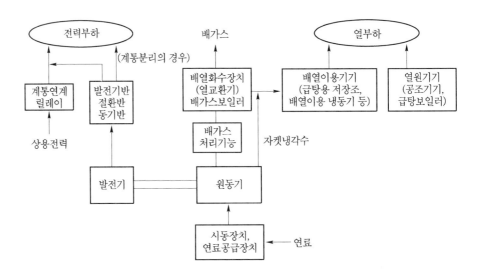

그림 2. 열병합발전시스템의 일반적인 구성 기기

추가 검토 사항

📖 공학을 잘 하는 사람은 수학적인 사고를 많이 하는 사람이란 것을 잊지 말아야 한다. 본 문제에서 정확하게 이해하지 못하는 것은 관련 문헌을 확인해 보는 습관을 길러야 엔지니어링 사고를 하게 되고, 완벽하게 이해하는 것이 된다는 것을 명심하기 바란다. 상기의 문제를 이해하기 위해서는 다음의 사항을 확인 바란다.

1. **열병합 발전에서 사용되는 원동기에 대해서도 알아두어야 한다.**

발전기는 기계에너지를 전기에너지로 변환시켜 주는 장치이므로 발전기가 에너지를 생산하려면 발전기의 회전기 부분을 회전시켜 주는 기계적 힘이 필요한데, 이러한 기계에너지를 제공하는 장치를 원동기라 한다. 일반적으로 발전기용 원동기는 크게 터빈류와 엔진류로 구분되는데, 화력발전소와 같은 대형발전소에서는 스팀터빈과 같은 터빈류를 사용하며, 소형의 산업용 발전설비에서는 디젤엔진이나 가스엔진과 같은 엔진류를 주로 사용한다. 그 이유는, 터빈은 엔진에 비해 큰 힘을 낼 수 있다는 장점이 있으므로 대형 설비에 적합하고, 엔진은 비록 큰 힘은 낼 수 없지만, 그 효율이 터빈에 비해 상대적으로 높기 때문에 산업용 발전설비에 적합하기 때문이다.

2. 가스엔진과 가스터빈의 특징을 비교하면 표 1과 같다.

표 1. 가스엔진과 가스터빈의 특징

항 목	가스 엔진	가스 터빈
설치 면적	크다	작다
가격	낮다	높다
발전 효율	30~40[%]	20~30[%]
열회수 효율	40~45[%]	50~60[%]
NO_X 발생량	약간 많다	적다
성 능	기동시간이 짧다 즉시 부하투입이 불가	기동시간이 길다 즉시 부하투입 가능
용 도	소규모	열전비가 높은 곳에 적합

3. 최근에 구역전기사업과 관련하여 CES(Community Energy System) : 중앙화된 소형 열생산시설을 주설비로 생산된 열(냉, 온수)과 전기(필요시) 등을 일괄 생산하여 공급)

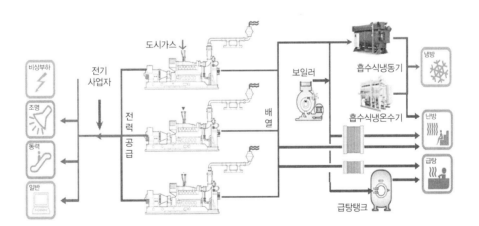

그림 3. CES의 구성도

4. 열/전비란 발전플랜트시스템의 전기에너지 수요와 열에너지 수요의 비를 말하며, 이는 열병합발전시스템의 선정시 매우 중요한 요소로서, 생산업종의 열/전

비와 플랜트 형식에 따라 각각 달라지게 된다. 열/전비가 높으면, 플랜트 형식을 배압 및 추기배압터빈 발전시스템으로 해야 한다. 표 2는 열/전비와 플랜트 형식을 비교하여 나타낸 것이다.

$$열/전비 = \frac{사용증기량}{사용전력}$$

표 2. 열전비와 플랜트 형식 비교

분류	열/전비	플랜트형식	비 고
1군	0-3	추기복수, 복수터빈, 가스터빈 및 디젤엔진발전(복합사이클 포함)	증기사용량보다 전력사용량이 많은 경우
2군	3-7	배압, 추기배압 및 추기복수터빈발전	증기사용량과 전력사용량이 비교적 균형을 이룰 경우
3군	7이상	배압 및 추기배압터빈발전	증기사용량이 전력사용량보다 많은 경우

참고문헌

1. 화력발전, 한국수자원공사, 2002
2. 송길영, 발전공학, 동일출판사, 2004
3. http://kemco.or.kr
4. 손학식, 열병합 발전시스템의 경제성 분석 및 제반효과에 관한 연구, 1999. 6

10

최근 전기저장장치(EES)의 보급이 확대되고 있다. EES의 구성 개요 및 계통연계 요구사항에 대해서 설명하시오.

📋 본 문제를 이해하고, 기억을 오래 가져갈 수 있는 그림이나 삽화 등을 생각한다.

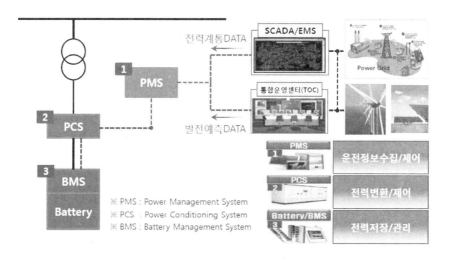

그림 1. 전력계통 및 신재생에너지 연계형 MW급 EES 운용시스템

해설

1. 에너지저장장치(ESS)와 EES의 개념

에너지저장장치(Energy Storage System : ESS)는 리튬전지와 같은 기존의 중소형 2차전지를 대형화하거나 회전에너지, 압축공기 등 기타 방식으로 대규모 전력을 저장하는 장치를 말한다. 즉, 에너지저장장치는 생산된 전력을 전력계통(Grid)에 저장했다가 전력이 가장 필요한 시기에 공급하여 에너지 효율을 높이는 시스템으로, 에너지저장장치의 보급 확대는 전력 부하이동과 새로운 전력서비스 시장을 창출할 것으로 기대된다.

그러나, 2차전지를 이용한 전기저장장치를 EES(Electrical Energy Storage)라 하며, 이차전지 중에서 나트륨황전지(NaS Battery)와 레독스흐름 전지(Redox Flow Battery) 등이 적용되고 있다.

2. EES의 구성과 기능

AC 전원을 DC 전원으로 변환하는 전력변환부인 PCS(Power Conversion System)와 그 에너지를 저장하는 전력저장부인 Battery로 구성이 되며, PCS와 Battery에 대해 각각 제어 및 모니터링 기능을 수행하는 PMS(Power Management System)와 BMS(Battery Management System)로 구성된다. 표 1과 그림 2에서 구성과 기능을 나타낸다.

표 1. EES의 구성

구 분	내 용
PCS	• Battery의 DC 전압을 AC 전압으로 또는 계통의 AC 전압을 DC 전압으로 변환하여 에너지의 충전 및 방전 기능을 수행 • Battery의 과방전, 과충전, 고온 등에 대비한 보호시스템 기능
PMS	• EES의 실시간 운영현황 모니터링 및 제어 • PCS 및 Battery 상태 모니터링 • 주요 기능 : 실시간 계통, PCS, 배터리간의 전류 및 전력 감시, 실시간 배터리 상태 모니터링, PCS 고장 시 고장 항목 확인 및 Fault List를 제공
Battery	• 배터리는 PCS에서 변환된 전력을 저장하는 기능을 수행 • 성능 : 높은 에너지 및 출력 밀도, 메모리효과 제거, 긴 충방전수명, 낮은 자가방전율의 성능이 요구
BMS	• 실시간 Battery 상태 모니터링 및 PCS 통신 • SOC, SOH의 관리, 온도상태 감시, 배터리 보호 등

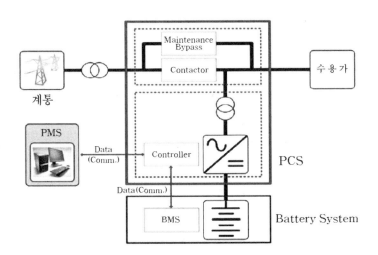

그림 2. 이차전지를 이용한 에너지저장장치

3. EES의 일반 요구사항 및 계통 연계 요구사항

EES는 기존의 전력망에 정보기술(ICT)를 접목하여 전력공급자와 소비자가 양방향으로 실시간 정보를 교환하고, 전기저장장치를 이용하여 가장 필요한 시기에 전기에너지를 공급하여 에너지 효율을 향상시키고 경부하시(야간)에 잉여전력을 저장, 피크 부하시(주간)에 사용하는 부하평준화(Load leveling)를 통해 전력운영의 최적화에 기여할 수 있는 시스템이다.

그림 3과 그림 4는 상용 교류 단상전력과 분산형 전원을 이용하여 축전장치에 전기에너지를 저장하였다가 필요시 사용하는 소형 전기저장장치에 적용되는 단선도이다. 그리고, 이 표준에 적용되는 전기저장장치는 분산형 전원 전력 또는 상용 전력을 저장하였다가 정전시 또는 계통에서 피크부하가 발생할 때 사용하는 것을 주목적으로 한다.

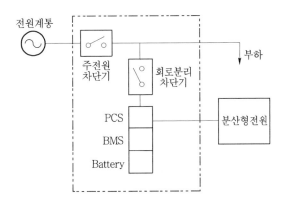

그림 3. 주택용 EES

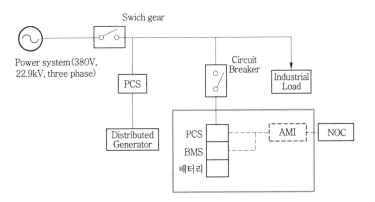

그림 4. 상업용 및 산업용 EES

1) 소형 EES의 연계 시 상세 적용 범위는 다음과 같다.

- 단상 220[V] 교류 정격 전압의 입력 및 출력을 가지는 전기저장장치
- 전력변환장치, 전기에너지 축적장치 등 일체의 부품을 외함에 일괄 포함하는 단상 220[V] 교류 정격 전압의 입력 및 출력을 가지는 전기저장장치
- 인버터 등 전력변환장치 최대용량 10[kW] 이하의 단상 220[V] 교류 정격전압의 입력 및 출력을 가지는 전기저장장치

2) 신재생에너지설비와 연계(AC 연계)

신재생에너지 연계용 EES는 신재생에너지(풍력, 태양광 등)를 이용하여 고품질의 친환경 전력을 공급하는 시스템이며, 상세 적용 범위는 다음과 같다.

① EES는 상용교류 단상전력과 신재생에너지전원을 이용하여 전기에너지를 저장할 수 있도록 신재생에너지는 전력계통과 반드시 AC로 연계되도록 구성한다.

② EES는 신재생에너지전원의 전력 또는 상용전력을 저장하였다가 정전 시 또는 계통에서 피크부하가 발생할 때 사용하는 것을 주목적으로 한다.

○ 통신기능

- EES의 인버터는 특정 정보를 스마트미터(AMI)에 제공할 수 있는 통신기능을 가지도록 제작되어야 한다.
- 특정 정보는 EES의 출력량과 충·방전상태, On/Off 상태 등을 포함해야 한다.

○ 배전계통 접속을 위한 동기화 변수 제한범위

분산형 전원 용량 합계(kW)	주파수 차 ($\triangle f$, Hz)	전압 차 ($\triangle V$, %)	위상각 차 ($\triangle \phi$, °)
500 이하	0.3	10	20
500 초과~1,500	0.2	5	15
1,500 초과	0.1	3	10

○ 비정상 전압에 대한 분산형전원 분리시간

전압 범위 [주2](기준전압[주1]에 대한 비율 %)	분리시간[주2] (초)
V < 50	0.5
50 ≤ V < 70	2.00
70 ≤ V < 90	2.00
110 < V < 120	1.00
V ≥ 120	0.16

주 1) 기준전압은 계통의 공칭전압을 말한다.
　2) 분리시간이란 비정상 상태의 시작부터 분산형전원의 계통가압 중지까지의 시간을 말하며, 필요할 경우 전압 범위 정정치와 분리시간을 현장에서 조정할 수 있어야 한다.

○ 비정상 주파수에 대한 분산형전원 분리시간

분산형전원 용량	주파수 범위[주] [Hz]	분리시간[주] [초]
용량무관	f > 61.5	0.16
	f < 57.5	300
	f < 57.0	0.16

주) 분리시간이란 비정상 상태의 시작부터 분산형전원의 계통가압 중지까지의 시간을 말하며, 필요할 경우 전압 범위 정정치와 분리시간을 현장에서 조정할 수 있어야 한다. 저주파수 계전기 정정치 조정시에는 한전계통 운영과의 협조를 고려하여야 한다.

추가 검토 사항

■ 공학을 잘 하는 사람은 수학적인 사고를 많이 하는 사람이란 것을 잊지 말아야 한다. 본 문제에서 정확하게 이해하지 못하는 것은 관련 문헌을 확인해 보는 습관을 길러야 엔지니어링 사고를 하게 되고, 완벽하게 이해하는 것이 된다는 것을 명심하기 바랍니다. 상기의 문제를 이해하기 위해서는 다음의 사항을 확인바랍니다.

1. **이차전지 중에서 나트륨황전지(NaS Battery)와 레독스흐름 전지(Redox Flow Battery)에 대해서 간단히 설명하시오.**

   1) 나트륨황전지는 음극으로서 나트륨, 양극으로서 유황을 사용하고 전해질로서 베타알루미나 세라믹스(나트륨이온 전도성을 가진 고체전해질)를 사용하고 있다. 전지의 충·방전은 300[℃] 부근에서 가능한 고온형 전지이다.

   2) 전기화학적 발전의 레독스 흐름 전지는 환원, 산화, 흐름의 단어를 합성한 것으로, 가수(假數)가 변화하는 금속 이온을 가진 수용성 전해액을 탱크에 저장하고 그 전해액을 펌프로 셀이라고 불리는 부분에 송액하여 충전/방전하는 전지를 의미한다. 양극과 음극의 전해액으로서 바나듐 등 금속 이온을 용해시킨 산성수용액을 이용하여 양극과 음극의 전해액은 각각의 탱크에 저장되어 전지 셀로 송액 순환한다.

   레독스 흐름 전지는 전지반응이 바나듐 이온의 원자의 변화에 의존하기 때문에 12,000회 충·방전 가능하여 수명이 길다. 그리고 셀과 탱크부를 분리할 수가 있어 설치장소에 적합하게 제작 가능하다. 또 펌프, 냉각장치 등의 가동부분이 필요하기 때문에 보수 및 유지가 필요하고 바나듐 이온 멤브레인의 교환이 필요하다.

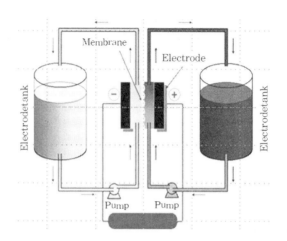

그림 5. 레독스 흐름 전지의 원리

2. 에너지저장장치 중에서 슈퍼캐패시터(Super Capacitor, SC)에 대해서 알아 둡시다.

  전기적 발전의 ESS 중 슈퍼커패시터는 화학반응을 이용하는 다른 배터리와는 달리 전극과 전해질 계면으로의 단순한 이온의 이동이나 표면화학반응에 의한 충전 현상을 이용한다. 커패시터는 기본적으로 2장의 전극판을 대향시킨 구조이고, 여기에 직류전압을 걸어, 각 전극에 전하를 축적하고, 축적하고 있는 도중에는 전류가 흐르고, 축적된 상태에서는 전류는 흐르지 않는다.

3. BESS와 Supercapacitor의 협조 제어에 대해서 알아 둡시다.

  1) BESS

    ① 슈퍼캐패시터보다 상대적으로 동특성이 느리지만, Full 충전시 1~2h의 운전 가능

    ② 출력 동특성이 빠르기 때문에 Droop 제어 가능(Both FFC & UPC)

    ③ 슈퍼캐패시터의 지속적인 출력을 방지하기 위해 AGC 기능 추가

  2) Supercapacitor

    ① 동특성이 가장 빠르지만, Full 충전시 약 10s 운전 가능

    ② 출력 동특성이 빠르기 때문에 Droop 제어 가능(only UPC)

    ③ 가용시간이 짧기 때문에 FFC mode로 운영으로는 부적합

    ④ 배터리와 협조제어 함으로써 전력품질 향상

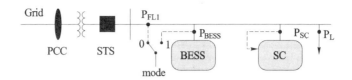

그림 6. BESS와 Supercapacitor의 협조 제어

4. 주파수조정용(FR) EES 시스템이 설치될 예정이며, 대용량 EES 전력망 적용시 그 기능과 역할을 알아 둡시다.

제주 조천변전소에 4[MW]/8[MWh] 규모의 BESS를 설치하여 운영 중에 있으며, 2014년도에 서안성변전소에서는 PCS 16[MW]와 12[MW], 배터리 4[MWh]와 3[MWh]가 설치될 예정이고, 신용인변전소에서도 PCS 16[MW]와 8[MW], 배터리 8[MWh]와 4[MWh]가 설치될 예정이다.

BESS는 전력계통에서 주파수 변동을 감지하여 정상상태 및 과도상태를 판단하게 된다(계통주파수 응동). 정상상태인 경우 규정주파수로 부터의 변동폭에 따라 그림 7과 같은 전략으로 충·방전을 하게 된다.

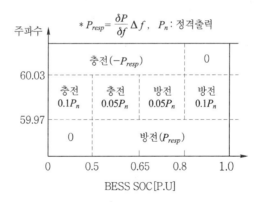

그림 7. 정상상태시의 배터리 방전전략

그리고 과도상태인 경우 주파수 변동폭 및 부하정수를 이용하여 충·방전량을 계산하고, 순간적으로 응동하게 된다. 과도상태는 시간당 주파수변동 폭이 일정값을 넘어서는 경우 PMS에 설치된 주파수제어 알고리즘이 판단하게 된다. 그림 8은 과도상태시의 주파수 응동을 나타내며, 실선으로 나타낸 부분은 주파수 변동을, 점선으로 표시된 부분은 배터리의 방전을 나타내고 있다.

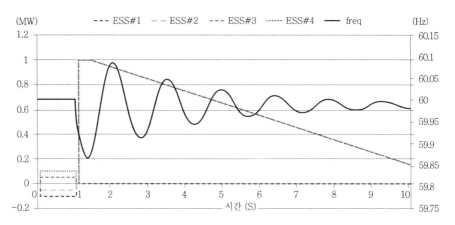

그림 8. 과도상태시의 주파수 응동

대용량 EES 전력망에 적용시 각 기능과 역할을 들면 다음과 같다.

적용 모델	활용 방안
예비력 제공	전력계통 발전력 부족시 대처(Peak Shaving, 30분~2시간)
주파수 조정	주파수 반응 실시간 충방전 실시(GF 10초, AGC 30초)
에너지차액 거래	저렴할 때 충전하여 비쌀 때 발전
신재생 출력보정	전력망 안정도 유지를 위한 출력 변동성 개선, 급정지시 응동
기 타	무효전력 제공, 자체 기동전원

참고문헌

1. 노대석, 수요관리용 전기저장장치의 일반 요구사항 및 시험방법, 2014.3.18.
2. 김응상, 전력설비의 떠오르는 핫이슈 전력저장장치, 조명전기설비학회지, 2014.7
3. 강용성, 전력저장장치의 적용기술 및 설치사례, 조명전기설비학회지, 2014.7
4. 원동준, 분산전원 및 마이크로그리드 제어기술, 대한전기협회, 2012.4
5. 전기신문, 2014.7.31.
6. 윤용범, 제주조천변전소 BESS 실증사례 및 향후 과제, 조명전기설비학회지, 2014.7
7. 장병훈, 대규모 전력망에서의 ESS 역할 및 적용 전망, 전력연구원, 2013.5

11

KEC503에서 정하고 있는 분산형 전원의 저압 계통연계설비에 대하여 설명하시오.

📑 본 문제를 이해하고, 기억을 오래 가져갈 수 있는 그림이나 삽화 등을 생각한다.

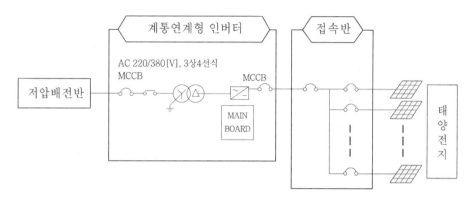

그림 1. 저압 계통연계설비

해설

1. 개요

분산형 전원(태양광발전, 풍력발전, 연료전지발전 등)을 인버터를 이용하여 배전사업자의 저압 전력계통에 연계하는 경우 계통연계설비가 필요하게 된다. 여기서, 인버터는 분산형 전원에서 출력되는 직류전력을 교류전력으로 변환하고 교류계통으로 접속된 부하설비에 전력을 공급한다. 동시에 잉여전력을 계통으로 역송전하는 것과 생산전력의 전량을 배전사업자의 배전선에 역송전하는 방식이 있다. 그림 1은 태양광발전과 계통연계형 인버터, 저압 배전반과의 접속 관계를 나타낸 것이다.

2. KEC에서 정하는 계통연계설비의 시설 조건

1) 저압 계통연계시 직류유출방지 변압기의 시설

인버터로부터 직류가 계통으로 유출되는 것을 방지하기 위하여 접속점(접속설비와 분산형전원 설치자측 전기설비의 접속점을 말한다)과 인버터 사이에 상용주파수 변압기(단권변압기를 제외한다)를 시설하여야 한다. 다만, 다음 각 호를 모두 충족하는 경우에는 예외로 한다.

① 인버터의 직류 측 회로가 비접지인 경우 또는 고주파 변압기를 사용하는 경우
② 인버터의 교류출력 측에 직류 검출기를 구비하고, 직류 검출시에 교류출력을
　정지하는 기능을 갖춘 경우

2) 단락전류제한장치의 시설

분산형 전원을 계통 연계하는 경우 전력계통의 단락용량이 다른 자의 차단기의
차단용량 또는 전선의 순시허용전류 등을 상회할 우려가 있을 때에는 그 분산형
전원 설치자가 한류리액터 등 단락전류를 제한하는 장치를 시설하여야 하며, 이
러한 장치로도 대응할 수 없는 경우에는 그 밖에 단락전류를 제한하는 대책을
강구하여야 한다.

3) 계통연계용 보호장치의 시설

가) 계통 연계하는 분산형전원을 설치하는 경우 다음 각 호의 1에 해당하는 이상
　또는 고장 발생시 자동적으로 분산형전원을 전력계통으로부터 분리하기 위한
　장치를 시설하여야 한다.
　① 분산형전원의 이상 또는 고장
　② 연계한 전력계통의 이상 또는 고장
　③ 단독운전 상태

나) 상기의 ②항에 따라 연계한 전력계통의 이상 또는 고장 발생시 분산형전원의
　분리시점은 해당 계통의 재폐로 시점 이전이어야 하며, 이상 발생 후 해당
　계통의 전압 및 주파수가 정상 범위 내에 들어올 때까지 계통과의 분리 상태
　를 유지하는 등 연계한 계통의 재폐로방식과 협조를 이루어야 한다.

추가 검토 사항

■ 공학을 잘 하는 사람은 수학적인 사고를 많이 하는 사람이란 것을 잊지 말아야 한다.
본 문제에서 정확하게 이해하지 못하는 것은 관련 문헌을 확인해 보는 습관을 길러야 엔지니
어링 사고를 하게 되고, 완벽하게 이해하는 것이 된다는 것을 명심하기 바랍니다.

1. 계통연계 보호장치에 대해서 자세히 알아 봅시다.

계통연계 보호장치는 일반적으로 인버터에 내장되어 있는 경우가 많다. 역송전이
있는 저압 연계시스템에서는 과전압 계전기(OCR), 저압압 계전기(UVR), 과주파
수 계전기(OFR), 저주파수 계전기(UFR)의 설치가 필요하고, 고압 연계에서는
아울러 지락과전류 계전기(OCGR)의 설치가 필요하다. 고압연계에서 보호계전기
의 설치장소는 지락과전압 계전기(OVGR)을 제외하고, 실질적으로 인버터의 출
력점이 좋다. 고압연계에서는 전력회사의 보호장치와 보호 협조가 안될 경우 추

가 보호장치의 설치가 필요하게 된다. 고압 연계의 보호계전기의 설치장소는 태양광발전소 구내 수전점(수전보호 배전반)에 설치함으로 원칙으로 하고 있다. 보호계전기의 표준적인 조정값과 조정 시간의 예는 표 1과 같다.

계통연계보호장치에 대해서는 전력회사와의 사전 협의사항으로 되어 있어 충분하나 협의 하에 조정할 필요가 있다.

표 1. 보호계전기의 조정 값 예

종류	조정 값	조정 시간[s]	보호 동작
UVR	80[V] (220[V])	1	연계차단, 대기
OVR	115[V] (230[V])	1	연계차단, 대기
UFR	48.5[Hz]/59[Hz]	1	연계차단, 대기
OFR	51[Hz]/61[Hz]	1	연계차단, 대기
복귀 타이머	150초/300초		복전 후 대기상태 유지

(주) 조정 값의 (   )은 220[V]용이다.

2. 특고압 연계에 관하여 KEC에서 정하고 있는 사항을 확인바랍니다.

1) 특고압 송전 계통연계시 분산형전원 운전제어 장치의 시설

분산형전원을 송전사업자의 특고압 전력계통에 연계하는 경우 계통안정화 또는 조류억제 등의 이유로 운전제어가 필요할 때에는 그 분산형전원에 필요한 운전제어 장치를 시설하여야 한다.

2) 연계용 변압기 중성점의 접지

분산형전원을 특고압 전력계통에 계통연계하는 경우 연계용 변압기 중성점의 접지는 전력계통에 연결되어 있는 다른 전기설비의 정격을 초과하는 과전압을 유발하거나 전력계통의 지락고장 보호협조를 방해하지 않도록 시설하여야 한다.

참고문헌

1. 한국전기설비규정(KEC), 503
2. 한국전기안전공사의 태양광발전시스템 검사지침
3. 한국전력공사, 분산형 전원 배전계통 연계기술기준

12

분산형 전원의 배전계통 연계기술 Guideline에서 정하는 기술적 요구사항에 대해서 설명하시오.

■ 본 문제를 이해하고, 기억을 오래 가져갈 수 있는 그림이나 삽화 등을 생각한다.

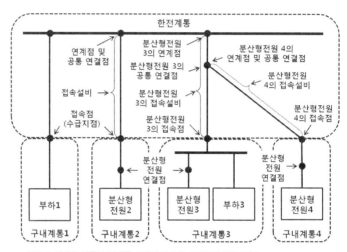

그림 1. 연계 관련 용어 간의 관계

그림 2. 연계 개략도

해설

1. 분산형 전원(DR, Distributed Resources)의 개요

분산형전원이란 대규모 집중형 전원과는 달리 소규모로 전력소비지역 부근에 분산하여 배치가 가능한 전원으로서, 다음의 하나에 해당하는 발전설비를 말한다.

1) 전기사업법 제2조 제4호의 규정에 의한 발전사업자 또는 전기사업법 제2조 제12호의 규정에 의한 구역전기사업자의 발전설비로서 전기사업법 제43조의 규정에

의한 전력시장운영규칙 제1.1.2조 제1호에서 정한 중앙급전발전기가 아닌 발전설
비 또는 전력시장운영규칙을 적용받지 않는 발전설비

2) 전기사업법 제2조 제19호의 규정에 의한 자가용전기설비에 해당하는 발전설비
(이하 "자가용 발전설비"라 한다) 또는 전기사업법 시행규칙 제3조 제1항 제2호
의 규정에 의해 일반용전기설비에 해당하는 저압 10[kW] 이하 발전기(이하 "저
압 소용량 일반용 발전설비"라 한다)

3) 양방향 분산형전원은 아래와 같이 전기를 저장하거나 공급할 수 있는 시스템을
말한다.

① 전기저장장치(ESS : Energy Storage System)

전기설비기술기준 제3조 제1항 제28호의 규정에 의한 전기를 저장하거나 공
급할 수 있는 시스템을 말한다.

② 전기자동차 충·방전시스템(V2G : Vehicle to Grid)

전기설비기술기준 제53조의 2에 따른 전기자동차와 고정식 충·방전설비를 갖
추어, 전기자동차에 전기를 저장하거나 공급할 수 있는 시스템을 말한다.

2. 배전계통 연계에 대한 기술적 요구사항

1) 전기방식

전기방식은 연계하고자 하는 계통의 전기방식과 동일하여야 한다.

표 1. 연계구분에 따른 계통의 전기방식

구 분	연계계통의 전기방식
저압 한전계통 연계	교류 단상 220[V] 또는 교류 삼상 380[V]
특고압 한전계통 연계	교류 삼상 22,900[V]

2) 한전계통 접지와의 협조

역송병렬 형태의 분산형전원 연계시 그 접지방식은 접속되는 한전계통에 연결되
어 있는 타 설비의 정격을 초과하는 과전압을 유발하거나 배전계통의 지락고장
보호협조를 방해해서는 안 된다.

3) 동기화

분산형전원의 계통 연계 또는 가압된 구내계통의 가압된 한전계통에 대한 연계에
대하여 병렬연계 장치의 투입 순간에 표 2의 모든 동기화 변수들이 제시된 제한범
위 이내에 있어야 하며, 만일 어느 하나의 변수라도 제시된 범위를 벗어날 경우에
는 병렬연계 장치가 투입되지 않아야 한다.

표 2. 계통 연계를 위한 동기화 변수 제한범위

분산형전원 정격용량 합계(kW)	주파수 차 ($\triangle$f, Hz)	전압 차 ($\triangle$V, %)	위상각 차 ($\triangle\Phi$, °)
0～500	0.3	10	20
500 초과～1,500	0.2	5	15
1,500 초과～20,000 미만	0.1	3	10

4) 비의도적인 한전계통 가압 금지

분산형전원은 한전계통이 가압되어 있지 않을 때 한전계통을 가압해서는 안 된다.

5) 감시설비

특고압 또는 전용 변압기를 통해 저압 한전계통에 연계하는 역송병렬의 분산형전원이 하나의 공통 연결점에서 단위 분산형전원의 용량 또는 분산형전원 용량의 총합이 250[kW] 이상일 경우 분산형전원 설치자는 분산형전원 연결점에 연계상태, 유·무효전력 출력, 운전 역률 및 전압 등의 전력품질을 감시하기 위한 설비를 갖추어야 한다.

6) 분리장치

① 접속점에는 접근이 용이하고 잠금이 가능하며 개방상태를 육안으로 확인할 수 있는 분리장치를 설치하여야 한다.

② 역송병렬 형태의 분산형전원이 특고압 한전계통에 연계되는 경우 ①항에 의한 분리장치는 연계용량에 관계없이 전압·전류 감시 기능, 고장표시(FI, Fault Indication) 기능 등을 구비한 자동개폐기를 설치하여야 한다.

다만, 전용변압기를 통해 한전계통에 연계하는 단독 또는 합산용량 100[kW] 이상 저압 분산형전원의 경우 변압기 1차 측에 전압·전류 감시 기능, 고장표시(FI, Fault Indication) 기능, 고장전류 감지 및 자동차단 기능 등을 구비한 자동차단기를 설치하여야 한다.

7) 연계 시스템의 건전성

전자기 장해로부터의 보호	연계 시스템은 전자기 장해 환경에 견딜 수 있어야 하며, 전자기 장해의 영향으로 인하여 연계 시스템이 오동작하거나 그 상태가 변화되어서는 안 된다.
내서지 성능	연계 시스템은 서지를 견딜 수 있는 능력을 갖추어야 한다.

8) 한전계통 이상시 분산형전원 분리 및 재병입

① 한전계통의 고장	분산형전원은 연계된 한전계통 선로의 고장시 해당 한전계통에 대한 가압을 즉시 중지하여야 한다.
② 한전계통 재폐로와의 협조	①항에 의한 분산형전원 분리시점은 해당 한전계통의 재폐로 시점 이전이어야 한다.
③ 전 압	ⓐ 연계 시스템의 보호장치는 각 선간전압의 실효값 또는 기본파 값을 감지해야 한다. ⓑ ⓐ항의 전압 중 어느 값이나 표 3과 같은 비정상 범위 내에 있을 경우 분산형전원은 해당 분리시간(clearing time) 내에 한전계통에 대한 가압을 중지하여야 한다.
④ 주파수	계통 주파수가 표 4와 같은 비정상 범위 내에 있을 경우 분산형전원은 해당 분리시간 내에 한전계통에 대한 가압을 중지하여야 한다.
⑤ 한전계통에의 재병입 (reconnection)	ⓐ 한전계통에서 이상 발생 후 해당 한전계통의 전압 및 주파수가 정상 범위 내에 들어올 때까지 분산형전원의 재병입이 발생해서는 안 된다. ⓑ 분산형전원 연계 시스템은 안정상태의 한전계통 전압 및 주파수가 정상 범위로 복원된 후 그 범위 내에서 5분간 유지되지 않는 한 분산형전원의 재병입이 발생하지 않도록 하는 지연기능을 갖추어야 한다.

표 3. 비정상 전압에 대한 분산형전원 분리시간

전압 범위 (기준전압에 대한 백분율[%])	분리시간[초]
V < 50	0.5
50 ≤ V < 70	2.00
70 ≤ V < 90	2.00
110 < V < 120	1.00
V ≥ 120	0.16

주 1) 기준전압은 계통의 공칭전압을 말한다.
 2) 분리시간이란 비정상 상태의 시작부터 분산형전원의 계통가압 중지까지의 시간을 말한다.

표 4. 비정상 주파수에 대한 분산형전원 분리시간

분산형전원 용량	주파수 범위[주][Hz]	분리시간[주] [초]
용량무관	f > 61.5	0.16
	f < 57.5	300
	f < 57.0	0.16

주) 분리시간이란 비정상 상태의 시작부터 분산형전원의 계통가압 중지까지의 시간을 말하며, 필요할 경우 주파수 범위 정정치와 분리시간을 현장에서 조정할 수 있어야 한다. 저주파수 계전기 정정치 조정시에는 한전계통 운영과의 협조를 고려하여야 한다.

☞ 관련 전기신문 기사 검토

"태양광 늘어나면서 정전위험도 커져"

2020년 3월 28일 오후 2시쯤. 석탄발전소인 신보령 1호기가 불시 정지하자 예상치 못하게 주파수가 훨씬 더 하락해 최저 주파수 59.67Hz를 기록했다. 45만kW의 태양광 설비들이 계통 주파수가 59.8Hz 이하로 떨어지면 자동으로 운전을 정지하게끔 설정된 것(한전의 배전분산형 연계기준)이 원인이었다. 배전선로에 연결된 소규모 태양광 설비들이 계통안정도를 전혀 고려하지 않은 채 무작정 설치만 되다 보니 대정전이 발생할 수도 있었던 아찔한 순간이었다.

이와 같이 태양광, 풍력 등 재생에너지의 급작스러운 출력변동을 예측하지 못할 경우 정전의 위험이 높아질 수 있다는 것을 경고하고 있다

신보령 1호기의 불시 정지로 태양광 발전설비까지 멈추는 일이 발생하자 한전은 부랴부랴 태양광발전설비의 계통연계 유지조건(분산형전원 배전계통 연계 기술기준)을 강화했다고 한다.

9) 분산형전원 이상시 보호협조

분산형전원의 이상 또는 고장시 이로 인한 영향이 연계된 한전계통으로 파급되지 않도록 분산형전원을 해당 계통과 신속히 분리하기 위한 보호협조를 실시하여야 한다.

10) 전기 품질

① 직류 유입 제한	분산형전원 및 그 연계 시스템은 분산형전원 연결점에서 최대 정격 출력전류의 0.5[%]를 초과하는 직류 전류를 계통으로 유입시켜서는 안 된다.
② 역률	ⓐ 분산형전원의 역률은 90[%] 이상으로 유지한다. ⓑ 분산형전원의 역률은 계통 측에서 볼 때 진상역률(분산형전원 측에서 볼 때 지상역률)이 되지 않도록 한다.
③ 플리커(flicker)	분산형전원은 빈번한 기동·탈락 또는 출력변동 등에 의하여 한전계통에 연결된 다른 전기사용자에게 시각적인 자극을 줄만한 플리커나 설비의 오동작을 초래하는 전압요동을 발생시켜서는 안 된다.
④ 고조파	특고압 한전계통에 연계되는 분산형전원은 연계용량에 관계없이 한전의 「배전계통 고조파 관리기준」에 준하는 허용기준을 초과하는 고조파 전류를 발생시켜서는 안 된다.

11) 순시전압변동

① 특고압 계통의 경우	분산형전원의 연계로 인한 순시전압변동률은 발전원의 계통 투입·탈락 및 출력 변동 빈도에 따라 표 5에서 정하는 허용 기준을 초과하지 않아야 한다.
② 저압계통의 경우	계통 병입시 돌입전류를 필요로 하는 발전원에 대해서 계통 병입에 의한 순시전압변동률이 6[%]를 초과하지 않아야 한다.

표 5. 순시전압변동률 허용기준

변동빈도	순시전압변동률
1시간에 2회 초과 10회 이하	3[%]
1일 4회 초과 1시간에 2회 이하	4[%]
1일에 4회 이하	5[%]

12) 단독운전

한전계통의 일부를 가압하는 단독운전 상태가 발생할 경우 해당 분산형전원 연계 시스템은 이를 감지하여 단독운전 발생 후 최대 0.5초 이내에 한전계통에 대한 가압을 중지해야 한다.

13) 보호장치 설치

① 분산형전원 설치자는 고장 발생시 자동적으로 계통과의 연계를 분리할 수 있도록 다음의 보호계전기 또는 동등 이상의 기능 및 성능을 가진 보호장치를 설치해야 한다.

ⓐ 계통 또는 분산형전원 측의 단락·지락고장시 보호를 위한 보호장치

ⓑ 적정한 전압과 주파수를 벗어난 운전을 방지하기 위하여 과저전압 계전기, 과·저주파수 계전기

ⓒ 단순병렬 분산형전원의 경우에는 역전력 계전기

② 역송병렬 분산형전원의 경우에는 단독운전 방지기능에 의해 자동적으로 연계를 차단하는 장치를 설치해야 한다.

참고문헌

1. 한국전력공사, 분산형 전원 배전계통 연계 기술 Guideline, 2020.6.29
2. 전기신문, "태양광 늘어나면서 정전 위험도 커져", 2020.8.26

13

분산형 전원을 특고압 한전계통에 연계할 때, 연계 변압기의 결선 및 접지방식에 따라 그림 1과 같이 1선 지락고장 발생시 각 상 전압의 크기가 다르게 나타난다. (b)와 (C)의 특성에 대하여 설명하시오.

(a) 고장 발생 전의 상태

(b) 분산형전원이 유효접지 되지 않은 경우 한전계통 측 C상에서 1선 지락고장 발생시

(C) 분산형전원 연계 변압기의 특고압측이 유효접지된 경우 1선 지락고장 발생시

◢ 본 문제를 이해하고, 기억을 오래 가져갈 수 있는 그림이나 삽화 등을 생각한다.

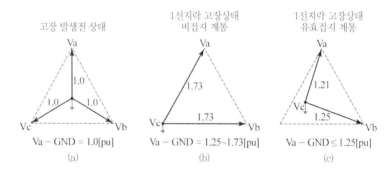

그림 1. 1선 지락고장 발생시 중성점 이동

해설

1. 배경

한전의 분산형 전원 배전계통 연계기술 Guideline 제7조(한전계통 접지와의 협조)에 의하면, '분산형 전원 연계시 그 접지방식은 해당 한전계통에 연결되어 있는 타설비의 정격을 초과하는 과전압을 유발하거나 한전계통의 지락고장 보호협조를 방해해서는 안 된다.'라고 규정하고 있다.

분산형 전원을 특고압 한전계통에 연계할 때, 연계 변압기의 결선 및 접지방식에 따라 분산형전원이 계통에 미치는 영향은 달라진다. 연계 변압기의 결선방식은 다양하게 적용할 수 있으나 특고압측(한전 계통 측)이 유효접지되어 있는지 여부에 따라 지락고장 발생시 전압 및 보호협조 특성이 크게 달라진다.

3상 4선식 다중접지 방식으로서 유효접지 기준을 만족하는 한전계통에 유효접지 기준을 만족하지 않는 결선방식의 연계 변압기로 분산형 전원을 연계하면 한전계통

에 지락고장 발생시 한전계통 전원으로부터 분리된 단독계통(Power Island, 분산형 전원에 의해 단독운전 상태에 놓이게 된 한전계통 선로구간을 말한다. 이하 같다)이 과전압으로 인한 피해를 입을 수 있다.

2. 분산형전원 연계 변압기 특고압 측이 유효접지되지 않은 경우 한전 계통측 C상에서 1선 지락고장 발생시 :

구내 발전용 연계 변압기의 중성점이 접지되지 않은 경우 C상 지락고장시 건전 상인 A상과 B상에는 고장발생 이전 대비 전압이 최대 173[%]까지 올라가는 상황을 맞게 된다. 즉, 연계 변압기의 중성점이 접지가 안 되어 있는 상태에서 한전계통의 임의 지점에 지락고장이 발생하고 고장 제거를 위해 한전계통측 보호기기(CB, 리클로저 (Recloser) 등)가 동작하여 한전계통측 전원이 차단되면 분산형전원은 단독운전 상태(고장 지속)가 되고 단독계통에는 비접지 전원(접지되지 않은 분산형전원)만 존재하게 된다. 이때, 그림 1의 (b)와 같이 건전상에는 선간전압이 걸리게 되어 과전압에 노출되게 된다. 이와 같이 지락고장으로 인해 발생한 건전상의 과전압은 한전계통에 설치된 피뢰기 및 기타 설비에 피해를 주거나 스트레스를 누적시키게 된다.
이와 같이 연계 변압기의 특고압측을 접지하지 않으면 한전계통 측으로 고장전류를 공급하지는 않으나 과전압의 위험에 노출될 수 있다.

3. 분산형전원 연계 변압기 특고압 측이 유효접지된 경우 한전 계통측 C상에서 1선 지락고장 발생시 :

그림 1의 (C)에서 보는 바와 같이 연계 변압기의 중성점이 유효접지되어 있으면 한전계통의 1선 지락고장 발생으로 보호기기가 동작하여 단독계통이 형성되어도 분산형전원이 유효접지된 전원을 제공하기 때문에 건전상의 전압은 125[%] 내지 135[%] 정도로 상승을 억제할 수 있다.
이와 같이 분산형전원 연계에 의한 고장시 한전계통의 과전압 문제는 유효접지 상태를 유지하는 적절한 연계 변압기의 결선방식을 선정함으로써 경감시킬 수 있다. 그러나, 연계 변압기 특고압측을 유효접지하게 되면 위에서 살펴본 바와 같이 과전압 발생은 방지할 수 있으나, 한전계통으로 원치 않는 고장전류를 공급할 수 있고 그로 인해 계통의 보호협조를 방해할 수 있다.
따라서, 연계 변압기의 결선방식에 따라 적절한 보호협조 대책을 검토해야 할 필요가 있다.

추가 검토 사항

■ 공학을 잘 하는 사람은 수학적인 사고를 많이 하는 사람이란 것을 잊지 말아야 한다. 본 문제에서 정확하게 이해하지 못하는 것은 관련 문헌을 확인해 보는 습관을 길러야 엔지니어링 사고를 하게 되고, 완벽하게 이해하는 것이 된다는 것을 명심하기 바랍니다. 상기의 문제를 이해하기 위해서는 다음의 사항을 확인바랍니다.

1. 연계 변압기 결선방식이 Grounded Y-△ 결선 방식일 때 특징(한전계통 측 - 분산형전원 측)에 대해서 알아둡시다.

〈해설〉

그림 2는 Grounded Y-△ 결선방식을 나타낸 것이며, 이 결선방식은 부하에 전기를 공급하려는 목적으로는 거의 사용되지 않지만, 분산형전원의 연계 변압기 결선으로 가장 적합한 방식으로 고려되고 있다. 그러나, 이러한 변압기 결선방식은 종종 "grounding bank", "ground source", "grounding transformer"라고 불리며 계통에 적용할 경우 반드시 고려해야만 하는 특성들도 있다.

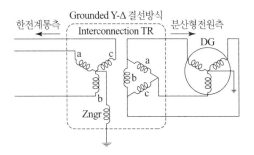

그림 2. GY-△ 결선방식

이 결선방식의 변압기가 "ground source"로 동작한다는 것은 한전계통에서 지락고장 발생시 분산형전원측에서 원치 않는 고장전류를 공급할 수 있다는 의미이다. 좀 더 구체적으로는 분산형전원에 의한 고장전류 공급이라고 보기보다는 연계 변압기가 계통에 지락고장 전류를 흐르게 하는 통로를 제공한다고 볼 수 있다. 예를 들어 태양광발전의 경우 야간에는 발전을 하고 있지 않으나 연계 변압기가 가압되어 있는 상태라면 한전계통 고장시 연계 변압기를 통해서 고장전류가 공급될 수 있다. 따라서, 이 결선방식을 적용한다는 것은 한전계통의 과전류 보호체계를 변경한다는 것을 의미하며, 이것은 계전기나 기기의 교체를 필요로 하기도 한다. 표 1은 GY-△ 결선방식의 장단점을 나타낸 것이다.

표 1. GY-△ 결선방식의 장단점

장 점	단 점
○ 보호협조 원리가 명확함 ○ 분산형전원에서 발생한 제3고조파가 한전계통으로 유출되지 않음 ○ 연계 변압기 자체가 계통 고장에 관여하므로 한전계통 고장을 분산형전원 측에서 즉시 검출할 수 있음. 따라서 단독운전 방지가 용이함 ○ 분산형전원 단독운전시 발생할 수 있는 철공진과 과전압 피해를 방지할 수 있음	○ 한전계통에 존재하는 제3고조파가 특고압측 권선에 흐름으로써 변압기를 과열시킬 우려가 있음 ○ 제3고조파의 경로에 따라 통신 유도장해나 중성점 전위 변화를 유발하며 이 현상의 예측이 어려움 ○ 한전계통 측에서 발생하는 모든 지락고장에 대해 고장전류를 공급함 ○ 동일 변전소 주변압기 뱅크의 다른 한전계통 선로 고장에 대해 리클로저나 CB를 동작시킬 수 있는 고장전류를 연계 변압기가 공급함 ○ 고장이 발생할 경우, 연계 변압기 자체가 단락고장의 위험에 노출됨. 특히 4~5[%]의 임피던스를 갖는 소형 변압기가 취약하며, 따라서 일반적으로 특수하게 설계된 변압기를 주문해야 함

2. 유효접지에 대해서 알아둡시다.

〈해설〉

1선 지락고장시 건전상 전압이 상규 대지전압의 1.3배를 넘지 않는 범위에 들도록 중성점 임피던스를 조절해서 접지하는 접지방식을 유효접지(Effective Grounding)라고 하며, 직접접지 방식은 이 유효접지의 대표적인 예이므로 직접접지 방식의 특징을 알아 두어야 합니다.

참고문헌

1. 분산형전원 배전계통 연계기술 Guideline, 한전, 2015.10.23.
2. 송길영, 최신 송배전공학, 동일출판사

14

그림과 같이 분산형전원이 연계된 전력계통에서 아래와 같이 주어질 경우 각각
에 대해서 단락용량을 산정하시오.

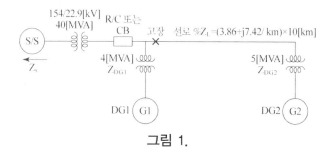

그림 1.

[조건] 변압기 임피던스 $\% Z_{TR}$ = $j12.8$ (40[MVA] 기준)

변압기 DG1의 임피던스 $\% Z_{DG1}$ = $j14$ (4[MVA] 기준)

변압기 DG2의 임피던스 $\% Z_{DG2}$ = $j10$ (5[MVA] 기준)

전원측 임피던스 $\% Z_S$ = $12.1 + j1.33$ (100[MVA]기준)

선로임피던스 $\% Z_L$ = $(3.86 + j7.42) \times 10$[km] (100[MVA]기준)

1) 분산형전원이 계통연계되기 전의 단락용량은?

2) DG1은 회전기, DG2는 인버터 기반 분산형전원인 경우의 단락용량은?

해설

[해설]

우선, 기준용량을 100[MVA]로 기준할 경우 각각의 임피던스 변환값은 다음과 같다.

$\% Z_{TR}$ = $j12.8$ (40[MVA] 기준) = $j32$ (100[MVA] 기준)

$\% Z_{DG1}$ = $j14$ (4[MVA] 기준) = $j350$ (100[MVA] 기준)

$\% Z_{DG2}$ = $j10$ (5[MVA] 기준) = $j200$ (100[MVA] 기준)

$\% Z_S$ = $12.1 + j1.33$ (100[MVA] 기준)

$\% Z_L$ = $38.6 + j74.2$ (100[MVA] 기준)

따라서, 그림 1의 지점에서 고장 발생시 계통의 단락용량을 분석해 보면 다음과 같다.

(1) 분산형전원이 연계되기 전의 단락용량은 다음과 같다.

$$P_S = P_n \times \frac{100}{\% Z}$$

$$= 100 \times \frac{100}{(Z_S + Z_{TR})} = 100 \times \frac{100}{(12.1 + j1.33) + j32}$$

$$= 100 \times \frac{100}{(12.1 + j33.33)}$$

$$= 100 \times 100 \times (0.0096 + j0.0265)$$

$$= 100 \times (0.96 + j2.650)$$

$$= 96 + j265$$

$$= \sqrt{96^2 + 265^2}$$

$$= 281.85\,[\mathrm{MVA}]$$

다른 계산 방법

$$I_S = \frac{1}{Z_S + Z_{tr}} = 0.963 - j2.647 = 2.817 \angle -70°$$

$$P_S = 2.817 \times 100 = 281.7[\mathrm{MVA}]$$

(2) 그림 1에서 DG1은 회전기, DG2는 인버터 기반 분산형전원인 경우의 단락용량은
   그림 2와 같이 나타내어 계산한다.

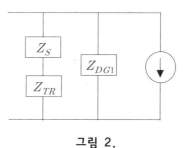

그림 2.

$$P_S = P_n \times \frac{100}{\%Z}$$

여기서, $\%Z = \dfrac{1}{\dfrac{1}{Z_S + Z_{TR}} + \dfrac{1}{Z_{DG1}}}$

$$\%Z = \frac{1}{\dfrac{1}{[(12.1 + j1.33) + j32]} + \dfrac{1}{j350}}$$

$$\%Z = \frac{1}{(0.0096 - j0.0265) - j0.0028}$$

$$= \frac{1}{0.0096 - j0.0293}$$

$$P_S = 100 \times \cfrac{100}{\cfrac{1}{(0.0096 - j0.0293)}}$$

$$= 10000 \times (0.0096 - j0.0293)$$

$$= 96 - j293$$

$$= 308.33 \, [\text{MVA}]$$

$I_{S, 인버터}$ = 자기 정격전류의 1.5배

(인버터의 과전류 제한값은 정격전류의 1.1~1.5배이나, 여기서는 최대값으로 함)

따라서, P_S = 308.33 + 5 × 1.5 = 315.83[MVA]

다른 계산 방법

$$I_{S, 계통, 회전기} = \frac{1}{Z_S + Z_{TR}} + \frac{1}{Z_{DG1}} = 0.963 - j2.933 = 3.087 \angle -72°$$

$I_{S, 인버터}$ = 자기 정격전류의 1.5배

(인버터의 과전류 제한치는 정격전류의 1.1~1.5배이나, 여기서는 최대값으로 함)

P_S = 3.087 × 100 + 5 × 1.5 = 316.2[MVA]

추가 검토 사항

📖 공학을 잘 하는 사람은 수학적인 사고를 많이 하는 사람이란 것을 잊지 말아야 한다. 본 문제에서 정확하게 이해하지 못하는 것은 관련 문헌을 확인해 보는 습관을 길러야 엔지니어링 사고를 하게 되고, 완벽하게 이해하는 것이 된다는 것을 명심하기 바란다. 상기의 문제를 이해하기 위해서는 다음의 사항을 확인 바란다.

1. **용량이 큰 분산형전원이 계통에 연결된 경우에 단락용량의 검토가 왜 필요한지 확인해 봅시다.**

   상기의 문제에서 알 수 있듯이 회전기와 인버터 기반 분산형전원이 연계된 경우의 단락용량은 315.83[MVA]로 분산형전원이 연계되기 전의 281.85[MVA] 보다 33.98[MVA] 만큼 증가했으며, 분산형전원이 연계되기 전보다는 증가하였다. 따라서, 한전계통에 태양광 발전 등 인버터 기반 분산형전원만 연계되는 경우에는 저압 계통 연계시와 마찬가지로 단락전류 값이 억제되어 단락용량에 대한 검토를 생략할 수 있다. 그러나, 열병합 발전이나 소수력 발전(동기기 유형) 등 비교적 용량이 큰 회전기 형태의 분산형전원이 연계되는 경우에는 단락용량에 대한 검토가 필요하다. 그래서, 분산형전원 배전계통 연계 기술기준 가이드라인 제23조 제1호에서 설명한 바와 같이 분산형전원이 계통에 연계되어 운전하고 있을 경우, 계통에서 고장 발생시 분산형전원의 고장전류 기여에 의해 계통의 단락용량이 증가하게 된다. 이 때문에 기존 다른 분산형전원 설치자 또는 전기사용자의 구내 차단기 차단용량이 부족해지는 상황이 발생할 수 있으며 이럴 경우 다른 분산형전원 설치자 또는 전기사용자의 구내계통 고장시 차단기가 고장전류를 차단하지 못해 타 설비로의 고장확대 및 화재발생이 우려되며, 최종적으로는 한전계통 변전소의 연계선로용 차단기가 차단되어 고장구간이 더욱 확대될 수 있다. 따라서 단락전류의 제한을 위해 분산형전원에 한류리액터를 설치하거나 계통 구성을 재검토하는 등 단락용량 저감대책을 강구하여야 한다.

2. 그림 1에서 분산형전원 DG1, DG2가 모두 회전기인 경우의 단락용량도 산정해 봅시다.

3. 분산형전원 연계 상세 기술검토 방법 및 절차에 대해서 알아 둡시다.

분산형전원이 배전계통에 미치는 영향에 따라 해당 뱅크 및 배전선로에 연계되어 있는 전체 분산형전원의 "누적용량"과 개별 분산형전원의 용량인 "(단위)연계용량"에 대한 평가를 위한 기술적 요건과 연계를 제한하는 직접적인 요건으로 적용하지는 않으나 계통의 전기품질 유지 및 보호협조 관점에서 검토되어야 하는 기술적 요건들을 표 1과 같이 정리할 수 있다.

표 1. 분산형전원 연계 기술검토를 위한 기술적 요건

관리 개념	기술적 요건	연계용량 평가 방안
누적 연계용량 평가	· 적정전압 유지 측면 · 단락용량 상회 측면	· 분산형전원 연계로 인한 주변압기 송출기준전압 변동 제한 · 분산형전원 연계에 따른 단락용량 증대 제한 → 뱅크단위의 연계용량 제한 기준으로 적용 · 규정전압 유지를 위해 분산형전원 연계에 따른 전압변동 제한 → 피더단위 연계용량 제한 기준으로 적용
단위 연계용량 평가	· 순시전압변동 측면	· 개별 분산형전원의 계통 병입 시 유발하는 전압변동률 제한 · 개별 분산형전원의 출력변동 및 탈락에 따른 전압변동률 제한 → 개별(단위) 분산형전원의 연계용량 제한 기준으로 적용

관리 개념	기술적 요건	연계용량 평가 방안
기술검토 사항	・고조파 왜곡 측면	・"배전계통 고조파관리 기준"을 적용
	・보호협조 측면	・"분산형전원 연계 배전선로 보호업무 편람"에 따른 기술검토
	・기술기준 기본사항 (전기방식, 접지와의 협조, 동기화, 비의도적 한 전계통 가압, 감시설비, 분리장치, 단독운전 등)	・"분산형전원 배전계통 연계기술 Guidline"에 의한 기술검토 및 기술적 요건으로 적용

참고문헌

1. 분산형전원 배전계통연계 기술 Guideline, 한전 배전계획처, 2015.10.23.

<table>
<tr><td>**15**</td><td>분산형전원 배전계통연계기술 Guideline에서 정하는 Hybrid 분산형전원의 ESS 충·방전방식에 대하여 설명하시오.</td></tr>
</table>

📖 본 문제를 이해하고, 기억을 오래 가져갈 수 있는 그림이나 삽화 등을 생각한다.

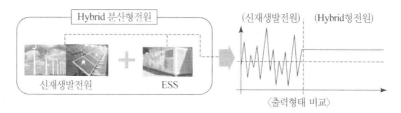

그림 1. Hybrid 분산형전원의 출력형태

해설

1. 분산형전원 및 Hybrid 분산형전원의 차이점

1) 분산형전원(DR, Distributed Resources)

대규모 집중형 전원과는 달리 소규모로 전력소비지역 부근에 분산하여 배치가 가능한 전원이며, 신·재생에너지를 이용하여 전기를 생산하는 발전설비, 집단에너지사업법 제48조의 규정에 의한 발전사업의 허가를 받은 집단에너지사업설비 등을 말한다.

2) Hybrid 분산형전원

Hybrid 분산형전원은 분산형전원의 출력안정화 등을 목적으로 기존의 태양광, 풍력발전 등의 분산형전원에 ESS설비(배터리, PCS 등 포함)를 혼합하여 발전하는 유형을 말한다.

2. Hybrid 분산형전원의 ESS 충·방전

1) 개요

Hybrid 분산형전원의 ESS 충전은 분산형전원의 발전전력에 의해서만 이루어져야 하며, 소내 부하공급용 전력에 의한 충전은 허용되지 않는다. 단, ESS 방전은 분산형전원의 발전과 동시 또는 각각 가능하다.

2) 기술검토 사항

Hybrid 분산형전원의 경우 ESS 방전 및 분산형전원의 동시출력에 의한 최대출력이 가능하므로 기술검토는 ESS 설비용량 및 분산형전원 발전설비 정격출력의 합계 용량에 대한 검토가 이루어져야 한다. 다만 PCS의 조정 등으로 분산형전원 출력을 넘지 않도록 하는 경우에는 Hybrid 분산형전원 시스템의 총 최대출력용량에 대한 검토를 한다.

3) 풍력발전의 경우

신재생센터 공급인증서 가중치 부여를 위한 ESS 결합운영 사업모델에 대한 기준은 그림 2와 같이 풍력발전 전력에 의해서만 ESS가 충전되도록 제한을 하고 있다. 이는 풍력발전원의 계통안정도 개선을 위해 설치한 ESS가 전력의 재판매에 대해서는 불허하고 있음을 나타낸다.

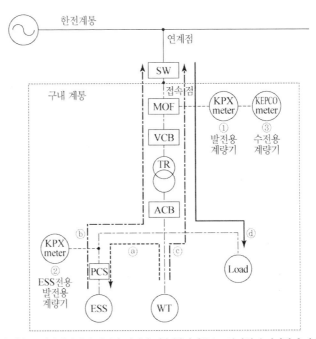

ⓐ ESS 충전은 풍력발전기에서 발전한 전력만 허용(한전계통으로부터의 수전전력 충전 불허)
ⓑ ESS 방전은 시간대별로 별도 계량하여 계절별 피크타임 시간대 별도 적산하여 REC 가중치 적용
ⓒ 풍력발전량을 ESS 충전하지 않은 경우 발전전력 계통으로 역송
ⓓ 부하 수전전력, 한전 수전용계량기(③)에서 계량, 수전전력이 ESS로 충전되지 않도록 관리 필요

그림 2.

그리고, Hybrid 분산형전원의 발전 형태에서 ESS의 충전이 풍력발전에 의해서만 이루어지기 위해서는 소내전력 공급용선로와 풍력발전에 의한 ESS 충전선로는

그림 3과 같이 분리 운영되어야 하며, Hybrid 분산형전원용 구내선로 전원측에 역전력계전기의 역결선 등과 같은 방법으로 소내부하 공급전력에 의한 ESS 충전 방지장치를 설치해야 한다.

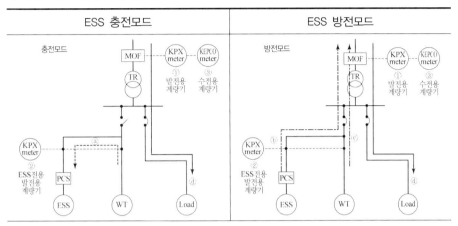

그림 3.

■ 공학을 잘 하는 사람은 수학적인 사고를 많이 하는 사람이란 것을 잊지 말아야 한다. 본 문제에서 정확하게 이해하지 못하는 것은 관련 문헌을 확인해 보는 습관을 길러야 엔지니어링 사고를 하게 되고, 완벽하게 이해하는 것이 된다는 것을 명심하기 바란다. 상기의 문제를 이해하기 위해서는 다음의 사항을 확인 바란다.

1. '분산형전원 능동전압제어장치'에 대해서 알아둡시다.

1) 개요

분산형전원 능동전압제어장치(DER-AVM)는 풍력 · 태양광 등 분산전원과 한전계통 연계점의 전압을 상시 감시해 전압이 일정 범위를 벗어날 것으로 예상되면 역률을 제어해 한전계통의 전압상승을 억제하는 전압안정화 장치이다.

2) 배경

국내 표준전압에서 저압 220[V]는 최소 207[V]에서 최대 233[V]까지, 특고압 22.9[kV]은 최소 20.8[kV]에서 최대 23.8[kV] 사이를 유지하도록 전기사업법으로 정하고 있다. 이 범위를 넘을 때 계통에 문제가 발생하는데, 특고압 분산형전원은 능동전압제어장치를 통해 수전설비 내 특고압측 VCB 2차 PT 전압을 측정하고, 전압이 유지범위를 벗어날 경우 역률제어 인버터에 제어명령을 전송하게 된다. 저압 분산형전원은 역률제어 인버터가 스스로 저압 출력 단자전압을 계측하여 기준값을 초과할 경우 무효전력 제어를 통해 능동적으로 전압을 제어한다.

이와 같이 "능동전압제어를 통해 배전선로의 전압이 기준을 초과하여 연계가 불가능했던 전국 1,430[MW]의 신재생에너지를 추가 연계할 수 있을 것으로 예상된다."고 한다.

특히 분산형전원 능동전압제어장치를 설치하면 분산전원 연계에 따른 배전계통의 장애를 예방할 수 있어 고품질의 전력공급 능력도 확보할 수 있을 것으로 기대하고 있다.

한전 관계자는"배전계통에 태양광 등 분산형전원을 연계하면 규정전압 이탈, 보호협조 방해, 단락용량 증대, 전기품질 저하 등 다양한 문제를 일으킬 수 있다"며, 특히 분산형전원 연계에 따른 규정전압 이탈 문제가 분산전원 연계를 제한하는 핵심 장애요소인데, 이 장치를 통해 이러한 문제를 예방할 수 있다"고 설명하고 있다.

한전은 향후에도 배전선로용 ESS 등 다양한 계통연계 기술을 개발하여 분산형 전원이 확대될 수 있도록 기반을 다져나갈 계획이다.(자료출처 : 전기신문) 현재 DER-AVM장치는 한전KDN에 기술 이전되어 공급되고 있다.

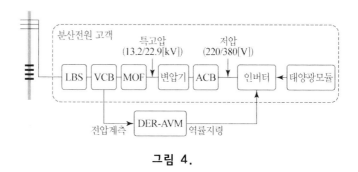

그림 4.

참고문헌

1. 분산형전원 배전계통연계 기술 Guideline, 한전 배전계획처, 2015.10.23
2. 전기신문, '한전, 신기술로 배전계통 분산전원 연계능력 확대', 2016.3.8

16 태양광 또는 풍력 등을 이용한 신재생에너지 발전과 관련된 아래의 약어를 설명하고, 약어 간의 연관 사항을 설명하시오. (발송배전기술사 시험)

1) RPS

2) REC

3) SMP

4) RPS, REC, SMP 간의 연관 사항

■ 본 문제를 이해하고, 기억을 오래 가져갈 수 있는 그림이나 삽화 등을 생각한다.

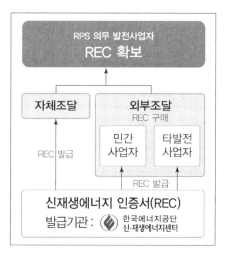

그림 1. RPS와 REC의 연관 사항

해설

1. RPS

1) **명칭** : 신재생에너지공급의무화(Renewable Portfolio Standard)

2) **개념** : 일정 규모(500 MW) 이상의 발전설비(신재생에너지설비는 제외)를 보유한 발전사업자(공급의무자)에게 총발전량의 일정 비율 이상을 신재생에너지를 이용하여 공급하도록 의무화한 제도이다.

3) **500 MW 발전설비를 보유한 발전사업자 : 총 21개사(2019년 기준)**

이 발전사업자들은 자체적으로 신재생에너지로 만든 전기를 신고하든지, 아니면 신재생에너지 인증서(REC)를 태양광발전사업자 등으로부터 사들여 정부에 이행신고를 해야 한다.

4) **연도별 공급 의무량** : 공급의무자의 총발전량(신재생에너지발전량 제외) $\times$ 의무 비율

표 1. 발전사업자의 연도별 공급의무량

해당연도	'18년	'19년	'20년	'21년	'22년	'23년 이후
비율(%)	5.0	6.0	7.0	8.0	9.0	10.0
공급의무량	21,999	26,966	–	–	–	–

2. REC

1) **명칭** : 신재생에너지 공급인증서(Renewable Energy Certificate)

2) **개념** : 신재생에너지 공급인증서의 발급 및 거래단위로서, 공급인증서 발급대상 설비에서 공급된 MWh 기준의 신·재생에너지 전력량에 대해 가중치를 곱하여 부여하는 단위를 말한다.

3) **거래 단위** : 1 REC = 1,000 kWh

4) **SMP와 다른 점** : 가중치를 적용한다.

태양광발전소를 어느 곳에 설치를 하느냐에 따라 표 2와 같이 서로 다른 REC 가중치가 붙게 된다. 태양광설비와 연계되는 ESS 장비를 설치하게 되는 경우에는 무려 5.0의 가중치를 적용받게 된다.

표 2. 태양광에너지 REC 가중치

REC 가중치	대상에너지 및 기준	
	설치유형	세부기준
1.2	일반부지에 설치	100kW 미만
1.0		100kW 부터
0.7		3,000kW 초과부터
0.7	임야에 설치	–
1.5	건축물등 기존 시설물을 이용	3,000kW 이하
1.0		3,000kW 초과부터
1.5	유지 등 수면에 부유하여 설치	
1.0	자가용 발전설비를 통해 전력 거래시	
5.0	ESS 설비 (태양광설비 연계)	2018, 2019년
4.0		2020년

5) **거래 방법** : 태양광발전소에서 매달 생산되는 전력량을 기준으로 에너지공단에 REC 발급을 신청하게 되며, REC를 거래하는 방법은 매년 2회 경쟁 입찰을 통해 고정가격으로 20년 이상 장기계약을 맺는 것과 전력거래소에서 매월 8회 열리는 현물시장 거래 등이 있다.

3. SMP

1) **명칭** : 계통한계가격(System Marginal Price), 일명 전기도매가격이라고 이해하면 편리하다.

2) **개념** : 전기발전사업자로부터 생산된 전기를 한국전력이 구매할 때 설정된 가격을 말한다. 다시 말해서, 태양광발전소 또한 발전사업자 중 하나이기 때문에 태양광발전소에서 생산한 전기를 한국전력공사가 사 가는 가격을 말하기도 한다.

3) 1 SMP = 1 kWh(참고로 1 SMP의 지난 가중 평균가격이 110.78원이었다. 즉, 발전된 전기를 한전으로 송전하여 받는 금액이다.)

4) **가격 변동성** : 1 SMP는 시간대별 전력수요 및 공급, 공급 예비력, 공급 예비율 최대부하, 국제 유가 등 다양한 상황에 따라 가격이 변동한다.

4. RPS, REC, SMP 간의 연관 사항

태양광발전사업의 수익 구조 관계는 다음과 같으며, RPS, REC, SMP 간의 연관 사항은 그림 2와 같다. 태양광발전소에서 생산된 전기는 SMP를 통해 한국전력공사가 사들이고, REC 거래를 통해 RPS 공급 대상 발전사업자들이 또 사들이는 구조로 전력거래가 진행되고 있다. 다시 말해서, 전기 판매 수익은 SMP(한국전력공사) + REC(공급인증서 판매)가 된다.

그림 2. 태양광발전사업자의 전기 판매 수익 구조

참고문헌

1. 한국에너지공단 홈페이지, 2020
2. http://blog.naver.com/PostView.nhn?blogId=hs6543010&logNo
   =221121359205, 한일 태양광발전사업 종합컨설팅. 2020.4.2
3. http://blog.naver.com/PostView.nhn?blogId=mandusock&logNo
   =221455770977&categoryNo=24&parentCategoryNo=&from
   =thumbnailList, 태양광발전소의 수익 SMP, REC란?, 2020.4.2

2 부

송배전 및 변전설비 문제 해설

1장

송전설비

01 국내에서도 장거리 송전을 위해 고압직류송전(HVDC)방식이 주목을 끌고 있다. 직류송전계통의 구성도를 그리고, 직류송전의 장단점에 대하여 설명하시오.

■ 본 문제를 이해하고, 기억을 오래 가져갈 수 있는 그림이나 삽화 등을 생각한다.

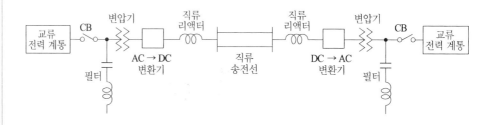

그림 1. 직류송전계통의 구성도

해설

1. 직류송전의 개요

직류송전은 2조의 교직 변환기를 이용하여 송전측에서 교류를 정류(순변환)하여 직류로 만들고, 수전측에서는 직류를 교류로 변환하여(역변환) 부하에 공급하는 것이며, 대전력 장거리의 송전이나 다른 주파수 연계용에 채택되고 있다.

2. 구성도

그림 1과 같이 교직변환소, 직류 송전선, 직교변환소, 교류계통으로 구성된다. 이외에 변환기용 변압기, 직류리액터, 교류필터, 차단기 등이 포함된다.

특히 변환장치는 직류 송전계통의 중심을 이루는 것으로 교류전력을 직류전력으로 변환하는 순변환장치와 직류전력을 교류전력으로 변환하는 역변환장치가 있다. 그리고, 순ㆍ역변환장치는 모두 뒤진 무효전력을 필요로 하기 때문에 교류 계통의 전압강하가 생기지 않도록 전력콘덴서나 동기조상기를 설치하여 진상전류를 공급하여 보상하고 있다.

직류리액터는 직류전류의 평활, 소전류 운전에서의 전류 단속의 방지 및 사고전류의 억제를 위하여 삽입된다.

교류 필터는 교류 측에 유해한 고조파를 내지 않기 위하여 사용하고 5, 7, 11, 13차 및 하이패스의 필터가 설치된다.

3. 직류송전의 장점

직류 송전방식은 교류 송전방식에 비하여 송전선의 건설비가 싸고 송수전 측에서 동기운전의 필요성이 없기 때문에 장거리 대전력 송전일수록 비용 측면에서 유리해진다. 또 다른 주파수의 계통 연계가 가능하고, 교류 계통에서 단락용량의 증가가 방지된다.

1) 송전선로의 건설비가 경제적

직류송전을 플러스, 마이너스의 2도체로 송전되는 외에 귀로용으로서 대지(또는 해수)를 이용하는 대지 귀로(또는 해수 귀로) 방식을 채택하면 1도체로 되고 더욱이 경제적이다.

2) 송수전측에 계통 안정도에 대한 문제가 없다.

리액턴스의 영향이 없기 때문에 교류 송전에서의 발전기의 동기화력에 기인하는 안정도 문제가 없다. 따라서, 장거리 송전에 적합하고 낮은 전압으로 송전선의 열적인 허용전류까지 송전할 수 있다.

3) 비동기 연계가 가능

직류로 연계하면 주파수에 관계없기 때문에 다른 주파수의 연계(비동기 연계)가 용이하다.

4) 계통의 단락용량의 억제

직류 송전은 유효전류는 공급하지만, 무효전력의 전달은 하지 않으므로 교류계의 단락 사고시에 흘러 들어가는 전류 용량(계통의 단락용량)이 증대되지 않고 전력계통을 연계할 수 있다.

5) 표피효과가 없다.

직류에서는 도체의 Skin Effect가 없기 때문에 실효 저항의 증대가 없으며, 그만큼 도체 단면적의 유효한 이용이 가능하다.

6) 유전체손이 없다.

직류의 주파수는 영이므로 전력케이블을 직류시스템에 사용하면 유전체손이 발생하지 않아서 전력손실이 감소되고 전선의 온도상승도 감소된다.

7) 정전용량에 무관하다.

직류계통은 정전용량과 무관하므로 충전이 불필요하며 전원용량이 작아도 된다.

8) 무효전력을 필요로 하지 않는다.

직류선로에서는 무효전력을 필요로 하지 않으며, 직류선로 양단의 변환소에서 무효전력의 공급 또는 흡수가 필요하나 선로의 길이와는 무관하다.(교류계통에서는 거의 선로의 길이에 비례하는 무효전력 소비가 이루어진다.)

9) 전압의 최대값이 낮다.

직류전압은 같은 값의 교류 실효값보다 최대값이 $1/\sqrt{2}$ 배가 되어 절연의 경제성을 얻을 수 있으며, 특히 초고압 이상의 가공전선로와 전력케이블에서 이 현상이 현저하다.

10) 페란티 효과가 없다.

교류송전의 경우 경부하 또는 무부하시에 페란티 현상으로 인해서 송전거리가 제한될 수 있으나 직류계통에서는 이러한 현상이 없다.

11) 약전선에의 유도장해 경감

교류계통에 비해서 부근 통신선 등에의 유도장해를 현저히 감소시킬 수 있다.

12) 신속한 조류제어가 가능

변환기의 격자제어 또는 게이트 제어에 의하여 조류제어가 신속 또는 용이하다.

13) 전선 1선당의 송전효율이 높다.

전선 1선당의 송전효율이 3상 교류에서는 $\dfrac{\sqrt{3}}{3}\,VI$ 이고, 직류 3선식에서는 $\dfrac{2}{3}\,VI$ 이다. 따라서, 직류 송전방식이 송전효율이 높다.

4. 직류송전의 단점

직류 송전방식을 채택하면 순·역변환장치 및 조상설비에 비용이 많이 들게 되므로 소용량으로 근거리 송전에는 비경제적이다. 또 변환장치에서 발생하는 고조파나 고주파의 대책이 필요하게 되고, 직류 차단기가 필요하다.

1) 순·역변환설비의 고가

현행의 계통에 조합시켜 직류 송전방식을 채택하는 경우에는 고가인 순·역변환설비가 필요하고, 이 가격이 직류송전의 경제성을 크게 영향을 준다.

2) 직류 차단기

교류에서는 전류 영점에서 소호가 가능하나 직류에서는 전류 영점이 없으므로 차단이 곤란하여 현 단계에서 직류 다단자 회로망의 구성이 곤란하다.

3) 전압 변성의 자유도 결여

일단 직류로 변성된 뒤에는 교류와 같이 자유로이 전압 변성을 할 수가 없다.

4) 무효전력공급장치 필요

변환장치에서는 유효전력에 대하여 50~60[%]에 해당하는 무효전력을 소비하므로 이를 보상하기 위한 조상설비에도 비용이 든다.

5) 고조파 발생 대책

교직변환장치에서 직류 선로측에는 np차, 교류선로측에는 $(np+1)$차의 각종 고조파가 발생된다. 따라서, 이를 억제하기 위한 필터설비가 필요하다. 여기서, n은 양의 정수이고, p는 정류 상수(펄스 수)이다.

추가 검토 사항

▣ 공학을 잘 하는 사람은 수학적인 사고를 많이 하는 사람이란 것을 잊지 말아야 한다. 본 문제에서 정확하게 이해하지 못하는 것은 관련 문헌을 확인해 보는 습관을 길러야 엔지니어링 사고를 하게 되고, 완벽하게 이해하는 것이 된다는 것을 명심하기 바랍니다. 상기의 문제를 이해하기 위해서는 다음의 사항을 확인바랍니다.

1. 직류 연계 송전방식에서 Monopolar, Bipolar, Homopolar방식에 대해서도 알아 둡시다.

   직류송전 형태에서는 직류 2단자 송전방식과 직류 다단자 송전방식이 있다. 직류 2단자 송전방식에는 직류 단극 송전(monopole)과 쌍극 송전(bipole or homopole)이 있다.

   1) 직류 2단자 송전방식

   이 방식은 2 지점 간을 연결하는 송전방식으로서 현재 전세계 대부분의 직류송전 시스템은 2단자 송전방식이다.

   (1) 직류단극송전(monopole)

   그림 2와 같이 단극송전방식의 경우, 전류귀로는 보통 대지 혹은 해수 귀로 방식이나 대지 귀로 주변에 타 금속지중 매설물이 있는 경우 전압유도를 피하기 위해서 도체귀로 방식을 사용하기도 한다. 중성점을 편단 접지한 경우에는 전류귀로가 없으나 과전압에 대한 보호가 어렵다. 단극 송전은 향후 쌍극 송전으로서 계통 증설에 대비한 전단계로 활용되는 것이 일반적이다.

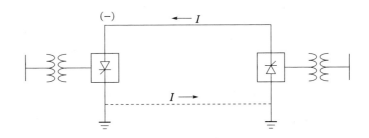

그림 2. 직류단극송전 방식(Monopolar)

(2) 직류쌍극송전(bipole or homopole)

그림 3과 같이 쌍극송전 방식은 접지점을 기준으로 직류전위가 반대 극성인 bipole 방식과 동일 극성인 homopole로 분류할 수 있다. Bipole인 경우 각 Monopole의 접지전류는 서로 상쇄되어 영이 되지만, Homopole에서는 절연 비용은 저감되는 반면 접지전류가 중첩되어 직류전류의 2배가 되므로 이로 인한 악영향이 크다. 따라서, 대부분의 쌍극송전 방식에서는 Bipole 방식을 사용한다.

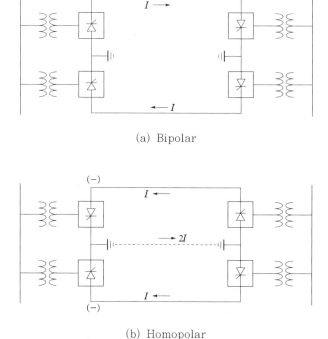

(a) Bipolar

(b) Homopolar

그림 3. 직류쌍극송전 방식

2. 교류송전방식은 어떠한 관계가 있는지 확인해 둡시다.

교류송전에서는 전력의 변화가 발전기의 부하각에 상당히 빠르게 영향을 미치기 때문에 가능한 한 낮은 부하각으로 운전이 요구되어 진다. 따라서, 발전기 내부의 리액턴스와 변압기, 그리고 송전선로의 리액턴스(송전선로의 길이)가 제한을 받으며, 시스템이 불안정해지는 것을 피하기 위해서 2회선 송전을 하고, 동기조상기와 직렬콘덴서를 송전선로에 스위치 식으로 부착하는 경향이 있다. 더욱이 교류송전은 경부하시에 충전전류를 전송할 수 있도록 설계되어야 하기 때문에 과전압을 유발하거나 리액턴스 보상기를 필요로 한다.

3. HVDC(High Voltage Direct Current)에 대해서 간단히 알아 둡시다.

그림 4와 같이 주도체와 귀로도체 또는 해수귀로를 이용하여 직류로 전력을 전송하는 방식이다. 케이블의 최대 길이는 HVDC 케이블은 580[km]로 2008년 Norway와 Netherlands 간에 건설되었다.

그림 4. HVDC 해저케이블

우리나라는 1998년 ALSTOM사를 통하여 제주와 해남 사이에 ±180[kV], 300 [MW]급 HVDC를 설치하여 운용 중에 있다. 또한 제주−진도간 ±250[kV], 400 [MW]급 HVDC 시스템 건설 중에 있다. 그림 5는 HVDC 시스템 구성도를 보여주고 있으며, 이 구성에서 HVDC 관련 핵심 기술은 HVDC Control & Protection 기술, HVDC Thyristor Valve 기술, Converter Transformer 기술 등이 있다.

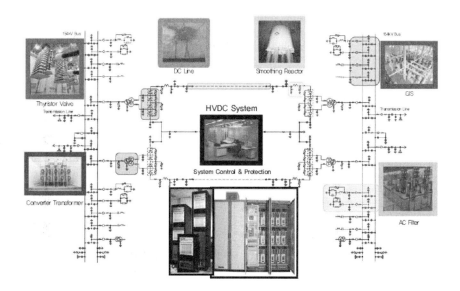

그림 5. HVDC 시스템 구성도

4. HVDC 기술의 장점을 구체적으로 알아 둡시다.

1) 장점

① 주파수와 위상에 무관하다.

② 장거리 전력전송에 유리하다(교류는 3상, DC는 단상)

③ 인위적인 조류제어가 가능하다.

④ HVDC 송전 특징

ⓐ 교류송전 대비 환경영향 감소

ⓑ 철탑의 규모 축소

ⓒ 송전용량 증대

ⓓ 건설 및 운영비용 절감

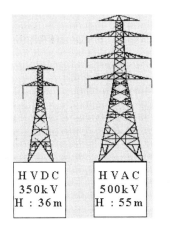

	DC	AC
● 손실	0.3	1
● 높이	0.6	1
● 비용	0.5	1

그림 6. HVDC와 HVAC의 비교

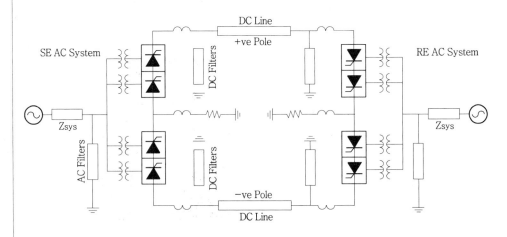

그림 7. HVDC 송전계통

참고문헌

1. 직류송전방식의 개요와 특징, 기초기술
2. HVDC 기술 동향(왜 HVDC가 필요한가)
3. 손형수, 국내 해저케이블 건설의 현황과 전망, 전기저널, 03. 2012
4. 문봉수, 정용호, HVDC 국산화 추진 현황, 전기저널, 11, 2011
5. 전력연구원 송배전연구소, HVDC 국제표준화 활동, 대한전기협회, 2013

02 초전도케이블의 구조와 특징에 대해서 설명하시오.

📑 본 문제를 이해하고, 기억을 오래 가져갈 수 있는 그림이나 삽화 등을 생각한다.

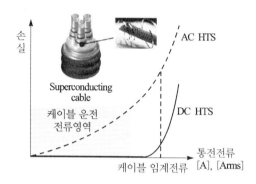

그림 1. 교류와 직류 고온초전도케이블의 특성

해설

1. 초전도의 개념

초전도(HTS : High Temperature Superconducting)란 초전도체를 극저온으로 냉각하면 물질의 전기저항이 제로(0)가 되는 완전 도전성, 외부 자장의 침입을 배척하는 완전 반자성효과(마이너스 효과), 그리고 얇은 절연막을 매개로 두 초전도체 사이에 초전도전류가 흐르는 조셉슨 효과 등을 나타내는 현상으로 정의된다.

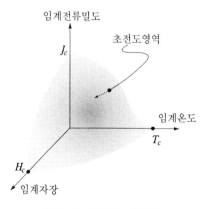

그림 2. 초전도 영역도

초전도체는 그림 2와 같이 임계온도, 임계전류밀도, 그리고 임계자장으로 이루어진 영역 내에서만 초전도성을 가지게 된다.

고온초전도체의 발견 이후, 임계온도 105[K]인 1세대 BSCCO 선재가 상용화된데 이어, 은 피복재를 사용하지 않아 한층 경제성을 갖춘 2세대 선재(YBCO)가 상용화 되어 있는 상태이다.

2. 초전도케이블의 구조 및 특징

그림 3은 초전도케이블의 코아 구조를 나타낸 것이며, 초전도케이블은 표 1과 같이 기존 케이블의 구리 도체 대신 고온 초전도 도체를 사용하여 저손실, 대용량 전력수 송이 가능한 전력케이블이다. 기존의 전력케이블에 비해 초전도 케이블은 765[kV] 또는 345[kV]의 초고압아 아닌 154[kV] 또는 22.9[kV]의 저전압으로 대용량 송전 이 가능하기 때문에 종래 변전소의 고전압 송전을 위한 주변기기를 간략화 할 수 있다.

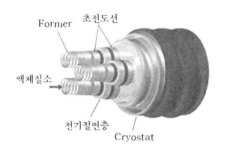

그림 3. 초전도케이블의 코아

초전도케이블은 송전 손실이 극히 적고 구리 케이블의 20[%] 수준의 크기로 같은 용량의 송전이 가능하다. 또한 추가 건설공사 없이 이미 설치되어 있는 도심의 전력 구(전력케이블용 지하터널) 또는 관로를 사용할 수 있어 매우 경제적이며 도심의 부지, 전력공급 문제를 해결할 수 있다.

표 1. 기존 케이블과 초전도 케이블의 비교

항목	고온 초전도케이블	OF 케이블	CV 케이블
Former	구리 도체 또는 Spiral Tape	Spiral Tape	없음
도체	초전도 도체	구리	구리
도체 구조	Tape 형태의 적층	원형 압축 연선	원형 압축 연선
냉매	액체질소(77K)	OF 절연유	없음(냉각수)
절연	냉매 함침 저온 절연 방식 (Cold Dielectric Type)	OF 절연유 함침	XLPE 압출
냉각 계통	액체질소 순환 및 냉동기 부착	PT 등 유압 조절 장치	냉각수

초전도 케이블의 대표적인 구조는 그림 3과 같이 형상유지 및 포설 등을 위한 Former, 도체인 초전도 선과 전기절연을 위한 절연층 등으로 구성된 케이블 코아와 열절연을 위한 Cryostat 및 초전도 케이블의 냉각 및 냉매의 순환을 위한 순환펌프, 냉동기 등의 냉각시스템, 상온부와 극저온을 연결하는 단말(Termination) 등으로 구성된다. 그림 4는 초전도케이블의 시스템 구성도를 나타낸다.

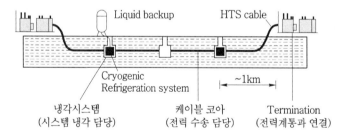

그림 4. 초전도 케이블의 시스템 구성

그림 5는 LS 전선에서 개발한 초전도케이블 구조를 보여 준다. AC 22.9[kV] 초전도 케이블은 3상이 하나의 cryostat에 일괄형으로 배열되어 전력을 전송하는 3-in-one cryostat 방식으로 구성되며, AC 154[kV] 케이블은 절연체가 두꺼워 cryostat 하나에 1 core만 구성하게 된다.

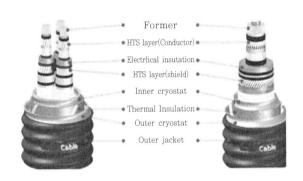

Former
HTS layer(Conductor)
Electrlical insutation
HTS layer(shield)
Inner cryostat
Thermal Insulation
Outer cryostat
Outer jacket

그림 5. 초전도케이블의 구조

초전도케이블은 절연 방식에 따라 Cold Dielectric 방식과 Warm Dielectric 방식으로 구분되나, 열손실과 자기 차폐, 송전손실 측면에서 우수한 Cold Dielectric 방식으로 위주로 적용되고 있으며, 초전도케이블 각 부의 기능은 표 2와 같다.

표 2. 초전도케이블 구성 요소

명칭	기능
Former	– 구리로 만든 케이블 지지대 – 단락전류 귀로도체 – 초전도체 배열을 위한 선재
HTS conductor	– 전류통전을 위한 도체 　(전기가 흐르는 초전도체–실리콘화합물)
Electrical Insulation	– 극저온 절연
HTS Shield	– 자기 차폐 – 유도전류 Path
Inner Cryostat	– 극저온 냉매 순환 　(영하 196도 이하의 액체질소가 흐르는 공간) – 내압력 유지
Thermal Insulation	– 단열 차폐
Outer Cryostat	– 진공층 형성(진공상태를 만들어 주는 벽) – 초전도케이블 보호

특징으로는 고온초전도체를 사용하는 초전도케이블은 기존의 전력케이블과 비교할 때 동일 전압으로 전력수송용량을 3배 이상 증가시킬 수 있어 차세대 대전력 송전선로로 그 활용도가 크게 기대되는 케이블이다.

3. 직류 초전도케이블의 특징

초전도 재료에 있어 저항이 완전하게 0으로 되는 것은 직류 전류를 흘렸을 경우이며, 교류 초전도케이블의 경우 전류가 통과할 때 기존 케이블보다는 적지만 손실이 발생한다. 이것을 보통 '교류 손실'이라고 하며, 교류 초전도케이블은 교류 손실 문제 외에 단락전류 대책과 초전도 도체에 흐르는 전류를 균일화하기 위한 균류화 도체구조 등 교류 초전도케이블 고유의 문제를 해결할 필요가 있다. 최근 이러한 교류 초전도케이블의 문제를 해결하기 위한 방안으로 직류 초전도케이블이 각광을 받고 있으며, 향후 변환기의 고성능화, 저가격화 등이 실현되면 교류 초전도케이블 이상으로 응용 효과가 높을 것으로 기대된다.

직류 초전도케이블의 주요 장점은 ① 낮은 손실, ② 콤팩트한 구조, ③ 대용량 송전 등이다. 직류 초전도케이블의 도체 저항은 완전히 '0'이므로 도체 손실이 없고, 초전도선의 수를 증가시키면 케이블 당 송전용량이 증가된다.

유일한 손실원은 외부(단열관 또는 전류 도입부)로부터의 열 침입으로써 단위 길이당 냉각 용량 및 송전 손실률 등이 크게 감소될 수 있다. 또한 기존 구리 교류케이블에서는 최대 전류용량이 존재한다. 교류 고온초전도케이블에서는 그림 1에서 보듯이 전류용량 증가에 비례하여 손실이 증가하고, 통전전류가 임계전류 값에 접근하면 손실은 기하급수적으로 증가하게 된다. 이에 따라 교류 초전도케이블인 경우 정격전류를 임계전류의 70[%] 이하로 정하여 운전해야 하므로 초전도 선재(도체) 측면에서 비효율적이다.

그러나, 직류 초전도케이블은 ④ 단열성능을 향상시켜 외부 열침입을 감소시키면 허용전류를 높일 수 있으며, 장거리 송전에 따른 송전손실 증가가 없기 때문에 ⑤ 냉각시스템의 부담이 경감될 수 있다. 더불어 직류 초전도케이블은 ⑥ 외부 전자파 장해가 없으며, ⑦절연성능도 우수하다는 장점을 가진다.

⑧ 케이블 가닥 수는 교류 초전도케이블이 기존 케이블에 비해 절반으로, 직류 초전도케이블은 교류 초전도케이블의 1/4로 줄어든다.

⑨ 송전손실과 CO_2 배출량의 경우, 교류 초전도케이블이 기존 케이블에 비해 1/4, 직류 초전도케이블은 교류 초전도케이블에 비해 1/10로 줄어든다.

현재 우리나라도 이천변전소에 교류 22.9[kV], 50[MVA], 길이 500[m]급 초전도케이블이 설치되어 있다.

공학을 잘 하는 사람은 수학적인 사고를 많이 하는 사람이란 것을 잊지 말아야 한다. 본 문제에서 정확하게 이해하지 못하는 것은 관련 문헌을 확인해 보는 습관을 길러야 엔지니어링 사고를 하게 되고, 완벽하게 이해하는 것이 된다는 것을 명심하기 바랍니다. 상기의 문제를 이해하기 위해서는 다음의 사항을 확인바랍니다.

1. 초전도케이블에 대해서 간단히 설명하면 다음과 같습니다.

초전도케이블은 전력의 송, 배전 과정에서 케이블 자체의 전기저항으로 전력손실이 발생하는 구리 전력선과는 달리, 영하 196[℃] 이하의 극저온에서 전기저항이 제로(0)가 되는 초전도 현상을 이용한 제품으로 전력 손실이 적은 반면 대량의 전력 송, 배전을 가능하게 하는 "꿈의 전력선"입니다

2. 국내 개발 현황을 알아 두면 더욱 좋겠습니다.

LS 전선에서는 23 kV, 50 MVA 차세대 송전시스템을 신갈–흥덕 간 약 1 km 구간에 세계 최초로 초전도 전력케이블을 설치하여 2019.11월 상업운전을 시작하였다. 한전은 향후 세계 최초의 154 kV 초고압 초전도 송전시스템 상용화 사업과 23 kV급 동축형 초전도 전력케이블의 적용 계획도 추진할 예정이다.

참고문헌

1. 이인호, 초고압 대전력 케이블 현황, 전기의 세계, 2012, Vol. 61, No. 5
2. 황시돌, DC 초전도케이블 개발 현황, 전기저널, 10월, 2010
3. 조전욱, 초전도 케이블 연구개발 현황, 월간 전기, 2009. No. 6
4. LS 홈페이지, 2020

O3 가공 및 지중전선로에서 사용되는 오프셋(Off-set)의 의미를 각각 구분하여 설명하시오.

▨ 본 문제를 이해하고, 기억을 오래 가져갈 수 있는 그림이나 삽화 등을 생각한다.

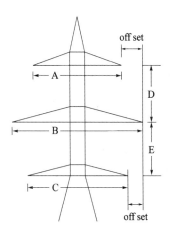

그림 1. 가공전선로에서의 Off-set

해설

1. 가공전선로에서의 오프셋

1) 정의
전선을 수직으로 배치 한 경우에 상, 중, 하선 상호간의 수평거리 차를 말한다.

2) 오프-셋을 두는 목적과 적용
① 착빙설로 인한 전선의 처짐, 또는 빙설이 탈락할 경우에 그 반동으로 전선이 Jumping하거나 Gallopping 현상 등에 의한 전선의 선간 섬락사고를 방지시키기 위해서 Off-set 두며, Arm의 길이를 조정하여 수평거리 차를 둔다.
② Off-set는 보통 선로의 선간 전압에 대한 상용주파 방전개시 봉간격의 1.5∼2배 정도를 취한다.
③ 보통지구의 경우 Off-set를 약간씩 두고 있으나 강원도와 같은 다설지구는 off-set를 크게 하고 있다.
④ 표 1은 그림 1에 대한 다설지구와 보통지구의 이격거리를 나타낸다.

표 1. 다설지구와 보통지구의 Off-set 이격거리

지역	전압 기호	A	B	C	D	E
다설 지구	154[kV]	8,000	14,100	10,300	4,900	3,900
보통 지구	154[kV]	7,000	9,200	7,200	4,200	3,600

2. 지중전선로에서의 오프셋

Cable은 주위온도, 부하의 변화에 따라 수축, 팽창하게 되며, 이 열신축으로 Cable의 금속 Sheath, 접속함의 연공(鉛工)부, 절연체 등에 피로가 가중되어 손상을 일으킬 수 있다.

이에 대한 대책으로 Cable의 신축량을 곡률변화에 의해 흡수되도록 맨홀 내에서 관로구로부터 접속부에 이르는 Cable를 곡선 형태로 설치하는 것을 Off-set라고 한다.

Off-set은 그림 2에서 보는 바와 같이 Off-set 폭과 Off-set 길이의 2개의 요소로 이루어지며, 맨홀의 관로구면과 바닥면에 투영된 길이를 각각 말한다.

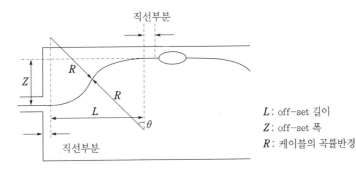

L : off-set 길이
Z : off-set 폭
R : 케이블의 곡률반경

그림 2. 지중전선로에서 케이블의 Off-set

추가 검토 사항

■ 공학을 잘 하는 사람은 수학적인 사고를 많이 하는 사람이란 것을 잊지 말아야 한다. 본 문제에서 정확하게 이해하지 못하는 것은 관련 문헌을 확인해 보는 습관을 길러야 엔지니어링 사고를 하게 되고, 완벽하게 이해하는 것이 된다는 것을 명심하기 바랍니다. 상기의 문제를 이해하기 위해서는 다음의 사항을 확인바랍니다.

1. **지중송전 케이블의 접속작업시 나오는 '연공(鉛工)'에 대해서 확인해 둡시다.**

   지중송전 케이블의 접속작업시 접속재 동관과 케이블 금속씨스를 기계적, 전기적으로 연결하기 위하여 납을 녹여 붙이는 작업을 말한다. 연공 대상인 금속씨스 (AL)의 산화막을 제거하고 알루미늄 땜납을 도포한 후 금속씨스와 접속재 동관에 납을 녹여 붙인다. OF 케이블 접속의 경우 절연유가 있는 상태에서 연공 작업이 이루어지므로 계면(界面) 공극(Void)이 생기지 않도록 주의하여 작업하여야 한다.

2. **지중송전 케이블의 포설시에 케이블의 표준 여유 길이를 알아 둡시다.**

   1) 직매식

      ① 길이의 2[%] 이하

      ② 접속 및 Off-set 여유길이 : 2[m](양측 맨홀의 합계임)

   2) 관로 및 전력구식

      ① 관로길이의 1[%] 이하, 전력구 길이의 0.5[%] 이하

      ② 접속 및 Off-set 여유길이 : 2[m](양측 맨홀의 합계임)

   3) 케이블 입상(종단개소) : 1.5[m]

참고문헌

1. 송변전 기술용어 해설집, 한국전력공사
2. 지중송전 설계기준 DS-6230, 케이블 포설, 한국전력공사

04

가공전선로의 송전용량 증대방안을 열거하고, 그 중에서 신도체 방식의 종류와
효과에 대하여 설명하시오.

■ 본 문제를 이해하고, 기억을 오래 가져갈 수 있는 그림이나 삽화 등을 생각한다.

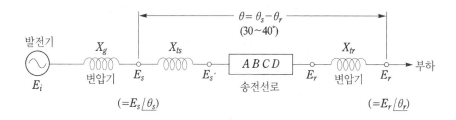

그림 1. 송수전단의 상차각과 송전용량과의 관계

해설

1. 송전용량의 정의

송전선로에 전력을 전송함에 있어서 기술적으로나 경제적으로 송전선로에 얼마까
지의 전력을 보낼 수 있느냐 하는 최대 송전전력을 말한다.

2. 송전용량 제한 요소

1) 허용전류에 따른 제한

전선은 종류에 따라 기계적 특성을 저하시키지 않는 온도 한도가 있고, 이 한도를
허용온도라 하며, 전선의 최대허용전류는 이 온도에 의해 결정된다. 일반적으로
허용전류는 열평형 방정식으로 구할 수 있으며, Joule열(I^2R)과 태양열 입력의
합이 대류열과 방사열의 합과 같은 때의 전류가 최대허용전류가 되며, 이 전류를
기준으로 계산한 전력을 '열용량'이라 하고 그 도체의 '최대송전용량'이 된다.

2) 수전단 전압강하에 따른 제한

수송거리가 길어지면 선로의 임피던스에 의해 전압강하가 증가하게 되므로 최대
허용전류까지 송전할 수는 없게 된다. 따라서, 수전단 전압강하를 어느 정도까지
허용할 수 있는가에 따라 송전용량에 제한을 받게 되며, 이 전압강하의 정도는
전력회사에 따라 다르나, 일반적으로 5~10[%]를 목표치로 하고 있다.

3) 안정도에 따른 제한

전력계통은 고장 등의 왜란에서도 안정하게 운전될 수 있어야 하므로 여유를 가지고 송전되어야 하며, 이 여유를 '안정도 여유(Stability Margin)'라고 하는데 일반적으로 20~40[%] 정도를 목표치로 하며, 이를 전력각으로 환산하면 53~37° 부근이 된다.

3. 장거리 송전선로의 송전용량 결정 조건

1) 송·수전단 전압의 상차각이 적당할 것

여기서 말하는 상차각이란 그림 1에 나타낸 바와 같이 구간의 것을 말하는데, 대체로 100[kV] 이상의 장거리 선로에서는 30~40°로 잡는 것이 적당하다고 한다.

2) 조상기 용량이 적당할 것

이것은 원선도에서 알 수 있듯이 송수전전력이 증가해서 상차각 θ가 크게 벌어지면 소요 조상용량이 과대해져서 조상설비의 시설비가 커진다. 일반적으로는 경제적인 측면에서 조상설비용량은 수전 전력의 75[%] 정도로 잡고 있다.

3) 송전 효율이 적당할 것(가령 90[%] 이상)

상술한 조건이 갖추어졌을 경우에는 이것을 이른바 '적정 송전용량'이라고 부르고 있다.

4. 가공전선로의 송전용량 증대 방안

1) 복도체의 사용

복도체에서의 총단면적과 같은 단면적의 단도체를 사용하는 경우와 비교해서 전선의 인덕턴스는 감소되고, 정전용량은 증가해서 송전용량을 증대시킬 수 있다. 복도체에서의 작용 인덕턴스 L_n과 작용 정전용량 C_n은 다음과 같다.

$$L_n = \frac{0.05}{n} + 0.4605 \log_{10} \frac{D}{\sqrt[n]{rS^{n-1}}} \text{ [mH/km]}$$

$$C_n = \frac{0.02413}{\log_{10} \dfrac{D}{\sqrt[n]{rS^{n-1}}}} \text{ [}\mu\text{F/km]}$$

에서 n이 커지면, 인덕턴스는 작아져서 정전용량은 증대하게 되어 결국 $X(=j\omega L)$가 작아진다.

즉, 송전용량의 개략 계산법 중에서 고유 부하법의 근사식에 의하면,

$$P = \frac{V_r^2}{Z_\omega} = \frac{V_r^2}{\sqrt{\dfrac{L}{C}}} \quad [\text{MW/회선}]$$

여기서, V_r : 수전단의 선간전압 [kV]

Z_ω : 선로의 특성 임피던스 [Ω]

가 된다. 따라서, 단도체보다 복도체로 하면 전선의 인덕턴스는 감소되고, 정전용량은 증가하게 되므로 특성임피던스가 작아져서 결과적으로 송전선로의 고유 송전용량이 커지게 된다.

2) 전압의 승압

송전용량의 개략 계산법 중에서 송전용량 계수법의 근사식에 의하면,

$$P_r = k\,\frac{V_r^2}{l} \quad [\text{kW}]$$

여기서, k : 송전용량 계수이며, 그 값은 전압계급에 따라서 달라진다.(표 1 참조)

V_r : 수전단의 선간전압 [kV]

l : 송전거리 [km]

표 1. 송전용량의 개략값

전압 계급	송전용량 계수
60[kV]	600
100[kV]	800
140[kV]	1,200

따라서, 전압을 승압하게 되면 송전용량계수가 커지게 되므로 결과적으로 송전선로의 송전용량이 커지게 된다.

3) 신도체 방식의 적용

허용전류 용량이 큰 신도체(TACSR, STACIR)를 채용함으로써 송전용량을 증가시킬 수 있다. 또한 도전율이 우수한 신도체를 채용하여 유효전력 손실과 선로의 국부적 과열을 저감시켜서 송전용량을 증가시킬 수 있다.

표 2. 신도체방식 종류와 효과

종류	개요	효과	비고
1. 내열강심 알루미늄 합금연선(TACSR)	아연도강선을 중심에 두고 내열알루미늄을 외부로 하여 연선한 내열강심알루미늄합금연선임	• ACSR에 비해 전류용량이 1.5~1.6 배이고, 연속 사용온도가 150 [℃] • 대도시, 해변지역, 습기가 있는 지역에서 사용	아연도강선 내열알루미늄 PS 121-420~423
2. 내열 알루미늄피복 강심알루미늄합금연선(TACSR/AW)	구조 : 알루미늄 피복강(연)심/알루미늄 합금	• ACSR에 비해 전류용량이 1.5~1.6 배이고, 연속 사용온도가 150 [℃] • 용량증대 전선	규격 JEC 3406
3. 초내열 인바심 알루미늄합금연선(STACIR)	중심인장선으로 아연도강선이나 알루미늄피복강선 대신, 온도변화에 따른 길이의 변화가 적은 INVAR라는 특수한 소재가 적용되며 전류 송전에 사용되는 경알루미늄대신 초내열알루미늄합금 소재를 사용함.	• ACSR에 비해 전류용량이 약 2배이고, 연속사용온도가 210[℃] • 선팽창계수가 적은 INVAR심 강선을 사용하여 높은 온도에서 이도가 증가되지 않도록 하고(ACSR과 동일한 이도를 가지면서), 기설선로의 증용량 필요시에 사용	한국전력공사규격
4. 초내열 알루미늄피복인바심 알루미늄 합금연선(STACIR/AW)	구조 : 알루미늄 피복인바심 초내열 알루미늄 합금연선	• ACSR에 비해 전류용량이 약 2배이고, 연속 사용온도가 210[℃] • 용량증대 전선	한국전력공사규격

4) 기타 증대 방안

(1) FACTS : 대전력 반도체 소자기술과 Computer를 이용 교류전력을 실시간 제어하는 방식
- 전력계통의 제어범위 확대로 송전용량 증대
- 신뢰도를 저하하지 않고 열용량 가까이까지 송전용량 증대

(2) HVDC(직류송전기술) : 교류 송전 방식에서 일어나는 물리적 현상을 피하고 직류송전방식으로 송전하는 방식
- 무효전력, 표피효과가 없어 송전 효율이 높다.
- 직류선로는 리액턴스가 없어 송전 효율이 높다.
- 안정도의 제한이 없고 송수전단 각각 독립운전이 가능하여 송전효율이 높다.

추가 검토 사항

■ 공학을 잘 하는 사람은 수학적인 사고를 많이 하는 사람이란 것을 잊지 말아야 한다. 본 문제에서 정확하게 이해하지 못하는 것은 관련 문헌을 확인해 보는 습관을 길러야 엔지니

어링 사고를 하게 되고, 완벽하게 이해하는 것이 된다는 것을 명심하기 바랍니다. 상기의 문제를 이해하기 위해서는 다음의 사항을 확인바랍니다.

1. 송전용량의 개략 계산법에는 앞에서 설명한 바와 같이 ① 고유 부하법, ② 송전용량 계수법이 있으므로 확인이 필요하다.

2. 가공 송전선의 선정시 고려사항
   전선은 다음 사항을 종합 고려해서 가장 적정한 전선을 선정한다.

   (1) 송전용량

   ① 허용전류 : 연속허용전류, 단시간허용전류, 순시허용전류, 최고허용온도을 기준으로 한다.

   ② 전압강하 및 안정도 : 계통해석을 통해 수전단 전압강하와 안정도에 대한 여유를 검토하여 송전용량을 결정한다.

   (2) 기계적 강도 및 경제성
   선로경과지의 조건에 따라 가선장력, 철탑높이, 건설비 등을 고려하여 경제적인 도체를 선정한다.

   (3) 경과지의 환경장해

   ① 선로 경과지의 특성상 부식의 우려가 있는 다음의 지역에는 알루미늄피복강심(AW)선의 사용을 검토한다.
   • 염해지역 : 염해오손등급 A지구이상
   • 부식가스 발생지역 : 공업지역(공업 또는 준공업단지)

   ② 장경간 개소, 다설지역 등 특수지역에는 장력이 큰 전선이나 저풍소음 전선, 난착설 전선 등의 특수전선의 사용을 검토한다.

   (4) 향후 전망
   향후 부하증가 및 장기송변전시설계획을 감안하여 전선을 선정한다.

3. 현재 한국전력공사에서 사용되고 있는 송전선용 전선은 대부분 ACSR이며, 부식방지용 전선(ACSR/AW), 고강도 전선(HACSR, HTACSR), 용량증대 전선(TACSR, HTACSR, STACIR) 등의 사용도 증가하는 추세에 있다. 또한 특수지역에 대해서는 저풍소음 전선, 난착설 전선 등이 일부 사용되거나 검토되고 있다.

참고문헌

1. 송길영, 발전공학, 동일출판사, 2012
2. 한국전력공사 DS-1210(가공송전용 전선 선정기준)

05 연가(Transposition)의 목적을 설명하고, 송전선로의 각 상전압이 평형이 되지 않을 경우의 선로정수 L과 C의 계산 방법을 설명하시오.

■ 본 문제를 이해하고, 기억을 오래 가져갈 수 있는 그림이나 삽화 및 Keyword Family 등을 생각한다.

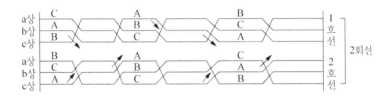

그림 1. 연가

Keyword Family

연가	송전선로, 연가, 불평형시의 인덕턴스 및 정전용량 계산식

1. 연가의 목적

일반 3상 3선식에 있어서는 그림 2와 같이 각 전선의 선간거리는 같지 않고, 또 지표상의 높이도 서로 틀리므로 이러한 경우에는 각 전선의 인덕턴스, 정전용량도 각각 다르게 된다. 따라서, 이대로라면 송전단에서 대칭전압을 인가하더라도 수전단에서는 전압이 비대칭으로 된다. 이것을 방지하기 위해서 송전선에서는 전선의 배치를 그림 1과 같이 도중의 개폐소나 연가용 철탑 등으로 조정해서 선로 전체로서 정수가 평형이 되도록 하고 있다. 이것을 '연가(Transposition)'이라고 한다.

그러므로, 비정삼각형 배치의 경우에 있어서도 연가를 충분히 잘 취해주면 선로 전체로서는 이들 정수가 각 전선에 대해서 같게 될 것이다. 그 값은 배치가 다른 각 전선의 정수의 평균값을 취한다고 하면 되지만, 일반적으로는 각 전선 간의 거리 및 지표상의 높이가 서로 같은 등가적인 선로를 대상으로 해서 계산하는 것이 편리하다.

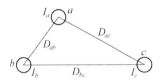

그림 2. 비정삼각형의 배치

2. 비정삼각형 배치의 경우 인덕턴스 계산방법

정삼각형으로 배치된 3상 선로의 자기 인덕턴스를 구하면 다음과 같다. 그림 3(a)과 같이 3개의 전선은 3상 회로를 이루고 있으므로 어떤 순간에 있어서도 항상 다음과 같은 관계가 성립한다.

$$I_a + I_b + I_c = 0$$

$$\text{또는} \ (I_b + I_c) = -I_a \qquad\qquad \cdots\cdots (1)$$

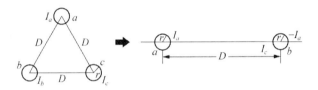

그림 3. 정삼각형 배치

또, 전선 b와 c는 다같이 전선 a로부터 D인 등거리에 있기 때문에 I_b에서 발생하는 자속과 I_a와의 쇄교수와 I_c에 의해서 발생하는 자속과 I_a와의 쇄교수와의 합계는 $(I_b + I_c) = -I_a$ 인 전류가 전선 b 또는 전선 c에 집중되어 이로 인해서 발생하는 자속과 I_a와의 쇄교수와 같다고 볼 수 있다.

따라서, 전선 a의 단위 길이당의 인덕턴스는 그림 3(b)와 같이 왕복 2도선의 경우와 마찬가지로 다음 식으로 계산할 수 있다.

$$L = L_a = L_b = L_c$$

$$= 0.05 + 0.4605 \log_{10} \frac{D}{r} \, [\text{mH/km}] \qquad\qquad \cdots\cdots (2)$$

한편, 인덕턴스의 계산 식에는 대수항이 포함되어 있기 때문에 이 경우의 거리 및 높이는 산술적 평균값이 아니고 기하 평균거리를 취하지 않으면 안된다.

비정삼각형 배치에서의 인덕턴스는 일반적으로 선간거리로서 다음의 식을 사용한다.

$$D = \sqrt[3]{D_{ab} D_{bc} D_{ca}} \, [\text{m}] \qquad \cdots\cdots (3)$$

따라서, 식 (2)에 식 (3)을 대입하여 1선의 중성점에 대한 작용 인덕턴스를 계산한다. 3상 2회선의 경우에 있어서도 연가가 완전히 이루어지고 있다면 B회선의 영향이 A회선에 나타나지 않고, 또 A회선의 영향도 B회선에 나타나지 않을 것이므로 결국 그 1선의 인덕턴스는 3상 1회선의 경우와 마찬가지로 계산하면 된다.

3. 3상 1회선 송전선로의 정전용량 계산방법

일반적으로 그림 4와 같이 송전선로는 3상3선식을 취하고 있으며, 송전선로의 각 상전압이 평형되고 있을 경우, 선로에는 전선과 대지와의 사이에 대지정전용량(자기정전용량이라고도 함) C_s와 전선과 전선과의 사이에는 상호정전용량 C_m의 2가지가 있다.

여기서, C_s는 Y로 연결되고, C_m은 △로 연결되기 때문에 선로를 충전할 경우 C_s에 걸리는 충전전압은 Y전압이고, C_m에 걸리는 충전전압은 △전압이 되므로 이들 양자 간에서는 그 크기 및 위상각이 각각 $\sqrt{3}$ 배 및 $30°$씩 서로 틀리게 되어 있다. 그러므로 C_s의 충전전류를 계산하거나 C_m의 충전전류를 계산할 경우에는 여기에 걸리는 전압에 대해서 주의할 필요가 있다.

일반적으로 3상 회로의 계산을 할 경우에는 그림 5(a)와 같이 △결선으로 연결된 것은 Y결선으로 환산해서 계산하는 경우가 많다. 여기서 각 선의 전압이 평형되어 있을 때에는 Y로 환산된 C_m의 중성점의 전압이 0이 되므로 이때 C_s를 충전하는 전압과 $3C_m$을 충전하는 전압은 다 같이 Y전압으로 된다. 따라서, 이러한 경우에는 C_s와 C_m을 나누어서 따로따로 나타낼 것없이 그림 5(b)와 같이 $C_n = C_s + 3C_m$ 로 병렬로 합성시킨 C_n으로 나타낼 수 있다. 이 C_n을 '작용정전용량'이라 하며, 식 (4)와 같이 나타낸다.

$$C_n = C_s + 3C_m \qquad \cdots\cdots (4)$$

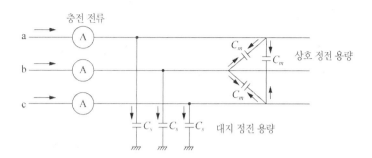

그림 4. 3상3선식 선로에서의 정전용량

만일 각 상전압이 불평형일 경우에는 그림 5(a)에서 Y로 연결한 $3C_m$의 중성점의 전압은 0으로 되지 않기 때문에 C_s와 $3C_m$과를 병렬로 합성해서 C_n이라는 정전용량은 만들 수 없는 것이다.

한편 정전용량이라는 정수는 인덕턴스와 달라서 C_s, C_m 다 같이 순계산으로 구할 수 있다. 그림 5에서와 같이 각 전선의 중성선에 대한 작용정전용량 C_n은 식 (5)와 같다.

$$C_n = C_s + 3C_m = \frac{1}{2\log_e \dfrac{D}{r}} \times \frac{1}{9} = \frac{0.02413}{\log_{10} \dfrac{D}{r}} [\mu\text{F/km}] \qquad \cdots\cdots (5)$$

여기서, D는 식 (6)의 등가선간거리를 취한 것이다.

$$D = \sqrt[3]{D_{ab} D_{bc} D_{ca}} [\text{m}] \qquad \cdots\cdots (6)$$

이 점이 작용인덕턴스 L을 구하는 경우와 다르다.

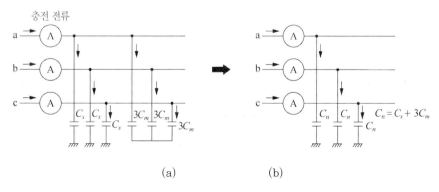

(a)　　　　　　　　(b)

그림 5. 상호 정전용량 C_m의 △-Y 환산

추가 검토 사항

■ 공학을 잘 하는 사람은 수학적인 사고를 많이 하는 사람이란 것을 잊지 말아야 한다. 본 문제에서 정확하게 이해하지 못하는 것은 관련 문헌을 확인해 보는 습관을 길러야 엔지니어링 사고를 하게 되고, 완벽하게 이해하는 것이 된다는 것을 명심하기 바랍니다. 상기의 문제를 이해하기 위해서는 다음의 사항을 확인바랍니다.

송전선로의 인덕턴스에는 자기인덕턴스, 상호인덕턴스, 작용인덕턴스 3가지 종류가 있다. 이들은 실제 계통에서 흐르는 전류에 따라서 그 값이 다르기 때문에 선로의 운전상태에 따라 평상 운전시, 단락 고장시, 지락 고장시에 어떻게 적용되는가 알아둡시다.

〈해설〉

1) 평상 운전시 및 단락 고장시에는 다음의 식과 같이 작용인덕턴스 L을 사용한다.

$$L = 0.05 + 0.4605 \log_{10} \frac{D}{r} \quad [\text{mH/km}]$$

단, 이 경우 전류는 평형 3상 교류로서 $I_a + I_b + I_c = 0$ 이 전제되어야 하고, 또 3선간의 선간거리가 다를 경우에는 $D = \sqrt[3]{D_{ab} D_{bc} D_{ca}}$ [m]의 등가 선간거리를 사용해야 한다.

2) 지락 고장시에는 다음의 식과 같이 대지귀로 인덕턴스 L_e을 사용한다.

$$L_e = 0.1 + 0.4605 \log_{10} \frac{2H_e}{r} \quad [\text{mH/km}]$$

여기서, $H_e = \dfrac{h + H}{2}$: 등가 대지면의 깊이

단, 이 L_e는 H_e를 정확히 알 수 없으므로 계산식에 의하지 않고 실측값을 사용하게 된다.

참고문헌

1. 송길영, 최신 송배전공학, 동일출판사, 1999

06 송전선로 특성 계산에 있어서 고려해야 할 사항을 설명하시오.

■ 본 문제를 이해하고, 기억을 오래 가져갈 수 있는 그림이나 삽화 등을 생각한다.

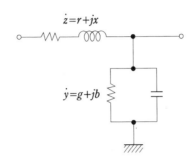

그림 1. 송전선로 미소부분의 등가회로

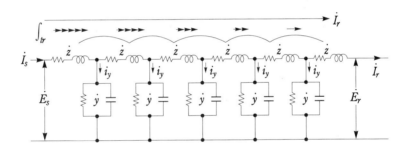

그림 2. 장거리 송전선로의 등가회로

해설

1. 개요

송전선로는 송전단에서 수전단에 이르기까지 경우에 따라서는 수10[km]에서 수100[km]에 이르기는 장거리 구간에 걸쳐 연결되고 있다. 한편 송전선로는 각 전선마다 선로정수, 즉 저항 R, 인덕턴스 L, 누설콘덕턴스 G 및 정전용량 C가 선로에 따라서 균일하게 분포되어 있는 3상 교류회로이다.

일반적으로 수 [km] 정도는 단거리, 수10[km] 정도의 중거리, 그리고 100[km] 이상의 장거리로 대략 3가지로 나누고, 각각에 알맞은 등가회로를 사용해서 송전선로의 여러 가지 전기적 특성을 해석하고 있다.

2. 선로정수

송전선로는 R, 인덕턴스 L, 누설콘덕턴스 G 및 정전용량 C가 선로에 따라 균일하게 분포되어 있는 전기회로로서, 이 4가지 요소를 선로정수(Line Constants)라 한다. 이 선로정수는 송전선로의 특성을 계산하는데 필요한 요소가 되고, 전선의 종류, 굵기 및 배치에 따라 결정된다.

1) 저항(R)

균일한 단면을 갖는 직선도체의 저항 R은

$$R = \rho \times \frac{l}{A} \qquad \cdots\cdots (1)$$

이 되고, $t_o\,[\text{℃}]$의 저항을 R_{t_o}, $t\,[\text{℃}]$의 저항을 R_t라 하면

$$R_t = R_{t_o}[1 + \alpha_{t_o}(t - t_o)] \qquad \cdots\cdots (2)$$

가 된다.

여기서, ρ : 도체의 체적 고유저항 $[\,\Omega/\text{km·mm}^2]$

L : 도체길이 [km]

A : 도체 단면적[mm^2]

α_{t_o} : $t_o[\text{℃}]$의 정질량 온도계수

2) 인덕턴스(L)

가공송전선의 인덕턴스는 상배열이나 선간거리에 의해 각상의 값이 달라지나 그 차가 적으므로 계산의 편의를 위해 3상의 평균값으로 취급하여 식 (3)과 같이 구할 수 있다.

$$L = 0.04605 \log \frac{D}{R'} + \frac{0.05}{n} [\text{mH/km}] \qquad \cdots\cdots (3)$$

여기서, D : 등가선간거리 $= (D_{12} \times D_{23} \times D_{31})/3\,[\text{m}]$

D_{12}, D_{23}, D_{31} : 각 상 선간거리[m]

R' : 등가반경

단도체 : $R' = r$

2 도체 : $R' = \sqrt{rS}$

4 도체 : $R' = (2rS^3)^{\frac{1}{4}}$

$$5 \text{ 도체 이상} : R' = \left[n r \frac{S^{n-1}}{2\sin\dfrac{\pi}{n}} \right]^{\frac{1}{n}}$$

여기서, r : 소도체 반경 [m]

S : 소도체 간격 [m]

n : 소도체수

3) 정전용량(C)

가공송전선의 정전용량도 인덕턴스와 마찬가지로 식 (4)와 같이 구할 수 있다.

$$C = \frac{0.02413}{\log\dfrac{D}{R'}} [\mu\text{F/km}] \qquad \cdots\cdots (4)$$

4) 누설콘덕턴스(G)

애자의 누설저항은 건조시에 대단히 크기 때문에 그 역수인 누설콘덕턴스는 매우 작게 된다. 따라서, 송전선로 특성을 검토하는 경우에는 특별한 경우를 제외하고는 무시해도 좋다.

3. 송전선로 등가회로

송전선에는 그림 1 및 그림 2와 같이 임피던스와 어드미턴스가 송전선에 따라 일정하게 분포되어 있지만, 단거리 및 중거리 송전선로는 집중정수회로로 특성을 계산하고, 장거리 송전선로는 분포정수회로로 특성을 계산한다. 송전선로 등가회로 해석방법을 간단히 요약한다.

1) 단거리 및 중거리 송전선로의 전기적 특성을 해석하는 방법을 간단히 알아본다.

(1) 단거리 송전선로의 경우에는 저항과 인덕턴스와의 직렬회로로 나타내고 누설콘덕턴스 및 정전용량은 무시해서 이를 단일 임피던스회로로 취급한다.

(2) 중거리 송전선로의 경우에는 누설콘덕턴스는 무시하고 선로는 직렬임피던스와 병렬 어드미턴스(정전용량)로 나타내야 하므로 $\dot{Z}$와 $\dot{Y}$로 된 집중정수회로로 취급하게 되는데, 이 경우에는 어드미턴스 $\dot{Y}$를 중앙에 집중시킨 T형 회로와 어드미턴스 $\dot{Y}$를 이등분해서 선로 양단에 집중시킨 π형 회로의 두 종류의 등가회로로 나타내고 있다.

2) 장거리 송전선로는 선로정수가 균일하게 분포하고 있는 분포정수 회로로 취급한다.

4. 특성임피던스(Surge Impedance Loading)

송전선의 특성임피던스 $(Z_c = \sqrt{\dfrac{Z}{Y}})$는 선로손실이 무시될 경우$(R \ll X)$ 주파수에 무관하게 되고, 이때의 특성임피던스를 Surge Impedance라 하며, 다음 식 (7)과 같이 나타낼 수 있다.

$$\mathrm{SI} = \sqrt{\frac{Z}{Y}} = \sqrt{\frac{L}{C}}\ [\,\Omega\,] \qquad\qquad \cdots\cdots\ (7)$$

또, 송전선의 Surge Impedance와 같은 저항부하에 공급되는 전력을 Surge Impedance Loading 또는 고유부하라 부르고 식 (8)과 같이 계산한다.

$$\mathrm{SIL} = \sqrt{3}\ VI = \sqrt{3}\ V\frac{V}{\sqrt{3}\ SI} = \frac{V^2}{SI}\ [\mathrm{MW}] \qquad\qquad \cdots\cdots\ (8)$$

송전선 조류가 SIL과 같을 때 송전선의 무효전력 손실은 0이 되고 송수전단의 전압은 같게 된다. 장거리 송전선에서는 조류가 SIL을 초과하면 무효전력 손실 및 전압강하가 증가하여 송전용량이 크게 제약을 받게 된다. 장거리 송전선에 있어서는 송전전력을 SIL의 배수로 표시하는 경우가 있고 독일의 Rudenberg는 이 SIL을 이용하여 식 (9)와 같이 송전거리별 개략 송전용량을 산출하는 식을 제시하였다.

$$P_{\max} = \mathrm{SIL} \times \sqrt{\frac{480}{거리}[\mathrm{km}]} \times 회선수\ [\mathrm{MW}] \qquad\qquad \cdots\cdots\ (9)$$

표 1은 전압별 대표적인 도체의 SIL 및 열용량을 계산한 예이다.

표 1. 전압별 대표적인 도체의 용량 비교

전압계급	154[kV]	345[kV]	765[kV]
도체방식	ACSR 410×2B	ACSR 480×4B (Rail)	ACSR 480×6B (Cardinal)
SIL[MW]	68	493	2,330
열용량[MVA]	441	2,192	7,306
열용량/SIL	6.5	4.4	3.1

추가 검토 사항

📑 공학을 잘 하는 사람은 수학적인 사고를 많이 하는 사람이란 것을 잊지 말아야 한다. 본 문제에서 정확하게 이해하지 못하는 것은 관련 문헌을 확인해 보는 습관을 길러야 엔지니

어링 사고를 하게 되고, 완벽하게 이해하는 것이 된다는 것을 명심하기 바랍니다. 상기의 문제를 이해하기 위해서는 다음의 사항을 확인바랍니다.

1. 단거리 송전선로의 송전단 전압을 나타내는 방법을 알아 둡시다.

그림 3에서 보는 바와 같이 단거리 송전선로는 단일(집중) 임피던스 회로이며, 송전단 전압은 다음과 같다.

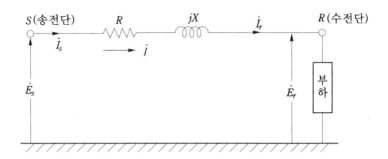

그림 3. 단거리송전선로의 등가회로

그림에서 $\dot{E}_S$와 $\dot{E}_r$은 각각 송전단과 수전단의 중성점에 대한 대지전압(상전압)이다. 지금 $\dot{E}_r$와 전류 $\dot{I}$와의 상차각을 θ_r이라고 하고 송전단전압을 나타낸다.

$$E_S = E_r + I(R\cos\theta_r + X\sin\theta_r)$$

로 간단히 나타낼 수가 있고, 만일 선간 전압(V_S, V_r)으로 나타낼 경우에는 다음과 같이 된다.

$$V_S = V_r + \sqrt{3}\, I(R\cos\theta_r + X\sin\theta_r)$$

참고문헌

1. 송길영, 송배전공학, 동일출판사, 2012
2. 한전설계기준-1210(가공송전용 전선 선정기준)
3. 김세동, 전력설비기술계산해설, 동일출판사, 2012

중거리송전선로에서 T형 등가회로를 구하고, 일반회로정수 A, B, C, D를 구하시오.

■ 본 문제를 이해하고, 기억을 오래 가져갈 수 있는 그림이나 삽화 등을 생각한다.

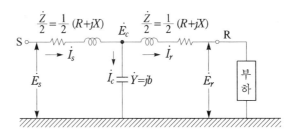

그림 1. T형 회로

해설

1. T형 회로의 개요

T형 회로는 그림 1과 같이 정전용량(어드미턴스 $\dot{Y}$)을 선로의 중앙에 집중시키고 임피던스 $\dot{Z}$를 이등분해서 그 양측에 나누어 나타낸 것이다.

2. T형 회로 특성 계산

그림 1과 같이 각 부분의 전압, 전류 및 각 정수를 나타낸다면

$$E_c = E_r + \frac{1}{2} Z I_r$$

$$I_c = Y E_c$$

로 되므로 송전단의 전압 및 전류는 다음과 같이 된다.

$$
\begin{aligned}
E_S &= E_C + \frac{1}{2} Z I_S = \left(E_r + \frac{1}{2} Z I_r\right) + \frac{1}{2} Z (I_r + Y E_C) \\
&= E_r + Z I_r + \frac{ZY}{2}\left(E_r + \frac{1}{2} Z I_r\right) \\
&= E_r + Z I_r + \frac{ZY}{2} E_r + \frac{Z^2 Y}{4} I_r \\
&= \left(1 + \frac{ZY}{2}\right) E_r + Z\left(1 + \frac{ZY}{4}\right) I_r
\end{aligned}
$$

$$I_S = I_r + I_c = I_r + Y E_c$$

$$= I_r + Y\left(E_r + \frac{1}{2} Z I_r\right)$$

$$= Y E_r + \left(1 + \frac{ZY}{2}\right) I_r$$

일반적으로 어드미턴스 $\dot{Y}$는

$$\dot{Y} = g + jb = g + j2\pi f \, C$$

로 표현되지만, 누설전류라든가 코로나가 무시된다면 콘덕턴스 $g = 0$으로 된다. 따라서, 어드미턴스는 정전용량 C만으로 표현된다. 또, 여기서 C는 선로정수에서 설명한 중성점에 대한 1상당의 정전용량으로서 이른바 작용 용량이다.

따라서, 4단자 정수 A, B, C, D의 값은 다음과 같다.

$$
\begin{bmatrix} A & B \\ C & D \end{bmatrix} =
\begin{bmatrix} \left(1 + \dfrac{ZY}{2}\right) & Z\left(1 + \dfrac{ZY}{4}\right) \\ Y & \left(1 + \dfrac{ZY}{2}\right) \end{bmatrix}
$$

가 된다.

추가 검토 사항

▪ 공학을 잘 하는 사람은 수학적인 사고를 많이 하는 사람이란 것을 잊지 말아야 한다. 본 문제에서 정확하게 이해하지 못하는 것은 관련 문헌을 확인해 보는 습관을 길러야 엔지니어링 사고를 하게 되고, 완벽하게 이해하는 것이 된다는 것을 명심하기 바랍니다. 상기의 문제를 이해하기 위해서는 다음의 사항을 확인바랍니다.

1. 집중정수회로의 송수전단 전압과 전류의 관계는 4단자망의 일반회로정수 A, B, C, D로 나타내면 다음과 같음을 알아 둡시다.

$$E_S = A E_r + B I_r$$
$$I_S = C E_r + D I_r$$

　로 나타내며, 행렬로 표현하면 다음과 같다.

$$
\begin{bmatrix} E_S \\ I_S \end{bmatrix} =
\begin{bmatrix} A & B \\ C & D \end{bmatrix}
\begin{bmatrix} E_r \\ I_r \end{bmatrix}
$$

2. 중거리송전선로에서 π형 등가회로를 구하고, 일반회로정수 A, B, C, D를 구하는 방법도 알아둡시다.

π형 회로는 그림 2와 같이 나타내며, 임피턴스 $\dot{Z}$를 전부 송전선로의 중앙에 집중시키고, 어드미턴스 $\dot{Y}$는 이등분해서 선로의 양단에 나누어 나타낸다.

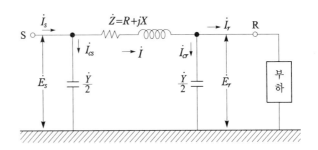

그림 2. π형 회로

송전단의 전압 및 전류는 다음과 같다.

$$E_S = \left(1 + \frac{ZY}{2}\right)E_r + ZI_r$$

$$I_S = \left(1 + \frac{ZY}{2}\right)I_r + Y\left(1 + \frac{ZY}{4}\right)E_r$$

참고문헌

1. 송길영, 송배전공학, 동일출판사, 2012
2. 김세동, 전력설비기술계산 해설, 동일출판사, 2012

08 중성점을 접지하는 목적과 중성점접지방식을 비교 설명하시오.

☑ 본 문제를 이해하고, 기억을 오래 가져갈 수 있는 그림이나 삽화 등을 생각한다.

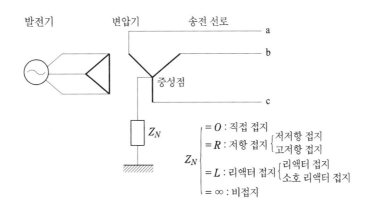

그림 1. 중성점접지방식

> 해설

1. 개요

송전계통은 3상 3선식을 채택하고 있으므로 3상 변압기를 사용해서 전압을 높여 주기도 하고 또는 이를 적당한 값으로 낮추어서 수용가에게 안전하게 전력을 공급하고 있다. 이와같이 송전계통은 송전방식으로 3상 3선식을 채택하고 있는 이상, 변압기 Y결선의 3상 접속점인 중성점을 어떻게 처리하느냐 하는 중성점의 접지 문제는 송전선 및 기기의 절연설계, 송전선으로부터 통신선에의 유도장해, 고장 구간의 검출을 위한 보호계전기의 동작, 차단용량, 피뢰기의 동작 및 계통의 안정도 등에 커다란 영향을 미친다. 따라서, 고전압 장거리 송전선로에서는 비접지일 경우 여러 가지 장해가 생기므로 중성점은 가능한 접지하도록 하고 있다. 여기서 발생하는 장해란 가령 1선 지락사고 고장시의 이상전압으로 기기 및 선로의 절연이 파괴된다거나 또는 지락 고장의 검출이 불가능해서 고장 상태가 오래 지속된다는 것 등이다.

2. 중성점을 접지하는 목적

1) 지락 고장시 건전상의 대지전위 상승을 억제하여 전선로 및 기기의 절연레벨을

경감시킨다.

2) 뇌, 아크 지락, 기타에 의한 이상전압의 경감 및 발생을 방지한다.

3) 지락 고장시 접지계전기의 동작을 확실하게 한다.

4) 소호리액터 접지방식에서는 1선 지락시의 아크 지락을 재빨리 소멸시켜 그대로 송전을 계속할 수 있게 한다.

3. 중성점 접지방식의 종류와 특징

중성점 접지방식은 그림 1에서 보는 바와 같이 중성점을 접지하는 접지임피던스 종류와 그 크기에 따라서 다음과 같은 여러 가지 방식으로 구분하며, 특징 및 장단점을 들면 표 1과 같다.

표 1. 중성점 접지방식의 특징 비교

항목	비접지	직접접지	고저항접지	소호리액터접지
개요	중성점을 접지하지 않는 방식	계통에 접속된 변압기의 중성점을 금속선으로 직접 접지하는 방식	고저항($R=100 \sim 1000[\Omega]$)으로 접지하는 방식	계통에 접속된 변압기의 중성점을 송전선로의 대지정전용량과 공진하는 리액터를 통해서 접지하는 방식
유효접지전류 (지락전류)	수백[mA] 정도	수십~수천[A]	5~100[A] 정도	수[mA]
지락사고시의 건전상의 전압 상승	크다. 장거리송전선의 경우 이상전압을 발생함.	작다. 평상시와 거의 차이가 없다.	약간 크다. 비접지의 경우보다 약간 작은 편이다.	크다. 적어도 $\sqrt{3}$ 배까지 올라간다.
1선 지락시 계통안정도	좋다.	나쁘다.	좋다.	좋다.
절연레벨	감소 불능	감소시킬 수 있다.	감소 불능	감소 불능
변압기	전절연	단절연 가능	전절연, 비접지보다 낮은 편이다.	전절연, 비접지보다 낮은 편이다.
지락전류	작다. 송전거리가 길어지면 상당히 큼.	최대	중간 정도, 중성점접지저항으로 달라진다.(100~300[A])	최소
보호계전기 동작	곤란	가장 확실	확실	불가능
1선지락시 통신선에의 유도장해	작다	최대, 단 고속차단으로 고장 계속시간의 최소화 가능(0.1초)	중간 정도	최소
과도 안정도	크다	최소, 단 고속도 차단, 고속도 재폐로 방식으로 향상 가능	크다	크다

우리나라에서는 초고압 송전계통에 중성점접지방식으로서 모두 직접 접지방식을 채택하고 있다.

직접접지방식이 가지는 단점으로서는 다음과 같은 사항이 있다.

(1) 지락전류가 저역률의 대전류이기 때문에 과도안정도가 나빠진다.

(2) 지락고장시에 병행 통신선에 전자유도장해를 크게 미치게 된다.(단, 직접접지계통에서는 고속차단을 실현할 수 있으므로 큰 영향은 주지 않는다) 그밖에 평상시에 있어서도 불평형전류 및 변압기의 제3고조파로 유도장해를 줄 위험성이 있다.

(3) 지락전류의 기기에 대한 기계적 충격이 커서 손상을 주기 쉽다.

(4) 계통 사고의 70~80[%]는 1선 지락사고이므로 차단기가 대전류를 차단할 기회가 많아진다.

이와 같이 직접접지방식에서는 뭐니뭐니해도 절연레벨의 저감에 있으므로 절연비가 커지는 초고압 송전선로에서는 이것이 가장 알맞은 접지방식이라고 할 수 있다. 다만, 문제가 되는 통신선에의 유도장해에 대해서는 통신선에 차폐선을 설치하고, 과도안정도 문제에 대해서는 우수한 보호계전기와 고속도의 차단기를 설치해서 고장을 고속 차단함으로써 해결할 수 있다.

추가 검토 사항

■ 공학을 잘 하는 사람은 수학적인 사고를 많이 하는 사람이란 것을 잊지 말아야 한다. 본 문제에서 정확하게 이해하지 못하는 것은 관련 문헌을 확인해 보는 습관을 길러야 엔지니어링 사고를 하게 되고, 완벽하게 이해하는 것이 된다는 것을 명심하기 바랍니다. 상기의 문제를 이해하기 위해서는 다음의 사항을 확인바랍니다.

1. 유효접지에 대해서 알아 둡시다.

송전선의 고장은 거의 대부분이 1선 지락으로부터 시작된다. 이 때, 이것을 빨리 제거해 주지 않으면 고장은 다시 2선 지락이라든가 3상 단락으로 진전되어 나가는 경우가 많다. 같은 전압의 송전선일지라도 1선 지락의 고장시에 건전상에 생기는 전압상승의 값은 중성점의 접지 임피던스 값의 크기에 따라 달라진다. 그래서, 건전상의 전압 상승이 평상시의 Y전압의 1.3배를 넘지 않도록 접지 임피던스를 조절해서 접지하는 것을 유효접지(Effective Grounding)라고 한다. 직접접지 방식은 이 유효접지의 대표 예라고 할 수 있다.

2. 소호리액터의 의미와 원리를 알아 둡시다.

소호리액터 접지방식은 계통에 접속된 변압기의 중성점을 송전선로의 대지정전용량과 공진하는 리액터를 통해서 접지하는 방식이다. 보통 이 리액터는 발명자인 독일의 Petersen씨의 이름을 붙여 페터센 코일 또는 소호리액터라고 부르고 있다.

이 방식의 원리는 교류 이론의 L, C 병렬공진을 응용한 것으로서 1선과 대지간의 정전용량의 3배, 곧 $3C$의 리액터 L에 의한 공진조건 $\dfrac{1}{3\omega C} = \omega L$이 만족되면 고장점에서 본 합성 리액턴스가 이상적으로 무한대로 되어 1선 지락고장이 발생하더라도 지락전류(고장전류)는 0, 실제에는 최소로 된다는 것을 이용하고 있다.

따라서, 고장점의 아크는 지락전류의 영점 통과로 자연히 소멸되어 1선 지락고장 발생에도 불구하고 정전없이 송전을 계속할 수 있다는 특징을 가지고 있다.

참고문헌

1. 송길영, 송배전공학, 동일출판사, 2012
2. 남시복 외, 송배전공학, 광문각, 2012

09 3상 교류발전기의 기본식을 유도하시오.

■ 본 문제를 이해하고, 기억을 오래 가져갈 수 있는 그림이나 삽화 등을 생각한다.

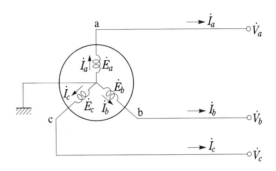

그림 1. 3상 교류발전기

해설

그림 1과 같이 3상 발전기에서 발전기가 임의의 불평형 전류를 흘리고 있을 경우 그 단자전압과 전류와의 관계를 구해 본다. 단, 발전기는 대칭이고, 무부하 유도전압은 3상이 평형되고 있다고 한다.

지금 E_a, E_b, E_c를 각 상의 무부하 유도전압, v_a, v_b, v_c를 각 상의 전압강하라고 하면, a, b, c 각 상의 단자전압 V_a, V_b, V_c는 다음과 같이 계산된다.

$$V_a = E_a - v_a$$
$$V_b = E_b - v_b = a^2 E_a - v_b \qquad \cdots\cdots (1)$$
$$V_c = E_c - v_c = a E_a - v_c$$

따라서, 이들 대칭분은 식 (1) 및 $1 + a + a^2 = 0$, $a^2 = 1$이라는 관계를 이용하면 다음 식을 얻게 된다.

$$V_0 = \frac{1}{3}(v_a + v_b + v_c)$$
$$V_1 = E_a - \frac{1}{3}(v_a + a v_b + a^2 v_c) \qquad \cdots\cdots (2)$$
$$V_2 = -\frac{1}{3}(v_a + a^2 v_b + a v_c)$$

또, 발전기의 영상, 정상, 역상 임피던스를 Z_o, Z_1, Z_2라 하면, 각 상의 전압강하는 각 대칭분 전압강하를 다음과 같이 나타낸다.

$$v_a = Z_o I_o + Z_1 I_1 + Z_2 I_2$$
$$v_b = Z_o I_o + a^2 Z_1 I_1 + a Z_2 I_2 \qquad \cdots\cdots (3)$$
$$v_c = Z_o I_o + a Z_1 I_1 + a^2 Z_2 I_2$$

이것으로부터 다음 식을 얻게 된다.

$$\frac{1}{3}(v_a + v_b + v_c) = Z_1 I_1$$
$$\frac{1}{3}(v_a + a v_b + a^2 v_c) = Z_1 I_1 \qquad \cdots\cdots (4)$$
$$\frac{1}{3}(v_a + a^2 v_b + a v_c) = Z_2 I_2$$

따라서, 식 (4)를 식 (2)에 대입하면 다음과 같이 발전기의 기본식이 유도된다. 여기서, 발전기의 유기기전력은 3상 대칭전압이므로 E_o 및 E_2는 영이 된다.

$$V_o = - Z_0 I_0$$
$$V_1 = E_0 - Z_1 I_1 \qquad \cdots\cdots (5)$$
$$V_2 = - Z_2 I_2$$

이것을 발전기의 기본식이라고 한다. 이 발전기의 기본식을 사용함으로써 그 어떤 불평형 전류가 주어지더라도 쉽게 이 때의 회로계산을 해나갈 수 있다.

추가 검토 사항

▨ 공학을 잘 하는 사람은 수학적인 사고를 많이 하는 사람이란 것을 잊지 말아야 한다. 본 문제에서 정확하게 이해하지 못하는 것은 관련 문헌을 확인해 보는 습관을 길러야 엔지니어링 사고를 하게 되고, 완벽하게 이해하는 것이 된다는 것을 명심하기 바랍니다. 상기의 문제를 이해하기 위해서는 다음의 사항을 확인바랍니다.

1. 대칭좌표법에 대해서 알고 있나요.

3상 단락 고장처럼 각 상이 평형된 고장에서는 고장점을 중심으로 여기에 인가된 전압과 임피던스를 구해서 쉽게 고장 해석할 수 있다. 그러나, 각 상이 불평형되는 1선 지락과 같은 불평형 고장에서는 각 상에 걸리는 전압을 따로 따로 구해야 하는데, 실제적으로 고장 계산이 매우 복잡해져 대칭좌표법을 빌리지 않고서는 3상 회로의 불평형 문제를 다룰 수 없다. 즉, 비대칭성의 불평형 전압이나 전류를 대칭성의 3성분으로 분해하여 해석하는 대칭좌표법(Method of symmetrical coordinate)을 이용하면 보다 용이하게 회로 해석을 할 수 있는 경우가 많다. 대칭좌표법이란 한마디로 말해서 3상 회로의 불평형 문제를 푸는 데 사용되는 계산법이다. 이것은 불평형인 전류나 전압을 그대로 취급하지 않고, 대칭적인 3개의 성분으로 나누어서 각각의 대칭분이 단독으로 존재하는 경우의 계산을 실시한 다음, 마지막으로 그들 각 성분의 계산 결과를 중첩시켜서 실제의 불평형인 값을 알고자 하는 방법이다. 그러므로, 계산 도중에는 언제나 평형 회로의 계산만 하게 되고, 각 성분의 계산이 끝난 다음 이들을 중첩함으로써 비로소 불평형 문제의 해가 얻어지게 되는 것이다.

2. **3상의 각 상에서 정상, 영상 및 역상을 얻을 수 있는 방법을 알고 있나요.**

A상, B상, C상의 3상 회로의 임의의 1점에서 3개의 양은 정상, 영상, 역상의 3개의 양으로 등가적으로 치환할 수 있으며, 다음과 같은 관계가 있다.

A상, B상, C상	의 3개의 량 (3상회로의 임의의 1점)	⇨ ⇦	정상, 영상, 역상	의 3개의 량 (좌기 3상회로의 점에 해당하는 개소에 대해)

그림 2는 3상 회로와 정상, 영상 및 역상의 대칭분 회로의 관계를 나타낸 것이며, 주어진 3상 회로에서 A상, B상, C의 3상 회로에 대응하는 정상, 영상 및 역상 3개의 회로가 등가적으로 존재한다는 것을 알 수 있다.

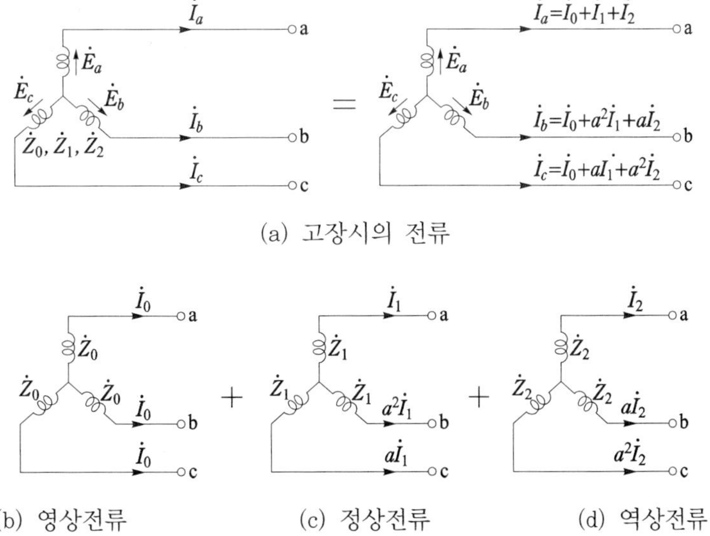
$\dot{I}_a$
a
$\dot{E}_a$
$\dot{E}_c$
$\dot{E}_b$
$\dot{I}_b$
b
$\dot{Z}_0, \dot{Z}_1, \dot{Z}_2$
$\dot{I}_c$
c
=
$\dot{I}_a=\dot{I}_0+\dot{I}_1+\dot{I}_2$
$\dot{I}_b=\dot{I}_0+a^2\dot{I}_1+a\dot{I}_2$
$\dot{I}_c=\dot{I}_0+a\dot{I}_1+a^2\dot{I}_2$
(a) 고장시의 전류
$\dot{I}_0$
$\dot{Z}_0$
+
$\dot{I}_1$
$\dot{Z}_1$
$a^2\dot{I}_1$
$a\dot{I}_1$
+
$\dot{I}_2$
$\dot{Z}_2$
$a\dot{I}_2$
$a^2\dot{I}_2$
(b) 영상전류
(c) 정상전류
(d) 역상전류

그림 2. 각 상전류의 분해

3. 대칭좌표법을 사용한 고장 계산법의 흐름도를 알고 있나요.

그림 3은 고장 계산법의 흐름을 나타낸 것이다.

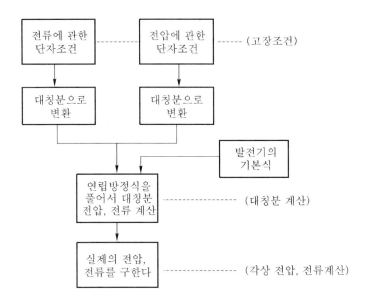

그림 3. 대칭좌표법에 의한 고장계산의 흐름도

참고문헌

1. 송길영, 송배전공학, 동일출판사, 2012

2. 김세동, 전력설비기술계산해설, 동일출판사, 2012

3. 남재경, 김세동, 보호계전의 기초, 전기저널, 대한전기협회

10 송전계통의 임피던스를 간단히 소개하고, 3상 송전선로의 영상, 정상, 역상 리액턴스 구하는 방법을 설명하시오.

■ 본 문제를 이해하고, 기억을 오래 가져갈 수 있는 그림이나 삽화 등을 생각한다.

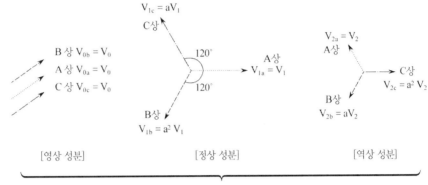

[영상 성분]   [정상 성분]   [역상 성분]

(A상, B상, C상을 서로 합쳐 1/3로 한다.)

그림 1. 정상, 역상, 영상의 벡터도

해설

1. 송전계통의 임피던스란?

송전계통이란 선로정수인 R, L, C, g의 각 값을 가진 선로가 다수 연결되어서 이루어지고 있는 것이므로 실제의 계통 문제를 다룰 경우에는 선로정수인 R, L, C, g의 각 값을 토대로 해서 본래 3상 3선식으로 된 회로를 하나로 묶은 1회선 회로의 값으로 환산해서 사용하는 것이 보통이다.

즉, 선로의 1회선당 임피던스 z 및 어드미턴스 y는 다음과 같으며, 일반적으로 누설 콘덕턴스는 무시한다.

$$z = R + jwL = R + jX \ [\Omega/km]$$
$$y = g + jwC = g + jY \ [\mho/km]$$

2. 3상의 각 상에서 정상, 영상 및 역상을 얻을 수 있는 방법

A상, B상, C상의 3상 회로 임의의 1점에서 3개의 양은 정상, 영상, 역상의 3개의 양으로 등가적으로 치환할 수 있으며, 다음과 같은 관계가 있고, 그림 1과 같다.

```
A 상 ＼                          정상 ＼
B 상   의 3 개의 량    ⇨       영상   의 3 개의 량
C 상 ／ (3 상회로의 임의의 1 점) ⇦  역상 ／ (좌기 3 상회로의 점에 해당하는 개소에 대해)
```

그림 1은 3상 회로와 정상, 영상 및 역상의 대칭분 회로의 관계를 나타낸 것이며, 주어진 3상 회로에서 A상, B상, C상의 3상 회로에 대응하는 정상, 영상 및 역상 3개의 회로가 등가적으로 존재한다는 것을 알 수 있다.

여기서 말하는 각 상의 양은 어느 점의 양이라도 상관없으나, 반드시 A상, B상, C상, 정상, 영상 및 역상의 6 개의 양은 회로상의 동일점에서 논하고 있다.

3. 3상 각 상에서 정상을 구하는 방법

A상, B상, C상이 정상과 영상과 역상으로 구성되어 있다고 하면, 이 주어진 A상, B상 및 C상의 3 개의 양에서 정상분을 구하는 방법을 설명한다.

그림 2는 A상, B상 및 C상으로부터 정상분을 구하는 방법을 보여주고 있다. 정상분 중 A 상 (제 1 상)에 대해, B 상 (제 2 상)은 120° 늦은 위상이며, C 상 (제 3 상)은 다시 120° 늦은 위상이기 때문에 다음의 절차를 생각한다.

① B 상을 120° 빠르게 하여 정상분의 A상과 정상분의 B상과를 동위상으로 취급한다.

② C 상을 240° 빠르게 해서 (120° 늦게 해도 같다) 정상분의 A상과 정상분의 C상과를 동위상으로 취급한다.

③ 이들을 동상으로 취급한 A상, B상, C상을 서로 합치면 정상의 3 배를 얻을 수 있기 때문에 이것을 1/3 로 한다. 그렇게 하여 A상, B상 및 C상으로 부터 구할 수 있을 것 같다.

이 경우 ①, ② 및 ③ 의 조작을 했을 때 부드럽게 영상과 역상이 소멸해 주면 순수하게 정상분을 구할 수 있게 되는 것이다.

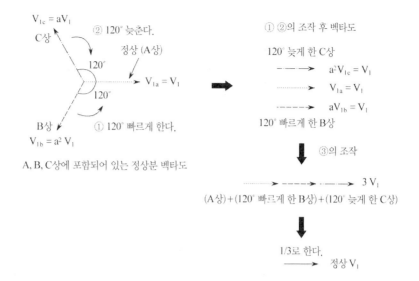

그림 2. A, B, C 상으로부터 정상분을 구하는 방법

정상회로일 때의 전류는 대칭 3상 교류이기 때문에 중성점에는 전류가 흐르지 않으므로 이 회로에는 중성점의 접지저항은 포함되지 않는다.

반면에 전원 측의 발전기나 부하 측의 전동기에는 변압기의 △회로를 통해서 전류가 흐르고 있기 때문에 발전기 정상임피던스 Z_{g1}, 부하의 정상임피던스 Z_{m1}이 변압기 임피던스 Z_t와 같이 포함된다.

선로의 정수는 3상 전류가 흘렀을 경우의 값이므로 평상시의 작용 인덕턴스 및 작용 정전용량을 사용하면 된다.

지금 고장점으로부터 전원 측을 본 정상임피던스 Z_{1A}, 부하 측을 본 정상 임피던스가 Z_{1B}라고 하면, 고장점에서 본 회로망 전체의 정상 임피던스 Z_1은 식 (1)과 같이 계산된다.

$$Z_1 = \frac{Z_{1A} Z_{1B}}{Z_{1A} + Z_{1B}} \qquad\qquad \cdots\cdots (1)$$

여기서, $Z_{1A} = Z_{lA1} + Z_{tA} + Z_{g1}$

$Z_{1B} = Z_{lB1} + Z_{tB} + Z_{m1}$

4. 3 상 각 상에서 영상을 구하는 방법

3번항에서 설명한 정상을 구하는 방법과 같은 방법으로 영상만 남고 정상과 역상을 소멸하는 방법을 생각하면 된다.

영상은 영상분의 A상이 되는 것, B상으로 되는 것 및 C상으로 되는 것, 어느 것이나 동상으로 그림 3과 같이 그대로 각 상을 합성하여 1/3로 하면 되는 것을 알 수 있다. 이와 같이 정상, 역상은 그림 3에서 ④의 방법으로 소멸됨을 알 수 있다. 따라서, 영상은 식 (2)와 같이 쉽게 구할 수 있다.

$$영상 = (A상 + B상 + C상) \times ⅓ \qquad\qquad \cdots\cdots (2)$$

$$V_0 = ⅓ (V_a + V_b + V_c)$$

$$I_0 = ⅓ (I_a + I_b + I_c)$$

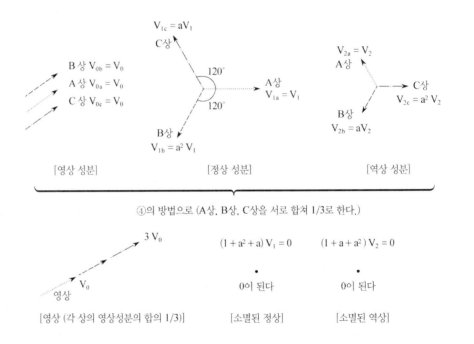

그림 3. 영상 성분을 구하는 방법

영상회로에서 영상전류는 변압기의 저압 측의 접속이 △결선이기 때문에 △결선의 내부를 순환해서 흐를 뿐 그 외부로는 흘러나가지 않으므로 영상회로에는 발전기라든지 부하의 정수는 포함하지 않고 변압기의 임피던스 Z_t까지만으로 구성된다. 다만, 이때 중성점의 접지저항에는 1상의 영상전류(I_o)의 3배($3I_o$)가 흐르므로 1상분의 영상전류를 취급하는 영상회로에서는 이 저항값을 3배로 잡아주어야 한다.(즉, $R_e \to 3R_e$로 바꾸어 준다)

지락고장 시에는 선로의 인덕턴스로서는 그 성질상 통상의 작용인덕턴스가 아니고 대지를 귀로로 하는 인덕턴스를 사용하지 않으면 안되는데, 실용상으로는 1회선 송

전선로에서의 영상 인덕턴스는 작용 인덕턴스(정상 인덕턴스)의 약 4배, 2회선 송전
선로에서는 약 7배 정도의 값을 가지는 것으로 가정하고 사용하여도 별 문제는 없
다. 지금 고장점에서 전원측을 본 영상임피던스 Z_{0A}, 부하측을 본 영상 임피던스가
Z_{0B}라고 하면, 고장점에서 본 회로망 전체의 정상 임피던스 Z_0는 Z_{0A}와 Z_{0B}가 병렬
로 접속되고 있기 때문에 식(3)과 같이 계산된다.

$$Z_0 = \frac{Z_{0A}\,Z_{0B}}{Z_{0A} + Z_{0B}} \qquad\qquad \cdots\cdots (3)$$

여기서, $Z_{0A} = Z_{lA0} + Z_{tA} + 3R_{eA}$

$\qquad\qquad Z_{0B} = Z_{lB0} + Z_{tB} + 3R_{eB}$

5. 3상 각 상에서 역상을 구하는 방법

역상을 구하는 방법도 3번항에서 설명한 정상을 구하는 방법과 같은 방법으로 역상
성분의 위상 관계를 고려하여 그림 4에서 보는 바와 같이 쉽게 알 수 있다.
따라서, 역상은 식 (4)와 같이 쉽게 구할 수 있다.

역상 = (A상 + 120° 늦게 한 B상 + 120° 빠르게 한 C상) × ⅓   ...... (4)

$$V_2 = \tfrac{1}{3}\,(\,V_a + a^2\,V_b + a\,V_c\,)$$
$$I_2 = \tfrac{1}{3}\,(\,I_a + a^2 I_b + a I_c\,)$$

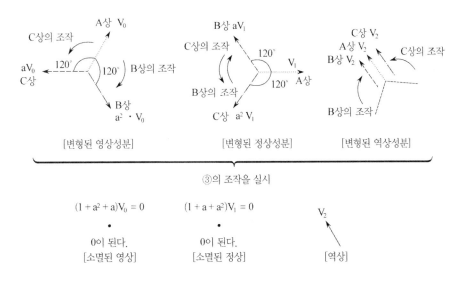

그림 4. 역상만을 구하는 방법

역상회로에서 전류가 흐르는 범위는 정상회로와 똑같다. 회로 중의 개개의 임피던스에 대해서도 정상회로의 경우와 다른 것은 발전기, 전동기 등의 회전기의 정수뿐이다.(변압기나 선로의 임피던스는 정상, 역상의 값이 같다)

이 경우에도 Z_1의 계산 때와 마찬가지로 고장점에서 본 회로망 전체의 역상 임피던스 Z_2는 식 (5)와 같이 계산된다.

$$Z_2 = \frac{Z_{2A} \, Z_{2B}}{Z_{2A} + Z_{2B}} \qquad \cdots\cdots (5)$$

여기서, $Z_{2A} = Z_{lA2} + Z_{tA} + Z_{g2}$

$Z_{2B} = Z_{lB2} + Z_{tB} + Z_{m2}$

한편, 고장전류의 순시값 계산을 할 경우에는 과도 임피던스를 써야 하는데, 이러한 경우에는 $Z_1 = Z_2$로 두어도 별 지장이 없다.

참고문헌

1. 송길영, 송배전공학, 동일출판사, p.307-311, 2001
2. 남재경 외, 보호계전의 기초, 전기저널, 2002

11

1선 지락고장시 a상의 접지전류와 b, c상의 단자전압을 구하시오.

■ 본 문제를 이해하고, 기억을 오래 가져갈 수 있는 그림이나 삽화 등을 생각한다.

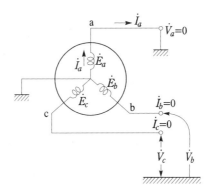

그림 1. 1선 지락 고장시의 표현

해설

1. 1선 지락의 고장조건

고장발생시 주어진 계통 상태로부터 알 수 있는 조건, 즉 기지량은 다음과 같다.

$$I_b = I_c = 0$$
$$V_a = 0 \quad\quad\quad\quad \cdots\cdots (1)$$

그리고, 미지량은 I_a, V_a, V_c 이다.

2. 대칭분 전압 및 전류

지금 I_b 및 I_c를 대칭분으로 나타내면 다음과 같다.

$$\begin{cases} I_b = I_0 + a^2 I_1 + a I_2 \\ I_c = I_0 + a I_1 + a^2 I_2 \end{cases} \quad\quad\quad\quad \cdots\cdots (2)$$

이로부터

$$I_b - I_c = (a^2 - a) I_1 + (a - a^2) I_2$$
$$= (a^2 - a)(I_1 - I_2) = 0$$

한편, $a^2 - a \neq 0$ 이므로

$$I_1 - I_2 = 0, \quad \therefore \ I_1 = I_2 \qquad \cdots\cdots (3)$$

이 관계를 I_b의 식에 대입하면

$$I_b = I_0 + (a^2 + a)\,I_1 = I_0 - I_1 = 0$$
$$\therefore \ I_0 = I_1 = I_2 \qquad \cdots\cdots (4)$$

이것으로 3개의 대칭분 전류의 관계가 밝혀졌다. 즉, 1선 지락고장일 경우에는 3개의 대칭분 전류의 크기와 위상각은 모두 같다는 것을 알 수 있다.

다음에 a상이 접지되고 있으므로($V_a = 0$)

$$V_a = V_0 + V_1 + V_2 = 0 \qquad \cdots\cdots (5)$$

발전기의 기본식을 여기에 대입하면 다음과 같다.

$$V_a = -\,Z_0 I_0 + E_a - Z_1 I_1 - Z_2 I_2$$
$$= E_a - (Z_0 + Z_1 + Z_2)\,I_0 = 0$$

$$\therefore \ I_o = \frac{E_a}{Z_0 + Z_1 + Z_2} = I_1 = I_2 \qquad \cdots\cdots (6)$$

따라서, 고장 직전의 고장점 전압 E_a만 알면, I_0, I_1, I_2의 크기를 계산할 수 있다. 다음에 건전상의 전압 V_b, V_c는 위의 대칭분 전류를 발전기의 기본식에 대입해서 다음과 같이 구한다.

$$V_o = -\,Z_0 I_0 = -\,\frac{Z_0 E_a}{Z_0 + Z_1 + Z_2}$$
$$V_1 = E_a - Z_1 I_1 = E_a - \frac{Z_1 E_a}{Z_0 + Z_1 + Z_2} = \frac{(Z_0 + Z_2)}{Z_0 + Z_1 + Z_2}\,E_a \quad \cdots\cdots (7)$$
$$V_2 = -\,Z_2 I_2 = -\,\frac{Z_2 E_a}{Z_0 + Z_1 + Z_2}$$

3. 각 상의 전압과 전류값 계산

각 상의 전압과 전류는 이상으로 구해진 각 상의 대칭 성분을 사용해서 다음과 같이 계산한다. 먼저 a상의 접지전류 I_a는 다음과 같다.

$$I_a = I_0 + I_1 + I_2 = \frac{3 E_a}{Z_0 + Z_1 + Z_2}$$

그리고, 건전상의 전압 V_b, V_c는 다음과 같이 구한다.

$$V_b = V_0 + a^2 V_1 + a V_2 = \frac{(a^2-1)Z_0 + (a^2-a)Z_2}{Z_0 + Z_1 + Z_2} E_a$$

$$V_c = V_0 + a V_1 + a^2 V_2 = \frac{(a-1)Z_0 + (a-a^2)Z_2}{Z_0 + Z_1 + Z_2} E_a$$

추가 검토 사항

▨ 공학을 잘 하는 사람은 수학적인 사고를 많이 하는 사람이란 것을 잊지 말아야 한다. 본 문제에서 정확하게 이해하지 못하는 것은 관련 문헌을 확인해 보는 습관을 길러야 엔지니어링 사고를 하게 되고, 완벽하게 이해하는 것이 된다는 것을 명심하기 바랍니다. 상기의 문제를 이해하기 위해서는 다음의 사항을 확인바랍니다.

1. 그림 2의 선간 단락 및 그림 3의 3상 단락 고장 발생시의 고장조건과 각 상의 전압, 전류 값을 구하는 방법도 알아 둡시다.

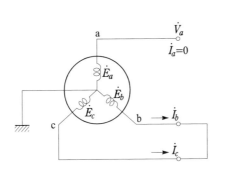

그림 2. 선간 단락 고장

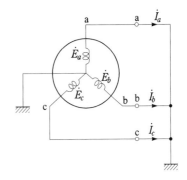

그림 3. 3상 단락 고장

고장 종류	고장조건(기지량)	계산 식(미지량)
선간 단락 고장	2단자 b, c상 단락시 $I_a = 0$ $I_b = -I_c$(즉, $I_b + I_c = 0$) $V_b = V_c$	$I_b = \dfrac{(a^2-a)E_a}{Z_1+Z_2} = \dfrac{E_{bc}}{Z_1+Z_2}$ $V_a = \dfrac{2Z_2 E_a}{Z_1+Z_2}$ $V_b = V_c = -\dfrac{Z_2 E_a}{Z_1+Z_2}$

고장 종류	고장조건(기지량)	계산 식(미지량)
3상 단락 고장	3단자 단락시 $V_a = V_b = V_c = 0$ $I_a + I_b + I_c = 0$	3상 단락시 각 상이 다같이 평형되고 있기 때문에 대칭분 중 정상분만 계산하여도 된다. $I_a = \dfrac{E_a}{Z_1}$, $I_b = \dfrac{a^2 E_a}{Z_1}$, $I_c = \dfrac{a E_a}{Z_1}$

참고문헌

1. 송길영, 송배전공학, 동일출판사, 2012
2. 김세동, 전력설비기술계산해설, 동일출판사, 2012

12 1기 무한대 계통의 정태안정도 특성에 대해서 설명하시오.

☞ 본 문제를 이해하고, 기억을 오래 가져갈 수 있는 그림이나 삽화 등을 생각한다.

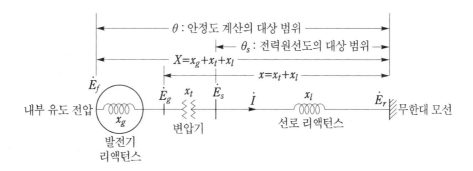

그림 1. 1기 무한대 계통

해설

1. 개요

정태안정도란 전력계통에서 극히 완만한 부하 변화가 발생하더라도 안정하게 송전할 수 있는 정도를 말한다. 이때 안정을 유지할 수 있는 범위 내의 최대전력을 정태안정 극한전력이라고 한다.

2. 1기 무한대 계통의 전력상차각 특성

그림 1과 같이 1대의 발전기가 무한대 모선에 연결된 간단한 1기 무한대 모선 계통에서 전력상차각 특성을 나타내는 기본식은 식 (1)과 같다. 여기서, 무한대 모선 (Infinite Bus)이란 내부 임피던스가 영이고, 전압 E_r는 그 크기와 위상이 부하의 증감에 관계없이 전혀 변화하지 않고, 또 극히 큰 관성정수를 가지고 있다고 생각되는 용량 무한대의 전원을 말한다.

$$P = \frac{E_f E_r}{X} \sin\theta = P_m \sin\theta \qquad \cdots\cdots (1)$$

여기서, P : 수전전력

E_f : 발전기의 내부 유도전압(즉, 발전기 리액턴스 배후의 내부 유도전압으

로서 발전기의 단자전압 E_g에 발전기 리액턴스 x_g에 의한 전압강하를 벡터적으로 더해 준 것이다.)

E_r : 수전단 전압

X : 발전기 리액턴스(x_g) + 변압기 리액턴스(x_t) + 선로 리액턴스(x_l)

θ : 송수전 양단의 동기기의 내부 유도전압의 상차각

식 (1)에서 $\theta = 0°$일 때, $P = 0$, $\theta = 90°$일 때 P는 최대전력, $P_m = \dfrac{E_f E_r}{X}$를 송전할 수 있다.

한편, 가정에서 발전기의 내부 유도전압 E_f와 수전단 전압 E_r의 값은 일정하다고 하였고, 또 분모의 X는 각각 발전기 및 변압기와 송전선의 직렬 리액턴스의 합계로서 일정값이기 때문에 결국 송전전력은 E_f와 E_r의 상차각 θ만의 함수로서 $\sin\theta$에 비례하게 된다.

일반적으로 정태 안정도는 그림 2와 같이 전력상차각 특성을 나타낼 수 있다.

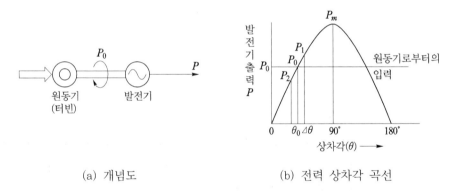

(a) 개념도   (b) 전력 상차각 곡선

그림 2. 1기 무한대 계통의 정태 안정도 특성

추가 검토 사항

📖 공학을 잘 하는 사람은 수학적인 사고를 많이 하는 사람이란 것을 잊지 말아야 한다. 본 문제에서 정확하게 이해하지 못하는 것은 관련 문헌을 확인해 보는 습관을 길러야 엔지니어링 사고를 하게 되고, 완벽하게 이해하는 것이 된다는 것을 명심하기 바랍니다. 상기의 문제를 이해하기 위해서는 다음의 사항을 확인바랍니다.

1. 안정도의 개요와 종류에 대해서 알고 있나요.

전력계통에서 안정도(Stability)란 계통이 주어진 운전 조건하에서 안정하게 운전을 계속할 수 있는가 어떤가 하는 능력을 가리키는 것으로서 이것을 크게 다음과 같이 나눈다.

(1) **정태 안정도** : 일반적으로 정상적인 운전 상태에서 서서히 부하를 조금씩 증가했을 경우 안정 운전을 지속할 수 있는가 어떤가 하는 능력을 말하고, 이때의 극한 전력을 정태안정 극한전력이라고 한다.

(2) **동태 안정도** : 고성능의 AVR(자동전압조정기)에 의해서 계통의 안정도를 종전의 정태 안정도의 한계 이상으로 향상시킬 경우를 말한다.

(3) **과도 안정도** : 부하가 갑자기 크게 변동한다든지 뜻하지 않게 계통 사고가 발생해서 계통에 커다란 충격을 주었을 경우에도 계통에 연결된 각 동기기가 동기를 유지해서 계속 운전할 수 있을 것인가 어떤가 하는 능력을 말하며, 이때의 극한 전력을 과도안정 극한전력이라고 한다.

2. 안정도 향상대책에 대해서 알아 둡시다.

계통의 안정도에는 수많은 요소가 영향을 미치기 때문에 안정도의 향상 대책으로서도 여러 가지 것을 생각할 수 있으나 다음과 같은 4가지로 나누어 볼 수 있다.

1) 계통의 리액턴스 감소 대책

최대 송전전력은 전달 리액턴스에 역비례해서 증가하므로 우선 직렬 리액턴스를 감소시키는 것이 바람직하다. 이를 위해서는

① 발전기나 변압기의 리액턴스를 감소시킨다.

② 선로의 병행 회선을 증가하거나 복도체를 사용한다.

③ 직렬 콘덴서를 삽입해서 선로 리액턴스를 보상해 준다.

2) 전압 변동의 억제 대책

고장시에 있어서 발전기는 역률이 낮은 지상전류를 흘리기 때문에 전기자 반작용에 의해서 단자전압은 현저히 저하하게 된다. 이 때 여자전류를 신속하게 증대시켜 주면 동기화력이 증대해서 안정도를 높일 수 있다. 이를 위해서는

① 속응여자 방식을 채용한다.

② 계통을 연계한다.

③ 중간 조상방식을 채용한다.

3) 계통에 주는 충격의 경감 대책

고장시에 있어서 계통에 주는 충격을 적게 하기 위해서는 고장전류를 작게 하고, 고장 부분을 신속하게 제거해 줄 필요가 있다. 이를 위해서는

① 적당한 중성점 접지방식을 채용한다.

② 고속 차단방식을 채용한다.

③ 재폐로 방식을 채용한다.

4) 고장시의 전력변동의 억제 대책

이것은 고장 중의 발전기 입출력의 불평형을 적게 한다는 것으로서 이를 위해

서는

① 조속기의 동작을 신속하게 한다.

② 고속 차단기를 사용해서 고장 발생과 동시에 발전기 회로에 직렬로 저항을 넣어 줌으로서 입출력의 불평형을 완화시켜 주는 방법이 있다. 보통 이것을 동적 제동(Dynamic Braking)이라고 한다.

참고문헌

1. 송길영, 송배전공학, 동일출판사, 2012

13 절연협조와 기기의 절연설계에 대해서 설명하시오.

🔳 본 문제를 이해하고, 기억을 오래 가져갈 수 있는 그림이나 삽화 등을 생각한다.

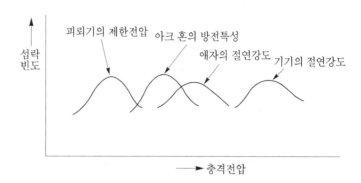

그림 1. 절연협조의 일례

해설

1. 절연협조

1) 개념

절연협조(Coordination of insulation)란 계통 내의 각 기기, 기구 및 애자 등의 상호 간에 적정한 절연강도를 지니게 함으로써 계통 설계를 합리적 경제적으로 할 수 있게 한 것을 말한다.

전력계통에는 선로를 비롯해서 발전기, 변압기, 차단기, 개폐기 등 많은 기기, 공작물이 접속되어 있는데, 이 중에서 차단기의 절연강도가 다른 설비에 비해 훨씬 낮게 정해졌다면 이상전압이 발생하였을 때마다 차단기가 제일 먼저 사고를 일으켜서 계통 운용에 큰 지장을 줄 것이다.

그러므로, 계통의 각 기기는 계통의 각 신뢰도를 높이고, 또한 경제적이고 합리적인 절연강도로 되게끔 기기 상호간에 절연의 협조를 잘 도모할 필요가 있다.

2) 절연협조의 요건

(1) 뇌 이외의 서지에 대해 : 플래시 오버, 절연파괴가 없을 것

(2) 직격뢰를 받아도 : 피해를 최소화할 수 있을 것

2. 기기의 절연설계

계통 각 기기의 절연강도는 각각 어떤 값으로 선정해 주어야 할 것인가를 결정하는 것은 송전계통에 발생하는 이상전압이다.

이 중에서 평상 운전시에 발생하는 내부 이상전압은 그 대부분이 기껏해야 상규 대 지전압 파고값의 4배 정도 이하이므로 이에 대하여는 계통 각 부분의 절연강도를 높여서 기기 자체의 힘만으로 충분히 견딜 수 있게끔 설계하고 있다.

이에 반하여 외부 이상전압에 대해서는 피뢰장치로 기기 절연을 안전하게 보호한다 는 기본 원리에 따르고 있다.

소요 정격 절연강도는 내부 이상전압 및 외부 이상전압에 대하여 적절한 여유도를 갖도록 그림 2 및 그림 3과 같이 선정한다.

154[kV] 송전선로 애자의 BIL은 아킹혼 간격(현수, 내장) 1,120[mm] 및 정극성 뇌 과전압의 섬락특성을 나타내는 실험식 $V_{50\%} = 550\,d + 80$[kV](d는 절연거리[m]이 다)을 이용하여 계산하면 696[kV]가 된다.(송전선로 이상시 애자련 보호 및 보수의 어려움을 고려하여 아킹혼을 사용하는 것을 원칙으로 한다)

345[kV] 송전선로 애자의 BIL은 아킹혼 간격(현수, 내장) 2,340[mm] 및 정극성 뇌의 섬락특성을 나타내는 실험식 $V_{50\%} = 550\,d + 80$[kV](d는 절연거리[m]이다)을 이용하여 계산하면 1,367[kV]가 된다.

변전기기의 절연강도는 현재 사용 중인 기기의 BIL을 적용하였다.

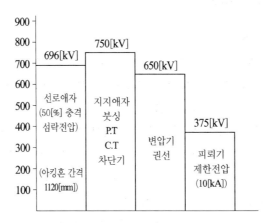

그림 2. 154[kV] 계통 절연협조표

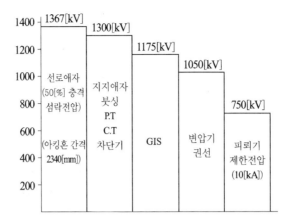

그림 3. 345[kV] 계통 절연협조표

┌──────────────────┐
│ **추가 검토 사항** │
└──────────────────┘

▣ 공학을 잘 하는 사람은 수학적인 사고를 많이 하는 사람이란 것을 잊지 말아야 한다. 본 문제에서 정확하게 이해하지 못하는 것은 관련 문헌을 확인해 보는 습관을 길러야 엔지니어링 사고를 하게 되고, 완벽하게 이해하는 것이 된다는 것을 명심하기 바랍니다. 상기의 문제를 이해하기 위해서는 다음의 사항을 확인바랍니다.

1. 이상전압의 종류를 들고 간단히 설명할 수 있는가요.

  1) 내부 이상전압

    ① 상용주파단시간 과전압 : 상시의 계통조작 또는 선로고장시 발생하는 단시간 과전압

    ② 개폐 과전압 : 차단기의 개폐 또는 송전선 지락사고 및 지락사고 차단시 발생하는 서지(surge)성 과전압

  2) 외부 이상전압

    뇌격에 의하여 송전선로 또는 변전소에 침입하는 뇌 과전압 (직격뇌, 역섬락)

2. 송전선로 이상시 애자련 보호 및 보수의 어려움을 고려하여 아킹혼을 사용하는 것을 원칙으로 하고 있는데, 아킹혼(Arcing horn, 소호환)에 대해서 알고 있나요. 아크혼이라고도 하며, 송전선에 Flashover가 생겼을 때 아크열에 의한 애자의 손상을 방지하기 위하여 돌출한 금속전극을 애자련의 상하에 전선과 평행으로 부착하여 아크를 그 선단에서 방전시키는 장치이며, 그림 4와 같다.

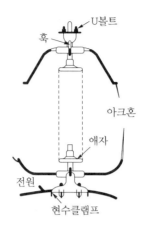

그림 4

3. 기준충격절연강도(BIL : Basic Impulse Insulation Level)에 대해서 알아 둡시다.

① 기기 절연을 표준화하여 통일된 절연 체계를 구성한다는 목적에서 설정된 절연계급에 대응해서 기준충격절연강도를 정한다.

② BIL = (절연계급 × 5) + 50[kV], 절연계급(호수) = 공칭전압/1.1로 계산되며, 직류회전기, 건식변압기 및 정류기는 제외한다.

4. 전력계통에서의 절연협조에 대해서 알아 둡시다.

1) 발변전소에서의 절연협조

(1) 가공지선의 설치 : 구내 및 그 부근 1~2[km] 정도에 송전선에 설치하여 충분한 차폐효과를 갖게 한다.

(2) 피뢰기의 설치 : 이상전압을 제한전압까지 저하시킨다.

① 피뢰기의 보호효과는 피보호기기에 근접할수록 유리하다.(345[kV]는 85[m], 154[kV]는 65[m] 이내)

② 즉, 변압기의 절연강도 > (피뢰기의 제한전압) + (접지저항 강하)

③ 피뢰기의 접지저항을 작게 한다. 접지저항은 5[Ω] 이하로 한다.

2) 송전선에서의 절연협조

(1) 목표 : 애자로 절연하여, 애자의 절연강도는 내부 서지, 고장 서지에 섬락없게 설계한다.

(2) 가공지선 설치

① 가공지선으로 뇌서지에 대한 차폐를 A-W 이론에 의한 차폐를 원칙으로 한다.

② 가공지선의 목적 : 뇌차폐, 진행파의 감쇠, 유도장해 감소

③ 직격뢰에 대한 차폐 : 가공지선의 보호각을 전압에 따라 적용되도록 가공지선을 설치한다.

(765[kV] : -8°, 345[kV] : 0°, 154[kV] : 30~40°)

(3) 송전용 LA 적용 : Gapless LA를 적용한다.

(4) 철탑의 탑각에 매설지선 시공으로 탑각 접지저항을 저감시킨다.

① 매설지선 시공의 154[kV] 철탑의 접지저항 : 15[Ω] 이하

② 매설지선 시공의 345[kV] 철탑의 접지저항 : 20[Ω] 이하

(5) 경간 역섬락 방지 : 가공지선과 전선과의 이격을 충분히 유지시키거나, 2선의 가공지선일 경우는 교락편을 적정개소에 설치

(6) 재폐로 방식의 적용 : 뇌와 같은 순간적 과도전류의 고장 시 속류를 신속 차단, 아크가 소멸하면 송전한다.

3) 가공배전선로에서의 절연협조

(1) 절연협조의 주안점 : 다수 분산 배치되어 있는 배전용 변압기의 보호

(2) 피뢰기 선택과 적용 : 양호한 동작, 사용이 편리한 피뢰기 선택

(3) 가공지선의 차폐각 45도 이내 유지

(4) 접지시공 철저 : 다중 접지의 고압전주 매개소당 접지저항을 25 Ω 이하로 시공하여 이상전압의 신속한 대지로의 방전통로 확보

참고문헌

1. 송길영, 송배전공학, 동일출판사, 2012

2. 한전 설계기준-1031(직접접지방식 송변전설비 절연협조기준)

14

국내에서도 장거리 송전을 위해 고압직류송전(HVDC)방식이 주목을 끌고 있다. 직류송전계통의 구성도를 그리고, HVAC/HVDC의 특성을 비교하여 설명하시오.

■ 본 문제를 이해하고, 기억을 오래 가져갈 수 있는 그림이나 삽화 등을 생각한다.

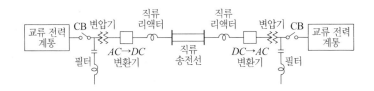

그림 1. 직류송전계통의 구성도

해설

1. 직류송전의 개요

직류송전은 2조의 교직 변환기를 이용하여 송전측에서 교류를 정류(순변환)하여 직류로 만들고, 수전측에서는 직류를 교류로 변환하여(역변환) 부하에 공급하는 것이며, 대전력 장거리의 송전이나 다른 주파수 연계용에 채택되고 있다.

2. 구성도

그림 1과 같이 교직변환소, 직류 송전선, 직교변환소, 교류계통으로 구성된다. 이외에 변환기용 변압기, 직류리액터, 교류필터, 차단기 등이 포함된다.

특히 변환장치는 직류 송전계통의 중심을 이루는 것으로 교류전력을 직류전력으로 변환하는 순변환장치와 직류전력을 교류전력으로 변환하는 역변환장치가 있다. 그리고, 순·역변환장치는 모두 뒤진 무효전력을 필요로 하기 때문에 교류 계통의 전압강하가 생기지 않도록 전력콘덴서나 동기조상기를 설치하여 진상전류를 공급하여 보상하고 있다.

직류리액터는 직류전류의 평활, 소전류 운전에서의 전류 단속의 방지 및 사고전류의 억제를 위하여 삽입된다.

교류 필터는 교류 측에 유해한 고조파를 내지 않기 위하여 사용하고 5, 7, 11, 13차 및 하이패스의 필터가 설치된다.

3. HVAC/HVDC의 특성 비교

직류 송전방식은 교류 송전방식에 비하여 송전선의 건설비가 싸고 송수전 측에서 동기운전의 필요성이 없기 때문에 장거리 대전력 송전일수록 비용 측면에서 유리해진다. 또 다른 주파수의 계통 연계가 가능하고, 교류 계통에서 단락용량의 증가가 방지된다. HVAC/HVDC의 장단점을 비교하면 다음과 같다.

항목	HVAC	HVDC
구성도	발전소-교류 송전선-교류계통	발전소 – 교직변환소 – 직류 송전선 – 직교변환소 – 교류계통
전압의 최대값		직류전압은 같은 값의 교류 실효값보다 최대값이 $1/\sqrt{2}$ 배가 되어 절연의 경제성을 얻을 수 있다.
표피효과 (Skin effect)	직류가 도체를 통과할 때는 같은 전류밀도로 흐르지만, 교류에서는 도체의 외측 부근에 전류밀도가 커지려는 경향이 있다. 그 이유는 교류 고주파전류가 도체에 흐를 때 도체 표면 가까이에 집중하여 흐르기 때문이다. 도선에서는 내부에 전류가 흐르지 않기 때문에 실효 단면적은 감소되고 실효 저항은 증대된다.	도체의 Skin Effect가 없기 때문에 실효 저항의 증대가 없으며, 그만큼 도체 단면적의 유효한 이용이 가능하다.
유전체손	유전체가 고주파 전계 중에 놓이면 유전체 속에 있는 쌍극자가 전기력을 받아 전계의 변화에 따라 회전하고, 그때 생기는 마찰력에 의하여 발열한다.	직류의 주파수는 영이므로 전력케이블을 직류시스템에 사용하면 유전체손이 발생하지 않아서 전력손실이 감소되고 전선의 온도상승도 감소된다.
정전용량 (Capacitance)	두 전극이 한 조를 이루어 마주 보고 있을 때 양 단자 간에 전압을 인가하면 전하가 축적된다. $C = \dfrac{Q}{V}$ [F]	정전용량과 무관하므로 충전이 불필요하며 전원용량이 작아도 된다.
무효전력	$VI\sin\theta$ 전력을 의미하며, 교류계통에서는 거의 선로의 길이에 비례하는 무효전력 소비가 이루어진다.	직류선로에서는 무효전력을 필요로 하지 않으며, 직류선로 양단의 변환소에서 무효전력의 공급 또는 흡수가 필요하나 선로의 길이와는 무관하다
페란티효과 (Ferranti effect)	경부하 또는 무부하시에 선로에 분포된 정전용량의 영향으로 수전단전압이 송전단전압보다 높아지는 페란티 현상으로 인해서 송전거리가 제한될 수 있다.	유효전력 만으로 송전되므로 교류계통의 충전전류 및 수전단 전압이 송전단 전압보다 높아지는 현상이 일어나지 않는다.

항목	HVAC	HVDC
유도장애	인접 통신시설에 미치는 전자기적 영향이 제한범위를 초과하여 통신선에 장애를 유발한다. 전력선과 통신선 간에 정전용량에 관계되는 정전유도애와 상호 리액턴스에 관계되는 전자유도 장애로 구분된다.	교류계통에 비해서 부근 통신선 등에의 유도장해를 현저히 감소시킬 수 있다.
송전효율	전선 1선당의 송전효율이 3상 교류에서는 $\dfrac{\sqrt{3}}{3}VI$ 이다.	직류 3선식에서는 $\dfrac{2}{3}VI$ 이다. 따라서, 직류 송전방식의 경우 송전효율이 높다.(무효전류에 의한 손실이 없으므로 효율이 높다.)
송전용량	교류는 송전거리가 길어짐에 따라 전력의 흐름을 방해하는 요소(리액턴스)의 증가로 손실량이 많아져 송전용량이 감소한다. 송전용량(%) 100 765[kV] T/L 예시 50 150 300 거리(km)	직류는 송전거리 증가에 따른 송전용량이 감소하지 않아 장거리 대용량 송전에 적합하다. 송전용량(%) 100 50 150 300 거리(km)
전력흐름 제어 특성	교류는 전력의 고저차에 따라 흐르는 현상이다.	직류는 고저차에 상관없이 전력흐름을 원하는 방향으로 원하는 양을 보낼 수 있어 송전선로의 경제적 이용이 가능하다.
계통 연계	주파수와 관계하기 때문에 동기 연계가 필요하다.	직류로 연계하면 주파수에 관계없기 때문에 다른 주파수의 연계(비동기 연계)가 용이하다.
계통의 단락용량 억제	현재는 고장전류 대책으로 변전소 모선 및 선로 분리, 전류제한 리액터 설치, 차단기용량 증대 등을 적용할 수 있다. 이는 단기적인 대책으로 계통의 불안정을 유발(변전소 모선 및 선로 분리, 전류제한 리액터 설치)하거나, 실적용에 제한적이며, 고장전류 저감효과가 없다(차단기 용량 증대)	직류 송전은 유효전류는 공급하지만, 무효전력의 전달은 하지 않으므로 교류계의 단락 사고시에 흘러 들어가는 전류 용량(계통의 단락용량)이 증대되지 않고 전력계통을 연계할 수 있다.
조류제어	전력계통에서 유효전력, 무효전력의 흐름을 제어하여 계통전체의 고효율 운전을 도모한다.	변환기의 격자제어 또는 게이트 제어에 의하여 조류제어가 신속 또는 용이하다.
계통의 안정성	교류는 계통 고장시 인근계통으로 고장파급이 발생된다.	직류는 고장이 파급되지 않기 때문에 대규모의 전력계통을 분할 운용하여 계통안정성을 높일 수 있다. 즉, 사고 여파 및 고장전류 차단, 여유 선로로의 전력 조류 분산이 가능하다.

항목	HVAC	HVDC
계통의 안정성	교류 송전에서는 리액턴스의 영향으로 발전기의 동기화력에 기인하는 안정도문제가 있다.	리액턴스의 영향이 없기 때문에 교류 송전에서의 발전기의 동기화력에 기인하는 안정도 문제가 없다. 따라서, 장거리 송전에 적합하고 낮은 전압으로 송전선의 열적인 허용전류까지 송전할 수 있다.
전자파 영향	교류는 시간에 따라 전압과 전류가 주기적으로 변화하여 인체에 영향을 미친다는 논란이 있다.	직류의 전압과 전류는 크기가 항상 일정한 지구자계와 같은 동일한 자계로 흘러 전자파 영향에 대한 논란을 해소할 수 있다.
지중 건설	가공송전선로의 경우 교류와 직류의 시공성은 동일 수준이다. 지중송전선로의 경우 교류는 기술적 제약에 의한 한계거리가 존재한다.	지중송전선로의 경우 직류는 거리에 제한없이 시공이 가능해 친환경적이다.
장거리선로 적용시 경제성	변환소 건설비용은 변전소 건설비용보다 많으나 송전선로 건설비용이 교류보다 직류가 저렴하여 일정거리 이상시 직류가 보다 경제적이다. 송전선로 건설비용 단가가 교류보다 직류가 저렴하여 일정거리 이상 시 직류가 경제적임 　1) 변전(변환)설비 HVDC ≫ HVAC 　2) 송전선로　　　HVDC < HVAC (Breakeven Point : HVAC와 HVDC 송전비용이 같아지는 거리) － 가공선로 송전시 약 500[km], 지중선로 송전시 약 40[km]	
교직변환설비 고가	－	순·역변환설비의 고가 현행의 계통에 조합시켜 직류 송전방식을 채택하는 경우에는 고가인 순·역변환설비가 필요하고, 이 가격이 직류송전의 경제성을 크게 영향을 준다.
직류 차단기 필요	교류에서는 전류 영점에서 소호가 가능하다.	직류에서는 전류 영점이 없으므로 차단이 곤란하여 현 단계에서 직류 다단자 회로망의 구성이 곤란하다.
전압의 변성	전압의 변성이 용이하다.	일단 직류로 변성된 뒤에는 교류와 같이 자유로이 전압 변성을 할 수가 없다.
무효전력공급 장치 필요	－	변환장치에서는 유효전력에 대하여 50~60[%]에 해당하는 무효전력을 소비하므로 이를 보상하기 위한 조상설비에도 비용이 든다.

항목	HVAC	HVDC
고조파 발생 대책	교직변환장치를 사용하지 않으므로 고조파 영향이 적다.	교직변환장치에서 직류 선로측에는 np차, 교류선로측에는 $(np+1)$차의 각종 고조파가 발생된다. 따라서, 이를 억제하기 위한 필터설비가 필요하다. 여기서, n은 양의 정수이고, p는 정류 상수(펄스 수)이다.

추가 검토 사항

■ 공학을 잘 하는 사람은 수학적인 사고를 많이 하는 사람이란 것을 잊지 말아야 한다. 본 문제에서 정확하게 이해하지 못하는 것은 관련 문헌을 확인해 보는 습관을 길러야 엔지니어링 사고를 하게 되고, 완벽하게 이해하는 것이 된다는 것을 명심하기 바랍니다. 상기의 문제를 이해하기 위해서는 다음의 사항을 확인바랍니다.

1. 우리나라에 시설되어 있는 HVDC 현황과 향후 계획되어 있는 예정사업을 알아 둡시다.

　　2009년 10월 한전은 LS산전, LS전선, 대한전선과 HVDC 국산화 기술개발 협동연구를 위한 실증단지를 2013년 준공했다. 제주시 한림읍에 ±80[kV] 60[MW]급 변환소 2개소(금악, 한림)와 DC 송전선로 5.3[km](가공 4.8[km], 지중 0.5[km]) 건설을 완료한 상태이다. 현재 국산화하여 개발한 제품으로 장기 운전시험을 완료하였으며, 실증단지는 추가적인 개발 실증장소로도 활용될 예정이다.

프로젝트	공급사	준공년도	용량	전압
해남-제주(#1)	ALSTOM	1998년	300[MW]	± 180[kV]
진도-제주(#2)	ALSTOM	2013년	400[MW]	± 180[kV]
북당진-고덕 간 3[GW](1.5×2) HVDC 건설사업		2019년, 2021년	3[GW]	± 500[kV]
서남해 해상풍력 계통연계용 HVDC 건설사업		2023년	2[GW]	± 500[kV]
신한울 - 수도권		2022년	4[GW]×2	± 500[kV]

참고문헌

1. 김세동, 발송배전기술사 해설, 동일출판사, 2014
2. 임영성, 국내HVDC 현황과 미래계통의 BTB HVDC 적용, 전기저널 2016.6
3. 신상균, 1987년, 대한민국 최초의 초고압 직류송전(HVDC)이 되입되다. 전기저널, 2016.7
4. HVDC, 그린에너지기술저널, 2018, Vol.40

15 직류송전(HVDC)시스템의 구성형태를 설명하고, 단극시스템과 양극시스템을 비교하여 설명하시오.

■ 본 문제를 이해하고, 기억을 오래 가져갈 수 있는 그림이나 삽화 등을 생각한다.

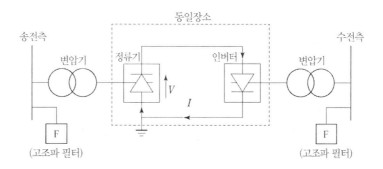

(a) Back-to-back 구성

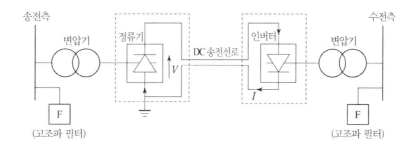

(b) Point-to-point 구성

그림 1. 고전압 직류송전방식

해설

1. 고전압직류송전의 개요

고전압 직류송전방식(HVDC, High Voltage Direct Current)이란, 고전압 직류로 전기를 전송하는 것을 말하는데, 발전소에서 생산된 고압의 교류전력을 변환장치를 통해 직류로 변환하여 송전한 후 다시 교류로 변환하여 공급하는 시스템이다. 직류송전의 경우 송전안정도에 영향을 받지 않으며, 전압 및 전류에 있어 실효값과 평균값이 같으므로 절연이 저감되어 선로의 단면적이 절약되고, 철탑과 전선의 규모가 동일 교류전력 송전보다 감소하게 되므로 선로 투자비가 줄어드는 효과를 얻게 되는 장점을 가지고 있어서 앞으로 대용량 장거리 송전에 확대될 것으로 기대된다.

2. 직류송전(HVDC)시스템의 구성형태

그림 1에서는 HVDC 시스템의 구성형태를 나타낸 2가지 방식으로 Back-to-back 구성과 Point-to-point 구성방식이다.

1) Back-to-back 구성
- 그림 1(a)에서 보는 바와 같이 2개의 변환기(Rectifier, Inverter)가 동일 장소에 존재하는 구성형태이다.
- 직류 송전선이 없는 시스템이다.
- 직류 송전선이 없으므로 저전압, 대전류로 설계가 가능하여 절연설계 측면에서 유리한 점이 있다.

2) Point-to-point 방식
- 그림 1(b)에서 보는 바와 같이 송전 측에는 Rectifier가 있고, 수전 측에는 Inverter가 있어서 두 지점 간을 가공선이나 케이블을 사용하여 연결하는 구성형태이다.
- Point-to-point 구성에는 단극(monopole)과 양극(bipole) 시스템으로 구분한다.
- 장거리의 부하 지점까지 연결이 가능하다.
- 장거리에 걸쳐 대전력을 전송 가능하다.

3. 단극 시스템과 양극 시스템의 비교

1) 단극 시스템
- 단극 시스템은 그림 2(a)와 그림 2(b)에서 보는 바와 같이 하나의 송전선과 2개의 변환기(Rectifier, Inverter)로 구성된다.

2) 양극 시스템
- 양극 시스템은 그림 2(c)에서 보는 바와 같이 하나의 송전선과 2개의 변환기(Rectifier, Inverter)가 양쪽으로 구성된다.
- 이 방식은 2개의 극 중 하나의 극에 고장이 발생하더라도 다른 1극만으로 운전이 가능한 장점이 있다.
- 직류 송전에서 가장 선호하는 방식이다.

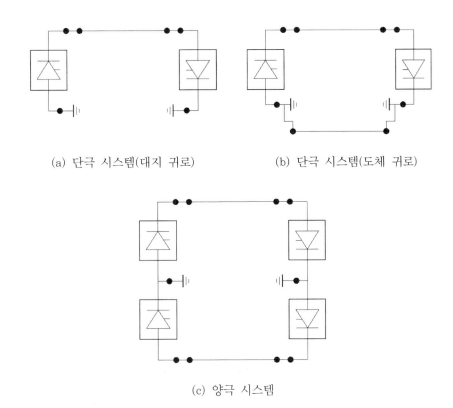

(a) 단극 시스템(대지 귀로)   (b) 단극 시스템(도체 귀로)

(c) 양극 시스템

그림 2. 단극시스템과 양극시스템의 구성 예

4. Point-to-point 구성에서의 대지귀로 및 도체귀로 방식의 비교

- Point-to-point 구성에서 대지귀로(ground return) 방식과 도체귀로(metalic return) 방식으로 구분한다.
- 귀로 방식의 특징은 표 1과 같다.

표 1. 대지귀로 방식과 도체귀로 방식의 비교

대지귀로(ground return) 방식	도체귀로(metalic return) 방식
전극소(sea electrodes)를 이용하는 방식	해수귀로 방식과 전극소를 이용하지 않고 별도 선로를 이용하는 방식
중성선 도체 미적용 : 선로의 단순화	중성선 적용시 철탑 설계하중 증가
송전선로 건설비 저감	송전선로 건설비 증가
전극소 입지확보 필요(직경 300 m)	전극소 부지 불필요
경과지 인근 매설금속 부식 영향	경과지 인근 부식 영향 없음
전극소 인출선로의 통신장해	전극소 통신장해 영향 없음

추가 검토 사항

1. 교류송전과 직류송전 방식의 특성을 간략하게 알아 둡시다.

항목	HVDC	HVAC
송전방식	2상 송전	발전기를 통한 3상 송전
송전효율	무효전류에 의한 손실이 없으므로 효율이 높다.	전선 1선 당의 송전효율이 3상 교류에서는 $\dfrac{\sqrt{3}}{3} VI$ 이다.
송전용량	송전용량이 감소하지 않아 장거리 대용량 송전에 적합하다.	송전거리가 길어짐에 따라 리액턴스의 증가로 송전용량이 감소한다.
표피효과	없다.	있다.
유전체손	발생하지 않는다 → 전력손실의 감소	발생한다.
정전용량	무관하다.	양 단자 간에 인가하면 전하가 축적된다.
무효전력	무효전력을 필요로 하지 않는다.	선로의 길이에 비례하는 무효전력 소비가 이루어진다.
페란티효과	발생하지 않는다.	정전용량의 영향으로 발생한다.
유도장애	현저히 감소시킬 수 있다.	통신선에 장애를 유발한다.
계통 연계	비동기 연계가 용이하다.	주파수와 관계되기 때문에 동기 연계가 필요하다.
교직변환설비	비용이 고가	없다
직류차단기	필요하다.	없다.
고조파 발생대책	필요하다.	비교적 적다.

2. 교류계통 차단기와 직류계통 차단기 기술의 차이점을 설명하시오.

항목	직류계통	교류계통
아크 소호	직류는 에너지가 일정하게 유지하게 되므로 아크 차단에 어려움이 있다.	에너지가 영점을 지나기 때문에 차단기의 접점 개로 시 발생되는 아크를 소호하기 쉽다.
차단기의 역할	정격전류 영역에서 안정적으로 개폐가 가능해야 하고, 과전류영역에서는 전선의 열적특성보다 앞서 차단기가 동작함으로써 전력계통을 보호해야 한다. 즉, 특정 구간을 신속하게 차단해서 계통 파급을 막아주는 기술이 요구된다.	
차단기의 특징	저항성 부하에서도 차단 시 아크가 발생하고 유도성 부하 차단 시 유도성 에너지가 차단기 접점에 존재한다. 또한 선로의 용량성 성분이 큰 경우 투입 시 큰 돌입 전류가 발생하는 등의 특징을 갖고 있다. 이러한 특징들에 대해서는 선로의 유도나 용량성에 관계없이 무아크 차단기 개발 이 요구된다.	교류 차단기의 경우는 교류 전력회로의 정상시에 회로의 투입과 차단. 또는 고장 또는 비상시에 회로 차단에 사용하는 장치로 직류차단기 보다 용이하다.

참고문헌

1. 김선용, 고전압 직류송전, 기술정보, pp. 69-71, 2015 상반기호
2. 박건우, 저압 DC배전기술 현황 및 전망, Journal of the electric World Magazine, 2014 September
3. 임영성, 국내 HVDC 현황과 미래계통의 BTB HVDC 적용, 전기저널 2016.6
4. 김정태 기자, "세계 최초 신송전기술 개발에 도전장", 전기저널, 2017.11
5. 김재철, HVDC Transmission, 2013.4
6. 이동일, HVDC기술(Super Grid 시대 도래), 전기저널, 2017.10.11

2 장

배전설비 및 스마트 배전

01

가공배전설비에 사용되는 개폐장치에 대해서 간단히 설명하시오.

🔲 본 문제를 이해하고, 기억을 오래 가져갈 수 있는 그림이나 삽화 등을 생각한다.

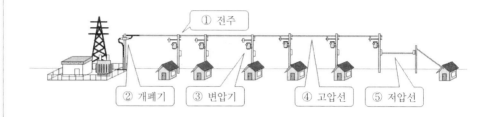

그림 1. 배전설비의 구성요소

해설

1. 개폐장치의 설치 목적

개폐장치는 선로가 정상적인 상태에 있을 때 선로 운영상 필요에 의해 부하전류 또는 충전전류를 차단할 수 있는 능력을 갖고 있는 장치를 말한다.

배전계통에서 개폐장치의 역할은 선로 고장시 고장 구간의 검출용이, 부하절환, 각종 선로관련 작업의 정전구간 축소, 계통의 Loop 운전 그리고 기타 부하 차단계획을 위하여 설치한다.

2. 개폐기의 종류와 배전선로 적용

배전계통에는 목적에 따라 여러 종류의 개폐기를 사용하고 있다. 배전선로에 사용되고 있는 개폐기의 종류는 표 1과 같다.

표 1. 개폐장치의 종류

종류	기호	배전선로 적용
가스절연 부하 개폐기	G/S(Gas Insulated Load Break Switch for 25.8[kV] Overhead Distribution Line)	가공배전선로나 고객의 인입구에 설치되어 선로의 개폐, 구분할 수 있는 SF_6 가스절연방식의 부하개폐 장치
자동선로 구분개폐기	S/E(Sectionalizer)	부하 분기점에 설치하여 선로고장발생시 선로의 타 보호기기와 협조하여 고장구간을 신속하게 개방하는 자동구간 개폐 장치
고장구간 자동개폐기	ASS(Auto Section Switch for 25.8[kV])	가공배전선로에서 부하용량 8,000[kVA](가스 절연형) 또는 4,000[kVA](오일 절연형) 이하의 분기점 또는 고객 입구에 설치하여 후비보호장치인 CB 또는 리크로져와 현조하여 고장구간을 자동으로 구분, 분리하는 고장구간 자동 개폐 장치
자동부하 전환개폐기	ALTS (Automatic Load Transfer Switch)	22.9[kV] 가공배전선로에서 주 공급 선로의 정전사고 시 예비전원 선로로 자동 전환되는 3상 일괄 조작방식의 자동부하절환 개폐 장치
가스절연 고장구간 자동검출 개폐기	FAS (Gas insulated Feeder Automation Switch for 25.8[kV])	고장전류 발생시 후비보호 장치인 CB 및 리크로져와 협조하여 고장구간을 자동적으로 구분, 분리시키고 건전구간을 자동 송전하는 고장구간 자동검출 개폐 장치
기중부하 개폐기	I/S (Interrupter Switch)	배전선로에 적용하는 곳은 없음. 단, 고압고객의 책임분계점에 설치되고 있음.
자동 재폐로 차단기	Recloser	설치 지점의 부하 측 고장 발생시, 고장전류를 감지하여 지정된 시간에 과전류를 스스로 고속도 차단하고, 자동으로 재폐로 동작을 수행하여 고장구간에 재 가압하는 장치임. 1) 순간 고장시 　차단기는 차단-재폐로 동작을 되풀이하여 순간 고장을 제거할 수 있는 기회를 제공하여 선로의 정전을 예방 2) 일시 고장시 　- 정정 횟수만큼 동작한 후에 영구 개방됨 　- 고장 구간을 분리하여 정전 구역을 최소화할 수 있는 가장 이상적인 전류 감지식 과전류 보호장치임 　- 직렬 설치가능 대수는 3대

3. 개폐장치의 정격

개폐장치의 정격은 표 2와 같다.

표 2. 개폐장치의 종류별 정격

종류	정격							
	전류[A]	전압 [kV]	주파수 [Hz]	단시간 전류 [kA]	투입전류 [kA]	차단전류 [kA]	상용주파 내전압 [kV]	충격파 내전압 [kV]
가스절연 부하 개폐기 (G/S)	400 600	25.8	60	12.5 (실효치) 1초	32.5 (피크)		건조 : 60 1분간 주수 : 50 10초간	150 (1.2×50μs)
자동선로 구분개폐기 (S/E)	400	25.8	60			880		150 (1.2×50μs)
고장구간 자동 개폐기 (ASS)	200 (오일형) 400 (가스형)	25.8	60	900				150 (1.2×50μs)
자동부하 전환개폐기 (ALTS)	400	25.8	60	15(비대칭분) 10(대칭분)		400	건조 : 60 1분간 주수 : 50 10초간	150 (1.2×50μs)
가스절연 고장구간 자동검출 개폐기 (FAS)	400 630	25.8	60					150 (1.2×50μs)
기중부하 개폐기 (I/S)	600	25.8	60	25				150 (1.2×50μs)

추가 검토 사항

📘 공학을 잘 하는 사람은 수학적인 사고를 많이 하는 사람이란 것을 잊지 말아야 한다. 본 문제에서 정확하게 이해하지 못하는 것은 관련 문헌을 확인해 보는 습관을 길러야 엔지니어링 사고를 하게 되고, 완벽하게 이해하는 것이 된다는 것을 명심하기 바랍니다. 상기의 문제를 이해하기 위해서는 다음의 사항을 확인바랍니다.

1. 배전선로 및 배전계통에 대한 개념에 대해서 알아 둡시다.

배전선로(Distribution Line)는 발전소, 변전소 또는 송전선로로부터 다른 발전소 또는 변전소를 거치지 아니하고 전기수용장소에 이르는 전선로를 말한다. 이 배전선로를 이용해서 직접 고객에 전력을 공급하는 것을 배전이라고 한다.

배전선로는 먼 거리까지 대용량전력을 송전하는 선로와는 달리 여러 지역으로 분산되어 있는 고객에게 전력을 배분하기 때문에 송전선로에 비해 전압은 낮고

전선로는 짧지만, 배전용 변전소에서 인출되는 회선수가 많고 각각의 회선은 전선로의 간선과 많은 분기선으로 복잡하게 구성되는 특징을 갖는다. 그림 2는 일반적인 배전계통의 개념도를 나타낸다.

2. 배전설비에서 발생하는 고장에 대해서 간단히 설명하고, 재폐로 동작원리에 대해서 알아 봅시다.

1) 고장 원인

구조물이 외부에 노출되어 있고, 계통이 방대함에 따라 고장이 발생하기 쉬움. 수목 접촉, 까치 등의 조류에 의한 접촉, 차량 충돌 등과 같은 일반인의 과실에 의한 고장, 시공 불량, 자연 열화, 비, 바람, 낙뢰, 태풍 등에 의한 자연 현상, 고객설비에 의한 타 사고 파급 등으로 고장이 발생하고 있다. 가공 배전선로의 선로와 연관된 대부분의 고장(약 75[%])은 순간 고장임.

2) 고장의 종류

(1) 고장 지속 시간 : 순간 고장(5분 미만), 일시 고장(5분 이상)

(2) 고장 형태 : 지락 고장, 단락 고장

3) 재폐로 동작 원리

(1) 차단기 부하측 고장 발생시 고속도 자동차단, 재폐로 동작을 최대 4회(재폐로 3회)까지 반복하여 순간 고장을 제거하거나, 고장 구간을 분리하여 건전 구간 송전

(2) 순시, 지연 동작을 조합해서 사용할 수 있으며, 반드시 순시 동작이 지연 동작에 선행

(3) 재폐로 시간 : 순시 동작 후 2초, 지연 동작 후 15초

(4) 자동 재폐로 차단기가 영구 개방되면(lockout), 배전선로는 영구 고장상태이며, 이 경우 차단기 설치 지점의 부하측을 선로 순시하여 고장을 제거한 후 차단기를 투입한다.

(5) 동작 순서

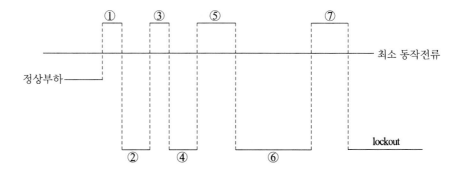

① 첫 번째 차단 동작(순시 동작)　② 첫 번째 재폐로 시간
③ 두 번째 차단 동작(순시 동작)　④ 두 번째 재폐로 시간
⑤ 세 번째 차단 동작(지연 동작)　⑥ 세 번째 재폐로 시간
⑦ 네 번째 차단 동작(지연 동작)

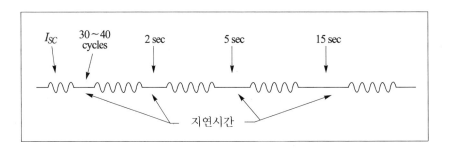

그림 2. 동작 순서와 전형적인 재폐로 지연시간

참고문헌

1. 대한전기학회, 최신 배전시스템공학, 북스힐 출판사, 2011
2. http://www.kepco.co.kr

02 지중배전케이블의 고장점 추정을 위한 방법에 대해서 설명하시오.

■ 본 문제를 이해하고, 기억을 오래 가져갈 수 있는 그림이나 삽화 등을 생각한다.

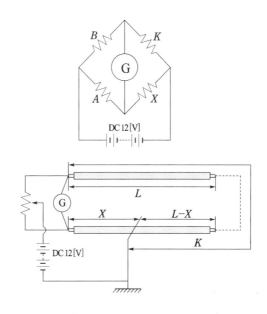

그림 1. 머레이루프법에 의한 고장시 브리지회로

해설

1. 지중배전케이블의 개념

지중설비는 케이블을 비롯하여 중간접속재, 인입 및 인출접속재, 개폐기, 변압기 등 지중으로 전력을 공급하기 위해 필요한 각종 설비를 말한다.

지중배전계통은 고장 발생시 고장점을 탐색하는 데 걸리는 시간에 대비하고 복구를 용이하게 하기 위하여 부하절환이 용이한 open-loop로 계통을 구성하고 있으며, 도심지 내 일부 건물들은 예비회선 절환방식을 채택하여 운용하고 있다.

2. 지중배전케이블의 고장점 추정 방법

1) 머레이루프 테스터(Murray Loop Tester)

지중케이블에 고장이 발생하였을 경우 고장점의 위치를 거리로 환산하여 찾는 방법이며, 그림 1과 같이 휘트스톤브리지(Wheatstone Bridge) 원리를 적용한 케이블의 선로 임피던스를 이용하여 위치를 찾아내는 것이다.

측정오차를 줄이기 위해서는 고장점의 접지저항을 낮출 필요가 있으며, 휘트스톤 브리지 회로를 이루기 위해서는 선로에 건전상 한 상이 필요하게 된다. 따라서, 3상 단락이나 3상 지락 고장의 경우에는 이 방법을 적용할 수 없다. 특히 단선 고장의 경우에도 브리지 회로 구성이 되지 않으므로 펄스 레이더를 사용하여야 한다.

이 방법에 의한 고장거리 계산은 그림 1를 참고하여 다음과 같이 계산한다.

$$A K = B X$$

여기서, $K = 2L - X$이다.

따라서, $A \times (2L - X) = BX$

$$2AL - AX = BX$$

$$\therefore X = \frac{2AL}{A + B}$$

가 된다.

2) 고장거리 측정기

이 측정기는 레이더 원리와 같다. 케이블 선로에 펄스 에너지를 인가하고 케이블에서 문제가 되는 지점에서는 케이블의 임피던스가 변화하므로 이 지점의 반사에너지를 반사하여 반사에너지가 돌아오는데 걸리는 시간을 거리로 변환시켜서 지점을 가리키는 원리이다.

3) 케이블 고장 탐지기(Capacitor Discharge Fault Locator)

지중케이블에 고장이 발생하였을 경우 정확한 고장점 위치를 발견하기 위하여 사용하는 측정기로서 머레이루프 테스터를 사용하여 케이블 고장점 거리를 찾고, 케이블 고장 탐지기로 고장 발생 지점을 탐지하게 된다. 또 케이블의 고장에서 많이 나타나는 불완전 접지에 의한 지락 고장시에 접지저항을 낮추기 위한 케이블 버닝(burning)설비를 갖추고 있다. 이 장비는 고장 케이블에 일정량의 전하를 일정주기로 충전과 방전을 반복할 수 있는 방전장치를 내장하고 있어 음향 탐지기와 병행 운용함으로써 고장점의 위치를 찾게 된다.

4) 지하 매설물 탐지기(Cable and Sheath Fault Locator)

송신기에서 특정한 신호를 발생시켜 케이블 등 지하 매설물을 이용하여 전달된 신호를 찾아 케이블이 매설된 경로와 깊이 그리고 고장점을 찾는 기능을 갖고 있다.

추가 검토 사항

■ 공학을 잘 하는 사람은 수학적인 사고를 많이 하는 사람이란 것을 잊지 말아야 한다. 본 문제에서 정확하게 이해하지 못하는 것은 관련 문헌을 확인해 보는 습관을 길러야 엔지니어링 사고를 하게 되고, 완벽하게 이해하는 것이 된다는 것을 명심하기 바랍니다. 상기의 문제를 이해하기 위해서는 다음의 사항을 확인바랍니다.

1. 배전케이블의 열화진단방법에는 어떠한 방법이 있는지 알아 둡시다.

열화진단은 전기적인 진단과 비전기적인 진단으로 나눌 수가 있다.

전기적인 진단은 대상 케이블에 시험전압을 인가하여 결함과 열화 정도를 판정하는 방법이다. 측정항목은 누설전류를 측정하는 것으로서 직류고전압, 전위감쇠법 등이 있으며, 유전정접측정으로서는 $\tan\delta$, 잔류전압, 역흡수전류 등을 측정하여 판정한다. 또한, 부분방전 특성을 측정하는 것으로 방전의 유무, 방전개시전압, 방전전하량, 발생빈도 등을 측정하여 평가한다.

한편 비전기적인 방법으로서는 초음파에 의한 측정과 X선 라디오 그래픽법 등이 있다. 초음파에 의한 측정은 케이블이나 접속재의 내부에 부분방전이 발생하면 방전에 의해 초음파 진동이 발생한다. 초음파에 의한 측정은 부분방전을 기계적 진동으로 해석한 것으로서 부분방전의 발생을 탐지한다. X선 라디오 그래픽법은 보이드나 이물질에 의한 구조적 결함의 검출에 효과적인 방법이다.

2. 한전에서는 지중배전케이블의 새로운 열화진단기술을 적용하고 있으며, 그 적용방향을 살펴본다.

지중 배전케이블에는 외피 투습도 억제를 위한 외피충실형 케이블(TR CNCE-W) 등을 사용하고 있다. 한전은 다중접지방식을 운영하므로 지락고장시 고장전류가 차폐층을 통하여 귀로해야 하므로 큰 고장전류를 감당할 수 있도록 소선으로 구성된 동심중성선을 차례층으로 적용한다. 케이블당 중성선 면적을 도체면적의 1/3로 규정함으로써 3상 계통에서 단상 도체 지락고장시 고장전류를 3상 중성선이 분담하여 통전하도록 하고 있다(그림 2 참조).

케이블 열화 현상으로 수트리가 케이블 절연파괴의 직접적인 요인으로는 작용하지 않지 않지만, 케이블 절연파괴의 최종 단계는 부분방전에 의한 것으로 수트리는 부분방전으로 전이되기 전까지 수분에 의한 고장발생의 토대를 마련하게 된다. 수트리 외 부분방전을 발생시킬 수 있는 원인으로 케이블 내 불순물이나 공극, 반도전층의 돌기 등이 있으며, 고장으로의 진행과정은 다음과 같다.

① 불순물 → 전계 집중 → 발열 → 미소공극 생성/확대 → 부분 방전
② 공극(Void) → 부분 방전 → 발열 → 공극의 확대 → 부분 방전
③ 수트리 → 전계 집중 → 발열 → 미소공극 생성/확대 → 부분 방전

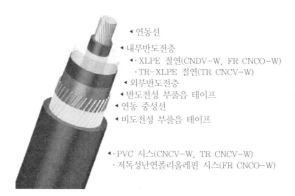

◀ 연동선
◀ 내부반도전층
◀ XLPE 절연(CNDV-W, FR CNCO-W)
· TR-XLPE 절연(TR CNCV-W)
◀ 외부반도전층
◀ 반도전성 부풀음 테이프
◀ 연동 중성선
◀ 비도전성 부풀음 테이프

◀ PVC 시스(CNCV-W, TR CNCV-W)
· 저독성난연폴리올레핀 시스(FR CNCO-W)

그림 2. CNCV-W 케이블 구조

결과적으로 케이블 절연파괴의 직접적인 원인은 부분방전이며, 부분방전의 발생은 제품 품질(불순물, 결함 등)과 운영 환경(수트리)에 의해 정해진다. 이러한 절연파괴 원인에 따라 한전에서 추진하고 있는 케이블 진단은 양질의 제품과 표준 시공절차로 초기 시공상태를 확인하기 위한 '케이블 준공시험'과 운영환경에 따른 케이블 열화정도(수트리 생성여부, 부분방전 발생 여부)를 판별하기 위한 '케이블 상태진단'으로 분류한다.

2010년에는 VLF TD/PD를 새로운 진단기법으로 적용하였고, 또한 케이블 설치 공사 준공 검수 시험으로 0.1[Hz] 저주파 교류내 전압시험을 도입하였으며, 활선 PD 진단장치를 자체 개발하여 현장 적용을 추진하는 등 MV급 지중설비의 관리기법이 적용되고 있다.

VLF 장비는 케이블에 교류 시험전압을 인가하여 전압과 전류의 위상각 차이를 측정(TD)하고 TDR(Time Domain Reflection) 기반의 부분방전(PD) 파형을 측정하는 계측장비이며, 이 장비로 측정된 값은 측정 Database를 토대로 작성된 판정기준 테이블에 의해 상태(양호, 요주의, 불량)를 결정하게 된다.

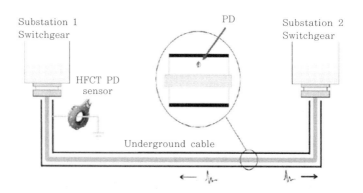

Substation 1
Switchgear

PD

Substation 2
Switchgear

HFCT PD
sensor

Underground cable

그림 3. 부분방전 측정 원리

참고문헌

1. 대한전기학회, 최신 배전시스템공학, 북스힐 출판사, 2011
2. 송길영, 송배전공학, 동일출판사, 2012
3. http://www.kepco.co.kr
4. 황광수, KEPCO의 지중배전케이블 열화진단기술 적용 방향, 전기저널, 7월, 2012
5. http://www.dteng.co.kr

03 배전자동화시스템의 개요와 종류, 구성장치에 대해서 간단히 설명하시오.

■ 본 문제를 이해하고, 기억을 오래 가져갈 수 있는 그림이나 삽화 등을 생각한다.

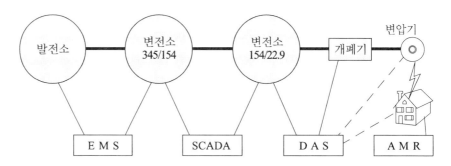

급전자동화시스템(EMS : Energy Management System)
원방감시제어시스템(SCADA : Supervisory Control and Data Acquisition)
배전자동화시스템(DAS : Distribution Automation System)

그림 1. 배전자동화시스템의 위치

해설

1. 배전자동화시스템의 개요

컴퓨터와 통신기술을 활용하여 원거리에 산재되어 있는 배전선로에 설치된 개폐기를 현장에 가지 않고 제어실에서 운전상태를 감시 조작하고, 고장구간을 자동으로 찾아내며, 전압·전류 등 선로 운전정보를 자동으로 수집하는 시스템를 말하며, 배전선로의 신뢰도를 높이고자 개발된 것이 배전자동화시스템이다. 즉, 배전선로의 운전상태 감시와 배전설비의 제어를 컴퓨터와 통신망을 이용하여 원격으로 운전하고 운전정보를 수집하여 배전계통을 효율적으로 운영하는 시스템을 배전자동화 시스템이라고 부른다.

2. 배전자동화시스템의 종류

소규모배전자동화시스템은 PC급 시스템이며, 데이터베이스를 갖고 있지 않고 지리정보(Geographic Information System) 기반에서 운전되지 않는다. 종합 배전자동화 시스템은 클라이언트/서버 형태의 시스템이며 이중화 되어 있고 DBMS를 사용한다. 지리정보 기반위에 배전계통이 표시되고 충전 및 정전을 색상으로 구분하는 토 폴로지 기능을 갖고 있다. 기능은 원격감시, 원격제어, 원격계측, 원격정정 등 배전 자동화의 기본기능 구현은 두 시스템 모두 동일하다. 그러나 종합 배전자동화 시스 템은 각종 응용프로그램을 탑재하고 있어서 손실 최소화, 부하 균등화, 고장 자동처 리, 회선별 단선도 자동생성, 보호협조, 과부하 해소, 구간 부하관리 기능 등 배전계 통을 최적화 운전할 수 있는 부가기능을 구현할 수 있다.

3. 구성 장치

배전자동화시스템의 구성 설비는 크게 중앙의 중앙제어장치(주장치), 주장치와 단 말장치 사이에 데이터를 전달하는 통신장치(주 장치의 명령을 통신방식에 따라 각 단말장치로 전송하거나 단말장치로부터 취득한 자료를 주 장치로 보내주는 역할) 및 배전선로에 설치되어 있는 단말장치(FRTU : Feeder Remote Terminal Unit : 자동화개폐기와 주장치간의 연결장치 역할)와 자동화개폐기(현재 사용하고 있는 자동화개폐기로는 지중선로의 지상설치형 다회로 개폐기 및 다회로 차단기를 사용 하고 있으며, 가공선로에서는 가공가스절연개폐기와 전자식 리크로져(Recloser)가 있다)로 구분된다. 그림 2는 배전자동화 시스템의 주요 구성도를 보여주고 있다. 현재 변전소 운전을 원격으로 하고 있는 SCADA 시스템과 배전자동화시스템을 직접 연결하는 방식을 채용하고 있고, 또한 배전자동화시스템은 신배전정보시스템(NDIS : New Distribution Information System)과의 연계이다. 여기서, NDIS 시스템은 방대한 배전설비의 효율적인 관리와 원활한 배전계통의 운영을 위하여 설비 제원, 관리 이력, 계통 구성, 운전 상태 등 배전계통 운전에 관련된 전반적인 정보를 지리 적 위치 정보와 함께 컴퓨터 그래픽 도면으로 관리하도록 구축된 시스템이다.

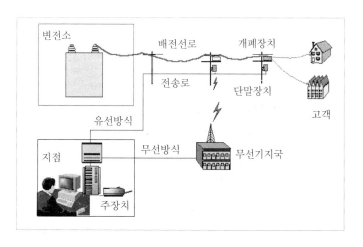

그림 2. 배전자동화시스템의 구성도

추가 검토 사항

📧 공학을 잘 하는 사람은 수학적인 사고를 많이 하는 사람이란 것을 잊지 말아야 한다. 본 문제에서 정확하게 이해하지 못하는 것은 관련 문헌을 확인해 보는 습관을 길러야 엔지니어링 사고를 하게 되고, 완벽하게 이해하는 것이 된다는 것을 명심하기 바랍니다. 상기의 문제를 이해하기 위해서는 다음의 사항을 확인바랍니다.

1. 배전자동화시스템에서 Fault Indicator가 중요한 역할을 하며, 그 기능에 대해서 알아 둡시다.

배전선로에서 고장이 발생하는 경우 배전자동화시스템은 고장 전류를 감지하여 고장 구간을 판별하고, 부하 융통(고장시 사고구간 분리 후 건전 정전구역에 대한 역송 절체손서를 작성하고, 제어명령을 발생시켜 계통의 역송조작을 실행) 계산을 수행하여 최적의 선로 재구성 해(解)를 찾아 개폐기 제어순서를 작성하게 된다. 따라서, 고장전류의 통전 유무를 정확하게 파악하여 고장정보를 제공하는 것이 Fault Indicator이다.

2. **미래의 배전자동화기술에 대해서 알아 둡시다.**

최근들어 배전자동화의 미래 기술로 연구가 진행 중인 것은 전기품질 온라인 감시, 고장점 위치 표정, 배전지능화 시스템 개발, SCADA + 배전자동화 + 원격검침 통합 시스템 개발, 배전 현장업무 통합 IT화 연구 등이다.

1) 전기 품질 감시

배전자동화 단말장치에 전기품질을 측정하는 정밀급의 프로세서를 내장하여 계속해서 전기품질을 감시하고 있다가 감시대상 전기품질 값이 정해진 상하한 값 범위를 초과하는 경우 이를 감지하여 배전자동화의 데이터 전송로인 통신네트워크를 이용하여 온라인으로 취득한 후 배전자동화 시스템의 응용프로그램에서 이를 화면에 표시함으로서 배전계통 운영자가 조치를 취할 수 있도록 하는 것을 목적으로 한다. 이러한 방법이 유효할 경우 매우 저렴한 비용으로 전기품질의 측정이 가능해진다.

2) 고장점 위치 표정

배전계통에 고장점 검출장치를 설치하여 사고 발생지점을 빠르고 정확하게 찾아내고 신속하게 고장을 복구하는 것이 정전 비용을 최소화하며 더 나아가 서비스 신뢰도와 전력의 질을 높이는 측면에서 매우 중요하다

3) 배전선로의 지능화

변전소부터 배전계통과 고객까지의 모든 전력설비에 대한 원격감시제어가 가능하고, 센서를 부착하여 설비의 열화상태를 진단하며, 분산전원과의 연계운

전이 가능한 지능화된 배전계통 통합운영 시스템을 말한다.

4) 국제 표준 프로토콜

전력계통을 자동화 운전하는데 사용되는 통신프로토콜은 크게 DNP(미국의 영향을 받은 나라)와 IEC(유럽의 영향을 받은 나라) 계열로 대별된다. 앞으로 국제적으로 많이 채용되고 있는 최신 통신프로토콜을 수용하기 위한 기술개발이 필요하다.

3. 배전지능화시스템과 배전자동화시스템과의 차이점을 알아 둡시다.

배전자동화시스템은 배전선로에 설치되어 있는 개폐기들을 원격지에서 감시 제어하는 시스템이며, 배전지능화시스템은 변전소, 고압수용가, 배전망, 분산전원설비 등에 대한 원격 감시제어 범위를 대폭 확대한 것이다. 여기에 더해진 것이 배전설비에 부분방전 센서와 같은 각종 열화센서를 탑재, 열화 진전 상태를 미리 알아낼 수 있다는 것과 전력설비가 설치된 곳의 전기품질을 온라인으로 감시할 수 있다는 것이다.

배전지능화시스템은 중앙제어장치(변전소원격감시제어시스템(SCADA)과 배전자동화시스템(DAS)가 통합되어 변전소와 배전선로를 하나의 시스템에서 일괄 운전 가능)와 전기품질 감시기능이 있는 다기능 단말장치, 고속데이터 전송장치, 지능형 배전기기(접지계통용, 비접지계통용 개폐장치, 차단장치. Recloser, 낙뢰/피뢰기 감시장치, 무효전력 제어기기, 원격 전압제어기기, 컴팩트 서브스테이션, RMU 등 15종의 센서가 내장된 배전기기)로 구성된다. 그림 3은 전력계통 자동화시스템의 계통도를 나타낸 것이다.

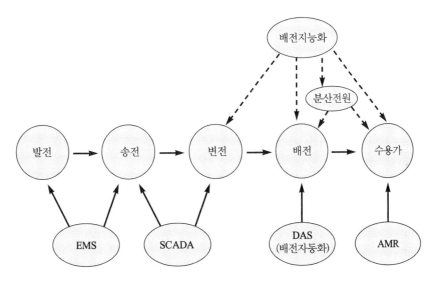

그림 3. 전력계통 자동화시스템의 계통도

참고문헌

1. 대한전기학회, 최신 배전시스템공학, 북스힐 출판사, 2011

2. 하복남, 대규모 배전자동화시스템의 개발현황

3. 하복남, 배전지능화시스템 개발, 전기저널, 2월, 2011

04
분산형 전원의 계통연계시의 문제발생 요인에 대해서 간단히 설명하시오.

▣ 본 문제를 이해하고, 기억을 오래 가져갈 수 있는 표 및 삽화 등을 생각한다.

표 1. 분산형 전원의 분류

분류기준	분산형 전원의 형태
발전기술	증기터빈, 가스터빈, 가스엔진, 디젤엔진, 소수력, 연료전지, 태양광, 풍력, 저장(2차전지, Fly-wheel, 초전도)
발전설비	회전기(동기기, 유도기), 정지기
이용형태	발전전용, 열병합발전, 저장 및 발전
소유 및 운용권한	전기사업자용, 비전기사업자용
계통과의 연계운전	연계 운전형, 단독 운전형
역조류의 유무	역송 가능형, 역송 불가능형

해설

1. 분산형 전원의 개요

분산형전원이란 기존 전력회사의 대규모로 집중되어 있는 전원(우리나라의 서부, 남부 지방에 화력, 원자력중심의 대규모 발전단지)이 아니라 비교적 작은 규모의 수요지 근방에 설치되는 전원을 말한다. 종류로는 소형열병합, 소수력, 연료전지발전, 태양광발전, 풍력발전, 저장(2차전지, 플라이휠, 초전도 등) 등이 있다.

2. 분산형 전원의 단점 및 대책

1) 사고 전류 증가

단방향 전원에 의해 방사상으로 운전되고 있는 기존 배전계통의 사고 발생시 사고전류의 경로를 고려한 등가회로는 그림 1과 같다. 그림 2와 같이 분산전원이 배전계통에 연계되었을 경우 전원측에 의한 사고전류와 분산전원측에 의한 사고전류의 합으로 사고 전류는 더욱 커질 수 밖에 없다.

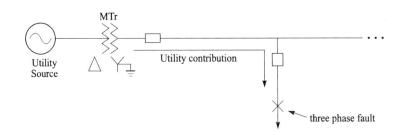

그림 1. 단방향 전원에 의한 사고시 전류흐름

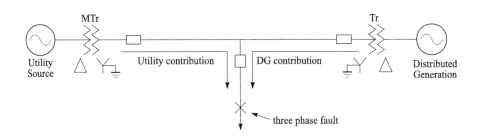

그림 2. 분산전원이 계통에 연계시 고장 전류흐름

2) 보호 협조

기존의 배전계통의 보호시스템의 체계는 단방향 전원에 의한 협조체계가 이루어 져 있다. 그러나 분산전원이 들어오면서 양방향 전류가 흐르게 되어 기존의 보호 협조 체계에 문제가 생기게 된다.

(1) 재폐로 차단기(Recoloser)와의 협조시 문제점

재폐로 차단기의 보호영역 내에 분산전원 내에 연계되었을 경우에는 사고시 재폐로 차단기에 의해 선로가 차단되었을 때 분산전원에 의한 단독운전이 발생 할 수 있으며, 이러한 상황은 고객측 기기에 주파수 및 전압에 있어서 저품질의 전력을 공급함으로써 전력설비에 악영향을 줄 수 있을 뿐 아니라 전력회사 측 관리자가 이러한 상황을 인지하지 못할 경우 인적 사고의 가능성이 발생한다.

(2) 구분개폐기(Sectionalizer)와의 협조시 문제점

구분개폐기는 후비 보호 장치인 재폐로 차단기에 의한 선로 무전압 상태를 카 운트함으로써 동작하게 된다. 하지만 분산전원이 재폐로 차단기와 구분개폐기 사이에 연계되고 사고가 구분개폐기 이후에 발생하거나 분산전원설비가 구분 개폐기 이후에 연계되고 사고가 재폐로 차단기와 구분개폐기 사이에 발생하였 을 경우 재폐로 차단기에 의해 선로가 차단되더라도 분산전원의 단독운전에 의해 선로 무전압 상태를 감지하는 구분개폐기의 오동작, 즉 재폐로 차단기

동작횟수의 카운트에 실패하여 선로를 차단할 수 없는 경우가 발생할 수 있다. 따라서 이러한 경우 재폐로 차단기에 의해 선로가 재투입되었을 때 열병합발전설비의 단독운전뿐 아니라 배전계통과 분산전원발전설비의 비동기 투입에 의한 악영향이 발생할 수 있다. 따라서 이러한 재폐로 차단기와 구분개폐기의 특성을 이용한 적절한 보호협조 방식이 필요하다.

3) 전압 조정

단방향 전원에서 양방향 전원으로 바뀌게 되면서 생기는 문제점이 전압 조정의 문제이다. 기존의 154/22.9[kV]의 변압기에는 OLTC라는 전압조정장치가 있어서 전압을 일정범위 안에 유지하도록 한다.

하지만 분산전원으로 인해서 분산전원에 의해서 일정 부하가 담당되게 되어서 OLTC에서는 그 부하를 작은 부하로 인식하게 되어 전압조정에 있어서 문제가 발생하게 된다.

4) 고조파

연료전지발전시스템, 태양광발전 등의 직류발전시스템은 인버터로 직류/교류변환을 하기 때문에 고조파가 발생하게 된다. 고조파의 발생량은 인버터의 방식에 따라 다르지만, 그것이 계통의 허용량을 초과하게 될 경우는 전력계통에 접속되어 있는 타 부하기기의 동작에 악영향을 초래할 우려가 있다. 따라서, 이러한 분산형전원의 경우에 대해서는 고조파 억제 대책 및 수동/능동 필터 등을 이용해서 고조파 제거 등 적절한 대책이 필요하다.

5) 단독운전의 방지

배전계통 측의 전원이 상실된 경우 배전선로 상의 부하와 분산형전원의 출력이 어느 정도 평형을 유지한 상태라면 분산형전원이 부하에 전력을 공급하는 상태가 계속된다. 이를 단독운전(Islanding)상태라고 한다. 단독운전상태가 지속되는 가운데 배전계통 측의 전원이 회복될 경우는 양측의 전압의 위상차에 의해 단락 및 탈조 등의 사고가 일어날 가능성이 있을 뿐만 아니라, 선로작업을 위해 선로를 차단한 상태에서 작업원의 선로작업시 전선접촉으로 감전사할 위험도 높다. 따라서, 분산형전원의 계통연계시 이러한 단독운전상태를 확실히 방지할 수 있는 대책을 수립해 놓지 않으면 안 된다. 현재의 상태로서는 배전선에 분산형전원이 연계된 예가 적은 편이어서 개별적인 대응이 가능하다고 할 수 있지만, 소용량의 분산형전원이 다수 도입되는 상황이라면 전화연락 및 개별전송차단방법으로 대응하기란 그리 쉬운 일이 아닐 것이다. 그러므로, 분산형전원 측에서 계통의 전원 상실을 검출하여 자동적으로 계통분리하는 방법 등의 새로운 보안확보방안이 검토되어야 한다.

단독운전 발생시 그 즉시 배전계통에서 분리하지 않게 되면 문제가 발생할 수 있기 때문에 단독운전은 발생 후 빠른 시간 내에 검출하여 계통에서 분리되어야 한다. 그 검출방법으로는 주파수, 무효전력, 전압 등을 모니터링 하여 그 변화를 검출하는 수동적 방법이 있고, 그렇지 않으면 미소 신호를 발생시켜 이 미소신호의 변화를 통해 검출하는 능동적 방법이 있다.

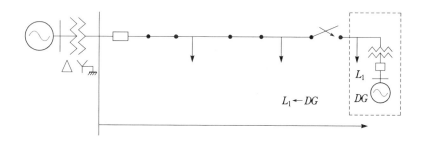

그림 3. 보호기기에 의한 작동으로 인한 분산전원의 단독운전 문제

6) 역률

배전계통에 있어서 역률유지는 선로의 전압변동, 전력손실 및 유효전력의 공급한계 등의 측면에서 대단히 중요하다. 따라서, 현재 우리나라의 경우, 고객의 역률유지규정을 0.9(지상)~1.0 사이로 두고, 0.9이하의 경우는 전기요금추가, 0.9이상은 전기요금감액 등의 규정을 전기공급규정 제43조, 제44조에 두고 있다. 이러한 상황에서 분산형전원이 배전계통에 도입되어 운전될 경우, 분산형전원의 운전역률은 선로의 역률에 영향을 미치게 된다. 먼저, 선로에 도입된 분산형전원이 운전역률(발전기기준) 1.0으로 운전하게 될 경우를 생각해 보면, 계통에 유효전력만을 공급해주기 때문에 선로의 역률은 본래보다 악화되지만, 선로의 전력손실은 적어진다. 또, 지상운전의 경우 유효 및 무효전력을 모두 계통 측에 공급하게 되어 선로의 전압변동에 커다란 영향을 미치게 된다. 하지만, 선로에 흐르는 무효전력의 감소로 상위 배전용변전소에서 배전선로에 공급해 주어야 할 무효전력공급량은 감소하게 되어 전압안정도에는 유리하다. 한편, 진상운전의 경우 유효전력은 계통에 공급하고 무효전력은 계통 측으로부터 공급받아야 하기 때문에 선로의 전압변동에 미치는 영향은 작지만, 선로에 흐르는 무효전력의 증가로 역률은 악화되고, 배전용변전소 측에서 공급해야할 무효전력량은 증가하게 되어 무효전력보상설비의 증가와 전압안정도의 악화가 예상된다. 따라서, 배전계통에 도입되는 분산형전원의 운전역률을 어떻게 설정할 것인가는 배전계통에 도입되는 그 규모의 크기에 따라 선로의 전압변동, 손실, 무효전력증가 등의 요소와 관련지어 결정해야할 대단히 중요한 요소이다. 그것도 분산형전원이 연계되는 위치에 따라 다르기 때문에 대용량의 분산형전원에 대해서는 역률조정기능을 의무적으로 갖추도록 하는 방법, 소용량의 경우는 도입시에 사전검토하여 운전역률을 고정시키는 방법 등의 다방면에 걸친 분석이 반드시 수행되어야 한다.

추가 검토 사항

■ 공학을 잘 하는 사람은 수학적인 사고를 많이 하는 사람이란 것을 잊지 말아야 한다. 본 문제에서 정확하게 이해하지 못하는 것은 관련 문헌을 확인해 보는 습관을 길러야 엔지니어링 사고를 하게 되고, 완벽하게 이해하는 것이 된다는 것을 명심하기 바랍니다. 상기의 문제를 이해하기 위해서는 다음의 사항을 확인바랍니다.

1. 분산형 전원의 장점에 대해서도 알아 둡시다.

1) 에너지절약 효과 측면

대표적인 에너지 절약 설비인 열병합발전시스템을 도입하여 종합효율 75[%] 정도를 실현하는 경우 기존 발전방식의 발전효율 40[%] 정도에 비하여 약 35[%]의 에너지를 절약할 수 있는 에너지 절약효과를 거둘 수 있다. 또한, 풍력, 태양광, 연료전지 시스템은 새로운 에너지원으로서 연료비가 없기 때문에 에너지 절약효과를 거둘 수가 있다.

2) 환경적 측면

소형 열병합 시스템이나 태양광, 풍력, 연료전지 시스템 같은 경우 이러한 에너지 절약효과를 거둘 수가 있고 이는 곧 CO_2 배출량의 절감 효과를 거둘 수 있음을 의미하기도 한다.

3) 배전계통 도입 효과

최근 들어 님비현상 및 에너지 환경문제와 더불어 대규모전원의 입지확보 및 송전선의 루트 확보가 어려워져 가고 있기 때문에 장기적 전력수급의 안정성 확보에 불확실성이 예상된다. 이러한 상황에서 분산형 전원은 다음과 같은 점에서 장점이 있다.
① 대규모 전원의 보완(전원계획의 유연성)
② 변동비용감소 및 송,배전설비의 투자지연 효과
③ 에너지원의 효율적 이용

4) 운영 비용의 감소

피크용 분산전원은 배전계통의 운영비용을 줄일 수 있는 방법이라 할 수 있다. 전력시장에서 배전계통을 운영하는 배전회사의 입장에서 보면, 송전계통을 통해 구입하는 전력의 수요가 증가하고 이용가능한 발전설비가 감소함에 따라 전력 구입비용이 증가하는 특성을 가진다. 하지만 분산전원의 운전을 통해 값비싼 전력구입을 회피하여 전체 배전계통의 운영비용을 줄이는 것이 피크용 분산전원의 설치목적이라 할 수 있다.

정전이나 전력품질 저하에 대해 민감한 배전계통, 즉 공급지장에 의한 수요자의 피해정도를 나타내는 정전비용이 높은 배전계통에서는, 대기용 분산전원을 설치하여 계통의 사고에 대비하게 된다. 결국, 대기용 운영전략은 정전을 대비한 예비력을 확보하여 계통의 신뢰도를 높이고 정전비용을 감소시키고자 하는 전략이다.

참고문헌

1. 대한전기학회, 최신 배전시스템공학, 북스힐 출판사, 2011
2. 김일동, 분산전원 계통연계용 종합 보호제어장치 개발

05 분산형 전원의 계통연계 기술기준에 대해서 간단히 설명하시오.

■ 본 문제를 이해하고, 기억을 오래 가져갈 수 있는 그림이나 삽화 등을 생각한다.

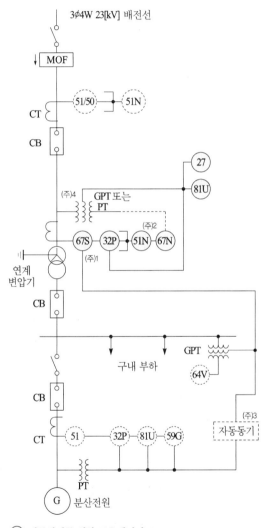

그림 1. 특고압계통 연계보호 단선도 사례

(방사상 배전선에서 연계변압기의 중성점을 상시 접지하는 경우
– 상시 역조류가 없는 경우)

해설

1. 분산형 전원의 개요

분산형전원이란 기존 전력회사의 대규모로 집중되어 있는 전원(우리나라의 서부, 남부 지방에 화력, 원자력중심의 대규모 발전단지)이 아니라 비교적 작은 규모의 수요지 근방에 설치되는 전원을 말한다. 종류로는 소형열병합, 소수력, 연료전지발전, 태양광발전, 풍력발전, 저장(2차전지, 플라이휠, 초전도 등) 등이 있다.

2. 분산형 전원의 배전계통연계 기술기준(제1부 제4장 12번 참조 비교)

분산형 전원을 계통에 연계할 때 여러 가지의 영향을 최소화 시킬 수 있는 연계 기준이 필요하며, 전기사업법에 근거한 기술요건을 준수하면서 분산형전원(태양광발전설비, 풍력발전설비, 연료전지발전설비, 열병합발전설비 등)이 기존의 전력계통에 연계되어 운전될 경우, 원만하고 효율적인 계통연계운전 실현을 위해서 갖추어야할 최소한의 표준적인 기술기준으로서, 그 목적은 다음과 같다.

1) 기존의 전력품질(전압, 주파수, 고조파, 역률 등)과 공급신뢰도(정정시간 및 정전 횟수)에 유지 및 향상
2) 공중 및 작업자의 안전 확보와 전력공급설비 또는 타 전기고객의 설비보전
3) 불필요한 기동정지를 하지 않고 전력계통과 협조운전을 할 수 있는 안정성 확보

표 1. 배전계통연계 기술기준

항목	저압 연계	특고압 연계
연계용량	• 500 kW 미만	• 20000 kW 이하
전력 품질 연계 기준		
직류 유입 제한	최대 정격 출력전류의 0.5 % 이내	
역률	90 % 이상 유지	
플리커	빈번한 기동·탈락 또는 출력변동 등에 의하여 한전계통에 연결된 다른 전기사용자에게 시각적인 자극을 줄만한 플리커를 발생시켜서는 안됨 • 단시간(10분) 측정치 (Epsti : 0.35 이하) • 장시간(2시간) 측정치 (Eplti : 0.25 이하)	
순시전압변동률	계통 병입시 돌입전류를 필요로 하는 발전원에 대해서 계통 병입에 의한 순시전압변동률이 6 %를 초과 불가	• 1시간에 2회 초과 10회 이하 : 3 % • 1일 4회 초과 1시간에 2회 이하 : 4 % • 1일에 4회 이하 : 5 %

항목	저압 연계	특고압 연계
단독운전 방지	단독운전 분리 : 0.5초 이내	
계통 재병입	차단 후 5분 후	

분산전원 단자전압에 따른 고장제거시간

전압범위(기준전압에 대한 비율%)	분산형 전원 분리시간(초)
$V < 50$	0.5
$50 \leq V < 70$	2.00
$70 \leq V < 90$	2.00
$110 < V < 120$	1
$V \geq 120$	0.16

분산형 전원을 배전계통 접속을 위한 동기화 변수 제한 범위

발전용량 합계 [kW]	주파수 차 ($\triangle f$, Hz)	전압 차 ($\triangle V$, %)	위상각 차 ($\triangle \phi$, °)
0~500	0.3	10	20
500~1,500	0.2	5	15
1,500~20,000	0.1	3	10

고조파의 기본파에 대한 비율(%) : '배전계통 고조파 관리기준'에 준하는 허용기준을 초과하는 고조파 전류를 발생시켜서는 안 된다.

고조파차 수	$h < 11$	$11 \leq h < 17$	$17 \leq h < 23$	$23 \leq h < 35$	$35 \leq h$	TDD
비율	4.0	2.0	1.5	0.6	0.3	5.0

추가 검토 사항

▪ 공학을 잘 하는 사람은 수학적인 사고를 많이 하는 사람이란 것을 잊지 말아야 한다. 본 문제에서 정확하게 이해하지 못하는 것은 관련 문헌을 확인해 보는 습관을 길러야 엔지니어링 사고를 하게 되고, 완벽하게 이해하는 것이 된다는 것을 명심하기 바랍니다. 상기의 문제를 이해하기 위해서는 다음의 사항을 확인바랍니다.

1. 그림 1에서 나타낸 보호계전기의 명칭과 역할을 알아 둡시다.

1) 약호 및 계전기 검출보호내용

약호	계전기 검출 보호내용	설치상수 등
50/51 : OCR	구내 단락, 과전류	3상
51N : OCGR	구내 지락	1상(역상회로)
67S : DOCR	연계선 단락(동기발전기인 경우)	3상
27 : UVR	연계선 단락, 단독운전방지(중부하시)	3상
51N : OCGR	연계선 지락	1상(영상회로)
67N : DOCGR	연계선 단락(동기발전기인 경우)	3상
32P : RPR	역전력, 단독운전방지	1상
81U : UFR	주파수 저하, 단독운전방지(중부하시)	1상

2) 색칠된 부분 : 연계선로 보호에 직접 관련있는 보호계전기

약호	기구 명칭
DS	단로기
CB	차단기
CT	변류기
PT	계기용변압기
GPT	접지용 계기용변압기
MOF	거래용 계기변성기
G	동기발전기

3) 주) 표기 설명

1. 분산전원이 동기발전기와 지속성 고장전류를 공급하는 것이 연계선로 단락 사고 보호용으로 적용되며, 그렇지 않은 유도발전기 및 인버터를 통한 연계 전원인 경우에는 저전압계전기(UVR : 27)을 적용한다.

2. 연계 조작시 돌입전류의 불평형, 구내설비의 충전전류가 커서 오동작 우려 가 있거나, 외부 지락사고시 변압기 중성점으로 흐르는 고장전류의 분류전 류가 커서 오동작할 우려가 있는 경우에는 지락방향계전기(DOCGR : 67N) 로 한다.

3. 자동동기검정장치는 동기발전기를 사용하는 경우에 적용한다.

4. 지락방향계전기(DOCGR : 67N)를 사용하는 경우에는 GPT, 그러하지 않은 경우에는 일반 PT를 사용할 수 있다.

참고문헌

1. 한국전력공사, 분산형전원 배전계통 연계 기술 Guideline, 2020.6.29

2. 김일동, 분산전원 계통연계용 종합 보호제어장치 개발

06 마이크로그리드의 구성과 구현 방안에 대해서 설명하시오.

■ 본 문제를 이해하고, 기억을 오래 가져갈 수 있는 그림이나 삽화 등을 생각한다.

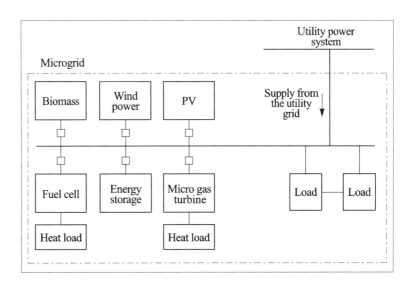

그림 1. 마이크로그리드 시스템의 구성도

해설

1. 마이크로그리드의 개요

1) 개념 : 그림 1과 같이 풍력, 태양광, 연료전지 등 다양한 신재생에너지 전원과 수용가에 밀접하게 연계된 분산전원의 네트워크

2) 소규모 지역에서 자체적으로 전기를 생산, 저장, 소비하는 새로운 개념의 전력시스템으로 기존의 전력계통과 연계 또는 독립적으로 운전할 수 있어 기존 전력계통에 의한 에너지 생산과 배분에 새로운 대응을 제공하고 있다.

2. 마이크로그리드의 목표

1) 어떠한 형태의 에너지전원도 마이크로그리드 계통에 연결시킬 수 있다.

2) 새로운 전원의 추가로 인해 보호협조, 신뢰도, 전기품질 문제 등 다른 계통에 어떤 영향을 주어서는 안된다.

3) 사용자가 요구하는 다양한 서비스가 가능해야 한다.

3. 마이크로그리드의 주요 기능

1) 에너지이용 효율의 극대화←Network, CHP, Energy Storage, DLC/DR
2) Power Quality 개선←무정전화, P-Q 제어 및 보상
3) 계통연계 문제 단순화←1점 접속, 연계보호 단순화, 고밀도 보급과 배전계통
   운영 용이
4) 에너지 거래←잉여 전력/열 판매
5) 통합정보망 제공←수용가-전력사업자-기기제작사 등 정보의 판매

4. 마이크로그리드의 구성과 분류

1) 마이크로그리드의 구성도

그림 2는 마이크로그리드의 구성도를 나타낸 것이며, DR과 CPD, Gateway,
Workstation system 등으로 구성된다.

마이크로그리드의 EMS의 기능은 신재생 발전예측, 전기/열부하 예측, 신재생
출력안정화, 설비 감시/제어, 자동발전제어, 최적 발전계획, 경제 급전 등의 기능
을 수행한다.

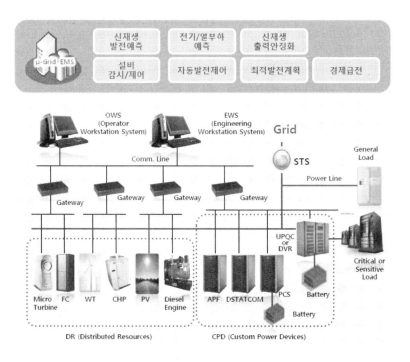

그림 2. 마이크로그리드의 구성도

2) 마이크로그리드의 분류

(1) 독립형 마이크로그리드 : 최근에 전남 가사도에 소규모 독립형 전력망을 구축하였으며, 도서 지방처럼 전력 연결이 어려운 지역에서 신재생에너지 설비와 에너지저장장치(ESS)를 이용해 전력을 생산·저장·공급하는 소규모 독립 전력망을 말한다.

항 목	내 용
EMS 목표	안정적 운영(주파수 제어)
대상	도서, 산간 등
이득	전력망 설치 비용 회피
에너지원	상대적으로 낮은 비율의 신재생에너지원

(2) 계통연계형 마이크로그리드 : Peak-sheaving, 부하증가 대응, 배전망의 전력품질 유지, 분산전원 수용 용량 확대 등이 가능한 계통연계형 전력망을 말한다.

항 목	내 용
EMS 목표	연계선로 전력제어
대상	그리드연계 전기사업자 혹은 전력망 운영자
이득	(전력망 설치 비용 회피, 전력품질 등)
에너지원	BM 대응한 엔지니어링
기타	간헐적 독립운전을 위한 STS(Static Transfer Switch) & Battery

5. 마이크로그리드의 구현 방안

1) 마이크로그리드의 올바른 동작을 위해서 스위치가 개방되고, DER이 고립지역의 부하에 전력을 공급

① 고립 부하에 전압과 주파수를 일정하게 유지

② 스위치의 종류에 따라서 스위치 절환시에 순간 정전이 발생

③ 정전시에 스위치를 절환하여 고의적인 Islanding 상황이 전개되고 DER이 전력공급을 담당

2) Islanding 상황에서 전압이 유지되고 중부하시에 DER이 돌입전류를 감당할 수 있는가에 대한 조류 분석이 요구됨

3) Islanding 상황에서 DER이 고립된 부하에 전력을 공급할 수 있으면서, 만약 하단에서 고장전류가 발생할 경우에는 감지할 수 있어야 함

4) 그리드 전원이 복구된 이후에라도 그리드 전원과 고립 전원이 동기될 때까지는 스위치 접속을 유보
   - 동기 유지를 위해서 스위치 양단의 전압 측정이 요구됨

6. 마이크로그리드 구성 요소기술

1) Distributed Generation(DG)

   태양광(PV), 풍력, 연료전지, 마이크로터빈 기술 등과 Power Electronics interface(전력변환기술, 전압 및 주파수 조정기술, 보호협조 등의 기술)

2) Distributed Storage(DS)

   ① 마이크로그리드 내에서 발전량과 부하량의 부합

   ② 마이크로그리드 내에서 전력과 에너지 수요를 충족
      - 에너지 저장용량
      - 중대용량 부하를 위한 에너지 고밀도 수요

   ③ 단기 대응을 위한 전력 고밀도 수요

3) Interconnection Switches

   ① 다양한 전력과 스위칭 기능 수행(power switching, 보호계전기, 미터링 및 통신 기능)

   ② 계통 상황을 CT나 PT를 이용해서 계통과 마이크로그리드 양단에서 측정

4) Control Systems

   ① 계통연계 운전 또는 고립 운전시 마이크로그리드 운용기술

   ② 중앙제어 또는 각 분산전원 독자적 제어

   ③ 고립 운전 모드
      - 영역내 전압과 주파수의 제어
      - 발전기와 부하 간에 순시적인 유효전력과 무효전력 차의 수용 가능
      - 마이크로그리드 내부의 보호

   ④ EMS
      마이크로그리드 EMS(운영시스템)는 그림 3과 같은 기능을 담당한다.

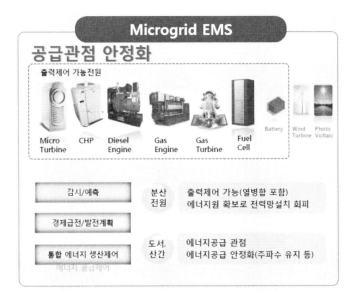

그림 3. Microgrid EMS

추가 검토 사항

📧 공학을 잘 하는 사람은 수학적인 사고를 많이 하는 사람이란 것을 잊지 말아야 한다. 본 문제에서 정확하게 이해하지 못하는 것은 관련 문헌을 확인해 보는 습관을 길러야 엔지니어링 사고를 하게 되고, 완벽하게 이해하는 것이 된다는 것을 명심하기 바랍니다. 상기의 문제를 이해하기 위해서는 다음의 사항을 확인바랍니다.

1. 마이크로그리드의 사례를 조사 검토해 봅시다.

   미국 에너지성을 중심으로 여러 개의 마이크로그리드 컨소시엄을 구성하여 5개의 실증시스템을 운영하고 있다. CERTS(Consortium for Electric Reliability Technology Solutions)는 에너지성(DOE)과 CEC(California Energy Commission)가 지원하는 컨소시엄으로서 전력시스템의 신뢰성 향상과 전력 시장 개방을 촉진하기 위해 1999년에 설립하였다. CERTS의 마이크로그리드 시스템 개념도 및 구성은 그림 4와 같으며, 마이크로그리드 전체 시스템 운영을 위한 전압제어, 조류제어, 단독 운전시 부하 절체, 신뢰성 확보 등의 기능으로 구성된다. 그림 4에서 PCC point는 마이크로그리드와 그리드 사이의 분리를 담당하고, Power & Voltage Controller는 Energy Manager로부터 지정된 피더 전력과 모선 전압을 조정하는 기능을 수행하며, SD(분리장치)는 단독 운전시 민감한 부하에 영향을 최소화하기 위해 사용된다. 한편 마이크로그리드의 제어기는 부하 변화 및 계통

외란에 빠르게 응답하며, 엔지니어 매니저는 각 발전원의 출력 및 전압을 제어한다. 그리고, 단독 운전, 발전원 고장, 계통 고장시 후비보호 등 마이크로그리드 시스템 전체의 보호기능을 수행하고, 전력전자 장치의 연계 인터페이스를 제공한다.

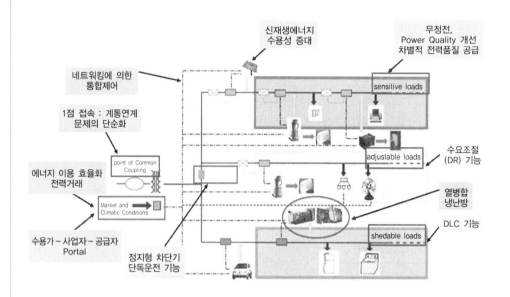

그림 4. 미국 CERTS의 마이크로그리드 개념도

2. 마이크로그리드의 기대 효과에 대해서 알아 봅시다.

1) 마이크로그리드는 생산된 전기에너지를 이용해 피크 부하에 대한 전력공급의 유연성을 확보하여 전력계통의 에너지 이용효율을 극대화시킬 뿐만 아니라, 전원이 분산됨에 따라 안정적인 전기공급이 가능하고 전력손실을 감소시킬 수 있다.

2) 또한, 신재생에너지의 확대 보급에 의한 온실가스 저감효과, 발전설비 입지 확보 문제 해결 등이 가능하며, 폐열을 이용한 전력과 열공급이 가능하여 새로운 부가가치의 창출이 가능한 국가 미래 성장동력이라 할 수 있다. 그림 5는 마이크로그리드의 기대효과를 나타낸 것이다.

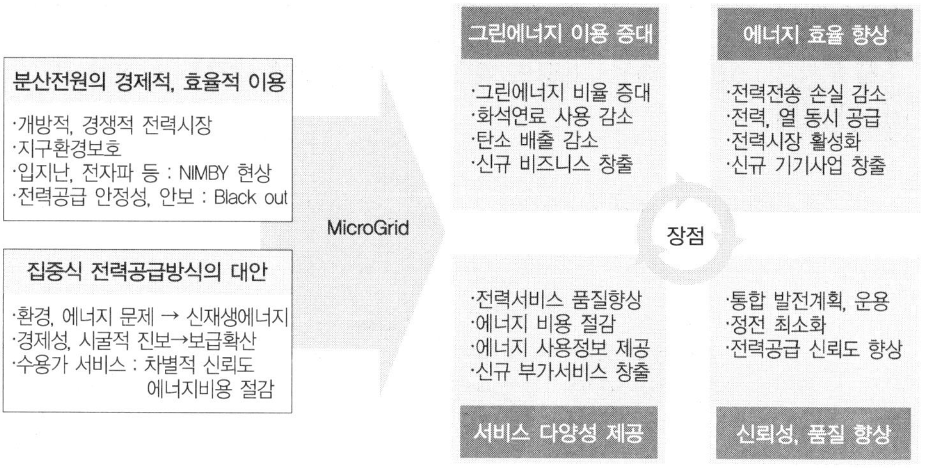

그림 5. 마이크로그리드 효과

참고문헌

1. 황우현, 스마트그리드 신기술, 전기저널, 3월, 2012

2. 최재호, 마이크로그리드 R&D 및 표준화 동향

3. 이학주, IP R&D 연계를 위한 마이크로그리드 기술 특허 분석, 전기저널, 4월, 2012

4. 김주용, 스마트그리드에서 배전분야 기술개발 동향, 2009

5. 안종보, 마이크로그리드 기술동향, 2010

6. 손진만, 마이크로그리드 운영시스템 및 운영사례, LS산전, 대한전기협회, 2013

7. 안종보, 마이크로그리드 비즈니스 모델 및 사업화 방향, KERI, 2014.3.21

07 스마트 배전시스템의 개요와 구현 형태에 대해서 설명하시오.

📌 본 문제를 이해하고, 기억을 오래 가져갈 수 있는 그림이나 삽화 등을 생각한다.

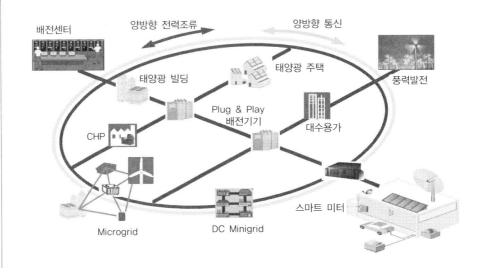

그림 1. 스마트 배전시스템

해설

1. 배전설비의 변천 과정

배전자동화기술은 1991년부터 연구개발을 착수한 1세대의 배전선로 원격감시를 위한 배전자동화에서부터 현재 190개 배전사업소에 설치되어 운영 중인 2세대 종합 배전자동화와 현재 전력 IT과제로 추진하고 있는 배전지능화인 3세대를 거쳐 향후 4세대인 스마트 배전시스템으로 진화할 것이다.

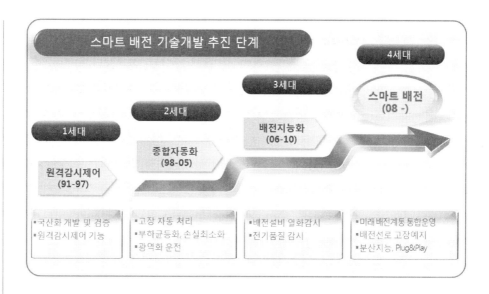

그림 2. 스마트배전 기술개발 추진 단계

2. 배전계통의 복합화에 대한 대응 필요성

전 세계적으로 에너지원의 다변화 정책 및 지속가능 발전의 요구가 확산되면서 신·재생에너지의 보급 및 온실가스 배출억제를 위한 노력을 경주하고 있다. 이러한 환경에서 분산전원의 통합 등 안정적인 계통 운영이 필요하고, 미래 전력망의 지능화 운영이 요구되면서 국내에서도 그림 3과 같이 복합 배전계통으로 변화되고 있다.

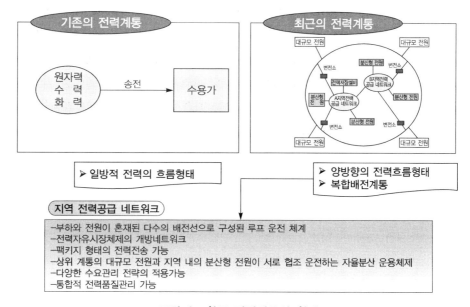

그림 3. 최근 전력계통의 형태

3. 스마트배전시스템의 개념과 기술 개요

그림 1에서 보는 바와 같이 스마트 배전시스템은 정보통신기술, 지능형 배전기기가 융합된 배전계통을 구성하고, 마이크로그리드(MicroGrid) 통합운영, 고장예지, 계통운영 최적화, 자동복구 등의 기능을 가진 첨단 배전운영 체계다. 또한 배전지능화시스템의 차세대 모델로 단방향 통신에 머물러 있는 배전지능화시스템과 달리 양방향 통신이 가능하다. 스마트배전시스템에서 요구되는 기술 개요는 다음과 같다.

○ 변전소에서 고객까지 전기설비 온라인 감시제어
○ GIS 기반 고저압 배전설비의 관리
○ 센서를 내장한 배전설비의 열화상태 온라인 감시
○ 정전관리, 손실최소화 등 배전계통 최적화 운전
○ 분산전원 통합 및 연계 운전

4. 신배전계통의 구현 형태

스마트 배전시스템은 분산전원, AMI, 스마트개폐기 및 PCS 등 다양한 배전급 지능형 전력기기를 적용하여 고품질, 고신뢰성 및 자동복구 능력을 가진 미래 배전시스템을 의미한다.

다시 말해서, 스마트 배전시스템에서는 그림 1과 같이 다수의 분산전원, 마이크로그리드 및 직류배전 등에 대한 최적 배전계통 운영과 고장예지, 전력품질 보상 및 분산지능화 등을 통한 계통 신뢰도 및 품질의 획기적인 향상을 달성하고자 한다.

미래 배전계통에서의 에너지관리시스템을 개발하여 분산전원을 통합 운영하고, 분산지능형 시스템 제어를 통하여 계통 외란에 빠른 대응을 실행하고, 고장예측을 통하여 정전시간을 획기적으로 단축할 것이다. 또한, 배전계통 운영 통합 통신 플랫폼을 구축하고, IEC61850 및 CIM(IEC61968, IEC61970)을 적용하여 시스템을 표준화 할 것이다. 그림 4는 새로운 배전계통에서 요구되는 기능을 요약하고 신배전계통의 구현 형태를 나타낸 것이다.

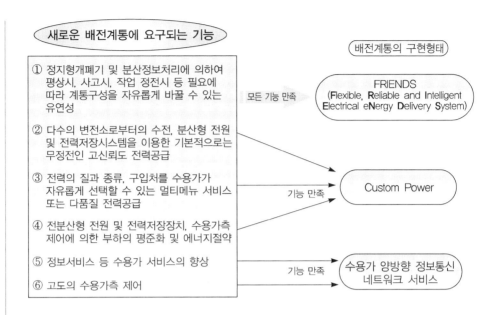

그림 4. 새로운 배전계통의 구현 형태

1) 패킷전력수송 방식에 의한 개방형 네트워크
   - 소규모 분산전원의 발생전력 또는 소비자의 요구를 패킷화
   - 패킷화된 전력에 유통관리에 필요한 정보 꼬리표 부가
   - 분산전원과 전력이용자에게 관계되는 유통관리를 자율 분산적으로 하는 시스템 모색

2) Custom Power 배전시스템
   - 수용가가 요구하는 고신뢰, 고품질의 전력을 공급, 관리 및 제어하는 시스템
   - 전력전자, 정보통신 제어기술, 전력기술 등의 통합기술 요구

3) FRIENDS 배전시스템
   - 복수 개의 고압 배전선에서 수전할 수 있는 '전력품질개질센터(Power Quality Control Center)'를 설치
   - 전력품질개질센터
   - 다양한 품질의 전력
   - 고압측과 저압측 배전선의 유연한 접속 변경
   - 평상시 : 에너지절약 기능
   - 사고시 : 공급의 신뢰성 향상

추가 검토 사항

▄ 공학을 잘 하는 사람은 수학적인 사고를 많이 하는 사람이란 것을 잊지 말아야 한다. 본 문제에서 정확하게 이해하지 못하는 것은 관련 문헌을 확인해 보는 습관을 길러야 엔지니어링 사고를 하게 되고, 완벽하게 이해하는 것이 된다는 것을 명심하기 바랍니다. 상기의 문제를 이해하기 위해서는 다음의 사항을 확인바랍니다.

1. 기존의 전력계통과 개방체제 하에서의 전력수송 시스템에서의 요구되는 배전방식에 대해서 알아 봅시다.

미래의 배전계통은 태양광, 풍력발전 등 분산전원의 배전계통 연계가 급증하고, 마이크로 그리드 및 직류 배전 등의 전력공급의 패러다임이 바뀌어 가고 있으며, 디지털 부하의 급증으로 높은 신뢰도와 품질의 전력공급을 원하는 고객이 늘어날 것이 전망된다.

이러한 요구에 대처하기 위한 스마트 배전시스템은 정보통신, 지능형 배전설비가 융합된 배전계통을 구성하고, MicroGrid 통합운영, 고장예지, 계통운영 최적화 및 자동복구 등이 가능하며, 고객 전력관리 포탈 시스템을 이용하여 전력회사와 고객의 양방향 통신으로 미래 부가서비스 사업 창출이 가능한 유연한 배전운영 체계를 의미한다. 이를 위하여 스마트 배전 운영시스템 개발, 직류배전 운영기술 개발, 아키텍처 설계 및 최적운영기술 개발이 필요하다.

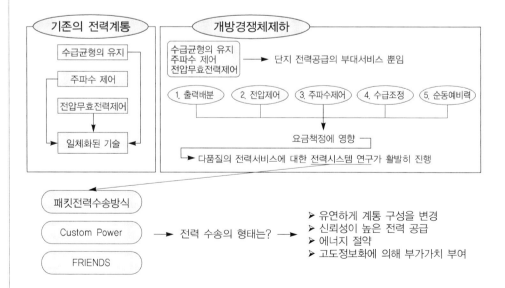

2. Custom Power 배전방식에 대해서 알아 둡시다.

전력계통의 운영자가 전력설비를 최적으로 운용한다 하더라도 각종 사고로 인한 전력품질의 저하를 피할 수가 없으며, 최근의 자동화제어기기 및 정보통신기기 등의 보급으로 전력계통의 전력품질이 악화되는 상황에 있으므로 전력회사 혼자서 모든 고객이 요구하는 양질의 전력을 공급하기에는 한계성이 있다. 이러한 상황에서 전력회사가 일정 규정을 만족하는 "표준품"의 전기를 공급하는데, 고객은 그 이상의 품질을 갖는 "주문품" 을 요구하고 있으므로, 이와 같은 다양한 고객의 요구를 만족시키기 위하여 고객에게 고신뢰·고품질의 전력을 공급관리 및 제어해 줄 수 있는 차세대 배전계통을 Custom Power 배전방식이라고 한다. 이를 실현하기 위한 제어기기를 Custom Power 기기라고 하며, 대표적인 것으로는 고조파전류 보상장치인 능동필터(Active Filter), 정지형 동적전압컨트롤러(Dynamic Voltage Restorer), 무효전력 조정장치(SVC와 STATCON), 정지형 고속절환스위치(Sub-cycle Switch), 무효전력 보상장치(Soft Switch Capacitor), 다기능 전원공급장치 등이 있다. 그림 5는 Custom Power의 개념도이다.

3. 스마트 배전기기의 개발 동향에 대해서 알아 봅시다.

스마트 배전기기 개발에서는 스마트 배전시스템의 통신 인프라 구현을 위한 스마트 배전 통신망의 설계 및 시스템 연계 운영기술이 개발되고, 이를 위한 스마트 배전 네트워크 처리장치가 개발될 것이다. 그리고, 개발되는 스마트 배전기기의 표준 적합성 시험 및 상호 운용성 시험을 위한 기기별 시험과 상위 운영시스템과의 연동시험을 위한 연구가 수행될 것이다. 개발되는 배전기기로는 분산지능형 스마트 배전

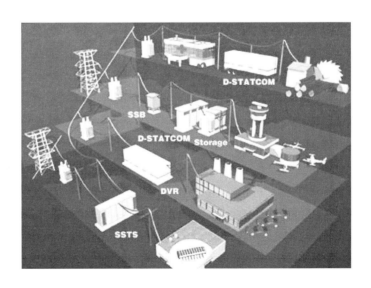

그림 5. Custom Power 배전방식의 개념도

기기와 IEC61850 기반의 RTU와 프로토콜 어댑터가 될 것이다. 분산지능형 스마트 배전기기는 기기간의 통신(Peer-to-Peer Communication)을 통하여 상호간의 정보 교환 및 배전선로의 고장처리, 적응형 보호협조 등의 기술이 구현될 예정이며, 상위시스템과의 연동으로 Plug & Play 기술이 개발될 것이다.

또한, 스마트 VPP (Virtual Power Plant : 독립운전/연계운전) 에이전트가 개발되어 향후 계속 증가할 태양광, 풍력 등의 분산전원의 통합 감시 및 제어를 수행하여 배전계통 운영효율을 높일 수 있을 것이다. 그리고 전력전자기술을 응용하여 계통 상태 감시, 전력품질 제어 등의 기능을 가진 Solid-state 다기능 변압기도 개발 예정이다.

참고문헌

1. 송일근 외, 스마트배전시스템 개발, 2009
2. 최재호, 마이크로그리드 R&D 및 표준화 동향
3. 김주용, 스마트그리드에서 배전분야 기술개발 동향, 2009
4. 스마트배전시스템, 전기저널, 2014.1

08

그림 1과 같은 배전계통의 고장점 A에서의 3상 단락전류(I_{3S})를 구하시오.
단, 전원측(계통) Impedance는 11[%] (100[MVA] 기준), 주변압기의 Impedance
는 9.5[%] (자기용량에서), 또 3상 단락의 고장저항은 무시하며, 1선 지락의 고장
저항값은 7.5[Ω]이다.(단, 주어진 표는 22.9[kV-y] 선로의 ACSR 정상 및 역상
Impedance(100[MVA] 기준)임, 완철 2,400[mm])

표 1. 배전선로의 정상 및 역상 Impedance(100[MVA] 기준)

선 종	R (%/km)	X_1 & X_2(%/km)	
		1,800[mm] 완철 1회선 $D=1,008$[mm]	2,400[mm] 완철 1회선 $D=1,320$[mm]
ACSR 58[mm²]	9.48	8.38	8.77
ACSR 95[mm²]	5.8	8.03	8.41

■ 본 문제를 이해하고, 기억을 오래 가져갈 수 있는 그림이나 삽화 등을 생각한다.

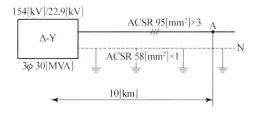

그림 1. 배전계통 구성도

해설

1. 3상 단락전류 I_{3s}

3상 단락전류 계산식은 다음과 같다.(단, 기준용량이 100[MVA]임)

$$I_{3S} = \frac{100}{Z_1} \times 기준전류[A] = \frac{100}{Z_1} \times \frac{100,000}{\sqrt{3}\ V} \qquad \cdots\cdots (1)$$

단, 여기에서

$$I_{3S} = 3상단락\ 고장전류[A]$$

$$Z_1 = \text{고장회로의 정상 \% Impedance (100[MVA] 기준)[\%]}$$

따라서, 3상 단락전류는 다음과 같다.

$$I_{3s} = \frac{100}{Z_1} \times \frac{100{,}000}{\sqrt{3} \cdot V} = \frac{100}{Z_1} \times \frac{100{,}000}{\sqrt{3} \cdot 22.9} = \frac{100}{Z_1} \times 2{,}521[\text{A}] \ \cdots\cdots (2)$$

이다. 여기에서 Z_1은 다음과 같다.

$$Z_1 = Z_s + Z_t + Z_{l1}$$

Z_s : 계통의 % Impedance (100[MVA] 기준)[%]

Z_t : 변압기의 % Impedance (100[MVA] 기준)[%]

　　　(3권선 변압기의 경우에는 Z_{HM}을 적용)

Z_{l1} : 선로의 정상 % Impedance (100[MVA] 기준)[%]

$$Z_s = j11\,[\%]$$

$$Z_t = j9.5 \times \frac{100}{30} = j31.7\,[\%] \ (100[\text{MVA}] \ \text{기준})$$

$$Z_{l1} = (5.8 + j8.41) \times 10\,[\%] \ (\text{표 1 참조})$$

$$\therefore \ Z_1 = Z_s + Z_t + Z_{l1}$$

$$= j11 + j31.7 + 58 + j84.1$$

$$= 58 + j126.8[\%]$$

식(2)로 부터

$$\therefore \ I_{3s} = \frac{100}{Z_1} \times 2{,}521 = \frac{100 \times 2{,}521}{58 + j126.8} = \frac{252{,}100}{58 + j126.8} \doteqdot 1{,}808[\text{A}]$$

추가 검토 사항

■ 공학을 잘 하는 사람은 수학적인 사고를 많이 하는 사람이란 것을 잊지 말아야 한다. 본 문제에서 정확하게 이해하지 못하는 것은 관련 문헌을 확인해 보는 습관을 길러야 엔지니어링 사고를 하게 되고, 완벽하게 이해하는 것이 된다는 것을 명심하기 바랍니다. 상기의 문제를 이해하기 위해서는 다음의 사항을 확인바랍니다.

1. 배전선로 고장계산에 따른 임피던스 중에서 어떠한 임피던스를 고려해야 하는가 확인이 필요합니다.

〈해설〉

배전선로의 고장계산에 관련되는 Impedance에는 계통 Impedance와 변압기의 Impedance 및 선로의 Impedance가 고려되며 이외에 지락 고장시에는 지락저항이 고려되어야 한다.

1) 계통 Impedance

　고장점에서 본 전원측 전 계통의 Impedance로서 배전선로에서는 변압기의 Impedance 또는 선로의 Impedance에 비하여 극소값이므로 보통 무시하는 것이 통례이나 필요에 따라서 고려하여야 한다. 또 계통 Impedance의 값은 계통의 상황에 따라 늘 변동되므로 일정 값으로 규정할 수 없으며, 매년 100[MVA] 기준으로 계산하여 제시되고 있다.

2) 변압기의 Impedance

　변압기의 Impedance 계산은 다음과 같다.

(1) 저항분은 무시한다.

(2) % Reactance는 변압기 명판에 기재된 수치를 100[MVA] 기준으로 계산한다. (예) 30[MVA] 변압기의 %Z가 10[%]일 때 100[MVA]로 환산하면 다음과 같다.

$$\% Z = 10 \times \frac{100}{30} = 33.3\,[\%]$$

　다만, 3권선 변압기에서 각 권선의 용량이 서로 다를 때는 적은 용량권선을 기준으로 하여야 하므로 100[MVA]로 환산시 주의하여야 한다.

(3) 2권선 변압기(△-Y)는 정상, 역상, 영상 Reactance 값이 동일하다고 보고 계산한다.

(4) 3권선 변압기(Y-Yg-△) 경우 정상분 임피던스는 1, 2차 권선 임피던스인 Z_{HM}을 적용하며, 영상분 임피던스는 2, 3차 권선 임피던스인 Z_{ML}을 적용한다.

(5) 2차측 Y결선 접지 측에 1선 지락 고장전류 저감을 위한 NGR(Neutral Ground Reactor)을 설치할 경우, 변압기에서의 영상분 임피던스 계산 시 3배의 NGR Reactance를 포함한다. 그림 2는 3권선 변압기의 임피던스 등가회로를 나타내고 있다.

(a) 정상분 등가회로도

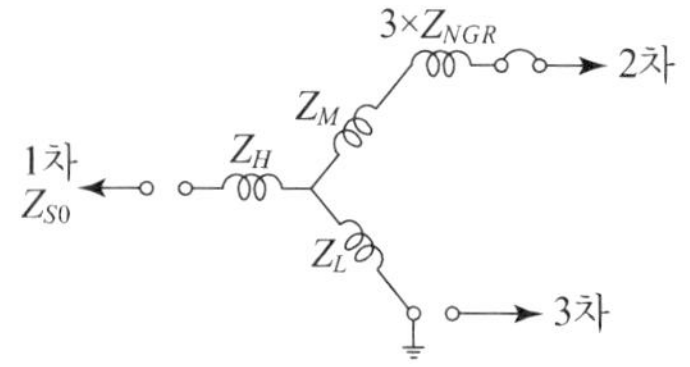

(b) 영상분 등가회로도(Y–Yg–△ 결선)

그림 2. 3권선 변압기의 임피던스 등가회로

(6) %Reactance 값이 서로 다른 단상(1∅) 변압기를 조합했을 때는 그 중 최소 값으로 계산한다.

(7) 변압기의 %Reactance가 불명확할 때는 다음 값을 기준으로 하여 계산한다.

공칭전압 [kV]	140~100	70~30	20~10	6~3
%Reactance [%]	10	7	5	3

3) 선로의 Impedance

배전선로에서 전압별, 선종별로 단위거리[km]당 100[MVA] 기준의 정상, 역상 과 영상 Impedance는 주어진 표를 활용한다. 단, 선로에서 정상 Impedance와 역상 Impedance의 값은 동일한 것으로 보고 계산한다.

2. 전력계통에서 고장전류 저감대책에 대해서 확인해 둡시다.

〈해설〉

표 2는 고장전류 저감기술의 종류와 주요 특징을 나타내고 있다. 현재는 고장전류 저감대책으로 변전소 모선·선로 분리, 전류제한 리액터 설치, 차단기 용량 증대 등을 적용할 수 있다. 그러나, 이는 단기적인 대책으로 계통의 불안정을 유발(변 전소 모선·선로 분리, 전류제한 리액터 설치)하거나, 실제 적용에 제한적이며 고장전류 효과가 없다.(차단기 용량 증대)

이러한 국내 계통 고장전류의 근본적인 해결을 위해서는 HVDC의 적용이 필수적 이라고 한다. 특히 최대 취약지역인 수도권역에 154[kV], 345[kV]급 HVDC 적용 이 적극 검토되어야 한다고 한다.

표 2. 고장전류 저감기술의 종류와 주요 특징

구분 ＼ 기술	모선분리 선로개방	한류 리액터	차단기 교체	선로 DC화	고임피던스 변압기	초전도 한류기
기술 개요	제한적 계통운영	리액터 상시운전	정격차단 용량 상향	HVDC설비	리액턴스 상향	초전도체 특성 이용
계통 영향	안정도 저하	안정도 저하	계통 확장시 정격 재상향	AC/DC 통합운전	손실증대	고장전류 통전시만 한류기 역할
개발 현황	상용화 단계(실계통 운전 중)					배전급 : 실증단계 송전급 : 개발단계
기술 성숙도	실계통 운전 중, 신뢰성 기입증					신뢰성확보연구 진행중
경제성	투자/운영비小		Case별 검토 필요	투자/운영비大	투자/운영비中	투자/운영비中
입지면적	–	부지小	–	부지大	–	부지小

참고문헌

1. 한전 설계기준
2. 임영성, 국내HVDC 현황과 미래계통의 BTB HVDC 적용, 전기저널 2016.6

09

그림 1과 같은 배전계통의 고장점 A에서의 1선 지락전류를 구하시오.
단, 전원측(계통) Impedance는 11[%] (100[MVA] 기준), 주변압기의 Impedance
는 9.5[%] (자기용량에서), 또 3상 단락의 고장저항은 무시하며, 1선 지락의 고장
저항값은 7.5[Ω]이다.(단, 주어진 표 1은 22.9[kV-y] 선로의 ACSR 정상 및 역상
Impedance(100[MVA] 기준)임, 완철 2,400[mm])

표 1. 배전선로의 정상 및 역상 Impedance(100[MVA] 기준)

선종	R (%/km)	X_1 & X_2(%/km)	
		1,800[mm] 완철 1회선 $D=1,008$[mm]	2,400[mm] 완철 1회선 $D=1,320$[mm]
ACSR 58[mm²]	9.48	8.38	8.77
ACSR 95[mm²]	5.8	8.03	8.41

표 2. 배전선로의 영상 Impedance (100[MVA] 기준) : 접지계통

전 선		22.9[kV-Y]
A.C.S.R.	32[mm²] − 32[mm²]	$24.72 + j35.12$
	58 〃 − 32 〃	$17.02 + j34.74$
	58 〃 − 58 〃	$15.85 + j33.12$
	95 〃 − 58 〃	$14.02 + j32.36$
	95 〃 − 95 〃	$13.50 + j30.85$
	160 〃 − 95 〃	$11.99 + j29.26$

📕 본 문제를 이해하고, 기억을 오래 가져갈 수 있는 그림이나 삽화 등을 생각한다.

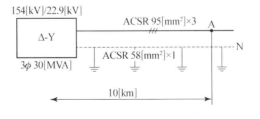

그림 1. 배전계통 구성도

해설

1. 1선 지락전류

1선 지락전류 계산식은 다음과 같다.

$$I_g = 3 \times \frac{100}{Z_1 + Z_2 + Z_0 + Z_f} \times \text{기준전류[A]}$$

$$= \frac{3 \times 100}{Z_1 + Z_2 + Z_0 + 3R_f} \times \frac{100,000}{\sqrt{3} \cdot V} [\text{A}] \qquad \cdots\cdots (1)$$

단, 여기에서

I_g : 1선 지락전류[A]

V : 선간전압[KV]

Z_1, Z_2, Z_0 : 고장회로의 정상, 역상, 영상 % Impedance (100[MVA] 기준)

$$\left. \begin{array}{l} Z_1 = Z_s + Z_t + Z_{l1} \\ Z_2 = Z_1 \\ Z_0 = Z_t + Z_{l0} \end{array} \right\}$$

따라서, 1선 지락전류를 계산하면 다음과 같다.

$$I_g = \frac{3 \times 100}{Z_1 + Z_2 + Z_0 + 3R_f} \times \frac{100,000}{\sqrt{3}\ V}$$

$$= \frac{3 \times 100}{Z_1 + Z_2 + Z_0 + 3R_f} \times \frac{100,000}{\sqrt{3} \times 22.9}$$

$$= \frac{3 \times 100}{Z_1 + Z_2 + Z_0 + 3R_f} \times 2,521 [\text{A}]$$

또 상기의 식으로부터

$$Z_1 = Z_2 = Z_S + Z_t + Z_{l1}$$

$$Z_o = Z_t + Z_{l0}$$

이므로 Z_1을 구하면,

$$Z_s = j11 [\%]$$

$$Z_t = j9.5 \times \frac{100}{30} = j31.7 [\%]\ (100[\text{MVA}]\ 기준)$$

$$Z_{l1} = (5.8 + j8.41) \times 10 [\%]\ (표\ 1\ 참조)$$

$$\therefore \ Z_1 = Z_s + Z_t + Z_{l1} = j11 + j31.7 + (58 + j84.1)$$
$$= 58 + j126.8 = Z_2$$

그리고, Z_O 를 구하면,

$$Z_t = j31.7[\%]$$
$$Z_{l0} = (14.02 + j32.36) \times 10[\%] \ (표 \ 2 \ 참조)$$
$$\therefore \ Z_0 = 140.2 + j(31.7 + 323.6) = 140.2 + j355.3[\%]$$

또 R_f 는 7.5[Ω]을 100[MVA] 기준 % Impedance로 환산하여야 하므로 식 (2)로부터

$$\%Z = \frac{Z(\Omega)}{기준\,\mathrm{Impedance}\,(\Omega)} \times 100$$
$$= \frac{Z(\Omega) \times 기준[\mathrm{kVA}]}{기준[\mathrm{kV}]^2 \times 10} \qquad \cdots\cdots (2)$$
$$R_f = 7.5 \times \frac{100,000}{10 \times V^2} = 7.5 \times \frac{100,000}{10 \times 22.9^2}$$
$$= 7.5 \times 19.1 ≒ 143.3[\%]$$
$$\therefore \ I_g = \frac{3 \times 2,521 \times 100}{Z_1 + Z_2 + Z_0 + 3R_f}$$
$$= \frac{3 \times 2,521 \times 100}{2(58 + j126.8) + (140.2 + j355.3) + (143.3 \times 3)}$$
$$= \frac{3 \times 2,521 \times 100}{686.1 + j608.9} = \frac{756,300}{686.1 + j608.9} ≒ 824.5[\mathrm{A}]$$

추가 검토 사항

■ 공학을 잘 하는 사람은 수학적인 사고를 많이 하는 사람이란 것을 잊지 말아야 한다. 본 문제에서 정확하게 이해하지 못하는 것은 관련 문헌을 확인해 보는 습관을 길러야 엔지니어링 사고를 하게 되고, 완벽하게 이해하는 것이 된다는 것을 명심하기 바랍니다. 상기의 문제를 이해하기 위해서는 다음의 사항을 확인바랍니다.

1. 그림 2와 같이 a상에서 지락사고 발생 시에 1선 지락전류 계산식을 알아둡시다.

　　[해설]

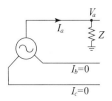

그림 2. a상에서 지락사고 상태

a상의 단자가 지락하고, b상 및 c상 단자는 개방되어 있는 것으로 한다. 고장조건은 다음과 같다.

$$V_a = Z I_a, \ I_b = I_c = 0$$

이다. 그러므로

$$I_b = I_0 + a^2 I_1 + a I_2$$
$$I_c = I_0 + a I_1 + a^2 I_2$$

에서, $I_b = I_c$ 이므로

$$(a^2 - a) I_1 = (a^2 - a) I_2$$
$$\therefore I_1 = I_2$$

가 되고, 이것을 식 I_b에 넣어 정리하면 다음과 같다.

$$I_0 + (a^2 + a) I_1 = 0 \ (\because 1 + a + a^2 = 0, \, a^2 + a = -1)$$
$$I_0 + (-1) I_1 = 0$$

따라서,

$$I_0 = I_1 = I_2 \qquad\qquad \cdots\cdots (3)$$

가 된다. 그리고, a상의 전압을 구하면,

$$\begin{aligned}
V_a &= V_0 + V_1 + V_2 \\
&= -Z_0 I_0 + (E_a - Z_1 I_1) - Z_2 I_2 \ (\text{발전기의 기본식을 대입}) \\
&= -I_0 (Z_0 + Z_1 + Z_2) + E_a \qquad\qquad \cdots\cdots (4)
\end{aligned}$$

그리고,

$$\therefore \; V_a = ZI_a = Z(I_0 + I_1 + I_2) = Z(3\,I_0) = 3\,Z\,I_0 \qquad \cdots\cdots (5)$$

식 (4) = (5) 이므로

$$3ZI_0 = -\,I_0(Z_0 + Z_1 + Z_2) + E_a$$

에서,

$$I_0 = \frac{E_a}{Z_0 + Z_1 + Z_2 + 3Z}$$

그래서, a상에 흐르는 지락전류는 다음과 같다.

$$I_a = I_0 + I_1 + I_2 = 3\,I_0 = \frac{3\,E_a}{Z_0 + Z_1 + Z_2 + 3Z}$$

참고문헌

1. 한전 설계기준, 2017
2. 김세동, 전력설비기술계산 해설, 2016

10

그림 1과 같은 배전계통의 고장점 A에서의 3상 단락전류(I_{3s})와 1선 지락전류(I_g)를 대칭좌표법으로 구하시오.(단, 소수점 둘째자리에서 반올림한다)
[115회 발송배전기술사 문제]

- 전원측 (계통) Impedance는 11[%] (100[MVA] 기준)
- 주변압기의 Impedance는 9.5[%] (자기용량 기준)
- 3상 단락의 고장저항은 무시하며, 1선 지락의 고장 저항값은 7.5[Ω]
- 정상 및 역상 임피던스(ACSR 95[mm^2]) : 5.8 + j 8.41([%/km], 100[MVA] 기준)
- 영상 임피던스(ACSR 95[mm^2] − 58[mm^2]) : 14.02 + j32.36[%/km], 100 [MVA] 기준)

📧 본 문제를 이해하고, 기억을 오래 가져갈 수 있는 그림이나 삽화 등을 생각한다.

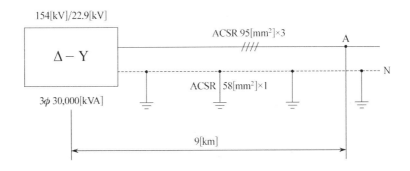

그림 1. 배전계통 구성도

Keyword Family

- 3상 단락전류의 의미와 계산식 : $I_{3S} = \dfrac{100}{Z_1} \times$ 기준전류[A]

- 1선 지락전류의 의미와 계산식 : a상에 흐르는 지락전류는

$$I_a = I_0 + I_1 + I_2 = 3\,I_0 = \frac{3\,E_a}{Z_0 + Z_1 + Z_2 + 3Z}\,[\text{A}]$$

- 임피던스 Map을 작성하는 방법과 합성임피던스[%]를 찾아내는 법

해설

1. 3상 단락전류(I_{3s}) 계산

3상 단락전류 계산식은 다음과 같다.(단, 기준용량이 100[MVA]임)

$$I_{3s} = \frac{100}{Z_1} \times 기준전류[A] = \frac{100}{Z_1} \times \frac{100,000}{\sqrt{3} \cdot V} \qquad \cdots\cdots (1)$$

단, 여기에서

I_{3s} = 3상단락 고장전류[A]

Z_1 = 고장회로의 정상 % Impedance (100[MVA] 기준) [%]

따라서, 3상 단락전류는 다음과 같다.

$$I_{3s} = \frac{100}{Z_1} \times \frac{100,000}{\sqrt{3} \cdot V} = \frac{100}{Z_1} \times \frac{100,000}{\sqrt{3} \cdot 22.9} = \frac{100}{Z_1} \times 2,521[A] \qquad \cdots\cdots (2)$$

이다. 여기에서 Z_1은 다음과 같다.

$$Z_1 = Z_s + Z_t + Z_{l1}$$

Z_s : 계통의 % Impedance (100[MVA] 기준) [%]

Z_t : 변압기의 % Impedance (100[MVA] 기준) [%]

　　(3권선 변압기의 경우에는 Z_{HM}을 적용)

Z_{l1} : 선로의 정상 % Impedance (100[MVA] 기준) [%]

$$Z_s = j11 \, [\%]$$

$$Z_t = j9.5 \times \frac{100}{30} = j31.7 \, [\%] \, (100[MVA] \, 기준)$$

$$Z_{l1} = (5.8 + j8.41) \times 9 = 52.20 + j75.69$$

$$\therefore \; Z_1 = Z_s + Z_t + Z_{l1}$$

$$= j11 + j31.7 + 52.20 + j75.69$$

$$= 52.20 + j118.39$$

식 (2)로 부터

$$\therefore \; I_{3s} = \frac{100}{Z_1} \times 2,521 = \frac{252,100}{52.2 + j118.39} \fallingdotseq 1,948.4[A]$$

그림 1을 임피던스맵으로 나타내어 다른 방법으로 풀면 다음과 같다

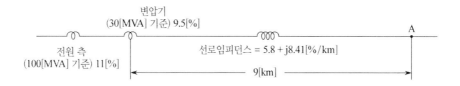

1) 전원측 임피던스

$$Z_s = j11 \ [\%]$$

2) 변압기 임피던스

$$Z_t = j9.5 \times \frac{100}{30} = j31.7\,[\%]$$

3) 선로 임피던스

$$Z_{l1} = (5.8 + j8.41) \times 9 = 52.20 + j75.69$$

4) 정상 임피던스

$$Z_1 = Z_s + Z_t + Z_{l1}$$
$$= j11 + j31.7 + 52.20 + j75.69$$
$$= 52.20 + j118.39$$

5) 3상 단락전류 계산

사고 나기 직전 상태가 정상상태이므로 단락전류 계산은 다음과 같다.

$$I_{3s} = \frac{100}{\%Z_1} \times 기준전류[A] = \frac{100 \times 2{,}521}{52.2 + j118.39} = 1{,}948.4[A]$$

2. 1선 지락전류(I_g) 계산

대칭좌표법을 이용하여 지락전류 식을 산출하면 다음과 같다.

$$I_g = 3 \times \frac{100}{Z_1 + Z_2 + Z_0 + Z_f} \times 기준전류[A]$$
$$= \frac{3 \times 100}{Z_1 + Z_2 + Z_0 + 3R_f} \times \frac{100{,}000}{\sqrt{3} \cdot V}\,[A] \qquad \cdots\cdots (3)$$

단, 여기에서

I_g : 1선 지락전류[A]

V : 선간전압[kV]

$Z_1,\ Z_2,\ Z_0$: 고장회로의 정상, 역상, 영상 % Impedance (100[MVA] 기준)

$$\left.\begin{array}{l} Z_1 = Z_s + Z_t + Z_{l1} \\ Z_2 = Z_1 \\ Z_0 = Z_t + Z_{l0} \end{array}\right\}$$

따라서, 1선 지락전류를 계산하면 다음과 같다.

$$\begin{aligned} I_g &= \frac{3 \times 100}{Z_1 + Z_2 + Z_0 + 3R_f} \times \frac{100,000}{\sqrt{3} \cdot V} \\ &= \frac{3 \times 100}{Z_1 + Z_2 + Z_0 + 3R_f} \times \frac{100,000}{\sqrt{3} \cdot 22.9} \\ &= \frac{3 \times 100}{Z_1 + Z_2 + Z_0 + 3R_f} \times 2,521 \,[\text{A}] \end{aligned}$$

또 상기의 식으로부터

$$Z_1 = Z_2 = Z_s + Z_t + Z_{l1}$$
$$Z_0 = Z_t + Z_{l0}$$

이므로 Z_1을 구하면,

$$Z_s = j11\,[\%]$$
$$Z_t = j9.5 \times \frac{100}{30} = j31.7\,[\%] \ (100\,[\text{MVA}] \ 기준)$$
$$Z_{l1} = (5.8 + j8.41) \times 9 = 52.2 + j75.69$$
$$\therefore Z_1 = Z_s + Z_t + Z_{l1} = j11 + j31.7 + (52.2 + j75.69) = 52.2 + 118.39 = Z_2$$

그리고, Z_0를 구하면,

$$Z_t = j31.7\,[\%]$$
$$Z_{l0} = (14.02 + j32.36) \times 9 = 126.18 + j291.24$$
$$\therefore Z_0 = 126.18 + j(31.7 + 291.24) = 126.18 + j322.94$$

또 R_f는 7.5[Ω]을 100[MVA] 기준 [%] Impedance로 환산하여야 하므로 식 (4)로부터

$$\%Z = \frac{Z[\Omega]}{기준\,\text{Impedance}\,[\Omega]} \times 100 = \frac{Z[\Omega] \times 기준\,[\text{kVA}]}{기준\,[\text{kV}]^2 \times 10} \qquad \cdots\cdots (4)$$

$$R_f = 7.5 \times \frac{100,000}{10 \times V^2} = 7.5 \times \frac{100,000}{10 \times 22.9^2}$$
$$= 7.5 \times 19.1 \fallingdotseq 143.3\,[\%]$$

따라서, 1선 지락전류 값은 다음과 같다.

$$\therefore I_g = \frac{3 \times 2{,}521 \times 100}{Z_1 + Z_2 + Z_0 + 3R_f}$$

$$= \frac{3 \times 2{,}521 \times 100}{2(52.2 + j118.39) + (126.18 + j322.94) + (143.3 \times 3)}$$

$$= \frac{756{,}300}{660.48 + j559.72} = 873.58 = 873.6[\text{A}]$$

추가 검토 사항

📚 공학을 잘 하는 사람은 수학적인 사고를 많이 하는 사람이란 것을 잊지 말아야 한다. 본 문제에서 정확하게 이해하지 못하는 것은 관련 문헌을 확인해 보는 습관을 길러야 엔지니어링 사고를 하게 되고, 완벽하게 이해하는 것이 된다는 것을 명심하기 바랍니다. 상기의 문제를 이해하기 위해서는 다음의 사항을 확인바랍니다.

1. 그림 2와 같이 a상에서 지락사고 발생 시에 1선 지락전류 계산식을 알아둡시다.

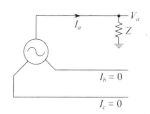

그림 2. a상에서 지락사고 상태

a상의 단자가 지락하고, b상 및 c상 단자는 개방되어 있는 것으로 한다. 고장조건은 다음과 같다.

$$V_a = ZI_a, \quad I_b = I_c = 0$$

이다. 그러므로

$$I_b = I_0 + a^2 I_1 + a I_2$$

$$I_c = I_0 + a I_1 + a^2 I_2$$

에서, $I_b = I_c$ 이므로

$$(a^2 - a) I_1 = (a^2 - a) I_2$$

$$\therefore I_1 = I_2$$

가 되고, 이것을 식 I_b에 넣어 정리하면 다음과 같다.

$$I_0 + (a^2 + a)I_1 = 0 \; (\because 1 + a + a^2 = 0, \; a^2 + a = -1)$$
$$I_0 + (-1)I_1 = 0$$

따라서,

$$I_0 = I_1 = I_2 \qquad\qquad \cdots\cdots (5)$$

가 된다. 그리고, a상의 전압을 구하면,

$$
\begin{aligned}
V_a &= V_0 + V_1 + V_2 \\
&= -Z_0 I_0 + (E_a - Z_1 I_1) - Z_2 I_2 \,(\text{발전기의 기본식을 대입}) \\
&= -I_0 (Z_0 + Z_1 + Z_2) + E_a \qquad\qquad \cdots\cdots (6)
\end{aligned}
$$

그리고,

$$\therefore \; V_a = ZI_a = Z(I_0 + I_1 + I_2) = Z(3I_0) = 3ZI_0 \qquad\qquad \cdots\cdots (7)$$

식 (4) = (5) 이므로

$$3ZI_0 = -I_0 (Z_0 + Z_1 + Z_2) + E_a$$

에서,

$$I_0 = \frac{E_a}{Z_0 + Z_1 + Z_2 + 3Z}$$

그래서, a상에 흐르는 지락전류는 다음과 같다.

$$I_a = I_0 + I_1 + I_2 = 3I_0 = \frac{3E_a}{Z_0 + Z_1 + Z_2 + 3Z} \, [\text{A}]$$

2. 고저항(132 Ω) 접지방식일 때의 고장점 A에서 1선 지락전류를 구하시오.

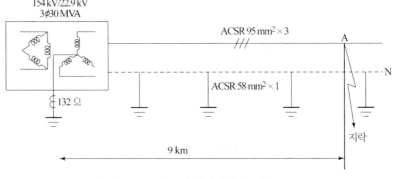

그림 3. 중성점 고저항접지방식 계통 구성도

$$I_g = 3 \times \frac{100}{Z_1 + Z_2 + Z_0 + Z_f} \times \text{기준전류[A]}$$

$$= \frac{3 \times 100}{Z_1 + Z_2 + Z_0 + 3R_f} \times \frac{100{,}000}{\sqrt{3} \cdot V} \qquad \cdots\cdots \ (3)$$

단, 여기에서

I_g : 1선 지락전류 [A]

V : 선간전압 [kV]

Z_1, Z_2, Z_0 : 고장회로의 정상, 역상, 영상 % Impedance (100 MVA 기준)

$$\left.\begin{array}{l} Z_1 = Z_s + Z_t + Z_{l1} \\ Z_2 = Z_1 \\ Z_0 = Z_t + Z_{10} + (3 \times Z_{HRG}) \end{array}\right\}$$

따라서, 1선 지락전류를 계산하면 다음과 같다.

$$\begin{aligned} I_g &= \frac{3 \times 100}{Z_1 + Z_2 + Z_0 + 3R_f} \times \frac{100{,}000}{\sqrt{3} \cdot V} \\ &= \frac{3 \times 100}{Z_1 + Z_2 + Z_0 + 3R_f} \times \frac{100{,}000}{\sqrt{3} \cdot 22.9} \\ &= \frac{3 \times 100}{Z_1 + Z_2 + Z_0 + 3R_f} \times 2{,}521 \, [\text{A}] \end{aligned}$$

또 상기의 식으로부터

$$\begin{aligned} Z_1 &= Z_2 = Z_s + Z_t + Z_{l1} \\ Z_0 &= Z_t + Z_{l0} + (3 \times Z_{HRG}) \end{aligned}$$

이므로 Z_1을 구하면,

$$Z_s = j11 \, [\%]$$

$$Z_t = j9.5 \times \frac{100}{30} = j31.7 \, [\%] \ \ (100 \text{ MVA 기준})$$

$$Z_{l1} = (5.8 + j8.41) \times 9 = 52.2 + j75.69$$

$$\therefore \ Z_1 = Z_s + Z_t + Z_{l1} = j11 + j31.70 + (52.2 + j75.69)$$

$$= 52.2 + j118.9 = Z_2$$

그리고, Z_0를 구하면

$$Z_t = j31.7 \, [\%]$$

$$Z_{l0} = (14.02 + j32.36) \times 9 = 126.18 + j291.24$$

$$Z_{HRG} = 132 \times \frac{100,000}{10 \times V^2} = 132 \times \frac{100,000}{10 \times 22.9^2} = 2,515.92\,[\%]$$

$$\therefore\ Z_0 = j31.7 + (126.18 + j291.24) + (3 \times 2,515.92)$$
$$= 7,673.94 + j322.94$$

또, R_f는 7.5 [Ω]을 100 [MVA] 기준 % Impedance로 환산하여야 하므로 식 (5)로부터

$$\%Z = \frac{Z\,[\,\Omega\,]}{\text{기준 Impedance}\,[\,\Omega\,]} \times 100$$
$$= \frac{Z\,[\,\Omega\,] \times \text{기준}\,[\text{kVA}]}{\text{기준}\,[\text{kV}]^2 \times 10} \qquad \cdots\cdots (5)$$

$$R_f = 7.5 \times \frac{100,000}{10 \times V^2} = 7.5 \times \frac{100,000}{10 \times 22.9^2} = 7.5 \times 19.1 \fallingdotseq 143.3\,[\%]$$

따라서, 1선 지락전류 값은 다음과 같다.

$$\therefore\ I_g = \frac{3 \times 2,521 \times 100}{Z_1 + Z_2 + Z_0 + 3R_f}$$
$$= \frac{3 \times 2521 \times 100}{2 \times (52.2 + j118.9) + (7,673.94 + j322.94) + (3 \times 143.3)}$$
$$= \frac{756,300}{8,208.24 + j441.84} = 92\,[\text{A}]$$

로 계산된다.

따라서, 직접접지방식에서의 1선지락 전류값과 고저항접지방식에서의 1선지락 전류값을 비교 검토하기 바랍니다.

3. 상기의 검토자료를 토대로 중성점 접지방식의 특징을 비교해서 알아 두기 바랍니다.

항목	비접지	직접접지	고저항 접지	소호 리액터 접지
1. 지락 사고시의 건전상의 전압 상승	크다. 장거리 송전선의 경우 이상 전압을 발생함	작다. 평상시와 거의 차이가 없다.	약간 크다. 비접지의 경우보다 약간 작은 편이다.	크다. 적어도 $\sqrt{3}$ 배까지 올라간다.
2. 절연 레벨, 애자 개수, 변압기	감소 불능 최고 전절연	감소시킬 수 있다. 최저 단절연 가능	감소불능 전절연, 비접지 보다 낮은 편이다.	감소 불능 전절연, 비접지 보다 낮다.
3. 지락 전류	적다. 송전 거리가 길어지면 상당히 큼	최대	중간 정도 중성점 접지 저항으로 달라진다. (100~300 A)	최소
4. 보호 계전기 동작	곤란	가장 확실	확실	불가능

항목	비접지	직접접지	고저항 접지	소호 리액터 접지
5. 1선 지락시 통신 선에의 유도장해	작다	최대, 단, 고속 차단 으로 고장 계속 시 간의 최소화 가능 (0.1초 차단)	중간 정도	최소
6. 과도안정도	크다.	최소, 단, 고속도 차 단, 고속도 재폐로 방식으로 향상 가능	크다.	크다
7. 사용장소		일반적인 전력계통 에서 많이 사용	지락사고 발생시 화 재위험 및 정전피해 액이 큰 곳(정유, 화 학, 반도체공장 등)	

참고문헌

1. 한전 설계기준, 2017
2. 김세동, 전력설비기술계산 해설, 2018
3. 송길영, 전력계통공학, 동일출판사

11

그림과 같은 직접접지계통에서 1선 지락이 발생하였을 경우 22.9[kV] 직접접지
계통의 1선 지락전류(Base [MVA] : 100[MVA])를 계산하시오.
(단, 지락점의 저항은 무시한다)

· 계통의 $\%Z_s = 0.15 + j2.15$ (100[MVA] 기준)

· 154[kV] 선로 $\%Z_{154L} = 0.03 + j0.04$ (100[MVA] 기준)

· 154/22.9[kV] 변압기 $\%Z_{TR} = j10$ (자기용량 기준)

· 22.9[kV] 선로 : $R = 0.120[\Omega/\text{km}]$, $X = 0.150[\Omega/\text{km}]$, 거리 : 1[km]

📘 본 문제를 이해하고, 기억을 오래 가져갈 수 있는 그림이나 삽화 등을 생각한다.

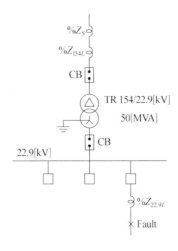

그림 1. 154/22.9[kV] 계통 단선도

그림 1과 같은 계통의 a상에서 지락이 발생한 경우 지락전류의 크기는 다음과 같이
계산한다.

1) 우선 주어진 데이터를 가지고 100[MVA] 기준으로 [%]임피던스를 계산한다.

· 계통의 $\%Z_s = 0.15 + j2.15$ (100[MVA] 기준)

· 154[kV] 선로 $\%Z_{154L} = 0.03 + j0.04$ (100[MVA] 기준)

· 154/22.9[kV] 변압기의 [%]임피던스를 100[MVA] 기준으로 환산하면

$$\%Z_{TR} = j10 \times \frac{100}{50} = j20$$

· 22.9[kV] 선로 : $R = 0.120[\Omega/km]$, $X = 0.150[\Omega/km]$, 거리 : 1[km]이므로

> $Z[\Omega]$과 %Z와의 환산 관계
>
> $$\%Z = \frac{ZI}{E} \times 100 = \frac{Z(\frac{P}{\sqrt{3}\,E})}{\frac{1000E}{\sqrt{3}}} \times 100 = \frac{Z \times P}{10E^2}[\%]$$
>
> 여기서, P는 기준용량[kVA], E는 [kV]이다.

$$\%Z_{22.9L} = \frac{(0.12 + j0.15) \times 1 \times 100 \times 10^3}{10 \times 22.9^2}$$
$$= 2.288 + j2.860 \quad (100[MVA] \text{ 기준으로 환산})$$

2) 상기의 환산한 값을 기준으로 임피던스 맵을 그리면 그림 2와 같다.

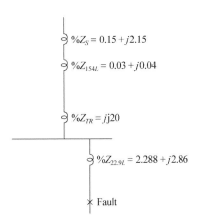

그림 2. %Impedance Map

3) 1선 지락전류를 계산하면 다음과 같다. 문제에서 제시한 바와 같이 지락점의 저항
을 무시한다.

$$I_g = \frac{3 \times 100}{Z_0 + Z_1 + Z_2} \times I_n$$

여기에서

$$Z_1 = Z_2 = (0.15 + j2.15) + (0.03 + j0.04) + j20 + (2.288 + j2.860)$$
$$= 2.468 + j25.050$$

$$Z_0 = j20 + (2.288 + j2.860) = 2.288 + j22.860$$

따라서, 1선 지락전류는

$$I_g = \frac{3 \times 100}{(2.288 + j22.86) + 2 \times (2.468 + j25.05)} \times \frac{100{,}000}{\sqrt{3} \times 22.9}$$
$$= 10.32[\text{kA}]$$

참고문헌

1. 유상봉, 김정철 외, 보호계전시스템의 실무활용기술, 기다리(출), 2002

12

그림 1과 같은 6.6[kV] 계통의 비접지 방식에서 지락보호를 위하여 접지형계기
용변압기(GPT)를 적용하고 있다. c 상에서 1선 지락이 발생한 경우에 다음의
질문에 대해서 답하시오. (단, GPT의 1차 전압 : 6,600[V], 2차 전압 : 110[V])

① a상 전압 : 1차 기준　　　　　　[V], 2차 기준 :　　　[V]

② b상 전압 : 1차 기준　　　　　　[V], 2차 기준 :　　　[V]

③ c상 전압 : 1차 기준　　　　　　[V], 2차 기준 :　　　[V]

④ Open Delta 합성전압 :　　　[V]

⑤ OVGR의 용어 정의 및 동작방법 :

⑥ CLR의 용어 정의 및 설치 필요성 :

⑦ V_0 램프의 설치 필요성 :

■ 본 문제를 이해하고, 기억을 오래 가져갈 수 있는 그림이나 삽화 등을 생각한다.

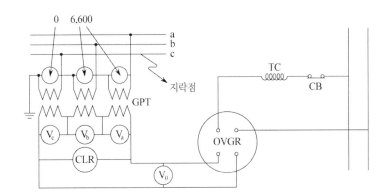

그림 1. GPT 접속도

해설

비접지 계통에서 1선 지락시 그림 2와 같이 중성점 이동으로 인하여 선로 계통이
접지 계통으로 변경되어 전압 관계는 다음과 같다.

① a상 전압 : 1차 기준 6,600[V], 2차 기준 : 110[V]

② b상 전압 : 1차 기준 6,600[V], 2차 기준 : 110[V]

③ c상 전압 : 1차 기준 0[V], 　　　2차 기준 : 0[V](대지와 등전위 발생)

④ Open Delta 합성전압 : 그림 2와 같이 계통 중성점이 접지점으로 이동하여 건전 상전압은 $\sqrt{3}$배 증가하고, 위상각도 120°에서 60°로 변하여 합성시 $\sqrt{3}$배가 증가하여 결국 1상 전압의 3배에 해당하는 영상전압이 발생하게 된다.

따라서, Open Delta 합성전압 $= 63.5 \times 3 = 110 \times \sqrt{3} = 190.5[\text{V}]$가 발생한다.

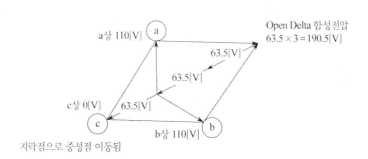

그림 2. c상 지락시 중성점 이동 벡터도

⑤ OVGR
  – 용어 정의 : 지락과전압계전기
  – 동작방법 : GPT의 3차측 Open Delta 간에 결선하며, 접지사고 발생시 영상전압이 공급되어 동작한다.
⑥ CLR
  – 용어 정의 : 전류제한저항기(Current Limit Resistor)
  – 설치 필요성 : 계전기에 유효전류를 공급하기 위하여 GPT의 3차측 Open Delta 간에 설치한다.
⑦ V_0 램프 : 지락 발생시 GPT의 Open Delta 간에 설치하여 지락이 발생된 것을 육안으로 확인할 목적으로 설치한다. 램프는 a–b, b–c, c–a 간에 설치하여 지락이 발생된 상이 어떤 상인지 확인할 목적으로 설치한다.

추가 검토 사항

■ 공학을 잘 하는 사람은 수학적인 사고를 많이 하는 사람이란 것을 잊지 말아야 한다. 본 문제에서 정확하게 이해하지 못하는 것은 관련 문헌을 확인해 보는 습관을 길러야 엔지니어링 사고를 하게 되고, 완벽하게 이해하는 것이 된다는 것을 명심하기 바랍니다. 상기의 문제를 이해하기 위해서는 다음의 사항을 확인바랍니다.

1. **GPT 관련 기기들의 특성에 대해서 검토해 둡시다.**

〈해설〉

항 목	기기의 사양
GPT	
정격 전압	$\dfrac{6600}{\sqrt{3}} / \dfrac{110}{\sqrt{3}}$
정격 용량	200[VA] × 3대
절연 특성	6.6[kV] 1선 지락시 30분 사용 가능(30분 정격으로 제작된 경우)
CLR	
전류 감도	1선 완전 지락 시 1분 사용 가능
OVGR 특성	
Tap	35 40 45 50 55 60 65[V]
Setting	35[V]
SGR	
정격전압	190[V]
최소동작전류 (최대감도)	위상각 진상 37° 정격전압에서 150[mA]
최소 동작력	$V_0 I_0 \cos \times (\theta - 최대감도각) = 190 \times 0.15 \cos \times (37° - 37°)$ $= 28.5[W]$ 여기서, V_0 : 릴레이 설치점의 영상전압 I_0와 θ : 릴레이 설치점의 영상전류와 위상각

2. **GPT의 과부하 원인에 대해서 검토해 둡시다.**

〈해설〉

GPT는 정상 운전상태에서는 정격전압 $\dfrac{6600}{\sqrt{3}}$[V]에 적정한 여자전류만 흐르게 되지만, 1선 지락이 발생하면 유효분 영상전류가 흐르게 되며, 이 영상전류의 크기는 제한저항과 지락저항, 충전용량에 영향을 받게 된다.

그러나, 가장 큰 직접적인 영향은 제한저항의 값에 따라 좌우되며, 제한저항을 GPT의 용량에 적합하게 선정하지 못하면 과부하로 GPT가 소손하게 된다.

제한저항은 중성점의 전압 Hunting과 제3고조파 전류 흡수 및 릴레이의 최소동작전류 등을 고려하여 결정하게 되며, 이 값에 따라 GPT의 용량이 선정된다. 일반적으로 저항값은 6.6[kV]에서는 25[Ω], 3.3[kV] 계통에서는 50[Ω]을 사용한다. 근래에 사용되는 대부분의 비접지계통은 케이블을 사용하게 되어 케이블 충전전류가 큼으로 영상전압이 너무 적게 나타나게 되는(OVGR의 Setting값-최소값 35[V]일 때 이보다 낮게 나타나는 경우) 현상도 있어서 OVGR이 부동작하는 사례도 있다. 이로 인하여 차단기는 트립되지 않으며, 사고가 지속되면 GPT가 소손되는 사례가 발생할 수도 있다.

참고문헌

1. 유상봉 외, 보호계전시스템의 실무활용기술, 기다리, 2002

13

그림 1과 같은 배전계통에서 NGR이 적용된 3권선 변압기일 때의 A점에서 1선 지락고장이 발생하였을 때의 1선 지락고장전류를 구하시오. 이 때 2차권선 중성점에 연결된 NGR 0.6[Ω]이 설치되어 있으며, 변전소의 변압기 및 배전선로의 임피던스는 주어진 표와 같다.

(단, 주어진 표 2는 22.9[kV-y] 선로의 ACSR 정상 및 역상 Impedance(100 [MVA] 기준)임, 완철 2,400[mm])

표 1. 변압기의 Impedance

정격용량	권선	%Z 표기	기준용량 및 %Z	
			용량[MVA]	%Z
60[MVA]	1차-2차	$\%Z_{HM}$	60	20.0
	2차-3차	$\%Z_{ML}$	20	3.0
	3차-1차	$\%Z_{HL}$	20	10.0

표 2. 배전선로의 정상 및 역상 Impedance(100[MVA] 기준)

선종	R (%/km)	X_1 & X_2(%/km)	
		1,800[mm] 완철 1회선 $D=1,008$[mm]	2,400[mm] 완철 1회선 $D=1,320$[mm]
ACSR 58[mm²]	9.48	8.38	8.77
ACSR 95[mm²]	5.8	8.03	8.41

표 3. 배전선로의 영상 Impedance (100[MVA] 기준) : 접지계통

전 선		22.9[kV-Y]
A.C.S.R.	32[mm²] − 32[mm²]	$24.72 + j35.12$
	58 〃 − 32 〃	$17.02 + j34.74$
	58 〃 − 58 〃	$15.85 + j33.12$
	95 〃 − 58 〃	$14.02 + j32.36$
	95 〃 − 95 〃	$13.50 + j30.85$
	160 〃 − 95 〃	$11.99 + j29.26$

◼ 본 문제를 이해하고, 기억을 오래 가져갈 수 있는 그림이나 삽화 등을 생각한다.

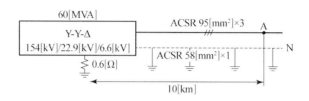

그림 1. 배전계통 구성도

해설

1. 1선 지락전류 I_g

1선 지락전류 계산식은 다음과 같다.

$$I_g = 3 \times \frac{100}{Z_1 + Z_2 + Z_0 + Z_f} \times 기준전류[A]$$

$$= \frac{3 \times 100}{Z_1 + Z_2 + Z_0 + 3R_f} \times \frac{100,000}{\sqrt{3}\,V}\,[A] \qquad \cdots\cdots (1)$$

단, 여기에서

I_g : 1선 지락전류[A]

V : 선간전압[KV]

$Z_1,\ Z_2,\ Z_0$: 고장회로의 정상, 역상, 영상 % Impedance (100[MVA] 기준)

$\left.\begin{array}{l} Z_1 = Z_s + Z_t + Z_{l1} \\ Z_2 = Z_1 \\ Z_0 = Z_t + Z_{l0} \end{array}\right\}$

(NGR이 있을 경우 $Z_0 = Z_t + Z_{l0} + 3 \times Z_{NGR}$)

Z_t : 주변압기의 % Impedance (100[MVA] 기준)

(3권선일 경우 Z_t 정상분은 Z_{HM}, 영상분은 Z_{ML} 적용)

Z_s : 계통의 % Impedance (100[MVA] 기준)

Z_{l1} : 선로의 정상 % Impedance (100[MVA] 기준)

Z_{l0} : 선로의 영상 % Impedance (100[MVA] 기준)

R_f : 고장점의 고장저항값으로서 100[MVA] 기준으로 환산한 % Impedance 값[%]

단, R_f의 값은 고장전류 계산의 필요에 따라서 각각 기준값을 적용하여야 한다.

즉, 유도전압 계산시 또는 보호장치의 협조를 검토할 때 등 그 기준값이 각각 상이하므로 주의를 요한다.

따라서, 1선 지락전류를 계산하면 다음과 같다.

$$I_g = \frac{3 \times 100}{Z_1 + Z_2 + Z_0 + 3R_f} \times \frac{100,000}{\sqrt{3}\, V}$$

$$= \frac{3 \times 100}{Z_1 + Z_2 + Z_0 + 3R_f} \times \frac{100,000}{\sqrt{3} \times 22.9}$$

$$= \frac{3 \times 100}{Z_1 + Z_2 + Z_0 + 3R_f} \times 2,521 \,[\text{A}]$$

또 상기의 식으로부터

① $Z_1 = Z_2 = Z_S + Z_{HM} + Z_{l1}$ 에서

  $- Z_s = j11[\%]$

  $- Z_{HM} = j20 \times \dfrac{100}{60} = j33.3[\%]$ (100[MVA] 기준)

  $- Z_{l1} = (5.8 + j8.41) \times 10[\%]$ (표 2 참조)

  $\therefore\ Z_1 = j11 + j33.3 + 58 + j84.1$

   $= 58 + j128.4 = Z_2$

② $Z_o = Z_{ML} + Z_{l0} + (3 \times Z_{NGR})$ 에서

  $- Z_{ML} = j3.0 \times \dfrac{100}{20}$

   $= j15.0[\%]$ (100[MVA] 기준)

  $- Z_{l0} = (14.02 + j32.36) \times 10[\%]$ (표 3 참조)

  $- Z_{NGR} = 0.6 \times \dfrac{100,000}{10 \times V^2}$

   $= 0.6 \times \dfrac{100,000}{10 \times 22.9^2}$

   $= 0.6 \times 19.1 \fallingdotseq 11.5\,[\%]$

  $\therefore\ Z_0 = j15 + (140.2 + j323.6) + j(3 \times 11.5)$

   $= 140.2 + j373.1[\%]$

③ $R_f = 3 \times \dfrac{100,000}{10 \times V^2} = 3 \times \dfrac{100,000}{10 \times 22.9^2}$

  $= 3 \times 19.1 \fallingdotseq 57.3[\%]$

④ $I_g = \dfrac{3 \times 2,521 \times 100}{Z_1 + Z_2 + Z_0 + 3R_f}$

$= \dfrac{3 \times 2,521 \times 100}{2(58 + j128.4) + (140.2 + j373.1) + (3 \times 57.3)}$

$= \dfrac{3 \times 2,521 \times 100}{428.1 + j629.9}$

$= \dfrac{756,300}{428.1 + j629.9} \fallingdotseq 993[A]$

추가 검토 사항

■ 공학을 잘 하는 사람은 수학적인 사고를 많이 하는 사람이란 것을 잊지 말아야 한다. 본 문제에서 정확하게 이해하지 못하는 것은 관련 문헌을 확인해 보는 습관을 길러야 엔지니어링 사고를 하게 되고, 완벽하게 이해하는 것이 된다는 것을 명심하기 바랍니다. 상기의 문제를 이해하기 위해서는 다음의 사항을 확인바랍니다.

1. 중성점접지리액터(NGR, Neutral Ground Reactor)에 대해서 알아 둡시다.

〈해설〉

154[kV]/23[kV] 변압기의 운전시 배전선로 지락이 매우 빈번하고 이에 의해 발생하는 지락고장전류와 고장전류의 변압기에의 유입은 변압기 권선에 큰 충격을 주게 되며, 이는 변압기 권선고장으로 진행되는 경우가 많다.

배전선 지락에 의한 변압기 고장을 감소하기 위해 1992년부터 변압기 지락고장전류제한장치를 변압기 2차측 중성점에 설치 운전하게 되었다. 이에 따라 변압기에의 지락고장 유입전류는 20~30[%] 정도 감소하고, 변압기 권선에 가해지는 충격을 저감함으로써 변압기 권선고장을 줄이게 된다.

유입식과 건식 2종류가 있으며, 단시간 전류정격은 10초를 적용하고, 변압기 용량에 따라 전류정격이 비례하며, 자체 임피던스는 변압기 1차측의 결선방식(△결선의 경우 0.4[Ω], Y 결선의 경우 0.6[Ω])에 따라 달라진다.

NGR의 사용은 2차측 중성점에 임피던스를 가진 코일을 접속하는 것이므로 이를 비유효접지로 생각할 수 있으나, 임피던스가 매우 적으므로 직접접지로 간주한다.

변압기 운전시 NGR 단선은 중성점의 분리를 의미하므로 이에 대한 대비책으로서 중성점에 단극 단로기를 설치하여 NGR 고장시 중성점을 직접접지 운전하여 중성점 비접지가 되지 않도록 하여야 하며, NGR 고장시 변압기 보호를 위해 영상전압 검출계전기(59G)를 설치한다. 그림 2는 NGR 보호방식을 나타낸다.

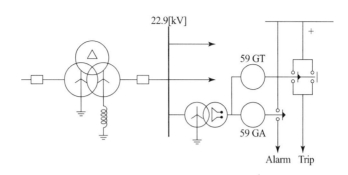

그림 2. NGR 보호방식

참고문헌

1. 한전 설계기준 DS-4903
2. 한전, 송변전 기술용어 해설집

3장

변전설비

01 전력계통의 모선에 사용하는 모선 방식들을 그림으로 그리고, 이들 각 모선 방식의 보호 방식에 대해 설명하시오.

▨ 본 문제를 이해하고, 기억을 오래 가져갈 수 있는 그림이나 삽화 등을 생각한다.

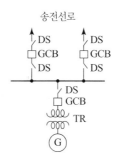

그림 1. 단모선 방식

해설

1. 개요

모선구성방식은 변전소 건설계획 수립시 변전소 형태와 함께 가장 중요한 기본틀이 되는 요소이다. 변전소에서 모선은 전력조류의 집중과 배분을 담당하는 설비로서 해당 변전소가 계통에서 차지하는 역할과 위치에 따라 신뢰성, 경제성 및 계통운전 상의 유연성을 종합적으로 고려하여 신중히 선정하여야 한다. 여기서는 변전소 모선 구성방식을 중심으로 기술한다.

2. 모선 구성방식 선정시 고려사항

변전소 모선구성방식은 모선기능을 충분히 발휘할 수 있도록 전원계통에서 배전계통까지 그 특성에 따라 신뢰도, 계통운용의 융통성, 운전보수, 경제성을 종합하여 검토하고 계통구성과 충분히 협조되는 방식을 선정하여야 한다.

3. 모선 구성방식의 종류

변전소 모선구성방식은 크게 단모선(Radial Bus), 환상모선(Ring Bus) 및 2중모선 (Double Bus)방식으로 분류할 수 있다.

3.1 단모선(Radial Bus) 방식

단모선 방식은 그림 1과 같이 가장 단순한 모선방식으로서 소요 기기 및 공간을 적게 차지해서 경제적이긴 하지만 운용 면에서는 설비증설, 모선고장 및 점검의 경우 변전소 전체정전을 피할 수 없는 등 융통성 부족하고 신뢰도가 낮기 때문에 계통변전소에 적용하기는 어렵고 말단 배전용 변전소 등에서 적용하고 있는 방식이다.

3.2 환상모선(Ring Bus) 방식

환상모선 방식은 그림 2와 같으며, 소요면적이 적고 모선의 부분정지, 차단기의 점검에는 편리하지만 차단기 고장 또는 차단실패의 경우 2개의 선로가 정전되는 등 2중 모선방식에 비해 공급유연성이 낮다. 또한 제어 및 보호회로가 복잡하게 되며 직렬기기(차단기, 단로기)의 전류용량이 커진다는 결점이 있다. 따라서, 이 방식은 일부 대용량 화력발전소의 고압측 모선에서 사용되고 있으나 일반적으로 변전소에서는 사용되지 않고 있다.

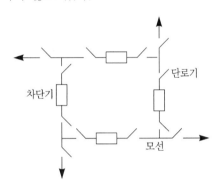

그림 2. 환상모선 방식

3.3 2중모선(Double Bus) 방식

2중모선 방식은 1차단방식, 1.5 차단방식, 4 Bus Tie방식 및 2 차단방식으로 구별할 수 있다. 차단기 등의 기기 설치 수가 많고 설치면적도 많이 필요하게 되지만 특히 중요한 기간계통의 변전소에 고신뢰도 모선방식으로 채택되고 있다.

1) 2중모선 1 차단방식

2중모선 1차단방식은 그림 3과 같으며, 단모선방식에 비하여 계통운영의 유연성이 높다. 각 선로는 2개 모선중에서 선택하여 연결될 수 있으며, 단모선방식과 비교할 때 설비, 부지면적 등이 증가하지만 모선점검 및 계통운영이 편리해진다.

이 방식은 1 선로당 차단기가 1대로서 2중모선방식 중에서는 경제성이 가장 좋으나, 차단기 점검시 해당 선로가 정전되고 차단기 차단 실패시는 4개 선로가 정전되며, 모선연결차단기 차단 실패시는 변전소 전체가 정전되는 단점이 있다. 일반적으로 154kV 계통의 모선구성방식에서 선정하고 있다.

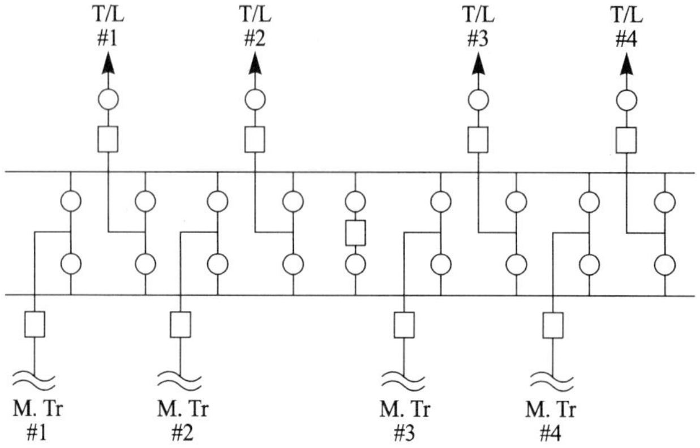

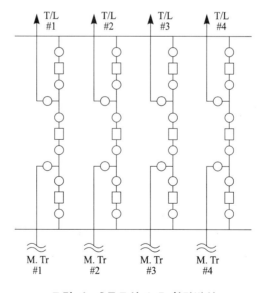

그림 3. 2중모선 1 차단방식

2) 2중모선 1.5 차단방식

2중모선 1.5 차단방식은 그림 4와 같이 2개 선로당 3대의 차단기를 설치하는 방식으로 모선 고장시에도 계통에 전혀 영향이 없고 차단기 점검시 해당선로의 정전이 필요하지 않기 때문에 특별히 고신뢰도를 요구하는 대용량 계통에서 많이 채택하고 있다.

그림 4. 2중모선 1.5 차단방식

그러나, 모선측 차단기 차단 실패시 해당선로와 모선의 절반이 정전되고 중앙 차단기 차단 실패시에는 2개 선로가 정전되는 단점이 있으므로 동일 Bay에서 동일루트 2회선 선로의 인출은 피해야 한다. 이 방식은 우리나라의 765[kV], 345[kV] 계통에 적용하고 있는 모선구성방식으로서 특히 #1, 2모선이 모두 정전되어도 중앙 차단기를 이용하여 계통연결이 가능한 이점 등으로 인해 세계적으로도 대용량 변전소에 널리 쓰이고 있다.

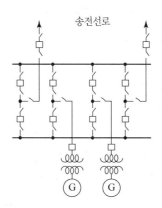

송전선로

그림 5. 이중모선 2.0 차단방식

4. 모선방식의 보호방식

4.1 154[kV] 모선보호계전방식

피보호설비	모선 구성형태	적용 보호계전방식	비 고
154[kV] 모선	이중모선	위상비교방식	저전압 Check 방식구비

4.2 345[kV] 모선보호계전방식

피보호설비	계 열	적용 보호계전방식	비 고
345[kV] 모선 (1.5 CB 방식)	제1계열	전압차동방식	1. AC 및 DC 공히 2계열화 2. 저전압 Check 방식구비
	제2계열	〃	

4.3 765[kV] 모선보호계전방식

피보호설비	계 열	적용 보호계전방식	비 고
765[kV] 모선 (1.5 CB 방식)	제1계열	전압 또는 전류차동방식	① AC 및 DC 공히 2계열화 ② 저전압 Check 방식구비
	제2계열	전압 또는 전류차동방식	

4.4 보호계전방식의 비교

1) 전압차동방식

전압차동방식은 차동회로에 과전류 계전기 대신 임피던스가 큰 전압계전기를 접속한 방식이다. 외부 고장 시에는 변류기 포화에 의한 오차전류가 차동회로의 높은 임피던스 때문에 차동회로에 흐르지 못하고, 변류기 2차 회로를 환류해서 차동회로에 걸리는 전압은 낮게 되어 계전기 동작을 못하게 한다. 반면 내부 고장 시에는 변류기 2차 회로를 환류할 수 없으므로 차동회로에 높은 전압이 발생되어 계전기를 동작시키는 방식이다.

2) 전류차동방식

전류차동방식은 보호구간 각 단자의 전류크기와 방향을 비교하여, 고장구간을 판정하는 방식이다.

3) 위상비교방식

차동방식이 전기량의 비교를 하는데 비해 위상 비교방식은 각 회선전류의 위상을 비교하여 내외부 사고를 판정하는 방식이다.

위상 비교의 방법은 정의 반파가 들어올 때는 동작력이 발생하고, 부의 반파가 들어올 때는 억제력을 내도록 하여 동작력과 억제력이 동시 존재하면 절대로 동작하지 않도록 반도체 회로를 이용하고 있다.

추가 검토 사항

📑 공학을 잘 하는 사람은 수학적인 사고를 많이 하는 사람이란 것을 잊지 말아야 한다. 본 문제에서 정확하게 이해하지 못하는 것은 관련 문헌을 확인해 보는 습관을 길러야 엔지니어링 사고를 하게 되고, 완벽하게 이해하는 것이 된다는 것을 명심하기 바랍니다. 상기의 문제를 이해하기 위해서는 다음의 사항을 확인바랍니다.

1. 모선은 주모선, 분기모선, 인출모선 등으로 구분되며, 아래 그림과 같다.

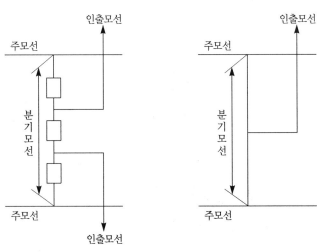

그림 1. 1.5 차단방식   그림 2. 1 차단방식

2. 모선계통은 모선과 차단기 및 단로기로 구성되며 구성방식은 변전소의 규모 및 중요도 등에 따라서 아래 사항을 고려하여 선정한다.

    (1) 사고 파급범위의 축소 및 신속한 복구

    (2) 유지보수의 용이성

    (3) 증설공사시의 휴전구간 최소화 및 작업의 안정성

    (4) 설비의 단순성 및 건설공사의 경제성

3. 모선 구성에 대해서 간단히 요약하면 다음과 같다.

모선 종류	개 요	특 징		비고
		장점	단점	
Double Bus	1) 2개의 모선 사이에 2개의 모선연락용차단기를 삽입하고, 그 사이에서 선로를 인출하는 방식 2) 사고시에는 모선연락용차단기를 개방시켜, 단락사고전류의 억제를 도모하며, 또한 건전회선이 과부하도 방지하면서 운전을 계속할 수 있고, A모선과 B모선을 분리하고 계통이 다른 안전을 할 수 있다.	1) 기기모선의 점검이 편리 2) 계통 운용의 자유화 3) 설비의 가동률을 극대화	1) 단모선에 비해 단로기, 모선 및 소요면적이 증가	2회선 송전선이 많은 우리나라에 적합하며, 계통상의 중요한 변전소에 널리 채용되고 있다.
One & Half Bus	Double Bus에서는 송전선 1회선당 차단기가 1대 적용되고 있으나, One & Half Bus에서는 송전선 2회선당 3대, 즉 1회선당 $1\frac{1}{2}$ 대의 차단기를 적용하는 방식	1) 차단기의 고장이나 점검시에는 송전설비나 변압기를 정지시키지 않는다.	1) Double Bus에 비해 차단기 대수 및 설치면적이 많다. 2) 차단기의 제어회로 및 모선보호방식이 복잡	
Transfer Bus	1) 점검모선방식 혹은 보조모선방식이라 부르며, 주모선에 점검모선을 부가한 방식 2) 평상시에는 변압기나 송전선을 주모선에 접속해 두고, 차단기의 점검 등을 할 때에는 모선연락차단기와 점검모선 측의 단로기를 폐로한 후 그 차단기와 양측의 단로기를 개로함으로써 점검모선에 변압기나 송전선을 접속하는 방식	1) 차단기 점검 편리	1) 점검 모선에 접속될 경우 사고시에는 보호에 만전을 기할 수 없다. 2) 계통 운용의 부자유	

모선 종류	개 요	특 징		비고
		장점	단점	
Ring Bus	모선을 환상으로 접속한 방식	1) 모선을 구성하는 선로가 짧으므로 소요면적이 적다. 2) 부하전환이 편리 3) 점검을 위하여 모선의 부분정전 및 차단기를 정지시켜도 송전 계속 유지	1) 제어 및 보호회로가 복잡 2) 계통운용상 Double Bus만큼 편리하지 못함.	

4. 한전의 345[kV] 변전소의 모선 구성방식은 다음과 같다.

  1) 1차측(345[kV]) 모선구성방식

   2중모선 1.5차단방식으로 1개의 Bay당 3개의 차단기를 설치하고 2개 회선이 연결되도록 한다. 단, 양방향 인출이 불가능한 Bay는 2개의 차단기를 설치하고 1개 회선이 연결되도록 한다.

  2) 2차(154[kV])측 모선구성방식

   2중모선 1 차단방식으로 구성한다.

5. 변전소의 형태에 대해서 알아 둡시다.

변전소의 형태는 일반적으로 변전소 내 대표적인 전력설비인 변압기의 설치 장소에 따라 옥외형, 옥내형, 지하형, 복합형(변전소와 다른 용도로 이용되는 복합 용도의 건물내)으로 분류되며, 모선, 단로기, 차단기 등의 구성 방법에 따라 철구형, GIS형으로 분류하여 이의 조합에 의해 옥외철구형(현재 건설하지 않음), 옥외 GIS형, 옥내 GIS형, 지하 GIS형, 복합 GIS형으로 구분한다. 옥외 Full GIS형은 변압기, 모선, 개폐장치 등 전력설비를 옥외에 설치하고, 모선 및 개폐장치는 가스로 절연된 금속제 외함 내에 장치한 GIS를 사용한 변전소이다. 변압기와 개폐장치 및 송전선로를 가스절연모선으로 연결하여 송전선로 인출입용 연결부를 제외하고는 변전소 구내에 노출된 충전부가 없는 형태이다.

변전소의 형태의 결정은 용지비, 건물 및 변전설비의 공사비 등 경제성과 주변 환경과의 조화, 민원 등을 종합적으로 고려하여 결정해야 한다.

6. 디지털변전소에 대해서 알아 둡시다.

지능형 전력망 구현을 위해 변전소 자동화시스템에 대한 지능화, 표준화가 중요하게 대두되면서 2005년에 변전소 자동화에 특화된 국제표준인 'IEC 61850'이 제정되었다.

IEC 61850 표준은 변전소를 운영하기 위해 필요한, 감시, 제어, 계측, 정보를 계층적인 구조로 모델링하였다. 모든 정보 각각에 대한 명세를 정의하여 정보교환에 대한 명시성을 보장하였다. 'GOOSE'라는 정보 교환에 대한 방식의 정의는 IED간 통신(Peer-To-Peer)을 가능하게 하여 제어 케이블 및 보조 계전기 등과 같은 하드웨어로 구현한 여러 기능들을 IED 내부조직으로 처리할 수 있게 하였다.

이는 많은 제어 케이블의 사용에 따른 시스템의 복잡성을 줄이고, 시스템의 구축, 유지, 보수와 관련된 경제적 비용을 절감할 수 있게 하였으며, 보조 계전기의 노후 등과 같은 문제로 야기되었던 시스템 장애를 해소함으로써 설비의 신뢰성을 높였다. 이전에 사용되었던 통신규약과는 다른 개념으로 접근된 IEC 61850 표준은 다음과 같은 내용을 포함하고 있다.

• 변전소에 관한 일반적인 사항(프로젝트 관리, 환경과 EMC 요구사항 등)
• 주요 기능과 장치에 대한 주요 정보(측정값, 상태와 스위칭 정보 등)
• 보호, 감시, 제어, 측정 및 계측에 대한 정보 교환
• 스위치, 변압기 및 계기용변성기와 같은 주요 장치에서 측정된 디지털 정보의 교환
• 변전소 구성 표현 방법

IEC 61850 기반의 변전소 자동화 시스템은 변전소 시스템을 3단계 레벨(Station/Bay/Process Level)과 각 레벨을 연계시킬 수 있는 2가지의 통신네트워크(Station/Process Bus)로 구성되어 있다.

디지털 변전소는 기존의 물리적인 장치(제어케이블 보호배전반, 각종 보조계전기, 전기·기계적인 접점 등)로 구성된 기존 변전시스템과는 달리 현장설비에 부착된 IED와 상위 시스템 간 광케이블을 이용하여 정보를 전송하고, 현장설비와 정보를 데이터화하여 IED 간 1:1 구성이 아닌 14:N 연결을 통하여 설비 확장의 유연성을 확보하였다. 또한 감시, 제어, 보호, 계측 기능이 IED로 통합함으로써 설비를 단순화하고 제어케이블 설치물량도 약 83 % 가량 대폭 축소하였다. 2011년 4월에 한전은 154 kV 디지털변전소 표준설계 및 시공기준을 제정하였다.

디지털변전소와 기존 변전소를 비교하면 다음과 같다.

구분	기존 변전소	디지털 변전소	비고
정보전달 매체	Hard-Wire	Fiber-Optic	H/W 비용절감
정보처리 기술	Analog 신호처리	Digital 신호처리	IT 응용기술 접목 정보 신뢰성 확보
회로구성 장치	계전기, 보조 계전기, 접촉, F/R 등	IED	기능 통합
회로구성 구조	전기, 기계적 시퀀스	논리적 프로그램	설비 기능 변경, 조정의 유연성 확보
HMI 연계	Point 별 1:1 연결	1 :N 연결	설비 확장 유연성 확보
전력설비 구성	복잡한 하드웨어	IED 내부 Logic	내부회로 단순화/집적화, IT 기반 신기술 적용 용이

※ IED(Intelligent Electronic Device) : 변전소 내 설비들의 보호, 제어, 감시, 계측, 인터록, 고장 기록 등의 기능을 통신을 이용하여 외부로 주거나 받는 기능을 구비한 지능형 디지털 전자장치를 말함

참고문헌

1. 한국전력공사 규격, DS-2101(모선구성방식 및 상배치 기준)
2. 한국전력공사 규격, DS-2401(변전소 계측 및 보호계전방식)
3. 방선웅, 변전소 형태 및 설비규모의 결정, 전기저널, 12월, 2011
4. 황윤균, 국제표준 디지털변전소 자동화 추진, 6월, 2011

02   3권선 변압기의 특징과 주된 용도 4가지를 설명하시오.

■ 본 문제를 이해하고, 기억을 오래 가져갈 수 있는 그림이나 삽화 등을 생각한다.

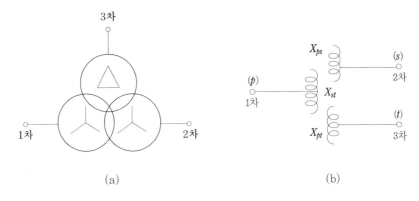

그림 1. 3권선 변압기

해설

1. 개요

1) 3권선변압기(Three-winding transformer)는 1상에 대하여 3개의 다른 독립된 권선으로 이루어져 있는 변압기이다.

2) 3권선 변압기는 1, 2차 권선에 3차 권선을 설치한 변압기로 권수비에 따라 1조의 변압기로 2종류의 전압과 용량을 얻을 수 있다.

3) 송배전에 적용되고 있는 Y-Y-△ 결선방식은 Y-Y 결선의 장점에 △-△ 결선의 장점을 이용한 것으로서 삼상 결선에서 가장 많이 사용되는 결선방식이다.

2. 특징

1) 제 3고조파를 권선 내에서 순환시키기 위해 △결선을 가지고 있다.

2) 2차 권선에 유도성 부하가 있는 경우 3차 권선에 진상용 콘덴서를 설치하면 1차 회로의 역률을 개선할 수 있다.

3. 3권선 변압기의 주된 용도 4가지

1) 변전소에서 조상설비를 설치할 경우에는 동기조상기용으로서 11[kV], 전력콘덴서용으로서 11~22[kV]의 3차 권선을 갖는다.

2) 발전소에 소내용 동력설비에 전력을 공급하기 위하여 따로 소내용 변압기를 두지 않고, 주변압기에 3차 권선을 붙이는 경우가 있다.

3) △결선의 3차 권선을 설치하여 고조파 중 가장 큰 제3고조파의 전압, 전류를 억제하고 영상임피던스를 작게 한다. 이러한 목적의 권선을 안정권선이라 부른다. 안정권선은 단자를 변압기 외부에 인출하지 않는 경우도 있고, 2 또는 4개의 단자를 인출하여 접지하는 경우도 있다.

4) 지락 고장 시, 지락전류를 흐르게 하기 위함의 목적으로도 적용된다.

5) 1, 2차 권선에 3차 권선을 설치한 변압기로 권수비에 따라 1조의 변압기로 2종류의 전압과 용량이 필요한 곳에 적용된다.

4. 3권선 변압기의 정격전압 및 결선 방식

표 1은 3권선 변압기의 정격전압과 탭전압을 나타낸 것이며, 표 2는 3권선 변압기의 결선방식을 나타낸 것이다. 표 1과 표2는 한국전력공사의 설계기준이다.

표 1. 변압기 정격전압 및 탭전압

고압권선 (1차권선)		중압권선 (2차권선)	저압권선 (3차권선)	비 고
정격전압[kV]	탭전압[kV]	정격전압[kV]	정격전압[kV]	
$\frac{765}{\sqrt{3}}$	$\frac{765}{\sqrt{3}} \pm 7\%$	$\frac{345}{\sqrt{3}}$	23	–
$\frac{345}{\sqrt{3}}$	$\frac{345}{\sqrt{3}} \pm 10\%$	$\frac{161}{\sqrt{3}} \left(\frac{154}{\sqrt{3}} \right)$ 주1)	23	–
$\frac{154}{\sqrt{3}}$	$\frac{154}{\sqrt{3}} \pm 12.5\%$	23	6.6	3차측 안정권선

표 2. 변압기 결선방식

결 선						적 용
1차측	2차측	3차측	1차권선	2차권선	3차권선	
765[kV]	345[kV]	23[kV]	Y	Y	△	단상 단권 2분할 변압기를 3상 결선하여 적용한다.
345[kV]	161[kV]	23[kV]	Y	Y	△	단상 단권 변압기를 3상 결선 하여 적용한다.
154[kV]	23[kV]	6.6[kV]	Y	Y	(△)	3차권선은 부하를 연결하지 않는 안정권선 만을 둔다.

추가 검토 사항

■ 공학을 잘 하는 사람은 수학적인 사고를 많이 하는 사람이란 것을 잊지 말아야 한다. 본 문제에서 정확하게 이해하지 못하는 것은 관련 문헌을 확인해 보는 습관을 길러야 엔지니어링 사고를 하게 되고, 완벽하게 이해하는 것이 된다는 것을 명심하기 바랍니다. 상기의 문제를 이해하기 위해서는 다음의 사항을 확인바랍니다.

1. **안정권선(Stabilizing winding)에 대해서 알아 둡시다.**

   변압기의 1, 2차 결선이 Y-Y결선일 경우 철심의 비선형 특성으로 인하여 기수고조파를 포함한 왜형의 전압, 전류가 흐르게 되고, 이 고조파 분은 인접통신선에 전자유도장해를 일으킬 뿐만 아니라, 2차 측 중성점을 접지할 경우 직렬공진에 의한 이상전압 및 제 3고조파의 영상전압에 따른 중성점의 전위 이동과 같은 현상을 발생시킨다. 이러한 현상들을 제거하기 위하여 △결선의 3차 권선을 설치하여 고조파 중 가장 큰 제3고조파의 전압, 전류를 억제하고 영상임피던스를 작게 한다. 이러한 목적의 권선을 안정권선이라 부른다. 안정권선은 단자를 변압기 외부에 인출하지 않는 경우도 있고, 2 또는 4개의 단자를 인출하여 접지하는 경우도 있다. 안정권선의 용량은 주권선 용량의 1/3이하로 한다. 단권변압기에도 △결선의 3차 권선을 설치하여 안정권선의 역할과 부하공급을 한다.

2. **Y-Y-△ 결선에서 △결선이 없는 경우의 각종 문제가 생기게 되며, 어떠한 문제가 생기는지 확인해 둡시다.**

   1차, 2차의 양권선의 중성점을 접지하는 것이 가능하고, 1차-2차간의 위상변화가 없기 때문에 1차-2차간을 동위상으로 할 필요가 있는 경우에 사용된다. △결선이 없는 경우에는 다음과 같은 각종 문제가 생긴다.

   (1) 변압기 철심의 여자특성은 비직선성이고, 또 hysteresis 현상이 있기 때문에, 여자전류는 많은 제3고조파 성분을 포함하고 있다. △권선이 없으면 여자전류의 제3고조파의 통로가 없기 때문에 유기전압은 제3고조파를 현저하게 포함한 왜곡된 파형으로 된다.

   (2) 중성점을 비접지한 경우에는 중성점 전위가 제3고조파 분 만큼 높게 된다.

   (3) 중성점을 접지하면, 대지전위에 포함된 제3고조파가 선로의 정수 여하에 따라서 직렬공진을 발생하며, 이상전압이 생기는 것이 있다. 또 중성점을 통하여 흐르는 제3고조파 전류 때문에 통신선으로의 유도장해의 원인으로 된다.

   이상의 관점에서, 대용량 고전압의 변압기는 △권선을 갖고 있지만 이 목적이외에 지락 고장 시, 지락전류를 흐르게 하기 위함의 목적, 조상설비의 접속, 소내전원공급의 목적에서, 3차 △권선이 사용되고 있다. 또, 3차 회로에 단락 고장이 발생한 경우에는 권선에 작용하는 전자력이 크므로, 강하고 튼튼한 구조로 할 필요가 있다. △권선에서 부하를 취하지 않는 경우를 특히 안정권선이라고 한다.

3. 3권선 변압기의 등가회로을 그리고, 각각의 임피던스를 계산할 줄 알아야 합니다.

그림 2. 3권선 변압기의 등가회로

그림 2에서, 1-2차간(3차측 개방시), 2-3차간(1차측 개방시), 3-1차간(2차측 개방시) 임피던스가 각각 X_{ps}, X_{st}, X_{tp}[%]일 때, 1차, 2차, 3차의 각 임피던스 X_p, X_s, X_t는 다음과 같이 계산된다.

$$X_{ps} = X_p + X_s$$
$$X_{st} = X_s + X_t$$
$$X_{tp} = X_t + X_p$$

로부터, 연립방정식을 풀면 다음의 식과 같다.

$$X_p = \frac{X_{ps} + X_{tp} - X_{st}}{2}$$
$$X_s = \frac{X_{ps} + X_{st} - X_{tp}}{2}$$
$$X_t = \frac{X_{tp} + X_{st} - X_{ps}}{2}$$

참고문헌

1. 송길영, 발변전공학, 동일출판사, 2012
2. 변전설계기준 DS - 2501, 전력용 변압기 선정기준, 한국전력공사

03 전절연(Full insulation)과 균등절연(Uniform insulation)에 대하여 설명하시오.

■ 본 문제를 이해하고, 기억을 오래 가져갈 수 있는 그림이나 삽화 등을 생각한다.

그림 1. 전기절연물(프레스보드)

• 프레스보드(Pressboard) : 무명, 삼, 우드 펄프 등의 식물섬유로 뜬 습지를 겹쳐 놓고 가압 건조시켜 롤에 걸어 만든 것. 전기기기의 절연용으로 사용된다. 중대형 변압기에 많이 사용되는 제품이며, 부드럽고 휘임에도 부러짐이 없으며, 절연지와 함께 사용된다.

해설

1. 변압기의 주절연(Major insulation)

변압기 고압 권선과 저압 권선 간의 분할된 권선 간의 절연이며, 그 절연 구조는 내철형, 외철형, 원판 권선 등 철심과 권선의 형태 등에 따라 다르다. 절연물은 주로 프레스보드와 같은 물질이 많이 사용되며, 변압기의 대용량 고전압화에 따라 절연 구조도 배리어구조에서 충전 절연구조로 변화되고 있다.

2. 전절연(Full insulation)

발·변전소등의 전력계통에 설치되는 변압기는 계통에 발생하는 여러 형태의 이상 전압으로부터 보호되도록 제작되어 있는데, 이때 이상 전압에 맞게 절연강도를 일 일이 바꾸는 일은 설계표준화의 면에서도 바람직하지 않기 때문에 적당한 간격을 두고 절연계급을 설정한 후 각 계급에 대응하는 임펄스 및 상용주파의 내전압 시험치를 제정하여 이것에 의해 절연설계를 표준화하고, 기기의 중요도, 침입 가능한 이상 전압의 크기 등 여건에 맞추어 선택 사용하는 방식이다.

절연계급의 명칭은 숫자에 의한 호수로 나타내며, 그 접속되는 계통의 공칭전압 [kV]을 1.1로 나눈 값과 절연계급의 수치가 일치하는 경우를 '전절연'이라 하며, 일반적으로 비유효 접지계에 접속되는 권선에 채용된다.

3. 균등절연(Uniform insulation)

권선의 전체부분이 대지에 대해 그 선로 단자의 교류시험 전압에 견디는 권선을 말한다.

단절연으로 하면 그 권선 중성점 측의 타 권선 또는 철심에 대한 주절연치수를 단축할 수 있으므로 경제적이며, 특히 고전압으로 될수록 그 효과가 크다. 단절연에 대해서 중성점 단자의 절연강도가 선로단자와 같은 경우 및 △결선시의 권선절연을 '균등절연'이라 한다. 즉, 권선의 모든 부분이 대지에 대해 그 선로단자의 교류시험전압에 견디는 것을 말한다. 균등절연의 경우도 중성점 피뢰기를 설치하는 것이 바람직하지만, 경제적인 이유에서 Bushing보호 Gap으로 대용시키는 일도 있다.

그때 Gap의 길이는 정극성 표준화 충격전압에 대한 50[%] Flash Over전압이 기준 충격절연강도의 83[%]로 되도록 선택한다. 특히 지정이 없는 한 변압기권선 중성점 단자의 절연강도는 균등절연으로 한다.

> ### 추가 검토 사항

🔲 공학을 잘 하는 사람은 수학적인 사고를 많이 하는 사람이란 것을 잊지 말아야 한다. 본 문제에서 정확하게 이해하지 못하는 것은 관련 문헌을 확인해 보는 습관을 길러야 엔지니어링 사고를 하게 되고, 완벽하게 이해하는 것이 된다는 것을 명심하기 바랍니다. 상기의 문제를 이해하기 위해서는 다음의 사항을 확인바랍니다.

1. 저감절연(低減絕緣 : Reduced insulation)에 대해서 알아 둡시다.

유효접지 계통에서는 1선 접지사고시 건전상의 대지전압이 비접지 계통 또는 비유효 접지계통에 비해 낮으므로 정격전압이 낮은 피뢰기를 채용할 수 있다. 따라서, 임펄스방전 개시전압 및 제한전압도 저하하므로 변압기의 절연을 저감할 수 있다. 절연계급의 수치가 공칭 계통전압을 1.1로 나눈 값보다 낮은 경우를 '저감절연'이라 한다. 저감절연의 절연계급의 수치는 공칭계통전압의 약 80[%]로 되어 있고, 절연계급에서 1단이 저감되어 있다.

2. **단절연(Graded insulation)에 대해서 알아 둡시다.**

매우 높은 전압의 중성점 접지 방식 변압기의 권선과 같은 경우에는 선로 단에서 중성점에 이르는 전위의 분포를 직선적으로 되게 설계하면 권선의 절연도 이에 응해서 선로에서 중성점에 가까워짐에 따라 순차 저감할 수가 있다. 이러한 절연 방식을 '단절연' 이라고 한다.

3. **기준충격절연강도 (BIL : Basic Impulse insulation Level)에 대해서 알아 둡시다.**

송전계통에는 변압기, 차단기, 기기의 부싱, 애자, 결합커패시터, 계기용변성기 등 많은 기기가 있으므로 이들 사이에는 서로 균형 있는 절연강도를 유지해야 한다. 또 계통전체의 절연설계를 보호장치와의 관계에서 합리화하고 절연비용을 최소로 하여 최대효과를 거두기 위해 절연협조(insulation coordination)를 하여야 하며, 이는 외부뢰에 의한 충격(임펄스)전압만을 대상으로 고려한다. 따라서, 사용전압 등급별로 피뢰기의 제한전압보다 높은 임펄스전압을 변압기의 절연강도 결정에 사용한다. 뇌임펄스파형은 $1.2 \times 50[\mu s]$를 표준으로 한다. 한국전력공사에서 규정하는 변압기 권선의 기준충격절연강도(BIL)는 표 1과 같다. BIL은 절연계급 20호 이상의 비유효접지계에 있어서는 다음과 같이 계산된다.

$$BIL = 절연계급 \times 5 + 50\,[kV]$$

여기서, 절연계급은 전기기기의 절연강도를 표시하는 계급을 말하고,
공칭전압 / 1.1에 의해 계산된다.

표 1. 변압기 권선의 기준충격절연강도

계통최고전압 [kV]	선로측		중성점	
	전절연 BIL [kV]	저감절연 BIL [kV]	직접접지 [kV]	비접지 [kV]
800	2,250	2,050	150	–
362	1,175	1,050	150	450
170	750	650	150	350
25.8	150	–	150	–

[비고] (1) Y결선 변압기는 단절연을 한다. 단, 계통최고전압 25.8[kV] 이하의 변압기권선은 계통의 접지방식 여하를 불문하고 균등 절연을 한다.
(2) 표 1의 저감절연은 직접접지계통에 사용할 변압기 권선에 적용한다.
(3) 직접접지 계통의 변압기 중성점을 접지하지 않을 때는 비접지에 해당하는 절연을 해야 한다.

4. 앞에서 설명한 절연방식을 비교하여 설명하면 다음과 같다.

절연방식	절연내용	비 고
전 절연	공칭회로 전압을 1.1로 나눈 값과 절연계급(호)이 같은 절연	
저감절연	절연계급(호)이 공칭회로 전압을 1.1로 나눈 값보다 낮은 절연	절연계급은 공칭전압의 약 80[%]
단 절연	절연강도를 선로단에서 중성점에 가까울수록 낮게 하는 절연	
균등절연	권선의 모든 부분이 선로단의 절연강도와 같은 절연, 중성점 단자의 절연강도가 선로단자와 같은 경우 및 △ 결선시의 절연	비접지 계통은 권선 전체의 대지전위와 동일

참고문헌

1. 변전설계기준 DS - 2501, 전력용 변압기 선정기준, 한국전력공사

2. www.dong-ho.kr

3. 송길영, 발변전공학, 동일출판사, 2012

04

변압기의 임피던스 전압을 설명하고, %임피던스와 어떠한 관계가 있는지 설명하시오.

◼ 본 문제를 이해하고, 기억을 오래 가져갈 수 있는 그림이나 삽화 등을 생각한다.

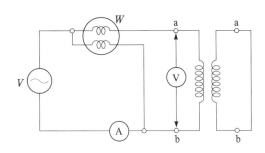

(a) 단락시험 회로

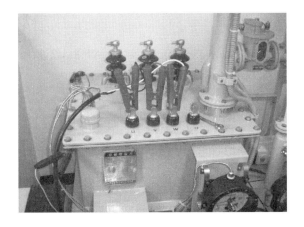

(b) 삼상변압기의 단락시험 장면

그림 1. 단락시험 회로와 시험장면

해설

1. 변압기의 임피던스 전압

1) 정의

변압기는 무부하상태에서는 자속은 대부분 1차, 2차 양권선과 쇄교하지만, 부하가 걸리면 각각 한쪽의 권선하고만 쇄교하는 소위 누설자속이 생겨서 이것이 리액턴스로서 작용한다. 이 리액턴스와 저항과의 합성이 임피던스이다. 단, 저항으로서는 권선 자체의 저항 뿐만 아니라 도체 내의 와전류손 및 누설자속에 의하여 생기는 표류부하손에 대응하는 실효저항도 포함된다.

변압기의 임피던스는 보통 이것과 정격전류와의 곱, 즉 정격전류에 대한 임피던스 강하인 임피던스 전압(Impedance Voltage)을 나타낸다.

2) 변압기 단락시험회로 상의 임피던스 전압

그림 1에서 변압기 권선의 한쪽은 단락시키고, 다른쪽 권선에 정격값의 10% 이하 정도의 전압을 가하여 단락한 권선에 정격전류가 흐를 때까지 다른 권선에 전압을 인가하는데, 이때의 전압(전압계 V의 지시가 임피던스전압)을 임피던스 전압이라 한다.

한편, 단락하지 않은 권선에서의 입력을(전력계 W의 지시가 임피던스 왓트)을 전부하동손이라 한다.

2. 변압기의 %임피던스

1) 정의

임피던스 강하를 정격 1차전압과의 백분율을 나타낸 것이 %임피던스, 백분율 임피던스전압이라 한다. 즉,

$$\% Z = \frac{I_1 Z_1}{E_1} \times 100$$

여기서, I_1 : 정격 1차전류

Z_1 : 1차측 환산임피던스

E_1 : 정격 1차전압

2) %임피던스의 표준값

변압기의 제작에 있어서 퍼센트 임피던스를 적게하면, 전압 변동률이 작고, 계통의 안정도도 좋게 되지만, 계통의 단락용량이 증가하며, 전손실은 감소한다. %임피던스가 큰 경우에는 2차측의 단락용량이 작게 되지만, 계통 안정도는 불리하게 되고, 또 전손실이 증가한다.

따라서, 한국전력공사에서는 표준규격으로 변압기의 전압 및 용량별로 표준값을 정하여 병렬운전에도 편리하게끔 규정하고 있다.

표 1. 정격탭에서의 %임피던스

변압기 종류	권선간	% 임피던스	적 용
765[kV]	고압권선－중압권선	18	단상 667[MVA] 기준 (1대 333.5[MVA]도 동일)
	고압권선－저압권선	－	필요시 별도로 정한다.
	중압권선－저압권선	－	
345[kV]	고압권선－중압권선	10	단상 166.7[MVA] 기준
	고압권선－저압권선	－	필요시 별도로 정한다.
	중압권선－저압권선	－	
154[kV]	고압권선－중압권선	20	3상 60[MVA] 기준 (단상 20[MVA])
	고압권선－저압권선	－	필요시 별도로 정한다.
	중압권선－저압권선	－	

[주] 자료는 한전 DS-2501(전력용변압기 선정기준) 참조

추가 검토 사항

■ 공학을 잘 하는 사람은 수학적인 사고를 많이 하는 사람이란 것을 잊지 말아야 한다. 본 문제에서 정확하게 이해하지 못하는 것은 관련 문헌을 확인해 보는 습관을 길러야 엔지니어링 사고를 하게 되고, 완벽하게 이해하는 것이 된다는 것을 명심하기 바랍니다. 상기의 문제를 이해하기 위해서는 다음의 사항을 확인바랍니다.

1. 임피던스 전압의 크기는 변압기의 특성상 중요한 수치가 되어 다음과 같은 사항에 영향을 준다.
   ① 전압변동률
   ② 무부하손과 부하손의 손실비
   ③ 계통의 단락용량
   ④ 변압기의 병렬운전
   ⑤ 단락시 권선에 작용하는 전자기계력

2. **%Z의 크기에 따라서 어떠한 영향이 있는지 확인바랍니다.**

%Z가 클 때	%Z가 작을 때
단락전류가 작다.	단락용량이 커진다. (안정도가 높아 전기자반작용이 작아짐)
차단기용량이 작아진다.	차단기용량이 커진다.
전압변동률이 커진다.	전압변동률이 작아진다.
부하손(동손)이 증가한다.	철손, 기계손이 증가한다.
중량이 가벼워진다.	중량이 증가한다.
	가격이 상승한다.

[주] 전압변동률이란, $\epsilon = \dfrac{무부하단자전압 - 2차\,정격전압}{2차\,정격전압} \times 100[\%]$를 나타낸다.

참고문헌

1. 김영길 외, 전기기계, 동일출판사
2. 한전 DS-2501(전력용변압기 선정기준)

05

정격출력 1,000[kVA], 정격전압에서 철손 12[kW], 정격전류에서 동손 48[kW]의 단상변압기의 정격전압에서 뒤진 부하 역률 0.8인 경우 최대 효율의 조건 및 최대 효율을 구하시오.

📖 본 문제를 이해하고, 기억을 오래 가져갈 수 있는 그림이나 삽화 등을 생각한다.

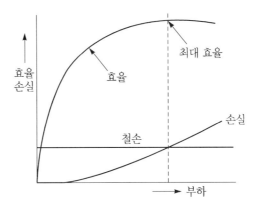

그림 1. 부하와 효율의 관계

해설

1. 효율의 개념

1) 개념

효율이라 함은 변압기에 부하를 걸었을 때 입력과 출력의 비를 말하며, 이를 구하기 위하여 손실을 산출하여야 한다.

2) 규약 효율

지금 전 손실을 p라 하면, 입력 = 출력 + 손실, $P_1 = P_2 + p$

$$효율 \ \eta = \frac{출력}{출력 + 손실} \times 100[\%] = \frac{입력 - 손실}{입력} \times 100[\%]$$

여기서, 손실은 동손과 철손을 포함한다. 따라서,

$$\eta = \frac{V_2 I_2 \cos \theta_2}{V_2 I_2 \cos \beta_2 + P_i + I_2^2 r} \times 100[\%]$$

$$= \frac{V_2 \cos \theta_2}{V_2 \cos \theta_2 + \dfrac{P_i}{I_2} + I_2 r} \times 100 \, [\%] \qquad \cdots\cdots (1)$$

3) 최대 효율

식 (1)에서 공급전압과 주파수가 일정하면, 철손(P_i)는 일정하므로, 효율은 I_2에 따라서 변화하게 되며, 어떤 부하전류에서 효율이 최대로 될 수 있게 된다.

즉, $V_2 I_2 \cos \theta_2$는 일정하므로, $\dfrac{P_i}{I_2} + I_2 r$이 최소가 될 때 효율은 최대가 된다.

그러므로, $y = \dfrac{P_i}{I_2} + I_2 r$가 최소가 되는 I_2는

$$\frac{dy}{dI_2} = -\frac{P_i}{(I_2)^2} + r = 0 \qquad \cdots\cdots (2)$$

$$I_2 = I_{2m} = \sqrt{\frac{P_i}{r}}$$

이 되며, (철손) $P_i = (I_2)^2 \times r$(동손)가 되는 부하전류에서 효율은 최대가 된다. 그림 1은 부하와 효율의 관계 곡선을 나타낸 것이며, 철손과 동손이 같은 지점에서 최대 효율이 된다.

2. 상기의 문제에서 부하역률 0.8일 때의 효율은 다음과 같다.

$$\eta = \frac{1000 \times 0.8}{1000 \times 0.8 + 12 + 48} = \frac{800}{860} = 0.93$$

3. 최대효율의 조건

동손과 철손이 같을 때 최대효율인 때이므로
최대 효율시의 동손 $P_c{'} = P_i$이며, 부하율 m은 다음과 같다.

$$P_c{'} = (m I_2)^2 r = P_i$$

$$m = \sqrt{\frac{P_i}{I_2^2 r}} = \sqrt{\frac{12}{48}} = 0.5$$

4. 최대효율

최대 효율은 동손과 철손이 같은 조건이므로

$$\eta_m = \frac{1000 \times 0.5}{1000 \times 0.5 + 12 \times 2} = \frac{500}{524} = 0.954$$

■ 공학을 잘 하는 사람은 수학적인 사고를 많이 하는 사람이란 것을 잊지 말아야 한다. 본 문제에서 정확하게 이해하지 못하는 것은 관련 문헌을 확인해 보는 습관을 길러야 엔지니어링 사고를 하게 되고, 완벽하게 이해하는 것이 된다는 것을 명심하기 바랍니다. 상기의 문제를 이해하기 위해서는 다음의 사항을 확인바랍니다.

1. **전일효율에 대해서도 알아 둡시다.**

   배전용 변압기의 부하는 항상 변화되므로 정격 출력에서의 효율보다는 어느 일정 기간(즉, 1일, 1달, 1년)의 효율이 필요한데, 하루 중의 출력 전력량과 입력 전력량의 백분율을 전일효율이라 하며 다음과 같이 구한다.

$$\eta_a = \frac{\sum h\, V_2 I_2 \cos\theta_2}{\sum h\, V_2 I_2 \cos\theta_2 + 24\,P_i + \sum h\,(I_2^2 r)} \times 100\,[\%] \qquad \cdots\cdots (3)$$

참고문헌

1. 김영길 외, 전기기계, 동일출판사

06

전력설비 중 변압기에 대한 유지보수는 전력공급의 안정화 및 신뢰도 측면에서 상당히 중요하다. 변압기 사고를 방지하기 위한 이상 검출방법에 대해 논하시오.

☑ 본 문제를 이해하고, 기억을 오래 가져갈 수 있는 그림이나 삽화 등을 생각한다.

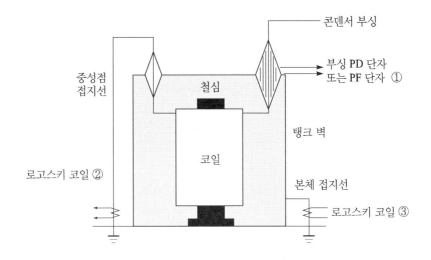

① 콘덴서형 부싱 전압 측정용 단자 또는 시험용 단자를 이용하여 펄스 전압을 측정하는 방법
② 중성점 접지선으로 흐르는 펄스 전류를 측정하는 방법
③ 본체 접지선에 유도되는 펄스 전류를 측정하는 방법
③ 번의 방법은 변압기 운전 중에도 고주파 CT의 접속이 가능하지만, 검출 감도의 측면에서 ①, ②에 비해 뒤떨어진다.

그림 1. 변압기의 펄스전류 검출방법

해설

1. 변압기의 종류별 열화문제

전력설비에 이용되는 고압 변압기의 대부분은 유입변압기다. 유입변압기의 수명은 절연재료 뇌서지 및 개폐서지의 이상전압, 외부단락의 전기적·기계적 스트레스에 의한 열화, 과부하로 인한 열 열화에 의해 결정되는데, 파괴 위험도가 증대할 시점에 대한 열화문제를 고려하는 것이 예방보수 차원에서는 매우 중요하다.

또한 최근 전력수요에 있어 도심지역을 중심으로 증가하고 있는 변전설비에 대한 방재성, 안전성 요구가 높아지고 있다. 이러한 설치 조건을 만족하기 위해 기존의 유입변압기 대신 난연성 변압기인 몰드변압기의 수요가 증가하고 있고, 적용 범위 확대를 위한 기술개발이 진행되고 있다. 에폭시 수지 등의 합성수지로 제작되는 몰드변압기 주요 부분은 고체절연물로 구성되어 높은 초기 절연 성능을 지니지만, 절연물 내부 상태의 육안점검 또는 상태분석 등이 아직은 곤란한 실정이다. 그러므로 기기 제조공정의 품질관리 및 기기 보수점검의 관점에서 기기 내부 상태를 외부로부터 정밀하게 진단하는 기술이 매우 중요하다

변압기 사고를 방지하기 위해서는 사전에 충실한 점검을 하여야 하며, 변압기 이상을 검출하는 점검방법에 대해서 설명한다.

2. 변압기의 이상 검출 방법

1) 유전정접(tan δ) 시험

이 시험은 변압기 붓싱단자(권선)와 외함 간에 전압을 가하여 유전정접을 측정하는 방법이며, 권선과 외함 간에는 콘덴서에 의한 충전전류 I_c와 누설전류 I_R이 흐르는데, 이 I_R이 많이 흐를수록 변압기 절연이 나쁘다는 것을 의미하여 $\tan\delta$의 각이 클수록 변압기는 열화 상태가 길다. 즉, $\tan\delta = 4°$ 이내이면 양호, 이 이상이면 불량으로 판정한다.

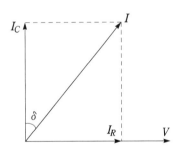

그림 2. 절연물의 충전전류와 손실전류의 벡터도

2) 절연유 가스 분석

유입변압기의 내부 이상현상은 주로 절연파괴와 국부 과열에 의한 발열을 동반한다. 이러한 발열원에 접하는 절연유, 절연지, 프레스보드 등의 절연물은 분해 반응하여 탄화수소계 가스를 발생한다. 이 발생가스의 대부분은 절연유 중에 용해되므로 변압기에서 절연유를 채유하여 유중의 가스를 분석하고, 그 가스량 및 가스조성비에 의해 변압기의 내부 이상의 유무, 이상의 종류를 추정한다. 고장의

종류에 따라 CO, CO_2, CH_4, C_2H_4, C_2H_6, H_2의 다양한 가스가 발생하는데, 판정방법은 다음과 같다.

판정 \ 가스종류	CO	CH_4	C_2H_4	C_2H_6	H_2
양호	300 이하	200	300	150	400
불량	60 이상	400	600	300	800

3) 절연유 산가시험

산가란 절연유 1[g] 안에 포함되어 있는 산성 성분을 중화하는데 필요한 수산화칼륨(KOH)의 양[mg]을 말하는데, 시험 방법은 절연유 5[cc]에 중화액 5[cc]를 넣고 혼합한 다음, KOH를 주사식으로 넣어 색깔이 적갈색으로 변할 때 KOH의 투입한 양이 산가이다. 판정기준은 다음과 같다.

전산가	판정기준	비 고
0.02 이하	신 유	–
0.2 미만	양 호	–
0.2~0.4	요주의	빠른 시일내 교체
0.4 초과	불 량	즉시 교체

4) 절연유 ON-line 진단

전기사용(On-line) 상태에서 컴퓨터를 통하여 절연유 열화 상태를 감시, 진단할 수 있는 시스템이며, On-line 진단방법은 다음과 같다.

(1) 개요

변압기 내부에 절연유 열화상태를 감지할 수 있는 PCS(porous ceramic sensor : 절연유 열화센서) 센서를 내장시켜, 변압기가 운전 중에도 외부에서 간단한 방법으로 절연유의 열화상태를 판정할 수 있다.

(2) 센서 원리

절연유의 열화가 진행됨에 따라 유중에서 가스와 도전성 파티클 등이 발생을 하게 되는데, 이 도전성 파티클 등은 센서에 흡착하게 되며, 이때 센서 양단에 DC 전압을 인가하여 측정되는 누설전류 값으로 절연유의 열화상태를 판단하게 된다. 즉, 진단시스템(예; TOID System)은 절연유 중에 부유하고 있는 도전성 물질(Carbon등)의 양에 따라 변하는 누설 전류를 검출하여 이상 상태를 진단합니다.

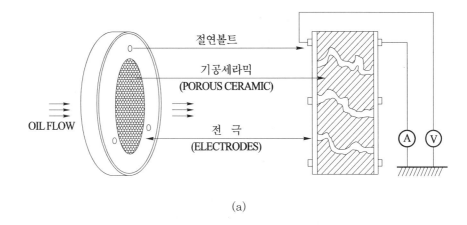

(a)

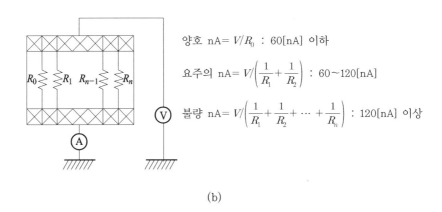

양호 nA= V/R_0 : 60[nA] 이하

요주의 nA= $V/\left(\dfrac{1}{R_1}+\dfrac{1}{R_2}\right)$: 60~120[nA]

불량 nA= $V/\left(\dfrac{1}{R_1}+\dfrac{1}{R_2}+\cdots+\dfrac{1}{R_n}\right)$: 120[nA] 이상

(b)

그림 3. 절연유 온라인 진단원리

5) 부분방전시험

(1) 개요

피측정물에 사용전압에 가까운 상용주파 교류전압을 인가시 절연물 중의 보이드(공극), 균열, 이물 혼입 등이 국부적 결함의 원인으로 발생하는 부분방전을 정량적으로 측정하여 절연물의 열화상태를 측정하는 것이다.

(2) 부분방전(partial discharge)의 정의

불균일한 전계 분포를 구성하고 있는 절연물에 인가전압을 서서히 증가시키면 전계가 집중된 곳에서 부분적으로 일어나는 방전을 말하며, 전압을 더욱 상승시켜 절연내력의 한계를 벗어나게 되면 전면방전(flashover)으로 진전하게 된다.

(3) 변압기의 부분 방전 현상

부분 방전의 종류	변압기
내부방전(internal discharge) : 유전체의 공동이나 내부의 절연내력이 낮은 함유율에 의한 방전	① 몰드변압기의 에폭시 내부 균열 ② 유입변압기 절연지, 권선 등에서의 열화
연면방전(surface discharge): 유전체의 표면에서 일어나는 방전	① 부싱 표면의 누설전류에 의한 열화 ② 에폭시 절연재 표면 균열에서의 열화

(4) 부분 방전 On-line 진단 방법

전기사용(On-line) 상태에서 컴퓨터를 통하여 전력설비의 부분 방전 상태를 감시, 진단할 수 있는 시스템이며, 시스템 구성은 다음과 같다.

① 초음파 센서 : 100[kHz]~300[kHz](일반적으로 150[kHz]), 45[dB]의 공진형 센서 일정 주기를 갖는 펄스로 크기와 개수를 저장, 표시

② 고주파 전류센서 : 2[MHz]의 전류 펄스를 검출

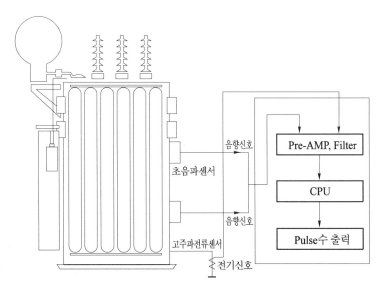

그림 4. 부분방전의 신호 분석 및 진단 장치

6) 적외선 열화상 진단

적외선 카메라는 생물 또는 무생물에서 발생되는 열을 2차원 영상으로 변환한다. 그리하여 촬영된 영상은 대상 물체와 그 주위 온도 분포를 나타내게 되며, 높은 온도일수록 흑백으로 밝게 나타난다.

변압기를 지속적으로 촬영하여 정상적인 열이 없다거나, 비정상적인 열이 발생하

는 등의 문제를 위치 및 온도값까지 조기에 검출할 수 있으므로 전기설비를 정지시키지 않고 운전 중에 검사할 수 있다.

이 장치를 이용하여 변압기에 대한 보전 업무를 실시하는 가장 큰 장점은 비접촉, 연속성 보전이 가능하고, 발열점의 위치 확인이 즉각적이라는 데 있다.

3. 검토 및 고찰

변압기의 열화는 부분방전에 의해 나타나므로 부분방전 검출기술은 모든 변압기의 고장예방을 위해서는 반드시 필요한 기술이다. 진단의 효율을 높이기 위한 방법으로 오프라인보다는 온라인 방식이 유리한 것으로 평가되고 있다. 유입식 변압기는 부분방전을 검출하기 위해 유중 수소가스 를 검출하는 방식과 초음파 또는 전류를 측정하는 전기적 펄스를 검출하는 방식을 주로 사용하고 있다. 진단 감도와 신뢰성 향상 측면으로 볼 때 두 가지 방법을 복합적으로 사용하는 것이 바람직하지만, 경제성을 고려하여 진단방식을 선택할 필요가 있다. 몰드변압기는 전기적 펄스를 측정하여 부분방전을 진단하는 것이 이상적이며, 현재 국내에서 처음으로 몰드변압기 부분방전을 측정하기 위한 시스템이 상용화되어 사용되고 있다

추가 검토 사항

■ 공학을 잘 하는 사람은 수학적인 사고를 많이 하는 사람이란 것을 잊지 말아야 한다. 본 문제에서 정확하게 이해하지 못하는 것은 관련 문헌을 확인해 보는 습관을 길러야 엔지니어링 사고를 하게 되고, 완벽하게 이해하는 것이 된다는 것을 명심하기 바랍니다. 상기의 문제를 이해하기 위해서는 다음의 사항을 확인바랍니다.

1. **변압기의 보호 및 계측장치에 대해서 알아 둡시다.**
    1) 기계적 보호장치는 과도압력 방출장치, 충격압력 계전기, 가스검출 계전기(부흐홀쯔 계전기), OLTC 보호계전기, 압력검출장치 등을 사용한다.
    2) 변압기의 전기적 보호계전방식은 다음과 같다.
        (1) 765 kV 변압기
            ① 피보호 대상 변압기는 상 2분할 Tank형 단상 단권변압기로 한다.
            ② 변압기의 운전방식이 변경되어도 별도의 보호설비 증설 없이 보호기능 수행이 가능하도록 상별 2 Tank를 기준으로 보호계전방식을 적용한다.
            ③ 변압기 2 Bank 이상 병렬 운전하는 경우에도 각각에 동일한 보호계전방식을 적용한다.
            ④ 변압기 보호계전방식은 2계열로 구성하고 각각 주보호와 후비보호를 구비한다.

⑤ 비율차동계전기는 변류기 2차측 전류를 개별적으로 입력받아 보호기능을 수행하여야 한다.

⑥ 보호계전기용 변류기는 변압기의 1차, 2차, 3차측 각 Tank별 권선, 중성점 및 변압기의 1차, 2차, 3차측 차단기에 각각 설치하여 각 계열별로 독립적으로 계전기에 연결한다.

(2) 345[kV] 변압기

① 피보호 대상 변압기는 3ϕ 또는 $1\phi \times 3$ 변압기로 하며, 변압기의 권선구조, 용량, 탭 절환방식에 관계없이 동일한 보호계전방식을 적용한다.

② 변압기 2 Bank 이상 병렬 운전하는 경우에도 각각에 동일한 보호계전방식을 적용한다.

③ 변압기의 345[kV] 측이 양 차단기 방식으로 연결된 경우, 보호계전기용 345[kV]측 변류기는 양 차단기 쪽에 각각 설치하여 독립적으로 계전기에 연결한다.

④ 345[kV] 변압기의 보호계전방식은 주보호와 후비보호로 구성한다.

⑤ 주보호용 비율차동계전기는 4권선용을 사용한다.

3) 변압기의 운전전압, 통전전류, 공급전력, 역률, 내부 각 부위의 온도, 압력, 절연유량 등 운전상태를 감시·계측할 수 있는 설비를 변압기와 원격제어반에 설치한다.

4) 변압기의 중요도에 따라 예방진단 설비의 적용을 검토하여야 한다.

2. 유전정접(power factor, dissipation factor, tanδ)에 대해서 구체적으로 알아 둡시다.

그림 2와 같이 교류전압 V를 인가했을 때 전류 I는 V보다 위상이 90도 만큼 빠르게 흐르나, 절연재료의 손실로 인해 실제 위상차는 $90° - \delta$로 된다. 이 때 δ를 유전손각이라 하고, C성분에 의한 전류 I_c와 R성분에 의한 전류 I_R의 비인 I_R/I_c를 $\tan\delta$라 하며, 이 $\tan\delta$는 절연재료의 특성을 나타내는 중요한 수치이다. 유전손에 영향을 미치는 것은 $\tan\delta$와 비유전류의 공이지만, $\tan\delta$ 값의 변화가 훨씬 커서 더 많은 영향을 미친다.

참고문헌

1. 선종호, 변압기의 온라인 진단기술, 한국전기연구원, 2009
2. 변전설계기준 DS-2401, 변전소의 계측 및 보호계전방식
3. 송길영, 발변전공학, 동일출판사, 2012
4. 이철호, 고분자 절연재료의 특성 및 평가, 전기저널, 7월, 2011

07 교류 차단기 선정을 위한 주요 검토사항에 대해서 설명하시오.

■ 본 문제를 이해하고, 기억을 오래 가져갈 수 있는 그림이나 삽화 등을 생각한다.

그림 1. 가스차단기(GCB) 외형도

해설

1. 교류차단기의 개념

차단기는 회로에 전류가 흐르고 있는 상태에서 그 회로를 개폐한다든지 또는 차단기 부하 측에서 단락사고 및 지락사고가 발생하였을 때 신속히 회로를 차단할 수 있는 능력을 가지는 기기이다. 여기에서는 고압차단기를 기준으로 선정시 고려사항을 설명하고자 한다.

2. 일반 사항

1) 차단기는 계통의 고장용량, 설치장소의 형태 등을 고려하여 선정한다.
2) 형식 선정 및 계통의 공칭전압을 고려하여 선정한다.

전압[kV]	적용차단기
22.9	VCB, GCB
154	GCB
345	GCB
765	GCB

3. 정격 선정시 고려사항

1) 정격전압(Rated voltage)

정격전압은 차단기에 인가될 수 있는 계통최고전압을 말하며, 계통의 공칭전압에 따라 표 1과 같이 적용한다.

표 1. 정격 전압의 표준값

계통의 공칭전압[kV]	정격전압[kV]
22.9	25.8
154	170
345	362
765	800

2) 정격전류(Rated normal current)

정격전류는 정격전압, 정격주파수에서 규정된 온도상승 한도를 초과하지 않고 그 회로에 연속적으로 흘릴 수 있는 전류의 한도를 말하며, 표 2에 따른다.

3) 정격차단전류(Rated short-circuit breaking current)

정격차단전류는 차단기의 정격전압에 해당하는 회복전압 및 정격재기전압을 갖는 회로조건에서 규정된 표준 동작 책무를 수행할 수 있는 차단전류의 최대한도로 교류분 실효값으로 표시하며, 표 2에 따른다.

표 2. 정격전류, 정격차단전류

정격전압[kV]	정격전류[A, rms]				정격차단전류[kA, rms]
25.8	600	1,200	2,000	3,000	25
	2,000	3,000			40
170	1,200	2,000			31.5
	1,200	2,000	3,000	4,000	50
	2,000	4,000			63
362	2,000	4,000	8,000		40, 50, 63
800	8,000				50

4) 정격투입전류(Rated short-circuit making current)

차단기의 정격투입전류는 모든 정격 및 규정된 회로조건에서 표준동작책무에 따라 투입할 수 있는 투입전류의 한도이며 투입전류 최초 파형의 순시 최대치로 표시한다. 정격투입전류의 크기는 ES 150 등 관련규격에 의한다.

5) 정격단시간전류(Rated short-time withstand current)

차단기의 정격단시간전류는 전류를 1초간(800kV의 경우 2초간) 차단기에 흘렸을 때 이상이 발생하지 않는 전류의 최대한도이며, 차단기의 정격차단전류와 같은 크기의 실효값으로 하고 ES 150 등 관련규격에 의한다.

6) 정격절연강도(Rated insulation level)

(1) 상용주파내전압(Power-frequency withstand voltage)

차단기가 견디어야 하는 상용주파전압 최대값/$\sqrt{2}$ (실효값)을 말하며, 표 3과 같다.

(2) 뇌임펄스내전압(Lightning impulse withstand voltage)

차단기가 견디어야 하는 뇌임펄스전압의 최대값을 말하며, 표 3과 같다.

(3) 개폐임펄스내전압(Switching impulse withstand voltage)

차단기가 견디어야 하는 개폐임펄스전압의 최대값을 말하며, 표 3과 같다.

표 3. 차단기의 절연강도

정격전압 [kV, rms]	상용주파내전압 [kV, rms]		뇌임펄스내전압 [kV, peak, 1.2/50μs]		개폐임펄스내전압 [kV, peak, 250/2500μs]	
	도전부와 대지간	동상[주1] 극간	도전부와 대지간	동상[주1] 극간	도전부와 대지간	동상[주1] 극간
25.8	70(60)[주2]	70(60)[주2]	150	150	–	–
170	325	325	750	750	–	–
362	450	520	1,175	1,175 205[주3]	950	800 295[주3]
800	830	1,100	2,250	2,250 457[주3]	1425	1,100 653[주3]

[주 1] 극간 절연전압이 대지간 절연전압보다 높은 극간
[주 2] ( )는 옥내용 차단기에 적용
[주 3] 피시험 단자의 반대측 단자에 인가된 상용주파전압의 파고치

7) 과도회복전압(TRV : Transient Recovery Voltage)

과도회복전압은 정격차단전류 또는 그 이하의 전류를 차단할 때 차단기 극간에 나타나는 전압을 말하며, 차단기는 이 전압에 견딜 수 있는 절연성능을 가져야 한다. 이에 대한 기준은 표준규격 ES 150에 따른다.

8) 정격차단시간(Rated break-time)

정격차단시간은 정격차단전류를 모든 정격 및 규정된 회로조건에서 표준동작책무에 따라 차단할 때 차단시간의 한도를 말하며, 표 4와 같다.

표 4. 정격차단시간

정격전압[kV]	25.8	170	362	800
정격차단시간[Cycles]	5	3	3	2

9) **표준동작책무(Rated operating sequence)**

차단기의 표준동작책무란 정격전압에서 1~2회 이상의 투입, 차단 또는 투입차단을 정해진 시간 간격으로 행하는 일련의 동작을 말하며, 표 5와 같다.

표 5. 표준동작책무

정격전압[kV]	표준동작책무
25.8	0-0.3초-CO-15초-CO
170	0-0.3초-CO-3분-CO
362	0-0.3초-CO-3분-CO
800	0-0.3초-CO-1분-CO

4. 차단기의 용량 결정 방법

1) 차단기용량은 최대고장전류보다 큰 정격차단전류를 표 2에서 선정하여 식 (1)에 의거 결정한다.

$$차단기용량 = \sqrt{3} \times 정격전압 \times 정격차단전류 \qquad \cdots\cdots (1)$$

2) 최대고장전류는 차단기가 설치되는 계통의 고장전류 중 최대값으로 한다.

추가 검토 사항

■ 공학을 잘 하는 사람은 수학적인 사고를 많이 하는 사람이란 것을 잊지 말아야 한다. 본 문제에서 정확하게 이해하지 못하는 것은 관련 문헌을 확인해 보는 습관을 길러야 엔지니어링 사고를 하게 되고, 완벽하게 이해하는 것이 된다는 것을 명심하기 바랍니다. 상기의 문제를 이해하기 위해서는 다음의 사항을 확인바랍니다.

1. 차단기 선정시 주의사항을 알아 본다.

(1) **전력용 변압기**

무부하시의 여자전류 차단은 이상전압을 발생하므로 적용에 있어서 주의가 필요하다.

(2) **전력용 변압기의 3차측**

3차측은 단락전류가 크고 과도회복전압이 가혹하므로, 회로 조건의 검토와 적용 차단기의 성능에 대하여 제작사와 충분한 토의가 필요하다. 또 조상설비인 전력용 커페시터와 분로 리액터가 병설된 곳이 많으므로 진상소전류 및 지상소 전류 차단성능이 필요하다.

(3) 조상설비

개폐빈도가 많은 점에 유의하고, 높은 과도회복전압에 의한 재점호가 발생하지 않도록 선정하여야 한다.

2. 정격절연강도에 대해서 알아본다.

IEC에서는 전압의 파형과 지속시간에 따라 나누며, 전압의 파형은 아래와 같이 규정한다.

(1) 표준 단시간 상용주파전압(Standard short-duration power frequency voltage) : 48~62[Hz]의 주파수를 갖는 정현파전압

(2) 표준 뇌임펄스(Standard lightning impulse) : 파두장 1.2[μs], 파미장 50[μs]를 갖는 임펄스전압

(3) 표준 개폐임펄스(Standard switching impulse) : 파두장 250[μs], 파미장 2,500[μs]를 갖는 임펄스전압

3. 친환경 차단기에 대해서 알아 둡시다.

1997년 교토의정서에서 SF_6 가스가 지구온난화 가스로 지정되면서 SF_6 가스를 대체할 수 있는 연구가 각국에서 이루어지고 있으나, 지구상에서 존재하는 가스 중에서 SF_6 가스 만큼 절연성능과 아크냉각 효과가 좋은 대체 가스를 찾지 못하자 각국의 대체 방안은 각각으로 진행되었다.

유럽에서는 SF_6 가스를 계속 사용하는 대신에 기기의 소형화 콤팩트화를 통한 감량, 누설 방지, 긴밀한 회수, 재활용 등에 중점을 두었고, 일본의 경우 N_2 가스, CO_2 가스, 고체 절연으로 대체하는 연구를 진행함과 동시에 차단부를 VCB로 대체하고 나머지를 Dry Air로 절연하는 이른바 DAIS(Dry Air Insulated Switchgear) 개발에 주력하고 있다.

참고문헌

1. 송길영, 발변전공학, 동일출판사, 2012
2. 한전 설계기준-2511(교류차단기 선정기준)
3. IEC 62271-100, High-voltage alternating-current circuit-breakers
4. LS 산전 홈페이지
5. 진상용, 초고압차단기 개발현황, 효성, 전기의 세계, 2012, Vol. 61, No. 5

08 가스절연개폐장치(GIS) 정격선정을 위한 주요 검토사항에 대해서 설명하시오.

■ 본 문제를 이해하고, 기억을 오래 가져갈 수 있는 그림이나 삽화 등을 생각한다.

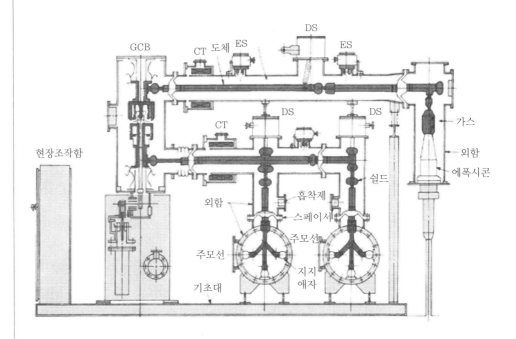

(a) 외형도

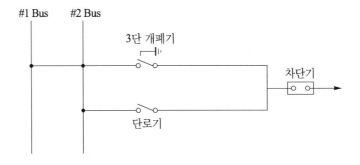

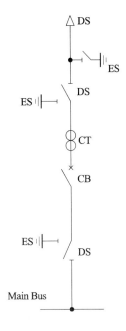

SYMBOL DESCRIPTION	
SYMBOL	DESCRIPTION
⟋⟋×ｧ	CIRCUIT BREAKER
⊣⊢⌐	MOTOR OPERATING 3 POSITION SWITCH
●⌐⌐	SPRING CHARGING EARTHING SWITCH
⊖⊖	BUSHING TYPE CURRENT TRANSFORMER
⊳	GAS TO AIR BUSHING

(b) 단선도

그림 1. GIS의 구성도와 단선도

그림 2. GIS 내부 사진

해설

1. 가스절연개폐장치의 개요

SF$_6$ 가스는 우수한 소호능력과 절연 기능을 가지고 있으며, 이러한 장점을 차단, 단로, 절연의 모든 면에 살려서 차단부와 단로부 등을 가스 봉입해서 금속제 외함 내에 장치한 것으로 설비의 축소화를 도모한 것이 가스절연개폐장치(Gas Insulation Switchgear : GIS)이다.

2. 일반 사항과 구성

1) GIS는 계통의 고장용량, 관련 기기의 연결, 선로의 인·출입 등을 고려하여 선정한다.
2) GIS는 설치장소의 기후조건을 고려하여 냉해와 염진해가 심한 특수한 환경에서는 별도의 대책을 수립하여야 한다.
3) 구성

   가스절연개폐장치(GIS)는 차단기(CB), 단로기(DS), 접지개폐기(ES, HSGS), 3단개폐기(3-Way switch), 모선(BUS), 변류기(CT), 계기용변압기(PT 또는 VT), 부싱(Bushing), 피뢰기(LA) 등으로 구성된다.

3. 정격 선정시 고려사항

1) 정격전압(Rated voltage)

   정격전압은 GIS에 인가될 수 있는 계통최고전압을 말하며, 계통의 공칭전압에 따라 표 1과 같이 적용한다.

표 1. 정격 전압의 표준값

계통의 공칭전압 [kV]	정격전압 [kV]
22.9	25.8
154	170
345	362
765	800

2) 정격전류(Rated normal current)

   정격전류는 정격전압, 정격주파수에서 규정된 온도상승 한도를 초과하지 않고 그 회로에 연속적으로 흘릴 수 있는 전류의 한도를 말하며, 표 2에 따른다.

표 2. GIS의 정격 표준값

정격전압[kV]	정격 단시간 전류[kA, rms]	정격전류[A]				
25.8	25	2,000	600			
170	50	4,000	3,000	2,000	1,200	(1,200)
170	31.5	2,000	1,200	(1,200)		
362	63	8,000	4,000	(2,000)		
	50	4,000	(2,000)			
	40	4,000	(2,000)			
800	50	8,000	(2,000)			

[주] ( )안은 주변압기 인출인입용 GIB(Gas Insulated Bus)

3) 정격단시간전류(Rated short-time withstand current)

차단기의 정격단시간전류는 전류를 1초간(800[kV]의 경우 2초간) 차단기에 흘렸을 때 이상이 발생하지 않는 전류의 최대한도이며, 차단기의 정격차단전류와 같은 크기의 실효값으로 하고 ES 150 등 관련규격에 의한다.

4) 정격절연강도(Rated insulation level)

(1) 상용주파내전압(Power-frequency withstand voltage)

GIS가 견디어야 하는 상용주파전압 최대값/ $\sqrt{2}$ (실효값)을 말하며, 표 3과 같다.

(2) 뇌임펄스내전압(Lightning impulse withstand voltage)

GIS가 견디어야 하는 뇌임펄스전압의 최대값을 말하며, 표 3과 같다.

(3) 개폐임펄스내전압(Switching impulse withstand voltage)

GIS가 견디어야 하는 개폐임펄스전압의 최대값을 말하며, 표 3과 같다.

표 3. GIS의 절연강도

정격전압 [kV, rms]	상용주파내전압 [kV, rms]		뇌임펄스내전압 [kV, peak, 1.2/50μs]		개폐임펄스내전압 [kV, peak, 250/2500μs]	
	도전부와 대지간	동상 극간	도전부와 대지간	동상 극간	도전부와 대지간	동상 극간
25.8	70	(77)	150	(165)	–	–
170	325	(375)	750	(860)	–	–
362	450	520	1,175	1,175 205[주1]	950	800 295[주1]
800	830	1,100	2,250	2,250 457[주1]	1425	1,100 653[주1]

[주 1] 피시험 단자의 반대측 단자에 인가된 상용주파전압의 파고치
[주 2] ( )는 옥내용 차단기에 적용
　　　　단, 362[kV] 3상 일괄 모선의 상간 개폐임펄스내전압은 1,425[kV] 이다.

4. 구성 기기의 검토사항

1) 단로기 및 접지개폐기

(1) 단로기 및 접지개폐기의 정격 및 절연강도는 표 2 및 표 3과 같다.

(2) 접지개폐기는 기기접지개폐기와 선로접지 개폐기로 구분하며 기기접지개폐기는 수동조작 구조를 원칙으로 하고, 선로접지 개폐기는 수동 및 자동 조작이 가능한 구조이어야 한다.

(3) 25.8[kV] 가스절연개폐장치의 접지개폐기는 단로기와 일체형으로 설치되는 방식 (3-Way switch)과 독립적으로 설치되는 방식을 사용한다.

(4) 800[kV] GIS 경우는 송전선로에 순시고장 발생시 고속도 재폐로를 위한 2차 아크소호 장치로서 고속도접지개폐기(HSGS : High Speed Grounding Switch)를 적용할 수 있다.

2) 모선

(1) 주모선은 3상 분리형 또는 일괄형으로 하며, 2중 모선을 원칙으로 한다.

3) 변류기

(1) GIS에 적용하는 변류기의 절연방식은 가스형 또는 몰드형을 원칙으로 한다.

4) 계기용변압기

(1) GIS에 적용하는 계기용변압기는 가스절연방식을 원칙으로 한다.

(2) 계기용변압기에 철공진으로 인한 과전압 발생이 우려되는 경우 방지장치를 구비하여야 한다.

5) 피뢰기

   (1) GIS에 적용하는 피뢰기의 절연방식은 가스형을 원칙으로 한다.

6) SF$_6$ 가스의 구성 구획

   GIS 구성기기 가스의 구획은 가스의 관리를 용이하게 함은 물론, 증설, 사고 시의 정지 범위 등을 고려해서 운용상 지장이 없도록 구분하고, 압력스위치 및 가스압력계는 점검이 용이한 곳에 부착하여 감시 가능토록 한다.

7) 외함 접지

   (1) GIS의 주모선 외함은 다점접지를 하며 3상 분리형의 경우는 상간 단락바(Bar)를 설치하여 대지유입전류를 저감하여야 한다.

   (2) 주모선을 제외한 부분은 유도전류가 최소화되도록 다점 또는 1점 접지로 한다.

   (3) 배관류는 순환전류 또는 고장전류의 통로가 되지 않도록 하여야 하며, 불가피하게 통로가 될 경우에는 통과전류에 의해 이상이 발생되지 않아야 한다.

   (4) 접지망과 연결된 접지선을 기기와 접속하기위한 적정 규격의 접지단자를 GIS 각 부위와 철구조물 등에 부착하여야 한다.

추가 검토 사항

▨ 공학을 잘 하는 사람은 수학적인 사고를 많이 하는 사람이란 것을 잊지 말아야 한다. 본 문제에서 정확하게 이해하지 못하는 것은 관련 문헌을 확인해 보는 습관을 길러야 엔지니어링 사고를 하게 되고, 완벽하게 이해하는 것이 된다는 것을 명심하기 바랍니다. 상기의 문제를 이해하기 위해서는 다음의 사항을 확인바랍니다.

1. **고속도 접지개폐기(HSGS : High Speed Grounding Switch))에 대해서 알아 둡시다.**

   우리나라의 765[kV] 송전계통은 상시조류가 수백만[kW]에 이르며, 용지절약을 위하여 2회선 철탑을 사용하고 있는데, 루트 단절 사고 발생을 최대한 방지하기 위해 고속도 다상 재폐로 방식을 채용한 것이다.

   그러나, 500[kV] 이상의 계통에서는 아크 지락고장이 발생하여 차단기에 의해 고장상이 분리되어도 타상 및 타회선(2회선 선로이므로)으로부터의 정전 및 전자 유도에 의한 아크(이를 2차 아크라 함)가 단시간 내에 소멸되지 않으므로 고속도 재폐로(1초 이내)를 할 수 없는 경우가 발생한다.

   이러한 경우 안정도 저하로 계통분리 사고의 우려가 있으므로 적절한 2차 아크소호장치를 설치하여 짧은 시간 내에 2차 아크를 소멸시켜 재폐로를 가능케 하여야 한다. 2차 아크를 소호하기 위한 방법으로는 4각 분로리액터를 설치하여 고속으로 스위칭하거나 또는 고속도 접지개폐기를 설치하는 것 등이 있는데 특히 2회선 송전선로에서는 건전상, 건전회선의 각 상간 정전용량 등의 조건이 매우 복잡하여 4각 분로리액터의 적용이 어려울 뿐 아니라 비경제적이므로 고속도 접지개폐기(High Speed Grounding Switch)를 설치하는 것이 바람직하다. HSGS의 규격을 결정하는데 있어 후속고장의 고려여부는 절대적인 영향을 미치게 되는데, 우리 계통의 765[kV] 선로가 차지하는 비중을 고려하여 적용하는 것이 필요하다. 후속 고장이란 HSGS가 동작 중 타상 또는 타회선에 추가의 사고가 발생하는 경우를 의미하며 이때 추가의 고장전류에 의해 훨씬 큰 유도전류가 HSGS에 흐르게 된다. 이러한 고장은 다중뇌격, 산불 및 기타요인에 의해 발생할 수 있다. HSGS는 순시고장 제거후의 선로에 건전상으로부터의 유도에 의한 2차 아크를 고속도 재폐로 가능시간이내에 강제 소호시키는 것이 주 임무이다. 그런데, 이러한 정전 및 전자유도의 크기는 선로의 길이에 비례하므로 우리 765[kV] 계통에서 선로의 길이에 따른 HSGS의 설치여부를 다음과 같이 적용하는 것이 바람직하다.

- 길이 80[km] 초과 선로 : 양쪽 단에 모두 설치
- 길이 80[km] 이하 선로 : 한쪽 단에만 설치하되 설치위치는 운영상의 편의를 고려하여 결정

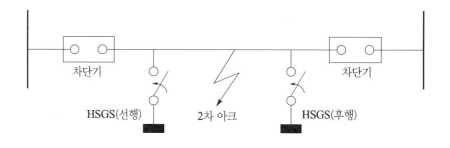

그림 2. 고속도접지개폐기 회로도

고속도 접지개폐기는 정전 및 전자유도 전압, 전류를 투입 및 차단하므로 그 성격상 일종의 차단기로도 볼 수 있으며, 정격단시간전류 통전 능력 및 정격단락전류 투입 능력을 구비하고 있으며, 동작책무는 C-0.4S-O이다. 단락 사고 시 고속도 접지개폐기의 동작에 대한 회로도 및 Time Sequence는 그림 2 및 그림 3과 같다.

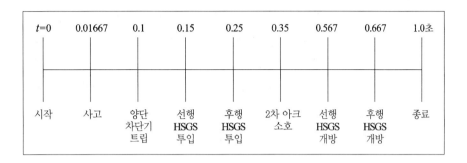

$t=0$	0.01667	0.1	0.15	0.25	0.35	0.567	0.667	1.0초
시작	사고	양단 차단기 트립	선행 HSGS 투입	후행 HSGS 투입	2차 아크 소호	선행 HSGS 개방	후행 HSGS 개방	종료

그림 3. 고속도 접지개폐기의 Time sequence

2. **154[kV] 컴팩트변전소에 대해서 알아 둡시다.**

  옥내 GIS형 변전소는 변압기, 모선, 개폐장치 등 전력설비 전체를 전용의 지상 건물 내에 설치하고, 모선 및 개폐장치는 가스로 절연된 금속제 외함 내에 장치한 GIS를 사용한 변전소이다.

  기존 옥내 GIS 변전소의 변전기기 배치를 최적화하여 불용공간을 제거함으로써 부지면적이 약 25~59[%] 축소할 수 있고, 건축면적도 약 16~47[%] 감소하여 건설비가 약 18.8[%] 절감된다고 한다.

3. **SF_6 가스는 온난화지수가 약 2만3천배로 매우 높아서 SF_6 가스를 억제하기 위한 친환경 절연 개폐장치에 대해서 알아둡시다.**

표 4. 친환경 절연매질별 특징

구분	건조공기(Dry Air)	고체절연(Epoxy)	SF6 가스
절연성능	공기의 약 1.16배	공기의 약 2.5배	공기의 약 3배
절연설계	어려움	어려움	비교적 쉬움
환경영향	환경친화적	특수 폐기물	온난화 가스
유지보수	선택적	선택적	필수
	가스가 대기압이어도 일정시간 절연성능 발휘	부분방전 발생시 사고로 진전될 가능성	가스가 대기압이어도 일정시간 절연성능 발휘
가격	1배	약 5배	약 6.5배

  초고압 전력기기에 사용하고 있는 SF_6 가스를 대용할 친환경 절연매질은 건조공기(Dry Air), N_2 가스, 고체절연체로 구분할 수 있으며, 표 4에서 주요 특징을 설명하고 있다.

국내의 경우 고체(Epoxy) 절연 25.8[kV] 친환경 개폐장치를 LS 산전(주)에서 최초로 개발하여 한전에 2010년 4월에 유자격 등록을 완료하였고, 인텍전기전자(주)도 동일 타입으로 2011년 2월, ㈜효성에서는 Dry-Air 절연 25.8[kV] 친환경 개폐장치를 2013년 5월에 완료하여 현재 총 3개회사가 등록되어 있다.

향후 170[kV] 이상 초고압 친환경 절연개폐장치 개발을 통하여 SF_6 가스사용량 감소를 지속적으로 추진해 나가야 할 것이다.

참고문헌

1. 송길영, 발변전공학, 동일출판사, 2012
2. 한전 설계기준-2520(가스절연개폐장치 선정기준)
3. 방선웅, 변전소 형태 및 설비규모의 결정, 전기저널, 12월, 2011
4. 윤현덕, 25.8kV 친환경절연 개폐장치 개발, 전기저널, 2014.07

09
변류기(CT)의 ANSI 또는 IEC 오차계급(Accuracy Class)의 종류에 대하여 상세히 설명하고, 다음 용어에 대하여 간단히 설명하시오.

(1) 극성　　　　　　　　　　　(2) 과전류 정수
(3) 정격부담　　　　　　　　　(4) 포화곡선
(5) C200변류기의 부담 (CT 2차정격 : 5[A], 과전류정수 : 20)
(6) CT 선정 시 고려사항　　　(7) 부담과 과전류 정수와의 상관관계

■ 본 문제를 이해하고, 기억을 오래 가져갈 수 있는 그림이나 삽화 등을 생각한다.

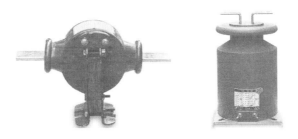

그림 1. 변류기 외관도(건식형)

해설

1. CT의 오차계급(Accuracy Class)

1) 미국의 ANSI 규격

ANSI Relaying Accuracy Class에서는 C 및 T의 2가지 문자와 그 뒤의 전압값으로 CT 특성을 규정하고 있다. 즉,

• C : 균일한 분포권선을 가진 Bushing CT 등으로서 누설자속이 변류비에 영향을 거의 주지 않으며, 변류비를 계산할 수 있는 CT

• T : 권선형이며, 누설자속이 변류비에 큰 영향을 주며, 변류비를 시험에 의해 산출해 낼 수 있는 CT

• 2차단자전압 정격 : 그 표준 부담하에서 정격 2차 전류의 1~20배, 전류(5~100 [A])에서 %비오차가 10[%]를 넘지 않으며 그 때의 2차단자전압

예를 들면, C100이라면, Bushing CT로서, 변류비를 계산할 수 있고, 부담이 1 [Ω]을 초과하지 않으면 정격의 1~20배 2차 전류에서 비오차가 10[%]를 넘지

않는다는 것을 알 수 있다 ($1[\Omega] \times 5[A] \times 20 = 100[V]$)

표준부담은 B-1, B-2, B-4, B-8(각각 1, 2, 4, 8$[\Omega]$)로 되어 있고, 역률은 0.5 이고, VA는 $I^2 \times Z = 5^2 \times Z[\Omega]$ 이다.

ANSI 규격은 정격전류(5[A]) 미만의 전류에 대한 규제는 없는데, 보호계전기용 CT는 낮은 전류보다 대전류에 대한 특성이 중요하기 때문이다.

2) IEC 규격

예를 들면, 5p 30이면, 정격전류까지의 허용오차는 ±1.0 이내이고, 30배 정격전 류까지의 비오차는 5[%] 이내란 뜻이다.

여기서, 5p, 10p는 정격전류까지의 오차를 규정하고 있다. 정격전류 이상에 대해 서는 과전류정수를 보호 대상에 따라 정하고 있는데, 과전류정수를 Standard Accuracy Limit Factor라 하고, 5, 10, 15, 20, 30이 있는데, 그 정격전류 배수의 전류에서 변류비 오차(Composite error)가 5p의 경우는 5[%] 이내, 10p의 경우 는 10[%] 이내로 규정한다.

2. 용어 설명

1) 극성

1차 전류의 방향에 대하여 2차 전류의 방향을 나타내는 특성으로 감극성과 가극 성이 있으며, 우리 나라에서는 감극성을 표준으로 하고 있다.

2) 과전류 정수(Accuracy limit factor)

과전류정수는 1차전류의 몇 배수 이상으로 오차 한계를 보장하는 값이며, 정격주 파수, 정격부담(PF 0.8 lag)으로 정격전류 n배에서 비오차가 -10[%]를 초과하지 않는 n을 과전류정수라 한다. 원칙적으로 과전류정수는 계통의 사고 최대전류에 서 CT가 포화되지 않도록 $n > \dfrac{\text{최대 사고 전류}}{\text{1차 정격 전류}}$ 가 되어야 하며, 과전류정수는 CT 2차부담에 따라 변한다.

3) 정격부담

CT 2차 부하는 직렬로 접속하기 때문에 부하가 증가하면 Impedance가 증가하여 정격부담 이상이 될 경우 오차가 발생한다. 오차범위를 유지할 수 있는 부하 Impedance를 VA로 표시한다.

CT 2차에 연결된 계전기의 총 부담을 VA1이라 할 때, CT의 정격 부담을 VA라 하면 다음의 조건이어야 한다.

$$VA > VA_1 = \sum_{i=1}^{n} VA_1$$

여기서, VA_1에 CT와 보호계전기 사이의 전선로의 부담도 포함되어야 한다.

4) 포화곡선

CT는 1차 전류가 증가하면 2차전류도 변류비에 비례하여 증가한다. 그러나, 어느 한계에 도달하면 1차 전류는 증가하여도 2차 전류는 포화하여 증가하지 않는다. CT의 1차 권선을 개방하고 2차 권선에 정격주파수의 교류 전압을 서서히 증가시키면서 여자전류를 측정할 때 여자전압이 10[%] 증가할 때 여자전류가 50[%] 증가되는 점을 포화점(Knee Point)이라 한다.

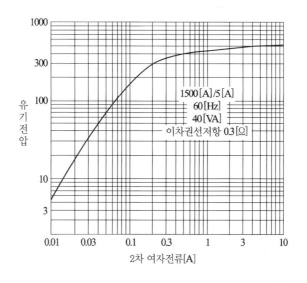

그림 2. 2차 여자특성 곡선

5) C200 변류기의 부담(CT 2차 정격 : 5[A], 과전류정수 : 20)

C200이라면, Bushing CT로서, 변류비를 계산할 수 있고, 부담이 2[Ω]을 초과하지 않으면 정격의 1~20배 2차 전류에서 비오차가 10[%]를 넘지 않는다는 것을 알 수 있다.

즉, C200 표준부담 2[Ω], 2차 전류 5[A]

따라서, $2[\Omega] \times 5[A] \times 20 = 200[V]$

그리고, 부담 VA는 $5^2 \times Z\,[\Omega] = 5^2 \times 2[\Omega] = 50[VA]$ 이다.

6) CT 선정시 고려사항

여기서는 주로 보호계전기용 CT의 선정에 대해서만 생각한다. 계측기용 CT가 1차 정격전류의 5[%]~120[%]를 대상으로 하는 반면, 보호용 CT는 회로의 정상 상태를 대상으로 하지 않고 어떤 형태로든 회로의 고장 상태 또는 비정상적인 과도 상태를 대상으로 하기 때문에 1차 정격 전류의 50[%] 이하는 그 대상으로 하지 않는다.

따라서, 1차 대전류 영역까지 2차 전류의 포화 현상을 피하기 위해서는

① 다수의 계기류가 1개의 CT에 접속될 경우에는 계기용과 계전기용 CT를 분리하는 등 대책을 세운다.

② 어느 정도 1차 정격 전류도 좀 큰 것으로 선정하여 과전류 정수 이내로 설정한다.

③ 변압기의 여자돌입 전류의 최대값과 과전류 정수를 고려한 CT 2차측에서 얻어지는 최대 전류값을 충분히 비교 검토해서, 돌입 전류로는 트립되지 않지만 단락 전류로는 확실히 동작한다는 것을 체크하여 둘 필요가 있다.

7) 정격부담과 과전류정수와의 상관관계

과전류 정수 × 정격 부담 ≒ 일정 하므로 과전류 정수가 부족한 경우 비례로 정격 부담을 증가시키는 방향으로 CT의 부담을 수정한다. 근래에 와서는 디지털 계전기의 사용이 보편화되어 계전기의 부담이 대폭 감소하였으므로 CT의 과전류정수에는 여유가 생겼다.

추가 검토 사항

■ 공학을 잘 하는 사람은 수학적인 사고를 많이 하는 사람이란 것을 잊지 말아야 한다. 본 문제에서 정확하게 이해하지 못하는 것은 관련 문헌을 확인해 보는 습관을 길러야 엔지니어링 사고를 하게 되고, 완벽하게 이해하는 것이 된다는 것을 명심하기 바랍니다. 상기의 문제를 이해하기 위해서는 다음의 사항을 확인바랍니다.

1. 우리나라의 규격과 미국 ANSI 규격에서 정하는 CT의 오차계급에 대한 비교를 검토한다.

구분\국별	계전기용		
	계급	부담	허용오차
한국 ESB-145	C100	B-1(25[VA])	±10[%](n)
	C200	B-2(50[VA])	±10[%](n)
	C400	B-4(100[VA])	±10[%](n)
	C800	B-8(200[VA])	±10[%](n)
미국 ANSI	C10	B-0.1	±10[%](n)
	C20	B-0.2	±10[%](n)
	C50	B-0.5	±10[%](n)
	C90	B-0.9	±10[%](n)
	C180	B-1.8	±10[%](n)
	C100	B-1	±10[%](n)
	C200	B-2	±10[%](n)
	C400	B-4	±10[%](n)
	C800	B-8	±10[%](n)

※ 1) C100은 계전기의 오차 계급으로서 2차단자에 100[A] 전류를 흘렸을 때 단자 전압이 100[V]이고, 오차는 ±10[%] 미만이어야 한다. 즉 100은 2차의 단자 전압을 의미한다.

  2) B-1은 부담을 나타내며, $VA = I^2 \times Z = 5^2 \times Z$ 이므로, B-1은 $25 \times 1 = 25$ [VA]이다. 여기서, 1은 임피던스를 의미한다.

    예; B-0.5 = 25×0.5 = 12.5[VA]

2. 과전류 하에서의 CT오차 특성을 알아둡시다.

계기용 철심과 보호계전기용 철심은 과전류 조건하에서 상이한 특성을 나타낸다. 계기용 철심의 경우 과부하에 대해 접속된 계기들을 보호하기 위해 계기보호과전류정수(instrument security factor : FS, 정격전류의 배수를 나타내는 과전류 정수로서 이 정수를 초과하는 과전류가 흐를 때, 계기용변류기의 철심이 포화되어, 정수 이상의 전류가 흐르지 않도록 하여 2차측에 연결된 계기를 보호하기 위한 과전류배수이다. 이 정수는 최대 값으로 표시된다.)가 5 또는 10일 때 -10[%]의 합성오차가 있어야만 한다.

보호계전기와 함께 사용되는 변류기는 과전류 조건하에서 제한된 (-)비오차만을 가지는데, 이러한 이유로 보호계전기용은 어떤 과전류 값에 이르기까지 2차전류가 1차전류에 비례적으로 증가하도록 되어야 한다. 합성오차의 한계는 ≤5[%](5P) 또는 ≤10[%](10P) 이다.

정격과전류 정수는 과전류하에서의 변류기 특성을 나타낸다. 예로 30[VA] 부하에 대한 5P10의 변류기는 이것이 15[VA]로 부하가 걸릴 때 대략 20의 과전류정수를 갖는데, 계기나 전력계와 함께 사용되는 계측기용 철심의 경우 최소한의 계기보호과전류정수(FS5나 FS10)를 갖는 것은 접속된 장치들을 보호하기 위해서 바람직하다.

그렇지만, 고정밀도에 대한 동시의 요구에 만일 정상적인 철심 재료가 사용된다면 과전류정수가 높아지는 문제로 결국 곤란한 결과를 초래한다. 이 경우에는 특별한 철심재료가 필요하다. 만일 이러한 방식으로 얻어진 계기용 철심의 양호한 특성을 이용하려면, 계기용변류기의 정격부담은 접속된 계기들의 사용부담 합보다 실제로 커서는 안된다.

참고문헌

1. 신대승, 보호계전시스템 기술, 도서출판 기다리
2. 유상봉 외, 보호계전시스템의 실무활용기술, 도서출판 기다리

3. www.i-dongwoo.com

4. KS C 1706(계기용변성기, 표준용 및 일반계기용)

5. KS C IEC 60044-1(계기용변성기 - 제1부 : 변류기)

10 피뢰기의 구비 성능과 정격전압 및 제한전압에 대하여 설명하고 제한전압 값이 어떤 인자에 의해서 결정되는 가를 설명하시오.

▣ 본 문제를 이해하고, 기억을 오래 가져갈 수 있는 그림이나 삽화 등을 생각한다.

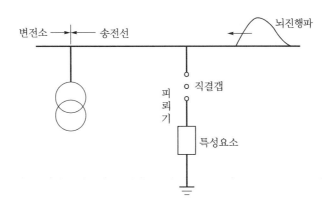

그림 1. 피뢰기의 구조

해설

1. 피뢰기(Lightning arrester : LA)의 설치 목적

전력설비의 기기를 이상전압(유도뢰 등)으로부터 보호하기 위하여 설치하며, 다음과 같은 목적으로 사용된다.

1) 외부 이상전압 억제
2) 전기기계기구의 절연 보호
3) 이상 전압을 대지로 방전시키고 속류 차단

2. 피뢰기의 제1보호 대상기기

전력용 변압기이며, 가능한 한 이에 근접하도록 한다.(내선규정 참조)

3. 피뢰기의 구조

1) **직렬갭** : 적당한 Gap이 설정되어 있어 이 정도 전압에서는 방전하지 않는 구조
 • 평상시 : 특성요소에 침입하는 누설전류를 막아준다.
 • 이상전압 침입시 : 이상전압의 진행파를 대지로 방전시킨다.

2) **특성요소** : 뇌방전이 종료된 이후에도 대지전압(선로전압/ $\sqrt{3}$)에 의해 계속적으로 방전이 일어날 수 있기 때문에 문제가 발생된다. 특성요소는 피뢰기의 주체이며, 동작에 의하여 방전전류를 흘리며, 내습 진행파의 파고값을 저감시키고 속류(뇌전류 통과에 이어 대지전압에 의한 전류가 흐르는 현상, Follow current)를 억제, 차단하는 기능을 갖는다.

4. 피뢰기가 구비하여야 할 성능

1) 피뢰기 제한전압이 낮을 것
2) 속류 차단능력이 있을 것
3) 충격방전 개시전압(피뢰기 단자간에 충격전압을 인가하였을 경우 방전을 개시하는 전압)이 낮을 것
4) 상용주파 방전전압(상용주파수의 방전개시전압-실효값 : 피뢰기 정격전압의 1.5배 이상)이 높을 것(피뢰기는 상용주파수의 전압에는 동작하지 않아야 한다)

5. 피뢰기의 정격전압

1) **정의**

속류를 차단할 수 있는 최대의 교류전압을 말한다. 또한, 피뢰기의 양단자에 인가한 상태에서 단위 뇌서지 동작책무로 규정된 횟수를 반복하여 수행할 수 있는 정격주파수의 상용주파 전압을 말하며, 그 값은 실효값으로 표시한다.

2) **정격전압 결정시 고려사항**

피뢰기의 정격전압이란 피뢰기의 선로단자와 접지단자간의 인가할 수 있는 상용주파최대전압(실효값)을 말한다. 만일 피뢰기에 정격이상의 상용주파전압이 인가되면 피뢰기의 누설전류가 커져 열폭주(Thermal Runaway)에 의해 피뢰기가 파손될 수 있다. 따라서 피뢰기의 정격전압은 사고 시에도 건전상의 상용주파최대대지전압보다 높아야 한다.

전력계통에서 상용주파과전압이 발생하는 원인은 지락사고, 부하의 돌연분리, 발전기의 과속, 공진, 인근 불평형 병렬 선로로부터의 유도전압 등 제요소가 있으나 이 모든 조건을 고려하여 피뢰기의 정격전압을 결정한다는 것은 실제로 불가능하며, 지락사고시의 건전상의 최대 대지전압은 계통의 중성점 접지방식에 따라서 변화하는데 우리회사 전력계통의 지락사고시 건전상의 최대 대지전압은 다음과 같다.

(1) 765[kV] 송전계통 : 1.2 p.u.
(2) 345[kV] 송전계통 : 1.35 p.u.

(3) 154[kV] 송전계통 : 1.35 p.u.

6. 피뢰기의 제한전압

1) 정의

방전이 저하되어서 피뢰기의 단자 간에 남게되는 충격전압 또는 뇌전류 방전시 직렬갭 양단에 나타나는 전압, 피뢰기가 처리하고 남는 전압을 말한다.

2) 제한전압 값에 영향을 미치는 인자

먼저, 제한전압은 다음과 같이 산정된다.

전압, 전류의 진입파를 e_i, i_i, 그리고 반사파를 e_r, i_r, 투과파를 e_t, i_t로 나타내고, 피뢰기의 방전전류를 i_a라 하면, 그림 2에서 다음의 관계식이 성립한다.

$$e_i + e_r = e_t$$
$$i_1 + i_r = i_t + i_a$$
$$i_1 = \frac{e_1}{Z_1}, \ \ i_r = -\frac{e_r}{Z_1}, \ \ i_t = \frac{e_t}{Z_t}$$

따라서, 이들의 관계식으로부터 피뢰기의 제한전압 e_a는

$$e_t = e_a = \left(\frac{2Z_2}{Z_1 + Z_2}\right)\left(e_1 - \frac{Z_1}{2}i_a\right)$$

가 된다. 즉 제한전압 값에 영향을 미치는 인자는 다음과 같다.

① 서지임피던스
② 입사 진행파의 크기
③ 방전전류의 크기

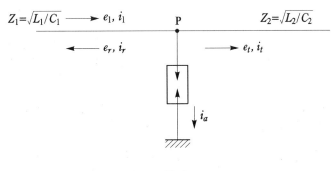

그림 2

3) 각 전압급별 피뢰기의 제한전압

방전전류가 흐르는 동안 피뢰기의 단자 간에 나타나는 전압의 파고값을 제한전압이라 하며, 현재 국내에서 사용하는 피뢰기의 제한전압은 표 1의 값을 초과하지 않는다.

표 1. 제한전압

정격전압 [kV,실효값]	뇌충격 제한전압 [kV, 파고값]		개폐충격 제한전압 [kV, 파고값]	급준전류제한전압 [kV, 파고값]
	20[kA] 피뢰기	10[kA] 피뢰기		
576(588)	1,500	–	1,400	1,600
288	–	750	630	825
144	–	375	315	413
24	–	87	–	100
21	–	76	–	88

추가 검토 사항

■ 공학을 잘 하는 사람은 수학적인 사고를 많이 하는 사람이란 것을 잊지 말아야 한다. 본 문제에서 정확하게 이해하지 못하는 것은 관련 문헌을 확인해 보는 습관을 길러야 엔지니어링 사고를 하게 되고, 완벽하게 이해하는 것이 된다는 것을 명심하기 바랍니다. 상기의 문제를 이해하기 위해서는 다음의 사항을 확인바랍니다.

1. 피뢰기의 공칭 방전전류에 대해서 알아 둡시다.

피뢰기에 흐르는 정격방전전류는 변전소의 차폐유무와 그 지방의 연간 뇌우(雷雨)발생일수에 관계되나 모든 요소를 고려한 일반적인 시설장소별 피뢰기의 공칭 방전전류는 표 1과 같이 적용한다.

표 1. 설치장소별 피뢰기 공칭 방전전류

공칭방전전류	설치장소	적용 조건
10,000[A]	변전소	1. 154[kV] 이상의 계통 2. 66[kV] 및 그 이하의 계통에서 Bank 용량이 3,000[kVA]를 초과하거나 특히 중요한 곳 3. 장거리 송전선케이블 (배전선로 인출용 단거리케이블은 제외) 및 정전축전기 Bank를 개폐하는 곳 4. 배전선로 인출측(배전 간선 인출용 장거리 케이블은 제외)
5,000[A]	변전소	66[kV] 및 그 이하 계통에서 Bank 용량이 3,000[kVA] 이하인 곳
2,500[A]	선 로	배전선로

2. 피뢰기가 설비의 보호효과를 충분히 발휘하기 위해서는 주요 피보호기기인 변압기 단자에서 되도록 가까운 거리에 설치해야 한다.(제1종 접지공사에서 필요한 저항값 이하를 해야 한다)[송배전공학 380쪽 참조]

참고문헌

1. 송길영, 송배전공학, 동일출판사, 2012
2. 내선규정, 대한전기협회, 2012
3. 한전 설계기준-2531(피뢰기 선정기준)

11 변전소의 피뢰기 선정을 위한 주요 검토사항에 대해서 설명하시오.

📖 본 문제를 이해하고, 기억을 오래 가져갈 수 있는 그림이나 삽화 등을 생각한다.

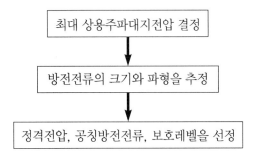

그림 1. 피뢰기의 선정 순서

해설

1. 피뢰기의 개요

전력계통에서는 자연 현상과 기기의 운전조작 등에 의하여 수시로 과전압이 발생하며 이에 대한 보호대책이 없으면 전기기기의 절연이 파괴되어 그 기기는 사용할 수 없게 될 것이다. 과전압으로부터 전기기기를 보호하려면 그 기기의 절연내력과 보호 장치의 특성 간에는 어떤 관계가 있어야 하며, 이 관계를 수립하는 것을 절연협조라고 한다. 피뢰기는 이 보호 장치 중에서 가장 널리 사용되며, 또한 절연협조 상에 있어 중요한 역할을 하는 것으로서 뇌 또는 개폐서지 등의 충격과전압을 제한함으로써 전기기기의 절연을 보호한다. 그러나, 피뢰기가 소기의 기능을 발휘하려면 계통의 과전압, 시설물의 차폐여부, 기상조건, 선로 및 피보호기기의 절연내력 및 그 중요성 등을 종합적으로 검토하여 적용해야 한다.

2. 정격 선정시 고려사항

1) 정격전압

피뢰기의 정격전압이란 그 선로단자와 접지단자 간에 인가할 수 있는 상용주파의 최대 허용전압(실효값)을 말하며, 피뢰기의 정격전압에 따라 표 1과 같이 적용한다.

표 1. 정격 전압

전력계통		피뢰기정격전압 (kV)	
공칭전압 [kV]	중성점접지방식	변전소	배전선로
765	유효접지	576(588)[1]	
345	유효접지	288	
154	유효접지	144	
23	비접지	24	
22.9	3상4선 다중접지	21	18

[주] (1) IEC(576[kV]), ANSI(588[kV])

2) 공칭방전전류

피뢰기를 분류하기 위해 사용하는 뇌충격전류의 파고값을 말하며, 피뢰기의 공칭
방전전류는 표 2와 같이 적용한다.

표 2. 공칭방전전류

공칭방전전류 [kA]	설치장소	적 용 조 건
20	변전소	765[kV] 계통
10	변전소	① 345, 154[kV] 계통 ② 전력용 변압기 2차측(또는 3차측) ③ 전력용 콘덴서 인출개소
5	변전소	배전선로 인출측

3) 선로 방전등급

피뢰기의 선로방전등급은 요구되는 피뢰기의 방전내량과 직접적인 관계를 갖고
있으며, 전력계통에 발생되는 개폐 및 뇌 서지에 대한 피뢰기 방전에너지가 피뢰
기의 방전내량을 초과하지 않도록 해야 한다. 피뢰기의 선로방전 등급은 표 3과
같이 적용한다.

표 3. 선로 방전등급

공칭전압 [kV]	선로방전등급
765	등급 4
345	등급 3
154	등급 3
23/22.9	등급 1,2,3

4) 변압기 중성점의 보호

변압기 중성점을 직접 접지시키지 않을 경우에는 피뢰기를 설치하여야 한다. 각 전압별 변압기 중성점 보호용 피뢰기는 표 4와 같이 적용한다.

표 4. 중성점 보호용 피뢰기 정격

공칭전압 [kV]	정격전압 [kV]	공칭방전전류 [kA]
345	144	10
154	72	10

추가 검토 사항

▣ 공학을 잘 하는 사람은 수학적인 사고를 많이 하는 사람이란 것을 잊지 말아야 한다. 본 문제에서 정확하게 이해하지 못하는 것은 관련 문헌을 확인해 보는 습관을 길러야 엔지니어링 사고를 하게 되고, 완벽하게 이해하는 것이 된다는 것을 명심하기 바랍니다. 상기의 문제를 이해하기 위해서는 다음의 사항을 확인바랍니다.

1. 피뢰기의 공칭방전전류 결정시 고려사항을 알아 둡시다.

피뢰기에 흐르는 방전전류는 선로 및 발변전소의 차폐유무와 그 지방의 IKL(연간 뇌우발생일수)을 고려하여 결정한다. 차폐는 유효차폐, 비유효차폐 두 종류로 구분되며, 현재까지 나타난 통계에 의하면 우리나라의 IKL은 최고 35 이하로서 비교적 적은 편이다. 100[kV] 이하 계통에서는 차폐의 효과가 별로 없다. 그러나, 이러한 전압급에서도 차폐를 하면 발변전소에 진입하는 서지 전압은 제한되며, 따라서, 차폐를 하지 않을 때 보다는 방전전류도 적어진다.

1) 유효차폐

유효차폐 발변전소는 그 자체와 이에 연결된 모든 선로가 직격뢰에 대하여 차폐되어 있으며, 선로는 그 전장 또는 발변전소로부터 수경간이 차폐되어 있어야 한다. 차폐율이나 차폐선 또는 접지 지지물로부터 도체나 기타 도전부에 역섬락을 일으킬 가능성이 아주 적어서 사고율이 기준값 이하로 될 때 그 차폐는 유효하다고 한다.

2) 비유효차폐

유효차폐의 조건을 충족시키지 못한 차폐를 말하며, 여기에는 발변전소 및 선로가 모두 차폐되어 있지 않는 경우, 발변전소나 선로 중 어느 한 측만 차폐되어 있고 다른 측은 차폐되어 있지 않은 경우의 두 가지가 있다.

2. 피뢰기 설치시 최대 유효이격거리에 대해서 알아 둡시다.

피뢰기는 가능한 피보호기기의 가까운 곳에 설치해야 한다. 거리가 멀면 피보호기기의 단자에 가해지는 이상전압의 값은 피뢰기 방전 중의 제한전압에 비해서 크게 되므로 기기 보호효과가 감소한다. 이격거리는 피뢰기와 피보호기기간의 거리로써, 개방점도 피보호기기로 간주하며 피뢰기 설치위치별 이격거리는 표 5와 같다.

표 5. 설치위치별 이격거리

공칭전압	절연방식	인출조건	피뢰기 설치위치	이격거리
345[kV]	공기절연	가 공	선로인입부	10[m] 이내
			변 압 기 단	17[m] 이내
		케 이 블	변 압 기 단	10[m] 이내
154[kV]	공기절연	가 공	선로인입부	25[m] 이내
			변 압 기 단	50[m] 이내
		케 이 블	변 압 기 단	50[m] 이내

3. 피뢰기의 위치 선정시 다음 사항을 고려하여야 한다.

1) 피보호기기의 첫 대상은 전력용변압기이다.

2) 변전소 자체는 차폐되어 있다.

3) 피보호기기에 가능한 근접하여 설치한다.

4) 피뢰기와 피보호기기의 접지는 연접하고 접지도선은 가능한 짧게 한다.

4. 피뢰기의 주요 보호특성을 알고 있나요.

전 압	항 목		상도체용(선로, 모선)
154[kV]	정격전압 [kV, rms]		144
	연속운전전압 [kV, rms]		115
	공칭방전전류 [kA]		10
	선로방전등급		3등급
	보호레벨 [kV peak]	급 준 파	413
		뇌 임 펄 스	375
		개폐임펄스	315
	단 락 회 로 내 력		40[kA], 50[kA]

전 압	항 목		상도체용(선로, 모선)
345[kV]	정격전압 [kV, rms]		288
	연속운전전압 [kV, rms]		230
	공칭방전전류 [kA]		10
	선로방전등급		3등급
	보호레벨 [kV peak]	급준파	825
		뇌임펄스	750
		개폐임펄스	630
	단락회로내력		40[kA], 50[kA] 및 63[kA]

참고문헌

1. 송길영, 발변전공학, 동일출판사, 2012
2. 한전 설계기준-2531(피뢰기 선정기준)
3. 한전 설계기준-1031(직접접지방식 송변전설비 절연협조기준)

12

변압기(154/22.9[kV]), 3상 30/40[MVA], △-Y결선, 전압조정범위가 ±10[%]인 ULTC부)의 내부고장 보호용 비율차동계전기를 정정하여라. 단, CT비는 그림 1과 같고, 차동계전기는 Tap 2.9-3.2-3.8-4.6-5.0-8.7인 보조 CT를 내장하고 있고 비율특성도 조정할 수 있는 것이라고 한다.

■ 본 문제를 이해하고, 기억을 오래 가져갈 수 있는 그림이나 삽화 등을 생각한다.

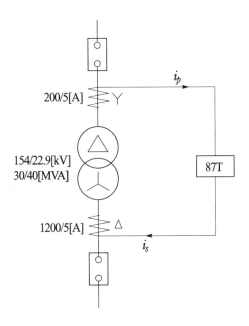

그림 1. 비율차동계전기의 결선도

해설

1. 비율차동계전기 보호회로의 결선도

그림 1은 비율차동계전기의 보호결선도를 나타낸 것이며, 변압기 권선의 상간단락, 층간단락, 권선과 철심 간의 절연파괴에 의한 지락사고, 고저압 권선혼촉 및 단선 등의 변압기 내부고장 보호용 계전기이다. 비율차동계전기에는 억제코일(RC)과 동작코일(OC)을 가지고 있는데, CT 2차회로를 차동 접속하여 RC 통과전류로 억제력을 발생시키고, OC의 차전류로 동작력을 발생시키도록 하는 방식이다.

2. 비율차동계전기의 정정값

1) 전류 Tap 선정

40[MVA] 기준에서 CT 2차전류를 계산하면

$$i_p = \frac{40,000}{\sqrt{3} \times 154} \times \frac{5}{200} = 3.75\,[A]$$

$$i_s = \frac{40,000}{\sqrt{3} \times 22.9} \times \frac{5}{1200} \times \sqrt{3} = 7.28\,[A]$$

(△ 결선)

$i_s = 7.28[A]$보다 큰 Tap인 8.7[A]로 정하면, 154[kV]측 Tap은

$$8.7 \times \frac{3.75}{7.28} = 4.47\,[A]$$

이므로, 4.6[A]로 정한다. 따라서, $T_p = 4.6$, $T_s = 8.7$이 된다.

상기의 내용을 재정리하면 다음의 표와 같다.

항 목	154 [kV]측	22.9 [kV] 측
정격전류(I_N)	$= \dfrac{40,000}{\sqrt{3} \times 154} = 150[A]$	$= \dfrac{40,000}{\sqrt{3} \times 22.9} = 1,008.5[A]$
사용 CT비	200/5	1200/5
주변압기 정격운전시 CT 2차전류(I_N/N)	$150 \times \dfrac{5}{200} = 3.75[A]$	$1008.5 \times \dfrac{5}{1200} = 4.2[A]$
CT 2차회로 결선	Y	△
R_y 유입전류	$i_p = 3.75[A]$	$i_s = 4.2 \times \sqrt{3} = 7.28[A]$
정정 Tap 선정	ideal Tap $= 8.7 \times \dfrac{3.75}{7.28} = 4.47[A]$ $\therefore$ Tap$=4.6[A]$ (T_p)	Tap$=8.7[A]$ (T_s)

※ △결선의 변류기는 변류기 2차전류의 $\sqrt{3}$ 배의 전류를 케이블이나 보호계전기에 발생시키는 것에 유의하여야 한다.

2) 동작 비율 정정값

이렇게 정정한 경우의 Mismatch ratio를 계산하면,

$$\text{Mismatch율} = \frac{(\text{정확한 Tap간의 비}) - (\text{실제정정 Tap간의 비})}{\text{위 2개의 비 중 적은 값}} \times 100$$

$$= \frac{\dfrac{i_s}{i_p} - \dfrac{T_s}{T_p}}{\dfrac{T_s}{T_p}} \times 100 = \frac{\dfrac{7.28}{3.75} - \dfrac{8.7}{4.6}}{\dfrac{8.7}{4.6}} \times 100$$

$$= \frac{1.94 - 1.89}{1.89} \times 100 = 2.64[\%]$$

ULTC의 전압조정범위 ±10[%]를 고려하면,

정합률은 2.6 + (±10) = −7.4[%] ~ +12.6[%]

이 율을 15[%] 이내로 제한하는 고정비율 특성의 계전기(예를 들면, W.H의 HUB 형)도 있으며, 비율특성을 조정하는 형도 있다.

발생할 수 있는 오차를 고려하면,

① CT 오차 : ±5[%] × 2 = ±10[%]

② 계전기 오차 : ±3[%]

③ CT 2차 케이블의 길이의 차에 의한 오차 : ±2[%]

④ 기타 오차 : ±1[%]

합계 ±16[%]

따라서, Mismatch율 = −7.4[%] ~ +12.6[%]

발생가능 오차 = −16[%] ~ +16[%]

여유 = −5[%] ~ +5[%]

즉, 비율 특성 Tap = −28.4[%] ~ 33.6[%] → Tap 35[%]

추가 검토 사항

■ 공학을 잘 하는 사람은 수학적인 사고를 많이 하는 사람이란 것을 잊지 말아야 한다. 본 문제에서 정확하게 이해하지 못하는 것은 관련 문헌을 확인해 보는 습관을 길러야 엔지니어링 사고를 하게 되고, 완벽하게 이해하는 것이 된다는 것을 명심하기 바랍니다. 상기의 문제를 이해하기 위해서는 다음의 사항을 확인바랍니다.

1. **고압측 및 저압측의 CT 결선 방법 및 극성에 대해서 알아 둡시다.(단, 계전기는 기계식임)**

1차, 2차(또는 3차)측 CT에 흐르는 전류 위상이 다르므로, 위상각 보정을 위하여 △−Y 결선의 변압기에는 위상각이 30° 상이하므로 변압기 결선과 상반되게 1차에는 Y, 2차에는 △결선으로 동위상으로 만든다.

또한, 변류기의 극성은 1차전류의 방향에 대하여 2차전류의 방향을 나타내는 특성으로 감극성과 가극성이 있으며, 우리나라에서는 감극성을 표준으로 하고 있다.

그림 2는 감극성 CT의 전류 방향 표시와 단선결선도를 나타내는 그림이다. 그림 (a)에서 I_A는 K단자에($\bullet$) 측으로 전류가 유입되어 L단자 측으로 유출되며, 2차 전류 i_a는 k단자($\bullet$) 측으로 유출되어 l단자 측으로 유입되는 전류의 방향을 보여 주고 있다.

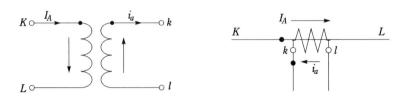

그림 2. CT의 극성 표시법

2. 변압기 보호의 특수조건을 알아 둡시다. 변압기는 송배전선에 접속되기 때문에 선로에서 발생한 뢰나 이상전압으로 인하여 절연파괴될 염려가 있다. 그 결과 권선의 층간단락 및 1선지락 고장을 일으키기도 하고 때로는 상단락을 일으킬 때도 있다. 그 때문에 비율차동계전기에 의해서 보호한다. 그러나, 변압기 보호 용의 비율차동계전기는 변압기가 갖는 특수성 때문에 몇가지 다른 점이 있다.

1) Tap 값(감도)이 다르다.

변압기에는 여자전류가 있어서 2차측이 무부하일지라도 1차측에는 정격전류 의 2~10[%]에 상당한 전류가 흐르고 있어 부하전류가 흐르고 있을 때에도 그 만큼 차가 있으므로 그 이하의 Tap은 무의미하게 된다.

2) 변압기의 여자돌입전류

무여자 상태에서 스위치를 넣으면 독특한 파형의 여자전류가 1차측에만 흐른 다. 이것은 시간과 함께 감쇄되어 나가지만, 보통 계전기에서는 오동작하고 만다. 그 때문에 감도가 나쁜 것으로 하거나 고조파 억제식이 사용된다.

3) 변압비, 변류비의 차이

변압기이므로 1차와 2차의 전압값이 틀리기 때문에 당연히 그 정격 1차, 2차전 류가 틀린다. 그 때문에 CT도 변류비에 적합한 것을 사용하는 관계로 CT의 2차전류가 틀리게 마련이다. 그 차이를 보상 변류기(CCT)로 맞추어 줄 필요가 있다.

4) 위상의 차이

변압기는 제3고조파의 발생을 방지하기 위하여 △결선을 갖는 것이 사용되고 있다. Y-△결선의 것은 1차와 2차 사이에 30°의 위상차가 생긴다. 그 때문에

Y측의 CT는 △로 하고, △결선 측의 CT는 Y로 하여 위상각을 맞추어 주어야 한다.

5) 변류기의 구조와 특성

변압기의 고압측에는 Bushing CT, 저압측에는 권선형 CT가 사용되는 경우가 있다. 이와 같이 차동 접속하는 양측 CT의 구조가 틀리게 되면 특성을 일치시키기가 어렵게 된다. 특히 외부단락시 대전류가 흐를 때는 양자의 특성차로 인하여 오동작하는 일이 없도록 CT의 과전류정수나 비율 Tap을 선정하지 않은면 안된다.

참고문헌

1. 신기창, 비율차동계전기의 결선 및 시험법, 전기안전
2. 유상봉 외, 보호계전시스템의 실무활용기술, 도서출판 기다리
3. 한국전력공사 규격, DS-2402(변전소 변류기회로의 표준결선 방식)

13

154[kV] 변압기의 보호계전방식에 대해서 설명하시오.

■ 본 문제를 이해하고, 기억을 오래 가져갈 수 있는 그림이나 삽화 등을 생각한다.

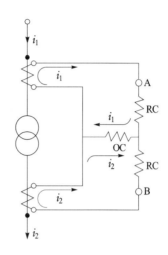

그림 1. 비율차동계전기의 기본 원리도

> 해설

1. 변압기의 보호계전방식

변압기 내부고장의 주보호에는 전류비율 차동계전방식이 사용되고 있으며, 후비보호에는 거리계전방식과 과전류계전방식이 사용되고 있다.

1) 전류비율 차동보호방식

10[MVA] 이상 변압기의 주보호는 전류비율차동방식을 적용한다. 변압기는 1차, 2차 전류의 크기가 상이하여 동일 변류기를 사용 할 수 없어 CT 특성이 일치하지 않으며, 또한 변압기의 탭 절환기(Tap changer)등의 요인 때문에 비율특성을 구비하여야 한다.

2) 과전류 보호계전방식

변압기 각 상에는 과부하 보호와 전위 고장시의 후비보호를 위해 과전류 보호방식을 적용한다. 과전류계전기의 한시요소는 전위구간의 보호 장치와 충분히 협조되어야 한다. 접지계통에 연결된 변압기의 지락보호는 지락과전류계전기로 보호한다.

2. 변압기 보호계전방식의 세부 사항

(1) 154[kV] 변압기(3ϕ 또는 1ϕ×3대)는 변압기의 용량, 권선결선, 변압비 등에 따라 보호계전방식을 구분 적용한다.

(2) 변압기 용량이 10[MVA] 이상인 경우에는 주보호와 후비보호방식을 적용한다.

(3) 변압기 용량이 10[MVA] 이상인 경우에는 주보호 전류비율차동방식을 적용하며, 10[MVA] 미만인 경우에는 과전류, 과전압 계전방식을 적용한다.

(4) 변압기 주보호로 사용되는 전류비율차동계전기는 2권선 변압기에 적용될 경우는 2권선용, 3권선 변압기에 적용될 경우는 3권선용을 사용한다. (단, 3권선변압기중 1개 권선이 안정권선일 경우는 2권선용을 사용할 수 있다.)

(5) 3권선 변압기로 안정권선(3차)이 설치된 경우 안정권선에 대하여 별도의 보호계전방식을 적용치 않아도 된다.

(6) 변압기 중성점의 NGR(Neutral Ground Reactor) 단선보호로는 과전압계전방식을 적용한다.

(7) 가스압력형 충격압력계전기(96P)의 오동작방지를 위해 22.9[kV]측에 과전류계전기를 적용한다.

(8) 154[kV] 변압기 보호계전방식의 표준은 표 1과 같이 적용한다.

(9) 154[kV] 변압기 2차측의 유·무효전력, 전류, 전압을 계측할 수 있어야 한다.

표 1. 154[kV] 변압기 보호계전방식

피보호설비	변압기 용량	적용 보호계전방식			비 고
		주보호	후비보호		
			1 차	2 차	
154[kV] 변압기	10[MVA] 이상	전류비율 차동방식	(단락) 과전류 계전방식 (지락) 과전류 계전방식	(단락) 과전류 계전방식 (지락) 과전류 계전방식 (중성점)	기계적 보호 장치는 제외됨
	10[MVA] 미만	※ 전압비 권선구조에 따라 위의 해당 보호계전방식 중 주보호는 생략하고 후비보호만 적용한다.			

추가 검토 사항

📱 공학을 잘 하는 사람은 수학적인 사고를 많이 하는 사람이란 것을 잊지 말아야 한다. 본 문제에서 정확하게 이해하지 못하는 것은 관련 문헌을 확인해 보는 습관을 길러야 엔지니어링 사고를 하게 되고, 완벽하게 이해하는 것이 된다는 것을 명심하기 바랍니다. 상기의 문제를 이해하기 위해서는 다음의 사항을 확인바랍니다.

1. **전류비율차동계전기의 동작원리에 대해서 알아 둡시다.**

비율차동계전기는 변압기 권선의 상간단락, 층간단락, 권선과 철심 간의 절연파괴에 의한 지락사고, 고저압 권선혼촉 및 단선 등의 변압기 내부 고장보호용 계전기이다.

전류비율차동계전방식의 기본원리는 전류차동 계전방식과 같으나, 변류기 오차 등에 의한 오동작을 방지하기 위하여 계전기에 입력되는 동작전류와 억제전류의 비가 일정비율(동작비율) 이상이 될 때 동작하도록 한 방식이다.

다시 말해서, 그림 1과 같이 억제코일(RC)과 동작코일(OC)을 가지고 있는데, CT 2차 회로를 차동접속하여 RC 통과 전류로 억제력을 발생시키고, OC의 차전류로 동작력을 발생시키도록 하는 방식이다. 평상시 외부 사고시에는 $I_1 = I_2$, 즉 차전류 $i_d = i_1 - i_2 = 0$이 되어 계전기는 동작하지 않지만, 내부 사고시에는 $I_1 \neq I_2$가 되어, OC를 교차하는 차전류 $i_d = i_1 - i_2 \neq 0$이 되어 i_1 또는 i_2가 일정 비율 이상으로 차이가 나면 동작되는 구조로 되어 있다.

참고문헌

1. 한전 설계기준-2401, 변전소 계측 및 보호계전방식
2. 신기창, 비율차동계전기의 결선 및 시험법, 전기안전
3. 유상봉 외, 보호계전시스템의 실무활용기술, 기다리출판사

14 변전소 Mesh 접지 설계에 있어서 인체에 인가되는 최대허용 보폭전압(E_{step})과 접촉전압(E_{touch})의 의미를 등가회로와 수식으로 설명하고, 접지망의 Mesh 접촉전압(E_m)과 보폭전압(E_s)을 수식으로 설명하시오.

■ 본 문제를 이해하고, 기억을 오래 가져갈 수 있는 그림이나 삽화 등을 생각한다.

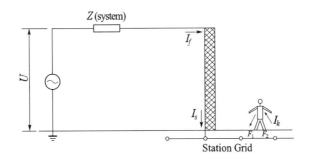

(a) 보폭전압

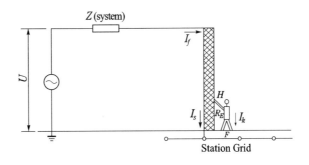

(b) 접촉전압

그림 1. 변전소의 보폭전압과 접촉전압

해설

1. 보폭전압(Step Voltage)

1) 개요

사람이 서 있는 상태에서 양 발을 1[m] 간격으로 벌렸을 때 지표면 위의 양 발 사이에 걸리는 전압을 말한다. 접촉전압과 보폭전압에 대해 접지계통을 안전하게 하기 위해서는 2가지 접근이 가능하다. 첫째, 변전소 내와 그 경계의 어떤 지점의 접촉, 보폭전압을 최소화하거나, 둘째, 아스팔트나 자갈 같은 저항률이 높은 재료를 깔아 최대허용 접촉, 보폭전압을 높이고, 접지계통의 경계 밖에도 충분히 깔아야 한다.

보폭전압은 변전소 구역 내인 경우 접촉전압이 안전한 범위 내에 있는 경우이면 문제가 되지 않는다. 보폭전압은 통전경로가 양발 사이이므로 보폭전압이 접촉전압보다 높더라도 허용이 된다. 일반적으로 보폭전압은 전위경도가 높게 나타나는 변전소의 경계 주변만 관심의 대상이 된다.

2) 최대허용 보폭전압

최대허용 보폭전압은 아래 식에 의해 결정된다.

$$최대허용 \ 보폭전압(E_{step}) = (R_K + R_{2FS}) \cdot I_K$$
$$= (1,000 + 6 \cdot C_s \cdot \rho_s) \frac{0.116}{\sqrt{t_s}} [V]$$

여기서, R_K : 인체 내부저항(1,000[Ω] 적용)

R_{2FS} : 두 발사이의 직렬저항($6 \times C_s \times \rho_s$ 적용)

I_K : 인체 허용전류[A r.m.s]

C_s : 표토층의 두께와 반사계수에 의해 결정되는 감소계수

ρ_s : 대지표면(표토층)의 고유저항율[Ω·m]

t_s : 인체 감전시간[s]

3) 등가회로

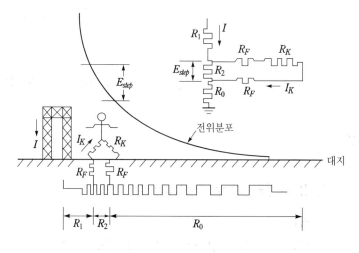

그림 2. 보폭전압의 등가회로

2. 접촉전압(Touch Voltage)

1) 개요

사람의 손이 접지된 금속체에 접촉되었을 때 손과 양발 간에 걸리는 전위차를 말하며, IEEE 지침에서는 금속 구조물과 대지 간의 거리 1[m]의 전위차로 정의되어 있고, 설계시 접촉전압은 Mesh 모서리의 중심부를 기준으로 평가한다.(IEEE Std 80-1986 14.1) 접촉전압을 완화시키기 위해서는 전극의 도체수를 증가시키면 가능하고, 이러한 방법으로 개선이 어려우면 접지면적을 증가시켜야 한다.

2) 최대허용 접촉전압

최대허용 접촉전압은 아래 식에 의해 결정된다.

$$최대허용\ 접촉전압(E_{touch}) = (R_K + R_{2FP}) \cdot I_K$$

$$= (1,000 + 1.5 \cdot C_s \cdot \rho_s)\frac{0.116}{\sqrt{t_s}}\,[\text{V}]$$

여기서, R_K : 인체 내부저항(1,000[Ω] 적용)

$\quad R_{2FP}$: 두 발사이의 병렬저항($1.5 \times C_s \times \rho_s$ 적용)

$\quad I_K$: 인체 허용전류[A r.m.s]

$\quad C_s$: 표토층의 두께와 반사계수에 의해 결정되는 감소계수

$\quad \rho_s$: 대지표면(표토층)의 고유저항율[Ω·m]

$\quad t_s$: 인체 감전시간[s]

3) 등가회로

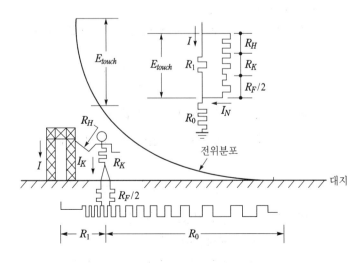

그림 3. 접촉전압의 등가회로

3. 접지망의 Mesh 접촉전압(E_m)과 보폭전압(E_s)

1) 최대 예상 접촉전압

접지망의 최대예상 접촉전압은 아래 식에 의해 계산한다.

$$E_m = K_{10} \cdot \rho \cdot K_m \cdot K_i \cdot \frac{I_G}{L_{touch}} [\text{V}]$$

여기서, K_{10} : 도체간격(D)이 10[m] 이하이면 $K_{10} = 2.7159 \cdot D^{-0.4416}$

                       10[m] 초과하면 $K_{10} = 1.0$

        ρ : 대지고유저항[Ωm]

        K_m : 메쉬전압 산출을 위한 간격계수

        K_i : 전위경도 변화에 대한 교정계수

        I_G : 접지전류[A.rms]

$$L_{touch} = L_c + \left\{ 1.55 + 1.22 \left(\frac{L_r}{\sqrt{L_x^2 + L_y^2}} \right) L_R \right\}$$

여기서, L_c : 메쉬도체의 총 길이[m]

        L_r : 접지봉 1개의 길이[m]

        L_R : 접지봉의 총길이[m]

        L_x : 주접지망의 X축방향 최대길이[m]

        L_y : 주접지망의 Y축방향 최대길이[m]

2) 최대 예상 보폭전압

접지망 주변의 보폭전압은 아래 식에 의해 계산한다.

$$E_s = \rho \cdot K_s \cdot K_i \cdot \frac{I_G}{L_{step}} [\text{V}]$$

여기서, E_s : 최대예상 보폭전압[V]

        K_s : 보폭전압 산출을 위한 간격계수

$$K_s = \frac{1}{\pi} \left[\frac{1}{2h} + \frac{1}{D+h} + \frac{1}{D} (1 - 0.5^{n-2}) \right]$$

여기서, D : 주접지망 간격[m]

        h : 매설깊이[m]

        n : 넓은 쪽의 접지망 구성 도체수

$$K_i : \text{전위경도 변화에 대한 교정계수}$$

$$I_G : \text{접지전류[A r.m.s]}$$

$$L_{step} : \text{매설접지도체의 전장[m]}$$

$$L_{step} = 0.75 \cdot L_c + 0.85 \cdot L_r$$

여기서, $L_c :$ 주접지망 도체의 총 길이[m]

$L_r :$ 접지봉 1개의 길이[m]

추가 검토 사항

■ 공학을 잘 하는 사람은 수학적인 사고를 많이 하는 사람이란 것을 잊지 말아야 한다. 본 문제에서 정확하게 이해하지 못하는 것은 관련 문헌을 확인해 보는 습관을 길러야 엔지니어링 사고를 하게 되고, 완벽하게 이해하는 것이 된다는 것을 명심하기 바랍니다. 상기의 문제를 이해하기 위해서는 다음의 사항을 확인바랍니다.

1. 인체의 발은 반경 8[cm]의 금속성 원판 전극과 등가이며 대지표면(표토층)의 고유저항율 ρ_s 인 토양에서 두 발사이의 직렬저항(R_{2FS})은 "$6 \times C_s \times \rho_s$", 두 발사이의 병렬저항($R_{2FP}$)은 "$1.5 \times C_s \times \rho_s$" 정도로 알려져 있다.

2. **변전소 메쉬접지계통의 접지저항 산정식**

   변전소 접지계통 전체의 접지저항은 주로 접지망 포설면적과 대지 고유저항의 크기에 따라 결정되며 아래 식에 의해 산출된다.

   $$R_g = \rho \left[\frac{1}{L} + \frac{1}{\sqrt{20A}} \left(1 + \frac{1}{1 + h\sqrt{\dfrac{20}{A}}} \right) \right]$$

   여기서, $R_g :$ 변전소 접지저항[Ω]

   $\rho :$ 대지고유저항율[$\Omega \cdot m$]

   $L :$ 접지계 총 도체길이[m]

   $A :$ 접지망 포설면적[m^2]

   $h :$ 접지망 매설깊이[m]

3. **보폭전압 저감방법을 살펴보면 다음과 같다.**

   ① 접지선을 깊게 매설한다.

   ② Mesh 접지방식을 채용하고 Mesh 간격을 좁게한다.

   ③ 특히 위험장소가 큰 장소에서는 자갈 또는 콘크리트를 다설한다.

④ 부지경계부근은 Main Mesh의 끝 2~3[m] 정도를 깊게 매설한다.

⑤ 철구 가대 등에 보조 접지를 한다.

4. 접촉전압 저감방법을 살펴보면 다음과 같다.

① 접지선 깊게 매설한다.

② Mesh 접지방식을 채용하고 Mesh 간격을 좁게한다.

③ 천구동 주위 약 1[m]의 위치에 깊이 0.2~0.3[m]의 보조접지선을 매설하고 이것을 주 접지선과 접촉한다.

5. 발변전소에서의 접지공사 설계시 검토사항에 대해서 알아 둡시다.

1) 설계 개요

접지공법에는 망상접지식과 접지봉 타입식이 채용되고 있다. 초고압계통에서는 일반적으로 망상접지식이 채용된다. 망상접지식은 망상접지선을 지하 0.5~1[m] 이상의 깊이에 매설하는 일종의 연접 접지방식으로 접지선 상호 간의 간격 또는 사용하는 접지선의 형태는 보폭전압과 접촉전압의 크기에 관계하므로 사고시의 변전소 접지전위의 상승과 이것이 기기 또는 인축에 주는 장해에 대해서 충분한 검토가 필요하다. 다음은 설계 개요를 나타낸다.

① 변전소 접지는 망접지를 원칙으로 하고 접지저항은 가능한 낮게 한다.

② 변전소의 기기배치를 고려하여 가능한 한 변전소 내에 최대한 넓은 지면을 점유할 수 있도록 접지망 포설면적을 산정한다.

③ 접지는 주 접지전극으로 접지망(ground grid)을 사용하고 소요 접지저항 및 최대허용전압을 얻기 어려운 곳에서는 보조 접지망, 접지봉, 침상접지봉(ground rod with needles), 심매설 전극 등 보조 접지전극을 병용한다. 또한 건물이나 기초의 철골 및 콘크리트, 금속제 수도관 등을 보조 접지전극으로 활용할 수 있다.

④ 접지망은 다음과 같이 구성한다.

ⓐ 접지망은 정방형 또는 장방형으로 하고 접지도체는 일정한 간격으로 배열한다.

ⓑ 가공지선, 변압기 중성점, 피뢰기의 접지점 또는 계기용변압기와 변류기 등이 접속되는 곳에는 높은 전위경도의 발생을 억제하기 위하여 접지망의 접지도체를 추가하거나 도체간격을 조밀하게 할 수 있다.

ⓒ 접지망 모서리, 외곽도체의 접속점(junction), 접지망 내부에 있는 기기의 접지 리드선 연결점, 변압기 중성점, 가공지선 및 피뢰기의 접지점 등에는 접지봉을 타설하고, 접지망에 접속시킨다.

⑤ 인체에 위험을 주는 보폭전압과 접촉전압 허용치를 크게 하고 토양의 습기

보존을 위하여 접지망이 포설된 변전소 지표면위에 10[cm] 이상의 자갈 또는 적정 절연능력을 가진 재료를 포설한다.

2) 접지공사 설계시 검토사항
  (1) 토양의 특성 조사 검토
    ① 토양의 고유저항율은 현장의 실측값(겉보기 고유저항율 : apparent soil resistivity)를 적용하며, 실측값의 조건이 유리한 것이었으면 그곳에서 예상된 가장 불리한 조건하(고유저항율이 큰 값)의 값으로 교정해야 한다.
    ② 등가측정 깊이는 일반적으로 765[kV] 변전소의 경우에는 50~70[m], 345[kV] 변전소에는 20~25[m], 154[kV] 이하 변전소에서는 15[m] 정도로 한다.
    ③ 정확한 등가대지고유저항율을 결정할 필요가 있을 때는 이에 적합한 프로그램을 활용한다.
  (2) 접지선 매설깊이 산정
    ① 토양의 고유저항율은 토양의 온도와 습기 함유량에 따라서 크게 변화하므로 접지선 매설 깊이는 동계에도 얼지 않도록 산정해야 한다.
    ② 매설깊이는 지표면 하 0.5~1.5[m]로 하며 지역에 따라 동결심도 계산식을 참조하여 산출한다.
  (3) 최대교류 접지전류의 결정
    접지전류 I_G는 아래 식에 의해 산출한다.

$$I_G = \beta \cdot D_f \cdot C_p \cdot I_F \, [\text{A}] \qquad\qquad \cdots\cdots (1)$$

    여기서, β : 지락전류분류계수
    D_f : 비대칭분에 대한 교정계수
    C_p : 장차 계통확장계수
    I_F : 최대지락전류

    최대지락고장전류(I_F)는 장기 계통 계획에 의한 해당 변전소의 1선지락 고장전류를 활용하거나 계통 확장을 고려하여 차단기 정격차단전류로 한다.
  (4) 접지도체의 굵기 및 간격 결정
    ① 접지도체는 최대지락전류 및 허용온도 등을 고려하여 아래와 같이 선정한다.
      ⓐ 국부적으로 위험한 전위차가 발생하지 않도록 충분한 도전율을 가져야 한다.

ⓑ 접속점은 예상되는 최대지락고장전류가 고장지속 시간동안 흐를 경우에도 용단되거나 열화 되지 않아야 한다.

ⓒ 부식이나 충격에 견딜 수 있도록 기계적으로 충분한 강도를 가져야 한다.

② 접지도체의 굵기는 아래 식에 의해 산출한다.

$$A = I_F \alpha \sqrt{\dfrac{\dfrac{t_c \cdot \alpha_r \cdot \rho_r \cdot 10^4}{TCAP}}{\ln\left\{1 + \left(\dfrac{T_m - T_a}{K_0 + T_a}\right)\right\}}} \ [\mathrm{mm}^2] \qquad \cdots\cdots (2)$$

③ 주접지망 접지도체의 최소 굵기는 기계적 강도와 설치 후 유지보수가 어려운 점을 감안하여 150[mm²] 적용을 원칙으로 한다.

④ 접지도체 간격은 보폭전압 및 접촉전압이 최대허용전압 이하가 되도록 산정하며, 필요시 적합한 프로그램을 활용한다.

⑤ 접지망과 시설물과의 연결

ⓐ 접지망과 시설물을 연결하는 접지도체의 길이는 최대한 짧게 하여야 한다.

ⓑ 변압기, 분로리액터, GIS, 차단기, 단로기 등 단독 기초 상에 설치된 기기와의 연결용 접지도체는 동일 굵기 2개의 도체로 주접지망의 서로 다른 두 변에 연결한다.

단, 765kV 변전소의 전력용변압기 중성점, 1차측 피뢰기 및 고속도 접지개폐기의 접지선은 3개를 연결하여야 한다.

ⓒ 변압기, 분로리액터, 및 콘덴서 뱅크 등의 중성점은 2개의 도체로 주접지망의 서로 다른 두 변에 연결한다.

ⓓ 피뢰기 접지측 단자 및 가대, 접지용 단로기와 가대, 계기용변성기 2차측의 접지는 동일 굵기 2개의 도체로 주접지망의 서로 다른 두 변에 연결한다.

ⓔ 배전반 내 수평접지모선에서는 60[mm²]의 나연동선을 사용하여 주접지망에 연결한다.

참고문헌

1. 한국전력공사 규격, DS-2601(접지설계)
2. 정세중, 최근의 접지설계기술, 전기안전

15 초고압 대용량 변전소를 설계할 때, 변전소의 설계 및 기기의 시방에 유의해야
할 사항에 대해 항목별로 설명하시오.

■ 본 문제를 이해하고, 기억을 오래 가져갈 수 있는 그림이나 삽화 등을 생각한다.

그림 1.

> **해설**

1. 개요
초고압대용량 변전소는 계통으로부터의 중요도가 높으므로 신뢰도 향상을 최대의
목적으로 설계하여 건설하여야 하며, 또한 위치 선정 및 출력, 뱅크 구성 등을 고려
해야 한다.

2. 설계시 유의해야 할 사항

1) 변전소의 규모 결정
　① 장기 송변전설비계획의 송전선로 회선수, 주변압기 용량 및 뱅크 수에 따른다.
　② 765[kV] 변전소
　　ⓐ 765[kV] 송전선로 수 : 8회선
　　ⓑ 345[kV] 송전선로 수 : 12회선

　　　　ⓒ 주변압기 용량 : 2,000[MVA]/뱅크

　　　　ⓓ 주변압기 뱅크 수 : 5 뱅크(1상 2탱크 기준)

　　③ 345[kV] 변전소

　　　　ⓐ 345[kV] 송전선로 수 : 10회선

　　　　ⓑ 154[kV] 송전선로 수 : 18회선

　　　　ⓒ 주변압기 용량 : 500[MVA]/뱅크

　　　　ⓓ 주변압기 뱅크 수 : 4 뱅크(단상 예비변압기 포함)

2) 변전소의 규모 결정

변전소 형태는 장기 송변전설비계획에 의한 변전소 부지선정시 아래의 기준에 따라 선정한다.

　① 765[kV] 변전소 : 옥외 Full GIS형

　② 345[kV] 변전소 : 옥외 GIS형

단, 관련법규 및 장차 주변의 개발전망, 민원발생의 요인, 환경영향, 장래 계통구성, 경제성 등을 종합적으로 검토하여 필요한 경우에는 옥내 GIS형으로 선정할 수 있다.

3) 단락용량 증대의 대책

　① 송전용량 증대로 단락용량이 증대하므로 경감할 수 있는 접속방식을 고려해야 한다.

　② 사고시에는 신속 정확한 사고선택 제거가 필요하다.

　③ 단락전류에 대한 기기의 기계적 강도, 통신선에 대한 유도장해의 방지, 구내 접지선의 전압상승과 접촉 전압의 저감, 기타 회로의 전위상승 억제에 유의한다.

4) 절연 설계

　① 설비의 신뢰도 뿐만 아니라 건설비에도 큰 영향을 미치므로 신중한 검토가 필요하다.

　② 모선의 상간 및 대지간 절연간격

공칭전압(kV)	절연 간격 구분	상간 (mm)	대지간 (mm)
765	표 준	11,000	7,000
	최 소	8,500	5,000
345	표 준	5,000	3,300
	최 소	3,600	2,900

5) 피뢰 방호 및 접지

① 뇌의 직격을 확실히 피하기 위해 소내 및 가까운 송전선에 100[%] 차폐시설을 설치한다.

② 설비의 접지저항을 작게하고, 기타 기기를 연접 접지한다(등전위 접지)

③ 피뢰기의 적정 배치에 의해 절연 협조에 만전을 다한다.

④ 지락전류의 소내 유입에 대비해 소내외의 보완 대책에 신중히 고려한다.

6) 보호방식, 제어방식

① 거리계전기, 고속도 차단, 재폐로용 차단기의 채용으로 사고 신속 차단제어 및 계통 안정도 향상과 급전의 만전

② 제어회로의 오조작 방지 대책이 필요하다.

7) 코로나 대책

① 코로나 발생은 전력손실 및 코로나 잡음을 가져온다.

② 코로나 잡음이 송전선을 타고 전파되지 않도록 주의한다.

8) 전압조정

① 부하 시 전압조정기에 의한 방법과 조상설비에 의한 방법을 병용한다. (IVR+ULTC)

② 최근 부하 말단의 진상설비의 보급, 복도체의 사용, 고전압 지중선로의 확장으로 충전전류의 증가 때문에 변전소에서의 전력용콘덴서의 신증설은 차차 감소하는 경향이다.

③ 오히려 경부하시 무효전력의 대책으로 분로리액터를 설치하고, 일반적으로 부하 시 전압조정기를 채용하는 경향이다.

9) 염해 대책

① 해안 인접 변전소는 애자의 형상 및 치수, 활선 청소, 과절연, 특수 절연, 코팅을 고려한다.

3. 위치선정시 유의해야 할 사항

(1) 위치, 지형, 넓이가 적당하고 장래의 확장여유가 있는지 검토한다.

(2) 송전선의 인입, 인출에 지장이 없는지 검토한다(장래 회선수 증가에 대한 여유)

(3) 주위의 현재 또는 미래의 발전성이 변전소에 미치는 악영향은 없는지 검토한다 (공해 문제)

(4) 용지 매수상의 어려움이 없는지 검토한다.

(5) 흙돋우기, 매립 등의 정지의 어려움 및 비용을 검토한다.

(6) 기기 냉각 용수 공급의 어려움이 없는지 검토한다.

(7) 기기의 반입, 수송에 지장이 없는지 검토한다.

4. 기기의 시방 검토시 유의해야 할 사항

1) 대용량 구성기기의 신뢰도 향상

① 설비의 단순화를 위해 기기의 단위용량 대형화 필요, 설비의 합리화를 위해 신뢰도 향상이 필요하다.

② 공사기간의 단축을 위해 변압기 수송, 조립에 대한 문제로 선정에 유의한다.

2) 전력용 변압기

① 변전소의 규모와 형태에 따라 적합한 변압기를 선정한다.

② 변압기의 선정 시 설치 환경, 관련 기기의 연결, 선로의 인출입 등을 고려한다.

③ 내부 전위진동을 방지하기 위해 차폐구조가 되도록 한다.

④ 부하시 전압조정 방식의 경우 전압조정기의 보수 점검이 용이하여야 한다.

⑤ 계통의 중성점 접지방식은 변압기 절연계급을 떨어뜨리게 채택한다.

3) 가스절연개폐장치(GIS)

① GIS는 계통의 고장용량, 관련 기기의 연결, 선로의 인·출입 등을 고려하여 선정한다.

② GIS는 설치장소의 기후조건을 고려하여 냉해와 염진해가 심한 특수한 환경에서는 별도의 대책을 수립하여야 한다.

③ GIS는 차단기(CB), 단로기(DS), 접지개폐기(ES, HSGS), 3단개폐기(3-Way switch), 모선(BUS), 변류기(CT), 계기용변압기(PT 또는 VT), 부싱(Bushing), 피뢰기(LA) 등으로 구성되며, 적합한 정격을 선정한다.

4) 차단기

① 차단기는 계통의 고장용량, 변전소 형태 등을 고려하여 선정한다.

② 저역률, 소전류 차단에도 재점호하지 않는 것을 채택한다.

③ 중성점 직접접지계통에서는 고속차단 재폐로차단기를 채용한다.

5) 피뢰기

피뢰기는 정격전압, 공칭방전전류 및 보호레벨을 고려하여 선정하여야 하며, 피뢰기의 특성이 설비 절연레벨을 좌우하므로 보호레벨의 향상이 요구된다.

6) 옥외철구

① 기기증설, 인출입 회선수 증가를 고려하여 조립의 간단화를 도모한다.

② 경제성 및 안전성을 고려하여 간단한 구조, 충분한 기계적 강도, 운전 및 보수의 용이를 도모하도록 한다.

7) 기타

가공선 철구, 기기 충전부는 코로나를 방지할 수 있게 만드는 것이 필요하다.

참고문헌

1. 한국전력공사 규격, 변전설비 분야(DS)

16   변압기의 중성점을 접지하기 위해서 사용되는 중성점 접지기기(NGR)에 대하여
설명하시오.

■ 본 문제를 이해하고, 기억을 오래 가져갈 수 있는 그림이나 삽화 등을 생각한다.

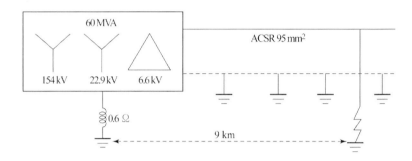

그림 1. NGR(0.6Ω)이 적용된 3권선 변압기

해설

1. 개요

변압기의 중성점을 접지하기 위해서 접지형 저항기, 소호리액터, 보상리액터 등을
설치하는 수가 있다. 또, 변압기의 중성점이 없을 경우에는 접지용 변압기를 사용해
서 중성점을 만들고 중성점 기기를 여기에 접속하는 수가 있다.

2. 중성점 접지기기의 특징

(1) 전력계통의 경우

154 kV/23 kV 변압기 운전시 배전선로 지락이 매우 빈번하고 이에 의해 발생하
는 지락고장전류와 고장전류의 변압기로의 유입은 변압기 권선에 큰 충격을 주게
되며, 이는 변압기 권선 고장으로 진행되는 경우가 많다.

배전선 지락에 의한 변압기 고장을 감소하기 위해 1992년부터 변압기 지락고장전
류제한장치를 변압기 2차측 중성점에 설치 운전하게 되었다. 이에 따라 변압기로
의 지락고장 유입전류는 20~30 % 정도 감소하고, 변압기 권선에 가해지는 충격
을 저감함으로써 변압기 권선고장을 줄이게 된다.

유입식과 건식 2종류가 있으며, 단시간 전류정격은 10초를 적용하고, 변압기 용

량에 따라 전류정격이 비례하며, 자체 임피던스는 변압기 1차측의 결선방식(△결선의 경우 0.4 Ω, Y 결선의 경우 0.6 Ω)에 따라 달라진다.

NGR(NGR, Neutral Ground Reactor)의 사용은 2차측 중성점에 임피던스를 가진 코일을 접속하는 것이므로 이를 비유효접지로 생각할 수 있으나, 임피던스가 매우 적으므로 직접접지로 간주한다.

변압기 운전시 NGR 단선은 중성점의 분리를 의미하므로 이에 대한 대비책으로서 중성점에 단극 단로기를 설치하여 NGR 고장시 중성점을 직접접지 운전하여 중성점 비접지가 되지 않도록 하여야 하며, NGR 고장시 변압기 보호를 위해 영상전압 검출계전기(59G)를 설치한다. 그림 2는 NGR 보호방식을 나타낸다.

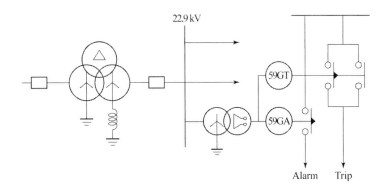

그림 2. NGR 보호방식

(2) 수용가설비의 경우

일반 수용가에서 직접접지계통으로 시스템을 구성하는 경우 지락전류가 커져서 지락사고시 기기에 큰 충격을 주므로 배전계통에는 적용하지 않는다. 접지저항의 경우 대규모의 배전계통이나 구내 케이블 선로가 많은 수용가에서는 지락보호를 위하여 적용하는 수용가가 증가하고 있다.

계통의 지락전류는 완전 1선 지락시에 100~300 A 정도 흐르도록 중성점 접지저항기(NGR, Neutral Grounding Resistor)의 값을 정하고 있다. 일반적으로 수용가 배전계통(22.9 kV, 6.6 kV, 3.3 kV)의 중성점 저항접지는 100 A 또는 200 A로 정하고 있다.

예를 들어 100 A 저항 접지계에서 계통전압 6.6 kV의 경우의 저항값은 다음과 같이 계산한다.

$$R = \frac{V}{I} = \frac{6600}{\sqrt{3}} \times \frac{1}{100} \cong 38 \ \Omega$$

NGR은 그림 3과 같이 수전용 변압기의 중성점에 저항(NGR)을 설치하는 방법이 있으며, 비접지 계통의 경우와 같이 접지용변압기(GTR)의 중성점에 저항(NGR)을 설치할 수 있다. NGR의 시간 정격은 일반적으로 30초 또는 60초로 중성점에 흐르는 지락전류를 그림 4와 같이 지락과전류계전기 51N으로 검출하고 NGR의 정격시간 이하의 시한에서 경보 표시 및 전원 측의 차단기를 Trip시켜 NGR을 보호하는 방식이 취해지고 있다.

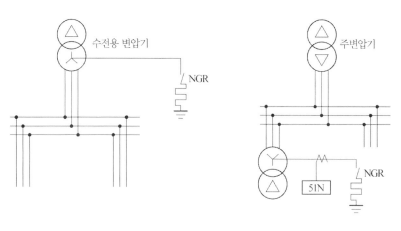

그림 3 저항접지 방식   **그림 4. NGR 보호회로**

추가 검토 사항

1. 중성점 접지방식에서 직접접지 방식과 저항접지 방식에 대해서 검토해 둡시다.

구 분	직접접지	(고)저항접지
결선도 (지락전류흐름)	a / b / c / n 지락	a / b / c / n 지락 R

지락전류	1선 지락사고시 고장전류가 크다.	1선 지락사고시 고장전류가 작다.
지락 사고시의 건전상의 전압상승	작다. 평상 시와 거의 차이가 없다.	약간 크다. 비접지의 경우보다 약간 작은 편이다.
보호계전기 동작	가장 확실하다.	확실하다.
1선 지락시 통신선에의 유도장해	최대 다만, 고속차단으로 고장 계속시간의 최소화가 가능(0.1초 차단)	중간 정도
과도안정도	최소 다만, 고속도 차단, 고속도 재폐로 방식으로 향상 가능	크다.

2. 접지용 변압기(GTR)

소호 리액터와 거의 같은 용량으로 중성점을 접지하는 3상 지그재그형 절연 변압기이며, 중성점 접지 방식에서 중성점을 접지할 적당한 변압기를 얻을 수 없을 때 사용된다.

참고문헌

1. 송길영, 송배전공학, 동일출판사, p.252
1. 한전 설계기준 DS-4903
2. 한전, 송변전 기술용어 해설집
3. 유상봉 외, 보호계전시스템의 실무활용기술, p.299

3 부

전력계통 및 전력품질 문제 해설

1장

전력계통설비
및 스마트 그리드

01

전력조류의 개념을 작성하고, 조류 계산의 기초가 되는 전력방정식에 대해서 설명하시오.

■ 본 문제를 이해하고, 기억을 오래 가져갈 수 있는 그림이나 삽화 등을 생각한다.

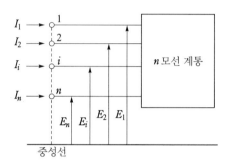

그림 1. 다모선 계통

해설

1. 개요

전력계통은 수많은 발전기, 송전선로, 변전소, 배전선로 및 수용가로 구성되며, 전력에너지의 생산, 수송, 배분 및 소비를 담당하는 시스템이다. 발전기에서 생산된 전력은 송배전선로를 통해서 수용가에게까지 전송되어 소비되고 있다. 이러한 전력의 흐름을 전력조류(Power flow) 또는 조류라고 하며, 다음과 같이 계산된다.

① 발전기에서 생산된 유,무효 전력이 요구하는 부하에 따라 어떤 상태로 전력계통 내를 흐르는 전력 에너지의 분포

② 전력 조류의 표현요소 : 전압과 전력을 사용

③ 전력 방정식 : 발전기나 송전선의 변압기의 전압, 전력흐름을 비선형연립방정식 형태로 기술되며 이때의 전력의 흐름을 방정식으로 나타낸 것

④ 전력조류계산 : 전력방정식을 해석하여 각 모선에서의 전압, 위상각, 유효전력, 무효전력, 즉 $F(V, \delta, P, Q) = 0$인 해를 구하는 것임.

즉, 전력 조류의 계산을 위해서는 기지값의 종류에 따라 모선의 종류는 4가지로 구분되며 미지값을 구하는 것임.

2. 조류 계산의 기초가 되는 회로 방정식(전력 방정식)

그림 1과 같은 n모선 계통에서 각 모선으로부터 계통에 유입하는 전류를 I_1, I_2, $\cdots$, I_n, 각 모선의 전압을 E_1, E_2, $\cdots$, E_n 라고 하면 다음의 회로방정식이 성립한다.

$$I_1 = Y_{11}E_1 + Y_{12}E_2 + \cdots + Y_{1n}E_n$$
$$I_2 = Y_{21}E_1 + Y_{22}E_2 + \cdots + Y_{2n}E_n$$
$$\vdots \qquad\qquad \vdots \qquad\qquad \vdots$$
$$I_n = Y_{n1}E_1 + Y_{n2}E_2 + \cdots + Y_{nn}E_n$$

이것을 행렬로 표현하면 다음과 같다.

$$
\begin{bmatrix} I_1 \\ I_2 \\ \vdots \\ I_n \end{bmatrix}
=
\begin{bmatrix} Y_{11} & Y_{12} & \cdots & Y_{1n} \\ Y_{21} & Y_{22} & \cdots & Y_{2n} \\ & & \vdots & \cdot \\ Y_{n1} & Y_{n2} & \cdots & Y_{nn} \end{bmatrix}
\begin{bmatrix} E_1 \\ E_2 \\ \vdots \\ E_n \end{bmatrix}
$$

또는

$$I = YE$$

로 나타낼 수 있다.

여기서, 계수 행렬 Y는 모선 어드미턴스행렬이다.

다음 k 모선의 전력 $\dot{W}_k$는 이 Y 행렬과 모선 전압 $\dot{E}_k$, 모선 전류 $\dot{I}_k$를 사용해서 다음과 같이 나타낸다.

$$W_k = P_k + jQ_k = E_k I_k{}^*$$
$$= \sum_{m=1}^{n} E_k Y_{km}{}^* E_m{}^* \qquad (k = 1, 2, \cdots, n)$$

여기서, * 표는 벡터의 공액을 나타내며, 이상의 방정식에서 사용된 $\dot{E}$, $\dot{Y}$, $\dot{I}$ 등은 모두 복소수로 표현된다.

이것이 곧 전력조류 계산에 관한 전력방정식이다.

추가 검토 사항

◾ 공학을 잘 하는 사람은 수학적인 사고를 많이 하는 사람이란 것을 잊지 말아야 한다. 본 문제에서 정확하게 이해하지 못하는 것은 관련 문헌을 확인해 보는 습관을 길러야 엔지니어링 사고를 하게 되고, 완벽하게 이해하는 것이 된다는 것을 명심하기 바랍니다. 상기의 문제를 이해하기 위해서는 다음의 사항을 확인바랍니다.

1. **전력 조류 계산시 입·출력 데이터를 각 모선에서의 운전조건의 설정에 따른 기지량과 미지량으로 구분하여 알아둡시다.**

모선의 종류	기 지 량 (운전조건 입력 Data)	미 지 량 (조류계산결과 출력 Data)
발전소 모선	유효전력 : P_G 모선전압의 크기 : $\lvert E_G \rvert$	무효전력 : Q_G 모선전압의 위상각 : δ_G
부하(변전소)모선	유효전력 : P_R 무효전력 : Q_R	모선전압의 크기 : $\lvert E_R \rvert$ 모선전압의 위상각 : δ_R
SLACK 모선 (swing모선) (기준모선)	모선전압의 크기 : $\lvert E_S \rvert$ 모선전압의 위상각 : δ_S (기준전압으로서 $\delta_S = 0$)	유효전력 : P_S 무효전력 : Q_S 계통의 전 송전손실 : P_L

[주] 보통 중간모선인 변전소 모선에서는 $P_R = 0$, $Q_R = 0$으로 지정한다.(조상설비가 없는 경우)

2. **최근에는 Optimal Power Flow 문제로 그 기능이 다변화되고 있으며, 전력조류 문제와 최적조류 문제의 입출력의 차이점에 대해 간단히 알아 둡시다.**

1) 전력조류 문제에서는 전력조류 방정식의 정식화에 의한 문제를 먼저 V에 대해서 푼 다음 결정된 이 V의 값을 사용해 유효전력, 무효전력, 송전손실 등을 계산한다.

2) 아래의 수식 (5), (6)의 전력조류 방정식의 정식화에 있어서 좌변(지정값 : 전력 및 무효전력 또는 전압의 크기)으로부터 우변을 뺀 잔차(殘差)를 이용해 최적조류 문제는 이들 잔차의 제곱을 최소(최소 제곱법)로 하는 최적화 문제로 환원하는 것이다.

앞에서 구한 k모선의 전력 W_k에 대해서 아래의 식 (1), (2), (3)을 대입하면,

$$E_{k(BUS)} = D_k + jF_k \qquad \cdots\cdots (1)$$

$$Y_{km} = G_{km} - jB_{km} \qquad \cdots\cdots (2)$$

$$E_m = D_m + jF_m \qquad \cdots\cdots (3)$$

$$W_k = \sum_{m=1}^{N} (D_k + jF_k)(G_{km} - jB_{km})(D_m + jF_m) \qquad \cdots\cdots (4)$$

식 (4)를 무효분과 유효분으로 나누면 다음과 같다.

$$P_k = \sum_{m=1}^{N} (D_k G_{km} D_m + D_k B_{km} F_m - F_k B_{km} D_m + F_k G_{km} F_m) \cdots\cdots (5)$$

$$Q_k = \sum_{m=1}^{N} (D_k B_{km} D_m + D_k G_{km} F_m - F_k G_{km} D_m + F_k B_{km} F_m) \cdots\cdots (6)$$

3. 최적조류 문제에서 사용되는 제어변수를 정의하고, 목적함수들에 대해서 간단히 알아 둡시다.

1) 정의

변동하는 부하의 수용에 응해 발전력을 증감함에 있어 항상 모든 발전기들의 발전원가 + 송전손실에 의한 전력량 가격의 합이 최소가 되도록 발전기에 발전 출력을 배분하는 것을 말한다.

2) 일반적인 조류계산법과 최적조류 계산법의 차이점

(1) 일반적인 조류계산법 : 주어진 운전조건에 대응하는 조류 해(解)를 구하는 방법

(2) 최적조류 계산법 : 일반적인 조류계산법을 확장해 주어진 계산 조건 범위 내 최적인 조류 해를 산출하는 방법

3) 조류의 최적화 문제(제어변수)

(1) 각 부하모선에서의 유효, 무효전력이 지정되어 있을 때 계통 내 각 화력발 전소의 총 연료비가 가장 최소가 되도록 각 발전기들의 유효, 무효전력 및 각 모선의 운전전압을 결정한다.

(2) 각 부하모선의 유효, 무효전력이 지정되어 있을 때 계통 내 손실이 최소가 되도록 발전기의 유효, 무효전력 및 각 모선의 전압을 결정한다.

(3) 즉, $|E|_{\min} < |E| < |E|_{\max}$, $|P|_{\min} < |P| < |P|_{\max}$, $|Q|_{\min} < |Q| < |Q|_{\max}$ 의 조건을 만족하도록 하며, 실제로 6개의 조건을 모두 고려한 경우는 드물 고 이들 중 몇 개만 만족되어도 된다.

(4) 지정변수로는 발전기 유효, 무효전력, 각 모선의 전압, 변압기 탭 등이다.

4) 최적전력조류의 제한 조건

(1) 상시 부하가 요구하는 전력을 모두 공급할 것

(2) 각 발전기들의 출력 상한값 이내일 것

(3) 각 연계선, 연락선들의 조류용량을 초과하지 않을 것

(4) 각 모선들의 전압이 일정 수준의 범위 이내일 것

(5) 각 탭 변압기값들이 모두 허용범위 내에서 결정되어야 할 것

(6) 전압조정 모선의 무효전력 값은 조상용량의 상, 하한값을 벗어나지 말 것

5) 최적조류 계산 방법

비선형 함수의 최적화법에는 Fletcher-Reeves 법, Fletcher-Powell 법, Davidon F-P법 등이 있다.

6) 최적전력조류의 최적화 사항(목적함수)

   (1) 전력손실의 최소화

   (2) 발전연료비의 최소화

   (3) 연료비 및 손실의 최소화

   (4) 타당성 최소화

   (5) 제어조건의 완화

참고문헌

1. 송길영, 전력계통공학, 동일출판사, 2012

2. 김세동, 전력설비기술계산 해설, 동일출판사, 2012

02
불평형 고장상태를 계산할 수 있는 대칭좌표법에 대해서 설명하시오.

■ 본 문제를 이해하고, 기억을 오래 가져갈 수 있는 그림이나 삽화 등을 생각한다.

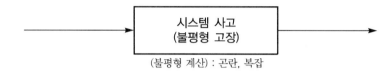

(a) 불평형 고장을 직접 계산하는 방법

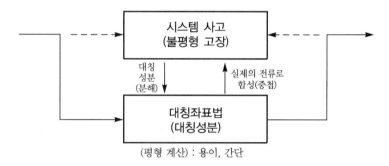

(b) 불평형 고장을 간접적으로 계산하는 방법

그림 1. 대칭좌표법을 이용한 해석의 개념도

해설

1. 고장계산의 필요성

1) 전력계통 설계의 필수 요소
2) 여러 가지 형태의 고장 발생시 구성요소들에 흐르는 전류를 계산하는 것
3) 고장전류의 크기를 파악하여 ① 보호방식의 전류 정정(계전기 정정) ② 차단기의 정격(차단기 용량) 결정 등에 활용
4) 이와 같은 것은 최소 시간 이내에 비정상 상태로부터 계통을 복구하는 것과 같다.

2. 고장전류의 계산

1) 회로망(Network)이 전기적으로 평형을 유지하는 고장

　　① 3상 고장

　　② 단상 등가회로를 이용하여 고장전류를 계산 가능

2) 회로망이 전기적으로 불평형일 때의 고장

　　① 1선 지락, 2선 지락 및 선간 단락 고장

　　② 형형한 것으로 가정하여 간편하게 해석하는 대칭성분법을 이용하여 고장전류
　　　를 계산

3. 대칭좌표법의 개요

불평형인 전류나 전압을 그대로 취급하지 않고 일단 그것을 대칭적인 3개의 성분으로 나누어서 각각의 대칭분이 단독으로 존재하는 경우의 계산을 3번 실시한 다음 마지막에 그들 각 성분의 계산결과를 중첩시켜서 실제의 불평형인 값을 알고자 하는 방법을 말한다.

계산 도중은 언제나 평형회로의 계산만 하게 되는 것이고, 각 성분의 계산이 끝난 다음 이들을 중첩함으로써 비로소 불평형문제의 해가 얻어지게 된다.

4. 대칭좌표법에 의한 계산 방법

그림 2와 같이 선로정수가 평형된 3상회로에 임의의 불평형 3상 교류 I_a, I_b, I_c 가 흐르면, a상의 전류 I_a를 기준으로 해서 다음과 같은 대칭성분으로 나타낼 수 있다.

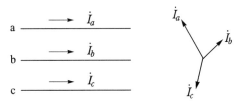

그림 2. 3상 회로와 불평형 전류

$$\dot{I}_0 = \frac{1}{3}(\dot{I}_a + \dot{I}_b + \dot{I}_c)$$

$$\dot{I}_1 = \frac{1}{3}(\dot{I}_a + a\dot{I}_b + a^2\dot{I}_c) \qquad \cdots\cdots (1)$$

$$\dot{I}_2 = \frac{1}{3}(\dot{I}_a + a^2\dot{I}_b + a\dot{I}_c)$$

여기서, a는 벡터 연산자로서 $a = e^{-j\frac{2}{3}\pi} = -\frac{1}{2} + j\frac{\sqrt{3}}{2}$

a, a^2 : ① 가령, $a\,I_b$처럼 a를 곱한다는 것은 I_b라는 전류의 위상을 120° 만큼 앞서게
  한다는 것임

  ② a^2을 곱하면, 그 전류를 240° 만큼 앞서게 한다는 것임

식 (1)과는 반대로 만일, I_0, I_1, I_2라는 가상적인 전류가 주어졌을 경우, 실제로 회로
에 흐르고 있는 전류 I_a, I_b, I_c는 어떻게 될 것인가는 식 (1)의 연립방정식을 직접
풀어서 얻을 수 있겠지만, 한편

$$1 + a + a^2 = 0, \quad a^3 = 1$$

이라는 관계를 적용해서 풀면 식 (2)과 같다.

$$\dot{I}_a = \dot{I}_0 + \dot{I}_1 + \dot{I}_2$$
$$\dot{I}_b = \dot{I}_0 + a^2\dot{I}_1 + a\dot{I}_2 \qquad\qquad \cdots\cdots (2)$$
$$\dot{I}_c = \dot{I}_0 + a\dot{I}_1 + a^2\dot{I}_2$$

즉, 이 결과로부터 알 수 있듯이 당초의 불평형 3상 전류 I_a, I_b, I_c는 각각 평형된
3개의 성분 I_0, I_1, I_2 으로 구성된다.

1) 제1성분인 I_o : **영상 전류(zero phase current)**

  – 같은 크기와 위상각을 가진 평형 단상전류

  – 지락 고장시 접지계전기를 동작시키는 전류

  – 한편 통신선에 대해서 전자유도 장해를 일으키는 전류

2) 제2성분인 I_1 : **정상 전류(positive phase current)**

  – 각 상 가운데 I_1, $a^2\,I_1$, $a\,I_1$이라는 형태로 된 평형 3상 전류

  – 전원과 동일한 상 회전방향으로 포함

  – 전동기에 흐르면 회전력을 주게 되는 전류

3) 제3성분인 I_2 : **역상 전류(negative phase current)**

  – 상회전이 역인 3상 평형전류

  – 이 전류가 전동기에 흐르면 제동작용을 해서 그 만큼 전동기의 출력이 됨

이처럼 3상 회로의 전류는 그것이 제아무리 불평형인 것이더라도 각각은 3개의 평
형된 대칭성분으로 이루어지고 있다는 것이 바로 대칭좌표변의 기본이다.

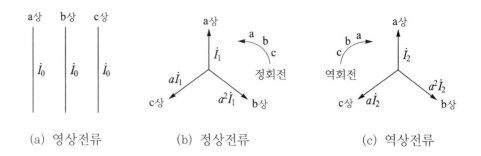

(a) 영상전류   (b) 정상전류   (c) 역상전류

그림 3. 대칭좌표법의 각 대칭분 전류

추가 검토 사항

■ 공학을 잘 하는 사람은 수학적인 사고를 많이 하는 사람이란 것을 잊지 말아야 한다. 본 문제에서 정확하게 이해하지 못하는 것은 관련 문헌을 확인해 보는 습관을 길러야 엔지니어링 사고를 하게 되고, 완벽하게 이해하는 것이 된다는 것을 명심하기 바랍니다. 상기의 문제를 이해하기 위해서는 다음의 사항을 확인바랍니다.

1. 전압에 대해서 대칭 좌표법으로 나타낼 수 있어야 합니다.

불평형 3상 전압을 V_a, V_b, V_c라 하면, 식 (3)과 (4)와 같이 계산할 수 있다.

$$\dot{V}_0 = \frac{1}{3}(\dot{V}_a + \dot{V}_b + \dot{V}_c)$$

$$\dot{V}_1 = \frac{1}{3}(\dot{V}_a + a\dot{V}_b + a^2\dot{V}_c) \qquad \cdots\cdots (3)$$

$$\dot{V}_2 = \frac{1}{3}(\dot{V}_a + a^2\dot{V}_b + a\dot{V}_c)$$

$$\dot{V}_a = \dot{V}_0 + \dot{V}_1 + \dot{V}_2$$

$$\dot{V}_b = \dot{V}_0 + a^2\dot{V}_1 + a\dot{V}_2 \qquad \cdots\cdots (4)$$

$$\dot{V}_c = \dot{V}_0 + a\dot{V}_1 + a^2\dot{V}_2$$

참고문헌

1. 송길영, 전력계통공학, 동일출판사, 2013

03 비대칭성의 불평형전압이나 전류를 대칭성의 3성분으로 분해하여 해석하는 대칭좌표법에 대해서 설명하고, 그림 1과 같이 3상 송전선로에서 1선 지락사고가 발생하였을 때, 지락전류가 어떻게 흐르게 되는지 설명하시오.

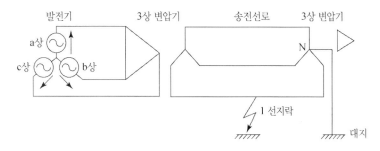

그림 1. 3상회로의 1선 고장 사례

■ 본 문제를 이해하고, 기억을 오래 가져갈 수 있는 그림이나 삽화 등을 생각한다.

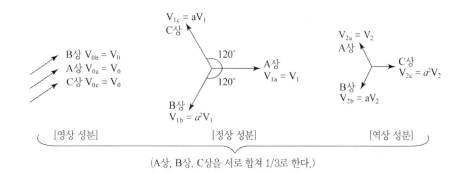

(A상, B상, C상을 서로 합쳐 1/3로 한다.)

그림 2. 정상, 역상, 영상의 벡터도

해설

1. 대칭좌표법(method of symmetrical coordinate)이란?

한마디로 말해서 3상 회로의 불평형 문제를 푸는 데 사용되는 계산법이다. 이것은 불평형인 전류나 전압을 그대로 취급하지 않고, 대칭적인 3개의 성분으로 나누어서 각각의 대칭분이 단독으로 존재하는 경우의 계산을 실시한 다음, 마지막으로 그들 각 성분의 계산 결과를 중첩시켜서 실제의 불평형인 값을 알고자 하는 방법이다. 그러므로, 계산 도중에는 언제나 평형 회로의 계산만 하게 되고, 각 성분의 계산이 끝난 다음 이들을 중첩함으로써 비로소 불평형 문제의 해가 얻어지게 되는 것이다.

2. 3상의 각 상에서 정상, 영상 및 역상을 얻을 수 있는 방법

A상, B상, C상의 3상 회로 임의의 1점에서 3개의 양은 정상, 영상, 역상의 3개의 양으로 등가적으로 치환할 수 있으며, 다음과 같은 관계가 있고, 그림 2와 같다.

$$
\left.\begin{array}{l} \text{A상} \\ \text{B상} \\ \text{C상} \end{array}\right\} \begin{array}{c} \text{의 3개의 량} \\ \text{(3상 회로의 임의의 1점)} \end{array} \quad \begin{array}{c} \longrightarrow \\ \longleftarrow \end{array} \quad \left.\begin{array}{l} \text{정상} \\ \text{영상} \\ \text{역상} \end{array}\right\} \begin{array}{c} \text{의 3개의 량} \\ \text{(좌기 3상 회로의 점에 해당하는 개소에 대해)} \end{array}
$$

3. 문제의 계통에서 1선 지락사고 사례시 지락전류의 흐름 현상

그림 1과 같은 송전선 계통에서 1선 지락이 발생되었을 때, 전류가 어떻게 흐르게 될까, 이것들을 생각해 보자.

1선 지락으로 생긴 전류는 계통에서 대지로 유입된다고 생각하면 이것은 대지로부터 또한 계통으로 되돌아가야만 한다. 이것은 키르히호프의 제 1 법칙 ($\sum i = 0$) 에 의하면, 전기회로의 임의의 점에서나 들어오는 전류는 반듯이 들어온 전류의 크기 만큼 흘러 나간다는 것을 이해하고 있다.

따라서, 1선 지락전류는 그림 3과 같이 변압기의 중성점 N점으로 흘러 들어오게 된다. 다음에는 변압기의 중성점 N 점에 전류가 흘러 들어온다고 하면, 변압기 3상의 각각의 코일에는 어떻게 흐르게 될까하는 것이 문제가 된다. 전류가 3 개의 화살표 모두 고장난 상(相)쪽으로 흐를까? 아니면 3 개의 코일로 복잡하게 나누어져 흐를까? 그것은 변압기에 흐르는 전류를 알아보는 것은 먼저 변압기에 관한 원리를 이해하여야 한다.

그러면, 그림 3에서 3 상 변압기(B)의 Y − △ 권선의 중성점 N 에 유입된 전류는 어떻게 흐르게 되는 가를 알아 본다.

① 그림 3과 같은 전류가 흐르기 위해서는 변압기 1차 코일의 어느 방향으로 전류가 흐르지 않으면 안된다.

② 1차 코일에 전류가 흐르기 위해서는 2차 코일에 상쇄 전류가 흐르지 않으면 안 된다.

③ 2 차 코일에 전류가 흐르려면 2 차 코일 각상이 △ 결선이고, 또 외부로 흘러갈 곳이 없기 때문에 △ 결선 내를 지락전류와 같은 크기인 하나의 전류가 순환하는 길 밖에 없다.

따라서, 언급한 내용에 따라 그림 3과 같이 3상 변압기 B 의 1 차 코일 각 상에 동등하게 흐를 수 밖에 없게 되며, 3 상 변압기 B 의 1 차에서 각 상으로 흘러나간 전류는 고장점으로 송전선을 따라 당연히 같은 전류가 각 상에 흐르게 된다.

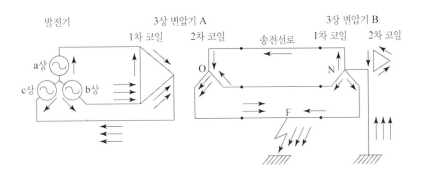

그림 3. 고장전류의 흐름도

1선 지락 사고점인 F 점에서는, 즉 고장 상에서 화살표 전류 3 개가 지락점으로 흘러 나가고, 우측 송전선에서는 1개의 화살표 전류가 유입되기 때문에, 좌측에서는 2 개의 화살표 전류가 유입되게 된다. 이것은 그대로 3 상 변압기 A 의 2 차 코일의 중성점 O 에도 똑같이 전류 연속의 원리가 성립된다.

여기서, 3 상 변압기 A 의 2 차 코일의 전류를 알게 되면, 1 차 코일에 흐르는 전류의 흐름도 알 수 있고, 또한 발전기측의 전류도 간단히 알 수 있다.

따라서, 그림 3과 같이 발전기 및 변압기(A) 각각에 대한 전류의 흐름을 알 수 있으며, 결국 고장점에 전류를 흘려주는 전류원은, 발전기 B-C 상에서 발생한 힘에 의해 흘러 나온다고 할 수 있다. 이것은 중요한 체크포인트이다.

추가 검토 사항

▪ 공학을 잘 하는 사람은 수학적인 사고를 많이 하는 사람이란 것을 잊지 말아야 한다. 본 문제에서 정확하게 이해하지 못하는 것은 관련 문헌을 확인해 보는 습관을 길러야 엔지니어링 사고를 하게 되고, 완벽하게 이해하는 것이 된다는 것을 명심하기 바랍니다. 상기의 문제를 이해하기 위해서는 다음의 사항을 확인바랍니다.

1. 대칭좌표법에 의한 고장 계산 방법을 알아 둡시다.

    3상 불평형 전류에 대하여 $(I_a,\ I_b,\ I_c)$ 다음과 같은 벡터를 생각한다.

$$영상전류\ \dot{I}_0 = \frac{1}{3}(\dot{I}_a + \dot{I}_b + \dot{I}_c)$$

$$정상전류\ \dot{I}_1 = \frac{1}{3}(\dot{I}_a + a\dot{I}_b + a^2\dot{I}_c)$$

...... (1)

$$역상전류\ \dot{I}_2 = \frac{1}{3}(\dot{I}_a + a^2\dot{I}_b + a\dot{I}_c)$$

$$즉, \begin{bmatrix} \dot{I}_0 \\ \dot{I}_1 \\ \dot{I}_2 \end{bmatrix} = \frac{1}{3} \begin{bmatrix} 1 & 1 & 1 \\ 1 & a & a^2 \\ 1 & a^2 & a \end{bmatrix} \begin{bmatrix} \dot{I}_a \\ \dot{I}_b \\ \dot{I}_c \end{bmatrix}$$

식 (1)에서 $\dot{I}_0$, $\dot{I}_1$, $\dot{I}_2$를 알고, $\dot{I}_a$, $\dot{I}_b$, $\dot{I}_c$를 구하면

$$\begin{bmatrix} \dot{I}_a \\ \dot{I}_b \\ \dot{I}_c \end{bmatrix} = \begin{bmatrix} 1 & 1 & 1 \\ 1 & a^2 & a \\ 1 & a & a^2 \end{bmatrix} \begin{bmatrix} \dot{I}_0 \\ \dot{I}_1 \\ \dot{I}_2 \end{bmatrix}$$

이상은 전류에 대한 것인데, 전압에 대해서도 똑같이 생각할 수 있다. 즉,

영상전압 $\dot{V}_0 = \dfrac{1}{3}(\dot{V}_a + \dot{V}_b + \dot{V}_c)$

정상전압 $\dot{V}_1 = \dfrac{1}{3}(\dot{V}_a + a\dot{V}_b + a^2\dot{V}_c)$ ······ (2)

역상전압 $\dot{V}_2 = \dfrac{1}{3}(\dot{V}_a + a^2\dot{V}_b + a\dot{V}_c)$

따라서, 3상 불평형전압은

$$\begin{bmatrix} \dot{V}_a \\ \dot{V}_b \\ \dot{V}_c \end{bmatrix} = \begin{bmatrix} 1 & 1 & 1 \\ 1 & a^2 & a \\ 1 & a & a^2 \end{bmatrix} \begin{bmatrix} \dot{V}_0 \\ \dot{V}_1 \\ \dot{V}_2 \end{bmatrix}$$

가 된다.

참고문헌

1. 김세동, 전력설비기술계산 해설, 동일출판사, 2016
2. 남재경 외, 보호계전의 기초, 전기저널, 2002

04 전력계통의 주파수 제어와 관련하여 주파수 제어의 필요성을 간단히 서술하고, 정상시의 부하 주파수제어(Load frequency control : LFC)에 대해서 설명하시오.

🔲 본 문제를 이해하고, 기억을 오래 가져갈 수 있는 그림이나 삽화 등을 생각한다.

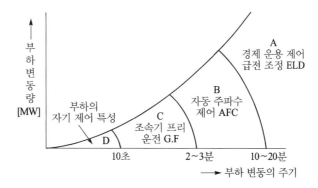

그림 1. 부하변동량과 주파수제어 개념도

해설

1. 주파수 제어의 필요성

1) 수용가의 측면

   (1) 주파수의 일정한 유지는 모든 전력 이용자에게 그 사용조건을 안정하게 한다.

   (2) 전동기 등을 사용하고 있을 경우에는 그 회전속도($N = \dfrac{120f}{극수}$)가 일정해져서 제품의 품질이 향상된다.

   (3) 컴퓨터, 전기시계 등에서 오차가 발생하는 것을 방지한다.

2) 전력계통의 운용자 측면

   (1) 안정된 주파수는 주파수와 함께 전기의 질을 나타내는 전압조정도 용이하게 한다. 이것은 주파수 변동이 곧 전압 제어계의 외란의 하나로 되어 있기 때문이다.

   (2) 주파수 및 전압의 변동이 감소됨으로써 계통의 안정도가 향상되어 신뢰도가 높은 전기를 공급할 수 있다.

(3) 연락선을 흐르는 전력조류는 주파수의 변동에 따라 변화하는 것이므로 만일 주파수가 일정하게 유지된다면 연락선 조류의 변화도 안정되어서 계통의 연계 운전을 원활하게 할 수 있다.

2. 부하 주파수제어(LFC)

1) 정의

전력계통의 주파수를 규정값으로 유지하고, 연계선 조류를 운용 목표값으로 유지하기 위한 제어는 일반적으로 LFC 또는 자동주파수제어(AFC)라고 불러지는데, 이것은 온라인 계통제어의 핵심적인 업무가 된다.

LFC는 전일에 예상한 부하의 크기와 당일 실제로 생긴 부하 크기의 차를 없애기 위해 채용되는 발전 조정이다. 그 목적은 시시각각으로 변동하는 부하 외란에 대응해서 계통 주파수 및 연계선 조류를 규정값 내에 들도록 각 지역에 설치된 발전기 출력을 조정하는 것이다.

2) 단주기 부하변동성분 제어

부하 변동폭이 1∼2[%] 보다 크고 변동 주기도 10∼20분 정도로 긴 경우에는 조속기 프리운전(Governor free control, 조속기란 발전기 출력을 조정하는 설비이고, 조속기 프리운전이란 주파수 변동에 따라 자동적으로 운전되도록 하는 것을 말한다)만으로 대응할 수 없다.

이러한 경우에는 수급 불평형에 따른 주파수 편차와 부하 변동량을 검출하여 주파수 조정용발전기의 출력을 변화시켜서 유효전력의 수급 균형을 조정하는데, 이를 부하주파수 제어(LFC) 또는 자동주파수제어(AFC)라고 한다.

그림 1에서 B의 2∼3분에서 10∼30분 정도의 부하변동은 LFC의 대상으로 한다.

3) 급전운용의 자동화로 인한 출력 조정

(1) 주파수조정은 하나의 발전소에서 조작한 발전 전력의 조정이 전역으로 파급되어, 주파수 조정을 수행할 수 있지만 실제 하나의 발전소만으로는 조정 출력이 부족하기 때문에 수십 개소 LFC 발전소의 출력을 조정한다.

(2) LFC는 중앙급전지령소에 제어장치를 설치하고 제어대상인 지역내이 주요한 지점의 주파수와 타 지역과 연계하고 있는 지점의 연계선의 조류편차로부터 필요한 제어 조작량을 산출하며, 각 지역 내의 LFC 발전소 출력 조정을 통해 주파수를 규정값 내에 유지한다.

(3) LFC 제어가 대상으로 하는 부하 외란의 크기는 1∼2[%] 정도를 대상으로 한다.

추가 검토 사항

🔳 공학을 잘 하는 사람은 수학적인 사고를 많이 하는 사람이란 것을 잊지 말아야 한다. 본 문제에서 정확하게 이해하지 못하는 것은 관련 문헌을 확인해 보는 습관을 길러야 엔지니어링 사고를 하게 되고, 완벽하게 이해하는 것이 된다는 것을 명심하기 바랍니다. 상기의 문제를 이해하기 위해서는 다음의 사항을 확인바랍니다.

1. **주파수, 유효전력 제어의 원리에 대해서 이해하시기 바랍니다.**
    (1) 그림 2에서 부하(출력)의 증가에 따른 회전수의 대폭적인 저하를 방지하기 위하여 회전수의 저하를 검출하면 원동기(터빈)의 입력 밸브를 열어서 물 또는 증기(입력)를 증가시키는 장치인 조속기를 원동기에 설치하고 있다.
    이 조속기의 작용으로 발전기 출력은 증가한 입력에 해당하는 양만큼 증가한다. 반대로 회전수가 증가할 경우에는 조속기가 역방향으로 작용해서 발전기의 출력을 감소시킨다.
    (2) 그림 3과 같이 주파수가 변화하면 조속기가 동작해서 발전전력을 변화시키게 되는 특성으로, 주파수와 발전기 출력의 관계는 $\dfrac{\Delta P_G}{\Delta F} = -K_G$의 특성을 가지고 있다.
    여기서, ΔF : 주파수 저하량, ΔP_G : 발전기 출력 증가분
    다시 말해서, 그림 2와 그림3의 특성과 같이 조속기에 의해 발전기 회전수가 증가하면 발전기 출력을 감소시키고, 발전기 회전수가 감소하면 발전기 출력을 증가시키는 특성을 가지게 된다. 이것을 발전기의 전력(P_G)-주파수(f) 특성의 관계식이라고 한다.

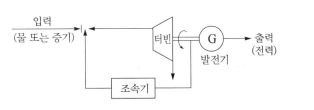

그림 2. 발전기 회전 제어 개념도   **그림 3. 발전기의 주파수 특성**

2. **부하의 전력(P_L)-주파수(f) 특성에 대해서 알아 둡시다.**
    주파수가 변화하면 같은 부하 상태이더라도 부하의 소비전력이 달라진다. 즉, 전등, 전열기 등의 저항 부하는 주파수 변화에 관계가 없지만, 회전기기는 그 소비

전력이 회전속도의 3제곱에 비례하는 것과 제곱에 비례하는 것이 섞여 있어 주파수에 따라 소비전력이 변화하게 되는 것이다. 이것을 '부하의 주파수 특성'이라고 하며, 그 일반적인 성질은 주파수 변동시 그 변화를 방해하고자 하는 '자기제어성'을 지니고 있다.

다시 말해서, 그림 4의 특성과 같이 계통 주파수가 변화하면 계통전압 및 회전기기 부하의 회전수가 변화하게 되므로 이에 따라서 부하 측에서도 부하의 소비전력이 변화하게 된다. 즉, $\triangle f$에 따라 $\triangle P_L$이 생기게 된다는 것으로서, 계통주파수가 상승하면 소비전력은 증가하고, 계통주파수가 저하하면 소비전력이 감소해서 주파수의 변동을 억제하려는 성질을 '부하의 자기제어성'이라고 한다. 따라서, 부하의 전력(P_L)−주파수(f) 특성의 관계 식을 나타내면 다음 식과 같다.

$$K = + \frac{\triangle P_L}{\triangle f} \, [\text{MW/사이클}]$$

자세히 나타내면 다음의 식과 같다.

$$K = \frac{\dfrac{\triangle P}{P_s}}{\dfrac{\triangle f}{f_s}} = \frac{\dfrac{P_1 - P_0}{P_s}}{\dfrac{f_1 - f_0}{f_s}}$$

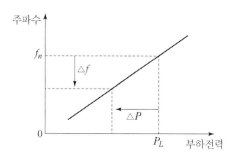

그림 4. 부하의 전력−주파수 특성

3. 그림 1에서의 경제부하 배분제어(EDC)에 대해서도 알아 둡시다.

EDC의 목적은 수·화력, 원자력을 조합해서 가장 경제적인 운용을 결정하는 것이다. LFC가 순시의 발전 전력과 전력 수요의 균형을 잡는 유효전력 제어인 데 대해서 같은 유효전력 제어이지만, LFC보다 제어 시간의 주기가 길고(일반적으로로 1~15분) 부하 변동의 크기는 15[%] 정도를 대상을 하고 있다.

4. 「주파수가 낮아지면 소비전력이 줄어든다」 – 부하의 성질 중 대표적인 것이 "자기제어성"이다. : 고려대 이병준 교수님의 등촌광장 이야기를 옮겨 설명하고자 한다.

전력을 소비하는 설비를 통칭하여 부하라고 한다. 가정에서 사용하는 전자제품서부터 큰 공장을 돌리는 대형 전동기까지 모두 부하라 할 수 있다. 부하는 전력망에 연결되어 발전소로부터 전력을 공급받는다. 이때 발전소 공급량이 부하의 총량에다 전력망에서 생기는 전력손실량을 더한 값과 같으면 주파수는 잘 유지가된다. 그래서 어느 나라에서나 계통 운영자들은 계통 주파수를 발전소 공급량 조절의 척도로 사용한다. 부하의 성질 중 대표적인 것이 "자기제어성"이다. 주파수가 낮아지면 부하의 소비전력이 줄어든다는 것이다. 풀어 말하면 공급이 부족하면 주파수가 낮아지게 되는데 주파수가 낮아질 경우 전력소비량이 줄어 주파수 회복에 일조한다는 의미가 되겠다.

참고문헌

1. 송길영, 전력계통공학, 동일출판사, 2012
2. 김세동, 전력설비기술계산 해설, 동일출판사, 2012
3. 이병준, 전기신문사 등촌광장, 2020.7.15.

05 유효전력은 상차각에, 무효전력은 전압강하에 관계됨을 증명하시오.

■ 본 문제를 이해하고, 기억을 오래 가져갈 수 있는 그림이나 삽화 등을 생각한다.

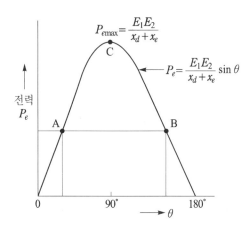

그림 1. 전력-상차각 곡선

해설

1. 유효전력과 상차각의 관계 증명

그림 2와 같은 1기 무한대 모선계통(전압 및 위상각이 일정한 모선)에서, 전력계산
식을 산정하면 다음과 같다.

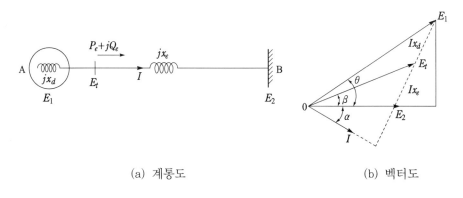

(a) 계통도   (b) 벡터도

그림 2. 1기 무한대 모선계통

무한대 모선전압 $E_2 = \dot{E_2} \angle 0$

발전기 단자전압 $E_t = \dot{E_t} \angle \beta$

발전기 내부전압 $E_1 = \dot{E_1} \angle \theta$

라고 하면

$$\dot{E_t} = \dot{E_2} + jx_e I$$

$$\dot{E_1} = \dot{E_t} + jx_d I = \dot{E_2} + j(x_d + x_e) I$$

의 관계로부터 그림 2(b)를 그릴 수 있다.

이 벡터도로부터 발전기 내부전압 $\dot{E_1}$ 에서 본 전력 P_e 는 다음과 같이 구해진다.

$$\dot{W} = \dot{E_1}\, I^* = P_e + jQ_e = \dot{E_1}\left(\frac{\dot{E_1} - \dot{E_2}}{jx_d + jx_e}\right)^*$$

$$= \frac{E_1 E_2}{x_d + x_e}\sin\theta + j\,\frac{E_1^2 - E_1 E_2\cos\theta}{x_d + x_e}$$

따라서, $P_e = \dfrac{E_1 E_2}{x_d + x_e}\sin\theta$ $\cdots\cdots$ (1)

식 (1)에서 P_e 와 θ 의 관계를 곧 '전력-상차각'의 관계라 하며, 1기 무한대 계통에서의 안정 조건은 다음과 같다.

$$\frac{dP}{d\theta} > 0$$

$$\frac{dP}{d\theta} = \frac{E_1 E_2}{x_d + x_e}\cos\theta > 0$$

이므로 $P_e > 0$ 인 발전기 영역에서

$0° < \theta < 90°$ 에서는 $\dfrac{dP}{d\theta} > 0$ 으로 안정,

$90° < \theta < 180°$ 에서는 $\dfrac{dP}{d\theta} < 0$ 으로 불안정

으로 된다.(그림 1 참조)

또, 다른 방법으로 해석하면 다음과 같이 검토할 수 있다.

송·수전단 전압상차각 δ 는 $P = \dfrac{V_s V_r}{X}\sin\delta$ 에서

$$\delta = \sin^{-1}\frac{XP}{V_s V_r}\ \ (P = P_s = P_r)$$

$$\fallingdotseq \frac{XP}{V_s V_r} \quad (\delta \ll 1[\text{rad}] \ \text{일 때})$$

$V_s \fallingdotseq V_r \fallingdotseq 1 1[\text{pu}]$일 때는

$$\delta \fallingdotseq XP[\text{rad}] = 57.3 \ XP[°]$$

$$(\therefore 1[\text{rad}] = \frac{180}{\pi}[°] = 57.3°)$$

다시 말해서, 송·수전단 전압상차각은 유효전력과 리액턴스의 곱과 거의 같다.

2. 무효전력과 전압강하의 관계 증명

전압강하를 나타내는 공식을 이용하면,

$$\triangle E = E_s - E_r = \sqrt{3} \ I(R\cos\theta + X\sin\theta)$$

$$= \frac{1}{E_r}\sqrt{3} \ E_r IR\cos\theta + \sqrt{3} \ E_r IX\sin\theta$$

$$= \frac{PR + QX}{E_r}$$

따라서, $\triangle E = \dfrac{QX}{E_r} \ (R \ll X$ 이므로$)$ 가 된다.

우리나라에서는 정전압 송전방식을 채택하고 있으므로 E_r, X가 일정하다고 하면, $\triangle E \propto Q$에 비례, 즉 전압의 변동 $\triangle E$는 무효전력 Q에만 관계된다.

> ### 추가 검토 사항

■ 공학을 잘 하는 사람은 수학적인 사고를 많이 하는 사람이란 것을 잊지 말아야 한다. 본 문제에서 정확하게 이해하지 못하는 것은 관련 문헌을 확인해 보는 습관을 길러야 엔지니어링 사고를 하게 되고, 완벽하게 이해하는 것이 된다는 것을 명심하기 바랍니다. 상기의 문제를 이해하기 위해서는 다음의 사항을 확인바랍니다.

1. 전력계통의 안정도는 '전력계통 내의 각 요소가 미소한 외란에 대해서 평형상태를 유지할 수 있는 능력 또는 그 어떤 원인으로 한번 이 평형상태가 무너진 경우에 다시 평형 상태로 회복할 수 있는 능력'이라고 정의하며, 정태안정도와 과도안정도로 구분하고 있다. 안정도의 분류와 해석방법에 대해서 확인하시기 바랍니다.

2. 전력을 공급하고 있는 전력회사 측에서 보면 전력계통의 각 지점에서 적정한 전압을 유지하지 못하면, 전력계통 전반에 걸쳐 나쁜 영향을 끼치게 되고 공급신뢰도와 경제성이 저하한다.

1) 전압의 저하가 심할 경우에는 다음과 같은 사태가 발생한다.

① 유효전력의 손실 증가

② 송변전설비의 전류용량에 의한 송전용량의 저하

③ 정태 안정도에 의한 송전용량의 저하

④ 발전소 출력의 저하

2) 전압이 너무 높을 경우에는 다음과 같은 사태가 발생한다.

① 전력용 기기의 열화 촉진

② 고조파의 발생

위에서 언급한 내용에 대해서 관련 수식과 어떠한 연관이 있는 가를 전력계통공학의 전압·무효전력제어에 관한 부분에서 확인하시기 바랍니다.

참고문헌

1. 송길영, 전력계통공학, 동일출판사, 2012
2. 김세동, 전력설비기술계산 해설, 동일출판사, 2012

06 경제부하배분(ELD) 증분연료비의 특성과 등증분 연료비의 원칙에 대해서 설명하시오.

▨ 본 문제를 이해하고, 기억을 오래 가져갈 수 있는 그림이나 삽화 등을 생각한다.

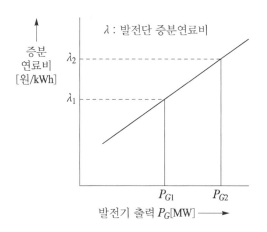

그림 1. 증분 연료비 특성

해설

1. 경제부하배분이란?

경제부하배분(Economic Load Dispatching)이란, 전력수송 배분에 대한 이론으로 발전단가는 저렴하나 송전손실이 큰 수력발전과 발전단가는 높으나 이용하기 쉬운 화력발전을 경제적으로 출력 배분하여 적당한 전력을 공급하기 위한 수치 이론을 말한다.

2. 화력발전소의 증분연료비 특성

증분연료비(Incremental fuel cost)란, '어떤 출력으로 운전하고 있을 경우 이 운전 상태에서 다시 1[kW]의 출력을 더 증가하였을 때 소요되는 단위 시간 당의 연료비의 증가분'을 말한다.

다시 말하면, 증분연료비는 출력 P_G로 운전 중인 어느 발전기가 출력을 미소량 $\triangle P_G$ 만큼 증가하였을 때, 연료비가 $\triangle F$ 만큼 증가했다고 하면, 이 때의 $\triangle F$와

$\triangle P_G$의 비율 $\left(\dfrac{\triangle F}{\triangle P_G}\right)$로 된다. 곧 출력−연료비 특성의 기울기이다.

이것은 일반적으로 연료비 특성을 미분한 식 (1)로 주어진다.

$$\lambda = \frac{dF}{dP_G} \qquad\qquad \cdots\cdots\ (1)$$

따라서, 증분 연료비 특성은 그림 1과 같은 직선으로 표시되는데, 여기서의 λ를 증분연료비라고 부른다.

3. 등증분 연료비의 원칙

식 (1)에서 정의한 증분연료비가 모든 발전기에 대해서 같을 경우에 가장 경제적인 출력 배분이 실현된다는 것을 말한다.[7] 이 원리를 등증분 연료비의 원칙이라고 하며, 그림 2는 등증분 연료비의 원칙에 의한 발전기 간의 부하 배분을 나타낸 것이며, 식 (2)와 같이 나타낸다.

$$\lambda = \frac{dF_1}{dP_{G1}} = \frac{dF_2}{dP_{G2}} = \cdots = \frac{dF_n}{dP_{Gn}} \qquad\qquad \cdots\cdots\ (2)$$

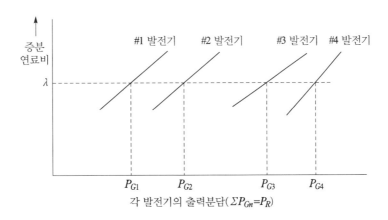

그림 2. 등증분 연료비의 원칙에 의한 발전기 간의 부하 배분

추가 검토 사항

◼ 공학을 잘 하는 사람은 수학적인 사고를 많이 하는 사람이란 것을 잊지 말아야 한다. 본 문제에서 정확하게 이해하지 못하는 것은 관련 문헌을 확인해 보는 습관을 길러야 엔지니어링 사고를 하게 되고, 완벽하게 이해하는 것이 된다는 것을 명심하기 바랍니다. 상기의 문제를 이해하기 위해서는 다음의 사항을 확인바랍니다.

1. **송전손실을 고려한 경우의 경제부하배분에 대해서도 알아 두어야 한다.**

    송전손실을 고려한 경우에는 식 (3)의 관계를 만족하도록 하는 출력 배분이 이때의 최경제 출력 배분이 된다.

    $$\frac{dF_i}{dP_i} + \lambda \frac{\partial P_L}{\partial P_i} = \lambda \qquad \cdots\cdots (3)$$

    전력계통의 운전비의 주된 부분은 연료비와 송전손실(대략 5~6[%])이다. 같은 부하 조건, 곧 부하의 합계가 일정하더라도 계통 내 발전기가 서로 출력을 어떻게 분담하는가에 따라 송전손실도 변화한다.

    송전손실이 변화하게 되면 당연히 발전기단에서 합계한 발전기 출력도 변화하게 되므로 송전손실이 경제부하배분에 미치는 영향을 무시할 수는 없는 것이다.

참고문헌

1. 송길영, 전력계통공학, 동일출판사, 2012
2. 김세동, 전력설비기술계산 해설, 동일출판사, 2012

07

전압제어를 위한 무효전력 공급원의 종류를 들고 각각에 대해서 간단히 설명하시오.

■ 본 문제를 이해하고, 기억을 오래 가져갈 수 있는 그림이나 삽화 등을 생각한다.

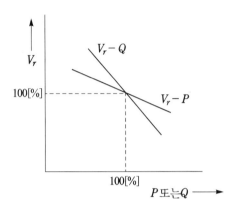

그림 1. 전압 전력 특성

> **해설**

1. 무효전력 공급원의 종류

무효전력의 공급은 에너지인 유효전력의 공급과 달라서, 그 공급원은 여러 가지가 있고, 또 그 설치장소도 자유로이 선정할 수가 있어서 다양한 방면에 그만큼 이들의 합리적인 배분은 어려운 편이다.

즉, 전압과 무효전력의 변화는 검출하는 곳에 따라 각각 그 값이 다르다는 국지적인 성질을 지니고 있고, 전압제어를 위한 조상설비도, 병렬콘덴서, 병렬리액터 등의 정지형 조상설비 외에 부하시 전압조정기, 동기조상기, 발전기 등 그 종류도 많고, 또 이들이 계통 각 지점에 산재해서 각각 개별적인 제어를 하고 있다.

무효전력의 공급원은 다음과 같다.

(1) 발전기 　　　　　　　　　　(2) 연계된 타 계통

(3) 고압 송전선 및 케이블 계통 　(4) 동기조상기

(5) 전력용 콘덴서 　　　　　　　(6) 병렬 리액터

(7) 직렬 콘덴서 　　　　　　　　(8) 부하시 탭절체 장치

(9) 유도전압조정기

2. 발전기

발전기는 전기에너지를 발생함과 동시에 전력계통의 전압을 유지하는데 기여한다.
발전기는 일반적으로 정격출력에서 85~90[%] 정도의 역률에 상당하는 무효전력을
공급할 수가 있다.

이 무효전력은 여자전류를 가감해서 제어할 수가 있다.

즉, 여자전류를 증가 → 무효전력의 발생이 증가 → 발전기 단자전압이 상승

반대로, 여자전류를 감소 → 무효전력의 발생이 감소 → 발전기 단자전압이 저하

또한, 여기서 여자전류를 더 줄이면, 발전기 단자에 있어서의 역률은 진상으로 되어
이번에는 계통으로부터 무효전력을 흡수해서 소비함과 동시에 단자전압을 더욱더
저하시키게 된다.

참고로 그림 2는 터빈발전기의 공급 가능한 유효전력과 무효전력의 관계를 나타낸
것으로서 가능출력곡선이라고 한다.

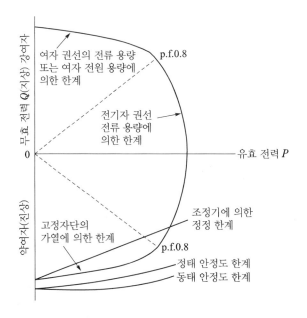

그림 2. 터빈발전기의 가능출력곡선

3. 전력용 콘덴서

전력용 콘덴서는 동기조상기에 비해서 저렴하고 전력손실이 적으며, 운전 보수가
용이하다는 것 등으로부터 현재 무효전력 공급원으로서 널리 사용되고 있다.

다만, 전압이나 주파수가 저하하면 무효전력 공급량도 적이지므로 계통 동요시에

동기조상기와 같은 효과는 기대할 수 없고, 또 무효전력을 흡수할 수 없다는 결점도 있다.

4. 동기 조상기

동기조상기는 무부하로 동기전동기를 운전해서 여자전류를 가감함으로써 계통으로부터 흡수하는 진상 또는 지상의 무효전력을 조정해서 계통의 역률을 조정하는 것이다.

과여자로 운전하면 → 진상전류를 흡수 → 송전선의 역률을 1에 접근시켜, 전압강하를 감소

반대로, 부족여자로 운전하면 → 지상전류를 흡수 → 전압을 저하시킬 수 있다.

동기조상기는 속응도가 높고, 연속적인 제어가 가능하다는 점에서 다른 전압제어용 기기보다 우수하다는 장점이 있다. 그러나, 회전기계이므로 운전보수가 번거롭고 전력용 콘덴서나 분로 리액터에 비해 전력손실도 많고, 또 건설비고 비싸다는 결점이 있다.

5. 기타 무효전력 공급원

무효전력공급원	개 요
부하시 탭 조정장치 (LRC)	변압기는 ±2.5[%] 또는 ±1.5[%] 간격으로 수 개의 탭을 가지고 있고, 이것을 조작하여 전압 제어를 실시
분로리액터 (SHR)	전력용 콘덴서와 반대의 기능을 가지며, 무효전력의 공급이 소비를 넘어설 경우에 무효전력을 소비하게 된다. 야간 등의 경부하시에 계통전압이 상승하는 것을 억제하기 위해서 초고압 송전선이나 지중선로 계통이 집중하고 있는 지점에 설치
정지형무효전력 보상장치(SVC)	사이리스터제어로, 지상으로부터 진상까지 무효전력을 연속적으로 또한 고속으로 변화시켜서 전력계통에 공급할 수 있는 장치임 최근에 전압안정도 향상 측면에서 설치가 증가
직렬콘덴서	선로에 직렬로 콘덴서를 삽입해서 선로리액턴스를 감소하는 것임. 송배전선의 전압개선, 송전용량 증대용, 교류전차선에 있어서의 전압변동 경감용 등으로 사용
유도전압조정기	변압비를 연속적으로 변화시키는 장치이며, 가장 수용단에 근접한 장소에서 전압제어를 하는 기기임.

추가 검토 사항

■ 공학을 잘 하는 사람은 수학적인 사고를 많이 하는 사람이란 것을 잊지 말아야 한다. 본 문제에서 정확하게 이해하지 못하는 것은 관련 문헌을 확인해 보는 습관을 길러야 엔지니어링 사고를 하게 되고, 완벽하게 이해하는 것이 된다는 것을 명심하기 바랍니다. 상기의 문제를 이해하기 위해서는 다음의 사항을 확인바랍니다.

구미 선진국에서 발생된 대형 정전사고는 무효전력 수급불균형에 의한 계통의 전압 불안정에 기인한 것으로 지적되고 있고, 국내 계통의 경우도 지속적인 부하 증가로 대형 정전사고 (Black Out)의 위험에 노출되어 있다. 이러한 현상과 관련하여 잘 이해하고 있어야 한다.

1. **무효전력의 의미를 알고 있나요.**
   1) L 또는 C에 교류전류를 흘릴 때와 같이 전원에서의 에너지의 전달이 반주기마다 교번하여 실제로는 어떤 일도 행하지 않으며 열소비를 일으키지 않는 전력을 말한다.
   2) 교류전압의 실효값을 V, 전류의 실효값을 I라 하고, 위상각을 θ라 하면, 피상전력은 VI가 되고, 유효전력 및 무효전력은 각각 $VI\cos\theta$ 및 $VI\sin\theta$로 표시된다.

2. **계통에서의 무효전력 공급원을 동작특성에 따라 발생원과 소비원으로 구분하여 알아 둡시다.** 발생원은 지상 무효전력을 공급하는 것으로 생각하고, 소비원은 지상 무효전력을 소비하는 것으로 생각한다.

발생원	소비원
전력용 콘덴서(SC)	수용가 부하의 지상 무효전력
발전기(지상 운전시)	발전기(진상 운전시)
충전용량이 큰 송배전선(특히 장거리 T/L과 지중케이블선)	송배전선 및 변압기에서의 리액턴스
동기조상기(진상 운전시)	동기조상기(지상 운전시)
진상부하(역률개선 콘덴서의 과보상분)	분로리액터(SHR)
부하시 탭조정장치(LRC)	부하시 탭조정장치(LRC)
SVC, STATCON의 계통상황에 맞는 자동조정	SVC, STATCON의 계통상황에 맞는 자동조정
직렬콘덴서	

3. 무효전력 제어의 어려움을 유효전력과 비교하여 설명하는 경우, (1) 무효전력 과부족시의
   문제점과 그 대책 (2) 전압제어상의 문제점에 대해서 설명할 수 있으며, 이에 대해서도
   알아 둡시다.

   1) 무효전력 과부족시의 문제점과 그 대책

항목	지상 무효전력 공급 부족시	지상 무효전력 공급 과잉시
문제점	계통 전압이 저하한다.	계통전압 이상 상승으로 페란티 현상이 발생한다.
	송전손실이 증가한다.	전압상승에 의한 계통에 연결된 기기의 수명 저하
	계통안정도 저하 : 전압변동과 무효전력의 조류의 불필요한 이동 ① $P = \dfrac{V_S V_R}{X} \sin\theta$ 에서 전압강하 $\triangle V$의 과다로 계통의 안정도 저하 ② $\triangle V = \dfrac{PR + QX}{V_r}$ 에서 지상무효전력(Q)의 증가는 전압강하($\triangle V$)의 증가원인으로 작용한다.	기기 절연 열화가 촉진
	전압안정도 저하 : 특히 하절기의 진상무효전력 부족으로 인한 국지적 전압 불안정은 최악의 경우 전압 붕괴현상까지 초래	무효분이 많아 고조파 발생 장해가 우려된다.
	기기의 효율 저하 및 전기품질 저하	
	수용가 측에서는 설비의 여유용량 저하 및 전기요금 증가	
대책	발전기를 지상 저역률에서 운전한다(발전기 단자전압을 상승시킴).	발전기를 진상 운전한다.
	전력용 콘덴서를 계통에 투입시킨다.	분로리액터를 계통에 투입한다.
	동기조상기를 진상 운전한다.	동기조상기를 지상 운전한다.
	수용가 단에서 역률이 높은 기기를 사용한다. 또, 수용가의 역률개선용 콘덴서를 계통에 투입한다.	수용가의 역률개선용 콘덴서를 계통으로부터 개방한다.

   2) 전압제어상의 문제점
      ① 잉여 무효전력에 의한 문제점 : 초고압 계통의 확대 케이블 계통의 증대에
        따라 충전용량이 대폭 증가하여 부하 역률은 진상이 된다. 즉 페란티 효과
        가 발생한다.

② 각 발변전소 상호 간의 협조 운용에 관한 문제점
  ⓐ 전압조정기기의 조작은 설치장소마다 독립적으로 운전 조작되므로 상호협조가 안된다.
  ⓑ 기준전압의 변경이 계단적으로 이루어지므로 이것이 상위계통에 대한 외란으로 작용하여 배전선 전압제어가 일시적으로 저해될 수 있다.
③ 계통 전체로 본 합리적 운용에 관한 문제점 : 발변전소에서는 자체의 기준전압을 유지한다는 것만이 목적이므로 다른 발변전소와의 협조를 통한 경제성을 추구할 수 없다.

참고문헌

1. 송길영, 전력계통공학, 동일출판사, 2012
2. 김세동, 전력설비기술계산 해설, 동일출판사, 2012

08 발변전소에 있어서 전압조정설비를 열거하고, 각각의 특징을 설명하여라.

■ 본 문제를 이해하고, 기억을 오래 가져갈 수 있는 그림이나 삽화 등을 생각한다.

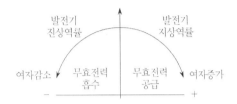

그림 1. 동기발전기 역률에 의한 무효전력 제어

해설

1. 전압조정의 개념

전압조정설비라 함은 전압을 직접 조정하는 설비를 말하며, 역률을 조정하면 전압도 간접적으로 조정이 되므로 전압조정설비에 조상설비를 포함시켜도 무방한다. 조상설비는 직접 역률을 조정하는, 즉 무효전력(진상 또는 지상)을 발전 또는 소비하는 설비를 말한다. 따라서, 전압조정 및 전력손실의 경감을 도모하기 위한 설비이다. 조상설비의 설치 목적은 다음과 같다.

- 일정 전압의 유지(즉, 전압강하 또는 전압변동의 감소)
- 전력손실의 감소
- 전력설비의 이용률 증가(송배전용량의 증가)

2. 전압조정설비의 종류와 특징

1) 발전기

발전기는 발전소 송전단 전압을 조정하는 역할을 한다. 정전압 송전방식에서는 발전소 송전단 전압을 항상 일정하게 유지한다. 발전소가 타 계통과 병렬운전을 하는 경우, 계통 전압이 상승하면 발전기는 계자전류를 줄여서 계통전압을 내려주고, 반대로 계통전압이 떨어지면, 계자전류를 증가하여 계통전압을 올려준다. 그림 1에서 보는 바와 같이 발전기는 전기에너지를 발생함과 동시에 전력계통의 전압을 유지하는데 기여한다. 발전기는 일반적으로 정격출력에서 85 ~ 90[%] 정도의 역률에 상당하는 무효전력을 공급할 수가 있다. 이 무효전력은 여자전류를 가감해서 제어할 수가 있다.

즉, 여자전류를 증가 → 무효전력의 발생이 증가 → 발전기 단자전압이 상승, 반대로 여자전류를 감소 → 무효전력의 발생이 감소 → 발전기 단자전압이 저하한다. 또한 여기서 여자전류를 더 줄이면, 발전기 단자에 있어서의 역률은 진상으로되어 이번에는 연계계통으로부터 무효전력을 흡수해서 소비함과 동시에 단자전압을 더욱더 저하시킨다. 이와 같은 특성을 갖는 것이 '터빈발전기의 공급 가능출력곡선'이라고 한다.

일반적으로 장거리 송전선로에 접속되는 발전기는 정격 역률을 크게 잡아 계통의 무효전력 조정은 조상설비 등에 담당시키고 있으며, 단거리 송전선로에 접속되는 발전기는 정격역률을 낮게하여 수전 변전소에 조상설비를 두지 않는 대신, 발전기 자체로서 계통의 무효전력을 조절한다.

2) 전력용변압기의 OLTC

(1) 개념

변압기에 기준전압의 1.25[%] 또는 1.5[%] 간격으로 달려있는 여러 개의 Tap을 절환하여 변압기의 권선비를 변경하여 전압을 조정한다. 변압기의 1, 2차측 기준전압에 있어서의 권선비에 대한 Tap 절환시의 권선비의 비를 비공칭 탭비(Off-nominal turn ratio)라고 한다.

이 Tap에는 부하상태에서 Tap을 절환할 수 있는 부하시 Tap절환장치 (OLTC : On Load Tap Changer)와 무부하 상태에서만 절환이 가능한 무부하 탭절환장치(NLTC : No Load Tap Changer)가 있으며, 일상의 전압조정은 부하시 Tap절환장치가 사용된다.

(2) OLTC의 개요

부하를 공급하면서 지정된 전압 범위를 자동적으로 조정할 수 있는 기능을 가진 장치로써, 부하시 전압조정기가 설치된 변압기를 부하시 전압조정 변압기라 한다. 다시 말해서 부하시 탭 절환기는 전력 계통으로부터 변압기를 차단할 필요 없이 2차 전압을 일정하게 유지시킨다.

(3) OLTC 탭조정 기본원리

① 권수비

철심에 감기는 권선의 turn 수를 조정하여 전압을 변성할 수 있다.

$$a = \frac{E_1}{E_2} = \frac{n_1[\text{turns}]}{n_2[\text{turns}]} \qquad \cdots\cdots (1)$$

② 권수비를 이용한 전압조정

$$E_2 = \frac{1}{N_1} N_2 E_1 [\mathrm{V}] \qquad \cdots\cdots (2)$$

상기의 식에서 $\frac{1}{N_1}$: 가변(variable), $N_2 E_1$: 고정(fixed)

따라서, 주변압기의 2차 전압 E_2를 원하는 값으로 조정하기 위해서 1차 권수 N_1을 조정하여 E_2 값을 조정한다. 즉, N_1의 turn 수가 많아지면, E_2 값은 감소하고, 반대로 N_1의 turn 수를 적게 하면, E_2 값은 증가하게 된다.

③ OLTC의 탭 수와 탭간 전압

부하시 탭 조정장치의 탭 수와 탭간 전압은 표 1과 같다.

표 1. 부하시 탭 조정장치의 탭 수와 탭간 전압

변압기 종류	탭 수			탭간 전압
	승압	강압	총탭수(정격전압탭 포함)	
765[kV]	10	12	23	각 탭별 상이
345[kV]	8	8	17	정격전압의 1.25[%]
154[kV]	10	10	21	정격전압의 1.25[%]

(4) OLTC 설치 위치

765[kV] 변압기는 분로권선 중성점 측에, 345[kV] 변압기는 직렬권선 하단에, 154[kV] 변압기는 고압권선 측에 설치한다

3) 전력용 콘덴서

전력용 콘덴서는 적당한 두께의 절연재를 여러 매 겹친 절연층과 두께 0.006 ~ 0.025[mm]의 알루미늄박을 번갈아 겹쳐 감아올린 것을 소자로 하고 있다. 구조는 알루미늄박 사이에 절연지를 끼운 것을 여러 개 연결하여, Tank에 넣고 절연유를 채워서 밀봉한 것이다. 탱크를 여러 대 연결하여, 필요한 용량을 구성하고 있다. 전력용 콘덴서는 동기조상기와 달리 정지기이고 진상전류를 조정한다. 전력용 콘덴서의 구성기기는 다음과 같다.

① 직렬리액터(Series Reactor)

직렬리액터는 전력용 콘덴서 투입시 돌입전류를 억제하며, 고조파 성분을 제거하여 파형을 개선하는 역할을 한다.

② 방전코일(Discharge Cole)

재투입시 전력용 콘덴서에 걸리는 과전압을 방지하며, 콘덴서를 회로로부터 개방할 때 전하가 잔류함으로써 일어나는 위험을 방지하는 역할을 한다.

4) 분로리액터(Shunt Reactor)

전압조정을 위해서 전력용 콘덴서를 이용하여 진상전류를 얻을 수 있지만, 지상전류를 얻기 위해서는 분로리액터가 필요하다. 대도시 계통에서는 고전압케이블이 많이 설치되고 또 대용량의 발전소가 부하단 근처에 설치됨에 따라 심야에 모선전압이 상승하는 경향이 있다.

따라서, 변전소에 분로리액터를 설치하여 지상전류를 얻고 전압상승을 억제할 필요가 있다. 대도시 근처의 송전용 변전소에는 용량 10,000[kVAR] ~ 100,000[kVAR] 정도의 분로리액터가 많이 사용되고 있다.

분로리액터가 변압기와 다른 점은 다음과 같다.

① 변압기와 달리 운전은 전부하와 무부하 번갈아 사용되기 때문에 호흡 작용이 크므로 이점을 충분히 고려하여 제작하여야 한다.

② 철심의 구조상 소음이 크기 때문에 이에 대한 대책을 고려하여야 한다.

③ 분로리액터는 리액턴스특성을 선형적으로 조정하기 때문에 국부적으로 자속밀도가 높게 되고 또 자기흡입력에 의한 진동 때문에 소음이 크다.

④ 그래서, 철심을 크게 하여 자속밀도를 적게 하고 또 각종의 방음구조를 갖도록 한다.

5) SVC(Static Var Compensator)

SVC란 전력계통의 적정전압을 유지시키는 정지형 무효전력보상장치를 말하며, 기존의 콘덴서나 리액터와 달리 반도체 소자인 사이리스터를 사용하여 연속적으로 진상과 지상 무효전력을 자동으로 제어하는 기능을 갖추고 있으며, 앞으로 전력안정화장치로 운전하고 있는 가변 교류송전시스템(FACTS, Flexible AC Transmission System)의 일종이다.

(1) SVC 설비 구성

① TSC(Thyristor Switched Capacitor)

- 사이리스터 제어에 의해 진상 무효전력을 공급하는 역할을 한다.

- 개폐서지로 인하여 연속적인 점호각 제어를 수행하지 않고 사이리스터 스위칭 소자에 의한 커패시터 뱅크를 On/Off 스위칭 제어만 수행한다.

- TSC의 스위칭 제어는 고조파를 발생시키지는 않으나, TCR과 같은 연속적인 제어를 기대할 수는 없다.

② TCR(Thyristor Controlled Reactor)
- 사이리스터 제어에 의해 지상 무효전력을 공급하는 역할을 한다.
- 사이리스터 스위치를 이용하여 연속적인 점호각 제어가 가능한 인덕터를 의미한다.

③ 기타 설비

TSC와 TCR을 자동제어하기 위한 사이리스터 밸브, SVC 설비를 제어하기 위한 보호계전설비, 사이리스터에서 발생하는 열을 냉각시키기 위한 냉각설비, 자동제어를 위한 컴퓨터설비 등으로 구성하고 있다.

(2) SVC의 특징

SVC의 주요 장점은 크기가 매우 작고, 많은 수와 큰 용량의 수동소자가 불필요하며, 반도체 스위치의 용량 감소로 비용 절감 효과가 있다. SVC의 주요 장점은 다음과 같다.

① 지상 및 진상 무효전력을 모두 공급할 수 있으므로 커패시터와 리액터의 상당한 절감이 가능하며, 그 결과, 특정 조건하에서 공진 가능성이 감소된다.

② 인버터의 시간응답을 전원주파수보다 빠르게 할 수 있으므로 무효전력을 연속적이고 정확하게 제어할 수 있다.

③ 인버터를 펄스폭(Pulse Width Modulation) 제어함으로써 전류나 전압 고조파 성분이 작게 되므로 필터의 크기를 작게할 수 있다.

④ 돌입전류가 발생하지 않는다.

⑤ 전압변동과 과도 상태 하에서 동특성이 우수하다.

⑥ 선간전압이 매우 낮은 경우일지라도 정격 무효전력을 발생할 수 있다. 병렬 커패시터와 리액터의 전류가 전압에 비례하므로 상용 보상기보다 전송라인을 지지하는 능력이 좋다.

⑦ SVC를 적절히 제어하면 능동고조파필터(Active Filter)로서 작용할 수 있다.

6) 동기조상기

회전기인 동기조상기는 연속 조정능력이 있고 진상, 지상 어느 쪽으로도 조정이 가능한 장점이 있으나 건설, 유지, 운전비용이 비싸므로 현재는 거의 사용되지 않는 추세이다.

추가 검토 사항

🔲 공학을 잘 하는 사람은 수학적인 사고를 많이 하는 사람이란 것을 잊지 말아야 한다. 본 문제에서 정확하게 이해하지 못하는 것은 관련 문헌을 확인해 보는 습관을 길러야 엔지니어링 사고를 하게 되고, 완벽하게 이해하는 것이 된다는 것을 명심하기 바랍니다. 상기의 문제를 이해하기 위해서는 다음의 사항을 확인바랍니다.

1. **전력용 변압기의 OLTC 보호계전기에 대해서 알아둡시다.**

   〈해설〉

   OLTC 보호계전기에는 OLTC Protective relay(96B2), Pitot Relay(96T)가 적용된다.

   OLTC 유격실내에 고장 발생시 야기되는 손상으로부터 변압기와 탭 절환기를 보호하기 위한 것이며 보호계전기의 동작은 OLTC용 콘서베이터와 탭 절환기간의 절연유 흐름으로 동작한다. 보호계전기는 계전기가 동작되었을 때 즉각적으로 차단기를 동작시킬 수 있는 회로로 구성되어 있으며, 콘서베이타와 탭절환기 간의 절연유 흐름에 의해서만 동작하게 된다.

   절연유의 흐름에 의해 Flap 밸브가 움직이면 Reed 접점이 동작하며 그로 인하여 차단기는 트립되어 변압기를 선로로부터 분리 시킨다.

   보호계전기는 정격부하 혹은 허용 과부하 상태에서 탭 절환기 동작시에는 동작하지 않는다.

2. **전력용 변압기의 OLTC 내부 및 Tap 절환 구성에 대해서 알아둡시다.**

   〈해설〉

   그림 2는 OLTC 내부 및 변압기 권선의 결선도를 나타낸 것이며, 주변압기 정격이 154[kV]/22.9[kV]일 경우 중간 Tap은 그림에서 11 Tap일 때의 전압을 의미한다. 일반적으로 한 Tap ±1.25[%]씩 전압이 변동되며, 아래와 같다.

   - 154[kV] ± 1.25[%] = ± 1,925[V/Tap]
   - 22.9[kV] ± 1.25[%] = ± 286.3[V/Tap]

   다시 말해서, ±10 Tap일 경우 주 변압기의 전압변동 범위는 다음과 같다.

최대	~	최소
173.25/25.76[kV]		134.75/20.04[kV]

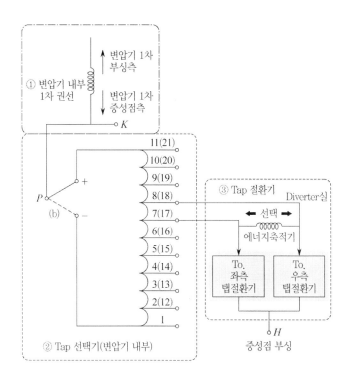

출처: 김세동(2017.8.12.). 지식나눔 탭체인저(OLTC), 누구냐 넌?
http://blog.naver.com/PostView.nhn?blogId=nulim79&logNo=에서 2017.08.12. 검색

그림 2. 극성전환 방식의 OLTC 내부 및 Tap 절환 구성도

참고문헌

1. 한국전력공사(2010) DS-2501(전력용 변압기 선정기준). 2.5~25.
2. 대한전기협회(2000). 표준작업절차서(변전부문). 표준작업절차서.
3. 이은웅(2001). 「SVC 시스템을 사용한 무효전력 보상」, 「전기학회지」

09 계통의 고장전류 계산 목적과 고장전류 종류에 대해서 설명하시오.

■ 본 문제를 이해하고, 기억을 오래 가져갈 수 있는 그림이나 삽화 등을 생각한다.

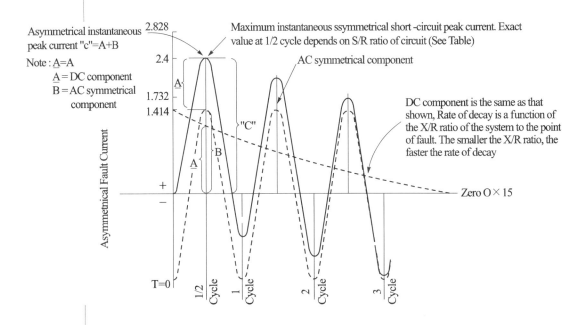

그림 1. 고장전류의 시간에 따른 변화 형태

해설

1. 고장전류의 계산 목적

전력계통의 고장계산은 송전선 및 발변전소에 1선 지락 및 선간단락 사고 등과 같은 각종 사고가 발생하였을 경우 고장 발생지점 및 전력계통 각 지점의 전압과 전류를 구하여 보호계전방식, 차단기의 차단용량, 전력기기의 과전류강도, 인근 통신선 유도전압 등의 검토에 널리 사용된다.

다시 요약하면 고장전류 계산 목적은 다음과 같다.

  1) 차단기 차단용량 결정

  2) 보호계전방식의 적용, 보호계전기의 정정(Setting) 및 동작 상황 분석

  3) 각종 전력용 기기의 과전류, 과전압 내력 검토

4) 근접 통신선의 유도장애 계산 검토

5) 계통 안정도 계산 검토

6) 직접접지 계통에서의 유효접지 계수 계산 검토

2. 고장전류의 종류

1) 고장 전류의 형태

계통에 고장이 발생한 경우의 고장전류는 그림 1과 같이 횡축에 대하여 비대칭인 전류가 흐르며, 이 전류는 횡축에 대하여 대칭인 대칭(Symmetrical)분 교류전류 와 DC 성분으로 나뉘어진다.

고장전류 속에 포함되어 있는 직류분은 회로정수(X/R 비)에 따라 크기가 정해지 고 시간과 함께 감쇄한다. 계통에 회전기가 연결되어 있는 경우는 교류 대칭분 고장전류도 시간에 따라 크기가 변화한다.

계통의 고장전류 중 1/2 사이클 시점의 고장전류를 First Cycle Fault Current라 하고, 차단기가 동작하는 수 사이클 후(3~5 사이클)의 고장전류를 Interrupting Fault Current, 회전기에 의한 영향이 없어지는 안정된 후의 고장전류를 Steady State Fault Current라 한다.

2) First Cycle Fault Current

① 고장전류는 초기 1/2 사이클에서 가장 크며, 이 때의 고장전류를 First Cycle Fault Current라 한다.

② 발전기, 전동기, 전력계통 등 모든 단락전류에 대하여 고려한다.

③ 모든 회전기는 차과도 리액턴스(x_d'')를 적용(전동기는 x_d''에 1~1.2배 적용) 한다.

④ 케이블의 굵기 검토, 변성기 정격 검토, 보호계전기 순시 Tap Setting, 저압 차단기용량 선정, 고압 퓨즈용량 선정 등에 사용된다.

3) Interrupting Fault Current

① 차단기 접점이 개시되는 시점(3~8 사이클)의 고장전류를 Interrupting Fault Current이라 한다.

② 발전기, 전동기, 전력계통 등 모든 단락전류에 대하여 고려한다.

③ 발전기는 차과도 리액턴스(x_d''), 기타 회전기는 과도리액턴스(x_d')를 적용한 다 (전동기는 x_d''에 1.5~3배 적용).

④ 고압 및 특고압용 차단기 차단용량 선정에 사용된다.

4) Steady State Fault Current

① 계통 임피던스의 변화가 안정된 시점의 고장전류를 Steady State Fault Current라 하며, 보호계전기 동작시점(예 : 30 사이클)의 고장전류를 30 사이클 Fault Current라 한다.

② 발전기, 전력계통의 단락전류에 대하여 고려한다.

③ 발전기는 과도리액턴스($x_d{'}$)를 적용한다

④ 보호계전기는 한시 Tap Setting에 사용된다.

추가 검토 사항

■ 공학을 잘 하는 사람은 수학적인 사고를 많이 하는 사람이란 것을 잊지 말아야 한다. 본 문제에서 정확하게 이해하지 못하는 것은 관련 문헌을 확인해 보는 습관을 길러야 엔지니어링 사고를 하게 되고, 완벽하게 이해하는 것이 된다는 것을 명심하기 바랍니다. 상기의 문제를 이해하기 위해서는 다음의 사항을 확인바랍니다.

1. 고장전류의 공급원에 대해서 알아 둡시다.

계통에 고장이 발생하면 전력계통에서 고장전류를 공급하게 됨은 물론 회전기에서도 고장전류를 공급하게 된다(그림 2 참조). 전동기가 연결되어 있는 계통에 고장이 발생하면 고장 후 수 사이클까지는 전동기와 이것에 직결된 부하의 회전 에너지(관성)에 의해 전동기는 발전기로 작용하고, 자신의 과도리액턴스에 반비례한 고장전류를 사고점으로 공급한다. 이를 전동기의 기여전류(Motor Contribution Current)라 하며, 유도전동기는 잔류자속만이 영향을 미치므로 그림 2와 같이 수 사이클 후에는 소멸되고 말지만, 동기전동기는 타여자 방식이므로 감쇄가 비교적 느리다. 전력용 콘덴서도 큰 과도 고장전류를 공급하게 되나 공급 지속시간이 아주 짧고, 주파수가 계통의 주파수보다 아주 높기 때문에 일반적으로 고장전류 공급원에 포함하지 않는다.

2. 비대칭계수(Multiplying Factor : M.F)에 대해서 알아 둡시다.

고장발생 초기의 임의의 시간대의 비대칭 고장전류 값(r.m.s)은 고장전류 속에 포함되어 있는 직류분의 감쇄율과 회전기 리액턴스 변화율에 대한 정확한 값을 알아야 되기 때문에 매우 어렵고 복잡하다. 이러한 것은 정확하게 산출하는 것이 바람직하지만, 실제로는 간단한 계수를 곱하여 구하는 것이 일반적이다. M.F는 직류분이 포함된 비대칭파의 전류 실효값을 대칭 교류분의 교류값으로 바꾸는 것이다. M.F는 표에서 구하기도 하고, 주어지는 그림에서의 X/R비 및 차단기 접촉자 개리시간에 따른 값을 찾기도 한다.

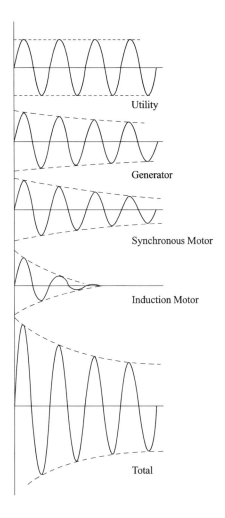

그림 2. 고장전류 공급원

3. 고장계산의 종류에 대해서도 알아 둡시다.

전력계통에 발생하는 고장은 3상 단락고장, 2선 지락고장, 1선 지락고장, 단선
사고 등과 같이 종류가 많으나, 이 모두를 해석할 수는 없고 고장계산의 이용목적
에 맞도록 선정하여 고장계산을 수행하게 된다.

이들 고장종류 중에서도 대표적인 고장계산은 정상 고장전류가 가장 큰 3상 단락
및 영상 고장전류가 가장 큰 1선 지락고장이며, 3상 단락고장 계산을 수행하게
되면 선간 단락고장용량은 3상 단락용량의 약 $\sqrt{3}/2$으로 되므로 일반적으로 계
산을 생략한다.

한편 중성점 직접접지 계통에서 대용량 변압기 중성점을 직접접지한 경우나 다수
의 변압기 중성점을 직접 접지한 경우에는 영상 등가임피던스 값이 정상 등가임

피던스 값보다 적게 되어 1선 지락고장전류가 3상 단락고장전류보다 크게 되는 경우도 있으므로 차단기 차단용량 검토시 주의하여야 한다.

참고문헌

1. 강창원, 계통의 고장전류 계산(1), 전력기술인
2. 유상봉 외, 보호계전시스템의 실무활용기술, 기다리출판사

10 송전선로의 보호계전방식에 대해서 설명하시오.

▣ 본 문제를 이해하고, 기억을 오래 가져갈 수 있는 그림이나 삽화 등을 생각한다.

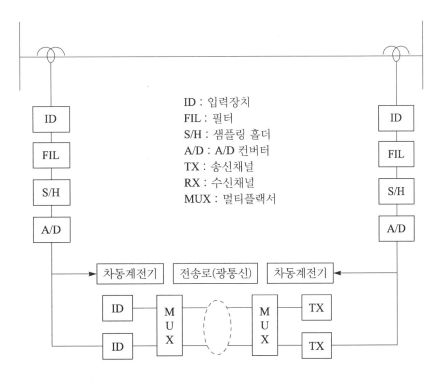

ID : 입력장치
FIL : 필터
S/H : 샘플링 홀더
A/D : A/D 컨버터
TX : 송신채널
RX : 수신채널
MUX : 멀티플랙서

그림 1. 전류차동방식의 개념도

해설

1. 송전선로 보호계전방식

현재 국내에서 적용하고 있는 송전선로 보호계전방식에는 다음과 같은 방식들이 있으며, 고품질의 통신회선(광통신)을 최대한 활용하고 있다.

1) 방향비교방식(Directional Comparison Pilot Relaying)

방향비교방식은 송전선로의 양단에 설치된 방향성을 가진 거리계전기 요소, 지락과전류 요소 등의 동작으로 고장방향을 판단하고 그 정보를 통신장치에 의해 상대단으로 전송함으로써 고장구간을 판정하는 방식이다.

2) 전송차단방식(Transfer-Trip Pilot Relaying)

송전선로 양단 중 어느 한쪽 단에서 고장을 정확히 판단하였을 경우 트립 명령을 상대 단에 전송하여 양단을 고속으로 차단시키는 방식이다. 이 방식에는 전송신호와 거리계전기 요소의 조합방법에 따라 제어 언더리치(Permissive Underreach), 제어 오버리치(Permissive Overreach), 직접 언더리치(Direct Underreach) 등으로 구분할 수 있으며 국내에서는 제어 언더리치방식을 적용하고 있다.

3) 전류차동방식(Current Differential Protection)

선로 양단의 전류를 샘플링하여 상대 단으로 전송하고 보호구간 각 단자의 전류 크기와 방향을 비교하여, 고장구간을 판정하는 방식이다.

송전선로의 주보호로 사용되는 전류차동방식은 자기구간 고장에 대해 100[%] 보호가 가능한 방식으로 선로 양단의 전류값을 비교하여 내부고장과 외부고장을 판단한다. 신호를 전달하는 수단으로 PCM(Pulse Code Modulation)방식을 적용하고 있으며 전송매체로는 외란에 거의 영향을 받지 않고 신뢰성이 높은 광통신을 사용한다.

4) 거리계전방식(Distance Relaying)

거리계전방식은 단락보호 및 직접 접지계의 지락보호에 적용되며, 단락 또는 지락고장 발생점까지의 전기적 거리인 송전선로 임피던스를 연산하여 그 값이 정정치 이하로 되었을 때 동작하는 계전방식이며, 후비 보호로 적용하고 있다. 적용하기 쉽고 고속도 보호가 가능하므로 중요 송전선로의 보호를 위하여 거리계전방식 단독 또는 전류차동방식 및 전송차단방식과 함께 사용되고 있다.

2. 345[kV] 송전선로의 보호계전방식의 세부사항

(1) 변전소에서 345[kV] 송전선로 인출은 변전소 모선 구성형태(1.5CB 또는 Ring 방식)에 관계없이 양 차단기에서 인출됨을 전제로 보호계전방식을 적용한다.

(2) 피보호 송전선로는 양전원 2단자의 가공 또는 지중선으로 구성된 경우로 한다.

(3) 송전선로 보호계전방식은 2계열로 구성하고, 각각 주보호, 후비보호를 구비한다. 단, 보호계전방식에 따라 후비보호는 생략 할 수 있다.

(4) 차단기 트립 코일과 보호계전기용 변류기를 2계열화하고, 선로보호 및 계측기용으로 사용되는 계기용변압기는(주, 후비보호용 권선분리) 선로 측에 설치 사용한다.

(5) 345[kV] 송전선로 보호계전방식의 표준은 표 1과 같이 적용한다.

(6) 345[kV] 송전선로의 유·무효전력 및 전류, 전압을 계측할 수 있어야 한다.

표 1. 345[kV] 송전선로 보호계전방식(가공)

피보호 설비	계열	적용 보호계전방식		후비보호	재폐로 방식	비 고
		주보호				
		보호계전방식	전송로			
345[kV] 송전선로 (가공)	제1 계열	방향비교방식	광	3단계 한시 거리 계전방식	3ϕ, 1ϕ $3\phi+1\phi$ 고속 1회	① 동기 탈조 Trip(OST) : 제1계열 ② 동기탈조 Trip 저지 방식(PSB) : 제1계열 ③ P.T 전압상실 보호 (VTF) : 제1계열 ④ 고장 선로가압 시 보호(SOFT) : 제1계열 ⑤ 맹점구간보호 (STUB) : 제1계열 등을 구비
	제2 계열	전류차동방식	광	적용 안함		

> **추가 검토 사항**

■ 공학을 잘 하는 사람은 수학적인 사고를 많이 하는 사람이란 것을 잊지 말아야 한다. 본 문제에서 정확하게 이해하지 못하는 것은 관련 문헌을 확인해 보는 습관을 길러야 엔지니어링 사고를 하게 되고, 완벽하게 이해하는 것이 된다는 것을 명심하기 바랍니다. 상기의 문제를 이해하기 위해서는 다음의 사항을 확인바랍니다.

1. 345[kV] 계통의 보호계전방식의 특징에 대해서 요약하면 다음과 같다.
  (1) 345[kV] 계통은 전력계통상 중요도를 고려하여 보호방식을 2계열화하여 사용한다.
  (2) 송전선로의 단락 및 지락고장 보호에 대하여 제1주보호는 방향비교 방식, 제2주보호는 전류차동방식 또는 제어언더리치 전송차단방식을 사용하며, 최근 디지털 기술 발달로 전류차동방식을 우선 적용하고 있다. 후비 보호에는 3단계 한시거리계전방식이 이용된다.
  (3) 모선보호는 전압차동방식을 적용하며, 고장발생시 차단기가 동작하지 못할 경우 인접차단기를 트립시켜 고장을 제거하는 차단실패 보호방식을 적용한다.
  (4) 변압기의 단락 및 지락고장 주보호는 전류비율차동계전기를 적용하고, 후비 보호는 단락 고장보호로 거리계전방식, 지락 고장보호로 방향지락과전류계전방식을 사용한다.

2. 그림 1의 전류차동계전방식의 동작에 대해서 구체적으로 알아 둡시다.
  그림 1은 전류차동방식의 개념을 나타낸 것으로 A단에서는 자단의 전류와 상대단에서 전송된 전류의 합이 일정한 범위를 벗어나면 내부고장으로 판단하여 차단기

를 트립시키며, B단에서도 자단전류와 상대단 전류의 합이 일정치 이상이면 차단기를 트립시켜 고장구간을 계통으로부터 분리한다. 전류차동계전기는 디지털 계전기로서 주요소인 Main Detection Unit과 Fault Detection Unit으로 구성되며, Main Detection Unit에는 상별 전류차동요소(Phase Current Differential Element, 87)와 시간지연을 갖는 고저항 지락보호용 영상전류 차동요소(Zero-Sequence Current Differential Element, 87G)로 구분된다.

참고문헌

1. 송길영, 전력계통공학, 동일출판사, 2012
2. 김세동, 전력설비기술계산 해설, 동일출판사, 2012

11 전력계통의 안정도를 분류하고, 안정도 향상대책에 대해서 설명하시오.

▣ 본 문제를 이해하고, 기억을 오래 가져갈 수 있는 그림이나 삽화 등을 생각한다.

그림 1. 전력계통 안정도의 분류

해설

1. 전력계통의 안정도 개념과 분류

1) 개념
전력계통의 안정도란 '전력계통 내의 각 요소가 미소한 외란에 대해서 평형상태를 유지할 수 있는 능력, 또는 그 어떤 원인으로 한번 이 평형 상태가 무너진 경우에 다시 평형 상태로 회복할 수 있는 능력'이라고 정의할 수 있다.

2) 안정도의 분류
우선 계통 안정도의 문제는 전력계통에 발생하는 외란의 크기 및 발전기의 제어계(AVR, 조속기 등) 모의의 유무 등에 따라 크게 정태안정도와 과도안정도로 나누어진다.

(1) **정태 안정도** : 전력계통에서 극히 완만한 부하 변화가 발생하도라도 안정하게 송전할 수 있는 정도

① 고유 정태안정도 : 발전기의 내부 유기전압 일정이라는 조건하에서 다루어지는 정태안정도

② 동적 정태안정도 : 발전기의 자동전압조정기 및 조속기 등의 제어효과에

관한 영향을 고려한 정태안정도

(2) **과도 안정도** : 전력계통이 어떤 조건 하에서 안정하게 운전하고 있을 때 급격한 외란(각종 계통사고, 계통 분리 등)이 발생하더라도 다시 안정 상태를 회복해서 운전할 수 있는 정도

① 고유 과도안정도 : 발전기 과도임피던스($x_d{'}$)의 배후 전압 일정이라는 조건 하에서 다루어지는 정태안정도

② 동적 과도안정도 : 발전기의 돌극성 및 계자 쇄교자속 변화를 고려하고, 자동전압조정기 효과, 조속기 등의 제어효과 및 계통 보호계전기의 동작 특성, 부하의 전압, 주파수 특성까지 고려한 경우의 과도안정도

2. 안정도 향상 대책

일반적으로 사고가 발생하면 발전기는 가속해서 드디어는 탈조에까지 이르게 되는 것이므로 안정 향상을 위해서는 과도 안정도 향상을 위해서는 우선 무엇보다도 발전기의 가속을 억제하는 대책을 취하지 않으면 안된다.

발전기의 가속을 억제하기 위해서는 강제적으로 전기적 출력(P_n)을 증대시키거나 원동기로부터 공급되는 기계적 입력(P_i)을 경감시켜 주면 된다.

계통의 안정도 향상으로는 다음과 같은 4가지로 나누어 생각할 수 있다.

1) 계통의 전달 리액턴스 감소

송전전력($P = \dfrac{V_S V_R}{X}\sin\delta$)은 전달 리액턴스에 반비례하여 증가하므로 이의 감소대책은 다음과 같다.

① 병렬회로의 증가

② 병렬회선을 증가하거나 복도체를 사용하여 계통의 전달 리액턴스를 줄인다.

③ 기기의 리액턴스 감소

④ 발전기의 리액턴스를 적게하면, 단락비가 커지며, 따라서 기계가 커져서 가격이 비싸지지만, 관성 정수도 커지게 되므로 결국 안정도는 증진된다.

2) 전압변동의 감소

고장시에는 단자전압의 강하가 많아지므로 이것을 높이는 방법을 강구하면 단락전류는 많아지지만 안정도는 증진된다.

① 속응여자 방식의 채용 : 정격전압 200[V]의 자여자기의 전압상승률은 30[V/s] 정도이지만, 고성능 AVR을 도입하여 속응여자방식을 쓰면 이것을 수 1,000 [V/s]로 올릴 수 있고, 정상전압도 1,000[V] 정도로 높일 수 있다. 이 결과 고장 발생으로 발전기의 전압이 저하하더라도 즉각 응동하여 발전기 전압을

일정 수준까지 유지시킬 수 있으므로 그 만큼 안정도 증진에 기여하게 된다.

② 계통의 연계 : 몇 개의 계통을 부하단 혹은 다른 적당한 곳에서 연계시키면 용량이 커지므로, 과도시에 전압변동이 감소하며, 계통은 완고하여지므로 안정도가 높아진다. 이 경우 고장이 영향을 미치는 범위는 연계에 따라 훨씬 더 확대된다.

③ 중간 조상방식의 채용 : 이것은 선로 도중에 조상기를 설치하고, 이 점의 전압을 일정하게 유지함으로써 송전전력을 증가시킬 수 있으므로 안정도가 증진된다.

3) 고장시간, 고장전류의 감소

고장시간과 고장전류를 적게하면 안정도가 증진되며, 이들을 감소시키는 방법은 다음과 같다.

① 고속도 계전기, 고속도 차단기를 사용하여 고장점을 빨리 계통에서 제거시키며, 재폐로 방식을 사용하여 일시적 고장을 복구시킨다.

② 적당한 중성점 접지방식의 사용, 소호리액터 접지방식 등을 사용하여 지락전류를 적게한다.

4) 고장시 발전기 입출력차의 감소

발전기의 입출력차가 적으면 발전기가 적어지고 따라서 안정도가 증진되며, 이 방식에는 다음과 같다.

① 조속기 동작의 신속화

② 발전기 회로에의 저항 투입 : 고장 발생과 동시에 발전기 회로에 저항을 넣어줌으로써 입출력의 불평형을 완화시켜 줄 수 있다.

추가 검토 사항

■ 공학을 잘 하는 사람은 수학적인 사고를 많이 하는 사람이란 것을 잊지 말아야 한다. 본 문제에서 정확하게 이해하지 못하는 것은 관련 문헌을 확인해 보는 습관을 길러야 엔지니어링 사고를 하게 되고, 완벽하게 이해하는 것이 된다는 것을 명심하기 바랍니다. 상기의 문제를 이해하기 위해서는 다음의 사항을 확인바랍니다.

1. 발전기의 동기화력(Synchronizing Power)에 대해서 알아보고, 안정도와 어떠한 관계가 있는지 알아 둡시다.

전력계통에 연결된 발전기가 동기 운전을 하기 위해서는 모든 발전기가 같은 속도로 회전해야 한다. 만일 임의의 발전기가 어떤 원인으로 가속되어서 그 회전자 위치 δ가 처음에 있던 위치보다 앞서게 되면 이것을 먼저 있던 위치로 회복시키려는 힘이 작용한다.

즉, 발전기의 기계적 입력이 일정하면 δ가 증가할 경우에는 발전기의 전기적 출력 P가 증가되고, 이 증가분에 상당하는 것만큼 회전체의 축적 에너지를 방출해서 회전체 자체는 감속된다. 따라서, 동기 운전이 유지되기 위해서는

$$\frac{dP}{d\delta} > 0 \qquad\qquad\qquad \cdots\cdots (1)$$

이어야 한다.

이 $\dfrac{dP}{d\delta}$ 의 값을 그 발전기의 '동기화력'이라고 한다. 이것은 발전기의 운전 상태, 즉 발전기로부터의 유효전력 출력(P), 무효전력 출력(Q) 및 여자 상태, 연결되고 있는 계통의 부하 특성 등 여러 가지 요소에 의해서 영향을 받으며, 식 (1)의 조건을 만족하는 출력 상태가 발전기의 안정 영역으로 된다.

2. **연속적인 동기탈조가 전력계통에서 발생하는 기술적 원인을 알아보고, 전력계통 안정화 대책에 대해서도 알아 둡시다.**

1) 동기탈조의 원인

(1) 정태안정도 붕괴 : 정태안정도 극한 전력 이상으로 송전하려 할 때, 정태안정도 붕괴, 정태 탈조 발생

(2) 과도안정도 붕괴 : 부하의 급변, 전원 발전기의 트립, 선로 사고 등의 발생에 의해 발전기의 입출력 에너지의 차가 발생, 이 차분의 에너지는 발전기 회전자를 가속 또는 감속시키며, 이 경우 회전자는 관성에너지가 있으므로 상차각 변화는 진동을 하게 된다. 진동이 커서 상차각이 크게 변화하는 경우는 회전자는 회복력을 잃게 되고, 동기운전이 불가능하게 되며, 결국 탈조에 이르게 되며, 이를 과도안정도 붕괴라고 한다.

2) 전력계통 안정화 대책

(1) 탈조사고 대책의 기본적인 사항

탈조를 방지하기 위해서는 정태, 과도 모두 안정도 극한 전력을 송전전력 이상으로 증가하는 것이다.

정태 안정도에 대해서는 제어문제 보다도 계통 구성의 문제이고, 평상시에서의 조류제어 문제이다. 따라서, 예방적 조치가 필요하고, 정태안정도가 문제가 되는 계통은 송전계통의 확장이 필요하게 된다.

과도 안정도 대책은 탈조에 이르기 전의 탈조방지 대책과 탈조에 이른 후의 계통분리 대책이 있다. 탈조 현상에 이르기까지는 약간의 시간적 여유가 있고, 현상적으로 예측도 가능하기 때문에, 제어시스템을 구성하는 데는

이를 최대한 활용해야 한다. 탈조 상태에 이른 경우에도 최대한 피해를 적게하는 대책이 필요하며, 이것의 가장 유력한 수단으로는 계통분리이다.

(2) 정태안정도 향상대책
　① 직렬리액턴스의 감소
　② 중간조상설비의 설치
　③ 직류송전의 도입
　④ 상시 운용조류의 제한

(3) 과도안정도 향상대책
　① 사고에 의한 계통에의 충격완화(고장의 신속제거, 재폐로방식의 활용)
　② 사고시는 직렬리액턴스 감소제어(직렬 커패시턴스 삽입)
　③ 사고시의 전압변동 제어

(4) 계통 안정화 장치
　① 탈조 예방안정화 제어시스템
　② 탈조 분리시 안정화 제어시스템

참고문헌

1. 송길영, 전력계통공학, 동일출판사, 2012
2. 김세동, 전력설비기술계산 해설, 동일출판사, 2012

12 그림 1에서 1기 무한대 모선계통의 정태안정도를 해석하여라. 단. 그림에서의 모든 값은 1,000[MVA] 기준의 단위값이라고 한다.

▨ 본 문제를 이해하고, 기억을 오래 가져갈 수 있는 그림이나 삽화 등을 생각한다.

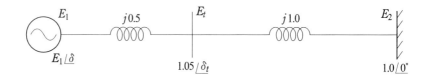

그림 1. 모델 계통

> 해설

1. 정태안정도의 전력계산식

그림 1과 같은 1기 무한대 모선계통(전압 및 위상각이 일정한 모선)에서, 전력계산식을 산정하면 다음과 같다.

$$\dot{W} = \dot{E}_1 \, \dot{I}^* = P_e + jQ_e = \dot{E}_1 \left(\frac{\dot{E}_1 - \dot{E}_2}{jx_d + jx_e} \right)^*$$

$$= \frac{E_1 E_2}{x_d + x_e} \sin\theta + j \frac{E_1^2 - E_1 E_2 \cos\theta}{x_d + x_e}$$

$$\text{따라서, } P_e = \frac{E_1 E_2}{x_d + x_e} \sin\theta \qquad \cdots\cdots (1)$$

식 (1)에서 P_e와 θ의 관계를 곧 '전력-상차각'의 관계라 한다.

2. 모델 계통의 해석

우선 발전기의 전류 I_g는 다음과 같다.

$$I_g = \frac{E_t \angle \delta_t - E_2 \angle 0°}{x_e \angle 90°} \qquad \cdots\cdots (1)$$

발전기의 내부 전압 $\dot{E}_1$은 다음과 같다.

$$E_1 = E_t \angle \delta_t + I_g x_d$$

$$= E_t \angle \delta_t + x_d \angle 90° \left\{ \frac{E_t \angle \delta_t - E_2 \angle 0°}{x_e \angle 90°} \right\}$$

$$= E_t \angle \delta_t \left\{ 1 + \frac{x_d}{x_e} \right\} - E_2 \angle 0° \left\{ \frac{x_d}{x_e} \right\}$$

$$= 1.575 \angle \delta_t - 0.5 \qquad \cdots\cdots (2)$$

한편, 송전전력 P는 다음과 같다.

$$P = \frac{E_1 E_2}{x_d + x_e} \sin\delta = 0.667 E_1 \sin\delta \qquad \cdots\cdots (3)$$

여기서, δ는 발전기 내부전압($\dot{E_1}$)과 무한대 모선전압($\dot{E_2}$) 간의 상차각인데, δ_t의 변화에 따라 E_1, δ, P 등은 표 1과 같이 된다.

표 1. δ_t의 변화에 따른 변화량

$\delta_t[°]$	$E_1[PU]$	$\delta[°]$	$P[PU]$
0	1.075	0	0
60	1.3940	78.10	0.9094
90	1.6525	107.61	1.0500
180	2.0750	180	0

이것을 전력-상차각 곡선으로 나타내면 그림 2와 같다. 이 곡선을 사용해서 임의의 상차각에 대한 송전전력의 크기를 알 수 있고, 이때의 정태안정도도 쉽게 해석할 수 있다.

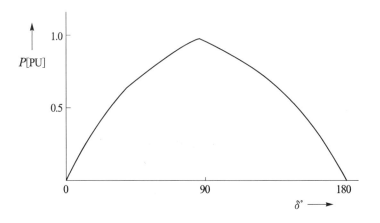

그림 2. 전력-상차각 곡선

추가 검토 사항

💾 공학을 잘 하는 사람은 수학적인 사고를 많이 하는 사람이란 것을 잊지 말아야 한다. 본 문제에서 정확하게 이해하지 못하는 것은 관련 문헌을 확인해 보는 습관을 길러야 엔지니어링 사고를 하게 되고, 완벽하게 이해하는 것이 된다는 것을 명심하기 바랍니다. 상기의 문제를 이해하기 위해서는 다음의 사항을 확인바랍니다.

1. 상기의 문제에서 식 (2)를 풀어서 계산할 줄 알아야 하며, 다음과 같다.

$$
\begin{aligned}
E_1 &= E_t \angle \delta_t + I_g x_d \\
&= E_t \angle \delta_t + x_d \angle 90° \left\{ \frac{E_t \angle \delta_t - E_2 \angle 0°}{x_e \angle 90°} \right\} \\
&= E_t \angle \delta_t + x_d \left\{ \frac{E_t \angle \delta_t}{x_e} - \frac{E_2 \angle 0°}{x_e} \right\} \\
&= E_t \angle \delta_t \left(1 + \frac{x_d}{x_e} \right) - E_2 \angle 0° \frac{x_d}{x_e} \\
&= 1.05 \angle \delta_t \left(1 + \frac{j\,0.5}{j\,1.0} \right) - 1.0 \frac{j\,0.5}{j\,1.0} \\
E_1 &= 1.05 \angle \delta_t + 1.05 \angle \delta_t \,(0.5) - 0.5 \\
&= 1.05 \angle \delta_t + 0.525 \angle \delta_t - 0.5 \\
&= 1.575 \angle \delta_t - 0.5
\end{aligned}
$$

2. 상기의 문제에서 식 (3)을 풀어서 계산할 줄 알아야 하며, 다음과 같다.

$$
\begin{aligned}
P &= \frac{E_1 E_2}{x_d + x_e} \sin\delta = \frac{E_1 \cdot 1.0 \angle 0°}{j\,0.5 + j\,1.0} \sin\delta \\
&= \frac{E_1}{j\,1.5} \sin\delta = 0.667\, E_1 \sin\delta
\end{aligned}
$$

참고문헌

1. 송길영, 전력계통공학, 동일출판사, 2012
2. 김세동, 전력설비기술계산 해설, 동일출판사, 2012

13

고장전류 억제를 위해서 초전도한류기가 채택되고 있으며, 단락용량 저감대책과
초전도한류기의 특징에 대해서 간단히 설명하시오.

▨ 본 문제를 이해하고, 기억을 오래 가져갈 수 있는 그림이나 삽화 등을 생각한다.

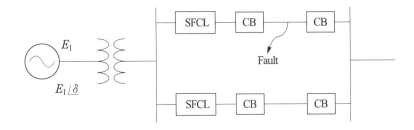

그림 1. 초전도한류기가 설치된 루프계통 회로

해설

1. 개요

전력계통 규모의 확대(분산전원의 증가)와 계통의 광역 연계의 강화에 따라 단락용
량이 계속해서 증대되고 있으며, 고장전류의 증가로 인해 계통의 안정도가 감소하
고, 기존 전력설비의 부담이 야기된다. 따라서, 계통안정도와 함께 전력계통의 계획
운용시 중요한 과제가 되고 있다.

2. 단락용량 저감 대책

표 1은 고장전류 저감기술의 종류와 주요특징을 나타낸 것이며, 주요 저감 대책을
들면 다음과 같다.

표 1. 고장전류 저감기술의 종류와 주요 특징

구분 ＼ 기술	모선분리 선로개방	한류 리액터	차단기 교체	선로 DC화	고임피던스 변압기	초전도 한류기
기술 개요	제한적 계통운영	리액터 상시운전	정격차단 용량 상향	HVDC설비	리액턴스 상향	초전도체 특성 이용
계통 영향	안정도 저하	안정도 저하	계통 확장시 정격 재상향	AC/DC 통합운전	손실증대	고장전류 통전시만 한류기 역할

구분 ＼ 기술	모선분리 선로개방	한류 리액터	차단기 교체	선로 DC화	고임피던스 변압기	초전도 한류기
개발 현황	상용화 단계(실계통 운전 중)					배전급 : 실증단계 송전급 : 개발단계
기술 성숙도	실계통 운전 중, 신뢰성 기입증					신뢰성확보연구 진행중
경제성	투자/운영비小	Case별 검토 필요	투자/운영비大		투자/운영비中	투자/운영비中
입지면적	–	부지小	–	부지大	–	부지小

1) 고임피던스 기기의 채택

발전기나 변압기의 임피던스를 높게 하여 단락전류를 억제하는 방법이다. 발전소의 Step-up 변압기의 임피던스를 최대 18[%]까지 올리는 방안 등의 적극 검토가 필요하다. 그리고 향후 신설되는 345[kV] 변압기에 대해서도 15[%] 정도의 고임피던스 변압기의 설치를 적극 검토할 필요가 있다.

2) 변전소 모선 분할 등의 계통 구성의 변경

변전소의 모선 분할 등에 의해 계통을 나누어 운용하여 계통 임피던스를 증가시켜 단락전류의 경감을 도모하는 것으로서 계통 분할 운용과 계통 분리방식의 2가지 방식이 있다. 양계통으로 연결되어 있는 대단위 발전단지의 345[kV] 모선을 공급력 확보에 지장이 없는 한 분리운전을 검토할 필요가 있다. 그리고, 154[kV] 계통도 가급적 345[kV] 변전소 단위로 분리하도록 하는 등 모선 분리를 지속적으로 추진할 필요가 있다.

3) 한류 리액터의 채택

한류 리액터에 의해 단락전류를 억제하는 방식으로서, 공급신뢰도상 계통 분리가 곤란한 송전선에 직렬로 한류 리액터를 삽입하는 방식과 모선을 몇 개로 분할하여 분리 리액터를 삽입하는 방식이 있다.

4) 직류 송전기술의 도입에 의한 계통의 분할

직류 송전은 유효전력을 공급하지만 무효전력은 전달하지 않는다. 단락전류의 대부분은 무효전력이므로 무효계통 일부에 직류계를 채택하여 계통 용량을 증강하면 단락전류의 증가가 없다.

교직 연계계통으로서 교류계 사고시에 직류전류를 제어함으로써 단락전류 억제 효과를 더욱 높일 수가 있다. 또한 기존의 교류계통을 얼마 만큼의 적정 규모를 분할하여 직류계통으로 연계하면 전체로서의 계통 용량을 바꾸지 않고 단락전류를 억제할 수가 있다.

3. 초전도한류기의 특징과 역할

1) 개요

고장전류를 억제하기 위하여 한류기를 설치하며, 한류기의 기대되는 동작은 송전선에 흐르는 전류가 통상 운용치를 초과하여 사고로 판단되는 크기에 이르면, 적절한 임피던스를 가지고 사고전류를 억제하도록 하는 것이다.

2) 계통으로부터의 한류기의 요구되는 성능

(1) 정상 운전시 손실이 극히 적어야 하고, 사고시 고임피던스를 발생하여야 한다.

(2) 한류 특성의 동작점이 정확하여야 한다.

(3) 동작속도가 빨라야 한다.(1사이클 이하)

(4) 송전선의 사고 제거를 위하여 통상 1초 이내에 재폐로 조작이 행해지기 위해서 사고 제거후 한류 동작 상태로부터 정상상태로 복귀해야 한다.

(5) 연속되는 사고에 대해서도 대응할 수 있어야 한다.

(6) 한류 동작시와 정상 상태로의 복귀시 계통에 이상 전압을 발생시키지 않아야 한다.

3) 초전도 한류기(Superconducting Fault Current Limiter : SFCL)

앞에서 설명한 상태를 만족시키기 위하여 초전도를 이용하는 초전도한류기가 실제 계통에 적용되고 있다.

초전도 한류기는 초전도체의 특성을 이용한 기기로서 정상 상태에서 임피던스가 거의 0을 유지하고 있다가, 전력계통 사고시에는 초전도체의 퀜치(Quench) 현상으로 인해 수[msec] 이내에 임피던스가 발생하여 사고전류를 순간적으로 제한하는 장점을 가진다.

초전도 한류기는 낙뢰, 지락, 단락 등의 사고시 발생하는 이상전류를 감지하고 이를 정상 전류 수준까지 제한함으로써 전력기기를 보호한다.

초전도 한류기의 특징은 다음과 같다.

(1) 정지기로서 구조가 비교적 간단하다.

(2) 상전도시스템, 초전도시스템과 상전도시스템의 병용 운전되는 하이브리드 시스템 등이 있다.

(3) 계통 측면에서 발전기 측의 고장시 계통에 필요한 전력을 공급할 수 있는 기능이 있어 과도안정도 향상에 기여한다.

(4) 부하측 선로의 고장시에는 계통에 전력을 흡수할 수 있어 고장전류 억제 기능을 수행할 수 있다.

📌 공학을 잘 하는 사람은 수학적인 사고를 많이 하는 사람이란 것을 잊지 말아야 한다. 본 문제에서 정확하게 이해하지 못하는 것은 관련 문헌을 확인해 보는 습관을 길러야 엔지니어링 사고를 하게 되고, 완벽하게 이해하는 것이 된다는 것을 명심하기 바랍니다. 상기의 문제를 이해하기 위해서는 다음의 사항을 확인바랍니다.

1. 단락용량의 증대에 따른 문제점에 대해서도 알아 둡시다.

　1) 각종 전기기기 및 전기설비의 열적, 기계적 강도

　　변압기, 변류기, 송전선로 등의 기기 및 설비가 큰 단락전류에 의한 줄열로 인하여 열적으로 파손되기 쉬우며, 또한 대전류에 의한 큰 전자기계력에 의해서 왜형 또는 파손될 수 있다.

　2) 차단기의 차단능력

　　차단기가 대전류를 차단해야 하므로 차단용량이 커져야 하고, 차단 뿐만 아니라 재투입 능력 및 접촉자의 소손 등의 문제가 야기된다.

　3) 지락전류의 증대

　　지락사고시 지락전류가 증대되어 인근 약전류 전선에 전자유도 장해가 커지고 대지표면의 전위경도를 크게 해서 보폭 전압이 커지므로 인축에 위해를 주게 된다.

　4) 고장시 과도 이상전압

　　고장전류를 차단하는 경우 큰 재기전압으로 재점호를 일으키기 쉽게 되고, 이에 따른 개폐 서지를 발생시킨다.

참고문헌

1. 임성훈 외, 루프계통에 초전도한류기 적용에 따른 고장전류 제한특성 분석, 한국조명전기설비학회 2012 추계학술대회, 2012.10
2. 황종영, 전력계통 확충 계획, 전기저널
3. 임영성, 국내HVDC 현황과 미래계통의 BTB HVDC 적용, 전기저널 2016.6

14

전력계통에서 고장전류를 저감시키는 방법으로 초전도한류기가 수도권에 설치 운영 중에 있다. 초전도 한류기의 특징과 종류, 국내 적용현황에 대해서 설명하시오.

📖 본 문제를 이해하기 위해서는 스스로 문제를 만들고, 기억을 오래 가져갈 수 있는 그림이나 삽화 등을 생각한다.

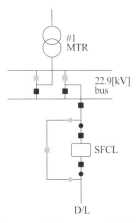

(□ : CB, ○ : DS, 회색 : OFF, 검은색 : ON 표시)

그림 1. 초전도한류기 설치 위치

해설

1. 초전도한류기의 개요

1) 초전도한류기(Superconducting Fault Current Limiter : SFCL)는 초전도체의 초전도성을 이용하여 계통에 임피던스를 투입함으로써 고장전류를 차단기가 차단 가능한 용량으로 제한하는 기기이다.

2) 초전도 한류기의 경우 전선이 끊어지거나 벼락 등의 사고 시 발생하는 수십 배의 고장전류를 1000분의 1초 이내에 감지하여 수초 이내에 정상전류로 바꾸어 주기 때문에 정전사태 등의 대형 사고를 방지할 수 있다.

3) 전력계통의 고장시 발생하는 문제를 해결하기 위하여 정상 운전시 손실이 매우 적으며, 사고와 같은 외란 발생시 빠른 속도로 임피던스를 투입하여 고장전류를 제한하는 특성을 가진다.

2. 한류기의 요구 성능

① 정상 운전시 손실이 극히 적어야 하고, 사고시 고임피던스를 발생하여야 한다.

② 한류 특성의 동작점이 정확하여야 한다.

③ 동작속도가 빨라야 한다(1사이클 이하)

④ 송전선의 사고 제거를 위하여 통상 1초 이내에 재폐로 조작이 행해지기 위해서 사고 제거후 한류동작 상태로부터 정상상태로 복귀하여야 한다.

⑤ 연속되는 사고에 대해서도 대응할 수 있어야 한다.

⑥ 한류 동작시와 정상 상태로의 복귀시 계통에 이상전압을 발생시키지 않아야 한다.

3. 초전도한류기의 특징

① 정상 운전시에는 임피던스가 없어 기존 선로에 영향을 미치지 않는다.

② 고장발생 1/4주기 이내에 전류제한을 개시할 수 있다. 선로전류가 임계전류 값만 넘으면 임피던스가 발생하므로 전류가 첫 피크치에 도달하기 전에 제한한다.

③ 고장이 종료되면 자동적으로 임피던스가 감소하고 초전도성을 회복해 정상운전 상태로 복귀한다.

④ 초전도체의 한류 특성은 잠재적 고장전류 크기와 무관하다. 선로전류가 일정한 값만 넘으면 임피던스가 발생하므로 한류특성이 고장전류의 크기에 영향을 거의 받지 않는다. 즉 초전도한류기는 차단기와 달리 추후에 고장전류가 더 증대하였을 때에도 교체할 필요가 없다.

⑤ 전력 부하 증가 시에도 기존 차단기의 용량 증대 없이 운전이 가능하게 되어 차단기 교체 비용 및 전기 품질 문제로 인한 막대한 비용 손실을 절감할 수 있게 된다.

4. 초전도한류기의 종류

1) 저항형 한류기

① 저항형 한류기는 초전도체에 고장전류가 흐를 때 초전도성을 잃어 저항이 발생하는 성질을 이용해 고장전류를 억제한다.

② 초전도체를 일정한 온도(임계온도, 약 섭씨 −186도) 이하로 냉각하면 저항이 'Zero'가 되어 많은 전류가 흘러도 열이 발생하지 않는다.

③ 그러나, 전류가 과도하게 흘러 일정한 값(임계전류)을 넘으면 초전도성을 잃어 저항이 급속하게 발생하게 되는데(quench), 저항형 초전도 한류기는 바로 이 성질을 이용한 전력기기이다.

④ 과도전류가 흐를 때 초전도체의 고유 성질에 의해 선로에 저항이 급격히 투입되어 전류를 제한하게 되는 것이다. 보통 초전도체만을 단독으로 사용하지는 않고, 초전도체 보호 및 유연한 임피던스 투입을 위해 리액터와 스위치를 같이 사용하는 복합형 방식을 채택한다.

2) 포화철심형 초전도한류기(그림 2 참조)

① 한 쌍의 철심 한쪽에 각각 AC 코일을 감아 선로에 연결하고 반대쪽을 DC 코일로 감아 DC 회로에 연결해 구성한다.

② DC 코일에 전류를 인가해 철심이 포화되도록 하면 상시에는 AC 코일이 공심 리액터와 거의 같이 동작해 임피던스가 작고, 고장전류가 흐를 때에는 철심의 포화가 풀려 AC 코일의 임피던스가 커져 전류를 제한하게 된다.

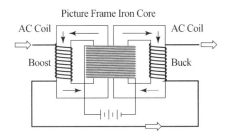

그림 2. 포화철심형 한류기 구조

3) 자기차폐형 초전도한류기(그림 3 참조)

① 철심의 1차 측에 AC 코일을 감아 선로에 연결하고, 2차 측에 초전도 링 혹은 튜브를 설치하여 구성한다.

② 초전도체는 초전도 상태에 있을 때에는 자기장을 배척해 초전도체 내부의 자기장이 'Zero'가 되며(마이스너 효과), 초전도성을 잃고 상전도 상태가 되면 자기장을 배척하지 않는 특성을 가지고 있다.

③ 상시에는 2차 측에 있는 초전도체에 흐르는 전류가 적어 초전도 상태를 유지하면서 철심의 자기장이 'Zero'가 되므로 1차 측 코일의 임피던스가 거의 없다.

④ 고장전류가 흐르면 초전도체가 초전도성을 잃어 철심에 자기장이 생기므로 1차 측 코일에는 임피던스가 발생해 전류를 제한한다.

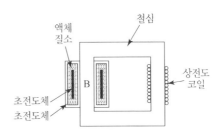

그림 3. 자기차폐형 한류기 구조

5. 초전도한류기의 국내 적용현황

한전 전력연구원은 LS산전과 공동으로 2007년에 22.9[kV]/630[A]급 초전도 한류기를 개발하여 이천변전소의 배전선로에 설치하고, 2011년 8월에 국내에서 최초로 초전도 한류기 상업운전을 개시해 양호한 운전성과를 나타내고 있다. 초전도 한류기 원격 감시제어시스템을 SCADA 시스템과 연계하고, 초전도한류기 이상시 심각 정도에 따라 대응하는 시스템(예 : Level 1의 경우 병렬 CB 자동 절체 등)을 구축해 무인운전을 수행하고 있다.

기본 구조는 복합형 방식으로 상시 운전시는 전류가 초전도체가 있는 주 회로를 통하나, 고장시에는 초전도체가 고장전류를 감지해 고속스위치를 동작시켜 고장전류를 상전도 한류소자(리액터 또는 저항)가 있는 보조회로로 우회하도록 함으로써 고장전류를 제한하는 구조이다. 초전도체의 사용량을 최소화 할 수 있어 경제성면에서 강점을 갖는다.

또한, 2014년에는 한전 전력연구원의 주도 하에 154[kV]/2,000[A]급 단상 초전도 한류기의 제작을 완료해 한전의 고창전력시험센터 내에 설치하고 현재 성능시험을 진행하고 있다.

추가 검토 사항

📕 공학을 잘 하는 사람은 수학적인 사고를 많이 하는 사람이란 것을 잊지 말아야 한다. 본 문제에서 정확하게 이해하지 못하는 것은 관련 문헌을 확인해 보는 습관을 길러야 엔지니어링 사고를 하게 되고, 완벽하게 이해하는 것이 된다는 것을 명심하기 바랍니다. 상기의 문제를 이해하기 위해서는 다음의 사항을 확인바랍니다.

1. 우리나라는 전력수요의 지속적인 증가로 단락용량이 증대함으로써 고장 발생시 기존 설치된 차단기의 차단용량을 초과하는 문제점이 발생할 수 있다. 이와 같은 문제점을 해결하기 위한 방안에 대해 장단점을 알아봅시다.

   해결 방안으로는 기존 차단기의 교체, 모선이나 선로분리, 차단기의 순차 개방,

한류리액터 및 고임피던스기기 채용, 초전도한류기의 설치 등이 있다.

먼저 가장 직관적인 방법으로 고장전류의 크기는 유지한 채 차단기를 용량이 큰 것으로 교체하는 방법이 있다. 이 방법은 고가의 차단기를 다수 설치하는데 발생하는 경제적인 비용이 큰 부담이 있다. 또한 고장전류의 크기는 줄어들지 않기 때문에 계통에 있는 전력기기에 대한 영향은 줄어들지 않는 문제도 있다.

둘째, 고장전류를 규정된 값 이하로 제한하는 방안으로 우선적으로 고장전류가 큰 지역에서 연계 모선을 개방해 고장전류를 저감시키는 방법을 사용할 수 있지만, 이로 인해 계통 간 결합력 감소로 안정도가 손상되고, 계통 유연성 결여로 공급신뢰도가 저하되며, 전압제어가 원활하지 못함으로 인해 전력품질이 저하되는 문제점이 있다.

셋째, 고임피던스의 공심 한류리액터를 선로에 직렬 연결해 고장전류의 크기를 줄이는 방법도 채택되어 사용하고 있다. 공심 한류리액터를 선로 및 모선 사이에 설치해 운전 중인데, 상시에 리액턴스 부하가 되어 무효전력 손실 및 전압강하를 발생시킨다.

넷째, 전력계통은 정상시에는 전력계통에 영향을 거의 미치지 않으면서, 고장시에 신속하게 고장전류를 저감해 주는 방안으로 초전도한류기를 설치하는 방법이 있다. 초전도 한류기는 초전도성을 이용하여 이 조건을 만족하는 새로운 개념의 기기로서 계통의 고장전류 문제를 해결해 줄 것으로 기대된다.

참고문헌

1. 양성은, 초전도한류기의 개발 및 적용 현황, 전기저널, 1월, 2015
2. 김형근, 초전도 전력기술 개발현황 및 전망, 전기저널, 2월, 2015
3. 전기시사용어 해설, 초전도 한류기, 전기저널, 5월, 2014
4. 임성훈 외, 배전계통에 피크전류 제한기능을 갖는 초전도 한류기 적용에 따른 순간 저전압 분석, 조명전기설비학회 추계학술대회논문집, 2013

15

전원설비의 예비율을 정의하고, 공급예비력 3가지를 들고 각각에 대해 설명하시오.

■ 본 문제를 이해하고, 기억을 오래 가져갈 수 있는 그림이나 삽화 등을 생각한다.

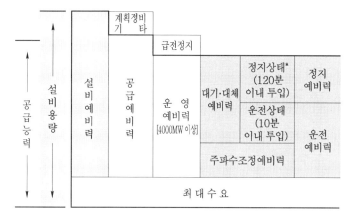

*정지상태의 경우, 동·하계 전력수급대책기간에는 20분 이내 이용 가능

그림 1. 예비력의 개념도

해설

1. 예비율의 정의

전력계통을 안정하게 운용하는 데 필요한 전원설비의 규모는 최대수요전력에 해당하는 발전설비 외에 발전설비의 정기검사, 보수 또는 사고 등을 대비한 발전력과 수요의 증가에 대비한 발전력을 추가로 갖추고 있어야 한다. 이와 같이 최대수요전력을 초과하여 예비로 보유한 발전력을 최대수요의 백분율로 나타낸 것을 '예비율'이라고 한다.

전원설비의 예비력을 표현하는 방법으로는 '설비예비율'과 '공급예비율'이 있다. 이들의 각각을 식으로 표현하면 다음과 같다.

- 설비예비율 $= \dfrac{\text{설비용량} - \text{최대수요전력}}{\text{최대수요전력}} \times 100$

  : 투자규모, 경영의 효율성 판단

- 공급예비율 $= \dfrac{\text{공급능력} - \text{최대수요전력}}{\text{최대수요전력}} \times 100$

  : 설비운용, 전력수급의 안정성 판단

2. 예비력의 개요

예비력은 전력수요 초과 발전력으로 정의되며, '전력시장운영규칙'에서는 '예측 수요의 오차, 발전기 불시고장 등으로 인하여 전력수습의 균형을 유지하지 못할 경우를 대비하여 전력수요률 초과하여 보유하는 발전력'을 의미하고, 크게 공급예비력과 운영예비력으로 구분할 수 있다.

현재의 예비력 기준은 지난 2011년 9월 15일 순환 정전사고 이후 개정된 것을 사용하고 있다. 표 1은 전력시장운영규칙에서 정하고 있는 예비력의 개념을 나타낸다.

표 1. 전력시장운영규칙 상의 예비력 정의

항 목	정 의
예비력	예측 수요의 오차, 발전기 불시 고장 등으로 인하여 전력수급의 균형을 유지하지 못할 경우를 대비하여 전력수요를 초과하여 보유하는 발전력으로 공급 예비력과 운영 예비력으로 구분한다.
공급 예비력	우선적으로 확보해야 하는 운영 예비력과 이를 초과하여 급전 정지 중인 발전력을 말한다.
운영 예비력	전력계통의 신뢰도 확보를 위하여 주파수조정 예비력과 전력거래소의 급전지시 후 120분 이내(동·하계 전력수급대책 기간은 20분 이내)에 확보 및 이용이 가능한 대기·대체 예비력을 말한다.
운전 예비력	주파수조정 예비력과 대기·대체 예비력 중 운전상태를 말한다.

3. 운영 예비력

운영 예비력은 그 목적에 따라 주파수조정 예비력과 대기·대체 예비력으로 분류되어 있다. 9.15 순환단전 후 예비력 중 일간 계통운영의 안정성을 위해 확보해야 하는 운영 예비력의 중요성이 다시 환기되었다. 표 2는 운영예비력의 확보기준을 나타내며, 표 3은 주파수조정예비력의 구성에 대해 나타낸다.

주파수조정 예비력은 계통에 병입하여 운전하는 발전기의 주파수추종(Governor Free)과 자동발전제어(AGC)의 운전에 따라 30초 이내에 자동으로 응동할 수 있는 예비력이며, 주로 미수수요 변화 및 원활한 주파수 유지를 목적으로 한다.

현재 전력시장운영규칙에서 주파수조정 예비력은 주파수유지 예비력과 주파수복구 예비력으로 구분된다.

표 2. 운영예비력의 확보 기준

개정 전		개정 후			확보 시간
예비력	확보용량(400만[kW])	예비력	기 간	확보용량(400만 kW)	
주파수 조정	1,000[MW]	주파수 조정	1,500MW		수초 (sec)
대기	• 운전상태 : 500[MW]	대기 · 대체	동·하계 수급기간	• 운전상태 : 1,500[MW]	10분
	• 정지상태 : 1,000[MW]			• 정지상태 : 1,000[MW]	20분
대체	1,500[MW]		일반기간	• 운전상태 : 1,000[MW]	10분
				• 정지상태 : 500[MW]	20분

* 2011.12 이후 주파수조정 예비력의 확보용량 변경과 산정이유 : 전력수요 순시변동을 고려한 필요량(1,000[MW])과 계통 주파수의 원활한 조정 필요량(500MW)을 합한 1,000MW 이상을 확보

표 3. 주파수조정 예비력의 구성

구 성	의미 및 용량 산정 기준
주파수 유지 예비력 (1차 응답)	주파수 변동 초기에 응동하는 주파수 조정용량으로서 주파수 변동시 10초 이내에 발전력이 응동하여 30초 이상 출력유지가 가능한 발전력으로 G.F(Governor Free)에 의해 응답되는 주파수 조정량
	계통 주파수가 ±0.2[Hz] 변동 시, 응동 가능용량 기준으로 산정
주파수 복구 예비력 (2차 응답)	1차 응답 후 정상 주파수 유지범위로 회복시키기 위한 발전력으로서 30초 이내에 발전력이 응동하여 30분간 지속 가능한 발전력으로 AGC 보유 예비력 및 출력 증발에 의한 주파수 조정량
	자동발전제어(AGC) 서비스는 5분 동안 제공 가능한 용량으로 산정

표 3에서와 같이 주파수조정 예비력은 30초 이내에 응동하여 5분 내의 짧은 기간 동안에 증가시킬 수 있는 출력을 의미한다. 정지 상태의 발전기가 수 분 이내에 계통에 투입되어 원하는 출력만큼 확보하는 것은 일반적으로 어렵기 때문에 기력, 복합, 수력 및 양수 중 석탄화력을 제외한 발전기의 입찰 공급용량의 95%를 발전기 기준 출력 상한값으로 설정하여 주파수조정 예비력용량을 확보한다.

추가 검토 사항

■ 공학을 잘 하는 사람은 수학적인 사고를 많이 하는 사람이란 것을 잊지 말아야 한다. 본 문제에서 정확하게 이해하지 못하는 것은 관련 문헌을 확인해 보는 습관을 길러야 엔지니어링 사고를 하게 되고, 완벽하게 이해하는 것이 된다는 것을 명심하기 바랍니다. 상기의 문제를 이해하기 위해서는 다음의 사항을 확인바랍니다.

1. 양수발전의 최대전력을 생산하는데 걸리는 시간을 알고 있나요?

"양수발전소는 전력거래소에서 핫라인을 통해 지시가 떨어지고 나서 2분 30초면 최대 출력으로 전력 생산이 가능하다"며 "멈춘 상태에서 출력을 최대로 높이는 데 4시간 가량 걸리는 화력발전이나 24시간이 소요되는 원전(原電)뿐 아니라 30분 정도 필요한 가스발전보다도 훨씬 빠르다"고 한다.

2. 적정 예비전력 '400만 [kW]'에 대한 유래를 알고 있나요.

예비전력을 400만 [kW] 이상 확보해야 전력수급을 안정적으로 운용할 수 있다고 흔히 얘기한다. 대체 400만 [kW]는 무엇을 기준으로 잡은 것일까. 예비전력이란 개념이 정립된 건 2001년이다. 당시만 해도 최대전력수요는 4000만 [kW] 수준에 불과했다. 단위용량으로 가장 큰 발전기는 100만 [kW]급 원전이 전부였다. 국내 발전단지 가운데 용량이 가장 큰 곳도 400만 [kW] 정도였다. 안정적 전력수급의 마지노선인 400만 [kW]는 여기서 비롯된 수치다.

대형 발전단지가 갑작스레 고장 나도 전력수급에 문제가 없을 만큼의 마지노선을 400만 [kW]로 본 것이다. 하지만 지금은 10여 년 전과 여건이 많이 다르다. 최대전력수요는 7400만 [kW] 이상을 수시로 오르내린다. 140만 [kW]짜리 발전기도 있다. 대형 발전단지는 600만 [kW]를 헤아린다. 이에 따라 안정적 예비전력의 기준을 상향 조정해야 한다는 지적이 설득력을 얻고 있다. 고려대학교 산학협력단은 지난해 12월 전력거래소(이사장 남호기)의 의뢰로 작성한 보고서에서 "2013년 적정 운영예비력은 560만 [kW]"라고 제시했다. 2020년에는 640만 [kW]로 늘려야 한다고도 했다.

문제는 수급여건이 최근 몇 년간 안 좋아지면서 적정 예비전력의 기준을 재설정하기가 쉽지 않다는 점이다. 전력거래소 관계자는 "공급설비가 급증하는 수요에 맞게 확충되지 못하다 보니, 적정 예비전력의 기준을 다시 잡는데 현실적인 어려움이 존재한다"며 "오히려 일각에서는 400만 [kW]보다 낮게 설정해야 한다는 주장이 나올 정도"라고 말했다.

참고문헌

1. 전력산업구조개편, 경쟁체제의 품질 유지서비스
2. 송길영, 전력계통공학, 동일출판사, 2012
3. 조선일보, 블랙아웃이 닥치기 전 움직인다. 양양의 3분 특공대, 2012
4. 이상중, 터빈-발전기 Governor Droop의 그래프와 비례식을 통한 고찰, 조명전기설비학회 논문지, 2013
5. 김선교 외, 운영예비력 확보용량 기준 개선에 관한 연구, 대한전기학회, 전기의 세계, 2014.06
6. 산업통상자원부, 전력시장운영규칙, 2014

16 전력계통 연계의 장단점을 각각 5가지 이상을 들고 설명하시오.

■ 본 문제를 이해하고, 기억을 오래 가져갈 수 있는 그림이나 삽화 등을 생각한다.

그림 1. 계통연계 개념도

해설

1. 개요

연계라 함은 두 계통 사이에 에너지의 수수가 이루어지는 현상을 말한다. 즉, 양 전력계통 사이에 연계선을 설치하여 전력을 상호 융통하는 것으로 직류 또는 교류 연계방식이 있으며, 연계계통 전체를 하나의 계통처럼 보는 집중방식과 각 부분의 계통 개개를 독립적으로 경제 운용시키는 방식이 있다. 연계 방법에는 동기 연계와 비동기 연계로 분류되면, 기술적인 검토 후 결정한다.

2. 연계의 장점

1) 부하의 부등성(不等性)에 의한 피크부하의 저감

일반적으로 개개의 전력계통 부하가 피크가 되는 시각은 일치하지 않기 때문에 연계한 경우의 최대부하는 개개의 최대부하의 합계보다 작기 때문에 공급설비의 가동률이 향상된다.

2) 발전설비의 대용량화 가능

단기(Unit) 용량의 대형화가 가능하여 경제적인 전원개발이 가능하게 된다.

3) 공급예비력의 공유에 의한 예비력의 절감

부하의 하천(수력) 발전력의 부등성, 사고발생을 고려하여 일정량(수요량의 8∼10[%])의 공급예비력을 확보하게 되는데, 계통연계의 경우 개개의 전력계통에 의한 공급예비력보다 적은 예비력으로 가능하기 때문에 전원개발량을 절감할 수 있다.

4) 수력과 화력, 원자력발전의 경제적 운용이 용이

수력과 화력, 원자력발전의 경제적 운용을 광범위하게 시행할 수 있으므로 연료비 절감을 도모할 수 있다. 특히 원자력 발전의 증가에 의해 심야공급력이 과잉되는데, 이 과잉전력을 양수발전에 이용함으로써 경제적인 발전단가로 운용할 수 있다.

5) 화력, 원자력발전의 보수 등의 조정이 용이

화력, 원자력발전의 정기적인 보수 등을 계통 전반의 운용계획에 따라 경제적인 계획을 조정할 수 있다.

6) 상시 및 사고시의 주파수 변동, 전압변동이 적게 된다.

계통 규모 및 단락용량이 크게 되기 때문에 상시 및 사고시의 주파수 변동 및 전압 변동이 작게 되어 계통의 신뢰도가 향상된다. 또한 연계에 의해 전력조류의 개선으로 송전손실이 감소한다.

3. 연계의 단점

1) 단락, 지락전류의 증가

계통 규모가 크게 되므로 단락, 지락 고장시의 고장전류가 크게 되어 통신선 유도장애 및 차단기의 차단용량의 초과 등의 우려가 있어 각각의 대책이 필요하다.

2) 국부사고가 광범위하게 파급될 우려가 있다.

국부사고가 계통 전체에 파급되어 광범위 정전을 일으킬 우려가 있어 적정한 보호계전방식을 적용하여 계통분리와 부하 및 발전제한 등에 의한 정전 범위는 최소화하는 것이 필요하다.

3) 주파수, 전압, 조류 등의 감시 제어가 복잡하게 된다.

각 계통의 주파수 제어의 분담방법, 연계점의 전압, 조류의 제어방법 등이 복잡하게 되기 때문에 보호제어를 강화해야 하고, 계통 운용상의 급전실시 및 각 계통운용 간의 통신망 구성 등이 강화되어야 한다.

4) 계통을 연계에 따른 설비가 필요

계통연계를 위해 주파수변환설비, 직류-교류 간 연계시 직류연계설비 등이 필요하다.

5) 연계선의 전력조류 조정이 어렵게 된다.

> **추가 검토 사항**

■ 공학을 잘 하는 사람은 수학적인 사고를 많이 하는 사람이란 것을 잊지 말아야 한다. 본 문제에서 정확하게 이해하지 못하는 것은 관련 문헌을 확인해 보는 습관을 길러야 엔지니어링 사고를 하게 되고, 완벽하게 이해하는 것이 된다는 것을 명심하기 바랍니다. 상기의 문제를 이해하기 위해서는 다음의 사항을 확인바랍니다.

1. 계통 연계시 고려해야 할 기술적 특성에 대해서 알아 둡시다.

  1) 사고의 파급을 방지하기 위한 계통의 안정화 대책

    (1) 충분한 공급 예비력의 확보

    (2) 화력발전소의 저주파 운전

    (3) 계통 구성상의 신뢰도 향상

    (4) 발전기에 제동 저항기 설치

    (5) 정상 전류에는 극저 임피던스로 작용하고, 고장 전류에는 고 임피던스로 작용하는 특수 연계장치의 설치

    (6) 고속 재폐로 방식의 채용

    (7) 발전기에 고속 AVR을 이용한 속응여자방식의 채용

    (8) 단락비와 관성정수가 큰 발전기의 채용

  2) 보호계전시스템의 강화

    사고시 영상 순환전류를 적극 감소시키고, 고신뢰도의 보호계전방식을 채택한다.

  3) 큰 단락 및 지락전류에 대한 대책

    (1) 임피던스가 큰 설비의 사용

    (2) 직렬 리액터의 사용

    (3) 일부 변압기의 중성점 비접지(Floating)

    (4) 고장 구간의 고속 차단

  4) 연계선의 조류 조정에 대한 대책

    (1) 위상조정기로 각 회선의 유효전력 조류 제어

    (2) 직렬콘덴서를 사용하여 선로의 임피던스를 변화시켜 유효 및 무효전력 조류제어

  5) FACTS 기기의 채용

    SVC, STATCOM, UPFC, SSSC 등의 FACTS 기기를 최대한 계통에 활용하여 송전용량의 증대와 계통의 안정도 향상을 동시에 도모한다.

2. 남북한 및 동북아 전력계통의 연계 추진현황에 대해서도 알아 둡시다.

남북한 간의 전력계통 연계는 많은 기술적 문제점이 해소되고 정책적인 판단이 선행되어야 하겠지만, 북한에 대한 전력지원 가능성에 대비하여 휴전선 인근의 154[kV] 송전계통을 보강 중에 있으며, 장기적으로는 345[kV] 송전선에 의한 대규모 전력의 남북한 간 전력교류 가능성에도 대비하고 있다. 또한, 휴전선 인근 북한지역 내에 신규 발전소를 공동 건설하는 방안도 고려될 수 있다.

또한, 동북아시아 경제협력의 일환으로 석탄과 가스가 풍부한 중국이나 러시아 등에 대단위 전원단지를 공동으로 개발하여 765[kV] 선로 또는 HVDC 송전선으로 우리나라에 전력을 공급하는 방안도 고려해 볼 필요가 있을 것이다.

참고문헌

1. 송길영, 전력계통공학, 동일출판사, 2012
2. 황종영, 전력계통 확충 계획, 전기저널

17 유연교류 송전시스템(FACTS : Flexible AC Transmission System)의 개념과 적용 기기에 대해서 간단히 설명하시오.

본 문제를 이해하고, 기억을 오래 가져갈 수 있는 그림이나 삽화 등을 생각한다.

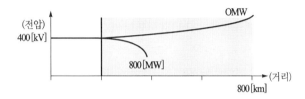

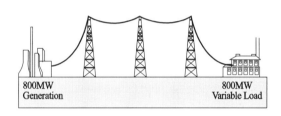

그림 1. FACTS 설비가 없는 경우

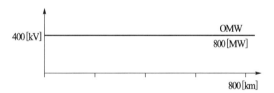

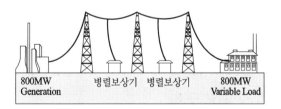

그림 2. FACTS 설비가 있는 경우

> **해설**

1. 유연교류 송전시스템의 개요

송전계통에서 이상적으로 요구되는 특성은 선로에서 소모하는 무효전력을 최소화하여 최대전력을 전송하고, 계통에 연결된 모든 발전기들은 동기상태로 유지하며, 계통의 전압을 가능한 정격 이내로 유지하는 것이다.

AC 송전선로를 통하여 전송되는 유효전력은 선로의 임피던스, 송수전단 전압의 크기와 그 위상에 따라 큰 영향을 받는다. 따라서, 이러한 각각의 변수들을 신속, 정확하게 제어하면, 선로를 통해 전송되는 유효전력을 융통성있게 조절하여 최대 전력전송과 계통의 과도 안정도를 증대함은 물론 계통의 저주파 공진 감쇠 등의 효과를 얻을 수 있다. 이와 같이 선로의 유무효전력을 제어하는데 유연성을 갖도록 구성한 교류송전시스템을 유연송전시스템(FACTS : Flexible AC Transmission System))라 한다.

2. FACTS의 적용 기기

FACTS 기기는 크게 병렬형, 직렬형, 직병렬형 기기로 나눌 수 있다. 이 중 병렬형 FACTS 기기는 SVC, STATCOM과 같은 기기가 있으며, 주로 전압안정도 향상을 위한 목적으로 활용되고 있다.

1) SVC(Static Var Compensator, 2세대) : 정지형 무효전력보상장치

  (1) 정의

   계통의 적정 전압을 유지시키는 장치이며, 모선전압의 제어가 기본적인 제어의 목적이고, 부가적으로 과도안정도 향상, 전력동요 억제, 저주파 진동의 억제 등의 다양한 제어가 가능하다.

  (2) 특징

   ① 싸이리스터를 사용하여 연속적으로 지상과 진상 무효전력을 자동으로 제어

   ② 응답특성이 빠르다.

   ③ 제어 범위 내에서 우수한 동적전압안정도 특성과 전압제어 특성을 나타낸다.

  (3) 구성 및 구조

   ① TSC(Thyristor Switched Capacitor) : 싸이리스터 제어에 의해 진상무효전력을 공급하는 장치

   ② TCR(Thyristor Controlled Reactor) : 싸이리스터 제어에 의해 지상무효전력을 공급하는 장치

③ 싸이리스터 밸브 : TSC와 TCR을 자동제어하기 위한 장치

2) STATCOM(Static Compensator, 3세대) : 정지형 동기조상기

(1) 정의 : 송전선로의 전압을 주로 제어할 목적으로 설치된다.

(2) 역할 및 특징

한 개의 전압원 인버터가 직류 커패시터와 병렬로 연결되어 있는 형태로서, 무효전력을 계통에 공급하거나 흡수하는 역할을 하며, 병렬 변압기를 통하여 모선에 병렬 연결된 전압원은 해당 모선의 전압을 제어하는 역할을 한다.

(3) 구조 및 구성

① 차단부 : Main Bus는 3상 일괄형이고, 기타는 상분리형 GIB와 GIS로 구성됨

② 계통연계형 변압기 : 송전선과 병렬로 연결되며, Y/△로 구성됨

③ 인버터부 : 인버터는 Y로 구성된 3개의 폴과 △로 구성된 3개의 폴로 구성됨. 각 3상 인버터에서 발생하는 12펄스의 전압파형을 24펄스로 동작할 수 있도록 함.

④ 냉각시스템 : DC−AC 변환과정에서 IGCT 소자들의 On/Off 동작시 발생하게 되는 열손실을 시스템 외부로 배출하는 역할을 함.

3) UPFC(Unified Power Flow Controller, 3세대) : 종합 조류제어기

(1) 정의

송전선로의 전력조류에 영향을 미치는 모든 변수, 즉 전압의 크기, 임피던스, 위상각에 대한 가능한 전력제어기이며, 현재 전력 조류제어에 가장 포괄적이고 효과적인 FACTS 기기이다.

(2) 구조 및 구성

① 직렬 FACTS 기기인 SSSC(정지형 동기 직렬보상장치)와 병렬 FACTS 기기인 STATCOM의 구조와 특성을 결합한 형태의 설비이다.

② 구조적으로 2개의 전압원 인버터(직렬 인버터와 병렬 인버터)로 구성되어 각각 변압기를 통해 직렬 인버터는 선로에 직렬 접속되고, 병렬 인버터는 모선에 병렬로 연결된다.

③ 구성 기기의 역할

• 직렬 인버터의 삽입 전압원(SSSC)은 모선간 전압 위상각과 전압 크기를 변화시키는 효과를 가져오고, 이로 인해 선로 조류가 변화하게 된다.

• 병렬 인버터의 삽입 전압원(STATCOM)은 해당 모선의 전압을 제어하고, 직렬 삽입 전압원에 의해 소요되는 유효전력을 공급하는 기능을 수행한다.

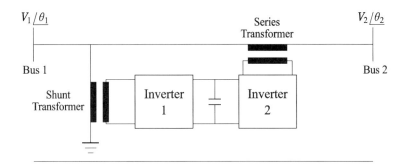

그림 2. UPFC의 기본 구성도

추가 검토 사항

📖 공학을 잘 하는 사람은 수학적인 사고를 많이 하는 사람이란 것을 잊지 말아야 한다. 본 문제에서 정확하게 이해하지 못하는 것은 관련 문헌을 확인해 보는 습관을 길러야 엔지니어링 사고를 하게 되고, 완벽하게 이해하는 것이 된다는 것을 명심하기 바랍니다. 상기의 문제를 이해하기 위해서는 다음의 사항을 확인바랍니다.

1. 국내 FACTS의 적용 현황을 알아 두면 기억이 오래 유지할 수 있습니다.

설치 위치	제작사	종류	용량(MVAR)	설치시기
신제주S/S	효성	STATCOM	50	2011년
한라S/S	효성	STATCOM	50	2011년
미금S/S	효성	STATCOM	100	2009년
동서울S/S	TMEIC	SVC	200	2009년
양주S/S	ABB	SVC	100	2007년
강진S/S	Siemens	UPFC	80	2003년

2. FACTS 기기명과 주요 특징, 기능을 간단히 서술하면 다음과 같다.

구분		FACTS 기기명	주요 특징 및 기능
병렬 보상장치	SVC	정지형 무효전력보상장치 (Static Var Compensator)	전압 유지
	STATCOM	정지형 동기조상기 (Static Compensator)	전압유지 안정도 향상
직렬 보상장치	TCSC	싸이리스터 제어 직렬콘덴서 (Thyristor Controlled Series Capacitor)	선로 임피던스 제어 전력조류 제어 안정도 향상

구분		FACTS 기기명	주요 특징 및 기능
직렬 보상장치	SSSC	정지형 동기 직렬보상장치 (Static Synchronous Series Compensator)	전력조류 제어 선로임피던스 제어 안정도 향상
직·병렬 보상장치	UPFC (IPFC)	종합 조류제어기 (Unified Power Flow Controller) 독립 조류제어기 (Independent Power Flow Controller)	위상각 제어 전압제어, 안정도 향상 전력조류 제어
기타	Back-to-Back STATCOM	Back-to-Back 정지형 동기조상기 (Back-to-Back Static Compensator)	계통 연계 전력조류 제어 안정도 향상

참고문헌

1. 장영훈, 154 kV STATCOM 국산화 개발 설치, 대한전기협회, 2012 July
2. 배전계통기술의 신조류

18 능동형 전기품질 보상기기인 DVR(Dynamic Voltage Restorer), Active filter, UPQC(Unified Power Quality Conditioner)에 대해 설명하시오

■ 본 문제를 이해하고, 기억을 오래 가져갈 수 있는 그림이나 삽화 등을 생각한다.

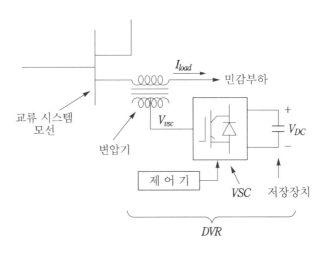

그림 1. DVR의 개요

해설

1. 전기품질의 개념

전기품질은 CIGRE Working Group 37-38에서 공급신뢰도(Supply Reliability)와 전압품질(Voltage Quality)에 해당하는 공급품질(Quality of Supply)로 정의하고 있다. 공급신뢰도는 전력계통의 임의의 점에서 전력사용이 가능한 정도를 의미하는 것이고, 전압품질은 전압크기와 주파수에 관한 특성을 포함하는 전압파형의 정확도를 의미하는 것이다.

다시 말하면 공급자의 경우 전력을 정전 없이 정격주파수, 정격전압을 유지하며 고객에 공급하는 정도를 의미하고, 고객의 경우 사용하는 전기기기 및 설비가 손상되지 않으며 작동이 정상적으로 이루어 질 수 있는 전력을 공급받는 정도이다.

2. 동적전압강하 보상기(Dynamic Voltage Restorer : DVR)

DVR은 전원 측과 부하 측 사이에 직렬로 연결되어 대용량 부하의 투입이나 인접선로

의 사고로 발생하는 전압의 순간적인 전압강하 또는 순시전압상승으로부터 민감한 부하를 보호하여 고객의 전기품질을 향상시키고 순시전압강하가 발생하였을 때 전원의 전압변동이 부하에 전달되지 않도록 보상 전압을 직렬로 주입해주는 기기이다. 그림 1은 DVR의 개요를 나타낸 것이며, 주입되는 전압의 위상각과 진폭은 DVR과 교류시스템 사이의 양(전력공급)과 음(전력 흡수)의 제한값에 의한 유효전력과 무효전력에 의해 제어가 된다.

DVR의 구성은 전압원 PWM 인버터, 출력 전압의 리플 성분을 제거하기 위한 L,C 필터, 직렬 주입 변압기 그리고 직류 에너지 저장장치로 구성된다. 이상적인 DVR의 동작은 전압강하가 발생하였을 때 사고 이전의 부하 전압정보를 유지하여 현재 공급되는 전원전압과의 차이를 보상함으로써 부하 전압에 전압 변동이 전달되지 않도록 하는 것이다.

이상적으로 전압보상을 하는 경우 보상전압과 선로에 흐르는 전류 사이의 위상 차이에 따라 인버터에 연결되어 있는 에너지 저장 장치에서 선로로 유효 전력을 공급하게 된다.

3. 능동필터(Active filter)

능동 필터란 수동필터 즉 L, C 소자를 이용한 필터와는 달리 IGBT와 같이 정교한 전력전자소자를 사용한 필터이며, 수동필터보다 더 많은 확장성을 가지고 있다. 능동필터는 기기 또는 계통에서 발생되는 고조파 성분을 분석하여 이를 보상하는 고조파를 주입하여 서로 상쇄시켜 고조파 왜율을 줄이고 입력 역률을 보상하여 주는 장치이다.

능동필터의 사용 목적은 비선형부하 및 통신설비 등 고조파를 많이 발생하는 기기 앞단에 설치함으로서 고조파로 인하여 발생되는 기기의 오동작 및 발전용량 저감, 케이블 용량 저감 등 이다. 능동필터의 설치 방법은 수동필터처럼 설치 환경에 구애를 받지 않고 고조파를 발생하는 장비 앞단에 설치하면 된다.

4. 전기품질 보상기 (Unified Power Quality Conditioner : UPQC)

일반적으로 배전선로의 공통접속점(point of common coupling)에 위치해 효율적인 선로 관리를 하는 것을 주 임무로 한다. UPQC는 직렬과 병렬컨버터가 직류 커패시터를 공유하는 형태로 구성되며, 선로 상에서 발생하는 전압변동, 고조파보상, 전력조류제어 등을 수행한다. UPQC는 일반적으로 배전선로에 연계되어 선로의 고조파 및 발생되는 여러 가지 문제점을 보상하는 것을 주 목적으로 하고 있다.

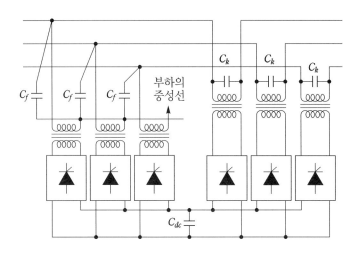

그림 2. UPQC의 개요

그림 2는 UPQC의 개요를 나타낸 것이며, UPQC는 일반적으로 배전선로에 연계되어 선로의 고조파 및 발생되는 여러 가지 문제점을 보상하는 것을 주 목적으로 하고 있다. 직렬 컨버터는 전원 측과 공통접속점사이에 직렬로 연결되어 전압원 형태의 전압 조정기로서 동작하며, 병렬 컨버터는 선로에 병렬로 연결되어 전류원처럼 동작하게 된다. 이러한 구조의 UPQC는 선로 상에서 발생하는 전압변동 보상, 고조파 전류 및 전압 보상, 전력조류 제어 등의 기능을 갖는다.

추가 검토 사항

■ 공학을 잘 하는 사람은 수학적인 사고를 많이 하는 사람이란 것을 잊지 말아야 한다. 본 문제에서 정확하게 이해하지 못하는 것은 관련 문헌을 확인해 보는 습관을 길러야 엔지니어링 사고를 하게 되고, 완벽하게 이해하는 것이 된다는 것을 명심하기 바랍니다. 상기의 문제를 이해하기 위해서는 다음의 사항을 확인바랍니다.

1. 전기품질에 관한 용어를 정확하게 알아 둡시다.

그림 3은 전압 외란의 전형적인 파형을 나타낸 것이며, 시간을 나타내는 용어 중 "Instantaneous"는 "순시"로, "Momentary"는 "순간"으로, "Temporary"는 "일시"로 구분하여 표기하였다.

1) 순시전압강하(Sags)

일반적으로 전압강하는 정격주파수에 0.5[cycle]에서 1분 정도까지의 지속시간 동안 전압 실효값의 0.1~0.9[p.u.]의 강하를 말하며, 0.5[cycle]에서 30

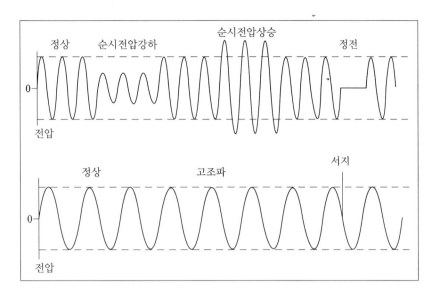

그림 3. 전압외란의 전형적인 파형

[cycle] 정도의 지속시간을 가지는 전압강하를 '순시전압강하'라 한다. 0.5 [cycle] 이하동안 지속되는 저압은 정격주파수의 실효값 변화분에서 효과적으로 규정지을 수 없으므로 과도현상으로 간주된다. 1분 이상의 저압 현상은 보통 전압조정장치에 의해 조정될 수 있으며, 이것은 상시전압변동(Long-Duration Voltage Variation)으로 분류된다.

2) 순시정전(Interruptions)

단기간 정전은 공급전압이나 부하전류가 1분을 초과하지 않는 범위 내에서 0.1 [p.u.] 이하로 감소하는 현상으로, 순시정전은 30[cycle] 이하로 규정되고 있다. 이것은 계통에서의 고장 발생으로 인해 유도되는 차단기나 퓨즈의 작동, 기기고장, 제어 오동작 등에 의해 일어나며, 전압크기가 항상 정격전압의 10[%] 이하이기 때문에 지속시간에 의해서만 측정된다.

한편, 계통에서 고장이 발생한 경우, 순시정전 직전에 순시전압저하 현상이 발생하는 때가 있을 수 있는데, 이는 고장이 발생하면 어느 정정 시간 이후에 보호 장치가 동작하기 때문이다.

3) 순시전압상승(Swells)

단기간 전압상승은 정격주파수에서 0.5[cycle]에서 1분 정도의 지속시간으로 전압크기가 실효값 기준 1.1~1.8[p.u.]의 전압 증가를 말하며, 순시전압상승은 0.5 cycle에서 30 cycle 정도의 지속시간을 가지는 것을 말한다.

4) 저전압(Undervoltage, Voltage Drop)

공칭 작동 전압의 최저 한계보다 낮은 전압이 수 초에서 그 이상 지속되는 현상을 말한다. 그 원인으로는 과부하, 낡은 옥내배선과 전력회사 시스템에서 전압 강하 등이 있다.

5) 과전압(Overvoltage)

과전압은 정상상태 동안 고객 계전기에서 정격 전압의 한계보다 높은 전압이 수 초 혹은 그 이상 검출되는 전압을 말한다. 과전압은 전압조정기와 커패시터의 용량 및 조정이 규정에 어긋났을 때 발생한다.

6) 서지(Lighting or Switching Surges)

서지는 정상 크기보다 매우 큰 전압 혹은 전류가 매우 짧은 시간동안 지속되는 과도전압 혹은 과도전류이다. 전형적으로 스위칭 동작이나 낙뢰에 의해서 발생한다. 서지는 고객 부하의 스위칭 동작으로 인해 발생하기도 하며, 커패시터나 차단기의 스위칭 동작으로 인해 발생하기도 한다. 서지는 전력계통에 항상 존재했지만, 개인용 컴퓨터 같은 전력품질에 민감한 부하가 보편화되면서 최근에 많은 관심을 받기 시작했다.

7) 고조파(Harmonics)

왜곡된 60[Hz] 파형에는 기본 주파수 성분과 다른 주파수 성분이 포함되어있다. 이러한 왜곡된 파형의 성분에서, 기본 주파수의 정수배의 주파수 성분을 가지고 있는 이를 '고조파'라 한다. 대부분 고조파는 전력회사에 의해 발생되지 않고, 고객의 장비에 의해서 발생한다. 예를 들면, 거대한 비선형 산업용 부하는 고조파를 발생시킬 수 있다. 그리고, 그 고조파가 클 경우에는 연계된 전력계통의 다른 고객에 영향을 끼친다.

8) 플리커(Flicker)

플리커의 사전적 정의는 "등불빛 등이 깜박이다, 명멸하다"로 표기되어 있다. IEC(International Electro-technical Committee) 규격에서는 "시간에 따른 빛의 자극에 의해 야기되는 시각의 불안정한 영향"으로 플리커를 정의하고 있다.

플리커 현상을 어떤 한 고객이 전력계통에서 전력을 공급받는 상황으로 관점을 돌리면, 이 고객은 저압계통의 어느 한 지점인 공통접속 지점(PPC : Point of Common Coupling)으로부터 전력을 공급받고 있으므로 이 계통과 연결되어 있는 특정 부하가 정격 용량 이상의 과다한 전류를 공급받고 있으므로 이 계통과 연결되어 있는 특정 계통에 전압 강하현상이 일어나게 되고, 이는 그 접속점에 함께 연결되어 있는 타 기기의 전압강하로 이어지게 되어, 전등이나 모니터 등의 깜빡임으로 나타나게 된다.

2. **전력외란의 기본특성에 대해서도 알아 둡시다.**

외란의 종류	현상	지속시간	전압크기
전압이도 (Voltage Sag)	순간적 강하가 30 사이클 이하로 지속됨	0.5~30[cycles/min]	0.1~0.9[pu]
전압웅기 (Voltage Swell)	순간적 상승이 30 사이클 이하로 지속됨	0.5~30[cycles/min]	1.1~1.4[pu]
정전(Interruption or Outage)	전력의 완전소실이 수 [μs]에서 수 시간까지 지속시간으로 순간정전, 일시정전으로 구분	수[μs]~수 시간	0.1[pu] 이하
서지(Surge)	전압상승이 [μs]~[ms] 동안 지속됨	[μs]~[ms]	1.4[pu] 이상
고조파 왜형 (Harmonics Distortion)	정상 정현파의 60[Hz]~3[kHz] 범위의 연속적인 왜형	정상 사용 상태	1.0~1.2[pu]

참고문헌

1. 대한전기학회, 최신 배전시스템공학, 북스힐 출판사, 2011
2. 배전계통기술의 신조류
3. 전력품질에 대한 분석과 개선대책 현황, 전기저널

19 신뢰도의 정의와 특징을 설명하고, 배전계통의 신뢰도지수에 대해서 간단히 설명하시오.

■ 본 문제를 이해하고, 기억을 오래 가져갈 수 있는 그림이나 삽화 등을 생각한다.

그림 1. 고객 정전비용과 관련한 신뢰도 가치 평가 순서

해설

1. 신뢰도의 정의와 특징

일반적인 신뢰도(Reliability)는 "미리 정한 기간 동안 설정된 기준 내의 성능을 발휘할 수 있을 확률"이라는 의미이다. 그리고, 전력계통 측면의 신뢰도는 "규정된 계통 운영 상태를 만족하면서 고객이 요구하는 양의 전력을 공급할 수 있는 계통능력의 정도"라고 정의할 수 있다. 규정된 계통 운영상태란 주파수, 전압이 일정 범위 내에 있고, 선로와 그 외 설비의 허용용량을 넘어서지 않으며, 외란이 발생해도 계통이 안정할 수 있는 안전도(Security)를 만족시키는 상태를 말한다.

고객의 부하변동, 외부 날씨상황, 설비의 고장은 전력계통의 신뢰도에 영향을 미칠 수 있는 요소이며, 계통의 공급능력 또한 부하예측과 설비고장을 고려한 장기 투자계획을 통해 결정된다. 신뢰도에 영향을 미치는 모든 요인은 확률적 특성을 가지기 때문에 결국 신뢰도는 불확실성을 포함하는 확률적 기법을 통해 해석해야 한다.

2. 배전계통의 신뢰도 지수

1) 고객 관점의 지수(Customer-oriented Indices)

고객 관점의 지수 평가에서 중요한 변수는 각 부하점의 고객 전체 수 혹은 정전을 경험한 고객 수이다. 고객평균정전빈도수 지수 CAIFI는 분모에서만 SAIFI(계통평균정전빈도수 지수)와 다른데, 어떤 주어진 기간에 대한 계통 상태를 다른 주어진 기간 동안의 계통상태와 비교할 때 특히 유용하므로 CAIFI, CAIDI는 특정 배전계통에서 연대기적 신뢰도 추세를 얻고자 하는데 사용한다. MAIFI 외의 모든 지수는 지속정전(Sustained Interruption)를 다루고 있으며, 순간정전과 지속정전은 약 1분에서 5분을 경계로 나눈다. 순간정전은 지속시간이 짧은 관계로 순간정전 지속시간 지수는 사용하지 않는다. ASIFI와 ASIDI는 고객의 수를 사용하는 대신 고객의 피상전력을 이용하며, 부하점의 부하 크기를 중요시 하는 지수이다.

발생횟수를 기준으로 한 평가방식의 경우 가장 대표적인 것으로는 MAIFI가 있다.

(1) 계통 평균정전빈도수 지수(System Average Interruption Frequency Index: SAIFI) : (정전을 경험한 고객수)/(계통 내의 총 고객수)

(2) 고객 평균정전빈도수 지수(Customer Average Interruption Frequency Index: CAIFI) : (정전을 경험한 고객수)/(적어도 한번이라도 정전을 경험한 고객수)

(3) 계통 평균정전지속시간 지수(System Average Interruption Duration Index: SAIDI) : (모든 고객의 정전지속시간 합)/(계통 내의 총 고객수)

(4) 고객 평균정전지속시간 지수(Customer Average Interruption Duration Index: CAIDI) : (모든 고객의 정전지속시간 합)/(정전을 경험한 모든 고객수)

(5) 평균 순간정전 빈도수(Momentary Average Interruption Frequency Index: MAIFI) : (순간정전을 경험한 고객수)/(계통 내의 총 고객수)

2) 부하와 에너지 관점의 지수(Load- and Energy- orientated Indices)

부하와 에너지 관점의 지수에 대한 명칭과 식 정리하면 다음과 같다.

(1) 평균 공급지장 에너지(Average Energy Not Supplied: AENS) 또는 평균 계통절환 지수(Average System Curtailment Index: ASCI) : (공급 지장 에너지 총량)/(공급받는 고객 총수)

(2) 평균 고객절환 지수(Average Customer Curtailment Index: ACCI) : (공급 지장 에너지 총량)/(공급 지장의 영향을 받은 고객 총수)

3) 복합 신뢰도 지수(Composite Reliability Index)

신뢰도의 변화는 각 신뢰도 지수마다 판별하는 방법도 가능하지만, 여러 지수를 하나의 지수로 통합하여 신뢰도의 변화를 한눈에 알아보도록 하는 방식이 복합 신뢰도 지수의 정의이다. 또한, 각 신뢰도 지수마다 목표값을 설정하여 현재 계통 상태가 목표값과 어느 정도 차이를 갖는지도 복합 신뢰도 지수를 통해 알아볼 수 있다. 예를 들어 정전 빈도수와 정전 지속시간을 하나의 지수로 살펴보기 위해서는 식 (1)을 이용한다.

$$CRI = W_{SAIFI} \frac{SAIFI - SAIFI_T}{SAIFI_T} + W_{SAIDI} \frac{SAIDI - SAIDI_T}{SAIDI_T} \quad \cdots\cdots \quad (1)$$

여기서, W_x는 신뢰도 지수 x의 가중치를 말하며, 아래첨자 T는 목표값(Target Value)을 의미한다. 식 (1)를 이용하기 위해서는 SAIDI, SAIFI 각각의 적정 신뢰도 지수 가중치와 목표값을 대입해야 하며, 이 목표값은 일반적으로 배전계통에서의 만족할만한 신뢰도 수준을 사용한다. 합성지수 CRI 값이 음수이면 만족하는 신뢰도 수준을 넘어서는 상태를 의미한다.

추가 검토 사항

▪ 공학을 잘 하는 사람은 수학적인 사고를 많이 하는 사람이란 것을 잊지 말아야 한다. 본 문제에서 정확하게 이해하지 못하는 것은 관련 문헌을 확인해 보는 습관을 길러야 엔지니어링 사고를 하게 되고, 완벽하게 이해하는 것이 된다는 것을 명심하기 바랍니다. 상기의 문제를 이해하기 위해서는 다음의 사항을 확인바랍니다.

1. '전력계통 신뢰도 및 전기품질유지기준'에서 정하고 있는 '신뢰도'의 정의를 확인해 봅시다.

   제4조(용어의 정의)

   '신뢰도'라 함은 예정된 기간 동안에 예상되는 운전상태에서 전기설비가 적절한 성능을 발휘할 수 있는 확률을 말한다.

   제4장(발전설비 신뢰도)

   제5장(송전설비 신뢰도)

   제6장(배전설비 신뢰도)

2. **계통신뢰도의 지표로 사용되는 다음 용어를 간단히 설명하시오.**

   1) LOLP(Loss of Load Probability) : 공급지장확률

      (1) 정의 : 어느 전력계통에 발생된 부하를 충족시키지 못할 시간을 확률적 기댓값으로 표시한 것으로 전원설비 구성, 발전기 용량, 발전기 고장정지율, 부하의 형태를 반영하는 것으로 그 기댓값을 표기한다.

      ① 전력부족확률 P_l은 공급력이 부족하여 공급지장을 일으키는 시간의 평균이 전체 고찰시간의 몇 %를 점하는 가를 나타내는 값이다.

      $$P_l = \frac{고찰\,기간\,중\,정전시간의\,평균값}{고찰\,기간}$$

      ② 정전 발생 평균 빈도가 단위 시간(예를 들면, 1년)당 F(회/년), 1회의 정전 지속시간이 평균 T_o(분)라 하면,

$$P_l = \frac{F \times T_o}{8,700(\text{시간}) \times 60(\text{분})}$$

③ 한번의 정전 발생으로부터 다음 정전이 일어날 때까지의 평균시간 간격

을 T_1라 하면, $F = \dfrac{8,760 \times 60}{T_1 + T_o}$와 같이 되므로

$P_l = \dfrac{T_o}{T_1 + T_o}$, $T_1 \gg T_o$의 관계가 되므로

$$P_l \fallingdotseq \frac{T_o}{T_1}$$

의 관계가 된다.

위의 정의는 정전의 빈도와 지속 시간만 고려하고 있을 뿐 정전의 크기
에 대해서는 고려되지 않고 있다.

2) LOEP(Loss of Energy Probability) : 전력량 부족 확률

  (1) 정의 : 전력부족 확률에서 정전의 크기를 전혀 고혀할 수 없는 점을 보완하
기 위해 정전으로 정지된 부하의 전력량이 부하 전체 소비전력량의 몇 %에
해당하는 가를 표현하는 것이 전력령 부족확률 P_e이다.

$$P_e = \frac{\text{고찰 기간 중 정전된 부하 소비전력량의 평균값}}{\text{고찰기간 중 부하의 전체 소비전력량}}$$

$$= \frac{\text{1회 정전에 의해 정지된 부하의 평균 소비전력량}}{\text{1회 정전으로부터 다음 정전까지 부하의 평균 전소비 전력량}}$$

  (2) 고찰 기간 중 부하의 평균소비전력을 P[kW], 1회의 정전으로 정지된 부하
의 평균소비전력 $\triangle P$[kW]라고 하면,

$$P_e = \frac{\triangle P \times T_o}{P(T_1 + T_o)} = \frac{\triangle P}{P} P_l = \frac{1}{8,760 \times 60 \, P} F \times T_o \times \triangle P$$

  (3) 전력량 부족확률은 정전을 특징짓는 세가지 요인, 즉 정전의 빈도, 지속시
간 및 크기의 곱의 형태로 표현된다.

3. 정전 비용(Outage Cost)에 대해서 알아 둡시다.

전력계통은 경제적으로 저렴한 비용으로, 신뢰도 측면에서는 일정 신뢰도 이상의
안정적인 전력을 고객에게 공급해야 한다. 신뢰도의 개선으로 인해 약간의 이득
(Benefit)이 사회에 발생할 것이라면 신뢰도는 증가되어야만 한다. 신뢰도의 가
치를 경제적 단위로 측정할 수 있는 방법 중 하나는 정전비용(Outage Cost)을
산출하는 것이다. 정전비용은 정전으로 인한 사회적 손실, 전력판매자의 판매 감
소로 인한 손해, 고객의 직접적 피해 등 여러 가지 산출방법이 존재한다.

최적 신뢰도의 개념을 실제로 적용하는데 있어서 발생하는 문제점은 정전비용을 산출할 수 있는 기본정보가 부족하다는 점이다. 고객 정전비용은 전력공급 신뢰도의 실제 가치를 대신할 수 있는 대안 중 가장 널리 사용되는 방식이다. 일반적으로 고객 관점의 정전비용은 정전의 발생시간이나 지속시간 등의 특성에 따라 다르다. 정전 때문에 생기는 고객의 피해를 평가하기 위해 다양한 방법이 이용되고 있다. 이러한 여러 가지 방법은 크게 세 가지로 분류할 수 있다.

① 간접적인 해석기법은 기존의 신뢰도 지수를 이용하여 정전으로 인한 고객의 피해를 구하는 방식이다.

② 정전의 사례연구는 실제 발생한 특정 정전에 대한 사례를 분석한 후에 정전비용을 얻는 것이다. 이 접근방법은 광역정전과 같은 큰 사고에만 국한된다.

③ 고객 조사를 통한 방법은 직접적인 방식으로 설문조사 등을 통해 단기간에 고객을 대상으로 조사를 해서 고객 정전비용을 구하는 것이다.

정전비용을 구한 후 이를 보여주는 편리한 방법 중 하나는 고객손실 함수 (Customer Damage Functions, CDF)를 만드는 것이다. CDF는 전력계통의 다양한 고객 계층 각각에 대해서, 정전 지속시간에 대한 단위 전력당 비용의 함수로 고객 정전비용을 표현한다.

참고문헌

1. 대한전기학회, 최신 배전시스템공학, 북스힐 출판사, 2011
2. 김재철 외, 배전계통의 전력품질 및 신뢰도 평가의 방법
3. 전력계통 신뢰도 및 전기품질유지기준
4. 박동욱 외, 국내의 신뢰도 관리체계 및 기준

20 스마트 그리드(Smart Grid)의 특징과 구성에 대하여 설명하시오

■ 본 문제를 이해하고, 기억을 오래 가져갈 수 있는 그림이나 삽화 등을 생각한다.

그림 1. 스마트그리드의 구성 개요도

해설

1. 스마트그리드의 개요

전력설비와 정보통신설비(IT)를 융합하여 전력계통을 지능화 함으로써 전력공급자와 소비자가 양방향으로 실시간 정보를 교환함으로써 전력사용의 효율화와 전력계통의 운영을 최적화할 수 있는 똑똑한 전력망(Smart Grid)라고 한다. 즉, 전력계통 운영 측면에서는 설비 고장과 손실을 최소화하고, 신재생에너지원의 전력계통 접속이 증가하거나 태풍과 같은 자연재해에도 안정적인 전력계통을 운전하는데 있다. 스마트그리드는 뉴욕타임스 칼럼니스트 토머스 프리드먼이 유행시킨 용어이다.

2. 스마트그리드의 필요성

1) 기존의 송전망의 운영은 SCADA(원방감시제어시스템 : Supervisory Control and Data Acquisition)를 이용하여 원격으로 전압, 전류 등의 상태 값을 취득하여 관리하였다. 배전의 경우에는 변전소에 설치된 SCADA로 모니터링하여 선로별 과부하 여부에 따라 설비 증설이나 부하 분배 등으로 이용률 등을 관리해 왔다. 이후 송변전설비의 확충과 함께 디지털계전기, FACTS, STATCOM 등 기술개발을 추진해 왔으며, 배전계통은 배전자동화시스템을 전국에 설치 완료함으로써 배전계통 관리가 완전히 자동화되었다.

2) 향후 신재생에너지 비율이 2030년까지 11[%]로 확대될 예정이며, 신재생에너지원은 기상의 상태에 따라 발전출력이 결정되므로 이에 대한 대응방안과 전기품질의 유지방안이 필요하다.

3) 또한, 전력공급설비가 노후되어 돌발적인 고장으로 정전을 유발시키는 빈도가 늘어날 수 밖에 없다. 태풍이나 폭설 등의 자연재해로부터 고장 정전시간을 줄이기 위해서는 전력설비 운영과 고장을 발생시키는 요인을 상호 분석하여 사전에 방지하는 체제로 전환시킬 필요가 있다.

이러한 관점에서 송전, 변전, 배전망의 전력설비 상태를 통합하여 모니터링하고 운영할 수 있는 스마트그리드의 기술개발이 추진되고 있는 것이다.

3. 스마트그리드의 역할

스마트그리드란, 1) 에너지 Security의 확보, 2) 저탄소 녹색성장의 구현, 3) 소비자 참여의 구현을 달성하기 위한 '국가에너지플랫폼'으로 정의될 수 있으며, 이를 통해 궁극적으로 모든 에너지의 전기에너지화를 창출하기 위한 역할을 할 것이다. 그림 2는 국가 에너지플랫폼의 개념도를 나타낸 것이다.

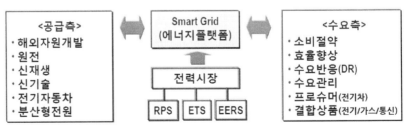

그림 2. 국가 에너지플랫폼의 개념도

4. 스마트그리드의 구성과 특징

그림 1은 스마트그리드의 구성도를 나타낸 것이며, 다음과 같은 5개 분야로 구성된다.

1) 송전, 변전, 배전을 지능화하는 SPG(지능형 전력망 : Smart Power Grid)
   - 개방형 전력플랫폼 구축, 고장 예측 및 자동복구시스템 구축
2) 신재생에너지원의 출력안정화와 품질을 관리하기 위한 SR
   (지능형 신재생 : Smart Renewable)
   - 대규모 신재생에너지 발전단지 조성, 에너지 자급자족 가정 및 빌딩 구현
3) 전기자동차의 운행에 필요한 충전장치와 운영시스템을 개발하는 ST
   (지능형 운송 : Smart Transportation)
   - 전국 단위 충전인프라 구축, V2G(전력망과 전기자동차 배터리 전원을 연계하여 양방향으로 전력을 전송, 역송하는 기술) 및 ICT(충전 인프라기술) 서비스 시스템 구축
4) 전력소비를 지능화하는 SP(지능형 소비자 : Smart Place – 신재생에너지원과 전기차 충전, 전력저장장치, 지능형 가전을 스마트미터 기반으로 연계하여 전력소비를 최적화하는 것을 의미한다)
   - 지능형 계량 인프라 구축, 에너지관리자동화 시스템 구축
5) 전력공급과 소비의 합리적 지원과 다양한 요금제를 통해 피크와 전기요금을 줄일 수 있는 SES(지능형 전력서비스 : Smart Electricity Service)
   - 다양한 전기요금 제도 개발, 지능형 전력거래시스템 구축

이 사업은 1단계인 2009년 12월부터 2011년 5월까지 각 분야별 인프라 구축을 완료하였고, 2단계인 2011년 6월부터 2013년 5월까지 설치된 인프라의 운영과 보강을 통해 성능 검증과 표준화를 완료한다.

5. 현재의 전력망과 미래의 전력망과의 특징 비교

표 1은 스마트그리드의 필요기술을 간단히 요약하여 나타낸 것이다. 스마트그리드는 발전 및 송배전설비는 물론 일반 가정, 사무실, 공장 등에 설치된 각종 감시/제어설비, 스마트미터, 소프트웨어, 네트워킹, 통신 인프라 등을 포함한다. 이들을 통해 전력의 생산과 공급, 소비를 최적화하고 에너지 효율을 최대화할 수 있다. 최근 급격하게 도입이 늘어나고 있는 풍력, 태양광발전과 같은 분산형, 신재생에너지원과 전기자동차의 운영에도 스마트그리드가 최적의 환경을 제공하게 된다. 소비자는 품질별 전력을 선택하여 공급받을 수 있고, 전력의 가격을 고려하여 소비시간을 결정할 수도 있다. 스마트그리드는 전통적인 전력산업의 근간을 바꾸는 새로운 산업의 등장을 의미하는 것이다.

표 1. 스마트그리드의 필요기술과 미래의 전력망

현재의 전력망	필요 기술	미래의 전력망
집적화 및 대용량화	소형발전기 효율 개선 및 신재생에너지원 개발	분산화(소용량)+집적화(대용량)
교류(AC) 송전방식	전력변환기술 및 케이블 기술개발	교류(AC)+직류(DC) 송전방식
공급자 위주 공급	전력시장 도입 및 수요자 참여 확대	수요자 위주 공급
아날로그 Off-line 방식	전력 IT기술 개발	디지털 On-line 방식
단일 전력품질	소비자의 요구 변화	차별화된 품질의 전력공급

6. 스마트그리드의 구축 대상

6.1 전력계통 측면

1) 실시간 전력요금 정산을 위한 시스템 구축

① 급전 정보에 따른 발전원별 원가 계산

② DR에 운용에 따른 요금 반영

③ 분산 전원의 수용

④ 신·재생에너지 예측 및 수용

⑤ 스마트 가전기기 등 부하예측

⑥ 배전 지역별 구역별 전력 데이터

2) 광역 IP 네트워크 구축

① 가공지선 광케이블 망 이용

② 발전소 데이터 : 원료, 발전량 등 실시간 정보 취득

③ 배전소 데이터 : 지역별, 구역별 전력정보 및 부하 예측

④ 저장장치 데이터 : 저장 능력, 원가, 통제 등

⑤ 태양광, 풍력, 연료전지, 조력, 파력 : 발전 능력, 원가, 통제 등

⑥ 전력용 변압기, 차단기 데이터

⑦ 충전소 전기자동차의 부하 예측

6.2 Smart Electricity Service 측면

1) 실시간 전력요금 정산을 위한 시스템 구축

① 지역별 서버 구축

② 데이터센터에서 받은 실시간 전력요금 데이터 및 실시간 전력요금 표시장치 서비스 데이터를 AMI로 양방향 송수신

③ AMI 관리 및 요금 정산/요금 데이터 저장

④ DR에 운용에 따른 요금 반영

⑤ 분산전원의 급전, 수전에 따른 전력요금

⑥ 배전 지역별 구역별 전력 데이터

2) 광역 IP 네트워크 구축

① 가공지선 광케이블 망 또는 상업용 네트워크, PLC, ZigBee 이용

② 수용지 AMI까지 네트워크 연결 양방향 네트워크 구축

③ AMI에서 홈네트워크 및 실시간 전력요금 표시장치까지 연결

④ 4대 계량 네트워크 구축(전력, 가스, 수도, 열량)

⑤ 홈 네트워크 구축

추가 검토 사항

📄 공학을 잘 하는 사람은 수학적인 사고를 많이 하는 사람이란 것을 잊지 말아야 한다. 본 문제에서 정확하게 이해하지 못하는 것은 관련 문헌을 확인해 보는 습관을 길러야 엔지니어링 사고를 하게 되고, 완벽하게 이해하는 것이 된다는 것을 명심하기 바랍니다. 상기의 문제를 이해하기 위해서는 다음의 사항을 확인바랍니다.

1. AMI와 AMR의 차이점을 확인바랍니다.

1) AMI(Advanced Metering Infrastructure : 첨단 검침인프라) : 최소 한 시간 단위로 사용량을 측정하고 기록하여 적어도 하루에 한 차례 소비자와 전력사업자에게 사용 자료를 제공하는 전기 검침기를 말한다.

2) AMR(Automated Meter Reading : 자동검침시스템) : 요금 부과 목적으로 데이터를 읽고 그 자료를 한 방향으로, 보통 소비자에게서 배전 전력사업자로 보내는 전기 검침기를 말한다.

2. 스마트미터의 기능을 비교하여 알아 둡시다.

구 분	표준형	G-type
계량 방법	단방향	양방향
원격제어 기능	신호 제공	신호제공 +On/Off
계절 구분/TOU	없음/가능	있음/가능
전기품질(PQ) 감시	불가	전압, 전류, THD, 정전 정보
원격 Upgrade	불가	가능

3. 스마트그리드 관련 용어 설명

용어	설 명
ADR	• Automated Demand Response: 자동수요반응 • 전력공급 상황, 피크 부하율 및 전력생산공급가격에 따라 자동으로 반응해 전력사용량을 조정하는 메커니즘
AMI	• Advanced Metering Infrastructure: 첨단계량인프라 • 수용가의 다양한 에너지 사용량을 지정한 계획대로 측정, 수집, 분석하기 위한 디지털전자식 계량기, 양방향 통신망 및 계량데이터 관리 소프트웨어 등으로 구성된 에너지 계량 시스템
DER	• Distributed Energy Resource: 분산전원 • 신 재생에너지 발전 설비에 의해 소규모로 생산된 전력은 대부분 예비전력으로 사용되고 있는데, 전체 전력망에 유기적으로 연결되어 있지 않음. 이들을 기존 전력망에 통합하기 위해서는 보다 정교하고, 자동화된 제어 시스템이 필요함. 이를 통해 신뢰도를 높일 수 있으며, 근거리 발전으로 인한 전력 손실을 줄이고, 전력발전으로 인해 생기는 열 손실을 줄일 수 있음
DR	• Demand Response: 수요 반응 • 전력공급 상황, 피크 부하율 및 전력생산공급가격에 따라 소비자가 반응해 전력사용량을 조정할 수 있는 메커니즘
EMS	• Energy Management System: 에너지관리시스템 • 전력계통의 원격감시 및 제어기능(SCADA), 자동발전제어(AGC) 및 경제급전기능(Economic Load Dispatch), 전력계통 해석기능, 자료의 기록 및 저장 기능, 급전원 모의훈련기능 등을 수행하는 급전용 종합 자동화시스템
PCS	• Power Conversion System: 전력변환시스템 • 전력의 형태를 사용하는 기기에 맞게 변환 시켜주는 설비, 즉, 교류를 직류로, 직류를 교류로, 교류를 크기가 다른 교류로, 직류를 크기가 다른 직류로 변환하는 설비
ToU	• Time of Use: 시간대별 요금제 • 기 예측된 예상수요에 따라 요금을 시간대별, 계절별 구분하여 적용되는 요금제로써 시간대 별, 계절 별 요금이 다양함
VPP	• Virtual Power Plant: 가상발전소 • 다양한 분산전원을 모아서 마치 하나의 발전소처럼 운전 및 제어하는 가상발전소
V2G	• Vehicle to Grid: 전기차 역송전 • 전기차와 전력망이 연결된 상태에서 전기차의 전력을 전력망으로 전송할 수 있는 체계
Smart Meter	• Smart Meter: 스마트미터 • 에너지 사용량을 실시간으로 계측해서 통신망을 통해 계량 정보를 제공하고 가격정보에 대응하여 수용가 에너지 사용을 적정하게 제어할 수 있는 기능을 갖는 디지털 전자식 계량기

4. 스마트그리드의 핵심인 에너지관리시스템(EMS)을 알아 둡시다.

에너지관리시스템(Energy Management System : EMS)는 에너지를 효율있게 쓰기 위해 실시간으로 감시와 제어를 수행하는 시스템으로, 전체 전력공급 계통에 대한 상시 정보수집과 감시를 통해 시스템에 연계된 발전설비의 운전을 최적으로 제어하며, 전력계통의 효율적인 관리로 경제급전을 수행하는 대규모 전력계통 제어시스템이다.

기존의 전력시스템의 에너지관리시스템을 살펴 보면, 다음과 같다.

○ EMS : 발전소의 발전량을 조절하고, 각 변전소의 상황을 감시하는 역할을 수행

○ SCADA : 각 변전소의 상황을 상시 감시하여 이상이 있을 경우 이를 운영요원 및 EMS 시스템에 전송하는 역할을 담당

○ 배전자동화(DAS) : 수용가와 연결된 배전선로의 이상 유무를 원격에서 상시 감시하여 정전구간을 신속하게 파악하고 복구 업무를 수행

현재 SCADA와 DAS는 데이터 연계가 이루어지고 있으며, 주로 SCADA 데이터를 DAS에서 사용하는 일방향(1-Way) 구조로 되어 있다. AMR 시스템은 수용가의 계량기를 원격지에서 자동으로 검침하는 시스템이며, 수용가와의 양방향 통신이라기 보다는 일방향 구조로 되어 있다.

그러나, 스마트그리드 환경에서는 소비자 말단 부분까지 EMS가 확대 적용될 전망이며, 다양한 범위로 확장되고 세분화되어 개발되고 있다. 이 중 스마트그리드의 주요 참여자 또는 역할을 기준으로 세분화하여 크게 다섯 형태(발전, 송전, 배전, 마이크로그리드, 빌딩, 홈)의 EMS 개발이 활발히 진행 중이다. 따라서, 아래와 같이 에너지관리시스템(EMS)가 개발되고 있다.

○ 중앙 EMS : 기존의 EMS가 담당했던 역할을 담당하고, 전력시스템 전반을 감시, 분석, 제어 기능을 기반으로 한다. 중앙 EMS의 목표 중 1순위는 계통의 수급 제어, 2순위는 계통 운용의 효율성 향상이다.

○ 배전 EMS : 계통 상황에서의 비정상 상태(고장, 전압, 위상, 조류)의 발생 및 위험성을 제거하여 정상 상태의 운전을 유지하는 것이며, 배전계통 최적 운영 시스템이 요구됨.

○ 마이크로그리드 EMS : 마이크로그리드를 운영 목적에 맞게 운전되도록 하는 일련의 최적화 과정 및 운전 지령을 담당한다.

○ 빌딩 EMS : 빌딩에 대한 각종 정보의 수집 및 건물자동화를 통한 최적의 에너지관리 및 환경 관리를 담당

○ 홈 EMS : 스마트 가전기기, 조명 등을 제어하고, 소비자의 다양한 요구 사항을 반영하는 특성을 갖는다.

참고문헌

1. The U.S. Department of Energy, 'The Smart Grid : an Introduction', www.energy.gov
2. Thomas L. Friedman, "CODE GREEN', 2009
3. 문승일 외, '스마트그리드(Smart Grid)', 전기의 세계, 대한전기학회, 2009.8
4. 장문종 외, '스마트그리드의 발전방향 특징', 전기저널, 대한전기협회, 2009.9
5. 황우현, 스마트그리드 신기술, 전기저널, 3월, 2012
6. 지식경제부, 스마트그리드 국가 로드맵, 2010
7. 전력거래소 양성배, 전력산업 현황 및 전망, 대한전기협회, 2013.3
8. 신병윤, 스마트그리드 핵심 : 에너지관리시스템, 대한전기학회, 2014.06

2장

전력품질설비

01 고조파의 발생원리 및 발생원을 들고, 전기기기에 미치는 영향, 장해 형태에 대하여 설명하시오.

📖 본 문제를 이해하기 위해서는 스스로 문제를 만들고, 답을 써보시오. 그리고 기억을 오래 가져갈 수 있는 아이디어를 기록한다.

항 목	Key Point 및 확인 사항
가장 중요한 Key Word는?	고조파 정의, 고조파의 발생원리, 고조파발생원, 영향 및 장해 형태
관련 이론 및 실무 사항	1. 고조파의 뜻을 알고 있나요? 2. 고조파가 왜 발생되나요? 3. 우리가 사용하는 전기는 교류와 직류가 있는데, 최근의 대부분의 가전기기 및 전기기기는 교류를 받아서 직류로 변환하여 제어용 전원으로 사용하고 있는 것을 알고 있는지요? 그러면, 발생 원리를 이해할 수 있습니다. 4. 우리 주변에서 고조파발생원들이 많이 있는데, 확인해 보고, 어느 정도 발생하고 있는지 확인해 본 적이 있나요? 5. 고조파발생원을 전류원으로 취급하고 있는데, 어떤 의미에서 인지요? 6. 그러면, 고조파가 왜 다른 전기기기에 장해를 주는지요? 전기기기마다 어느 정도 문제가 되고 있는지 확인해 본 적이 있나요? 7. 전기기기마다 장해를 줄이는 방법도 알고 있나요? 매우 중요한 사항이므로 확인해야 합니다.

해설

1. 고조파의 개념

기본이 되는 주파수를 기본파 또는 기본주파수라고 한다. 고조파는 기본주파수에 대해 2배, 3배, 4배와 같이 정수의 배에 해당하는 물리적 전기량을 말한다. 즉 우리나라의 경우 제2고조파는 120[Hz], 제3고조파는 180[Hz]의 주파수를 갖는다. 다시 말해서, 고조파는 '정현파가 아닌 파형'을 말하며, 왜형파 혹은 왜곡파라 하고, 영문으로 'Harmonic'이라고 한다.

2. 고조파의 발생원리

1) 사이리스터 변환 장치의 유일한 결점

고조파 발생에 관한 문제가 있으며, 이로 인해서 교류 전원 계통의 역률 저하가 문제된다.

2) 발생 원리

그림 1과 같이 전원 전압의 위상에 따라 전원으로부터 전류가 흐르고 있는 상태와 흐르고 있지 않은 상태가 반복된다. 이와 같은 전류파형에는 고조파 성분이 많이 포함되어 있고, 부하기기에서 고조파 전류가 유출하고 있다고 볼 수 있다.

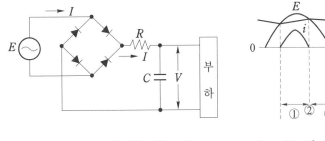
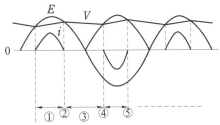

(a) 다이오드 정규회로의 구성   (b) 각 부분의 전압, 전류파형

그림 1. 고조파 전류의 발생 원리

3. 고조파발생원의 종류

반도체를 사용한 기기는 단상·3상에 관계없이 부하에 흐르는 전류를 제어한다. 즉, 고조파 발생원이다.

가정에서 사용하고 있는 가전기기중 일반적으로 반파 정류회로로서 평활용 커패시터가 없는 경우(예, 전자오븐, 전자레인지)의 전류의 왜곡률은 20~40[%], 브리지 전파 정류 회로로서 평활용 커패시터가 있는 경우(TV수상기, 라디오, 카세트 등)의 전류 왜곡률은 40~110[%], SCR 또는 TRIAC 등의 소자를 이용하여 교류 양방향의 위상을 제어하는 형태(예, 전기담요, 조광기) 등의 전류 왜곡률이 0~110[%] 발생하고 있다.

주요 고조파 발생원 부하를 들면 다음과 같다.

① 변환장치(인버터, 컨버터, UPS, VVVF 등)

② 아크로, 전기로 등

③ 형광등   ④ 회전기기

⑤ 변압기   ⑥ 과도현상에 의한 것 등

이 중에서 ③~⑥은 발생 고조파 크기가 작고, 순간적인 것이 많아 크게 문제가 되지 않으나, ①, ②의 고조파 발생원은 지속적이고 고조파 전류 성분이 크기 때문에 다른 기기나 선로에 미치는 영향이 대단히 크다.

4. 전기기기에 미치는 영향과 장해 형태

비선형 부하는 그 자체의 성질상 전원으로부터 왜형파 전류를 소모하므로 계통 전체에 대해서 고조파 전류원으로 동작하여 계통 내를 순환하는 고조파전류를 흘리거나 계통내의 전압 파형을 찌그러뜨려서 다른 기기에 영향을 준다.

즉, 이상과 같은 부하로부터 발생하는 고조파 전류는 수용가의 수변전설비에 흘러 전력 계통에 유출하게 된다. 따라서 사이리스터 응용 기기의 보급에 따라서 발생되는 고조파가 전력계통에 접속된 다른 부하나 주변의 전자기기 또는 통신과 신호선 등에 미치는 영향도 고려해야 할 것이다. 표 1은 고조파가 전기기기에 미치는 영향 및 장해 형태를 간단히 나타낸 것이다.

표 1. 고조파가 전기기기에 미치는 영향 및 장해 형태

기기명	전기기기에 미치는 영향과 장해 형태
전력용 콘덴서 및 직렬리액터	고조파 전류에 대한 회로의 임피던스가 감소하여 과대 전류가 유입함에 따라 과열, 소손 또는 진동, 소음의 발생
변압기	① 고조파 전류에 의한 철심의 자화 현상에 의한 소음의 발생 ② 고조파 전류, 전압에 의한 철손, 동손의 증가와 함께 용량의 감소
유도 전동기	① 고조파 전류에 의한 정상 진동 토크 발생에 의하여 회전수의 주기적 변동 ② 철손, 동손 등의 손실 증가
케이블	① 3상 4선식 회로의 중성선에 고조파 전류가 흐름에 따라 중성선의 과열
계전기	고조파 전류 혹은 전압에 의한 설정 레벨의 초과 혹은 위상 변화에 의한 오동작, 오부동작
통신선	전자유도에 의한 잡음 전압의 발생

추가 검토 사항

■ 공학을 잘 하는 사람은 수학적인 사고를 많이 하는 사람이란 것을 잊지 말아야 한다. 본 문제에서 정확하게 이해하지 못하는 것은 관련 문헌을 확인해 보는 습관을 길러야 엔지니

어링 사고를 하게 되고, 완벽하게 이해하는 것이 된다는 것을 명심하기 바란다. 상기의 문제를 이해하기 위해서는 다음의 사항을 확인 바란다.

1. 고조파로 인해서 전력용콘덴서에 가장 많이 장해를 주고 있는 것으로 조사 보고되고 있다. 어떠한 원인으로 소손사고가 많이 발생하는 지를 정확하게 확인해야 한다.

   간단히 정리하면 다음과 같은 원인으로 소손되는 경우이다.

   (1) 콘덴서는 높은 주파수에서 임피던스값이 작아지게 되며, 이로 인하여 고조파 전류가 유입하기 쉽다는 것이다. 전력용 콘덴서는 직렬리액터가 부착될 경우에 최대사용전류의 120[%] 이하, 제5고조파전류는 35[%] 이하에서 사용되어야 하나, 고조파전류 등으로 인해서 기준값보다 많이 흐르게 되면 과열로 소손이 발생할 우려가 많다.

   (2) 콘덴서는 용량성인 리액턴스이기 때문에 전원측의 유도성 리액턴스와의 사이에서 공진(회로중 어느 부분의 전압 또는 전류가 특정한 주파수 부근에서 급격히 크게 변화되는 현상을 말한다)이 생겨 고조파전류가 확대될 경우 전력용 콘덴서가 소손될 우려가 많다.

2. 고조파로 인해서 전력용 변압기도 과열로 변압기의 출력만큼 용량을 걸 수 없는 경우가 많이 생긴다. 원인을 정확하게 알아 두어야 한다.

   전력용 변압기에 고조파 전류가 흐르는 경우 누설 자속이 고조파의 영향을 받고, 이 고조파 자속에 의해 권선의 와류손(누설자속이 권선을 쇄교하면서 발생하는 손실)과 기타 표류부하손(누설자속이 외함, 클램프, 철심 표면을 쇄교하면서 발생하는 손실)이 증가하여 변압기의 온도 상승을 초래하므로 사용중인 변압기는 용량을 감소하여 운전하여야 한다.

참고문헌

1. 김하연 외, 고조파 사용실태 조사 및 개선방안 연구, 에너지관리공단, 2002
2. http://www.psdtech.com

02   고조파가 전력용콘덴서에 미치는 영향과 대책에 대하여 설명하시오.

🔲 본 문제를 이해하기 위해서는 스스로 문제를 만들고, 답을 써보시오. 그리고 기억을 오래 가져갈 수 있는 아이디어를 기록한다.

항 목	Key Point 및 확인 사항
가장 중요한 Key Word는?	고조파, 전력용콘덴서
관련 이론 및 실무 사항	1. 고조파의 뜻을 알고 있나요? 2. 전력용콘덴서의 특성과 주파수에 반비례하는 것을 알고 있나요? 3. 전력용콘덴서의 설치 목적과 설치용량을 계산할 수 있나요? 4. 고조파로 인하여 전력용콘덴서가 가장 많이 소손되고 있는 것으로 조사되고 있는데, 어떠한 이유인지 알고 있나요? 5. 전력용콘덴서의 고조파 장해를 줄이는 방법도 알고 있나요? 매우 중요한 사항이므로 확인해야 합니다.

해설

1. 고조파의 개념

기본이 되는 주파수를 기본파 또는 기본주파수라고 한다. 고조파는 기본주파수에 대해 2배, 3배, 4배와 같이 정수의 배에 해당하는 물리적 전기량을 말한다. 즉 우리나라의 경우 제2고조파는 120[Hz], 제3고조파는 180[Hz]의 주파수를 갖는다. 다시 말해서, 고조파는 '정현파가 아닌 파형'을 말하며, 왜형파 혹은 왜곡파라 하고, 영문으로 'Harmonic'이라고 한다.

2. 고조파가 콘덴서에 미치는 영향

전력용콘덴서는 다음과 같은 원인으로 소손되는 경우가 있다.

(1) 콘덴서는 높은 주파수에서 임피던스값이 작아지게 되며, 이로 인하여 고조파전류가 유입하기 쉽다는 것이다. 전력용 콘덴서는 직렬리액터가 부착될 경우에 최대사용전류의 120[%] 이하, 제5고조파전류는 35[%] 이하에서 사용되어야 하나, 고조파전류 등으로 인해서 기준값보다 많이 흐르게 되면 과열로 소손이 발생할 우려가 많다.

(2) 콘덴서는 용량성인 리액턴스이기 때문에 전원측의 유도성 리액턴스와의 사이
에서 공진(회로중 어느 부분의 전압 또는 전류가 특정한 주파수 부근에서 급격
히 크게 변화되는 현상을 말한다)이 생겨 고조파전류가 확대될 경우 전력용
콘덴서가 소손될 우려가 많다.

3. 전력용콘덴서의 고조파 장해 요인

1) 공진 현상의 발생

그림 1의 계통에서 고조파 전류 I_n은 I_{sn}과 I_{cn}으로 분류하지만, 벡터적으로 계산
하면 회로조건에 따라서 $I_{sn} > I_n$ 또는 $I_{cn} > I_n$과 같이 발생량보다 확대되는 경우
가 있다

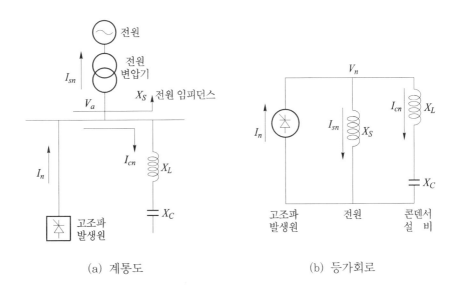

(a) 계통도   (b) 등가회로

그림 1. 고조파 전류의 분류 계통도

그림 1의 (b)에서 전력계통으로 흐르는 전류 I_{sn} 및 전력용콘덴서로 흐르는 전류
I_{cn}은 식 (1)과 식 (2)와 같다.

$$\frac{I_{sn}}{I_n} = \frac{\dfrac{nX_L - \dfrac{X_c}{n}}{nX_S}}{1 + \dfrac{nX_L - \dfrac{X_C}{n}}{nX_S}} \qquad \cdots\cdots (1)$$

$$\frac{I_{cn}}{I_n} = \frac{1}{1 + \dfrac{nX_L - \dfrac{X_C}{n}}{nX_S}} \qquad \cdots\cdots (2)$$

식 (1)과 식 (2)에서 $\dfrac{nX_L - \dfrac{X_C}{n}}{nX_S} = \beta$ 이라 하면, 다음과 같이 나타낸다.

$$\frac{I_{sn}}{I_n} = \frac{\beta}{1 + \beta} \qquad \cdots\cdots (3)$$

$$\frac{I_{cn}}{I_n} = \frac{1}{1 + \beta} \qquad \cdots\cdots (4)$$

그림 2는 상기의 계산 결과를 이용하여 고조파 전류 확대 현상에 대해 보여주고 있다. 여기서, β의 값에 따라 회로 조건이 어떠한 현상으로 동작하는지 검토한다.

① $\beta > 0$일 경우, $\beta = \dfrac{nX_L - \dfrac{X_C}{n}}{nX_S}$ 이기 때문에, $\left| nX_L - \dfrac{X_C}{n} \right| > 0$이다. 이것은

직렬 리액터와 커패시터의 합성 임피던스가 유도성으로 전원측 및 커패시터측

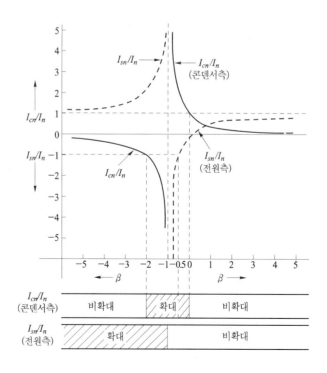

그림 2. 회로조건과 고조파 전류 확대현상

모두 확대되지 않는다. 가장 바람직한 상태로 모든 고조파에 대하여 유도성이
되도록 하면 공진으로 인한 고조파 확대 현상은 없다.

② $\beta = 0$일 경우, $nX_L - \dfrac{X_S}{n} = 0$이기 때문에 직렬 리액터와 커패시터에서 직렬
공진이 발생한다. 이러한 경우 발생한 고조파 전류는 커패시터측에 흡수되어
전원측에는 유출하지 않고 필터로 작용한다. 직렬 공진시 직렬 리액터 및 커패
시터의 전류량이 부족한 경우가 많기 때문에, 이 같은 회로 조건의 상태에서
사용은 피해야 한다.

③ $\beta < 0$일 경우, $\dfrac{nX_L - \dfrac{X_C}{n}}{nX_S} < 0$이기 때문에 $\left| nX_L - \dfrac{X_C}{n} \right| < 0$이다. 이것은 직
렬 리액터와 커패시터의 합성 임피던스가 용량성으로 되는 것을 알 수 있다.

④ $\beta = -1$일 경우, 식(3)과 식(4)에서 $\dfrac{I_{sn}}{I_n} \cdot \dfrac{I_{cn}}{I_n}$가 무한대로 커져서 전원측의
리액턴스와 콘덴서측이 병렬 공진으로 된다. 이러한 상태는 반드시 피해야 한
다. 따라서 커패시터측의 임피던스(직렬 리액터와 커패시터의 합계 임피던스)
를 용량성으로 하면, 공진 및 고조파 전류의 확대 현상을 초래하기 때문에 발생
하는 고조파에 대하여 유도성이 되도록 직렬 리액터의 %값을 선정하는 것은
기본적이다.

2) 전류 실효치의 증대

고조파가 유입하면 다음의 식에 의한 실효전류가 흐른다.

$$I = I_1 \sqrt{1 + \sum \left(\dfrac{I_n}{I_1} \right)^2} \, [\text{A}]$$

즉, 과도한 고조파 함유전류가 흐르면 부싱 리드 및 내부 배선 리드 등의 접속
부분에 과열이 발생하는 원인이 될 수 있다.

3) 단자전압의 상승

고조파 유입시 콘덴서 단자전압은 상승하게 되며, 콘덴서 내부소자나 직렬 리액
터 내부의 층간 절연 및 대지 절연을 파괴할 수 있다.

$$V = V_1 \left(1 + \sum \dfrac{1}{n} \cdot \dfrac{I_n}{I_1} \right)$$

4) 콘덴서 실효 용량의 증가

고조파 유입시의 실효 용량 Q는 다음의 식과 같으며, 용량 증대에 따라 유전체

손실(tanθ loss)이 증가하고, 소자 내부의 온도 상승이 커지며, 콘덴서의 열화를 가져온다.

$$Q = Q_1 \left[1 + \sum \frac{1}{n} \cdot \left(\frac{I_n}{I_1} \right)^2 \right]$$

5) 고조파 전류로 인한 손실 증가

고조파 전류 유입시의 직렬 리액터 손실은 다음의 식과 같으며, 손실의 증대에 따라 직렬 리액터의 기름 및 권선 온도가 이상하게 높아지고 경우에 따라서는 소손되는 일도 있다. 또한 유입 고조파전류가 커지면 직렬 리액터나 콘덴서에서 큰 이상음이나 진동을 발생할 수 있다.

$$W = W_1 \left[1 + \sum n^\alpha \cdot \left(\frac{I_n}{I_1} \right)^2 \right]$$

4. 대책

(1) 직렬리액터가 없는 콘덴서의 경우는 배전계통의 임피던스와 공진현상이 발생하고, 고조파의 확대 현상이 발생하기 때문에 필히 직렬리액터를 부착한 콘덴서로 설치한다.

(2) 직렬리액터가 있는 경우, 고조파 유입량이 정격전류의 120[%] 이하(제5고조파 35[%] 이하)로 하고, 접속점의 전압 왜곡률이 3.5[%] 이상(리액터의 값이 6[%]일 경우) 포함되지 않도록 한다.

(3) 직렬리액터가 없는 경우, 콘덴서의 최대 허용전류는 정격전류의 130[%] (KS C 4801과 KS C 4802) 이내라고 규정되어 있다.

(4) 저압측에 설치하는 경우는 저부하시에 전압상승을 초래하기 때문에 필히 자동역률조정장치를 취부한다.

(5) 전력용 콘덴서의 사용을 최대한 억제하는 방법과 유도전동기 대신에 동기전동기의 채용을 적극 도입하는 방법을 검토한다.

추가 검토 사항

📘 공학을 잘 하는 사람은 수학적인 사고를 많이 하는 사람이란 것을 잊지 말아야 한다. 본 문제에서 정확하게 이해하지 못하는 것은 관련 문헌을 확인해 보는 습관을 길러야 엔지니어링 사고를 하게 되고, 완벽하게 이해하는 것이 된다는 것을 명심하기 바란다. 상기의 문제를 이해하기 위해서는 다음의 사항을 확인 바란다.

1. 한국산업표준에서 정하고 있는 전력용콘덴서의 허용 최대사용전류의 기준을 찾아 확인해 본다.

전압 구분	규 격	최 대 사 용 전 류	
		직렬리액터 무	직렬리액터 유
저압회로용	KS C 4806, 4801	130[%] 이하	120[%] 이하 제5고조파 35[%] 이하
고압회로용	KS C 4806, 4802	고조파 포함 130[%] 이하	120[%] 이하 제5고조파 35[%] 이하
특별고압회로용	KS C 4806, 4802	고조파 포함 130[%] 이하	120[%] 이하 제5고조파 35[%] 이하

2. 콘덴서에서 '최대 허용전류'란 콘덴서의 단자 간에 연속적으로 흘러도 실용상 지장이 생기지 않는 과전류의 한도를 말하며, 다음과 같은 과전류가 포함된다(KS C 4801 참조).
   ① 회로의 고조파 전류로 인해 증가하는 전류
   ② 최고 허용전압 이하의 일시적인 과전압으로 인해 증가하는 전류
   ③ 정격 정전용량(μF로 표시)에 대한 (+)쪽 허용차로 인해 증가하는 전류

참고문헌

1. 김하연 외, 고조파 사용실태 조사 및 개선방안 연구, 에너지관리공단, 2002
2. http://www.psdtech.com
3. 한국산업표준 KS C 4806(고압 및 특별고압 진상 커패시터용 직렬 리액터)
4. 실전 토론 글쓰기 토글토글, 조선일보 제26137호, 2004

03

고조파가 전력용변압기에 미치는 영향과 대책에 대하여 설명하시오.

■ 본 문제를 이해하기 위해서는 스스로 문제를 만들고, 답을 써보시오. 그리고 기억을 오래 가져갈 수 있는 아이디어를 기록한다.

항 목	Key Point 및 확인 사항
가장 중요한 Key Word는?	고조파, 전력용 변압기
관련 이론 및 실무 사항	1. 고조파의 뜻을 알고 있나요? 2. 전력용변압기의 기본 이론을 알고 있나요? 3. 전력용변압기의 설치 목적과 설치용량을 계산할 수 있나요? 4. 변압기의 손실에 대해서 알고 있나요? 5. 손실 중에서 동손과 표피효과에 대하여 어떠한 관계가 있는지 알고 있나요? 6. 고조파가 전력용변압기에 어떠한 영향을 주는지 생각해 본 적이 있나요? 7. K-Factor에 대해서 알고 있나요? 8. 전기수용설비에서 변압기 2차측에 연결되어 있는 고조파발생 부하가 어느 정도이고, 고조파 유출전류가 어느 정도인지 측정해 본 적이 있나요. 9. 전력용변압기로부터 고조파 장해를 줄이는 방법도 알고 있나요? 매우 중요한 사항이므로 확인해야 합니다.

> 해설

1. 고조파의 개념

기본이 되는 주파수를 기본파 또는 기본주파수라고 한다. 고조파는 기본주파수에 대해 2배, 3배, 4배와 같이 정수의 배에 해당하는 물리적 전기량을 말한다. 즉 우리 나라의 경우 제2고조파는 120[Hz], 제3고조파는 180[Hz]의 주파수를 갖는다. 다시 말해서, 고조파는 '정현파가 아닌 파형'을 말하며, 왜형파 혹은 왜곡파라 하고, 영문 으로 'Harmonic'이라고 한다.

2. 고조파가 변압기에 미치는 영향

변압기에 고조파 전류가 흐르는 경우 누설 자속이 고조파의 영향을 받고, 이 고조파

자속에 의해 권선의 와류손(누설자속이 권선을 쇄교하면서 발생하는 손실)과 기타 표류부하손(누설자속이 외함, 클램프, 철심 표면을 쇄교하면서 발생하는 손실)이 증가하여 변압기의 온도 상승을 초래하므로 사용 중인 변압기는 용량을 감소하여 운전하여야 한다.

고조파가 전력용변압기에 미치는 영향은 다음과 같이 분류할 수 있다.

1) 고조파 전류 중첩에 의한 동손, 철손 증가

(1) 동손

동손은 식 (1)를 이용하여 계산할 수 있다.

$$P_c = \sum_{n=1}^{\infty} R_n I_n^2 \,[\mathrm{W}] \qquad\qquad \cdots\cdots (1)$$

여기서, I_n : n차 고조파전류의 피크치(n=1, 기본파)

R_n : n차 고조파에서 설비의 저항

① 전류 왜형율과의 관계

설비의 저항이 상수(주파수와 독립)인 경우에 동손은 식 (2)와 같다.

$$P_{ca} = R\sum_{n=1}^{\infty} I_n^2 = \frac{1}{2} R I_1^2 (1 + (CDF)^2)\,[\mathrm{W}] \qquad\qquad \cdots\cdots (2)$$

여기서, CDF(current distortion factor)는 전류 왜형율을 나타내며, 고조파 발생에 의해서 동손이 증가하는 것을 결정하는 요인은 전류 왜형율이다.

② 고조파에서의 표피효과의 영향

보통 전기설비의 저항은 주파수에 비례하여 증가한다. 그림 1에서 보는 바와 같이 제7고조파에서의 저항은 기본파에서의 저항과 비교하여 2배 이상이 되는 것으로 나타났다. 이러한 변화는 도체 내부의 표피 효과 때문이다. 고조파 손실에서의 표피효과의 영향은 큰 도체에서는 중요한 문제이다.

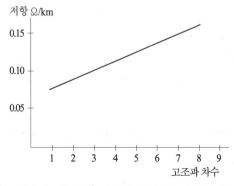

그림 1. 동도체 저항과 주파수·전류관계

식 (3)은 동손의 증가율(ϵ_c)을 나타낸 것이며, P_c는 고조파 유입시의 동손이며, P_{c1}은 기본파전류 I_1에서의 동손을 나타낸다.

$$\epsilon_c = \frac{P_c}{P_{c1}} \times 100\,[\%] \qquad\qquad \cdots\cdots\ (3)$$

여기서, $P_{c1} = I_1^2 R \times (1 + \beta)$ [W]

$$P_c = P_{c1} + I_1^2 R \cdot \sum_{n=2}^{n} a_n^2 (1 + \beta \cdot n^m)\,[\text{W}]$$

이와 관련하여 제5차조파가 10[%] 포함되어 있을 때 동손이 약 5[%] 증가한다.

(2) 철손

철손은 히스테리시스손과 와류손으로 분류하며, 식 (4)와 같다.

$$P_s = a_h \cdot f \cdot B_m^V + a_c \cdot f^2 \cdot B_m^2\,[\text{W}] \qquad\qquad \cdots\cdots\ (4)$$

총 철손은 주파수와 최대 자속밀도의 비선형함수라고 할 수 있다. 주어진 전압고조파에 대해 주파수를 알고 있다면 최대자속밀도는 고조파 전류에 비례한다. 비례항의 상수는 코일과 자속 철심의 설계에 따라 다르다.

이러한 손실의 증가로 인하여 변압기류 및 권선의 온도 상승을 초래하게 되며, 손실의 대부분은 동손이다.

2) 철심의 자화 현상으로 인한 이상음 발생

변압기는 고조파 전류에 따른 철심의 자속으로 인하여 철심에 자화 현상이 일어나며, 그 손실 P는 식 (5)와 같다.

$$P = K_2\, n f \left(\frac{\Delta L}{L}\right)[\text{W}] \qquad\qquad \cdots\cdots\ (5)$$

여기서, K_2 : 정수, f : 기본주파수, n : 고조파 차수이며, 주파수가 높으면 손실이 커진다.

따라서 고조파가 변압기에 유입되면 소음이 발생하며, 때로는 금속적인 소리나 이상음을 만들기도 한다. 또한 소음의 크기도 평소보다 10~20[dB] 정도 높아지는 일이 있다.

3) 무부하시 변압기 권선과 선로 정전용량 사이의 공진 현상

변압기 단자측에서 본 임피던스가 전원측과 부하측에서 병렬 공진 $\{Z_n = -(X_n + X_{cn})\}$이 형성되면 고조파전류($I_{cn}$) 및 고조파전압($V_n{}'$)은 대단히 커지는 고조파 확대 현상이 발생한다.

이와 같이 변압기 여자전류에 의한 고조파가 발생하면 계통 조건(공진)에 따라서는 고조파가 확대되는 현상이 발생할 수 있으므로 유의할 필요가 있다.

4) 절연 열화

절연 열화는 순간적인 1차측 전압 크기와 2차측 전압 증가 비율에 따라 달라진다. 고조파 전압의 발생은 파고치를 증가시켜 절연 열화의 원인이 된다. 고조파 전압으로 인하여 변압기 전압이 높아지고, 절연열화 정도가 빨라진다. 그러나 보통 고조파 레벨에 의한 과전압보다 더 높은 고전압 레벨에 대한 절연이 되어 있어 별 문제가 없다.

3. 대책

현장에서 인버터류 및 UPS로 인하여 전력용변압기에 고조파 전류가 흐르는 경우, 앞에서 지적한 바와 같이 전력용변압기의 온도 상승으로 운전 전류를 감소하여 운전하거나, 다음과 같은 적절한 고조파 제거 대책을 세운 후 운전하여야 한다.

1) 기기로부터 발생하는 고조파 전류 등을 저감시키는 방법
① 변환장치의 다펄스화

2) 기기로부터 발생한 고조파 전류를 분류시켜 유출 전류를 저감시키는 방법
① 리액터(ACL, DCL)의 설치
② 전력용콘덴서의 설치(고압측 또는 저압측)
③ 필터의 설치(수동필터, 능동필터)

3) 고조파에 대해서 장해를 받지 않도록 하는 방법
① 직렬리액터의 용량 증가
② 계통 분리
③ 전력용변압기의 고조파 내량 증가
④ 단락용량의 증대

ANSI Std. C57. 110-1998에 의하면, K-Factor로 인한 변압기 출력 감소율에 대해서 규정하고 있다. 여기서, K-Factor이란, 비선형 부하들에 의한 고조파의 영향에 대하여 변압기가 과열현상 없이 안정적으로 공급할 수 있는 능력을 말한다.

추가 검토 사항

■ 공학을 잘 하는 사람은 수학적인 사고를 많이 하는 사람이란 것을 잊지 말아야 한다.

본 문제에서 정확하게 이해하지 못하는 것은 관련 문헌을 확인해 보는 습관을 길러야 엔지니어링 사고를 하게 되고, 완벽하게 이해하는 것이 된다는 것을 명심하기 바란다. 상기의 문제를 이해하기 위해서는 다음의 사항을 확인 바란다.

1. **표피효과에 대해서 알고 있나요.**

   직류전류가 전선을 통과할 때는 전부 같은 전류밀도로 흐르지만, 주파수가 있는 교류에 있어서는 전선의 외측 부근에 전류밀도가 커지는 경향이 있다. 이같은 현상을 전선의 표피효과(Skin Effect)라 한다. 이 이유는 전선 단면내의 중심부일수록 자속쇄교수가 커져서 인덕턴스가 증대하므로 중심부에는 전류가 잘 흐르지 못하고 표면으로 몰려 흐르게 되기 때문이다.

   따라서 전선에 직류가 흐를 때 보다 직류와 같은 크기의 실효치 교류가 흘렀을 때 전력손실이 많아지는데, 전선내의 평균 전력손실을 전류의 2승의 평균치로 나눈 값을 실효교류저항이라고 하며, 이 실효저항을 직류저항으로 나눈 값을 표피효과 저항비($\frac{R}{R_0}$)라고 한다. 표피효과 저항비는 전선단면적이 커질수록, 주파수가 증대될수록 커져서 표피효과 현상이 두드러지게 나타난다. 그러나 일반 송전선은 연선을 사용하므로 소선 자체가 가늘기 때문에 표피효과는 그다지 문제시되지 않으며, 직류저항을 그대로 교류저항으로 보아도 좋다.

2. IEEE Std. C57. 110-1998에서 정하고 있는 K-Factor로 인한 변압기 출력감소율(THDF : Transformer Harmonics Derating Factor)은 다음과 같다.

$$THDF = \sqrt{\frac{P_{LL-R}}{P_{LL}}} \times 100 = \sqrt{\frac{1+P_{EC-R}}{1+(K-Factor \times P_{EC-R})}} \times 100$$

   여기서, P_{LL-R} : 정격에서의 부하손

   $\qquad\qquad P_{LL}$: 고조파전류를 감안한 부하 손실

   $\quad\; P_{EC-R}$: 와전류손

   예를 들면,

   (1) 몰드변압기에서 K-Factor가 1일 경우(비선형부하가 없다)

$$THDF = \sqrt{\frac{1+0}{1+(1\times 0)}} \times 100 = 100[\%]$$

   (2) 몰드변압기에서 K-Factor가 13일 경우(대부분이 3상 비선형부하이다), 와전류손이 14[%] 발생한다. 아래 식에서 보는 바와 같이 3상 비선형부하가 대부분이 연결되어 있는 경우에는 변압기용량의 64[%]만 부하를 걸어야 안전하다는 결과이다. 따라서 이러한 부하 특성을 가지는 경우 설계단계에서의 변압기

용량은 부하설비용량에 1.5배에서 2배 정도를 고려하여 계산하게 된다. 참고로 아래 표는 변압기의 종류별 와전류 손실을 나타낸 것이다.

$$THDF = \sqrt{\frac{1 + 0.14}{1 + (13 \times 0.14)}} \times 100 = 64[\%]$$

변압기 종류	용량[MVA]	와류 손실
건식, 몰드	1 이하	5.5
	1 초과	14
유입	2.5 이하	1
	2.5 초과~5 이하	2.5
	5 초과	12

3. K-Factor를 수식으로 나타내면 아래의 식과 같으며, 변압기 2차측에서 발생한 고조파전류를 측정하여 차수별로 수식에 넣어 계산하면 K-Factor를 계산할 수 있고, 표에서 K-Factor값을 적용하면 변압기 2차측에 연결된 부하의 특성을 대략 알 수 있다.

$$K-Factor = \frac{\sum_{h=1}^{\infty} I_h(pu)^2 \cdot h^2}{\sum_{h=1}^{\infty} I_h^2}$$

K-Factor 값	부하 특성
1	순수한 선형 부하, 찌그러짐의 현상이 없다.
7	3상 부하중 50[%] 비선형부하, 50[%]의 선형 부하
13	3상의 비선형부하
20	단상과 3상의 비선형부하
30	순수한 단상 비선형부하

참고문헌

1. IEEE Std. C57. 110-1998, IEEE Recommended Practice for Established Transformer capability when supplying Nonsinusoidal Load Currents.
2. 장진, 전력시스템의 전력손실(근접효과, 표피효과 및 와전류손실), 전력기술인, pp.32-35, 6월, 2000
3. 김인수 외, 고조파 사용실태 조사 및 개선방안 연구, 한국전력공사, 2002
4. 송변전기술용어 해설집, 한국전력공사 송변전사업단, 2002

04   중성선에 흐르는 영상 고조파전류 성분의 발생원리와 저감 대책에 대해서 설명 하시오.

📑 본 문제를 이해하기 위해서는 스스로 문제를 만들고, 답을 써라, 그리고 기억을 오래 가져갈 수 있는 아이디어를 기록하여 보는 것도 좋은 방법이다.

항 목	Key Point 및 확인 사항	비 고
가장 중요한 Key Word는?	고조파(기본 주파수에 2배, 3배, 4배와 같이 정수의 배에 해당하는 물리적 전기량을 말함)는 왜곡파 혹은 왜형파라 하며, 영어로는 Harmonic이라 한다.	고조파에 대해 그림으로 확인해 본다
영상고조파란?	고조파에 의한 불평형을 이해하기 위해서는 정상, 역상, 영상의 개념을 도입하는데, 영상고조파는 3, 6, 9, 12, …로 나타나는 고조파를 영상분 고조파라 한다.	
영상고조파전류가 발생하는 전기방식은?	3상 4선식 배전방식	
중성선에 흐르는 전류는 어떠한 것이 있나?	불평형 전류가 흐르는 경우가 대부분이었으나, 최근에 영상 고조파전류가 발생하여 함께 흐르고 있다.	내선규정 제1410절에 의하면 중성선과 각 전압측 전선간의 부하는 평형이 되게 하는 것을 원칙으로 하고 있다.

해설

1. 고조파란?

기본이 되는 주파수를 기본파 또는 기본주파수라고 한다. 고조파는 기본주파수에 2배, 3배, 4배와 같이 정수의 배에 해당하는 물리적 전기량을 말한다. 즉, 우리나라의 경우 제2고조파는 120[Hz], 제3고조파는 180[Hz]의 주파수를 갖는다. 다시 말해서, 고조파는 '정현파가 아닌 파형'을 말하며, 왜형파 혹은 왜곡파라 하고, 영문으로 'Harmonic'이라고 한다.

2. 영상 고조파 전류성분의 발생원리

우리나라에서는 3상 4선식 배전 방식을 채택하고 있는데, 최근에는 컴퓨터 등 OA 기기 사용 증가로 이때 발생되는 영상분 고조파에 의하여 중성선에 상전류보다 큰 전류가 흐르게 된다. 그림 1은 3상 4선식 배전방식을 나타낸 것이며, 그림에서 각 상에 흐르는 전류는 다음식과 같다.

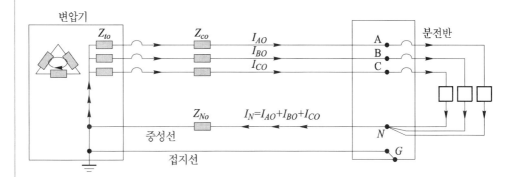

그림 1. 3상 4선식 배전방식

$$I_{R1} = I_m \sin\omega t$$
$$I_{S1} = I_m \sin(\omega t - 120°)$$
$$I_{T1} = I_m \sin(\omega t - 240°)$$

따라서 전류의 합은 아래의 식과 같이 나타낸다.

$$I_{R1} + I_{S1} + I_{T1}$$
$$= I_m \sin\omega t + I_m \sin(\omega t - 120°) + I_m \sin(\omega t - 240°) = 0$$

그리고 동위상인 제3고조파 전류는 아래와 같다.

$$I_{R3} = I_m \sin3\omega t$$
$$I_{S3} = I_m \sin3(\omega t - 120°) = I_m \sin3\omega t$$
$$I_{T3} = I_m \sin3(\omega t - 240°) = I_m \sin3\omega t$$

그리고 제3고조파 전류의 합은 아래와 같다.

$$I_{R3} + I_{S3} + I_{T3}$$
$$= I_m \sin3\omega t + I_m \sin3\omega t + I_m \sin3\omega t = 3 I_m \sin3\omega t$$

3. 영상분 고조파 발생원

단상 정류기를 사용하는 컴퓨터, 복사기, 자판기, 전자식 안정기 등에서 주요 발생 고조파가 영상분고조파인 제3고조파를 발생한다.

4. 중성선에 흐르는 영상 고조파 전류성분의 영향

1) 변압기 과열

비선형 부하에서 발생되는 고조파는 전원측으로 유출하게 되며, 영상분 고조파는 변압기 1차로 변환되어 △권선 내를 순환하게 되며, 이 순환하는 전류가 열로 바뀌게 되어 변압기의 손실을 발생하게 된다.

2) 케이블 과열 및 MCCB 과열

일반적으로 중성선의 굵기는 다른 상에 비하여 같거나 가늘게 선정하고 있는데, 영상분 고조파전류에 의하여 중성선에 많은 전류가 흐르게 되면 케이블 및 배선용차단기의 과열현상이 발생된다.

3) 중성선의 대지전위 상승

중성선에 제3고조파 전류가 많이 흐르면 중성선과 대지간의 전위차는 중성선 전류와 중성선 리액턴스의 3배의 곱 $V_{N-G} = I_n \times (R + j3X_L)$이 되어 큰 전위차를 갖게 된다.

기타 통신선의 유도 장해 등의 심각한 장해를 일으킬 수가 있으므로 정확하게 검토해야 한다.

5. 영상 고조파전류 저감 대책

상기와 같은 문제 해결을 위해 영상분 임피던스가 낮은 영상고조파전류 저감장치 (Zig-Zag TR : 동일 Core에 각기 다른 상[R+S, S+T, T+R]의 코일을 상호 반대 방향으로 감아서 영상 고조파를 상쇄시키는 장치이다. 즉, 영상고조파분의 임피던스가 계통보다 낮게 제작하여 영상 고조파전류가 중성선을 통하여 계통으로 흐르지 않고 ZED로 유입하게 한다)를 개발하여 기기에서 발생되는 영상분 고조파 전류가 계통으로 흐르지 않고 영상고조파전류 저감장치(여기서는 ZED : zero-current eliminating device라 함)로 By-Pass하도록 하여 중성선에 과전류가 흐르지 않도록 하는 장치가 개발되어 보급되고 있다.

그림 2는 3상 4선식 배전방식에서 영상 고조파전류 저감장치(ZED)를 설치한 경우의 회로 연결 구성도를 나타낸 것이다.

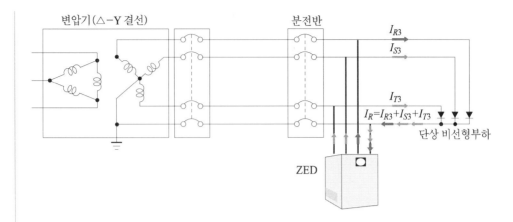

그림 2. 영상 고조파전류 저감장치(ZED)의 회로연결 구성도

6. 설치 방법 및 설치 요건

1) 간선의 배선 방식

1개 층의 조명/전열 분전반에 380/220[V]의 3상 4선식으로 공급되는 경우 각 층별로 ZED를 설치한다.

2) 영상고조파전류 저감장치의 용량 산정

영상고조파전류 저감장치의 용량은 일반적으로 중성선 전류의 1.5배~2배로 결정한다.

3) 전기 샤프트(EPS)의 설치 공간

(1) 일반적으로 전기 Shaft 내부에는 분전반, 소형 변압기, 간선의 인입/인출구 등으로 구성되어 있다. 영상고조파전류 저감장치의 크기를 고려하여 배치할 수 있는 공간을 확보하여야 한다.

(2) 점검 또는 작업 공간을 확보하여야 한다.

(3) 벽면 및 바닥면이 평탄하여야 한다.

(4) 입상되는 전선관 수를 조사하고, 약전 배관과의 관계도 고려한다.

4) 사무실에 배치하는 경우

전기 EPS에 설치할 수 없는 경우에는 사무실에 설치하는 경우도 있으며, 사람이 쉽게 접촉할 수 있는 장소의 경우에는 특별히 주의를 요하도록 하고, ZED 위에 물건을 올려놓는 등으로 인해서 ZED 내부에서 발생하는 열이 방출이 안될 경우에는 과열의 우려도 있음을 주의한다.

5) 영상고조파전류 저감장치 인입용 차단기 설치

영상고조파전류 저감장치를 보호하고, 또한 영상고조파전류 저감장치의 연결을 위해 배선용 차단기를 기존의 조명/전열 분전반 내에 설치하여야 한다. 따라서 기존에 설치되어 있는 조명/전열 분전반 내에 추가로 배선용 차단기를 설치할 수 있는지를 검토한다.

6) 영상고조파전류 저감장치의 접지공사

영상고조파전류 저감장치에는 전기설비 기술기준에 따라 적절한 접지공사를 하여야 한다.

추가 검토 사항

■ 공학을 잘 하는 사람은 수학적인 사고를 많이 하는 사람이란 것을 잊지 말아야 한다. 본 문제에서 정확하게 이해하지 못하는 것은 관련 문헌을 확인해 보는 습관을 길러야 엔지니어링 사고를 하게 되고, 완벽하게 이해하는 것이 된다는 것을 명심하기 바란다. 상기의 문제를 이해하기 위해서는 다음의 사항을 확인 바란다.

1. 중성선에는 영상 고조파전류 성분 이외에 불평형 전류가 흐르게 된다. 내선규정 제1410절에 의하면, 저압 수전의 단상 3선식에서 중성선과 각 전압측 전선간의 부하는 평형이 되게 하는 것을 원칙으로 하고 있으나, 부득이 한 경우에는 설비불평형률을 40[%]까지 할 수 있도록 하고 있다.
   그리고 저압, 고압 및 특별고압수전의 3상 3선식 또는 3상 4선식에서 불평형률의 한도는 단상 접속부하로 계산하여 설비불평형률을 30[%] 이하로 하는 것을 원칙으로 하고 있다.

2. 단상과 3상 부하에서 설비불평형률의 산정 방법에 대해서 내선규정 제115절을 확인 바란다.

3. 중성선에 흐르는 불평형 전류는 다음과 같이 산정하므로 정확하게 알고 있어야 합니다.

$$I_N = I_a + I_b \angle -120° + I_c \angle -240°$$

$$또는, \ I_N = \sqrt{I_a^2 + I_b^2 + I_c^2 - (I_a \times I_b) - (I_b \times I_c) - (I_c \times I_a)}$$

4. Zig-Zag 변압기의 결선도와 원리에 대해 확인 바란다.

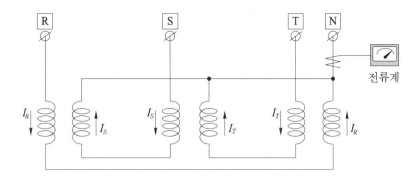

5. 영상고조파전류 성분이 흐르게 되는 경우에는 중성선의 굵기를 재검토하여야 하므로 관계 규정에서 정하고 있는 굵기보다 굵게 하여야 합니다.

참고문헌

1. 내선규정, 대한전기협회, 2010
2. 최길수 외, 전기수용설비의 중성선 영상고조파전류 저감장치 개발에 관한 연구, 산업자원부, 2002
3. 김하연 외, 고조파 사용실태 조사 및 개선방안 연구, 에너지관리공단, 2002
4. http://www.psdtech.com

<table>
<tr><td></td><td>05</td></tr>
</table>

05 악성부하의 종류와 그 악성부하가 지중케이블에 미치는 영향에 대하여 설명하시오.

■ 본 문제를 이해하기 위해서는 스스로 문제를 만들고, 답을 써보시오. 그리고 기억을 오래 가져갈 수 있는 아이디어를 기록한다.

항 목	Key Point 및 확인 사항
가장 중요한 Key Word는?	악성부하
악성부하란?	비선형부하를 의미하며, 상용전압과 전류 파형 사이의 관계가 비직선상인 경우를 말하며, 정류 회로를 갖는 부하가 해당된다. 대표적인 부하는 컴퓨터에 내장된 SMPS 등이 있다.
지중케이블이란?	지하 관로 또는 직접매설을 하여 지중에 부설된 케이블을 말하며, 부설방법으로는 직매식, 관로식, 전력구식, 덕트식 등이 있다. 일반적으로 장래의 계통구성, 송전용량, 경과지, 케이블 종류, 시공조건 등을 고려하여 부설방식을 선정한다.

해설

1. 악성 부하의 종류

악성 부하는 비선형 부하 또는 고조파 발생원을 의미하며, 각종 사이리스터 및 반도체 응용기기, 전력전자 기술 응용기기 등이 해당된다. 이와 같은 기기들은 교류전력을 그대로 사용하지 않고 직류로 변환하여 사용하거나 정현파의 일부를 사용하게된다. 이와 같이 교류를 직류로 바꾸어 사용하는 과정에서 입력 측의 전류가 크게 일그러져 있음을 알게 된다. 이와 같은 고조파 성분이 발생하여 전기적인 장해를 야기한다.

대표적인 것으로는 TV, 음향기기 등의 가전제품을 비롯하여 복사기 등 각종 OA기기, PLC 등 각종 FA기기 및 컴퓨터에 내장된 SMPS(switching mode power supply) 등이 있으며, 산업현장에서 많이 사용되는 인버터(VVVF)와 콘버터 등이 해당된다.

2. 악성 부하가 지중케이블에 미치는 영향

1) 케이블의 전력손실 증가

케이블의 전력손실은 I^2R로 표현된다. 여기서, 전류 I는 고조파 왜형률에 의해 증가되어질 수 있고, 저항 R은 직류 저항값과 교류 표피효과 및 근접효과의 합에 의해서 결정된다.

(1) 고조파전류에 의한 케이블의 전력손실

고조파전류에 의한 전선 허용전류의 변화를 고려할 경우 우선 기준이 되는 전류값에 고조파 함유량에 의한 전류 변화량을 알아야 한다. 전류 파형에 고조파 성분이 함유되는 경우의 실효치는 다음과 같다.

$$I = \sqrt{\sum I^2} = \sqrt{I_1^2 + I_2^2 + I_3^2 + \cdots + I_n^2}$$

따라서 고조파 전류 성분으로 인해서 케이블의 허용전류가 감소하게 된다.

(2) 교류 도체 저항

도체 온도를 일정하게 할 경우 교류 도체 저항은 다음과 같이 나타낸다.

$$\text{교류저항} : R_{AN} = R_D \times (1 + \lambda_S + \lambda_P)$$

여기서, R_D : 특정 온도에 있어서의 직류 도체 저항[Ω]

　　　　λ_S : 표피효과 계수

　　　　λ_P : 근접효과 계수를 나타낸다.

동일 온도 조건에서 기본파 전류에 의한 교류 도체 저항 R_{A1}과 고조파 전류에 의한 도체 저항 R_{An}의 비를 β_n이라 하면, 다음과 같이 나타낸다.

$$\beta_n = \frac{R_{An}}{R_{A1}} = \frac{1 + \lambda_{Sn} + \lambda_{Pn}}{1 + \lambda_S + \lambda_P}$$

따라서 고조파 성분으로 인해서 케이블의 저항값이 조금 커지기 때문에 케이블의 허용전류가 감소하게 된다. 표 1은 고조파 전류에 대한 교류 도체 저항비를 나타낸 것이다.

2) 고조파로 인한 역률 저하로 손실 증가

고조파로 인한 역률 계산은 다음과 같다.

$$\cos\theta = \frac{1}{\sqrt{1 + THD^2}} \times \cos\theta_1$$

표 1. 고조파 전류에 대한 교류 도체 저항비

도체 종류	직류 도체 저항	기본파 (60[Hz])			제3조파 (180[Hz])			제5조파 (300[Hz])		
		표피효과 계수	근접효과 계수	교류도체 저항	표피효과 계수	근접효과 계수	교류도체 저항	표피효과 계수	근접효과 계수	교류도체 저항
600V CV 100[mm²] 1C	0.233	0.00217		0.234	0.0193		0.237	0.0521		0.245
600V CV 100[mm²] 3C	0.238	0.00208	0.0022	0.239	0.0185	0.0188	0.247	0.05	0.047	0.262

따라서 고조파에 의한 전류 파형이 왜곡되면, 시스템의 역률이 저하함을 알 수 있고, 고조파 왜율이 100[%]인 경우에 역률은 기본파 성분만 있을 경우에 비해 70[%] 수준이 된다.

3) 중성선의 영상고조파전류로 인한 손실 발생 및 장해

3상 4선식 회로의 중성선에는 각 상의 부하가 평형하고 있더라도 부하에 고조파 전류 발생원이 있으면, 6N-3의 영상분 고조파 전류의 3배의 전류가 흐르게 된다. 이러한 현상으로 인하여 중성선의 과열을 초래하게 된다.

추가 검토 사항

◼ 공학을 잘 하는 사람은 수학적인 사고를 많이 하는 사람이란 것을 잊지 말아야 한다. 본 문제에서 정확하게 이해하지 못하는 것은 관련 문헌을 확인해 보는 습관을 길러야 엔지니어링 사고를 하게 되고, 완벽하게 이해하는 것이 된다는 것을 명심하기 바란다. 상기의 문제를 이해하기 위해서는 다음의 사항을 확인 바란다.

1. 근접효과(Proximity Effect)에 대해서 정확하게 알아 두어야 한다.

2개의 평행으로 위치한 원형 전선에 교류전류가 흐를 때, 교류 전류는 도선의 주위를 균일하게 분포되어 흐르지 않는다. 각 전선의 자계는 다른 전선의 전류 흐름에 영향을 미치며, 이것은 전류의 흐름이 도선 내에서 균일하지 않게 만들 뿐만 아니라 도선의 저항을 증가시킨다. 평행하게 놓인 원형의 전선에서 나타나는 이 현상을 근접효과라 한다.

2. 고조파에 대해서도 정확하게 알아 두어야 하며, 고조파가 전기설비에 미치는 영향에 대해서는 최근에 실무적으로 관심이 많은 분야이므로 깊게 알아 둘 필요가 있다.

기본이 되는 주파수를 기본파 또는 기본주파수라고 한다. 고조파는 기본주파수에 2배, 3배, 4배와 같이 정수의 배에 해당하는 물리적 전기량을 말한다. 즉, 우리나라의 경우 제2고조파는 120[Hz], 제3고조파는 180[Hz]의 주파수를 갖는다. 다시 말해서, 고조파는 '정현파가 아닌 파형'을 말하며, 왜형파 혹은 왜곡파라 하고, 영문으로 'Harmonic'이라고 한다.

3. 3상4선식 배전방식에서 중성선에는 불평형전류 외에 영상고조파전류 성분으로 인하여 상전류보다 큰 전류가 흐르게 됨으로써 중성선에 여러 가지 장해를 발생시키고 있다. 이에 대한 정확한 발생 원리와 장해에 대해서 확인해 두어야 한다.

참고문헌

1. 장진, 전력시스템의 전력손실(근접효과, 표피효과 및 와전류손실), 전력기술인, pp.32-35, 6월, 2000
2. 김인수 외, 고조파 사용실태 조사 및 개선방안 연구, 한국전력공사, 2002

06
전원계통에서 고조파를 억제하기 위한 수동필터와 능동필터를 비교하고, 설계시 고려사항에 대해서 설명하시오.

■ 본 문제를 이해하고, 기억을 오래 가져갈 수 있는 그림이나 삽화 등을 생각한다.

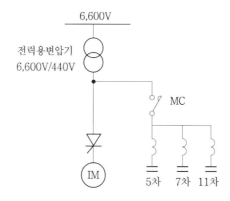

그림 1. L-C 필터

해설

1. 고조파 필터의 목적과 필터링의 개념

1) 고조파 필터의 목적

하나 또는 다수의 고조파 전류·전압을 제거하는 데 있다. 특정 주파수가 설비나 계통에 유입하는 것을 방지하려는 경우 관련 주파수에 대해 낮은 임피던스 값을 갖는 인덕터와 커패시터의 직렬회로로 구성한 필터를 이용하여 줄일 수 있다.

2) 필터링의 개념

필터링은 전류가 흐르는 방향을 전환시키거나 경로를 짧게 또는 전류의 흐름을 차단함으로써 이루어진다.

전류의 흐름을 바꾸는 것은 문제의 고조파에 대해서 낮은 임피던스를 갖는 일종의 공진분로(resonant shunt)를 형성함으로써 가능하다. 이는 선로와 대지간 (즉, 분로회로 내)에 R-L-C 직렬회로를 설치하는 방법이다.

차단(blocking)은 L과 C의 병렬회로를 선로와 직렬로 연결하는 방법을 사용한다.

2. 수동 필터

1) 원리

커패시터와 리액터소자를 조합하여 특정한 주파수 또는 주파수 영역에서 저임피던스로 되는 분로를 구성하여 고조파전류를 흡수하는 것으로 수동필터(passive filter 또는 L-C filter)라고 한다.

2) 회로도

L-C filter의 기본적인 회로는 L과 C의 공진현상을 이용한 것으로 n차 고조파에서 $nX_L - \dfrac{X_C}{n} = 0$ 로 함으로써 n차 고조파전류는 대부분 여기에 흡수되고, 유출전류를 저감시킬 수 있다.

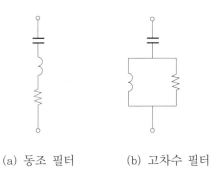

(a) 동조 필터   (b) 고차수 필터

그림 2. 수동필터의 종류

3) 수동필터의 역할

수동 필터는 기본파에 있어서는 무효전력의 공급원 즉, 진상설비의 역할을 하고, 고조파 성분에서는 해당 고조파에 대한 단락회로를 구성하여 계통 쪽으로의 고조파 유입을 차단하는 역할을 하고 있다.

4) 설치 방법

L-C 필터는 부하와 병렬로 접속한다. L-C 필터는 직렬리액터와 전력용 콘덴서를 접속한 분로를 여러 분로를 조합해서 구성하고 있다. 각 분로는 고조파 차수(예, 5차, 7차, 11차 등)에 직렬 공진시키는 L과 C를 선정하고 있으므로 각 고조파 차수에 대해 저임피던스가 된다.

5) 수변전설비의 적용

직렬리액터는 콘덴서 용량의 6[%]를 표준으로 하여 접속하고 있으며, 이 경우는 제4차 고조파 공진한다.

6) 설계시 고려사항

① 분기필터는 유도성과 용량성 리액턴스가 일치하는 주파수에서 동조된다. 여기서, 중요한 문제점의 하나는 선택도(Q 또는 공진도라 함)이며, 선택도는 동조의 정밀도를 결정한다. 이 점에서 필터는 고공진 계열이 되기도 하고, 저공진 계열이 되기도 한다. 고공진 필터는 저차의 고조파 중 하나에 정확하게 동조되고, 그 값(Q)은 보통 30 ～ 60 정도를 갖는다. 저공진 필터는 전형적으로 0.5 ～ 5 정도의 값을 가지며, 넓은 주파수 영역에 걸쳐서 낮은 임피던스를 갖는다.

$Q = \dfrac{Z_o}{R}$ 로 표현되지만, Q를 너무 크게 하면, 탈조(계통주파수의 변동, 커패시터의 온도 특성 등)의 발생에 의해 필터 효과를 저하시키기도 하고, 필터에 과부하를 발생시킬 수도 있다.

② 수동필터가 동조에서 벗어나는 다음과 같은 원인을 검토해야 한다.

    ⓐ 커패시터, 리액터의 제작오차에 의한 초기 동조 벗어남(기기에 탭을 설치, 조정하더라도 탭 폭에 따라 벗어남)

    ⓑ 콘덴서 정전용량의 온도 및 전압에 의한 변화

    ⓒ 리액터 인덕턴스의 온도 및 전압에 의한 변화

    ⓓ 계통 주파수의 변동

3. 능동필터

1) 원리

임피던스에 의한 분류 효과를 이용한 수동필터와 달리 능동 필터는 부하에서 발생한 고조파 전류를 검출하여 그것의 반대 방향의 전류를 능동적으로 발생하는 원리 때문에 능동필터(actiive filter)라고 한다.

능동필터는 수동필터와 같이 공진 특성을 사용하지 않고, 인버터 응용기술에 의하여 역위상의 고조파를 발생시켜 고조파를 소거하기 위한 이상적인 Filter 이다.

2) 회로도

능동 필터의 주회로는 고조파 인버터가 강압 변압기 등을 통해 계통에 병렬 접속되는 방식으로 하여 부하전류 중의 고조파 전류를 검출하여 얻은 지령 전류값을 추종하도록 인버터 출력 전류를 제어하는 검출/제어방식을 적용한다.

3) 설치 방법

능동필터는 부하와 병렬로 접속한다. 그림 3에서 보는 바와 같이 부하전류 I_a를

CT에서 검출하고, 부하 전류에 포함된 고조파 전류 성분 I_H를 검출한다. 이 I_H를 전류 제어의 기준 신호로서 인버터에 흐르는 전류를 제어하는 것으로, I_H와 역위상의 전류 I_c를 Active Filter로 흐르게 함으로써 전원 전류에 포함된 고조파 전류 성분을 상쇄하기 때문에 전원 전류 I_s는 정현파가 되는 것이다.

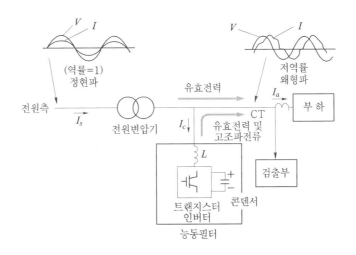

그림 3. 능동필터의 접속도

4) 설계시 고려사항

① 능동필터의 설치는 접속되는 계통전압의 실효값과 보상전류의 실효값을 기준으로 아래의 식과 같이 정격용량이 선정된다.

$$\text{능동필터의 정격용량[kVA]} = \sqrt{3} \times \text{계통전압 실효값} \times \text{보상전류 실효값}$$

여기서, 보상전류 실효값은 경우에 따라 능동필터의 설치 목적에 따라 고조파 전류만의 경우와 기본파 전류를 포함하는 경우도 있다.

그리고, 능동필터에 필요한 보상용량의 값은 다음의 잔류율(또는 보상률)을 사용하여 산출한다.

- 5, 7차 : 20%
- 11, 13차 : 40%

② 보상 대상으로서 검출되는 부하전류의 성분 중에 수동필터 전류 또는 진상 콘덴서 전류가 함유되어 있으면 능동필터의 보상 동작이 불안정해지는 경우가 있기 때문에 검출개소에 관해서 기기 제조자와 충분한 협의가 필요하다.

③ 콘덴서 평활회로를 직류 측에 배치하는 변환기(VVVF, CVCF)에서는 고조파 억제용 리액터(교류입력 측 혹은 직류 측)를 설치하여 발생량 자체를 저감하는 것이 바람직하다.

④ 능동필터의 주된 구성요소인 인버터의 스위칭 동작에 기인하는 고조파가 주변 회로 조건에 따라 저감되지 않고 접속점에 나타날 가능성이 있기 때문에 사전 에 검토가 필요하다.

일반적으로 능동필터의 용량 단위는 피상전력의 용량 표현을 사용한다.

추가 검토 사항

◼ 수동필터와 능동필터를 간단하게 비교하여 기억을 오래가도록 한다.

구 분	수동 필터	능동 필터
고조파 억제 효과	• 임의의 고조파를 동시에 억제 가능하다. • 저차 고조파의 확대는 없다. • 전원 임피던스의 영향에 의한 효과의 변화가 적다.	• 분로를 설치한 차수만 억제한다. • 저차 고조파를 확대하는 일이 있다. • 전원 임피던스의 영향을 크게 받는다.
과부하	• 과부하가 되지 않는다.	• 부하의 증가나 계통전원 전압 왜곡이 커지면 과부하가 된다.
역률 개선	• 있다(가변제어 가능).	• 고정적으로 있다.
손실	• 장치용량에 대해서 5~10[%]	• 장치용량에 대해서 1~2[%]
증설	• 용이	• 필터 간의 협조 필요
가격	• 300~600[%]	• 100[%]

☞ 고조파 저감을 위한 기본적인 개념을 알아 봅시다.

고조파 유출전류의 억제 방법은 기기에서 발생하는 고조파 전류를 저감시키는 방법과 기기에서 발생한 고조파 전류를 수용가 구내의 설비로 분류시켜 외부로 유출하는 양을 저감시키는 방법, 고조파에 대해서 장해를 받지 않도록 하는 방법 으로 크게 대별되며, 다음의 표에서 고조파 방지대책 유형을 나타낸다.

대책 방법	발생 기기	배전 계통	피해 기기
고조파 발생량의 저감	– 펄스수 증가 – 리액턴스 증가 – 제어 지연각 저감 – PWM 제어시 반송주파수의 고주파화 – 능동필터 설치	– 배전선 상전압의 평형	–
임피던스 분류조건 변경	수동필터 설치	– 단락용량 증가 – 공급 배전선의 전용화 – 계통 변경 – 수동필터의 설치	– 진상콘덴서에 리액터 (L) 추가 – 수동필터 설치
기기의 내량 강화	–	–	– 위상제어회로에 필터 삽입 – 특수 내량품 설치

참고문헌

1. 한전 수요관리실, 고조파사용 실태조사 및 개선방안 연구
2. 한국전기안전공사, 고조파억제용 수동필터의 현장적용화 연구

07

480[V] 모선에 고조파발생원인 가변속 전동기와 일반 부하가 병렬로 연결되어 운전되고 있다. 이 전동기의 정격과 발생되는 고조파는 다음과 같다.

정격 : 용량 500[Hp], 480[V], 전류(기본파) : 601[A]

고조파	%	전류[A]
5	20	120
7	12	72
11	7	42
13	4	24

이 모선은 용량 1500[kVA], 임피던스 6[%]의 변압기에서 전력을 공급받고 있다. 이때 480[V] 모선에서의 종합 전압왜형률(THD)를 구하시오.(단, 변압기 고압측 임피던스 효과는 무시한다.

◢ 본 문제를 이해하기 위해서는 스스로 문제를 만들고, 답을 써보시오. 그리고, 기억을 오래 가져갈 수 있는 아이디어를 기록한다.

항 목	Key Point 및 확인 사항
가장 중요한 Key Word는?	고조파 분포 계산
관련 이론 및 실무 사항	1. %임피던스를 옴[Ω]으로 환산하는 방법을 알아 두어야 한다. $$옴[\Omega] = \frac{\%임피던스 \times (기준\,선간전압)^2 \times 10}{기준\,3상\,용량[kVA]}$$ 2. 차수별로 옴 값과 전압 값을 구하는 방법을 알아 두어야 한다. 3. 모선에서의 종합 전압왜형률을 구하는 방법을 알아 두어야 한다. $$V_{THD} = \frac{\sqrt{(V_2)^2 + (V_3)^2 + \cdots + (V_n)^2}}{V_1} \times 100\,[\%]$$

해설

1. 개요

임의의 주기성의 파는 하나의 기본파와 여기에 대해서 정수배 또는 분수배의 주파수를 갖는 다수의 정현파로 분해할 수 있다. 이 기본파 이외의 정현파를 총칭하여 조파라 하며, 그중 기본파보다 주파수가 높은 것을 총칭하여 고조파라 한다. 이들 고조파는 진폭 위상이 달라짐에 따라 다른 파형의 합성 왜파를 만든다.

2. 모선에서의 고조파 분포 계산은 다음과 같은 순서로 진행하여 계산한다.

1) 각 고조파 차수별 임피던스[Ω]

(1) 기본파 임피던스

여기서는 변압기 용량을 기준용량으로 정하며, 변압기 임피던스는 6 %이므로 옴 값으로 환산하면 다음과 같이 계산한다.

$$Z_1 = \frac{\%Z \times V^2 \times 10}{P} = \frac{6 \times (0.48)^2 \times 10}{1500}$$
$$= 9.216 \times 10^{-3} [\Omega]$$

(2) 제5고조파 임피던스

여기서는 제5차 고조파 임피던스[Ω] 값으로 환산하면 다음과 같이 계산한다.

$$Z_5 = (\frac{\%Z \times V^2 \times 10}{P}) \times 5$$
$$= (\frac{6 \times (0.48)^2 \times 10}{1500}) \times 5 = (9.216 \times 10^{-3}) \times 5$$
$$= 0.04608 [\Omega]$$

(3) 제7고조파 임피던스

여기서는 제7차 고조파 임피던스[Ω] 값으로 환산하면 다음과 같이 계산한다.

$$Z_5 = (\frac{\%Z \times V^2 \times 10}{P}) \times 7$$
$$= (\frac{6 \times (0.48)^2 \times 10}{1500}) \times 7 = (9.216 \times 10^{-3}) \times 7$$
$$= 0.0645 [\Omega]$$

(4) 제11고조파 임피던스

여기서는 제11차 고조파 임피던스[Ω] 값으로 환산하면 다음과 같이 계산한다.

$$Z_5 = (\frac{\%Z \times V^2 \times 10}{P}) \times 11$$
$$= (\frac{6 \times (0.48)^2 \times 10}{1500}) \times 11 = (9.216 \times 10^{-3}) \times 11$$
$$= 0.101 [\Omega]$$

(5) 제13고조파 임피던스

여기서는 제13차 고조파 임피던스[Ω] 값으로 환산하면 다음과 같이 계산한다.

$$Z_5 = (\frac{\%Z \times V^2 \times 10}{P}) \times 13$$

$$= (\frac{6 \times (0.48)^2 \times 10}{1500}) \times 13 = (9.216 \times 10^{-3}) \times 13$$

$$= 0.119[\Omega]$$

2) 각 차수별 고조파 전압[V]

(1) 기본파 전압 : 480[V]

(2) 제5고조파 전압

여기서는 제5고조파 전류와 제5고조파 옴을 곱하여 계산한다.

$$V_5 = (I_5 \times Z_5) = 120 \times (9.126 \times 10^{-3} \times 5)$$

$$= 5.4756[V]$$

(3) 제7고조파 전압

여기서는 제7고조파 전류와 제7고조파 옴을 곱하여 계산한다.

$$V_7 = (I_7 \times Z_7) = 72 \times (9.126 \times 10^{-3} \times 7)$$

$$= 4.5995[V]$$

(4) 제11고조파 전압

여기서는 제11고조파 전류와 제11고조파 옴을 곱하여 계산한다.

$$V_{11} = (I_{11} \times Z_{11}) = 42 \times (9.126 \times 10^{-3} \times 11)$$

$$= 4.2162[V]$$

(5) 제13고조파 전압

여기서는 제13고조파 전류와 제13고조파 옴을 곱하여 계산한다.

$$V_{13} = (I_{13} \times Z_{13}) = 24 \times (9.126 \times 10^{-3} \times 13)$$

$$= 2.8473[V]$$

3) 480[V] 모선에서의 종합 전압왜형률(THD)

$$V_{THD} = \frac{\sqrt{(V_2)^2 + (V_3)^2 + \cdots + (V_n)^2}}{V_1} \times 100[\%]$$

$$V_{THD} = \frac{\sqrt{(5.4756)^2 + (4.5995)^2 + (4.2162)^2 + (2.8473)^2}}{480/\sqrt{3}} \times 100\,[\%]$$

$$= \frac{\sqrt{77.02}}{480/\sqrt{3}} \times 100 = 3.166\,(\%)$$

추가 검토 사항

📖 공학을 잘 하는 사람은 수학적인 사고를 많이 하는 사람이란 것을 잊지 말아야 한다. 본 문제에서 정확하게 이해하지 못하는 것은 관련 문헌을 확인해 보는 습관을 길러야 엔지니 어링 사고를 하게 되고, 완벽하게 이해하는 것이 된다는 것을 명심하기 바랍니다. 상기의 문제를 이해하기 위해서는 다음의 사항을 확인바랍니다.

1. **고조파 분포의 개념에 대해서 알아 둡시다.**

   고조파는 기본파에 중첩한 회로 현상의 하나이며, 옴의 법칙 및 키르히호프 법칙 에 근거한 교류회로 계산 방법으로서 구할 수 있다. 고조파를 검사하는 데는 고조 파의 각 차수마다 회로(계통)의 임피던스 맵을 작성하고, 분류회로에서 분포 계산 을 한다. 서지나 코로나가 기본파와의 직접적인 관련을 무시하고 해석하고 있는 바와 같이 고조파에서도 차수 상호간의 관련은 무시해도 좋다.

2. **그림 1과 같은 고조파 분포계산의 기본회로에서 간략 계산법을 알아 둡시다.**

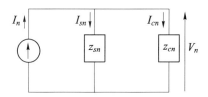

그림 1. 고조파 분류계산의 기본 회로

이 회로에서 Z_{sn}, Z_{cn} 으로 분류하는 고조파 전류 I_{sn}, I_{cn} 및 고조파 전압 $\triangle V_n$ 은 아래와 같다.

$$I_{sn} = \frac{Z_{cn}}{Z_{sn} + Z_{cn}} \times I_n$$

$$I_{cn} = \frac{Z_{sn}}{Z_{sn} + Z_{cn}} \times I_n$$

$$\triangle V_n = \frac{Z_{sn} \times Z_{cn}}{Z_{sn} + Z_{cn}} \times I_n$$

여기서, I_n : 발생한 n차 고조파 전류

Z_{sn}, Z_{cn} : 회로에 있어서 n차 고조파에 대한 임피던스

I_{sn}, I_{cn} : 임피던스 Z_{sn}, Z_{cn}로 유입하는 n차 고조파 전류

$\triangle V_n$: n차 고조파 전압

참고문헌

1. 한국전기안전공사, 전기사용장소의 고조파 장해분석 연구, pp.41~56, 1995.12

08

그림과 같은 전력계통에서 6,600[V] 모선에 고조파발생원인 정류기와 일반 부하가 병렬로 연결되어 운전되고 있다. 이 정류기에서 발생되는 고조파는 다음과 같다.

고조파 차수	5	7	11	13
고조파 전류[A]	175	110	45	30

계통에서 전원의 단락용량 1,500[MVA]이며, 그리고, 20[MVA], %임피던스 7.5[%]의 변압기에서 전력을 공급받고 있다. 각 차수별 전원으로의 유출전류, 콘덴서로의 유입전류 및 6,600[V] 모선의 전압왜형률을 구하시오.

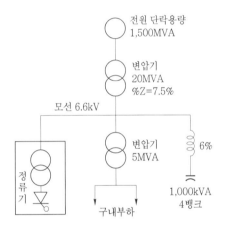

그림 1. 계통도

📑 본 문제를 이해하기 위해서는 스스로 문제를 만들고, 답을 써보시오. 그리고, 기억을 오래 가져갈 수 있는 아이디어를 기록한다.

항 목	Key Point 및 확인 사항
가장 중요한 Key Word는?	고조파 분류 계산
관련 이론 및 실무 사항	1. %임피던스 Map을 그릴 수 있어야 한다. 2. 기준 용량을 선정하고, 환산된 %임피던스를 계산할 수 있어야 한다. 　　$\%임피던스 = \dfrac{기준용량}{단락용량} \times 100$ 3. 콘덴서 설비의 n차 고조파에 대한 임피던스를 계산할 수 있어야 한다. 　　$Z_{SCn} = (-j\dfrac{X_C}{n} + jnX_L)$ 4. 전원계통으로 흐르는 전류와 콘덴서설비로 흐르는 전류, 전압왜형률을 계산할 수 있어야 한다.

해설

1. 개요

임의의 주기성의 파는 하나의 기본파와 여기에 대해서 정수배 또는 분수배의 주파수를 갖는 다수의 정현파로 분해할 수 있다. 이 기본파 이외의 정현파를 총칭하여 조파라 하며, 그중 기본파보다 주파수가 높은 것을 총칭하여 고조파라 한다. 이들 고조파는 진폭 위상이 달라짐에 따라 다른 파형의 합성 왜파를 만든다.

2. 모선에서의 고조파 분류 계산은 다음과 같은 순서로 진행하여 계산한다.

일반적으로 분류 계산을 할 때 옴 임피던스의 값이 아닌 %임피던스 혹은 PU값을 사용해서 계산하는 경우가 많다. 여기서는 그림 2의 임피던스 맵을 사용해서 계산한다. %임피던스 값은 기준 선간전압 6,600[V], 기준 3상용량 10[MVA]로 정한다.

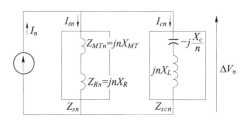

그림 2. n차 고조파에 대한 Inpedance Map

1) 구성 기기의 %임피던스 계산

  (1) 전원 계통의 %임피던스

    일반적으로 전원계통의 용량성 임피던스는 무시할 수 있고, 전원계통의 단락용량에서 단락 리액턴스로 나타내는 경우가 많다. 그래서, 기본파에 대한 임피던스를 X_R이라고 하면, n차 고조파에 대한 임피던스는 아래와 같다.

$$Z_{Rn} = jn \times \%Z = jn \times \frac{10\,MVA}{1500\,MVA} \times 100$$

$$= jn \times 0.67\,\%$$

  (2) 수전용 변압기의 %임피던스

    변압기의 임피던스는 대부분이 누설리액턴스라고 생각할 수 있다. 기본파에 대한 임피던스를 X_{MT}이라고 하면, n차 고조파에 대한 임피던스는 아래와 같다.

$$Z_{MTn} = jn \times \%Z = jn \times \frac{10\,MVA}{20\,MVA} \times 7.5$$

$$= jn \times 3.75\,\%$$

(3) 콘덴서설비의 %임피던스

기본파에 대한 콘덴서의 임피던스 및 직렬리액터의 임피던스를 각각 X_C, X_L 이라고 하면, 콘덴서설비의 n차 고조파에 대한 임피던스는 아래와 같다.

$$Z_{SCn} = (-j\frac{X_C}{n} + jn\,X_L)$$

$$= (-j\frac{1}{n} + jn\frac{6}{100}) \times \frac{10\,MVA}{4\,MVA} \times 100$$

$$= (-j\frac{1}{n} \times 250 + jn \times 15)\quad[\%]$$

(4) 배전용 변압기의 %임피던스

기본파에 대한 임피던스를 X_{DT}이라고 하면, n차 고조파에 대한 임피던스는 $jn\,X_{DT}$가 된다. 여기서는 관련 자료가 주어지지 않았으므로 무시한다.

(5) 부하기기

부하기기의 임피던스는 유도성이고, 고주파에 대하여 높은 임피던스가 되기 때문에 생략해도 좋다.

2) 고조파 전류 I_{sn}과 I_{cn}은 다음과 같다.

$$I_{sn} = I_n \times \frac{Z_{scn}}{Z_{sn} + Z_{scn}}\quad,\quad I_{cn} = I_n \times \frac{Z_{sn}}{Z_{sn} + Z_{scn}}$$

3) 전압 왜형률은 다음과 같이 구한다.

$$\triangle V_n = \frac{I_{cn}}{100\%\ \text{기본파 전류}} \times \frac{Z_{scn}}{100}\quad[\%]$$

4) 따라서, $n = 5$, $I_n = 175\,A$일 때

$$I_{sn} = 175 \times \frac{-\frac{1}{5} \times 250 + 5 \times 15}{5(0.67 + 3.75) + (-\frac{1}{5} \times 250 + 5 \times 15)}$$

$$= \frac{175 \times 25}{22.1 + 25} = \frac{4375}{47.1} = 92.9[A]$$

$$I_{scn} = 175 \times \frac{5(0.67 + 3.75)}{5(0.67 + 3.75) + (-\frac{1}{5} \times 250 + 5 \times 15)}$$

$$= \frac{175 \times 22.1}{22.1 + 25} = \frac{3867.5}{47.1} = 82.1\,[\text{A}]$$

$$\triangle V_n = \frac{92.9}{\dfrac{10,000}{\sqrt{3} \times 6.6}} \times \frac{5(0.67 + 3.75)}{100} \times 100 = 2.35\,[\%]$$

그리고, $n = 7$, $I_n = 110\text{A}$일 때

$$I_{sn} = 110 \times \frac{-\frac{1}{7} \times 250 + 7 \times 15}{7(0.67 + 3.75) + (-\frac{1}{7} \times 250 + 7 \times 15)}$$

$$= \frac{110 \times 69.3}{30.9 + 69.3} = \frac{7623}{100.2} = 76.1\,[\text{A}]$$

$$I_{scn} = 110 \times \frac{7(0.67 + 3.75)}{7(0.67 + 3.75) + (-\frac{1}{7} \times 250 + 7 \times 15)}$$

$$= \frac{110 \times 30.9}{30.9 + 69.3} = \frac{3399}{100.2} = 33.9\,[\text{A}]$$

$$\triangle V_n = \frac{76.1}{\dfrac{10,000}{\sqrt{3} \times 6.6}} \times \frac{7(0.67 + 3.75)}{100} \times 100 = 2.69\,[\%]$$

그리고, $n = 11$, $I_n = 45\text{A}$일 때

$$I_{sn} = 45 \times \frac{-\frac{1}{11} \times 250 + 11 \times 15}{11(0.67 + 3.75) + (-\frac{1}{11} \times 250 + 11 \times 15)}$$

$$= \frac{45 \times 142.27}{48.62 + 142.27} = \frac{6402.15}{190.89} = 33.54\,[\text{A}]$$

$$I_{scn} = 45 \times \frac{11(0.67 + 3.75)}{11(0.67 + 3.75) + (-\frac{1}{11} \times 250 + 11 \times 15)}$$

$$= \frac{45 \times 48.62}{48.62 + 142.27} = \frac{2187.9}{190.89} = 11.46\,[\text{A}]$$

$$\triangle V_n = \frac{\dfrac{33.54}{\dfrac{10,000}{\sqrt{3} \times 6.6}}}{} \times \frac{11(0.67 + 3.75)}{100} \times 100 = 1.86 [\%]$$

그리고, $n = 13$, $I_n = 30\text{A}$일 때

$$I_{sn} = 30 \times \frac{-\dfrac{1}{13} \times 250 + 13 \times 15}{13(0.67 + 3.75) + (-\dfrac{1}{13} \times 250 + 13 \times 15)}$$

$$= \frac{30 \times 178.33}{57.46 + 178.33} = \frac{5349.9}{235.79} = 22.68 [\text{A}]$$

$$I_{scn} = 30 \times \frac{13(0.67 + 3.75)}{13(0.67 + 3.75) + (-\dfrac{1}{13} \times 250 + 13 \times 15)}$$

$$= \frac{30 \times 57.46}{57.46 + 178.33} = \frac{1723.8}{235.79} = 7.31 [\text{A}]$$

$$\triangle V_n = \frac{\dfrac{22.68}{\dfrac{10,000}{\sqrt{3} \times 6.6}}}{} \times \frac{13(0.67 + 3.75)}{100} \times 100 = 1.49 [\%]$$

따라서, 고조파전류 계산 결과는 다음 표와 같다.

차수	5차	7차	11차	13차
전원으로의 유출전류[A]	92.9	76.1	33.54	22.68
콘덴서로의 유입전류[A]	82.1	33.9	11.46	7.31
6.6 kV 모선의 전압왜형률[%]	2.35	2.69	1.86	1.49

추가 검토 사항

🔲 공학을 잘 하는 사람은 수학적인 사고를 많이 하는 사람이란 것을 잊지 말아야 한다. 본 문제에서 정확하게 이해하지 못하는 것은 관련 문헌을 확인해 보는 습관을 길러야 엔지니어링 사고를 하게 되고, 완벽하게 이해하는 것이 된다는 것을 명심하기 바랍니다. 상기의 문제를 이해하기 위해서는 다음의 사항을 확인바랍니다.

1. 고조파전류의 유출 특성에 대해서 알아 둡시다.

고조파 발생원을 전류원으로서 다루면 고조파 전류는 다음과 같은 특성을 갖는다.

① 고조파전류원은 차수마다 존재하며, 발생한 전류는 그림 3과 같이 부하단에서 전력 계통으로 유출한다. 일반적으로 전원 임피던스가 콘덴서 임피던스보다 크게 되면 고조파 전류는 콘덴서로 유입하게 되고, 전원 임피던스가 콘덴서 임피던스보다 작게 되면 고조파 전류는 전원으로 유출하게 된다.

② 고조파 전류는 임피던스에 반비례하여 분류되며, 전계통에 걸쳐서 흐른다. 그러나, 고조파 전류는 공급 전원파형과 부하 전류파형 차이만큼 전원 측으로 유출하게 된다.

③ 계통 임피던스는 주파수에 의해서 변하기 때문에 고조파 회로는 발생차수 만큼 존재한다.

④ 실제 회로의 파형은 기본파와 복수 고조파의 순시치가 합성된 것이다.

⑤ 배전 계통의 고조파전압은 계통의 여러 곳에서 유입하는 고조파전류와 계통의 임피던스에 의해서 발생한다.

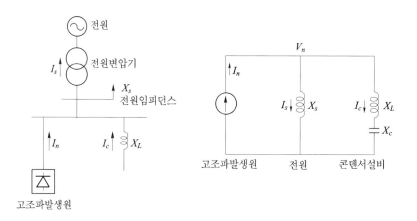

그림 3. 고조파전류의 유출과 분류

참고문헌

1. 한국전기안전공사, 전기사용장소의 고조파 장해분석 연구, pp. 41~56, 1995.12

09 전력품질을 나타내는 지표와 품질저하현상에 대하여 설명하시오.

■ 본 문제를 이해하고, 기억을 오래 가져갈 수 있는 그림이나 삽화 등을 생각한다.

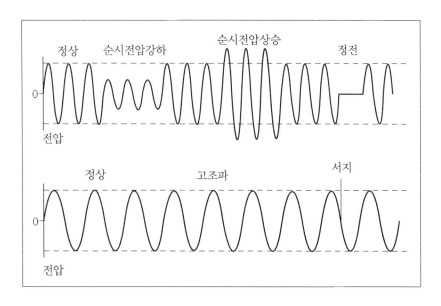

그림 1. 전기 외란 형태

해설

1. 전력품질이란?

대부분의 규격에서 '전력품질'은 '전력설비의 동작에 적합하도록 하는 외란에 민감한 설비의 전력 및 접지 개념(the concept of powering and grounding sensitive equipment in a manner that is suitable to the operation of that equipment)' 이라고 정의된다. 이와 같은 개념은 유사하나 IEC의 경우 전력품질이라는 용어 대신 EMC(Electromagnetic Compatibility)라는 용어를 사용한다. 전력회사에 의해 제어될 수 있는 전력품질 요소가 거의 유일하게 전압이므로 전력회사 측면에서의 전력품질은 전압품질(Voltage Quality)이라고도 불린다.

전력품질에 영향을 주는 외란은 대표적으로 전압 크기에 관련된 것과 파형의 왜곡에 관련된 것으로 구분할 수 있다.

2. 전력품질을 나타내는 지표

현재 한전에서는 전압, 주파수, 정전시간을 전력품질 3대요소로 관리 운영하고 있다.

1) 전압

전기사업법 시행규칙 제18조(전기의 품질기준)에 의거 '규정 전압유지율 : 110±6 [V], 220±13[V], 380±38[V])'로서 관리하고 있다. 그리고 전력계통 신뢰도 및 전기품질 유지기준 제6조(전압조정목표)에 의하면, 345[kV] 계통의 전압조정 목표 : 353[kV](336~360[kV]), 배전용 변전소의 전압조정 목표 : 23[kV] 계통 경부하시는 22.0[kV], 23[kV] 계통 중부하시는 22.9[kV], 23[kV] 계통 첨두부하시는 23.9[kV]이다.

2) 주파수

전기사업법 시행규칙 제18조(전기의 품질기준)에 의거 '규정 정격주파수 유지율, 60±0.2[Hz])로서 관리하고 있다. 다만, 비상상황의 경우 62[Hz]~57.5[Hz] 범위 내에서 유지할 수 있다'라고 전력계통 신뢰도 및 전기품질 유지기준 제5조(계통주파수 조정 및 유지범위)에서 정하고 있다.

3) 정전

정전은 전압이 순간 또는 장시간 존재하지 않는 것이다. 이것은 전력계통의 단락이나 전력공급설비의 불량, 근접한 수용가 설비의 불량 등으로 발생하며, 그 지속시간은 자동 조작의 경우는 2~60초이고, 수동 조작의 경우는 일정하지 않다. 정전시간의 한계 설정도 표준화된 것은 없으나, 순간정전은 0.07~2초, 단시간 정전은 2초~1분, 비교적 단시간 정전은 1분~10분, 장시간 정전은 30분 이상으로 구분하고 있다.

IEEE에서 제안한 신뢰도 지수 중 미국, 영국 등 선진외국에서 적용 중인 국제적 범용 통계 방법인 SAIDI(system average interuption duration index)를 적용하고 있다. SAIDI란 전력공급 총고객의 연간 고객 1호당 평균정전시간(호당 정전시간)을 말한다. 현재 우리나라의 호당정전시간은 21분(2001년)으로 미국 등 다른 선진국보다는 우수한 수준이다.

3. 전력품질 저하 현상

전력의 품질에 영향을 주는 것은 첫 번째는 전력의 공급신뢰성에 영향을 주는 요인으로서 전력공급이 일시적으로 중단되거나 외란 등으로 인해 전압이 순간적으로 그 최저 허용범위를 벗어나는 것과 같은 것들이 있다. 두 번째는 전압의 질을 떨어뜨리는 것으로서 고조파 문제, 전압 불평형, 전압의 순간 급상승 그리고 서지 등을 들

수 있는데, 이는 수용가측 설비의 회로와 전기적인 절연을 파괴하는 영향을 미치게 된다.

1) 주파수 변동

주파수 변동은 주로 발전기 등에서 전원을 공급받을 때, 부하의 급변동에 기인할 수 있으며, Malfunction의 원인이 된다. 전기사업법 시행령 제18조에 의하면 주파수변동은 ±0.2[Hz] 이내를 유지하도록 정하고 있다.

2) 전압 변동

전압 변동은 부하의 변동과 돌입전류, 사고, 계통 절체 등에 기인하는데, 특히 무효전력과 고조파 부하가 많은 경우 더욱 심하게 된다. 전압변동은 부하설비의 효율, 출력, 속도, 수명 등에 크게 영향을 미치게 된다.

3) 순시전압저하

일반적으로 단기간 전압저하(Voltage Sag or Dip)란 정격주파수에서 지속시간이 0.5사이클에서 1분 정도, 전압저하의 정도가 실효치 기준 0.1~0.9[pu]인 현상을 말한다. 이 중에서 특히 지속시간이 0.5~30사이클 정도가 되는 전압저하현상을 순시전압저하라고 말한다.

전압저하의 발생 원인으로서는 보통 계통 사고와 밀접한 관계가 있지만, 대형 전동기의 기동이나 대형 부하의 갑작스러운 투입 등도 그 원인이 될 수 있다. 이들 순시전압저하에 대한 대책으로는 무정전전원장치의 사용에 의한 수용가에서의 대책이 효과적인 것으로 알려져 있다.

4) 순시 정전

순시 정전은 계통사고나 기기사고, 기기의 오동작 등에 의해 일어나며, 전압크기가 항상 정격전압의 10[%] 이하인 관계로 지속시간만에 의해 측정된다. 전력계통의 사고에 의한 순시 정전의 지속시간은 전력계통의 보호협조시스템의 운용시간에 의하여 결정되는 것이 일반적이다.

5) 이상전압

가공배전선로 및 옥외 변전설비는 직접 자연에 노출되므로 모든 기상조건에 견디어야 한다. 따라서 뇌방전에 의한 이상전압이라든지 염진해, 설해, 새들에 의한 섬락사고가 자주 발생하고, 또한 송전, 배전, 수변전계통이 복잡화됨에 따라 여러 가지 이상 현상이 발생해서 선로 절연 및 기기 절연을 위협하게 된다.

즉, 직격뢰, 유도뢰에서 일어나는 이상전압, 기기의 개폐시에 발생하는 개폐서지 및 고장시의 과도이상전압 등은 기기의 절연파괴, 저압측에의 이행 서지, 정지회로 등으로의 서지 진입으로 약전기기에 피해가 발생하는 것으로 되어 있다.

6) 파형의 왜곡(고조파)

전력전자기술의 발전에 의해 고조파발생원기기의 사용이 급증하고 있고, 이로 인하여 부하단의 전압파형은 왜형파가 된다. 이러한 전압의 찌그러짐은 각종 계전기의 오동작, 전력용 콘덴서 및 직렬리액터의 과열, 발전기나 회전기의 손실 증대로 인한 과열, 이상 공진에 의한 고조파 과전압의 기기에의 영향, 통신회로에의 잡음 및 유도장해 등의 원인이 되고 있다.

파형이 왜곡되는 것은 전력계통의 어떤 현상에 의해 전력 장애가 발생되는 경우이다. Total Harmonic Distortion란 정현파에 대한 고조파 총량의 비율이며, 그 정도에 따라 부하에 미치는 영향이 증가한다.

$$I_{THD} = \frac{\sqrt{I_3^2 + I_5^2 + I_7^2 + \cdots}}{I_1} \times 100[\%]$$

그리고 K-Factor는 고조파로 인해 온도가 상승되는 계수를 의미하는 것으로 이해되며, 부하에 고조파 전류가 포함된 경우에는 변압기에 같은 양의 정현파 전류가 흐르는 경우보다 더 높은 열이 발생된다. 이는 고조파에 의한 것으로 부하 손실 중 와전류손이 증가한 이유 때문이다.

7) 전자 방해

정보통신기기에 접속되어 있는 전력선이나 신호선에서의 전도, 그리고 공간을 통하는 전자방사에 의해 상호 방해가 간섭을 받을 가능성이 있다. 이와 같은 문제를 전자환경성(EMC)이라 하며, EMC로 인하여 기기나 장치가 받는 장해의 원인, 즉 전자방해작용(EMI)이라 하고, 앞으로 전자방해 작용에 대한 대책은 중요한 과제이다.

8) 전압 불평형

전압 불평형은 3상 전압의 평균치에 대한 최대 편차로 정의되며, 그 최대 편차를 삼상 전압 또는 전류의 평균치로 나눈 비율[%]로 나타낸다. 또한, 이 전압불평형은 대칭분 요소를 사용하여 정의할 수 있는데, 정상분 요소에 대한 역상분 요소 또는 영상분 요소의 비율에 의해 불평형률을 나타낼 수도 있다.

이 불평형 전압은 ① 단상 부하의 심한 편중 ② 무효전력/고조파전력의 증가 ③ 접촉 불량 등으로 발생된다. 전압 불평형은 3상평형 부하(대부분의 전동기)의 효율 저하에 매우 큰 영향을 미친다. 종종 이러한 전압 불평형이 전동기의 과열과 소음을 증가시켜 수명을 단축하는 것을 알 수 있다.

추가 검토 사항

■ 공학을 잘 하는 사람은 수학적인 사고를 많이 하는 사람이란 것을 잊지 말아야 한다. 본 문제에서 정확하게 이해하지 못하는 것은 관련 문헌을 확인해 보는 습관을 길러야 엔지니어링 사고를 하게 되고, 완벽하게 이해하는 것이 된다는 것을 명심하기 바란다. 상기의 문제를 이해하기 위해서는 다음의 사항을 확인 바란다.

1. '전력계통 신뢰도 및 전기품질 유지기준'을 제정하면서 산업자원부에서는 전력품질과 전기품질로 혼용되어 사용되는 것을 통일하여 '전기품질'이란 말로 일원화하기로 하였다.

2. 전압불평형률과 설비불평형률을 혼동하지 않도록 정확하게 이해하고 있어야 한다. 불평형 3상 전압이나 전류에는 영상분과 역상분이 포함되는 것이 보통이며, 역상분과 정상분의 크기의 비로서 불평형의 정도를 나타내는 불평형률(Unbalanced Factor)을 정의한다. 즉, 다음과 같다.

$$불평형률 = \frac{V_2}{V_1} \times 100 [\%] \ 또는 \ \frac{I_2}{I_1} \times 100 [\%]$$

'전력계통 신뢰도 및 전기품질 유지기준' 제8조(고조파 및 플리커 허용치) 제2항에 의하면, '송전용 전기설비에서의 전압 불평형률은 3% 이내로 유지하여야 한다.'라고 정하고 있다.

3. 설비불평형률에 대해서는 내선규정 제1410절(설비부하 평형의 시설)에서 정하고 있는 사항을 확인하여 이해하고 있어야 한다.

참고문헌

1. 김재철, 윤상윤, 배전계통의 전력품질 및 신뢰도 평가의 방법, 전기학회지, 제50권, 제3호, pp.24-31, 2001

2. 전력계통 신뢰도 및 전기품질 유지기준, 2005

3. 내선규정, 대한전기협회, 2010

4. 김세동, 수용가 전기설비의 전력품질향상 대책기술, 전기저널

5. 김응상, 풍력발전 계통연계 운전시 전력품질 고려사항, 전기설비, 2003. 8

10

Custom Power기기의 필요성과 종류별 특징에 대해서 설명하시오.

■ 본 문제를 이해하기 위해서는 스스로 문제를 만들고, 답을 써보시오. 그리고 기억을 오래 가져갈 수 있는 아이디어를 기록한다.

항 목	Key Point 및 확인 사항
가장 중요한 Key Word는?	Custom Power기기
관련 이론 및 실무 사항	1. Custom Power기기의 필요성에 대해 알고 있나요? 2. Custom Power기기에는 어떠한 종류가 있나요? 3. Custom Power기기가 설치되어 운용되고 있는 현장을 본 적이 있나요? 4. FRIENDS와 FACTS와는 어떠한 관계가 있나요?

해설

1. Custom Power기기의 개념과 필요성

전력계통의 운영자가 전력설비를 최적으로 운용한다 하더라도 각종 사고로 인한 전력품질의 저하는 피할 수 없다. 또한, 최근의 자동화제어기기 및 정보통신기기 등의 보급으로 전력계통의 전력품질은 악화되는 상황에 있으므로 모든 수용가가 요구하는 양질의 전력을 공급하기에는 한계가 있다. 따라서 수용가도 원하는 전력품질을 확보하기 위해서는 어느 정도 투자해야 할 상황에 있다고 해도 과언이 아니다. 그리고 이러한 다양한 수용가의 요구를 만족시킬 기술개발이 필요하다. 이와 같이 수용가에게 고신뢰, 고품질의 전력을 공급, 관리 및 제어해 줄 수 있는 새로운 기기를 'Custom Power기기'라 한다.

2. Custom Power기기의 종류와 특징

Custom Power기기로는 고조파전류 보상장치인 능동필터(Active Filter), 정지형 동적 전압컨트롤러(Dynamic Voltage Restorer), 무효전력조정장치(SVC와 STATCON), 정지형 고속절환스위치(Sub-cycle Switch 또는 Solid-state

Transfer Switch : SSTS), 무효전력보상장치(Soft Switch Capacitor), 다기능 전원공급장치 등을 들 수 있다. 이들 기기에 대한 역할 및 기능은 표 1과 같다. 그리고 그림 1은 Custom Power 배전시스템을 보여주고 있다.

표 1. Custom Power기기의 개요와 특징

기기명	기능 및 역할	비 고
능동필터	수용가 내에 발생된 고조파전류를 흡수, 억제하여 고품질의 전력을 공급받도록 한다.	고조파발생원
무효전력 조정장치	저역률 수용가의 무효전력을 자유로이 조정 및 관리하여 줌으로써 고품질의 전압 및 고역률 유지가 가능하도록 한다.	저역률/플리커/ 저전압 발생
무효전력 보상장치	앞의 항과 기능은 같으나 무효전력을 자유로이 조정할 수 있는 기능은 없다. 그러나 커패시터뱅크의 투입이 계통과의 전압차가 거의 없는 시점에서 이루어지므로 장치의 저가격화 및 장수명화를 도모할 수 있다.	저역률/플리커/ 저전압 발생
정지형 고속스위치	2회선 수전 또는 비상용 전원 소유의 수용가에 있어서 계통사고 및 정전시에도 고속으로 전원 절체를 하여 무정전공급을 행한다.	2회선 수전 또는 비상용 전원
정지형 동적 전압컨트롤러	수용가 수전용 변압기에 직렬로 연결하여 계통으로부터의 저품질 전력(고조파, 불량 전압)을 보상하여 고품질의 전력을 공급받도록 한다.	저역률/플리커/ 저전압 발생, 순시정전방지 요구
다기능 전원공급장치	상기의 1항목에서 5항목의 모든 기능을 통합한 장치로서 고품질, 장시간 무정전공급 및 전력감시관리가 가능하도록 한다.	저역률/플리커/ 저전압 발생, 장시간 무정전 요구
SSB (Solid-state Circuit Breaker)	기존의 전기 기계적인 차단기는 그 응동 시간이 크기 때문에 중요 부하를 외란으로부터 충분히 보호할 수 없지만, GTO와 같은 고속 스위칭소자를 사용하는 SSB는 급전선에 사고가 발생하였을 경우 그것을 신속하게 고립시킴으로써 사고전류가 인접하고 있는 부하로 유입되는 것을 차단한다.	사고전류의 고속 차단

이 중에서 DVR은 배전선로에서 발생하는 고조파나 전압의 순간 급강하 또는 급상승으로부터 민감한 부하를 보호하기 위해서 사용되고, DSTATCON은 전압의 순간적인 급강하 또는 급상승 그리고 고조파를 유발하는 대용량의 변동부하나 비선형 부하에 설치되어 배전선로를 보호한다.

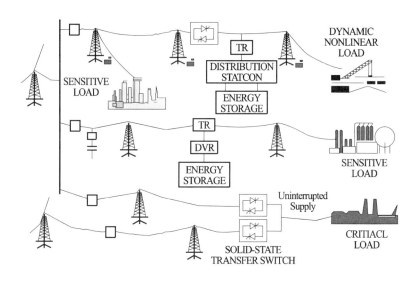

그림 1. Custom Power 배전시스템의 구성 예

3. 맺음말

장래의 전력공급이 이미지로서는 기존의 전력공급 네트워크를 기반으로 그 위에 분산형 전원 등이 각 지역을 중심으로 구성되는 지역 전력공급 네트워크가 연결되어 운용되는 형태로 발전될 것으로 예상된다. 이것에 의하여 에너지자원의 효율적 이용이 가능하게 되며, 대도시 등의 전력수급난을 어느 정도 해결할 수 있으며, 21세기 정보화사회의 기능 구현에 요구되는 고신뢰·고품질의 전력 서비스의 실현이 기대된다.

추가 검토 사항

▪ 공학을 잘 하는 사람은 수학적인 사고를 많이 하는 사람이란 것을 잊지 말아야 한다. 본 문제에서 정확하게 이해하지 못하는 것은 관련 문헌을 확인해 보는 습관을 길러야 엔지니어링 사고를 하게 되고, 완벽하게 이해하는 것이 된다는 것을 명심하기 바란다. 상기의 문제를 이해하기 위해서는 다음의 사항을 확인 바란다.

1. FRIENDS(Flexible, Reliable and Intelligent Electrical eNergy Delivery System)이라는 용어를 들어 본 적이 있나요?

    장래의 전기에너지 유통시스템으로서, 배전계통에 도입이 예상되는 여러 장치를 이용하여 계통 구성을 유연하게 바꾸거나 높은 신뢰성의 전력(다품질 전력)과 에너지절약을 고려하거나, 또는 고도정보화에 의한 부가가치를 높이는 등 새로운 형태의 전기에너지 유통시스템이다. FRIENDS는 유연성, 고신뢰도 전력공급, 다 품질 전력공급, 에너지절약, 수용가 서비스의 향상 및 고도의 수용가측 제어 등의 모든 기능을 실현시키고자 하는 고유연·고신뢰·고효율 전기에너지 유통시스템 을 말한다.

2. FACTS(Flexible AC Transmission Systems)라는 용어를 들어 본 적이 있나요?

최근 전력계통 운용상 문제점을 해결하기 위하여 전력용 반도체소자 기술과 컴퓨 터를 이용한 제어 및 고속 데이터통신 기술을 이용하여, 송배전계통을 실시간으 로 제어하여 운용의 유연성을 도모하기 위해 제안 기술이 유연송전시스템 (FACTS)이다. FACTS에 해당하는 기기들이 Custom Power기기가 될 수 있으며, 또는 '전력품질 개선장치(Power Quaity)'라고도 관련이 많다.

참고문헌

1. 김재철, 윤상윤, 배전계통의 전력품질 및 신뢰도 평가의 방법, 전기학회지, 제50 권 제3호, 2001

2. 김재언 외, 전력품질 향상기기의 성능평가방안, 전기학회지, 제53권 제7호, 2004

3. 서장철, 전력품질 및 전력수요관리시스템, 전기저널, 2002. 1

4. 장석명 외, 전력품질과 온라인 모니터링시스템, 전기학회지, 제50권 제10호, 2003

11

전원 외란의 발생원인과 전기설비에 미치는 영향을 설명하시오.

📧 본 문제를 이해하기 위해서는 스스로 문제를 만들고, 답을 써보시오. 그리고 기억을 오래 가져갈 수 있는 아이디어를 기록한다.

항 목	Key Point 및 확인 사항
가장 중요한 Key Word는?	전원 외란
관련 이론 및 실무 사항	1. 전원 외란의 개념을 알고 있나요? 2. 전원 외란에는 어떠한 형태가 있는가요? 3. 전원 외란의 기본특성과 발생원인에 대해서 알고 있나요? 4. 전원 외란으로 인해서 미치는 영향에는 무엇이 있나요?

해설

1. 전원 외란의 개념

전원 외란(Power Disturbance) 또는 전원 교란이라 함은 전원의 정상상태에서 벗어나는 현상을 통칭하여 말한다. 즉, 낙뢰, 갑작스런 부하 감소, 전력선 사고, 대형 전동기의 기동 등으로 인해서 전력계통에 순간 정전, 순간 전압강하 및 전압상승, 서지 등이 발생되는 현상을 전원 외란이라 한다.

2. 전원 외란의 기본 특성 및 발생원인

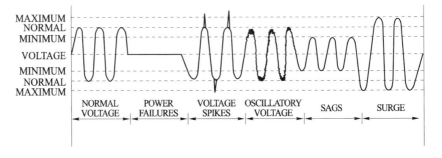

그림 1. 전원 교란의 종류별 파형의 형태

전원 외란의 형태로는 전압이도, 전압융기, 정전, 서지, 고조파 왜형, 전기적 소음, 전압 불평형 등을 들 수 있으며, 그림 1은 전원교란의 종류별 파형의 형태를 보여주고 있다. 그리고 각각에 대한 현상 및 발생 원인은 표 1과 같다.

표 1. 전원 외란의 기본 특성 및 발생원인

외란 형태	현 상	기본 특성		발생원인
		지속시간	전압크기	
전압 이도 (Voltage Sag)	순간적 강하가 30사이클 이하로 지속됨	0.5~30 사이클/분	0.1~0.9[pu]	·낙뢰, 중부하 이상의 개폐 ·계통의 순간적 부하 급증 ·대형전동기의 기동
전압 융기 (Voltage Swell)	순간적 상승이 30사이클 이하로 지속됨	0.5~30 사이클/분	1.1~1.4[pu]	·갑작스런 부하 감소 ·다른 상의 사고 ·느슨한 접속 상태로 인한 아크 발생
정전 (Interruption, Outage)	전력의 완전 소실이 수 μs에서 수 시간까지 지속 시간으로 순간정전, 일시 정전으로 구분	수μs~수시간	0.1[pu] 이하	·악천후, 전력선 사고 ·발전기 변압기 고장 ·퓨즈, 차단기 작동 ·부정확한 보호협조체제
서지(Surge, Spike, Impulse)	전압상승이 μs에서 ms 동안 지속됨	μs~ms	1.4[pu] 이상	·낙뢰 전력간선개폐 ·단락이나 계통 고장 ·대용량전동기의 턴-오프
고조파 왜형 (Harmonics Distortion)	정상 정현파의 60[Hz]~3[kHz] 범위의 연속적인 왜형	정상 사용 상태	1.0~1.2[pu]	·비선형부하 ·스위칭 소자
전기적 소음 (Electrical Noise)	5[kHz] 이상의 주파수에서 일어나는 정현파의 연속적인 왜형	간헐적	0.1~7[%]	·형광등의 방전 ·전자식 안정기 ·아크로, 전력전자컨버터
전압 불평형 (Voltage Unbalance)	3상 전압전류의 평균치에 대한 최대 편차로 나타내는 전압불평형으로 영상분 전류의 영향 발생	정상 사용 상태	0.5~2[%]	·단상 부하 ·역률, 불평형 3상 부하

3. 전원 외란으로 인해서 미치는 영향

1) 전압강하(Voltage Sag) 영향

(1) 방전등이 1[cycle] 미만, 전압정격치의 85~90[%]에서 점멸되어 재점등 되기까지 수분 소요

(2) 전압정격치 80~85[%]에서 제어장비가 오동작하거나 생산라인 정지

(3) 5~15[%] 전압변동범위에서 전동기의 갑작스런 속도변동이 일어나거나 마이
크로 프로세서 기능이 유지되지 못해 정지

(4) 강제전류형 인버터의 정류 실패

(5) 1~5[cycle] 지속, 50~70[%] 전압범위에서 전자접촉기가 Trip되거나 손실

(6) 컴퓨터 시스템 Crash

(7) 공장 등의 수전설비의 부족전압계전기 작동

(8) 전력전송의 용량이 적어지고 손실 증대

2) 전압상승(Voltage Swell) 영향

(1) 전기설비와 전자소자에 Stress를 가하여 수명을 단축시킴

(2) 제어장비와 가변속 구동장치의 내부 보호 장치 작동에 의해 Trip됨

(3) 전자장비의 소손과 오동작이 일어날 수 있음

(4) 전력계통에 설치한 무효전력 보상용 Capacitor Bank들의 접속/탈락을 유발
시킴

(5) 자성재 사용기기의 자기포화로 인한 고조파가 발생하여 기기의 절연열화를
가져옴

3) 순간정전(Momentary Interruption) 영향

수초 동안의 정전은 유도전동기의 속도를 급감시켜 공정 프로세서를 혼란시키고
유도전동기 가변속 구동 장치를 Tripping 시킴

4) 고조파 전류 및 고조파 전압 왜형의 영향

(1) 고조파 전류왜형은 변압기, 전력케이블로 구성되는 계통의 과부하 상태로 만듬

(2) 직렬저항 값을 증가시키며 실효치가 같은 정현파 전류보다 더 많은 손실을
유발

(3) 회전기의 동손이나 철손을 증가시키고 효율과 토크에 영향 줌. 특히, 유도기
에서는 코깅이나 크롤링 현상을 유발

5) 전압 불평형의 영향

수용가들은 3상 유도전동기나 3상 전기로등 3상 부하를 제외하면 거의 단상 부하
를 사용하기 때문에 각상의 부하들의 크기와 역률이 다르게 되어 전압 불평형이
된다. 이와 같은 전압, 전류의 불평형은 설비의 이용률을 저하시키고, 평형3상
전력회로에 역상 및 영상 전류가 흐르게 하여 전압왜형을 일으켜 전력품질이 나
빠진다. 3상부하에서 역상분 전압은 불평형 전압이 된다. 3상유도전동기의 경우
3.5[%]의 전압 불평형에서 역상 토크가 발생하고, 중형 유도전동기는 약 15[%]의
출력감소와 10[%] 이상의 온도상승, 그리고 4[%] 정도의 손실이 발생한다.

6) 전압변동(Voltage Fluctuation, Flicker)의 영향

정상운전상태에서 발생하는 부하전류의 크기가 연속적으로 빠르게 변화하므로 발생하는 0.9~1.1[p.u] 범위의 전압변동이나 플리커는 TV의 화면과 조명기의 빛이 떨림을 일으키며, 컴퓨터와 정밀부하에도 악영향을 미친다.

4. 전원 외란을 해결하기 위한 전원장치 선택 방법

전원 외란을 해결하기 위한 전원장치에 대해서 외란 형태로 구분하여 기술하면 표 2와 같다.

표 2. 전원 외란을 해결하기 위한 전원장치 선택 방법

전원장치	Power Failures	Voltage Spikes	Oscillatory Voltage	Sags	Surge
무정전전원장치(UPS)	○*	○	○	○	○
자동전압조정장치(AVR)		○	○	○	○
발전기(Generator)	○**	○	○	○	○
노이즈 절연변압기		○	○		

[주] * 정전에 의한 보상시간은 축전지 용량에 의해서 결정됨.
   ** 발전기가 정상적인 가동을 하기 위해서는 발전기 운전시 초기에 약 5초에서 30초 정도의 초기 기동시간이 소요됨

5. 맺음말

전력품질은 크게 공급 신뢰성과 전압의 질로 평가된다. 전력의 공급 신뢰성에 영향을 주는 요인으로는 전력의 공급이 일시적으로 중단되거나 외란 등으로 인해 전압이 순간적으로 허용 범위를 벗어나는 것들이다. 그리고 전압의 질을 떨어뜨리는 요인으로는 고조파 문제, 전압 불평형, 전압의 순간 급상승, 서지의 발생 등을 들 수 있고, 이 요인들은 수용가측 설비의 회로와 부하에 전기적인 절연을 파괴하고, 오동작을 일으키는 등 악영향을 끼치게 된다.

그래서 수용가에 공급신뢰성이 높고 전압의 질이 좋은 양질의 전력을 공급하기 위해 전력품질개선장치 등이 개발 보급되고 있으며, 전원동요에 의해 발생하는 긴급사항의 완전 해결과 순간적인 정전 없이 전력을 공급하는 기술의 확립이 매우 시급하고 중요하다.

◨ 공학을 잘 하는 사람은 수학적인 사고를 많이 하는 사람이란 것을 잊지 말아야 한다. 본 문제에서 정확하게 이해하지 못하는 것은 관련 문헌을 확인해 보는 습관을 길러야 엔지니어링 사고를 하게 되고, 완벽하게 이해하는 것이 된다는 것을 명심하기 바란다. 상기의 문제를 이해하기 위해서는 다음의 사항을 확인 바란다.

1. 전원 외란과 전력품질과는 어떠한 개념의 차이가 있는지를 확인하여야 한다.

전력품질(PQ) 문제란 실제로 전력시스템에서 발생하는 전기·자기적 외란현상(Electromagnetic Disturbance Phenomenon)으로 규정되며, 주로 전압·전류 및 주파수 성질을 나타낸다. 따라서 PQ는 전력시스템에 대한 광범위한 전력외란(Power Disturbance)이나 신호 간섭(Signal Perturbance)에 대해 적용된다. IEEE 1159에서 규정하고 있는 PQ는 과도특성, 단주기변동, 장주기변동 및 파형왜곡의 4가지 주요 특성과 전압변동, 전력 주파수변동 등이 표준화되어 있다.

2. 전력품질의 개선장치에는 어떠한 종류가 있는지 알고 있나요?

Custom Power기기로는 고조파전류 보상장치인 능동필터(Active Filter), 정지형 동적 전압컨트롤러(Dynamic Voltage Restorer), 무효전력조정장치(SVC와 STATCON), 정지형 고속절환스위치(Sub-cycle Switch 또는 Solid-state Transfer Switch : SSTS), 무효전력보상장치(Soft Switch Capacitor), 다기능 전원공급장치 등을 들 수 있다. 이들 기기에 대한 역할 및 기능에 대해서 확인 바란다.

참고문헌

1. 임수생, 이은웅, 전력품질 개선의 필요성과 STATCOM
2. 김재철, 윤상윤, 배전계통의 전력품질 및 신뢰도 평가의 방법, 전기학회지, 제50권 제3호, 2001
3. 서장철, 전력품질 및 전력수요관리시스템, 전기저널, 2002. 1

12 전기공급약관에서 정하는 고조파관리기준에 대해서 설명하시오.

■ 본 문제를 이해하고, 기억을 오래 가져갈 수 있는 그림이나 삽화 등을 생각한다.

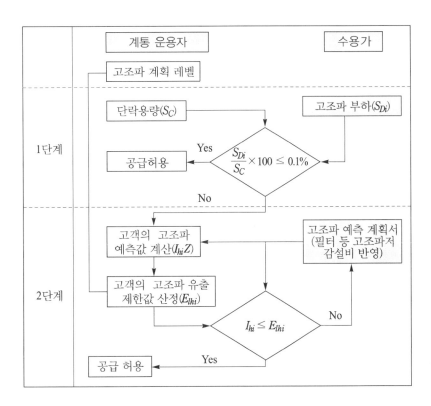

그림 1. 신규 및 증설 수용가의 고조파 검토 절차

해설

1. 개요

전력회사에서는 고조파로 인한 경제적 손실을 예방하고 고품질의 전력공급을 위하여 Global Standard에 부합하며 국내 계통 실정에 맞는 송전계통 고조파관리기준을 제정하였다. 전력사용 고객은 고조파 방출전류의 한계 값 설정을 통해 고조파에 대한 관리를 할 수 있도록 하였다. 또한 이를 가지고 계통에 연계되는 고객에 대한 전력공급 조건을 검토하고 전력공급 후 고조파에 대해 관리할 수 있는 기반을 마련

함. 여기에서는 전기공급약관에서 정하는 고조파관리기준 및 고조파 검토 절차에 대해서 기술한다.

2. 전기공급약관의 기준

1) 전기공급약관 제39조(전기사용에 따른 보호장치 등의 시설)에서 정하는 사항

   (1) 고객이 다음 중 하나의 원인으로 다른 고객의 전기사용을 방해하거나 방해할 우려가 있을 경우 또는 한전의 전기설비에 지장을 미치거나 미칠 우려가 있을 경우에는 고객의 부담으로 한전이 인정하는 조정장치나 보호장치를 전기사용 장소에 시설해야 하며, 특히 필요할 경우에는 공급설비를 변경하거나 전용공급설비를 설치한 후 전기를 사용해야 합니다.

     ① 각 상간(各 相間)의 부하가 현저하게 평형을 잃을 경우

     ② 전압이나 주파수가 현저하게 변동할 경우

     ③ 파형(波形)에 현저한 왜곡(歪曲)이 발생할 경우

     ④ 현저한 고조파(高調波)를 발생할 경우

     ⑤ 기타 상기에 준하는 경우

   (2) 부득이한 사유로 전기공급이 중지되거나 결상될 경우 경제적 손실이 발생될 우려가 있는 고객은 비상용자가발전기, 무정전전원공급장치(UPS), 결상보호장치, 정전경보장치 등 적절한 자체 보호장치를 시설하여 피해가 발생하지 않도록 주의해야 합니다.

2) 공급약관 세칙 제26조(전기사용에 따른 보호장치 등의 시설)에서 정하는 사항

   (1) 아크로, 전기철도 등에 전력을 사용하는 고객으로서 플리커나 고조파 (이하 "플리커 등"이라 한다)가 발생하여 다른 고객의 전기사용을 방해할 우려가 있는 고객에 대해서는 한전에서 플리커 등을 검토해야 한다.

   (2) 제(1)항에 따라 플리커 등의 검토를 받아야 하는 고객은 검토에 필요한 자료를 수급개시 예정일 6개월전 까지 한전에 제출토록 해야 한다.

   (3) 플리커 등을 검토한 결과가 다음에서 정한 허용기준치를 초과할 경우에는 고객의 부담으로 보호장치를 시설해야 한다.

     ① 플리커(Flicker) 허용 기준치

구 분	허용 기준치	비 고
예측 계산시	2.5[%] 이하	최대전압 변동률로 표시
실측시	0.45[%] 이하	$\triangle V_{10}$으로 표시하며 1시간 평균치임

② 고조파 허용 기준치

ⓐ 공급전압이 66[kV] 이상인 경우 : 고객은 다음의 차수별 고조파 전압 %에 상응하는 차수별 고조파 전류이하를 유지하여야 한다.

3의 배수가 아닌 기수 고조파 (홀수 고조파 : 비 3배수)		3의 배수인 기수 고조파 (홀수 고조파 : 3배수)		우수 고조파 (짝수 고조파)	
차수 h	고조파 전압[%]	차수 h	고조파 전압[%]	차수 h	고조파 전압[%]
5	1.8	3	1.5	2	0.6
7	1.5	9	0.5	4	0.3
11	1.1	$h \geq 15$	0.1	6	0.2
13	0.9			8	0.2
17	0.6			$h \geq 10$	0.1
19	0.5				
23	0.4				
25	0.4				
29	0.3				
31	0.3				
$h \geq 35$	0.2				

ⓑ 공급전압이 22.9[kV] 이하인 경우 : 고객은 다음의 차수별 고조파 전압 %에 상응하는 차수별 고조파 전류이하를 유지하여야 한다.

3의 배수가 아닌 기수 고조파 (홀수 고조파 : 비 3배수)		3의 배수인 기수 고조파 (홀수 고조파 : 3배수)		우수 고조파 (짝수 고조파)	
차수 h	고조파 전압[%]	차수 h	고조파 전압[%]	차수 h	고조파 전압(%)
5	3.8	3	1.5	2	1.3
7	3.1	9	0.5	4	0.6
11	2.2	21	0.1	6	0.3
13	1.9	$h > 21$	0.2	8	0.3
$h \geq 17$	$\{1.36 \times (17/h)\} -0.16$			>8	$\{(0.15 \times (10/h)\} +0.15$

[주] 종합고조파 왜형률(THD) : 배전계통에서 5[%]

(4) 약관 제39조 [전기사용에 따른 보호장치 등] 제(2)항의 "경제적 손실이 발생 될 우려가 있는 고객"이란 관련법령에 따라 비상전원공급장치의 설치 의무가 있는 고객 및 양어장, 비닐하우스 축산농가, 컴퓨터 관련산업, 농수산물 가공 업 등 정전시 피해발생 우려가 많은 고객을 말한다.

3. 고객이 신규 또는 증설을 시행할 경우 고조파 검토 절차

고조파 검토 절차는 다음과 같은 단계로 이루어진다.

1) 1단계 : 소규모 고조파 부하 검토 면제

먼저, 신규 고객에 대하여 고조파 부하에 대한 검토대상 제외 여부를 파악한다. 이는 소규모 고조파 발생부하의 경우 전체 계통에 미치는 영향이 작아서 검토 필요성이 없어 검토를 면제하는 절차이다. 조건은 식 (1)과 같이 고객의 고조파 발생기기 용량이 계통 단락용량의 0.1[%] 이하일 경우 별도로 고조파 유출제한값을 산정하지 않고 신규 공급을 승인하며, 0.1[%]를 초과하는 경우 2단계(고객의 고조파전류 유출 적정성) 검토를 시행한다.

$$\frac{S_{Di}}{S_C} \times 100 \leq 0.1\,[\%] \qquad \cdots\cdots (1)$$

여기서, S_{Di} : 고객의 고조파 부하(고조파 발생기기) 총 용량 [MVA]

S_C : 공급 변전소 모선의 단락용량 [MVA]

2) 2단계 : 고객의 고조파 전류 유출 적정성 검토

고객의 고조파 부하용량이 전력공급 변전소 단락용량의 0.1[%]를 초과할 경우 고객으로부터 고조파 검토 자료를 제출받아 계산한 고조파 예측 값과 고조파전류 유출 제한 값을 산정한다. 그 후 고객이 제출한 고조파 전류 유출 예측 값과 비교하여 전력공급 허용 여부를 판단하고, 초과할 경우 고조파 필터 운용 등 저감대책 수립을 요청하게 된다.

4. 고조파 관리

신규 또는 증설 고객 전력공급 후 고조파 관리는 주기적으로 고객의 유출 고조파 전류를 측정, 분석하여 고객에게 할당된 고조파전류 유출 제한 값을 초과할 경우 고객 측에 고조파 저감을 위한 대책을 추가로 요구함으로써 계통의 품질을 유지한다. 고조파 측정은 표 1과 같이 3가지 기준으로 시행하며, 일반적으로 부하량과 부하 패턴이 주중과 주말에 서로 상이하기 때문에 IEC 기준에 의거하여 최소 일주일 동안 일정 사양 이상의 휴대용 전력품질 측정기 또는 전력품질 관리시스템을 이용하여 측정 및 분석을 시행한다.

추가 검토 사항

■ 공학을 잘 하는 사람은 수학적인 사고를 많이 하는 사람이란 것을 잊지 말아야 한다. 본 문제에서 정확하게 이해하지 못하는 것은 관련 문헌을 확인해 보는 습관을 길러야 엔지니어링 사고를 하게 되고, 완벽하게 이해하는 것이 된다는 것을 명심하기 바랍니다. 상기의 문제를 이해하기 위해서는 다음의 사항을 확인바랍니다.

1. '고조파' 관련 용어를 이해하고 있나요.

   1) 내부 고조파 : 전압, 전류에서 기본주파수의 정수배가 아닌 주파수 요소, 이상적인 주파수나 광대역의 스펙트럼을 말하며, 지속시간 : 정상상태, 크기(P.U.) : 0~2[%] 범위를 말한다.

   2) 공통접속점(PCC : Point of Common Coupling) : 전력계통에서 검토대상 고객으로부터 전기적으로 가장 가까운 지점으로 타 고객도 전력을 공급받을 수 있는 지점을 말하며, 주로 변전소 모선에 해당함

   3) 종합 고조파 왜형률(THD : Total Harmonics Distortion) : 고조파 파형의 왜곡된 정도를 나타내는 일반적인 고조파 지수로서 기본파 주파수 성분의 실효값에 대한 특정 차수(H차)까지의 모든 고조파 성분에 대한 실효값 총합의 비율을 말함

   4) 양립성 레벨(Compatibility Level) : 대다수의 기기들이 피해를 입지 않을 정도의 전력계통 고조파 발생기준과 기기의 내성기준 결정을 위한 값을 말함

   5) 플리커(Flicker) : 시간에 따른 빛의 자극에 의해 야기되는 시각의 불안정한 현상이며, 계통과 연결되어 있는 특정 계통에 전압강하 현상이 일어나 접속점에 함께 연결되어 있는 타 기기의 전압강하로 이어져, 전등이나 다른 전력기기들이 깜빡임을 나타내는 현상을 말함.

   플리커의 사전적 정의는 "등불빛 등이 깜박이다, 명멸하다"로 표기되어 있다. IEC(International Electro-technical Committee) 규격에서는 "시간에 따른 빛의 자극에 의해 야기되는 시각의 불안정한 영향"으로 플리커를 정의하고 있다. 플리커 현상을 어떤 한 고객이 전력계통에서 전력을 공급받는 상황으로 관점을 돌리면, 이 고객은 저압계통의 어느 한 지점인 공통접속 지점(PPC : Point of Common Coupling)으로부터 전력을 공급받고 있으므로 이 계통과 연결되어 있는 특정 부하가 정격 용량 이상의 과다한 전류를 공급받고 있으므로 이 계통과 연결되어 있는 특정 계통에 전압 강하현상이 일어나게 되고, 이는 그 접속점에 함께 연결되어 있는 타 기기의 전압강하로 이어지게 되어, 전등이나 모니터 등의 깜빡임으로 나타나게 된다.

참고문헌

1. 한국전력공사, 전기공급약관, 2012
2. 임영성, 송전계통 고조파관리기준 제정 및 적용, 전기저널, 1월, 2013

부 록

발송배전기술사 출제문제

71회 발송배전기술사 출제문제

제 1 교시

※ 다음 13문제 중 10문제를 선택하여 설명하시오. (각 10점)

1. 단락전류를 억제하기 위한 주요 대책 중 3가지만 열거하시오.

2. 동기발전기의 정상상태 운전 범위를 결정하는 요인 3가지를 열거하시오.

3. 송전선로의 SIL(Surge Impedance Loading)을 송전전압(V) [kV], 단위 길이당 직렬 인덕턴스(L) [H/km], 대지 커패시턴스(C) [F/km]로 나타내시오.

4. 80[%]의 지상역률로 정격출력을 내고 있는 동기발전기의 내부 유기기전력의 크기(E_f), 회전자각(δ)을 구하시오. 단, 직축 리액턴스(X_d)는 0.8, 횡축 리액턴스(X_q)는 0.6(모든 값은 단위법으로 표시하고, 각도는 degree로 표시할 것)

5. 전력품질을 평가함에 있어서 주파수유지율, 규정전압 유지율, 정전 등 기존의 개념 이외에 요즈음 새로이 주목받는 전력품질로 문제시되는 현상을 3가지만 열거하시오.

6. 일반적인 전력조류 계산(Power Flow Calculator)법에서 발전모선(Slack 모선 제외)의 제어값(기지량)과 상태값(미지량)을 적으시오.

7. 중성점 집지방식에는 중성점 접지 임피던스의 종류와 크기에 따라 여러 방식이 쓰이고 있다. 보호계전기 동작이 가장 확실한 중성점 접지방식을 적고 그 이유를 간단히 설명하시오.

8. 발・변전소에서는 선로의 접속이나 분리를 위하여 차단기나 단로기를 설치하고 있다. 단로기 개방 시 사전에 조치할 사항을 열거하시오.

9. 모든 발전기는 각각의 특성에 따라 계통 운영상 부하분담 역할이 다르다. 발전기의 부하분담 역할을 3가지로 크게 분류하여 주요 특징 및 구비요건을 간단히 설명하시오.

10. 상업용 교류발전기는 대부분 회전계자형을 채택하고 있는 이유를 간단히 열거하시오.

11. 정격출력 200 [MW], 속도 조정률 4 [%]의 발전기와 정격출력 100 [MW] 속도

조정률 5 [%]의 발전기가 모두 80 [%]의 역률로 60 [Hz] 정격 운전 중 일부 부하의 탈락으로 양 발전기의 출력의 합이 170 [MW]으로 바뀌었다면 그때 이 계통의 주파수를 구하시오.

12. 변압기 용량의 대형화에 따라 제작상 주요 문제점 3가지 이상을 열거하시오.

13. GPS(Global Positioning System)기술이 전력계통에 응용되는 기술분야를 3가지만 열거하시오.

제 2 교시

※ 다음 6문제 중 4문제를 선택하여 설명하시오. (각 25점)

1. 송전단 전압 V_S가 345 [kV]로 일정하고 수전단 전압이 V_R [kV]이며, 송 · 수전단 사이 선로 임피던스가 $R + jX$[%]인 전력계통에서 역률이 0.8이고 유효전력(P_R)이 1.0[PU]인 수전단 부하에 전력을 공급하려고 한다. $R \ll X$이고 X는 10[%]일 때 수전단 전압을 구하시오.

2. 경사 1/2000 긍장 4 [km]의 수로식 발전소가 있다. 취수구와 방수구의 고저차가 200 [m] 수압관의 손실낙차가 2 [m] 방수구의 손실낙차가 1 [m] 최대사용 수량 매초당 60 [m^3]로 하면
   (1) 발전소에서 생산할 수 있는 최대 출력은 얼마[kW]인가?
   (2) 연부하율 60 [%]로 운전시 연간 발생 전력량은 얼마인가? 단, 수차의 효율은 87 [%], 발전기 효율은 95 [%]로 한다.

3. 독립된 전력계통에서 수요성장에 대비하기 위하여 화력발전소 건설을 검토할 경우에 경제성 측면에서 타당성 분석의 주안점에 대하여 설명하시오.

4. 다음 그림에서 S점에서 3상 단락이 발생하였다. 이때의 3상 단락전류 및 3상 단락용량을 계산하시오.
   단, $G_1 G_2$: 30,000[kVA], 22[kV],
   　　　리액턴스 33[%]
   　변압기 T_r 는 60,000[kVA],
   　　　22/154[kV] 리액턴스 10[%]
   　송전선 T_r, S간은 120[km]로 하고
   　선로임피던스는 $Z = O + j0.5$[Ω/km]라 한다.

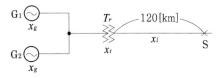

5. 직접접지 계통에서 유효접지의 의미와 유효접지 조건에 관하여 설명하시오.

6. 전력계통에 가해진 외란 등으로 다수의 발전기간에 저주파 동요 현상이 나타나 계통 안정운용에 지장을 줄 수 있다. 계통 동요 현상 억제를 위한 주요 대책을 설명하시오.

제 3 교시

※ 다음 6문제 중 4문제를 선택하여 설명하시오. (각 25점)

1. 피뢰기의 정격 선정 시 주요 착안 사항에 대하여 설명하시오.

2. 전력 산업 구조개편 후 경쟁적 전력시장에서 급전방식을 구조개편 이전과 대비하여 설명하시오.

3. 유연송전 시스템(FACTS : Flexible AC Transmission System)의 일종인 UPFC(Unified Power Flow Controller)의 구조와 기능에 대하여 설명하시오.

4. 그림과 같은 교류 회로에서 리액턴스 x_1에 흐르는 전류 단자 a, b 사이의 전압 E와 동상이 되기 하기 위해서 직렬 저항 r_0의 값을 얼마로 해야 하는가?

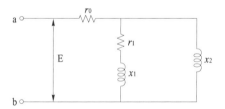

5. 그림과 같은 전력계통에서 차단기 B의 차단용량[MVA]은 얼마인가? 단, 그림의 각 부분은 %임피던스이고 모든 값은 100 [MVA]로 환산한 값이다.

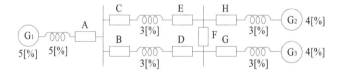

6. 500,000[kW] 증기 터빈 발전기가 있다. 이 발전기의 사양은 다음과 같다. 사용 증기량 $w = 1600$[t/h], 발전기 출력 $P_g = 500,000$[kW], 발전기 효율 96 [%], 터빈 입구 증기 엔탈피 $i_o = 820$ [kcal/kg], 배기의 엔탈피 $i_1 = 518$ [kcal/kg], 복수기 온도 28 [℃], 엔탈피 i_2는 약 28 [kcal/kg]로 본다.

(1) 터빈의 효율을 구하시오.

(2) 터빈실 효율을 구하시오.

제 4 교시

※ 다음 6문제 중 4문제를 선택하여 설명하시오. (각 25점)

1. 발전연료비 특성과 발전기 출력 제약조건이 다음 식과 같이 주어진 3기의 화력 발전기가 경제부하 배분에 의해 부하에 전력을 공급하고 있다. 부하 전력 P_R이 450 [MW]인 시간대에 발전기 G_1의 경제부하 출력 배분을 구하시오. 발전 연료비 특성식은 각 발전기의 출력의 함수이고 발전기 출력의 단위는 [MW]이다.

· 발전기 $G_1 = F(P_{G1}) = 1.0 \cdot P_{G1}^2 + 160.0 \cdot P_{G1} + 650.0$[원/MWh]

　　　$0.0 < P_{G1} < 250.0$

· 발전기 $G_2 = F(P_{G2}) = 2.0 \cdot P_{G2}^2 + 120.0 \cdot P_{g2} + 750.0$[원/MWh]

　　　$0.0 < P_{G2} < 250.0$

· 발전기 $G_3 = F(P_{G3}) = 2.0 \cdot P_{G3}^2 + 180.0 \cdot P_{G3} + 1000.0$[원/MWh]

　　　$0.0 < P_{G3} < 250.0$

2. 직접부하관리(Direct Load Control)의 의미와 필요성에 대하여 설명하시오.

3. 우리나라의 전력산업 구조 개편의 기본 방향에 대하여 전력시장의 형태를 중심으로 설명하시오.

4. 상시출력 100,000[kW] 상시첨두출력 150,000 [kW] 8시간 계속 발전 가능한 조정지식 수력 발전소가 있다. 평균 유효낙차 80 [m], $\eta_t \eta_g$: 80 [%], 저수면적 180,000 [m²]으로 단면적이 일정하다면 위와 같은 운전을 실시할 경우 수심은 몇 [m]까지 사용하면 되는가?

5. 3심 벨트 케이블의 정전용량은 다음 그림과 같다. 작용 정전용량 C를 구하시오.

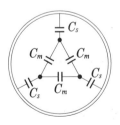

6. 최근 발생한 미국 동부지역의 대 정전사고와 같이 전력계통은 불시광역정전(전체 혹은 지역계통 붕괴 등)의 발생 가능성을 항상 갖고 있다. 광역 정전 붕괴 예방을 위한 주안점에 대하여 설명하시오.

72회 발송배전기술사 출제문제

제 1 교시

※ 다음 13문제 중 10문제를 선택하여 설명하시오. (각 10점)

1. 전력조류 계산(Power Flow Calculation)에서 스윙(Swing) 모선 또는 슬랙 (Slack) 모선을 정하는 이유는 무엇이며, 이 모선의 제어값(기지량)과 상태값(미지량)은 무엇인가?

2. 교류용 애자에 비해 직류용 애자 선정 시 유의해야 할 특성 3가지를 그 이유와 함께 기술하시오.

3. XLPE 케이블과 CNCV-W 케이블은 무엇의 약자인가 기술하고 그 특징을 간단히 설명하시오.

4. 장거리 송전선로의 임피던스는 아래 그림과 같다. 선로 특성 임피던스 Z_0를 구하시오.

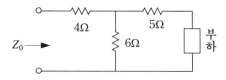

5. 발전기 중성점 접지방식의 종류를 열거하고 간단히 설명하시오.

6. 전기사용 설비에서 케이블의 굵기 선정 방법에 대하여 기술하시오.

7. 154 [kV] 전력계통에 적용하는 고속도 재폐로 방식의 종류와 효과에 대하여 기술하시오.

8. 변압기의 % 임피던스를 선정 시 검토하여야 할 사항에 대하여 설명하시오.

9. 변압기 이행 전압의 종류와 대책에 대하여 설명하시오.

10. 가공 송전선로 지지물에서 하중경간의 종류와 특징에 대하여 설명하시오.

11. 우리나라 전력계통에서 적용하고 있는 154 [kV] 계통보호 방식을 가공선로와 모선으로 구분하여 설명하시오.

12. 초고압 가공 송전선로의 송전 손실에 대하여 기술하시오.

13. 전력기기 절연물에 적용하고 있는 내열 절연계급에서 종별 최고 허용 사용 온도를 기술하시오.

제 2 교시

※ 다음 6문제 중 4문제를 선택하여 설명하시오. (각 25점)

1. 아래 그림과 같은 동축원통 배치의 GIS 경우, 중심도체와 외측용기의 반경을 각 각 r[m], R[m]로 하였다. 이때, 중심도체에 V[V]의 전압을 인가하고 외측 용기를 접지하면 중심도체 표면에 최대 전계치가 나타나게 된다. 여기서 인가전압과 외측용기 반경 R을 일정하게 하고 중심도체 반경만을 변화시키면 중심도체의 반경이 R/e이 될 때 중심도체 표면에 가장 낮은 최대 전계치가 나타남을 증명하시오. 단, 고체 절연체(스페이서)의 영향은 무시하며 여기서 e는 자연로그 밑수인 2.781… 을 의미한다.

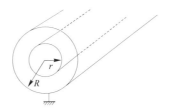

2. 전기수용가 설비의 수전용 ASS(Auto Section Switch)가 154[kV]/22.9[kV−Y] 공급 변전소의 재폐로 계전기 및 배전선 계통의 리클로저와의 보호협조를 하는 방법을 설명하시오.

3. 최근 국가 대체에너지 개발에 있어서 풍력 발전기의 사용이 부각되고 있다. 풍력 발전기의 종류와 장·단점을 기술하시오.

4. 우리나라 최고 송전 전압인 765[kV] 송전선로 건설의 장점을 설명하시오.

5. 가공 송전선로에서 바람으로 발생하는 진동현상의 종류와 방지대책에 대하여 설명하시오.

6. 보호 계전 장치의 Surge 경감 대책에 대하여 기술하시오.

> **제 3 교시**

※ 다음 6문제 중 4문제를 선택하여 설명하시오.(각 25점)

1. 다음 그림과 같은 발전기에서 a상이 저항 $R[\Omega]$을 통하여 지락이 된 경우의 a상의 전압, $\dot{V}_a[V]$, 전류 $\dot{I}_a[A]$를 구하시오. 이때, 발전기의 영상, 정상, 역상 임피던스는 각각 $\dot{Z}_0$, $\dot{Z}_1$, $\dot{Z}_2[\Omega]$이다.

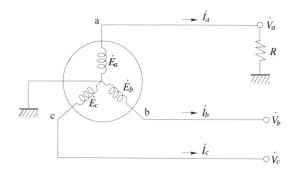

2. 유도 발전기와 동기 발전기의 특성과 장·단점을 기술하시오.

3. 전력설비의 컴퓨터에 의한 감시제어 시스템에 요구되는 특성과 이 시스템의 하드웨어와 소프트웨어 구성에 대하여 간단히 기술하시오.

4. 가공 송전철탑에서의 오프셋(off-set)과 지중 송전케이블에서의 오프셋에 대한 차이점을 설명하시오.

5. 지중 케이블의 송전용량을 증대시킬 수 있는 케이블 냉각 방식의 종류와 특징을 설명하시오.

6. 154 [kV] 이상 변전소에서 적용하고 있는 모선 구성의 종류와 모선 형태를 도시하시오.

> **제 4 교시**

※ 다음 6문제 중 4문제를 선택하여 설명하시오. (각 25점)

1. 교류 가공 송전선의 코로나 방전은 어떤 현상이며 이의 방지 대책에 관하여 기술하시오.

2. 배전 자동화 시스템의 기능과 목적에 관하여 기술하시오.

3. 전기 설비 중 고압 유도 전동기 500 [kW]×4대, 저압전동기 5.5 [kW]×4대, 전등부하 30 [kW], 기타부하 20 [kW]인 부하설비의 수전용 주변압기 용량을 계산하시오. 여기서 고압 전동기 효율은 92 [%], 기동계수는 1 [kVA/kW], 저압 부하 효율은 85 [%], 종합 수용률은 80 [%]이다. 단, 역률은 90 [%]이다.

4. 고전압 전기 절연재료의 경년열화 요인의 종류와 특성을 설명하시오.

5. 화석연료의 환경오염과 고갈로 대체에너지 개발이 절실하다. 대체 에너지의 종류를 열거하고 간단히 설명하시오.

6. 전력계통의 안정도 향상대책에 대하여 논하시오.

74회 발송배전기술사 출제문제

※ 다음 13문제 중 10문제를 선택하여 설명하시오. (각10점)

1. 페란티 현상이란 무엇이며, 발생이유, 영향, 대책 등을 기술하시오.

2. 원자력 발전소 원자로의 보호 대책(장치) 5가지만 기술하시오.

3. 계통의 상태는 계통설비 운전 및 고장에 따라 항상 변화하고 있다. 계통 상태의 변화를 그림으로 그리시오.

4. 정격전압 154/66/6.6 [kV], 정격용량 100/30/30 [MVA]의 3권선 변압기가 있다. 이 변압기의 리액턴스가 아래 표와 같다. 이 경우 변압기의 PU 임피던스도 (100 [MVA] 기준)를 그리시오.

구 분	용 량	%Z
1~2 차간	100	11
2~3 차간	30	4
3~1 차간	30	10

5. %임피던스의 개념을 설명하고, 2권선 변압기 1차측과 2차측의 $\%Z$가 동일함을 기술하시오.

6. 변압기 여자 돌입 전류를 설명하고 이에 의한 보호계전기 오동작 방지 대책에 대하여 설명하시오.

7. 정격전압 15 [kV], 정격용량 400 [MVA], $x_d'' = 20$ [%]의 발전기가 있다.

(1) 정격전압에서 무부하 운전 중

(2) 정격전압에서 출력 360 [MW] + j160 [MVar]로 부하 운전 중

상기 2가지의 경우에서 발전기 단자에서 3상 단락 되었을 경우 단락 직후 I''[A]를 구하라.

8. 아래 그림과 같이 송전선 3선을 일괄한 상태로 타단으로부터 파고값 E인 충격파를 기하였다고 한다. 다음의 경우에 대해서 0점에 나타나는 전압을 구하시오.

단, 송전선의 파동 임피던스는 Z이고, 반무한장의 송전선이다.

① 1선에만 충격파를 가했을 경우

② 2선에 동시에 충격파를 가했을 경우

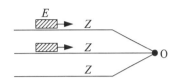

9. 배전계통에서 부등률에 대하여 간단히 기술하고, 수용률, 부하율 등과 관계를 기술하시오.

10. 그림과 같은 3상 교류 발전기의 Sequence Network를 그리시오.

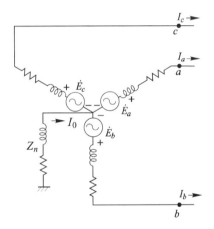

11. 발전기의 운동방정식을 유도하고 주파수 변화와 관련성에 대하여 설명하시오.

12. 풍력발전시스템의 계통연계 구성도를 그리고 간략히 설명하시오.

13. 테브난의 정리와 밀만의 정리를 간단히 기술하시오.

제 2 교시

※ **다음 6문제 중 4문제를 선택하여 설명하시오. (각 25점)**

1. 전력시스템의 사고 파급의 원인, 대책과 시스템 붕괴에 대하여 기술하시오.

2. 전력계통의 정확한 해석을 위해서는 정확한 부하모델링이 전제되어야 한다. 부하모델링방법에 대하여 설명하고, 각 모델별 특성 곡선을 그리고 설명하시오.

3. 이상전압의 발생과 전파과정에서 나오는 진행파의 기본수식을 유도하고 파동임피던스 및 전파 속도를 구하시오.

4. 다음 그림에서 발전기는 3,000 [kVA]와 2,000 [kVA]를 갖는 소수력 발전소로서 발전소 내에는 정격차단용량 200 [MVA]의 차단기를 사용하고 있다. 이 발전소를 20,000 [kVA]의 주변압기를 갖는 인접한 변전소 S와 연계해서 운전하고자 할 경우 발전기와 차단기를 절체하지 않고 연계선에 한류리액터 X를 삽입하려고 한다. 이때 X의 리액턴스를 얼마로 해야 하는지 계산하시오. 단, 기준용량 2,000 [kVA]로 하시오.

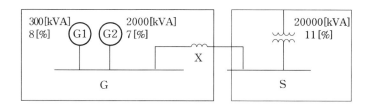

5. 기술력의 진보로 전력계통에 HVDC 시스템을 적용하는 사례는 점증하고 있다. HVDC 송전에 대해 간략히 설명하고 이 방법의 장점을 10개 정도 약술하시오.

6. 다음은 피뢰기에 관한 사항이다. 다음 각 항에 대하여 기술하시오.
  (1) 피뢰기의 역할과 구비조건 및 방전개시전압, 충격비
  (2) 피뢰기의 제한전압 산출방법
  (3) 제한전압과 절연협조 및 경제성

제 3 교시

※ 다음 6문제 중 4문제를 선택하여 설명하시오. (각 25점)

1. 발전기의 출력과 주파수와의 관계, 속도 조정률 및 조속기 프리(Free)운전에 대하여 기술하시오.

2. 전력계통의 전압안정도를 설명하는데 이용되는 P – V, V – Q 곡선에 대하여 설명하시오.

3. 케이블 금속 씨즈(Sheath)유기전압 저감 대책을 기술하시오.

4. E는 발전기 기전력, V는 부하 단자 전압, $R + jX$는 발전기 내부 리액턴스까지 포함한 송전계통의 임피던스이다. 일반적으로 송전계통에서는 $R \ll X$가 성

립한다. 이러한 경우 송전선상의 유효전력 P는 E와 V의 위상차에, Q는 송전 계통의 전압강하에 밀접하게 관계됨을 벡터도와 수식을 이용하여 설명하시오.

5. 배전계통에서 전기품질향상을 위한 대책에 관하여 논하시오.

6. 무부하 3상 교류 발전기에서 선간단락이 발생한 경우 단락전류와 건전상 전압을 구하고 선간단락 전류가 3상 단락전류의 86.6[%] 됨을 기술하시오.

제 4 교시

※ 다음 6문제 중 4문제를 선택하여 설명하시오. (각 25점)

1. 송전 전력계통용 차단기의 고속도 재폐로 방식과 종류에 대하여 기술하시오.

2. 화력 발전소의 열효율 향상을 위하여 가스터빈과 증기터빈을 조합한 대표적인 복합 사이클 발전의 계통도 및 구분, 특징에 대하여 기술하시오.

3. 최근의 기술력 향상으로 전력계통 해석 관련 상용 패키지가 많이 이용되고 있다. 이 패키지를 사용하는 목적 및 그 특징을 기술하고, 특히 많이 사용되고 있는 패키지에 대하여 설명하시오. (최대 3개까지)

4. 그림과 같은 송전선로에서 다음 사항을 구하시오. 단, 각 BUS의 전압은 정상시에 1[PU]이고, 선로 임피던스는 PU 단위임.

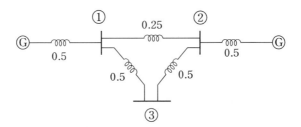

(1) Y_{BUS}를 구하시오.
(2) ③번 모선에서 3상 단락사고시 단락전류(PU)를 구하시오.
(3) 이때 ①번 및 ②번 모선의 전압(PU)을 구하시오.
(4) 이때 ①번과 ②번, ②번과 ③번, ①번과 ③번 모선사이의 전류(PU)를 구하시오.

5. EMS(Energy Management System)의 계층제어 구성과 기능 및 미래의 구성방안에 대하여 기술하시오.

6. 변압기 병렬운전에 있어서 꼭 만족시켜야 할 조건들과 만족시키면 좋은 조건들을 나열하고 그 이유를 각각 설명하시오.

75회 | 발송배전기술사 출제문제

제1교시

※ 다음 13문제 중 10문제를 선택하여 설명하십시오. (각 10점)

1. 유효접지 방식을 설명하고, 유효접지 방식의 특징을 기술하시오.

2. 지중케이블 시공에 있어서 오프셋(off-set)에 대하여 그림과 함께 설명하시오.

3. 초고압가공송전선(超高壓架空送電線)에 있어서 합계 단면적이 같은 단도체방식
(單導體方式)과 다도체방식(多導體方式)을 비교하여 서술하시오.

4. 일반적인 유연송전시스템(Flexible AC Transmission System)에 의한 전력조
류제어 방법을 열거하시오.

5. 부하급변이나 전압변동으로 나타나는 플리커(Flicker)현상이 발생하는 주된 원
인과 방지대책을 기술하시오.

6. 가공송전선로에서 갤럽핑(galloping)현상에 대하여 설명하고, 갤럽핑 발생의
원인을 열거 하시오.

7. 변압기의 여자돌입전류에 관하여 발생에 영향을 주는 요소를 3가지 이상 열거
하시오.

8. 변압기의 소음에 관하여 발생원인 및 대책에 대하여 서술하시오.

9. 화력발전기 A의 증분연료비가 45 [원/kWh]이고, 화력발전기 B의 증분연료비가
50[원/kWh]일 때, 송전손실을 고려한 경제출력 배분식(화력발전기 협조 방정
식)을 유도 하시오.

10. 소형분산발전기술중의 하나인 마이크로 가스터빈(Micro Gas Turbine) 복합
발전시스템의 구성에 대해 설명하시오.

11. 발·변전소에 설치되는 피뢰기의 정격전압에 대하여 설명하고, 154 [kV], 345
[kV] 계통에서의 각각 피뢰기의 정격 전압을 선정하시오.

12. 그림과 같은 부하가 접속되어 있는 동일 길이, 동일 굵기의 배전선의 말단에
있어서 전압강하 (A)는, (B)의 몇 배가 되는가?

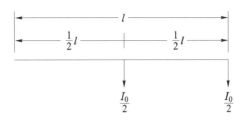

(A) 집중부하

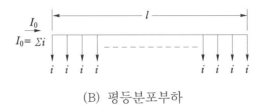

(B) 평등분포부하

13. 코로나(Corona)발생을 방지하기 위한 방법을 들고 그 이유를 간략히 설명하시오.

제 2 교시

※ 다음 6문제 중 4문제를 선택하여 설명하십시오. (각 25점)

1. 송전선에서 과전류에 의한 보호계전기 중에서 그림과 같은 유도형 과전류 계전기 동작원리에 대하여 서술하시오.

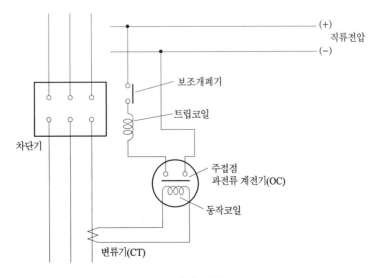

보호계전기의 기본회로도

2. 직류송전계통의 구성에 대하여 간단하게 구성도와 교류송전과 비교 장·단점을 서술하시오.

3. 22.9 [kV-Y] 다중접지 계통선로의 보호장치 상호간의 보호협조를 고려한 각 보호장치별 설치위치와 정격선정은 어떠한 기준에 의하여 결정되는가를 설명하시오.

4. 전력계통에서 무효전력공급원으로 설치되는 전력용 콘덴서 및 분로리액터의 회로 개폐시 나타나는 이상 현상에 대하여 설명하고 각각의 회로에 사용되고 있는 차단기의 선정 시에 유의할 점에 대하여 기술하시오.

5. 다음 그림의 3모선 계통에서 $n = 1.0$일 때 모선어드미턴스행렬 Y_{BUS}를 계산하시오. 단위는 모두 [pu]이다.

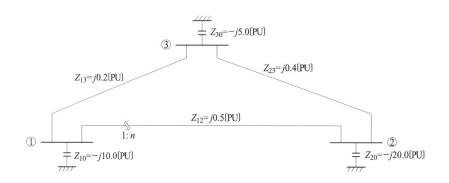

6. 발전기의 출력제한 범위를 정한 가능출력곡선을 나타내고, 출력제한 요소를 열거하시오.

제 3 교시

※ 다음 6문제 중 4문제를 선택하여 설명하십시오. (각 25점)

1. 변전소를 2중모선으로 하는 경우 계통운영상의 특징을 그림으로 표시하시고 동작원리를 서술하시오. (단, 변압기, 차단기, 기타(P·T/C·T) 삽입)

2. 태양광발전에서 system을 표시하고, 인버터에 관하여 독립형과 상전(한전계통)에 연계하는 방식에 대하여 서술하시오.

3. 전력계통의 공급신뢰도를 향상시키기 위한 방법을 1) 전력설비의 계획 및 운용, 2) 송·변전설비의 계획 및 운영에 있어서 각각 기술하시오.

4. 전력계통에서의 고조파의 발생원 및 그의 영향 및 대책에 대하여 기술하시오.

5. 전력계통 운전 상태는 수시로 변화하며, 운전 상태는 측정변수로부터 파악 할 수 있다. 측정변수에 따른 일반적인 계통운전상태를 설명하시오.

6. 다음 그림에서 정태안정도 극한전력을 구하고 안정도를 판별하시오. 여기서, 수전전력은 1.25 [pu], 전동기 역률은 1.0, 기준전압은 전동기 단자전압이다.

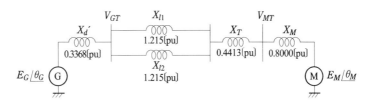

제 4 교시

※ **다음 6문제 중 4문제를 선택하여 설명하십시오. (각 25점)**

1. 배전계통에 종합자동화시스템을 도입함으로써 기대할 수 있는 기능에 대하여 그림으로 표시하고 서술하시오.

2. 그림에서 F점에 단락사고가 발생하는 경우에 과전류 계전기를 이용한 동락원리를 서술하시오. (단, 각계전기의 전류 탭 및 타임레벨 동작 시한차를 갖고 즉 $t_1 > t_2 > t_3$ 경우)

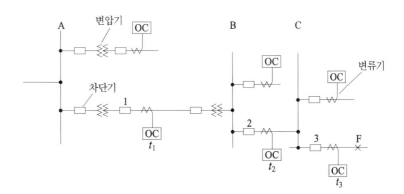

3. 다음 그림의 2회선 송전계통에서 #2 선로 사이 F점에 3상 단락이 발생했을 때, 고장 중의 전력전송력 P_{12}'를 계산하시오.

여기서, $E_1 = E_2 = 1.0$ [pu], $Z_1 = Z_2 = 0.4$ [pu], $Z_f = 0.2$ [pu]이다.

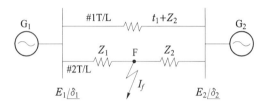

4. 다음 그림에서 무부하 발전기 a상에 1선 지락고장이 발생한 경우, 고장상의 지락전류와 건전상의 전압식을 유도하시오.

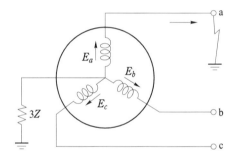

5. 초전도에너지의 응용기술의 개요와 전력기술분야의 응용 및 효과에 대하여 기술하시오.

6. 단락비의 성질에 대하여 설명하고, 단락비가 크고, 작음에 따른 전력계통 및 전력기기의 특성을 기술하시오.

77회 발송배전기술사 출제문제

※ 다음 문제 중 10문제를 선택하여 설명하시오.(각 문제당 10점)

1. 동기발전기의 전기자 전선을 Y결선으로 하는 이유를 설명하시오.

2. 변압기의 이행(移行) 전압과 Surge Absorber에 대하여 설명하시오.

3. 선로 전압강하 보상기(Line Drop Compensator)에 대하여 설명하시오.

4. 재기전압(Restriking Voltage)과 회복전압(Recovery Voltage)에 대하여 설명하시오.

5. 경쟁적 전력시장을 구성하는 5개의 구성요소들에 대해 설명하고, 이를 사이에 무엇을 주고받는가에 대한 흐름도를 그리시오.

6. 전력계통을 평가할 때는 신뢰도의 개념을 사용한다. 신뢰도에 관련된 용어 중 적정성과 안정성(Adequacy and Security)에 대해 설명하시오.

7. 배전자동화 시스템의 필요성 및 기능에 대해 간략히 설명하시오.

8. 케이블의 시험에 대표적으로 적용되는 항목(8가지)을 서술하시오.

9. 계통에서 발생되는 고조파에 의한 영향 5가지를 서술하시오.

10. 단상변압기 1,000[kVA] 3대를 △－△결선한 변압기 Bank에 단상부하를 연결할 때 최대한 공급할 수 있는 전력[kVA]을 구하시오.

11. 대규모 전력계통용 변압기는 단권변압기를 많이 사용하고 있다. 이 단권변압기의 등가용량과 부하용량에 대하여 기술하시오.

12. 비 정현파의 파형율과 파고율에 대하여 간단히 설명하고 그림과 같은 2등변 삼각파 교류의 파형율과 파고율을 구하시오.

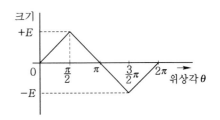

13. 증기터빈 발진기에서 터빈입구 증기엔탈피가 825[kcal/kg], 복수기에서 급수로 가는 유체의 엔탈피가 280[kcal/kg], 유입증기량 300[*l*/h]일 때 발전기 출력은 75,000[kW]라고 한다. 여기서 발전기 효율 0.98이라고 하면 터빈실의 열효율을 구하시오.

제 2 교시

※ 다음 문제 중 4문제를 선택하여 설명하시오. (각 문제당 25점)

1. 전력에너지 저장 원리를 크게 4가지 방법으로 구분하여 기술하시오.

2. 최근 에너지의 다변화에 기인하여 풍력발전 등 분산전원이 계통에 연계되어 운전되는 경우가 빈번히 발생되고 있다. 이때 크게 문제되는 것이 전력의 품질 저하 문제이다. 전력 품질을 나타내는 평가지표를 종류별로 그 특성 및 발생 원인에 대해 설명하시오.

3. 석탄가스를 연료로 하는 가스–증기복합 사이클 발전소에 대하여 설명하고, 연료 열량을 Q_0, 가스터빈 입력 열량을 Q_1, 가스터빈 출구 열량을 Q_2, 증기터빈 입력열량을 Q_3, 증기 터빈 출구 열량을 Q_4라고 할 때 이 사이클의 열효율 η을 구하시오.

4. 발전기는 전력계통의 가장 중요한 설비이다. 따라서 내부 혹은 외부 사고에 대해 신속히 보호되어야 한다. 발전기에 적용되는 보호계전기들을 쓰고, 각 계전기가 필요한 이유를 설명하시오.

5. 다음 그림과 같이 E 전극(측정대상 반구 모양 전극)의 중심으로부터 $d_1(\mathrm{m})$의 곳에 전류전극 C를, $d_2(\mathrm{m})$의 곳에 전위전극 P를 매설하고 E 전극으로 전류 I가 흘러들어가 C 전극으로 흘러나오도록 하고 전위강하법에 의해 접지 저항을 측정하고자 한다. 측정오차가 발생하지 않도록 하는 전극배치(61.8[%]의 법칙)를 설명하시오.

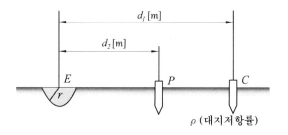

6. 특고압 비접지 계통의 지락보호에 사용되는 CLR(한류저항)의 설치목적과 CLR 의 용량 산정에 관하여 설명하시오.

제 3 교시

※ 다음 문제 중 4문제를 선택하여 설명하시오. (각 문제당 25점)

1. 154[kV] 수전계통의 주 변압기가 Y−△ 결선인 경우, 22[kV] 계통이 비접지 계통으로 되어 지락 사고시 이상전압 상승에 따른 설비의 소손 가능성이 있다. 또한 지락 전류가 미소하므로 사고차단이 어려워 사고파급이 우려된다. 이 경우 그 대책의 일환으로 Zigzag 변압기를 설치하는 경우가 있다. 이 Zigzag 변압기의 원리를 설명하시오.

2. 아래와 같은 삼상 사선식 220/380[V] 저압 배전선로가 있다. 다음 사항을 구하시오.

(1) 부하 불평형율

(2) 그림에서 F점에 중성선 단선이 발생하였다면 각상 전압 변동률을 구하고(중성선 전압 포함) 이를 벡터도로 표시하시오.

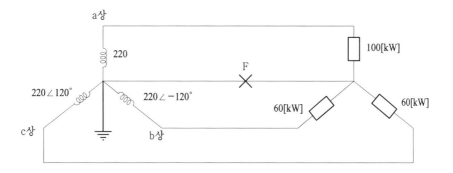

3. 전력계통에서 개폐시 발생하는 서지를 원인별(6가지)로 설명하고 각각의 대책에 대해 설명하시오.

4. 3개의 모선으로 구성된 345[kV] 송전선로에 100[MVA] 기준으로 한 Z_{BUS} 는 다음과 같다. 아래 사항을 구하시오. 단, Z_{BUS} 의 단위는 [Ω]이다.

$$Z_{BUS} = \begin{pmatrix} 0.22 & 0.08 & 0.2 \\ 0.08 & 0.22 & 0.18 \\ 0.2 & 0.18 & 0.32 \end{pmatrix}$$

(1) 3번 모선의 3상 단락전류?

(2) (1)의 경우 고장시 1번 모선 및 2번 모선의 전압은 얼마인가?

　　단, 고장 직전의 모선 전압은 345[kV]이다.

5. 60[Hz] 변압기를 동일전압의 50[Hz]에서 운전할 경우 다음 사항들이 어떻게 변화하는지 구체적으로 설명하시오.(수치 계산값 등을 제시)

(1) 자속밀도　　　　　　　　　(2) 철손

(3) 온도상승　　　　　　　　　(4) 출력

6. 154[kV] 계통에 사용되는 용량형 전압변성기에 대하여 개요, 특징 및 단점 등을 설명하고, 또 변압비(V_1 / V_2)는 전원 주파수에 대하여 공진조건에 맞추면 부하 임피던스에 무관하게 됨을 증명하시오.

C : 불꽃간극　　　　　　　　L : 공극이 있는 리액터

C_1 : 고압용 주콘덴서　　　　　Z : 부하 임피던스

C_2 : 저압용 분압콘덴서

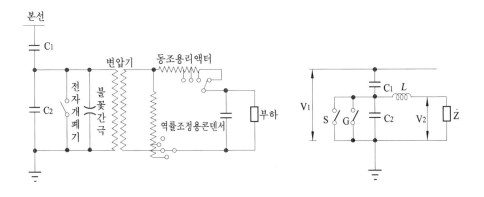

제 4 교시

※ 다음 문제 중 4문제를 선택하여 설명하시오. (각 문제당 25점)

1. 송전계통의 송전능력을 나타내는 용어로 총 수송능력(Total Transfer Capability)을 사용한다. 총 수송능력의 정의 및 이 값이 어떻게 결정되는 가에 대해 설명하시오.

2. 전기 사업법에 의한 발전설비 신뢰도 유지기준에 대하여 기술하시오.

3. 그림과 같은 송전계통의 송전손실과 충분 송전손실을 구하시오.

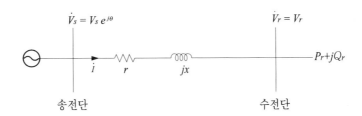

4. 변전설비에 콘덴서를 선정할 경우, 부하를 신증설 할 때 변압기 용량 증설 없이 수전이 가능하다. 이러한 역률개선을 통한 설비용량의 여유 증가에 대하여 설명하시오. 또 이를 이용하여 정격용량 300[kVA]의 변압기에서 지상 역률 70[%] 부하에 300[kVA]를 공급하고 있는 경우에 있어 합성역률을 90[%]로 개선해서 이 변압기의 전 용량까지 공급하려고 하면 소요될 전력용 콘덴서의 용량과 이때 증가시킬 수 있는 여유용량[kVA]와, 부하전력[kW](역률은 지상 90[%])를 구하시오.

5. A, B 두 대의 동일정격 3상 동기 발전기를 병렬운전해서 지상 역율 85[%] 전류 2400 [A]의 부하에 1/2씩 전력을 공급하고 있다. 지금 A기의 여자를 조정해서 그 전류를 1500[A]로 할 경우 A기 및 B기의 역률은 각각 얼마로 되는가? (단, 부하는 불변 조건임)

6. 캐스케이드(Cascade) 보호방식의 근거가 되는 기술기준을 소개하고, 캐스케이드 차단 협조시의 동작 특성 및 차단협조 조건에 대해 설명하시오.

78회 발송배전기술사 출제문제

※ 다음 문제 중 10문제를 선택하여 설명하시오.(각10점)

1. 계통주파수가 저하할 때 발전기 터빈운전상의 문제점과 운전방법에 대하여 기술하시오.

2. 에너지관리시스템(EMS)의 중요기능인 전력계통 상태추정(Power System State Estimation)의 역할을 설명하고 상태추정에 필요한 측정값의 종류를 열거하시오.

3. 보호계전기의 언더리치(Underreach)와 오버리치(overreach)에 대하여 설명하시오.

4. ACSR 전선의 송전선로 가선공사 중에 발생하는 전선 벌어짐 현상(Bird Cage)의 원인과 대책에 대하여 기술하시오.

5. 변압기와 발전기 등 단위 전력기기의 주 보호설비로 많이 사용하는 비율차동계전방식의 동작원리를 설명하시오.

6. 최근 소형 열병합 발전 시스템 적용이 활발하게 이루어지고 있다. 이 발전 시스템의 방식별 구성도와 용도 및 특징에 대하여 기술하시오.

7. 원자력 발전의 이점과 원자로의 연료 전환비에 대하여 설명하시오.

8. 그림과 같은 유황곡선을 가진 하천에서 최대사용수량 110[m³/s], 최대사용수량 50[m³/s], 유효낙차 70[m]의 수력발전소를 설계할 경우 아래 사항을 구하시오. 단, 수차효율 n_1는 87[%], 발전기효율 n_g는 96[%]이다.

(1) 발전소 출력
(2) 연간 발전소 전력량
(3) 연간 발전소 이용률

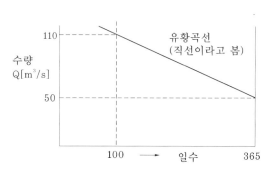

9. 송전선로용 애자가 구비해야 할 일반적인 요건과 애자의 종류를 쓰시오.

10. 전력구에 전력케이블 설치시 활락(滑落)이 발생하는 원인 및 이의 방지대책에 대하여 기술하시오.

11. 전력용 변압기에서 발생하는 철심소음과 권선소음을 열거하여 설명하시오.

12. 다음의 3심 전력케이블의 작용정전용량 측정방법을 등가회로도로 설명하고, 작용정전용량을 구하시오.

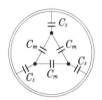

13. 다음과 같은 154 [kV]계통에서 C점에 3상 단락고장시, C점의 고장전류와 각 부분에 흐르는 전류의 분포를 구하시오. 여기서 표시된 %X 값은 100 [MVA] 기준이다.

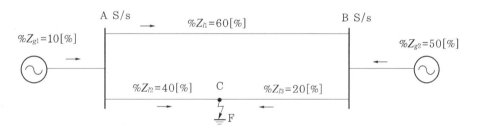

제 2 교시

※ 다음 문제 중 4문제를 선택하여 설명하시오.(각 25점)

1. 발전소와 변전소의 접지 설계시 고려사항에 대하여 기술하시오.

2. 정격출력 800 [MW]와 1,200 [MW]인 동기 발전기 2기가 무부하 병렬운전중이다. 병렬운전 조건과 발전기 운전영역 한계를 설명하고, 부하가 1,500 [MW]일 때 각 발전기 출력을 구하시오. 단, 발전기의 속도조정률은 각각 25 [%], 3 [%]이다.

3. 전력계통해석 및 운용계획에 중요 기능인 전력조류계산(Power flow calculation)의 개요를 쓰고 해석기법의 종류를 있는 대로 열거하여 설명하시오.

4. 발전기의 운전중에 발전기 단자에 갑자기 3상 단락사고가 발생하였다. 다음 사항에 대해 단락전류의 시간적 변화를 단위법(pu법)으로 해석하시오.

   (1) 무부하 운전

   (2) 부하운전

5. 그림과 같은 1기 무한대 계통에서 A점 고장으로 1회선이 차단된 경우 과도안정도를 등면적법으로 평가하시오.

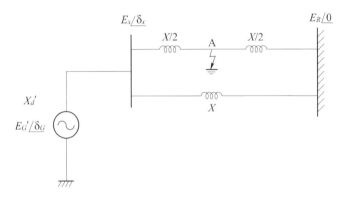

6. 중거리 송전선로의 특성계산에 적용되는 다음 사항에 대하여 답하시오.

   (1) 중거리 송전선로(T회로 및 π회로)에 대한 4단자 정수를 설명하고 식으로 표시하시오.

   (2) (1)의 결과에 의하여 3상 3선식 송전선의 수전단 전압이 V_R[kV]이고, 지상 역률이 $\cos\theta$이며, 부하가 P[MW]이고, 임피던스가 Z[Ω], 어드미턴스가 Y[℧]인 경우의 중거리 송전선로의 T회로와 π회로 각각에 대하여 송전단의 상전압 E_s[kV]와 전류 I_s[A]를 유도하시오.

제 3 교시

※ 다음 문제 중 4문제를 선택하여 설명하시오.(각25)

1. 일반적으로 기간계통의 중요 변전소에 적용하는 2중 모선(Double bus) 방식의 종류를 열거하고 각각의 장·단점을 설명하시오.

2. 3상 동기발전기의 구조와 동작원리에 대하여 설명하고 회전계자형의 채택 이유에 대하여 기술하시오.

3. 저압전로의 지락보호에 있어 보호접지 저항의 산출방법을 기술하고 접촉상태에 따른 보호접지 종류와 저항 값에 대해서 기술하시오.

4. 그림과 같은 계통에서 수전단부하에 전력을 공급하고자 한다. 수전압 전압계산
식을 유도하고 전압 안정도를 설명하시오. 송전단 전압 E_s는 일정하고, 수전단
전압은 E_R이며, 선로 임피던스는 $Z' = R + jX$이다.

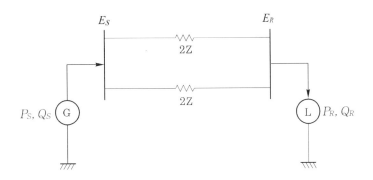

5. 분산(손실) 계수를 정의하고 부하율과 손실계수의 관계를 비교 설명한 후, 아래
그림과 같이 부하가 송전단에서 발단부하로 갈수록 일정한 비율로 증가하는 부
하 분포를 갖는 배전선로의 분산계수를 구하시오.

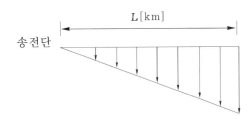

6. 원자력발전과 플루토늄 생산과의 관계를 설명하고 핵연료주기(nuclear cycle)
에 대하여 기술하시오.

제 4 교시

※ **다음 문제 중 4문제를 선택하여 설명하시오.(각 25점)**

1. 다단자 송전선로에 적용되는 거리계전기의 아래 항목에 대하여 기술하시오.
(1) 개요, 동작원리 및 특성
(2) 종류별 주 적용목적
(3) 적용시 문제점

2. 다음과 같은 연료비 함수와 출력제약조건을 갖는 3기의 발전기를 900[MW] 부하를 공급하고자 한다. 각 발전기의 최적 발전 배분과 총 발전연료비를 구하시오.

(1) 연료비 함수

$$F_1(원/\text{MWh}) = 400 + 5.3 \cdot P_1 + 0.004 \cdot P_1^2$$

$$F_2(원/\text{MWh}) = 300 + 5.5 \cdot P_2 + 0.006 \cdot P_2^2$$

$$F_3(원/\text{MWh}) = 200 + 5.8 \cdot P_3 + 0.009 \cdot P_3^2$$

(2) 출력제약

$$300[\text{MW}] \leqq P_1 \leqq 400[\text{MW}]$$

$$250[\text{MW}] \leqq P_2 \leqq 350[\text{MW}]$$

$$150[\text{MW}] \leqq P_3 \leqq 200[\text{MW}]$$

3. 전력계통의 1선 지락고장 등의 원인에 의하여 전자유도장해가 발생한다. 이에 대한 전자유도 발생 원리를 설명하고, 그 대책의 일환으로 가공 송전선로의 철탑에 차폐선을 설치하고자 할 경우의 유도장해 경감 및 차폐효과에 대하여 기술하시오.

4. 아래 그림의 전력계통에서 차단기의 비대칭계수(1.2적용)와 표준용량을 고려한 차단기 a와 b의 최소차단용량을 각각 구하시오. 여기서 %Z는 100[MVA] 기준이다. 단, c점의 차단기는 a차단기 또는 b차단기가 동작할 경우 off 되는 것으로 한다.

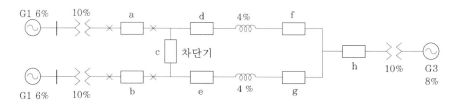

5. 단거리 송전선로의 송수전단간의 전압강하를 유효전력과 무효전력을 사용하여 유도하고, 송전단전압 $V_S = 345[\text{kV}]$, 선로의 %임피던스가 $2 + j10[\%]$이고, 부하전력 $P_I = 1.0[\text{pu}]$, 부하의 역률이 90%일 때 수전단 전압[kV]을 구하시오.

6. 지구상의 에너지원 고갈과 지구온난화를 극복할 수 있는 재생·신재생 에너지를 있는 대로 열거하여 설명하시오.

80회 발송배전기술사 출제문제

제 1 교시

※ 다음 문제 중 10문제를 선택하여 설명하시오.(각10점)

1. 전류와 자계의 양적관계를 갖는 식인 비오-사바르의 법칙(Biot-Savart law)을 설명하시오.

2. 동수력학에서 베르누이의 정리(Bernoulli's theorem)를 설명하시오.

3. 기력발전소의 열사이클 중 카르노사이클(Carnot cycle)을 설명하시오.

4. 다음 그림과 같이 송전선로에 변압기 임피던스($\dot{Z}_r$)을 수전단에 접속 시 새로운 회로정수를 구하시오.

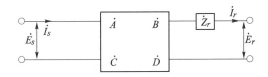

5. 다음 그림과 같은 단선도로 주어지는 4모선 시스템에 대한 모선 어드미턴스 행렬 Y_{BUS}을 구하시오.

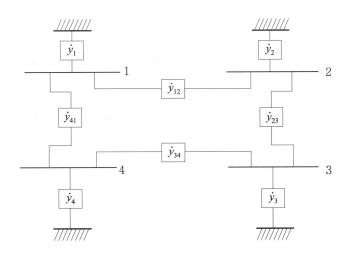

6. 차단기의 동작책무(duty cycle, operating duty)란 무엇이며 국제표준규격 (IEC)에 따라 정해진 두 종류의 표준동작책무를 기술하시오.

7. 콘덴서(condenser)를 선로에 직렬로 삽입하는 목적과 병렬로 삽입하는 목적은 무엇이며, 직렬삽입의 경우 그 장·단점을 기술하시오.

8. 765[kV] 송전선로의 임피던스가 $1.70 + j50.0[\Omega]$이다. 이 임피던스를 단위법 [pu]으로 표시하시오. 또한 이 선로를 345[kV] 전압으로 운전시 임피던스를 단위법으로 표시하시오. 단, 송전선로 임피던스 변동은 없으며 기준용량은 100[MVA]로 적용한다.

9. 전력설비의 각종 제어에 논리회로(Logic Circuit)를 응용하고 있는데, 이 논리회로에 대한 개념과 논리회로 중 NAND 회로의 정의 및 논리식과 로직기호, 접점에 의한 표시방법에 대하여 기술하시오.

10. 전기부하가 $240\,V_{ac}$로 운전되고 있다. 부하의 평균전력이 8 [kW]이고 역률은 지상 0.8이라 할 때 다음을 계산하시오.
　(1) 부하의 피상전력 $(P + jQ)$ [kVA]
　(2) 부하의 임피던스

11. 발전기의 출력가능곡선(Capability Curve)에 대하여 아는 바를 기술하시오.

12. 직류송전계통에서 송수전단 변환소의 제어방식에 대하여 아는 바를 기술하시오.

13. 부하의 변동에 따른 전력계통의 주파수 유지를 위하여 발전소와 중앙급전지령소에서 이루어지는 운전/제어 방식에 대하여 아는 바를 기술하시오.

제 2 교시

※ 다음 문제 중 4문제를 선택하여 설명하시오.(각 25점)

1. 수차의 회전속도의 결정방법을 설명하고 수차의 회전수가 규정회전수 보다 저하하였을 경우에는 어떤 영향이 있겠는가? 단, 수차의 여러 가지 형식과 수차의 종류와 N_s 및 그 사용한계는 표 1, 표 2와 같다.

표 1. 수차의 여러 가지 형식

물의 작용 형태에 의한 분류	수차의 종류	적용 낙차 범위[m]	비　　고
충동형	펠톤수차	200~1,800	위치에너지 → 운동에너지
반동형	프란시스수차	50~530	위치에너지 → 압력에너지
	프로펠러수차 : 고정날개형 가동날개형(kaplan) 원통형(tubular)	3~90 3~90 3~20	위치에너지 → 압력에너지
	사류(斜流)수차	40~200	위치에너지 → 압력에너지
	펌프수차 : 프란시스형 사　류　형 프로펠러형	30~600 20~180 20 이하	위치에너지 → 압력에너지

표2. 수차의 여러 가지 형식

종　　류		N_s의 한계값	
펠톤수차		$12 \leq N_s \leq 23$	
프란시스수차	저속도형 중속도형 고속도형	$N_s \leq \dfrac{20,000}{H+20}+30$	65~150 150~250 250~350
사류수차		$N_s \leq \dfrac{20,000}{H+20}+40$	150~250
카플란수차 프로펠러수차		$N_s \leq \dfrac{20,000}{H+20}+50$	350~800

2. 345 [kV] 및 765 [kV] 계통에서 사용하는 단권변압기를 2권선변압기로 환산하는 방법을 유도(Y결선의 한상(Phase)의 경우로)하시고 단권변압기의 장·단점을 기술하시오.

3. 전력계통이 대규모화됨에 따라 다양한 안정도 문제가 나타나고 있다. 과도안정도와 전압안정도, 미소외란안정도(Small Disturbance Stability)에 대하여 발생원인과 해석기법을 포함한 아는 바를 기술하시오.

4. 용량 1000 [kVA] 변압기에서 피상전력 800 [kVA], 역률(지상) 80%의 부하에 전력을 공급하고 있다. 거기에 피상전력 300 [kVA], 역률(지상) 70%의 부하를 병렬로 연결한 경우에도 변압기를 과부하로 되지 않기 위해서는 부하와 병렬로 삽입하는 콘덴서의 용량은 얼마로 하면 좋은가?

5. 케이블 접속 시 사용되는 직선접속, 스톱접속, 종단접속을 종류별로 기술하시오.

6. 송전선보호를 위한 거리계전방식의 종류와 장·단점, 그리고 적용상의 문제점과 고려사항 등을 기술하시오.

> ## 제 3 교시

※ **다음 문제 중 4문제를 선택하여 설명하시오.(각 25점)**

1. 아래 그림과 같이 배전선에서 말단으로 갈수록 직선적으로 감소하는 부하가 분포하고 있는 경우, 분산부하율[%] 및 분산손실계수[%]를 구하시오.

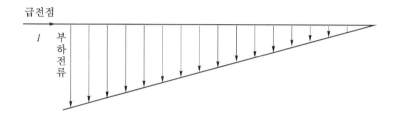

2. 다음과 같은 교류회로가 병렬 공진될 때 이 회로의 병렬공진시의 합성 임피던스와 공진주파수를 구하시오. 단, 콘덴서회로에는 저항성분이 없는 것으로 본다.

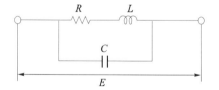

3. 최근 속응방식의 정지형 여자시스템(Static Excitation System)이 발전소에 많이 적용되고, 계통이 확장됨에 따라 계통의 미소외란시 진동문제가 대두되고 있다. 계통진동현상의 제동특성을 개선하기 위한 발전기 전력계통 안정화장치 (PSS)의 원리와 Setting에 대하여 아는 바를 기술하시오.

4. 송전전력, 손실률, 전선의 단면적을 같이한 경우 쌍극일회선 중성점접지방식 직류송전과 3상3선식 교류와 비교하면, 대지절연 Level의 비는 어떻게 되는가?

5. 변성기 및 피뢰기에 적용되는 규약표준 파형의 충격전압파 및 충격전류파의 시간-전압선도 및 시간-전류선도를 그리고 설명하시오.

6. 다음과 같이 2회선 송전선로를 갖는 1기-무한 모선계통을 가정한다.

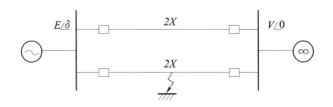

(1) 고장 전 2회선 모두 운전 중이고 송전선의 손실을 무시하고 순수 리액턴스(각 각 $2X$)라고 가정할 때 송전단 E에서 송전된 전력과 수전단 V에서 수전된 전력은 같다. E, V, X, δ 를 사용하여 송전단 E에서 전달되는 유효전력 P 의 수식을 유도하고 유효전력–위상각($P - \delta$) 곡선을 그리시오.

(2) 1회선 단락사고시 고장 1회선이 차단될 경우, 고장차단시간과 과도안정도의 관계를 설명하시오. (여기서 P_m 은 발전기의 기계적 입력, P_e 는 송전전력, δ_o 는 발전기의 초기위상각)

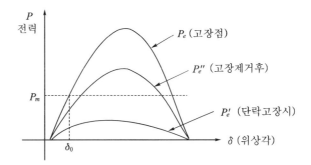

제 4 교시

※ 다음 문제 중 4문제를 선택하여 설명하시오.(각 25점)

1. 아래 그림과 같이 3상 교류발전기의 b상, c상이 임피던스 $\dot{Z}_f$ 를 통해 단락한 경우, 각 상의 전압과 단락전류를 구하시오.

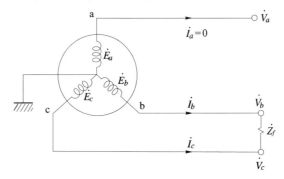

2. 화석연료를 이용한 화력발전소는 연소의 기본적인 Mechanism의 이해를 통한 건설 및 운용에 의한 것으로 간주할 수 있을 것이다. 따라서 화력발전소의 에너지 생산에 대한 기본적인 이론 중의 하나인 연소 4요소에 대하여 설명하고, 적용 예로서 매시간당 70톤의 중유를 사용하고 있는 보일러에서 연소에 필요한 이론공기량[Nm^3/h] 및 실제의 공기소요량[Nm^3/h]을 산출하시오.

단, 중유의 화학성분은 중량비로 탄소는 85[%], 수소는 12[%], 유황은 2[%]라 하며, 수소(H)의 분자량(H$_2$)은 2, 황(S)의 원자량은 32로 두고, 탄소(C)의 원자량과 공기 중의 산소농도(%)는 일반상식에 의하며 또한 공기과잉률은 1.055로 정한다.

3. 현재의 대규모전력계통에서 전압안정도 문제가 크게 부각되고 있다. 이러한 문제를 해결하기 위한 방법의 하나로서 지역별 무효전력원의 공급이 대단히 중요하며 우리나라에서도 SVC(정지형 무효전력보상장치)가 점차 적용이 확대될 전망이다. 무효전력 공급원으로서 SVC와 동기조상기, 정지형 콘덴서(Static Condenser)의 계통전압 저하에 따른 동작특성(V-Q 특성)과 경제성을 비교 설명하시오.

4. 터빈발전기에 있어서 계통의 안정도 향상대책을 기술하시오.

5. 변압기의 부하측에서 발생되는 영상분 고조파가 전원측으로 파급되지 않도록 하는 3ϕ 변압기의 형식 3가지를 설명하시오.

6. 전력계통의 규모가 확대됨에 따라 수요급증에 따른 발전기, 송변전설비의 증가로 인하여 계통의 고장시 단락전류가 증가하는 문제가 심각해지고 있다. 이는 고장전류를 차단하여 사고파급을 최소화하기 위한 대책방안들을 요구하고 있다. 송전계통, 단락전류 계산 원리와 단락전류 저감을 위한 계통구성 및 설비차원에서의 대책방안을 기술하고 장·단점을 아울러 기술하시오.

81회 발송배전기술사 출제문제

※ 다음 문제 중 10문제를 선택하여 설명하시오.(각10점)

1. 우리나라의 전력계통 규모가 확대되어감에 따라 고장전류가 차단기의 차단용량을 초과하는 문제가 크게 대두되고 있다. 이에 대한 대책들을 열거하고 간단히 설명하시오.

2. 원자력발전소의 주 설비인 원자로(Nuclear Reactor)중 열중성자 원자로에 대해 시스템의 구성요소와 각각의 기능을 설명하시오.

3. 피뢰기의 사용 목적과 선정 시 고려사항에 대해 설명하시오.

4. 정현파의 단상 전압으로 임피던스각이 θ인 부하에 전력을 공급할 때 순시전력이 전압주파수의 2배로 진동함을 보이고 유 무효전력 성분을 나누어 설명하시오.

5. 광역정전 발생시 신속정확한 복구에는 사전에 검토해야 할 중요한 고려 사항들이 있다. 중요고려사항을 열거하고 각각의 이유를 설명하시오.

6. 6.6 [kV], 1000 [kW]인 고압전동기에 전력을 공급하는 전력케이블을 선정하는 경우 고려해야하는 사항을 열거하고 그 이유를 간단히 설명하시오.

7. 단거리송전선로에서 송 · 수전단 전압 크기의 관계를 부하 전류와 선로 임피던스를 이용하여 벡터도로 나타내고 수전단 전압의 개략적인 표현을 나타내시오.

8. 765 [kV] 변압기의 예방진단시스템의 감시항목을 열거하고, 각각을 설명하시오.

9. 서지임피던스가 250 [Ω]인 가공선로가 서지임피던스가 50 [Ω]인 전력케이블과 접속되어 있다. 진행파는 상이한 서지임피던스가 만나는 곳(Junction)에서 투과와 반사가 된다. 가공선로 측에 1000 [V]의 진행파가 인가되었을 때 상기 접속점(Junction)에서의 서지전압의 크기를 계산하시오.

10. 권선비가 a인 단상변압기를 단권변압기로 결선하여 사용할 경우 용량의 변화는 어떻게 되는지 설명하시오.

11. 수전단의 전력을 일정하게 유지하기 위해 부하의 역률만을 개선할 경우 그 효

과를 열거하시오.

12. 전력계통에서 고조파의 발생원인, 영향, 대책에 대해 설명하시오.

13. 그림과 같은 154 [kV], 100 [MVA] 계통에서 모선 B에 5 [MVA]의 전력용 콘덴서(SC)를 투입했을 때 모선 B의 전압변화량을 구하시오. 단, 발전기 단자전압은 일정하고 부하임피던스는 무시한다.

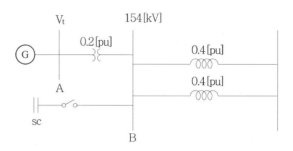

제 2 교시

※ 다음 문제 중 4문제를 선택하여 설명하시오.(각 25점)

1. 송전선로에서 Surge Impedance Loading(SIL)을 정의하고 특히 선로손실을 무시할 경우 SIL로 된 부하를 가진 선로의 전압과 전류의 크기가 선로를 따라 일정하게 됨을 보이시오. 또한 SIL과 실제 선로의 부하용량과의 개략적인 관계를 설명하시오.

2. 연료비 특성이 다른 N개 발전기로 구성된 계통에서 발전기 1개만 출력 상한값과 하한값의 운전범위가 주어질 때 최적출력배분 과정을 설명하시오.

3. 300/5 [A], 30 [VA], 5P10 등급(class)인 변류기(CT)의 등가회로와 포화특성에 대하여 설명하시오.

4. 무한모선에 연결된 동기발전기의 경우 발전기 유효전력 출력을 일정히 유지하면서 여자전류만을 변화시킴에 따라 전기자전류 I_a 가 어떻게 변하여 가는지를 발전기의 상유기기전력 $E \angle \delta$, 상단자전압 $V \angle 0°$, 그리고 발전기의 동기 임피던스(단, 저항은 무시) jX_s를 사용하여 벡터도로 나타내고 설명하시오. 또한 발전기의 전기자 전류와 여자전류와의 관계를 그래프로 나타내고 설명하시오.

5. 무효전력 보상설비인 SVC(Static Var Compensator)와 STATCOM(Static Compensator)의 동작원리와 동작특성에 대한 차이점을 비교하여 설명하시오.

6. 발전기 고장의 종류를 제시하고 이를 위한 보호계전기의 종류와 역할을 설명하시오.

제 3 교시

※ **다음 문제 중 4문제를 선택하여 설명하시오.(각 25점)**

1. 전형적인 500 [MW]급 관류형 보일러 화력발전소의 주급수 및 주증기 시스템의 flow diagram을 나타내고 주요 기기들의 기능을 설명하시오. 단, 과열저감기, 재열시스템 및 기동시 바이패스 계통을 포함하고 터빈추기계통은 생략하도록 함.

2. 정전압 송전에서 전력 원선도에 대해 다음 질문에 답하시오.
① 전력 원선도 작성을 위한 관계식을 유도하시오.
② 전력 원선도에서 파악할 수 있는 사항을 아는 대로 열거하시오.

3. 발전기의 계통병입을 위한 필요조건을 3가지 이상 제시하고 동기검증기 (Synchroscope)를 이용한 계통병입방법을 설명하시오.

4. 운전 중 긴급정지되어 출력을 내지 못할 확률이 각각 0.02와 0.05인 2개의 발전소가 있다. 이들 발전소의 최대출력이 각각 500 [MW]와 300[MW]일 경우 이들 발전소로 240시간동안 처음 150시간은 400[MW], 나머지 90시간은 600[MW]인 부하를 공급하려고 한다. 부하지속곡선(Load Duration Curve)을 나타내시오. 또한 이때 공급이 되지 못할 것으로 예상되는 에너지를 MWh로 산출하시오. 단, 500[MW] 발전소는 효율이 높아 300[MW] 발전소보다 우선적으로 투입하며 발전소의 기동시간은 무시하기로 함

5. 신・재생에너지기술 중 청정에너지로 부각되고 있는 태양에너지 이용기술의 원리 및 시스템 구성에 대해 설명하시오.

6. 유도전동기 기동방식의 종류를 열거하고 장・단점을 설명하시오.

제 4 교시

※ **다음 문제 중 4문제를 선택하여 설명하시오.(각 25점)**

1. 우리나라 산업자원부 고시 "전력계통 신뢰도 및 전기품질 유지 기준"으로 관리하는 상정고장의 분류 3가지에 대하여 설명하시오.

2. 우리계통(B)이 인접국가계통(A)과 연계선로 Z_{AB}에 의해 연계운전 중에 우리계통 내에서 500 [MW]의 화력 1기가 갑자기 탈락한 경우, 계통주파수 변화량과 연계선로의 전력변화량을 구하시오. 단, 계통정수는 각각 $K_A = 40[MW/0.1Hz]$, $K_B = 60[MW/0.1Hz]$이고, 사고 전 연계선로 Z_{AB}의 조류는 0이다.

3. 중성점 접지방식의 종류를 열거하고 각각의 장단점을 설명하시오.

4. 단락시험과 개방시험을 통해 변압기의 등가회로정수들을 산정하는 방법을 설명하시오.

5. 전력조류(Power flow) 계산에 대해 다음 질문에 답하시오.
   (1) 전력계통 상태 추정과의 차이점을 설명하시오.
   (2) 가우스-자이델 반복법을 이용하여 4모선(발전모선 2개, 부하모선 2개)계통의 2번째 반복후의 전압수정식을 구하시오.

6. 대용량 발전기의 고정자와 회전자의 냉각방식과 냉각매체의 종류를 열거하고 장단점을 간단히 설명하시오.

83회

발송배전기술사 출제문제

※ 다음 문제 중 10문제를 선택하여 설명하시오.(각10점)

1. 154[kV] 지중송전선로 XLPE 씨즈유기전압과 유기전압저감대책에 대해서 설명하시오.

2. 접지방식중 직접접지, 비접지, 고저항접지, 저저항접지에 대하여 장단점을 비교표로 작성하시오.

3. 최근 5년간 평균 낙뢰회수가 연간 114만회로 매우 빈번하여 적극적인 피뢰대책이 필요하다. 피뢰기의 규격항목에 대해서 간단히 설명하시오.

4. 구매 시방서 작성 시 UPS 규격을 예시하고 [kW] 부하와 [kVA] 부하조건을 설명하시오.

5. 전원계획을 할 때 최적전원 구성을 구하기 위하여 사용하는 심사곡선법(screening curve method)에 대하여 간단히 설명하시오.

6. 화력발전소에 관한 사항 중 다음 사항을 간단히 설명하시오.
   (1) 절탄기
   (2) 배압터빈
   (3) 유연탄 화력발전소에서 유연탄을 부두에서 하역한 뒤 연료를 보일러에 보내기까지 필요한 주요기기 3가지

7. 전력계통에서 고조파를 저감하기 위한 대책으로서 전력계통측면과 고조파 발생원 측면으로 구분하여 각각 3가지를 간단히 설명하시오.

8. 가공 송전선으로부터 수전하는 초고압 변전소의 절연설계를 하고자 할 때 고려할 사항과 상용주파수 이상전압이 발생하는 원인을 설명하시오.

9. 지락전류 분류계수(β)란 무엇이며 그 크기를 결정하는 중요요소들은 무엇인가 설명하시오.

10. IEEE C57.12.8에 따른 변압기 Vector 집합기호 Yd_1과 $Yyod_1$을 설명하시오.

11. 초내열 인바심 알루미늄 합금연선(STACIR)의 특징을 설명하시오.

12. 그림과 같은 회로망에서 전류 I_L을 중첩의 원리에 의해 구하시오.

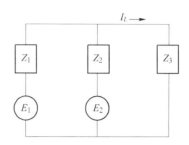

13. 대용량 발전기보호에 사용하는 다음 계전기(IEEE Device No.)의 보호목적을 간단히 답하시오.

(1) 46   (2) 59/81   (3) 21   (4) 32   (5) 60

제 2 교시

※ 다음 문제 중 4문제를 선택하여 설명하시오.(각 25점)

1. 전기품질의 주요 요소인 주파수변동, 전압불량(저전압 등) 및 정전에 대한 영향과 발생 원인을 설명하시오.

2. 다음 회로와 같은 경우, 유도성 리액턴스 X_L 값을 구하시오.

(1) 합성전류와 전압의 위상이 같을 경우

(2) 합성전류가 전압 E보다 30° 앞선 경우

(3) 합성전류가 전압 E보다 45° 앞선 경우

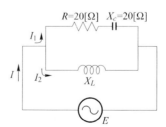

3. 조력발전의 원리와 종류를 설명하시오. 그리고 조력발전에 사용할 수 있는 수차 발전기의 종류를 2개 이상 들고 그 구조상 특징을 설명하시오.

4. 전력조류계산과 관련된 용어 중 다음 사항을 각각 설명하시오.

    (1) 가속계수(Acceleration Factor)

    (2) Slack(Swing) Bus

    (3) 전압제어 모선(Voltage Control Bus)

    (4) Sparcity

    (5) Newton-Raphson법과 Gauss-Seidal법을 수렴의 신뢰성, 수렴속도, 컴퓨
       터메모리 사용 측면에서 비교

5. 태양광발전시스템의 설계시에 필요한 기초자료 7개항과 설계순서를 나열하고,
설계시에 기술적 고려사항에 대하여 설명하시오.

6. 현재 한전으로부터 변압기용량 30,000 [kVA] × 1[Bank]인 수변전설비를 경제
적으로 수전 가능한 전압의 종류를 제시하고 이때 구내배전전압이 6.6[kV]인
경우에 보호계전기가 표시된 단선결선도를 작성하시오.

제 3 교시

※ **다음 문제 중 4문제를 선택하여 설명하시오.(각 25점)**

1. 개폐 서지(Switching Surge)의 주 발생원과 그 대책에 대하여 설명하시오.

2. 다음 그림의 a, b 단자 부하측에 어떤 부하를 설치할 경우, 최대로 전력을 전송
하기 위한 부하단자 a, b 사이의 저항을 계산하고, 부하전류[A] 및 단자 a, b
사이의 저항에서 10분 동안에 하는 일의 양[kJ]을 계산하시오. 단, 효율을
90[%]로 하고, 소수점 3째자리까지만 계산하시오.

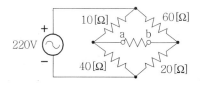

3. 초전도체(Superconductor)가 전력계통에서 한류기(Current Limiter)로 사용
될 수 있는 기술적 원리를 설명하고, 초전도한류기(Superconducting Current
Limiter)가 전력계통에 도입되게 될 필요성을 설명하시오.

4. 송전계통 운용회사(탁송회사)가 전력을 운반하기 위한 탁송비용은 크게 단기비
용과 자본비용으로 구성된다. 단기비용의 구성요소와 자본비용의 구성요소를

설명하시오.

5. 최근 기후변화협약에 대응하여 신재생에너지인 태양광발전, 풍력발전 등 분산전원이 계통에 연계되어 운전되는 경우가 증가하고 있다. 이때 크게 문제되는 것이 전력의 품질 저하 문제이다. 계통연계운전시 전력품질의 특성 및 발생 원인에 대하여 설명하시오.

6. 용량이 1000[kVA]이고 자기임피던스가 5[%]인 변압기에 역률 100[%]인 기저부하 750[kVA]가 연결되어 있다. 변압기 2차 모선 전압변동률을 10[%]로 유지하려면 최대 전동기용량이 얼마일 때까지 직입기동이 가능한지 근거를 제시하여 설명하시오. 이때 전동기 기동역률 40[%], 기동계급은 F급(7.2[kVA/kW]), 변압기 전원측 임피던스는 Zero이다.

제 4 교시

※ 다음 문제 중 4문제를 선택하여 설명하시오.(각 25점)

1. KSC IEC 60364-3 규격의 배전계통접지방식 중 TT 방식과 TN 방식에 대하여 설명하시오.

2. 345[kV], 1000[MVA] 기준에서 임피던스가 (2+j50)[%]인 송전선의 수전단에 500 [MW](역률 90[%])의 조류가 흘렀을 경우, 이 송전선의 유효전력손실, 무효전력손실 및 이때의 송전단의 Y전압(상전압)과 △ 전압(선간전압)의 크기 및 송수전단간의 위상차(송수전단전압의 벡터도 포함)를 구하시오. 단, 수전단의 운전전압은 345[kV]라고 한다.

3. 6.6[kV] 계통의 고장용량이 400[MVA]인 전원 모선에 6.6[kV] 차단기를 경유하여 10,000[kW] 전동기가 연결되어 있다. 고장직전의 전압은 6.6[kV]이다. 보호계전기 정정의 적정성을 확인한 후 모터 측에서 발생한 3상 단락전류 차단기가 성공적으로 차단가능한지 여부를 판별하시오.
단, 유도전동기 사양 : 10,000[kW], 6.6[kV], 역률 0.9, 효율 0.8,
                     기동전류는 정격의 6배
    전동기 피더 차단기 차단용량 : 40[kA] sym rms, 1초 정격
    피더용 변류기 사양 : 1500/5[A], C200
    순시과전류계전기 사양 : coil impedance가 2 ohm,
                          CT 2차 전류 48Amp에 정정
    한시과전류계전기 : 강반한시, CT 2차 전류 30[A], 23초에 정정

CT 2차측 전선은 0.1ohm/meter, 거리 30meter 이다.

전동기 피더용 케이블의 임피던스는 무시한다.

4. 유연송전시스템(FACTS)에서 사용하는 기기의 종류를 열거하고, 각 기기별로 보상목적과 보상대상, 제어목적에 대하여 설명하시오.

5. 어떤 발전소의 최대출력은 3,000[kW], 가동률 35[%], 전력판매단가 67.27[원/kWh], 총사업비(초기투자비) 75억원, 이자율과 감가상각비 5[%/년], 연간유지보수비 및 제세공과비 초기투자비의 0.4[%], 인건비 80,000,000원/년, 발전소 수명은 50년으로 한다.

단, 감가상각은 균등법으로 하며, 잔존가치는 없는 것으로 한다. 이때 연간발전량, 자금회수계수, 연간경비(연간고정비, 연간변동비), 발전원가 및 판매 전력비를 산출하고 연간경비법에 의한 경제성(B/C ratio)을 검토하여 사업의 타당성 여부를 제시하시오.

6. 최근 인터넷이 발달하면서 유무선통신에 대한 관심이 고조되고 있다. 이중에서 배전선을 이용한 PLC(Power Line Communication)에 대한 PLC 개요와 최근 기술동향에 대해서 아는 대로 설명하시오.

84회 발송배전기술사 출제문제

제 1 교시

※ 다음 문제 중 10문제를 선택하여 설명하시오.(각10점)

1. 그림과 같은 회로의 영상, 정상 및 역상임피던스 Z_0, Z_1, Z_2 를 구하시오.

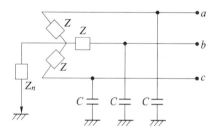

2. 다음 4모선 계통의 Y-bus 행렬을 구하시오. 단, 그림의 숫자는 PU 단위의 어드미턴스 값이다.

3. 다음 용어에 대해서 설명하시오.

(1) 전압강하율

(2) 수용률

(3) 설비 불평형율(단상 3선식의 경우)

4. 일반적인 전력조류 계산(Power Flow Calculation)법에서

(1) 슬랙(기준)모선

(2) 발전기 모선

(3) 부하 모선의 제어값(기지량)과 상태값(미지량)을 적으시오.

5. 전력용 콘덴서에 사용되는 직렬리액터의 설치목적을 4가지 이상 기술하시오.

6. 계통의 고장 계산에서 기준전력을 100[MVA]로 할 때 22.9[kV]와 154[kV]의 기준전류, 기준 임피던스를 구하시오.

7. 활선 애자 청소장치(Hot Line Washing System)에 대하여 설명하시오.

8. 캐비테이션 계수와 캐비테이션 방지대책에 대하여 설명하시오.

9. 관류보일러(Once Through Boiler)에 대하여 설명하시오.

10. 전력용 3상 변압기의 병렬운전조건에 대해 기술하시오.

11. 전력용변압기에 적용되는 저감절연과 단절연에 대해 설명하시오.

12. 전력용차단기의 정격전류, 정격차단전류, 정격차단시간에 대해 설명하시오.

13. 복합발전에 대하여 간략히 설명하고 복합발전의 장점을 기술하시오.

제 2 교시

※ 다음 문제 중 4문제를 선택하여 설명하시오.(각 25점)

1. 최근 구미 선진국에서 발생하고 있는 대형 정전사고는 무효전력(reactive power) 수급 불균형에 의한 계통의 전압 불안정에 기인하고 국내 계통의 경우도 지속적인 부하의 증가와 송전선의 장거리화 등에 따른 무효전력 손실의 증가로 대형 정전사고(Black Out)의 위험에 노출되어 있다. 이러한 현상과 관련하여 다음 질문에 답하시오.
　(1) 무효전력이란 무엇인가?
　(2) 무효전력 공급원을 동작 특성에 따라 2가지로 나누어 쓰시오.
　(3) 무효전력 제어의 어려움을 유효전력(active power)과 비교하여 설명하시오.

2. 송전선과 통신선에 관련된 유도 장해(inductive interference)에 대해 다음 질문에 답하시오.
　(1) 유도 장해란 무엇인가?
　(2) 유도 장해가 발생하는 원인을 크게 2가지로 나누어 설명하시오.
　(3) 유도 장해의 방지 대책인 차폐선 효과에 대해서 설명하시오.

3. 일반적으로 정상상태의 전력계통에서 유효전력은 위상차(θ)와 밀접하고, 무효전력은 전압크기(V)와 밀접하다고 하는 이유를 다음 그림을 참고하여 수식적으로 설명하시오.

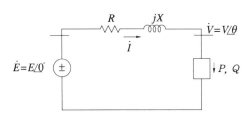

4. 연계선로에서의 주파수 제어 방식의 일반적인 3가지 방식에 대하여 간단히 설명하시오.

5. 다음 그림의 송전 선로에 부하를 접속하였더니 점 D의 전압이 공칭전압 보다 10[kV] 떨어졌다. 원래의 전압으로 회복하는 데 필요한 무효전력량을 구하시오. 단, 그림에서 단위값은 100[MVA]를 기준으로 하였고 저항은 무시한다. D점의 공칭 전압은 200[kV]이다.

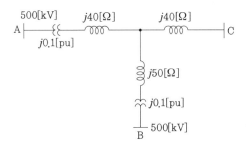

6. 기술력의 진보로 전력계통에 고압직류송전(HVDC) 시스템을 적용하는 사례가 점점 증가하고 있으며 현재 우리나라의 제주-해남 지역에 적용되어 사용되고 있다. HVDC 송전에 대해 간략히 설명하고 이 방법의 장점을 5개 정도 약술하시오.

제 3 교시

※ 다음 문제 중 4문제를 선택하여 설명하시오.(각 25점)

1. 발전소에 사용하는 비상용 전원계통인 직류전원설비와 비상 발전기 교류전원설비에 대하여 설치목적을 기술하시오.

2. 가스절연 변전소(Gas Insulated Substation)에 사용되는 가스의 특징과 가스절연변전소의 장단점에 대해 기술하시오.

3. 모선(Bus)구성 방식의 종류를 들고 각각에 대해 그림을 그리고 장단점을 기술하시오.

4. 개별 단독 접지에 비해 공통접지(Common Grounding)의 장점과 특징에 대해 기술하시오.

5. 전력계통에서의 절연협조에 대해 설명하시오.

6. 대용량 유입식 전력용 변압기를 위한 보호계전기의 종류와 정정기준에 대해 설명하시오.

제 4 교시

※ 다음 문제 중 4문제를 선택하여 설명하시오.(각 25점)

1. 전력 계통의 고장계산에서 대칭좌표법은 어떠한 경우에 이용하고, 각 성분에 대한 설명 및 물리적 특성을 설명하시오.

2. 지중케이블의 각종 손실과 경감 대책에 대하여 논하시오.

3. 우리나라의 전력계통은 154[kV] → 345[kV] → 765[kV]로 격상 진행 중이다. 3개 전압에 대해 다음 사항을 비교 검토하고, 765 [kV] 계통의 기술적인 문제점을 기술하시오.
  (1) 전압별 손실률
  (2) 동일 전력 공급 기준으로 철탑면적비 및 송전능력

4. 3상 2회선 송전선로의 애자 개수를 결정할 때 고려해야 할 사항을 기술하시오.

5. 변전소에 설치되는 전력용 콘덴서 중 23 [kV] 모선에 연결된 5000 [kVar](6.6 [kV], 278 [kVar] × 18개) 전력용 콘덴서의 결선도를 그리고 관련기기를 설명하시오.

6. 배전선로에서 운영되는 무정전공법의 필요성과 효과에 관하여 설명하시오.

86회 발송배전기술사 출제문제

제1교시

※ 다음 문제 중 10문제를 선택하여 설명하시오.(각10점)

1. 가공 및 지중전선로에 사용되는 오프-셋(off-set)의 의미를 각각 구분하여 설명하시오.

2. 3권선 변압기를 사용하는 주된 용도 4가지를 설명하시오.

3. 전절연(full insulation)과 균등절연(uniform insulation)에 대하여 설명하시오.

4. 피뢰기의 제한전압에 대하여 설명하고 그 값이 어떤 인자에 의해서 결정되는가를 설명하시오.

5. 정격출력 1,000[kVA], 정격전압에서 철손 12[kW], 정격전류에서 동손 48[kW]의 단상 변압기의 정격전압에서 뒤진 부하역률 0.8인 경우 최대효율의 조건 및 최대효율을 구하시오.

6. 가공선로의 송전용량 증대방안을 열거하고, 그 중 신도체방식의 종류와 효과에 대하여 설명하시오.

7. 유효전력은 상차각에, 무효전력은 전압강하에 관계됨을 증명하시오.

8. 증기 터빈에서의 터빈 바이패스(By-pass) 목적에 대하여 설명하시오.

9. 평형 3상 배전선로가 480[V]의 전압(송전단측)으로 △ 연결 부하에 전력을 공급하고 있다. △부하의 상당 임피던스는 $Z_\triangle = 30\angle 40°[\Omega]$이고, 공급 선로의 상당 임피던스는 $Z_L = 1\angle 85°[\Omega]$이다. 선로전류와 △ 부하에 흐르는 전류를 구하시오.

10. 아래 단선도에서 주어진 데이터를 보고 다음 물음에 답하시오.

G : 60[MVA]   20[kV] X=9[%]

$$T_1 \ : \ 50[\text{MVA}] \qquad 20/200[\text{kV}] \qquad X=10[\%]$$
$$T_2 \ : \ 50[\text{MVA}] \qquad 200/20[\text{kV}] \qquad X=10[\%]$$
$$M \ : \ 43.2[\text{MVA}] \qquad 18[\text{kV}] \qquad X=8[\%]$$
$$\text{Line} : \ 200[\text{kV}] \qquad Z=120+j\,200[\Omega]$$

(1) 100[MVA] base에 대한 p.u. 임피던스도를 그리시오.

(2) 모터는 45[MVA], 역률 0.8 lagging으로 선간전압 18[kV]에서 운전 중이다. 발전단 전압을 구하시오.

11. 양수발전소의 효율계산식을 표시하고 각 변수들에 대하여 설명하시오.

12. 전력계통 신뢰도를 표현하는 용어인 신뢰성(Reliability), 적정성(Adequacy), 안전성(Security)을 각각 간단히 설명하시오.

13. 발전기의 단락비가 구조 및 성능에 미치는 영향에 대하여 설명하시오.

제 2 교시

※ 다음 문제 중 4문제를 선택하여 설명하시오.(각 25점)

1. 변압기의 1차 전압을 정격치로 유지하여 정격주파수와 다른 주파수로 사용하려고 할 때 고려해야할 사항과 그 이유를 설명하고 사용가능성에 대하여 다음 각 경우에 대해 설명하시오.
(1) 정격주파수 60[Hz]를 50[Hz]로 사용할 경우
(2) 정격주파수 50[Hz]를 60[Hz]로 사용할 경우

2. 기력발전소의 기본 장치선도를 작도하고 열 효율, 보일러 효율, 열사이클 효율, 증기터빈 효율 및 송전단 효율을 각각 설명하시오.

3. 분산전원의 확장에 따른 계통운영 방식인 마이크로 그리드 계통 운영이 최근 많이 연구되고 있고, 점차 적용범위가 확대될 것으로 보인다. 마이크로 그리드 계통에 대해 간단히 설명하고, 기존 계통의 운영방식과 마이크로 그리드 계통의 운영방식이 차이가 나타나는 이유를 제시하시오.

4. 전력계통의 모선에 사용하는 모선방식들을 그림으로 그리고, 이들 각 모선 방식의 보호방식에 대해 설명하시오.

5. 최근 전력전자기기의 확대보급에 따라, 비선형 부하가 증가하고 있다. 비선형 부하와 역률과의 상관관계를 설명하고, 또한 중성선의 과부하 현상에 대하여 설명하시오.

6. 다음과 같은 특성을 가지고 있는 주 변압기에 비율차동계전기 적용시,

(1) 비율차동 계전기 보호회로의 결선도를 그리고

(2) 동작비율치[%]를 구하시오. 또한

(3) 고압측 및 저압측의 CT 결선 방법 및 극성에 대하여 설명하시오(단, 계전기 는 기계식임).

	고압측	저압측
변압기 권선	2권선 변압기	
변압비	154[kV]	22.9[kV]
변압기 결선	Y(wye)	△(delta)
변압기 용량	30/40 MVA @ ONAN/ONAF	
CT 배율	200/5[A]	1200/5[A]
변압기 Tap	무부하 탭 절환 장치부	
Relay Current Tap [A]	2.9-3.2-3.8-4.2-4.6-5.0-8.7	

단, 오차는 (1) 변압기 탭 절환 : ±10%
　　　　(2) CT 오차 : ±10%
　　　　(3) 여유 : ±5% 만을 고려한다.

제 3 교시

※ **다음 문제 중 4문제를 선택하여 설명하시오.(각 25점)**

1. 변전소 Mesh 접지설계에 있어서 인체에 인가되는 최대허용 보폭전압(E_{step})과 접촉전압(E_{touch})의 의미를 등가회로와 수식으로 설명하고, 접지망의 Mesh전압 (E_m)과 보폭전압(E_s)을 수식으로 설명하시오.

2. 전압강하 계산

(1) 배전선로의 저항 R, 리액턴스 X, 송전단 상전압 E_s, 수전단 상전압 E_R, 부 하전류 I, 역률각 ϕ일 경우 등가회로 및 전압강하 벡터도를 작도하고, 다음 배전방식에 따른 선간전압강하를 각각 구하시오.

　• 단상 2선식　　　　• 단상 3선식(중성선전류=0)

　• 삼상 3선식　　　　• 삼상 4선식(중성선전류=0)

(2) 배전선로의 기준용량이 P_B[kVA] 기준 합성 %임피던스가 $\%Z = \%R + j\,\%X$ 인 계통에서 부하의 유효전력 P[kW] 무효전력 Q[kVar], 피상전력이 P_a [kVA]인 선로의 전압강하율[%]을 %임피던스법으로 구하시오.

3. 계통해석 기술의 발전에 따라, Load flow 문제는 Optimal Power flow 문제로 그 기능이 다변화되었다. 전력조류문제와 최적조류문제의 입출력 차이점에 대해 간단히 설명하시오. 그리고 최적조류문제에서 사용되는 제어변수를 정의하고, 목적함수들에 대해 간단히 설명하시오.

4. 22.9[kV] 다중접지 계통의 배전선로 보호방식에 대해 설명하시오.

5. 변류기(CT)의 ANSI 또는 IEC 오차계급(Accuracy) 규격의 종류에 대하여 상세히 설명하고, 다음 용어에 대하여 간단히 설명하시오.

(1) 극성   (2) 과전류 정수

(3) 정격부담   (4) 포화곡선

(5) C200 변류기의 부담(CT 2차정격 : 5A, 과전류정수 : 20)

(6) CT 선정 시 고려사항   (7) 부담과 과전류 정수와의 상관관계

6. 아래 그림에서 A, B 두 종류의 절연물을 동일한 두께로 동심에 감아서 단심 케이블을 구성한다.

(1) A는 비유전율을 $\epsilon_s = 3$, 허용 전위경도 5000[kV/m]

(2) B는 비유전율을 $\epsilon_s = 5$, 허용 전위경도 4000[kV/m]

(1), (2) 경우에 있어서 이 케이블의 최대 사용전압을 구하라. 단, $a = 1$[cm], $b = 2$[cm], $c = 3$[cm]로 한다.

제 4 교시

※ **다음 문제 중 4문제를 선택하여 설명하시오.(각 25점)**

1. 수차의 정격출력 20[MW], 발전기의 정격용량 20[MVA], 회전수가 300[rpm]인 수차발전기가 있다. 이것의 합성단위관성정수가 6.5[kW·s/kVA]이고 수차의 조속기 부동시간(dead time)은 0.4초, 폐쇄시간(closing time)은 2.5초이다. 전부하시 돌연사고에 의해 급히 무부하로 되었을 경우의 최대 속도 상승률을 구하시오. 단, 수차에 가해지는 수압변동율은 무시한다.

2. 모터의 기동 시 기동 전류의 영향으로 계통 전압이 순간적으로 하강한다. 이 때 utility 모선의 전압은 95[%] 이상이 되어야 하며, MCC 모선 전압은 80[%] 이상 되어야 함을 확인하는 작업이 필요하다. 그림과 같이 utility 모선에 변압기를 통하여 모터가 연결운전되고 있다. 이 모터의 기동 시 utility 모선과 모터 연결 모선의 전압이 기준에 적합한지를 판별하시오. 단, utility 모선에서의 단락용량

은 200[MVA]이고, 변압기 및 모터의 데이터는 그림과 같으며 기준 베이스 용량
은 100[MVA]를 사용한다.

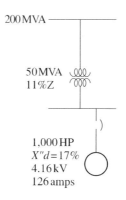

200 MVA

50 MVA
11%Z

1,000 HP
$X''d = 17\%$
4.16 kV
126 amps

3. 전력계통의 주파수 제어와 관련하여 turbine-governor 시스템을 설명하고, 이
것과 연관하여 LFC(Load frequency control)에 대해서 설명하시오.

4. 상업용 화력 동기발전기에 대해서 승압변압기를 포함한 다음의 발전기 및 주변
의 보호계전기 단선도를 그리고, 각 보호계전기 종류에 대한 보호목적과 원리에
대하여 설명하시오. 단, 중성점접지 보호방식은 접지변압기를 사용하는 것으로
한다.
보호계전기 종류 : 87G, 59, 40, 32, 24, 81, 51V, 46, 64F, 59GN, 60, 87T, 87U

5. 그림과 같은 전력계통에서 선로의 F점에서 지락이 발생했을 경우 고장점의 지
락전류를 구하시오. 단, 그림에 표시된 수치는 정상분에 대한 %리액턴스를 나타
내며, 역상 리액턴스는 정상리액턴스와 같고, 영상리액턴스는 정상리액턴스의
3배와 같다고 가정한다. 또한 부하측으로부터 지락전류 유입은 없는 것으로 가
정한다.

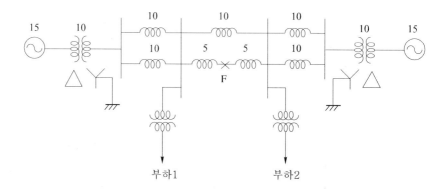

15   10   10   10   10   10   15

10   5   5   10

F

부하1   부하2

6. 그림과 같은 6,600V 3상 구내배전선로가 있다. a선과 b선의 대지정전용량은 각각 0.12[μF], c선은 0.1[μF]이다. 그림과 같이 계기용변압기를 접속한 경우 이 계기용변압기 2차측 △결선 개방단에 나타나는 전압은 얼마인가? 단, 변압비는 60 : 1이다.

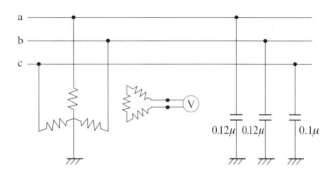

87회

발송배전기술사 출제문제

제1교시

※ 다음 문제 중 10문제를 선택하여 설명하시오.(각10점)

1. 정격출력 20[MW]의 수차발전기가 50[Hz]의 전력계통과 접속되어 있다. 이때 계통주파수가 50.2[Hz]로 상승하였을 때 발전기의 출력을 구하시오.(단, 발전기의 속도조정율은 4[%]이며, 직선적 특성을 갖는 것으로 함.)

2. 해양에너지를 이용한 발전방식의 4가지 종류를 열거하고 이에 대해 설명하시오.

3. 다음과 같은 연료비 함수를 가진 2대의 발전기가 있다. 이와 같은 계통에 대하여 경제부하배분을 수행한 경우 각 발전기의 출력을 [pu] 단위로 구하시오. (단, 부하는 3.0[pu], P_{g1} : $g1$ 발전기의 출력, P_{g2} : $g2$ 발전기의 출력임.)

$$F_1\left(P_{g1}\right) = 10P_{g1} + 2P_{g1}^{\ 2}$$
$$F_2\left(P_{g2}\right) = 11P_{g2} + 0.2P_{g2}^{\ 2}$$

4. 그림과 같은 환상배전 선로에서 각 구간의 저항은 0.1[Ω], 급전점 A의 전압은 100[V], 부하점 B, D의 부하전류는 각각 25[A], 50[A]라 할 때 부하점 B의 전압 [V]을 구하시오.

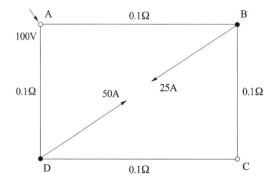

5. 3ϕ 1회선 가공송전선에서 수전단을 개방한 상태에서 3선을 일괄(단락)한 것과 대지와의 사이의 정전용량을 측정하니 $C_1[\mu F]$, 또 두선을 접지하고 나머지 1선

과 대지와의 사이의 정전용량을 측정하니 $C_2[\mu F]$이었다. 이 송전선에 $E[V]$, f [Hz]의 3ϕ 전원을 인가할 때의 충전전류를 구하시오. (단, 저항 및 인덕턴스는 무시함)

6. 코로나 임계전압에 대해 설명하고, 임계전압에 영향을 미치는 요소에 대해 설명하시오.

7. 변압기의 소음발생원과 전파경로 및 소음 저감대책에 대하여 설명하시오.

8. 경간이 300[m]일 때 측정한 이도가 9[m]이었다. 이도를 10[m]로 하려면 추가적으로 소요되는 전선의 길이[m]를 계산하시오.

9. 계통의 주파수를 일정하게 유지하는 것은 수용가 및 계통측면에서 안정적인 품질을 확보하는 것인데 각각의 측면에서 주파수를 일정하게 유지해야 할 필요성에 대해 설명하시오.

10. 전력계통안정화장치(Power System Stabilizer ; PSS)란 무엇이며, 그 역할과 PSS가 통상 적용되는 발전소의 최소용량[MW]을 설명하시오.

11. 접지시스템에서 접지계수와 유효접지에 대하여 설명하고, 이들의 관계에 대하여 언급하시오.

12. 지중송전선로 공사 시 Snake 부설의 목적과 방법에 대해서 기술하시오.

13. 우리나라 송전선로의 ① 송전전압과 가공선의 종류에 따라 1회선당 전력공급 허용용량[MW]과 ② 발전소 연결 시 전압별 용량선정에 대해서 표로 작성하여 답하시오.

제 2 교시

※ 다음 문제 중 4문제를 선택하여 설명하시오.(각 25점)

1. 3ϕ 3W 선로에서 송전손실, 전선 중량, 전압변동율은 전압 및 역률과 어떻게 관계되는지 설명하시오.

2. 전력계통에서 발생하는 순간전압강하(Voltage Sag)의 원인과 기기에 미치는 영향 그리고 계통측과 수용가측에서 취할 수 있는 대책에 대해 설명하시오.

3. 전력조류계산(Power Flow)의 목적(역할)을 기술하고, 다음과 같은 계통에 대하여 마디해석법에 의한 어드미턴스행렬($[Y_{BUS}]$)을 구하시오.

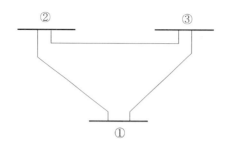

시작Node	끝Node	임피던스
①	②	0.4
②	③	0.5
①	③	0.2

4. 근래 세계적으로 보급이 활성화되고 있는 분산형전원이 전력계통에 투입되었을 때 발생할 수 있는 편익(장점)에 대하여 기술하시오.

5. Con'c 자체나, 철골, 철근 Con'c 구조물의 고유저항이 비교적 낮다. 최근 등전위 공용접지방식이 증가하면서 건축물 지하부분을 이용한 구조체 접지시스템이 설계, 시공에 도입되고 있다. 직육면체 건축구조체를 대용전극으로 한 접지계산을 위한 실용적 계산방법을 기술하시오.

6. 가공송전선로의 경과지선정을 위한 설계측량업무의 흐름도를 작성하고 예비답사, 본답사방법과 경과지선정을 위한 기본조건을 기술하시오.

제 3 교시

※ 다음 문제 중 4문제를 선택하여 설명하시오.(각 25점)

1. 그림과 같은 회로에서 R에 최대전력을 공급하고자 할 때 R의 값은 얼마가 되는지 설명하시오.

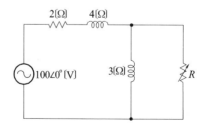

2. 열병합 발전설비를 전력계통과 연계시 발생될 수 있는 문제점에 대해 연계운전 측면과 사회·경제적 측면을 고려하여 논하시오.

3. 전력계통에서 발전기의 운전계획을 수립하는 이유에 대하여 설명하고 발전력제어의 단계를 전력수급기본계획, 보수유지계획, 기동정지계획, 경제부하배분, Automatic Generation Control의 순서로 설명하시오. 이때, 각 발전력제어의

상호 연관성에 대해서도 기술하시오.

4. 수요관리는 부하관리와 효율향상으로 구분 지을 수 있다. 이중 부하관리의 개념 및 종류에 대하여 설명하시오.

5. 345[kV], 154[kV] 변전소 설계시 주변압기, 모선 차단기, 단로기 등의 표준결선도를 아래 항목별로 그리시오.
   (1) 345[kV] 변전소 1차측 표준결선방식 2가지(Inverse Type, Open Type)와 그 특징
   (2) 345[kV] 변전소의(철구형과 GIS형 동일) 2차측인 154[kV] 표준결선방식 1가지
   (3) GIS형 154[kV] 변전소 1차측 표준결선방식 2가지
   (4) 154[kV] 변전소의 2차측 23[kV] 표준결선방식 1가지

6. 최근 전력계통의 대용량화와 분산전원 및 신재생에너지의 투입이 증가되고 있다. 이에 따른 전력계통의 안정도 향상대책에 대해서 설명하시오.

제 4 교시

※ 다음 문제 중 4문제를 선택하여 설명하시오.(각 25점)

1. 발전기에서 b, c상이 선간 단락되었을 때 단락단자의 전압이 개방단자 전압의 1/2로 됨을 증명하시오.

2. 부실시공 및 부실감리에 대한 제재가 강화되고 있는 상황에서 감리원의 임무가 상당히 중요하게 대두되고 있고, 전기기술사로써 책임감리 업무가 증가하고 있다. 감리업무를 수행할 때 착공 전과 착공 후의 주요 업무에 대해 설명하시오.

3. 근래 전력계통에서 전력품질의 문제가 중요하게 인식되고 있으며, 그중 고조파의 영향이 점차로 증대되고 있는 실정이다. 어떤 배전계통에서 고조파를 측정한 결과 각 조파의 스펙트럼이 다음 표와 같이 측정되었다. 최대부하전류가 100[A]인 경우 TDD(Total Demand Distortion)를 구하고, 고조파의 저감대책에 대하여 기술하시오.

표. 측정된 조파에 따른 스펙트럼

조파	0	1	2	3	4	5	6	7	8	9	10	11
Ampere(RMS)	0	50	0	43	0	29	0	18	0	10	0	3

4. 신개념으로서 근래 적극적인 도입이 추진되고 있는 Micro-Grid의 정의 및 개념, Micro-Grid의 특징, Micro-Grid의 구성요소에 대하여 기술하시오

5. 용량 1,000[kVA], 자기임피던스가 5[%]인 3상 변압기에 800[kVA]의 저항부하(역율 100[%])가 연결되어있다. 전동기 기동시에 이 변압기 2차모선의 전압변동율을 10[%] 이내로 유지하려면 전동기를 직입기동으로 최대용량은 얼마까지 가능한지 계산하시오.

여기서, 전동기 기동역율 25[%], 기동계급 F급(7.0[kVA/kW]), 변압기 전원측 임피던스는 "0"이고 선로임피던스는 무시하고 임피던스의 저항분은 무시한다.

6. 비상발전기 용량계산에 있어서 종래에는 PG 방식을 사용했으나, 전동기 기동방법과 UPS, VVVF 장치 등의 증가로 새로운 RG 방식으로 변경되었다. 새로 변경된 비상 발전기 용량 산정방식에 따른 발전기 용량산출을 위한 실용 공식과 원동기 출력 산정공식을 쓰고 간단히 설명하시오.

89회 발송배전기술사 출제문제

※ 다음 문제 중 10문제를 선택하여 설명하시오.(각10점)

1. 배전설비 기자재 열화(불량)로 인한 정전을 예방하기 위해 활용되고 있는 아래 진단방법의 진단원리, 진단가능설비, 열화(불량)여부 판정법, 특징에 대하여 설명하시오.
   (1) 열화상 진단　　　(2) 고주파진단　　　(3) 누설전류 측정

2. 아래와 같은 유황곡선을 갖고 있는 하천에서 최대사용수량 $100[\mathrm{m}^3/\mathrm{s}]$, 유효낙차 47[m]의 수력발전소를 설계할 경우,
   (1) 연간 발전량[kWh]
   (2) 연간 발전소이용율[%]을 구하시오.
   (단, 수로길이 4[km], 경사 $\dfrac{1}{2000}$, 수차효율 85[%], 발전기효율 95[%], 수압관 손실낙차 3.5[m], 방수구 손실낙차 1.5[m])

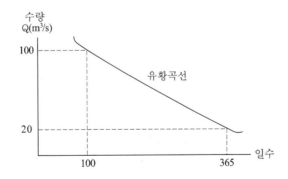

3. 아래 그림은 3모선 계통도이다. 선로 데이터의 p.u. 임피던스 값은 그림에서와 같으며, 모선 입력데이터는 그림에서 p.u. 값으로 주어져 있다. (화살표는 유효전력, 빗금 화살표는 무효전력을 뜻한다.)
   (1) 3×3 모선 어드미턴스 행렬 Y_{bus}를 구하시오.
   (2) 다음 도표의 빈칸을 작성하시오.

모선	Type	입력데이터	미지수
1			
2			
3			

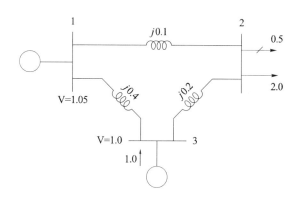

4. 아래 그림과 같이 임피던스 $R+jX[\Omega]$의 선로에 $S[VA]=P+jQ$의 전력이 송전단에서 공급되고 있다. 선로손실을 P, Q 및 전압의 함수로 유도하시오.

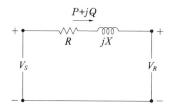

5. 부등율과 수용율이 배전계통의 설계에 어떻게 이용되는지에 대하여 설명하시오.

6. 유입변압기 냉각방식의 종류를 열거하고 각각에 대하여 설명하시오.

7. 최근 활발히 국내외적으로 논의되고 있는 스마트그리드 시스템은 기존의 전력망이 가진 여러 가지 한계점의 극복을 위한 목적을 가지고 있다. 이들 한계점들에 대하여 기술하시오.

8. 아래 그림은 발전기, 선로 및 부하로 이루어진 간단한 계통도이다. 부하단 전원과 발전단 전원의 상차각은 δ이다. 이때 부하에서 공급 받는 유무효전력은 다음식과 같이 유도된다. 이들 식으로부터 이끌어낼 수 있는 사항들을 정리하여 나타내시오. (단, X는 선로 임피던스임)

$$P_R = \frac{|V_S||V_R|}{X} \sin\delta$$

$$Q_R = \frac{|V_S||V_R|}{X} \cos\delta - \frac{|V_R|^2}{X}$$

9. 화력발전소의 전기집진장치에 대하여 설명하시오.

10. 아래와 같은 22.9kV−Y 배전선로 AB와 BC에서의 전압강하를 구하시오. (단, 부하의 역율은 0.9이고, 부하는 균등부하임)

전선 단면적	저항 $R[\Omega/km]$	리액턴스 $X[\Omega/km]$
ACSR−OC 160[mm^2]	0.182	0.391
ACSR−OC 95[mm^2]	0.304	0.440

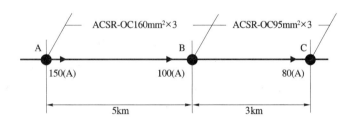

11. 과전류계전기 한시특성의 종류를 열거하고 각각에 대하여 설명하시오.

12. 전력용 변압기의 경년 열화에 대해 설명하고 그 원인 9가지를 쓰시오.

13. 유효접지방식을 채택한 송전계통에서 유효접지의 조건과 지락사고시 건전상의 전위상승에 대하여 설명하시오.

제 2 교시

※ 다음 문제 중 4문제를 선택하여 설명하시오.(각 25점)

1. 최근 첨단 IT기술을 바탕으로 고품질의 전력을 안정적으로 공급하기 위해 배전센터(DCC, Distribution Control Center)를 구축하여 배전계통을 운영하고 있다. DCC에 대하여 설명하시오.

2. 아래 그림에서 각 설비의 임피던스 데이터[p.u.]는 다음과 같다.

(1) F점에서의 고장전류를 구하기 위한 테브난 등가회로(정상, 역상, 영상)를 구하라.

(2) (1)의 결과를 사용하여 F지점의 1선 지락(a상) 고장전류[p.u.]를 구하라. (단, F와 대지 사이의 고장 임피던스는 $j0.5$ [p.u.]이다.)

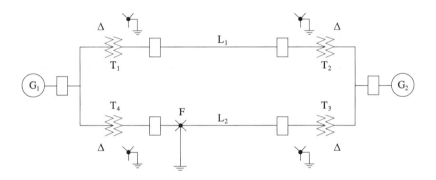

Synchronous generator:
G_1 : $X_1 = 0.2$, $X_2 = 0.12$, $X_0 = 0.06$
G_2 : $X_1 = 0.33$, $X_2 = 0.22$, $X_0 = 0.066$

Transmission lines:
L_1 : $X_1 = X_2 = 0.14$, $X_0 = 0.3$
L_2 : $X_1 = X_2 = 0.35$, $X_0 = 0.6$

Transformers:
T_1 : $X_1 = X_2 = X_0 = 0.2$
T_2 : $X_1 = X_2 = X_0 = 0.225$
T_3 : $X_1 = X_2 = X_0 = 0.27$
T_4 : $X_1 = X_2 = X_0 = 0.16$

3. 부하역율이 개선되면 나타나는 효과를 역율 개선 전·후에서의 유·무효전력 벡터도와 전압강하 수식을 들어 설명하시오.

4. 최근 그린에너지 정책에 따라 풍력발전의 설치 보급이 급격히 증가하고 있다. 풍력발전시스템을 계통연계시 전력계통에 미치는 영향을 분석하고 그 대책을 논하시오.

5. R-L 직렬회로에서 $t = 0$[sec]에서 스위치를 닫았을 때 $t = t_1$[sec]에서 회로에 흐르는 전류를 구하시오. (단, 직류전압 E[V], 저항 $R[\Omega]$, 인덕턴스 L[H])

6. 상결선이 Dyn1인 변압기 보호를 위해 사용하는 기계식 비율차동계전방식의 변류기 결선도를 그리고, 계전기의 동작원리와 적용시 유의사항에 대하여 설명하시오.

제3교시

※ 다음 문제 중 4문제를 선택하여 설명하시오.(각 25점)

1. 배전계통에서 고압고객 수전설비 파급정전 발생시부터 송전시까지 업무처리절차를 설명하고, 공급자측과 고객측에서의 예방대책에 대하여 기술하시오.

2. 수력발전소 설비 중 조속기(Governor)에 대한 아래사항을 설명하시오.
(1) 구성장치 및 기능
(2) 종류 및 개략도
(3) 조속기와 속도조정률 및 속도변동률과의 상호연관성

3. 아래 그림은 두 개의 발전기와 부하가 연결된 지역(local area)에 큰 규모의 계통이 연결된 계통도를 보인다. 지역 발전기 중 1개가 갑자기 트립 되었다. 나머지 한 개의 발전기와 계통쪽 등가 발전기의 시간-출력 곡선 및 시간-주파수 곡선을 그리고 그 내용을 설명하시오.

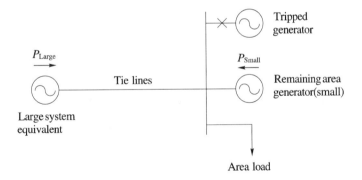

4. 아래와 같은 세가지 경우의 회로에 대해 1선지락고장이 발생하였을 경우, 고장전류의 흐름을 아래와 같은 그림을 그려서 그 위에 나타내시오(단, 방향은 화살표로, 크기는 화살표의 개수로 나타내시오). 또한 각각의 경우에 대하여 설명하시오(단, 각 요소는 발전기, 변압기, 선로 및 부하로 이루어져 있음).

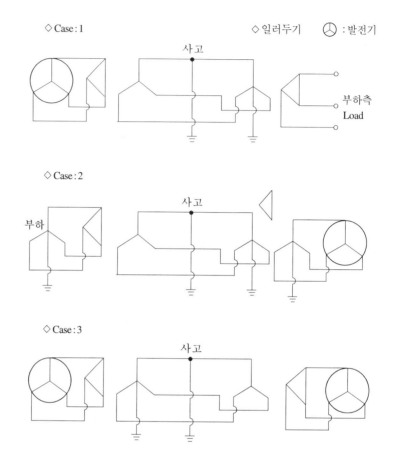

◇Case:1   ◇일러두기   ⊘ :발전기

사고

부하측
Load

◇Case:2

사고

부하

◇Case:3

사고

5. 초고압 송전계통에서 직접접지방식을 주로 채택하는 이유를 설명하시오.

6. 전력계통의 사고로 계통 주파수가 저하한 경우 발·변전기기에 미치는 영향과 정전범위를 축소하기 위한 대책에 대하여 기술하시오.

제4교시

※ **다음 문제 중 4문제를 선택하여 설명하시오.(각 25점)**

1. 22.9[kV-Y] 배전선로의 낙뢰사고 방지를 위하여 설치하는 설비 종류를 들고, 설치기준, 설치방법에 대하여 설명하시오.

2. 765[kV] 송전선로 계통에서 적용되고 있는 HSGS(High Speed Grounding Switch)에 대하여 설명하시오.

3. 최근의 기술발달로 전력계통 제어설비인 FACTS(Flexible AC TransmissionSystem)의 도입 운영이 활발히 추진되고 있다. FACTS를 계통에 도입 사용하는 목적 7가지를 들고 설명하시오. 또한 이들을 크게 직렬보상형(series compensation)과 병렬보상형(shunt compensation)으로 분류할 경우, 직렬보상형의 장단점에 대하여 설명하시오.

4. 발전기를 진상운전 할 경우 그 목적과 이때 발생하는 문제점에 대하여 설명하시오.

5. 전력계통의 대규모화에 따라 단락용량이 증대되고 있다. 이와 같은 단락용량 증대가 전력계통에 미치는 영향과 그 경감대책에 대하여 각각 설명하시오.

6. 다음과 같은 발전비용 식을 가진 2대의 발전기와 부하가 연결된 계통이 있다. 아래 그림은 연결된 부하의 일간부하곡선을 보인다. 오전 6시부터 다음날 오전 6시까지 24시간 동안의 경제운용을 수행한 발전비용을 구하라. (단, 발전기를 끄고 새로 기동할 경우의 기동비용은 두 발전기 모두 각 200×10^3[원]씩 이라고 한다. 또한 발전기 출력 단위는 MW이다.)

$$C_1 = (0.1P_{G1}^2 + 40P_{G1} + 120) \times 10^3 \, [\text{원/hr}]$$

$$C_2 = (0.125P_{G2}^2 + 30P_{G2} + 100) \times 10^3 \, [\text{원/hr}]$$

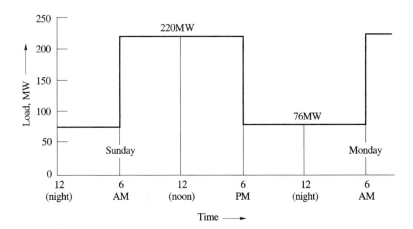

90회 발송배전기술사 출제문제

※ 다음 문제 중 10문제를 선택하여 설명하시오.(각10점)

1. 기력발전소의 시간당 연료소비량 B[kg], 연료의 발열량 H[kcal/kg], 발전기출력 P_g[kW]일 경우의 열효율 및 열효율 향상 방안을 설명하시오.

2. 전력계통의 고장파급방지장치(FPPC)에 대하여 설명하시오.

3. 스마트 그리드 특징과 기대효과를 설명하시오.

4. 양수발전소의 운영목적을 설명하시오.

5. 송전선로의 절연 협조를 설명하시오.

6. 우리나라에서 운영 중인 발전소의 발전원별 경제성을 비교하시오.

7. 우리나라의 송배전계통에서 각 사용전압별로 역할을 설명하시오.

8. 전력수급기본계획 수립 시 전력수요예측방법을 설명하시오.

9. 전력계통 안정도 해석에서 정태, 동태, 과도 안정도의 차이점을 비교 설명하시오.

10. 직류조류계산법을 광범위하게 사용되는 이유와 근사화 조건을 설명하시오.

11. 초고압 장거리 선로의 계통보호상 예상되는 문제점에 대하여 설명하시오.

12. 차단기 트립프리(Trip Free)의 종류에 대하여 설명하시오.

13. 저항 R[Ω], 리액턴스 jX[Ω]인 단거리 선로에서 역률 $\cos\theta$인 부하가 접속된 경우 I[A] 전류가 흐르면 개략적인 송전단 전압은 $V_s = V_r + \sqrt{3}\,I(R\cos\theta + X\sin\theta)$됨을 증명하시오. 단, 수전단 전압은 V_r[V]이다.

※ 다음 문제 중 4문제를 선택하여 설명하시오.(각 25점)

1. 다음은 전력용 피뢰기와 관련된 용어이다. 각각을 설명하시오.

(1) 속류　　　　　　　　　　　　(2) 정격전압

(3) 공칭방전전류　　　　　　　　(4) 제한전압

(5) 상용주파방전개시전압　　　　(6) 충격방전개시전압

2. 직류송전(HVDC)시스템의 구성설비에 대하여 설명하시오.

3. 전압이 인가된 전력케이블의 열화진행 상태를 무정전 상황에서 알 수 있는 방법을 설명하시오.

4. 최근 최대전력수요가 연일 갱신되어 전력공급에 차질이 우려되는바 이에 대한 대책을 논하시오.

5. 증분연료비 특성이 아래와 같은 2대의 화력발전기 G_1, G_2가 병렬운전하고 있다.

G_1발전기 : $\dfrac{dF_1}{dG_1} = 2350 + 30\,G_1$ [원/MWh]

G_2발전기 : $\dfrac{dF_2}{dG_2} = 2500 + 20\,G_2$ [원/MWh]

송전손실을 무시할 경우
(1) 부하가 600[MW]일 경우 증분연료비 및 G_1, G_2의 경제출력을 계산하시오.
(2) G_1, G_2 출력이 같을 경우의 연료비와 경제운전을 실시할 경우의 연료비를 계산하고 이를 비교하시오.

6. 단상 배전선로의 종단에 접속된 전등부하에 12[A]를 공급할 때 전원전압은 종단전압보다 4[%] 높게 운전되고 있다. 지금 선로의 중앙점에 전류 80[A], 역율 0.9인 부하를 접속할 때 종단전압을 부하접속 전·후가 같게 되기 위해서는 전원전압을 종단전압보다 약 몇 % 높게 설정하면 되는가? 단, 전선의 리액턴스는 무시한다.

제 3 교시

※ **다음 문제 중 4문제를 선택하여 설명하시오.(각 25점)**

1. 수력발전소에 설치되는 조압수조(Surge Tank)의 종류에 대하여 설명하시오.

2. 전력저장을 위한 최신기술을 나열하고 각각의 기본 원리와 특징을 설명하시오.

3. 국내 신재생에너지가 급속하게 증가하고 있다. 분산형 전원설비 설치자가 배전계통에 연계 시 전력품질유지를 위한 대책을 논하시오.

4. 정상운전중인 증기터빈에 이상현상 발생 시 터빈을 정지시키는 장치를 열거하고 설명하시오.

5. 선로정수가 L, C 뿐인 선로에서 특성임피던스는 $\sqrt{\dfrac{L}{C}}$ 이며, 전파속도는 $\dfrac{1}{\sqrt{LC}}$ 임을 증명하시오.

6. 정전압 송전방식의 원리를 설명하고, 부하 유효전력 P, 무효전력 Q, 선로저항 R, 리액턴스 X, 송수전단전압 V_s, V_r라 할 때 전력방정식에 의한 전력원선도는 아래와 같다.

$$\left(P + \frac{V_r^2 R}{Z^2}\right)^2 + \left(Q - \frac{V_r^2 X}{Z^2}\right)^2 = \left(\frac{V_s V_r}{Z}\right)^2$$

(1) 전력방정식으로부터 전력원선도의 중심점 O_r과 반지름을 나타내시오.

(2) 전력원선도상 일정 부하 역율 $\cos\theta$에서 부하가 A, B, C, D단계로 증가할 경우 일정전압을 유지하기 위한 각 단계별 필요한 조치를 설명하시오.

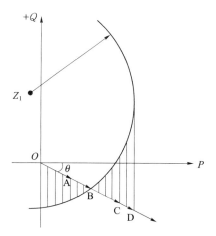

제 4 교시

※ **다음 문제 중 4문제를 선택하여 설명하시오.(각 25점)**

1. 인구밀집지역에 변전소 건설시 중점적으로 검토되어야 할 사항과 변전소의 형태에 관하여 설명하시오.

2. GIS(Gas Insulated Switchgear)설비 내부에서 일어날 수 있는 고장의 원인과 진단 기술에 대하여 논하시오.

3. 우리나라에서 운전 중인 원자력발전소의 현황 및 원자로형을 설명하시오.

4. 다음의 신재생에너지 발전방식의 특징을 설명하시오.
   (1) 풍력발전
   (2) 태양열발전
   (3) 조력발전
   (4) 석탄가스화 복합발전

5. 154[kV]의 송전선이 그림과 같이 연계되어 있다. 대지정전용량은 위 선 $0.005[\mu F/km]$, 가운데 선 $0.0055[\mu F/km]$, 아래 선 $0.006[\mu F/km]$라 하고 다른 선로정수는 무시한다.

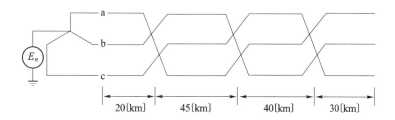

   (1) 잔류전압 E_n을 계산하시오.
   (2) 잔류전압 E_n을 0[V]로 하기 위한 선로구성을 다시하고 이를 증명하시오.

6. 그림과 같은 송전선 S점의 3상 단락전류를 다음 방법으로 각각 계산하시오.
   (1) Ω법
   (2) %법

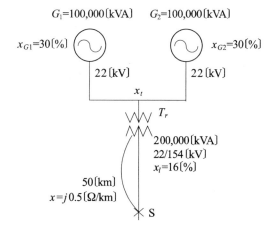

92회

발송배전기술사 출제문제

제1교시

※ 다음 문제 중 10문제를 선택하여 설명하시오.(각10점)

1. 스팀터빈에서 과열증기(Superheated steam)를 사용하는 이유를 4가지 쓰시오.

2. 전력선과 통신선 사이에 나타나는 전자유도장애 현상과 경감대책을 설명하시오.

3. 부하증가에 따른 변압기 2대 이상을 병렬 운전하는 경우 이에 필요한 운전조건을 열거하고 설명하시오.

4. 배전선로에 사용하는 개폐기 종류를 열거하고 각각에 대한 역할과 기능을 설명하시오.

5. 전력계통의 과도안정도(Transient stability)를 증진시키기 위해 설계 단계에서 고려할 사항들을 나열하시오.

6. Synchronizing Check Relay(25)와 Synchronizer(25A)의 각 기능에 대하여 적용사례를 들어 설명하시오.

7. 지중 전력케이블의 고장점 검출방법을 열거하여 설명하시오.

8. 다음 교류회로에서 공진주파수와 공진주파수에서의 각 회로소자에 걸린 전압을 구하시오. 단, $\dot{V}_s = 220 \angle 0°$, $R = 5[\Omega]$, $C = 10[\mu F]$ 및 $L = 25[mH]$이다.

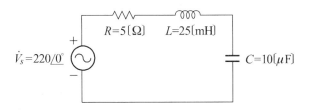

9. 아래 계통에서, 그림과 같이 변압기 출력단에 삼상 단락고장이 발생하였다. 고장전류를 구하시오.

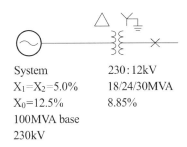

System   230:12kV
$X_1 = X_2 = 5.0\%$ 18/24/30MVA
$X_0 = 12.5\%$ 8.85%
100MVA base
230kV

10. 발전기 제동권선(damper winding or amortisseur winding)의 구조와 역할에 대하여 설명하시오.

11. 파동 임피던스가 400[Ω]인 가공송전선의 1[km]당 정전용량과 인덕턴스를 구하시오.

12. 그림과 같이 R, X로 직렬연결된 유도성 부하에 $2400\,V_{rms}$의 교류 60[Hz] 전원을 연결하였다. 부하가 288[kW], 지상역률 0.8로 전력을 소모한다면, 이때 R과 X를 구하시오.

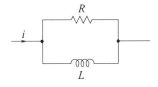

13. 다음의 회로에 $i = I_{m_1}\sin\omega t + I_{M_5}\sin(5\omega t + \theta_5)$가 흐를 때 소비전력을 구하시오.

$$\begin{array}{c} R \\ i \longrightarrow \\ L \end{array}$$

제 2 교시

※ **다음 문제 중 4문제를 선택하여 설명하시오.(각 25점)**

1. 태안화력, 영남화력발전소를 필두로 기존 폐지계획인 발전소들을 2030년까지 화력발전소 10기 이상을 가스화복합발전소(IGCC : Integrated Gasification Combined Cycle)로 대체할 계획(제2차 전력수급 기본계획)인바, 가스화복합발전 기술이 기존 화력을 대체할만한 새로운 대안이 가능한지 다음 항목을 중심으로 설명하시오.
[필요성, 원리, 구성, 특징(장·단점), 파급효과 및 향후전망]

2. 송전선로의 적정 송전량 결정에서 고려할 사항과 개략적 계산법을 열거하고 설명하시오.

3. 그림은 발전기, 변압기, 송전선로 및 차단기로 구성된 전력계통이다. F점에서 3상 단락사고가 발생한 경우, 다음 물음에 답하시오. 단, 모선전압은 154[kV]이고, 각 부분의 설비용량과 임피던스는 그림과 같다.

(1) F점에 유입되는 고장전류[kA]를 구하시오.

(2) 차단기 C의 차단용량[MVA]을 구하시오.

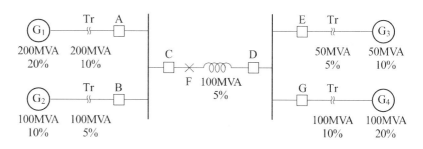

4. 다음과 같은 회로가 있다.

발전기 : 정격 4,160[V], 1000[kVA], 내부 임피던스 20[%](self base)

변압기 : 정격 4,000/480[V], 1,000[kVA], 내부 임피던스 10[%](self base)

선 로 : $j1.0[\Omega]$

부 하 : 정격 460[V], 1,000[kVA](지상역률 0.8)

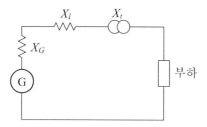

위 회로를 p.u. 단위를 사용하여 해석하고자 하며, 저압측 Base를 480[V], 1,000[kVA]로 취하였다. 다음 물음에 답하시오. 단, 전선은 선간전압이다.

(1) 부하의 p.u. 값을 구하시오.

(2) 전압강하를 구하시오.

(3) 전압변동률을 구하시오.

5. 전력계통 안정도의 정의를 기술하고 안정도를

(1) Rotor angle stability

(2) Frequency stability

(3) Voltage stability의 3가지 관점에서 각각 설명하시오.

6. 분산발전(Distributed generation) 계통의 장점에 대하여 설명하시오.

제 3 교시

※ 다음 문제 중 4문제를 선택하여 설명하시오.(각 25점)

1. 발전기 정격역률이 발전기 구조, 운전 및 계통에 미치는 영향을 설명하시오.

2. 계통에 고조파가 포함될 경우, 아래에 제시하는 계통 설비들에 미치는 영향과 그 결과를 분석하여 설명하시오.
　– 설비 : 커패시터, 변압기, 모터, 전자유도 디스크형 계전기, 차단기, 와트미터 와 과전류계전기, 전자 및 컴퓨터로 제어되는 기기

3. 아래 그림은 4 모선(Bus) 임피던스 계통도(3상 평형계통)이다.
　단, 전압은 $V_1 = 1.0 \angle 0°$, $V_2 = 2.0 \angle 45°$이고, 단위는 p.u.이다.
　(1) 4×4 어드미턴스 행렬 Y_{bus}를 구하시오.
　(2) Nodal 방정식을 세우시오.

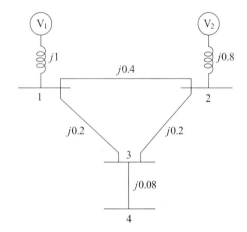

4. 지중송전계통의 구성방식을 열거하고 각각의 특징을 설명하시오.

5. 차단기 특성요소 중 특히, 고려해야 할 사항을 고압차단기를 중심으로 과도회복 전압의 중요성과 다음 항목들에 대하여 설명하시오.
　[차단전류, 투입전류, 동작책무, 소전류 차단능력, 차단시간]

6. 그림과 같이 60[Hz] 3상평형 전원으로 A 백화점(지상역률 0.8, 700[kVA])과 B 백화점(지상역률 0.5, 1,000[kVA])에 부하를 공급 중에 있다. 신설 C 백화점 (지상역률 0.9, 800[kVA]의 부하 공급요청에 따라 공급가능성과 역률 개선사항을 검토하였다. 다음 각 물음에 답하시오. 단, 공급전원의 표준전압은 13.8[kV] 이고, 선로의 허용 전류는 실효값 150[A]이다.

(1) 현재 설치된 선로의 C 백화점 부하의 공급 가능성을 검토하시오.

(2) 3개 백화점 총부하의 종합역률을 지상역률 0.92로의 개선에 필요한 커패시터 용량을 구하시오. 단, 커패시터는 3상 Y결선이다.

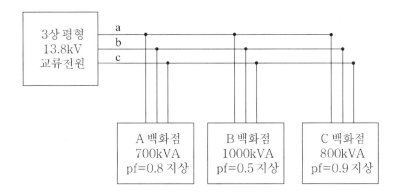

제 4 교시

※ 다음 문제 중 4문제를 선택하여 설명하시오.(각 25점)

1. 우리 계통(B)이 인접국가 계통(A)과 연계선로에 의해 연계운전 중 우리 계통 내에서 1,000[MW]의 원자력 1기가 갑자기 탈락한 경우, 계통주파수 변화량과 연계선로의 전력변화량을 구하시오. 단, 계통정수는 각각 $K_A = 100$[MW/0.1Hz], $K_B = 120$[MW/0.1Hz]이고, 사고 전 연계선로의 전류는 0이다.

2. 무부하 장거리 송전선로의 시송전(試送電)시에 나타나는 현상과 주의점을 설명하시오.

3. 계통의 고장지점에서 "X/R Ratio"가 나타내는 의미와 고장전류 및 차단기 등 보호기기에 미치는 영향을 설명하시오.

4. 전력설비의 절연결정에 필요한 이상전압의 발생원인을 열거하고 각각을 설명하시오.

5. 전력계통 절연협조란 계통을 구성하는 각종 기기 및 설비의 절연강도를 선정하기 위한 일련의 작업들을 칭하는 것으로, 그 선정과정을 흐름도로 정리하고 설명하시오.

6. 그림 (a)는 전등부하(120[W]), 음향기기(24[W]) 및 전자레인지(7200[W])를 연결한 교류단상 3선식 배전방식이다. 그림 (b)는 24시간 중 각 부하의 사용시간을 나타낸 그림이다. 다음 각 물음에 답하시오. 단, 전압 V_{rms} 는 12[V]이다.

(1) 24시간 동안의 소모 전력량[kWh]을 계산하시오.

(2) 전기 이용료가 60[원/kWh]일 때, 30일간 사용한 비용을 구하시오.

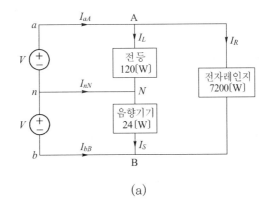

(a)

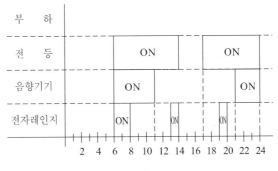

(b)

93회 발송배전기술사 출제문제

제 1 교시

※ 다음 문제 중 10문제를 선택하여 설명하시오.(각10점)

1. 일반적으로 전기사용량 계량을 위해서 여러 가지 방법들이 이용되고 있다. 이들 방법 중 저압 PLC(Power Line Communication : 전력선통신) 검침방식에 대해 설명하시오.

2. 수차발전기 부속설비 중 조속기에 대해 1) 원리 2) 구조별 기능(기계식) 3) 속도 조정율과 계통주파수 조정과의 관계에 대해 설명하시오.

3. 수력발전소와 화력발전소를 전력계통에 병행 운전하여 평균전력 80[MW], 부하율 75[%]의 부하(발전단 환산)를 공급하고 있다. 아래 사항에 대해 설명하시오.
(단, 수력발전소 제원은 최대출력 : 100[MW], 상시 첨두출력 : 70[MW], 상시출력 : 50[MW], 유효낙차 : 85[m]이다.)
(1) 수력발전기에 채택할 수차 종류와 비속도(특유속도) 및 사용한계
(2) 수력발전소 최대출력, 상시첨두출력, 상시출력의 정의
(3) 화력발전소 출력은 몇 [MW]인가?

4. 전력수요 증가에 대비한 전력설비 중 최근 지중설비가 지속적으로 증가하고 있으며, 이들 설비 중 배전전력구 종합감시 시스템이 구축되어 운영되고 있다. 아래사항에 대해 설명하시오.
(1) 감시시스템의 개요
(2) 주요설비 및 기능
(3) 주요 관리항목
(4) 기대효과

5. 화력발전소의 보일러종류 중 수관식 보일러(water tube boiler)의 급수순환방법에 의한 보일러 종류를 들고, 각각 급수흐름도 및 특징에 대해 설명하시오.

6. 동기발전기의 일정 유효전력 운전에 관하여 설명하시오.

7. 송전계통의 유효전력은 E와 V의 위상차에 관계되고, 무효전력은 송전계통의

전압강하에 관계됨을 설명하시오. (단, $\dot{E}$: 송전단전압, V : 수전단전압)

8. 전력계통 구성요소의 표현 중 부하의 응답모델 3가지를 설명하시오.

9. 누전차단기의 안전성에 대한 의미를 설명하고, 인체의 안전한계선과 위험한계 선과의 관계(수식포함)를 설명하시오.

10. 최근 고품질 전력이 요구되면서 과거와는 달리 Power Disturbance에 대한 관심이 높아지고있다. 이 Power Disturbance에 대한 기본개념과 이의 종류별 파형형태를 그림으로 설명하고, 전원외란의 여러 형태 중 Voltage Sag, Voltage swell, Interruption Outage에 대한 현상과 기본특성(지속시간과 전압크기) 및 발생 원인에 대하여 설명하시오.

11. 직렬리액터(Series Reactor)를 Capacitor Bank에 접속하는 이유에 대하여 간략히 설명하고, Series Reactor 용량을 Capacitor Bank 용량의 6[%]로 할 때 콘덴서의 단자전압은 Series Reactor 접속 전(前)의 몇 [%]인지를 설명하시오.

12. 대용량 발·변전소의 개폐장치에서 발생할 수 있는 영점추이현상(零點推移現狀, Zero Missing Phenomenon Non-zero Crossing Phenomenon)에 대하여 설명하시오.

13. 배전선로의 수전단 전압을 일정하게 유지하면서, 부하의 유효전력을 n배로 하고 역률을 m배 변화시킬 경우, 선로의 전력손실, 전력손실률 및 수전단 피상전력은 몇 배가 되는지를 설명하시오.

제 2 교시

※ **다음 문제 중 4문제를 선택하여 설명하시오.(각 25점)**

1. 해안가에서 염해(鹽害)로 인한 배전선로 불시정전이 빈번히 발생하고 있다. 아래사항에 대해 설명하시오.
(1) 염해 정전발생 과정 및 염해 정전의 특징
(2) 염해대책 설계시 내오손(耐汚損)기준 적용 및 선로경과지 선정방법
(3) 시공방법 및 유의사항

2. 아래 그림과 같은 전력계통에서 다음 사항을 설명하시오. 여기서 각 BUS의 전압은 정상시에 1.0[p.u]이고, 선로 Impedance는 p.u 단위로 그림과 같다.
(1) Y_{bus}
(2) 3번 모선에서 3상 단락사고가 났을 경우 단락전류

(3) 위 3상 단락사고시의 1번 및 2번 모선의 전압

(4) 위 3상 단락사고시의 1번과 2번 모선 사이의 전류, 1번과 3번 모선 사이의 전류, 2번과 3번 모선 사이의 각각의 전류를 구하시오.

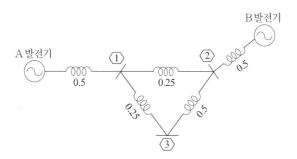

3. 발·변전소에서 전압을 일정하게 유지하는 방법으로 무효전력을 조정하는 방법과 전압의 크기를 조정하는 방법을 설비별로 설명하시오.

4. 최근 신기술 접지방식으로 실용화되고 있는 배전 CNCV 케이블 지중배전선로 비일괄 공동접지방식에 대해 설명하시오.

(1) 개요

(2) 공동접지 부적합시공(중성선 Floating)에 따른 문제점(부적합시공 결선도 제시)

(3) 중성선 Floating 해소대책(결선도 제시)

5. 345[kV], 100[km]의 3상 송전 선로에서 변압기를 포함한 일반 회로 정수를 다음과 같이 할 때 아래 사항에 대하여 설명하시오.

(단, 저항은 무시하며 $\dot{A} = 0.7000$, $\dot{C} = j1.7 \times 10^{-3}$, 기타의 4단자 정수는 공식에 의거한다.)

(1) 나머지 4단자 정수 B와 D를 구하고 A, B, C, D의 물리적 의미를 설명하시오.

(2) 무부하 시 송전단에 345[kV]를 인가하였을 때의 수전단 선간전압 V_r[kV]

(3) 이 때의 송전단 전류 $\dot{I}_S$[A]

(4) 무부하 시 송·수전단 전압을 345[kV]로 유지하는데 필요한 수전단에 설치할 연속적인 조정이 아닌 조상기의 용량[MVA]

6. 직류송전방식을 적용 시 고조파에 대한 검토가 반드시 이루어져야 한다. 이러한 직류송전에 있어 고조파에 대한 영향을 간단히 설명하고, 그 대책으로 적용되는 필터에 대하여 3가지로 분류하여 설명하시오.

제 3 교시

※ 다음 문제 중 4문제를 선택하여 설명하시오.(각 25점)

1. 다중접지계통의 배전선로에서 정전구역 축소 및 안전사고 예방을 위해 각종 보호기기를 설치, 운영하고 있다. 아래사항들을 설명하시오.
　(1) 설치 전 보호협조 검토시기
　(2) 설치위치 검토사항
　(3) 전원측 부터 부하측 순(順) 배치도
　(4) 보호기기별(수용가 보호용 포함) 기능과 동작특성

2. 전기공급약관·전기공급약관시행세칙에 따라 아래사항을 설명하시오.
　(1) 22.9[kV] 전용공급설비 2회선으로 전기를 공급할 때 세부기준
　(2) 계약전력 400,000[kW] 초과 수용가 154[kV] 공급조건

3. 전력계통에 적용하는 가변 교류 송전시스템(FACTS)의 개념과 필요성에 대하여 설명하시오.

4. 기존 전력계통에 분산형 전원의 연계에 따른 직류송전(HVDC)의 요구가 증가하고 있는바 송전과 배전에서의 HVDC 역할을 설명하시오.

5. 보호계전기용 변류기 선정 시 유의할 무릎전압(Knee Point Voltage)에 대한 정의, 특성, 변류기 선정시 고려사항에 대하여 설명하고, 변류기 2차의 특성 중 부담에 관련된 사항(① 부담(Burden), ② 소비부담(消費負擔), ③ 정격치 소비부담, ④ 동작치 소비부담, ⑤ 부담 임피던스)에 대하여 설명하시오.

6. 전력계통의 위상각 안정도에 대한 구분과 향상대책을 설명하고, 다음 그림의 안정여부를 판별하고, 정태안정 극한전력을 구하시오. 여기서 수전전력은 1.20[p.u], 전동기의 역률은 1.0[p.u], 기준전압은 전동기 단자전압이다.

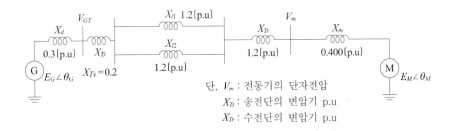

단, V_m : 전동기의 단자전압
X_{Ts} : 송전단의 변압기 p.u
X_{Tr} : 수전단의 변압기 p.u

제 4 교시

※ 다음 문제 중 4문제를 선택하여 설명하시오.(각 25점)

1. 다음과 같은 조건을 갖는 저수지와 발전능력을 갖춘 수력발전소에서 다음 그림과 같이 자연 하천유량 전량을 이용해서 매일 발전하는 경우 아래 사항을 구하시오.

(1) P_1, P_2는 각각 몇 [kW]인가? (단, 조정지는 08시에 만수로 되고, 08~16시에 전 유효저수량을 사용하는 것으로 하고, 출력은 수량에 비례하는 것으로 한다.)

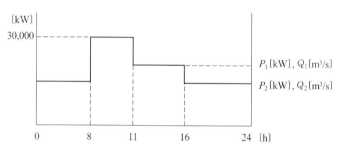

(최대출력 : 30,000[kW], 최대사용수량 : 25[m³/s],

조정지의 유효저수량 : 216,000[m³], 자연 하천유량 : 15[m³/s])

(2) 조정지 저수량을 이용해서 조정지 상부 200[m] 위치에 양수하는 발전소에서 (1)항 Q_1의 사용수량으로 양수할 경우 소요 전력 P_P[kW]를 구하시오. (단, 수압관의 손실낙차는 2[%], 수차 및 발전기의 합성효율 80[%], 펌프, 전동기의 합성효율을 65[%]라 한다.)

2. 전력공급을 위해 배전선로에는 각종 지지물과 기기들이 설치, 운영되고 있다. 설비 중 주상 변압기[22.9kV-y] 설계 및 설치에 관한 아래사항들을 설명하시오.

(1) 변압기 설계 시 검토사항

(2) 3상4선식 변압기 부하 불평형 방지 방법

(3) 변압기 설치 시 주의사항 및 변압기 설치 후 점검사항

3. 다중접지계통의 배전선로의 부하불평형률 개념을 3가지로 나누어서 설명하고, 3상교류의 선간전압을 측정한 결과 240[V], 200[V], 200[V]로 시현되었을 때 전압불평형률을 설명하시오.

4. 전력회로에 콘덴서를 설치하고자 한다. 아래사항을 설명하시오.

(1) 콘덴서 설치효과(단, 동일전력 수송 조건)

(2) 콘덴서 설치 전, 후 전압강하경감률(ε[%])을 수식으로 설명

(3) 평형 3상3선식 배전선로로 1,000[kVA], 지상역률 60[%]의 부하에 전력을 공급할 경우, 이 선로의 전력손실률을 12[%]에서 5[%]로 감소시키기 위해 소요되는 콘덴서 용량은 얼마인가? (단, 수전단의 전압은 변화 없고 여유분은 5.5[%]로 한다.)

5. 최근 수도권의 전력수요급증에 따라 우려되는 전압불안정 현상의 전력계통측의 설비적 대책 및 운영측면 대책을 설명하시오.

6. 대용량 전원이 전력계통으로부터 갑자기 탈락 시 나타나는 계통현상과 발·변전기기에 미치는 영향 및 정전범위를 축소하기 위한 대책을 설명하시오.

95회 발송배전기술사 출제문제

제 1 교시

※ 다음 문제 중 10문제를 선택하여 설명하시오.(각10점)

1. 우리나라 765[kV] 송전선로의 주요 특성 5가지와 그 효과 5가지를 기술하시오.

2. 단로기의 역할에 대하여 설명하고, 또한 단로 거리(Disconnection Distance)의 구분에 대하여 기술하시오.

3. 배전자동화에 적용되는 전력통신정보인 VOC(Value Of Change)와 Unsolicited Message의 전송기능에 대하여 간단히 기술하시오.

4. 전기설비기술기준의 판단기준 제21조에 의한 발·변전소 등을 산지에 시설할 경우 부지 조성조건에 대하여 기술하시오.

5. 부하의 역률을 개선할 경우 그 효과를 열거하고, 20000[kVA] 단락용량의 모선에 1000[kVA] 콘덴서 설치시 전압강하 경감률을 구하시오.

6. RPS(Renewable Portfolio Standard)에 대하여 설명하시오.

7. 우리나라 양수발전소의 현황과 건설 목적에 대하여 설명하시오.

8. 우리나라 석탄발전소의 온실가스를 포함한 환경 대응 방안에 대하여 기술하시오.

9. 2010년 우리나라 전력통계에 의하면 76[%]의 부하율을 유지하였다. 부하율의 정의와 부하율의 향상 방안에 대하여 설명하시오.

10. 발전기의 계통병입을 위한 필요 조건을 제시하시오.

11. 선로의 특성임피던스 Z_s[Ω], 수전단 전압 V_r[kV]인 경우 고유송전용량 (Surge Impedance Loading)에 대하여 설명하시오.

12. 부하전력, 선로거리, 선로손실 및 전압이 동일한 조건에서 단상 2선식과 3상 3선식의 소요 전선량을 비교하시오.

13. 독립접지방식(TT)과 공통접지방식(TN)의 장단점을 설명하시오.

제 2 교시

※ 다음 문제 중 4문제를 선택하여 설명하시오.(각 25점)

1. 우리나라 전력계통의 현황을 발전 및 송배전분야로 나누어 서술하시오.

2. 다음 문제를 계산하시오.

    (1) 풍속 10[m/s]에서 20[rpm]으로 회전하는 날개의 직경은 80[m]이다. 이 풍력 에너지의 40[%]가 전력으로 변환될 경우 발생한 전력[kW]과 날개 끝 속도 [km/h]를 계산하시오. (단, 공기밀도는 1.225[kg/m^3]이다.)

    (2) 100[m^3]의 물을 10[m] 높이에 8시간 동안 펌프를 사용하여 양수할 경우의 소요전력[W]을 계산하시오. (단, 펌프효율은 0.6, 물의 무게는 1000[kg/m^3] 이다.) 또한 이 경우 태양전지를 이용하여 소요전력을 얻는다면 50[W] 모듈 몇 개가 필요한지 계산하시오. (단, 태양전지는 8시간/일 일정 출력이 가능 한 것으로 가정)

3. 전력구 화재에 대한 예방 및 방재대책의 중요성이 높아지고 있다. 전력구를 감시 하는 제어시스템에 대하여 설명하고, 전력구내에 사용하는 난연 케이블에 대하 여 기술하시오.

4. 발전기의 단락비는 직축 동기리액턴스 X_d의 역수와 동일함을 포화 및 단락곡선 을 이용하여 증명하고, 단락비가 큰 발전기의 특징과 장단점을 기술하시오.

5. 대용량 발전기 진상운전의 목적과 진상운전시 유의점에 대하여 설명하시오.

6. 유효접지방식의 의미에 대하여 설명하고, 초고압계통에서 이를 적용하는 이유 를 기술하시오.

제 3 교시

※ 다음 문제 중 4문제를 선택하여 설명하시오.(각 25점)

1. 신에너지 및 재생에너지 개발 이용 보급 촉진법에서 정의하는 신재생에너지의 종류를 신에너지 및 재생에너지별로 나열하고 이를 설명하시오.

2. 발전용 원자로를 구성하는 기본적인 요소에 대하여 설명하고, 출력 1000[MW] 인 원자력발전소의 이론적 연간 연료 소요량을 계산하시오. (단, U^{235}의 질량결 손은 0.09[%], 발전소 효율은 33[%]이다.)

3. 다음 그림과 같은 전력계통에서 차단기 a와 차단기 b의 차단용량[MVA]을 각각 구하시오. (단, 차단기는 f는 개방되어 있는 것으로 가정하고, 주어진 %임피던스는 20[MVA]의 기준용량으로 환산한 값이다.)

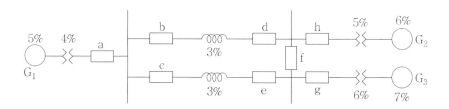

4. 고조파 발생원인 가변속 전동기와 일반 부하가 병렬로 480[V] 모선에 연결되어 운전되고 있다. 이 전동기의 정격과 발생되는 고조파는 다음과 같다.

전동기 용량 : 560[kW], 전압 : 480[V], 전류(기본파) : 601[A]

고조파	%	전류[A]
5	20	120
7	12	72
11	7	42
13	4	24

이 모선은 용량 1500[kVA], 임피던스 6[%]의 변압기에서 전력을 공급 받고 있다. 이때 480[V] 모선에서의 전압왜형률(THD)을 구하시오.

5. 대용량 발전기 보호를 위해 사용되는 비율차동계전기와 지락과전압계전기의 사용목적에 대해 설명하고 보호 결선도를 그리시오.

6. 풍력발전기의 기어형(Geared Type) 및 기어리스형(Gearless Type)의 장단점을 비교하여 설명하시오.

제 4 교시

※ **다음 문제 중 4문제를 선택하여 설명하시오.(각 25점)**

1. 154[kV] 송전계통의 송전단 변압기 사용탭은 11/154[kV], 수전단 변압기 사용탭은 140/11[kV]이며, 송전선로의 회로정수는 다음과 같다.

$$A = 0.9178 + j0.0150$$

$$B = 17.2413 + j91.3866$$

$$C = (-0.0856 + j16.4680) \times 10^{-4}$$

$D = 0.9257 + j0.0150$

이 계통에서 수전단 2차측 전압 11[kV], 수전단 2차측 전력 100[MW], 역률 0.98(늦음)인 경우 송전단 1차측 전압, 송전단 1차측 전력 및 역률을 각각 계산하시오.

2. 단심 케이블의 시스를 접지하는 이유를 설명하고, 접지방식 중 편단접지와 크로스본드접지에 대하여 그림을 그리고 이를 설명하시오.

3. 60[Hz], 2극, 60000[kW]의 터빈 발전기가 전력 계통에 접속되어 있다. 계통의 주파수가 갑자기 60.5[Hz]로 상승되었다고 하면 이 발전기의 출력[kW]이 어떻게 되는지 계산하시오. (단, 터빈의 속도 조정률은 4[%]이고, 속도는 직선적으로 변화하는 것으로 한다.)

4. 유전체손이 발생되는 이유와 유전체 손실에 대하여 수식으로 설명하고, 그 표현방식을 $\sin\delta$ 대신에 $\tan\delta$를 사용하는 이유를 기술하시오.

5. 거리계전기의 원리와 종류를 설명하시오.

6. 초고압 전력계통에 있어서 단권변압기가 이용되고 있다. 이 변압기의 장점과 문제점에 대하여 설명하시오.

96회 발송배전기술사 출제문제

제1교시

※ 다음 문제 중 10문제를 선택하여 설명하시오.(각10점)

1. 피뢰기에 사용하는 산화아연소자의 열폭주(Thermal Runaway) 현상에 대하여 설명하시오.

2. 유도전동기 피더에 역율개선용 콘덴서를 설치하고자 할 때 기술적으로 주의하여야 할 사항 3가지를 설명하시오

3. 다음 회로에서 변압기 1차측 전류(I_p), 변압기 2차측(I_s)의 전류를 구하시오. (단, 권선비는 10 : 1이다.)

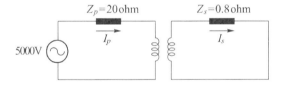

4. 3상유도전동기의 정격 522[kW], 6.6[kV], 역율 92.20[%], 효율 93.22[%], 구속전류는 정격전류의 6배, 가속시간 8초, safe stall time 13초이다. 100/5[A] CT의 2차측에 전동기 보호용 50/51 계전기가 연결되어 있다고 할 때 50/51 계전기의 정정치를 구하고, 시간탭(Time Dial) 설정방법을 그림으로 설명하시오.

5. 변압기의 통과고장내력에 대하여 설명하시오.

6. 송전선로 건설시 송전선의 허용전류를 산정하는데 사용되는 켈빈의 법칙을 설명하고, 경동선과 ACSR선을 사용할 경우 전류밀도를 구하시오.

7. 전력설비 열화 유무를 검출하는 설비진단기법 중 GIS(Gas Insulated Switchgear) 부분방전(Partial Discharge)의 검출방법별 검출법과 원리에 대하여 설명하시오.

8. 전력 계량장치의 시험용 단자대(TTB : Test Terminal Block) 교체 시 주의 사항에 대해 설명하시오.

9. 전력계통에서 단락전류의 특성과 동기 발전기의 리액턴스 관계를 설명하시오.

10. Cable 단절연(Graded Insulation)에 대하여 설명하시오.

11. 정현파의 실효치와 평균치의 의미를 설명하고, 최대치와의 비율을 수식으로 설명하시오.

12. 불평형 부하가 터빈 발전기에 미치는 영향과 대책에 대하여 설명하시오.

13. 해상풍력의 필요성, 문제점, 출력조정 방법을 설명하시오.

제 2 교시

※ **다음 문제 중 4문제를 선택하여 설명하시오.(각 25점)**

1. 전력계통에서 3상 단락전류의 시간적 변화를 계산하기 위하여 IEC 단락전류계산 방법을 적용하고자 할 때
   (1) I_k'', I_p, I_b, I_k의 의미와 계산하는 방법을 설명하시오.
   I_k'' (initial symmetrical short circuit current)
   I_p (peak short circuit current)
   I_b (symmetrical breaking current)
   I_k (steady state short circuit current)
   (2) I_p, I_b 계산결과를 고압 및 저압 차단기 정격선정에 적용하는 방법에 대하여 설명하시오.
   (3) I_p, I_k 계산결과를 보호계전기 협조에 적용하는 방법에 대하여 설명하시오.

2. 발전기를 전력계통에 동기 투입하고자 한다 동기가 일치하지 않을 때 발전기에 예상되는 손상(damage)을 설명하고, 정상적으로 동기투입하기 위한 조건 4가지를 설명하시오.

3. 수력발전소에 대하여 아래 사항을 설명하시오.
   (1) 흡출관(Draft Tube)의 정의 및 종류, 사용개소
   (2) 토마 계수(Thoma Factor)와 캐비테이션과의 관계
      (베르누이의 정리를 이용하여 설명)

4. 765[kV] 계통 보호 계전방식의 아래사항을 설명하시오.
   (1) 보호 계전방식의 기본적인 성능 및 선정의 기본원칙
   (2) 송전선로 보호방식, 동작특성 및 주요 기능

5. 과도안정도 계산법인 단단법(step by step method)에 대하여 설명하시오.

6. 초전도케이블과 초전도한류기를 설명하시오.

제3교시

※ 다음 문제 중 4문제를 선택하여 설명하시오.(각 25점)

1. 전원개발계획의 개요를 설명하고, 원자력발전소, 중유화력발전소, 가스터빈발전소를 이용하여 전원개발계획(generation expansion planning)을 수립하는 방법에 대하여 설명하시오. 단, 정적최적화기법을 사용한다.

2. 전력계통안정도의 개요를 설명하고, 위상각안정도, 전압안정도, 주파수안정도를 평형 (balance) 문제와 관련하여 설명하시오.

3. 배전선로에 사용되는 자동재폐로 차단기(Recloser)의 아래사항을 설명하시오.
(1) Recloser의 기본동작
(2) Pick-Up 배수와 동작시간과의 관계
(3) Recloser의 Sequence(2F2D, 순간정전이 아닌 경우)

4. 전력계통에 사용되고 있는 23[kV], 345[kV] 병렬리액터(Sh.R : Shunt Reactor)에 대한 아래사항을 설명하시오.
(1) 설치목적 및 설치 시 고려사항
(2) 병렬리액터의 보호장치별 특징

5. 동기기에서의 전기자 반작용은 부하 역율에 따라서 달라지는데 이에 대하여 설명하시오.

6. 그림과 같이 변압기와 피뢰기가 설치된 곳에 뇌전압이 침입하는 경우 다음 물음에 답하시오.
(1) 뇌서지 전압이 변압기단자에서 정반사, 피뢰기에서 부반사 하는 이유를 설명하시오.
(2) 피뢰기를 변압기에 근접해서 설치하는 것이 유효한 이유를 설명하시오.

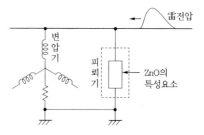

제 4 교시

※ 다음 문제 중 4문제를 선택하여 설명하시오.(각 25점)

1. 가교폴리에틸렌 케이블의 Treeing 열화의 원인과 Treeing 열화의 종류에 대하여 설명하시오.

2. 전력계통 유효접지방식의 장·단점을 저항접지방식과 비교 설명하시오.

3. 화력발전소 보일러 급수와 관련 아래사항을 설명하시오.
   (1) 급수에 불순물이 포함될 경우 나타나는 장해
   (2) 급수처리(Feed water treatment) 방법
   (3) 급수설비

4. 송전선로에 사용되는 케이블의 절연통 보호장치(SVL : Sheath Voltage Limiter)에 대해 아래사항을 설명하시오.
   (1) SVL 결선방식별 특징 및 결선도
   (2) 시즈(Sheath) 접지방식별 특징, 사용개소 및 결선도

5. 증기터빈 발전기의 수소냉각방식을 채용하는 이유와 안전상의 대책에 대하여 설명하시오.

6. 선로 임피던스 및 송전단 전압, 수전단 전압이 일정한 경우

   증분송전손실 $\dfrac{\partial P_L}{\partial P_s} = \dfrac{2\tan\delta}{\dfrac{x}{r} + \tan\delta}$ 가 됨을 설명하시오.

   단, P_s : 송전단 유효전력
       x : 선로리액턴스
       P_L : 송전손실
       r : 선로저항

98회

발송배전기술사 출제문제

제1교시

※ 다음 문제 중 10문제를 선택하여 설명하시오.(각10점)

1. 대용량 발전기에 설치되는 자동전압조정기(AVR)에 대하여 설명하시오.

2. 전력을 생산하는 발전설비의 아래사항에 대하여 설명하시오.
   (1) 송전단 전력(Net Output)
   (2) 소내전력률(Auxiliary Power Ratio)
   (3) 감발률(Ramp Down Rate)
   (4) 증발률(Ramp Up Rate)

3. 지중송전선로 건설 경과지 선정 시 고려사항을 설명하시오.

4. 발전사업자가 전기사업법에 의하여 3,000 [kW]를 초과하는 화력발전사업 허가 신청서 작성시 준비사항을 설명하시오.

5. 345 [kV] 전력케이블 도체 굵기 선정 시 고려사항을 설명하시오.

6. 전력계통 연계용 변압기 결선방식에 Y-Y-△를 사용하는 이유를 설명하시오.

7. 초고압 가공송전선에 다도체를 사용하는 이유를 설명하시오.

8. 수용가의 부하설비 용량, 수용율, 부등률, 부하율을 이용하여 필요한 변압기 용량을 구하는 방식을 설명하시오.

9. 사고 발생률과 평균 정전시간이 각각 λ_1, S_1과 λ_2, S_2인 두 설비를 직렬로 운전하는 경우 전체 계통의 사고 발생률 λ와 평균 정전시간 S를 구하시오.

10. 1기 무한대 모선 계통으로부터 전력상차각 특성을 나타내는 기본식을 유도하고, 이를 이용하여 전력상차각 곡선을 그리시오.

11. 과전류 보호계전기의 종류에 대하여 동작전류와 동작시간과의 관계를 각각 그림으로 분류하여 설명하시오.

12. 가공송전선과 지중케이블에 대하여 인덕턴스와 정전용량을 비교 설명하시오.

13. 수력발전에서 발전기 출력과 낙차와의 관계를 식으로 나타내어 설명하고, 낙차의 종류 4가지에 대하여 설명하시오.

제 2 교시

※ 다음 문제 중 4문제를 선택하여 설명하시오.(각 25점)

1. 우리나라에서 운용하는 전력거래시장의 특징과 전력거래가격의 구성에 대하여 설명하시오.

2. 우리나라의 전력계통에서 발생하는 송전손실계수의 산정에 대하여 설명하시오.

3. 발전기의 출력가능곡선과 이를 제한하는 요인들에 대하여 설명하시오.

4. 무효전력보상장치인 SVC(Static Var Compensator)의 용도와 구성에 대하여 설명하시오.

5. 단거리 송전선로의 등가회로와 벡터도(수전단 전압을 기준벡터로 취한 경우)를 그리고 이를 이용하여 전압강하율을 유도하시오.

6. 석탄화력발전에서 재열재생사이클의 기본구성도를 그리고 특징을 설명하시오.

제 3 교시

※ 다음 문제 중 4문제를 선택하여 설명하시오.(각 25점)

1. 대용량 교류발전기 여자기(Exciter)의 여자방식 종류 및 특징에 대하여 설명하시오.

2. 우리나라 전력시장운영규칙에서 전력예상수요에 대한 중앙급전발전기의 공급가능용량 여유에 따라 예비전력을 단계별로 구분하여 필요 조치사항을 설명하시오.

3. 초고압케이블의 시스(Sheath) 유기전압과 이를 제한하기 위한 편단 접지와 크로스본드 접지에 대하여 각각 설명하시오.

4. 345 [kV] 변전소 접지망 설계시 고려사항에 대하여 설명하시오.

5. 전력선과 통신선 사이에 차폐선을 가설한 경우 차폐계수식을 유도하고, 차폐효과에 대하여 설명하시오.

6. 양수발전의 특징을 계통운영측면에서 설명하고, 양수발전의 가동이 부하율에

미치는 영향에 대하여 설명하시오.

제 4 교시

※ 다음 문제 중 4문제를 선택하여 설명하시오.(각 25점)

1. 국내외에서 건설 중인 LNG복합화력 발전소(Combined Cycle Power Plant)의 특징에 대하여 설명하시오.

2. 우리나라에서 운전 중인 가압경수로(PWR)형 원자력발전소의 개념과 특징에 대하여 설명하시오.

3. 大停電(블랙아웃, Blackout)이 발생하는 원인과 근래에 국내외에서 발생하는 사례를 설명하시오.

4. 초고압 직류송전(HVDC)의 장단점을 교류송전과 비교하여 설명하시오.

5. 이상전압 진행파의 반사와 투과에 대한 식을 유도하고, 종단이 개방되어 있는 경우와 종단이 접지되어 있는 경우 전압과 전류의 파고값 변화에 대하여 각각 설명하시오.

6. 수력발전에 적용되는 이론 중 연속의 원리, 베르누이의 정리, 토리첼리의 정리에 대해 설명하시오.

99회 발송배전기술사 출제문제

제 1 교시

※ 다음 문제 중 10문제를 선택하여 설명하시오.(각 10점)

1. 3상 유도전동기의 정격 860[kW], 6.6[kV], 역률 92[%], 효율 86[%], 기동전류는 정격전류의 500[%]이다. 이 유도전동기에 불평형률 5[%]인 전압이 인가되었다. 이때의 역상전류(I_2)를 암페어 단위로 계산하시오.

2. 휴즈나 배선용차단기를 저압모터의 지락사고 보호에 사용하고자 할 때 저압계통의 중성점접지방식(직접접지, 저저항접지, 고저항접지)별로 적용상 차이점을 간단히 설명하시오.

3. 초고압 송전선로에서 계통 전압 상승을 억제하기 위한 대책을 제시하고 각각의 개요 및 장·단점을 설명하시오.

4. 2기 계통에서 발전기의 1의 출력 $P_{G1} = 149.7$[MW], 발전기 2의 출력 $P_{G2} = 167.7$[MW]로 경제운용하고 있다. 발전기 2의 증분송전손실이 0.1078[MW]일 때의 발전기 1의 패널티(Panalty) 계수를 구하시오.
단, $dF_1/dP_{G1} = 2.0 + 0.04P_{G1}$[1000원/MWh]

$\qquad dF_2/dP_{G2} = 3.0 + 0.03P_{G2}$[1000원/MWh]

5. 변압기에서 단절연 및 저감절연에 대하여 설명하시오.

6. 최근에 대규모 해상 풍력발전시스템이 계획되고 있는 바, 이를 전송하기 위한 직류해저 케이블인 MI Cable(Mass Impregnated Cable)에 대하여 설명하시오.

7. 변압기에 사용하는 절연유의 역할과 구비조건(특성)을 설명하고, 대용량 변압기에 있는 Stabilizing Winding에 대하여 설명하시오.

8. 유도발전기의 특징과 적용에 대하여 간단히 설명하시오.

9. 초고압(345[kV] 또는 765[kV]) 송전선로에 적용하는 조가식 점퍼장치에 대하여 설명하시오.

10. 선로정수가 불평형이 될 경우 미치는 영향 및 방지대책을 설명하시오.

11. 3상 동기발전기의 동기화력에 대하여 설명하시오.

12. 단락전류 차단시의 TRV(Transient Recovery Voltage)에 대하여 설명하시오.

13. 배전선로에서 손실계수와 부하율의 관계에 대하여 설명하시오.

제 2 교시

※ 다음 문제 중 4문제를 선택하여 설명하시오.(각 25점)

1. 수전변전소에 3상 변압기(용량 25[MVA], 154/11[kV], X=5[%], R=0) 2차측에 주차단기(정격 25[kV] sym rms, 1sec)가 설치되어 있다. 고장직전의 변압기 2차측 전압은 11[kV]이고 154[kV] 수전 전원측의 고장용량은 5000[MVA](X/R=무한대) 이다.

아래와 같은 조건에서 2차측 모선에 3상단락 고장전류발생시 다음 사항을 설명하시오.

(1) 계산을 통하여 차단기의 정격선정의 적정성 여부

(2) 순시과전류계전기의 동작여부

(3) 한시과전류계전기의 동작여부와 차단기 정격 내에서 단락전류 차단 가능여부

[조건] 차단기에 설치된 변류기 정격 : 2000/5A, C200

　　　　순시과전류계전기 정정치 : CT 2차 전류 50[A]에 정정

　　　　강반한시 과전류계전기 정정치 : CT 2차 전류 40[A], 1초

　　　　CT 2차측 전선사양 : 왕복거리 10[m], 0.2[Ω/m]

　　　　순시/한시 과전류계전기 총 임피던스 : 3[Ω]

2. 수력발전설비, 화력발전설비, 원자력발전설비의 특성을 부하추종측면에서 비교 설명하고, 부하추종 시 예상되는 문제점과 대책에 대하여 설명하시오.

3. SSR(Sub Synchronous Resonance)이란 무엇이며, Low Frequency Oscillation의 발생 이유, 방지대책을 설명하고, SSR을 일으키는 주파수 특성에 대하여 설명하시오.

4. Seebeck 효과와 Peltier 효과를 비교 설명하고, 이 효과를 이용한 열전발전기의 원리, 구조, 활용전망에 대하여 설명하시오.

5. 그림과 같이 애자의 수가 4개이며 애자 1개의 커패시턴스를 C[F], 애자의 각 연결점과 대지간의 커패시턴스를 각각 $\dfrac{C}{4}$[F], 각 연결점과 송전선까지의 커패

시턴스를 $\dfrac{C}{8}$라고할 때 각 애자에 걸리는 전압을 전체전압의 비율로 설명하고, 각 애자의 분담전압을 균등하게 하는 방법을 설명하시오.

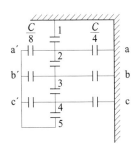

6. 페란티 현상의 정의, 벡터도, 특성을 설명하고 장거리 송전선로 시층전시의 충전용량을 수식을 이용하여 설명하시오.

제 3 교시

※ 다음 문제 중 4문제를 선택하여 설명하시오.(각 25점)

1. 유연탄 증기터빈 발전소의 발전기 1대, 계통연계용 변압기 1대, 소내용변압기 2대, 고압배전반 2세트에 대한 보호계전기 단선도(Protection Relaying Single Line Diagram)를 간단히 설계하여 그리시오. 단선도에는 IEEE Device No.를 포함한 보호계전기를 표기하고, 보호계전기의 명칭과 역할을 간단히 설명하시오.
   단, 발전기 사용 : 500[MW], 역률 80[%], 22[kV]
       송전저압 : 345[kV], 소내 고압모터전압 : 6.6[kV]

2. 화력발전소를 신규로 건설하고자 한다. 타당성 조사의 역무내용을 순서대로 설명하시오.

3. Integrated Protection and Control System에 대하여 설명하시오.

4. 스마트그리드(Smart Grid)에 대하여 아래 항목을 설명하시오.
   (1) 정의
   (2) 현재의 전력망과 스마트그리드 전력망의 비교
   (3) 스마트그리드의 주요 응용 분야 내용
   (4) 한국형 스마트그리드 구성요소

5. 임피던스 변경점이 많은 선로에 진행파가 진행시 변경점의 전위를 구하는 방법인 격자도(Lattice Diagram)에 대하여 설명하시오.

6. 아래 그림은 분산형전원이 전력회사 전력계통에 연계되어 있고 생산된 전력이 전력회사 측으로 역송되지 않고 부하측에서 소비되는 구성이다. 그림에 표현된 보호계전기 요소들의 역할과 정정기준을 설명하시오.

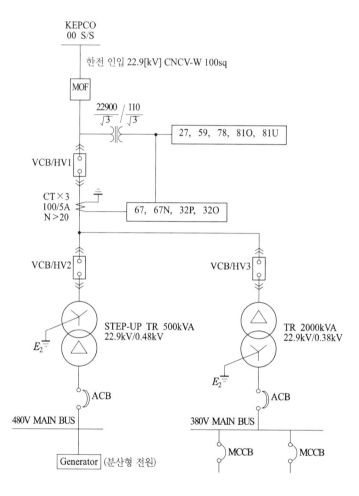

제 4 교시

※ 다음 문제 중 4문제를 선택하여 설명하시오.(각 25점)

1. 직류송전의 장·단점과 응용분야에 대하여 설명하시오.

2. Demand Side Management(DSM)의 의미를 설명하고 DSM을 수행하기 위한 구체적 방안과 효과를 설명하시오.

3. Surge Impedance의 정의, 표현식, 특성, 저감대책에 대하여 설명하시오.

4. 송전선로 Semi Prefab 가선 공법에 대하여 설명하시오.

5. 6.6[kV] 비접지 선로에서 1선지락사고시 영상전압 산출식을 유도하고 다음의
경우 SGR 계전기의 감도가 떨어지게 되는데 그 이유를 각각 설명하시오.
(1) 6.6[kV] 지중선로가 길어지는 경우
(2) 동일회로에 GPT가 여러 대 설치되는 경우
(3) 지락점 저항이 큰 경우

6. 거리계전기의 동작원리 및 적용 시 유의사항에 대하여 설명하시오.

101회

발송배전기술사 출제문제

제1교시

※ 다음 문제 중 10문제를 선택하여 설명하시오.(각10점)

1. 전기자동차 충전방식의 종류를 들고 설명하시오.

2. 배전선로에서 양방향 보호기기(Recloser)의 필요성과 적용개소 및 동작특성에 대하여 설명하시오.

3. 피뢰기를 피보호 기기에 근접하여 설치하는 것이 효과적인 이유를 수식을 들어 설명하시오.

4. 계통보호에 있어 맹점보호(Blind Point Protection)에 대하여 설명하시오.

5. 자기회로의 옴(Ohm)의 법칙과 전기회로의 옴의 법칙을 비교 설명하시오.

6. 변압기의 이행전압에 대하여 설명하시오.

7. 역률개선의 효과를 설명하시오.

8. 공통접지의 장점과 특징에 대해 기술하시오.

9. 대용량 교류발전기에 회전 계자형(Revolving Field Type)을 사용하는 이유에 대하여 설명하시오.

10. 수력발전소의 종류를 취수방법에 따라 분류하고 설명하시오.

11. 유량의 변동을 표현하기 위한 방법 중 유량도와 유황곡선에 대해 그림을 그려 설명하시오.

12. 3상 1회선 송전선로의 상간거리가 각각 다르게 배치되어 있는 경우 이 선로의 작용인덕턴스를 구하시오.

13. 단거리 송전선로에서는 선로정수 중 저항과 인덕턴스만을 고려한다. 수전단전류를 기준으로 벡터도를 그리고, 이로부터 송전단 전압과 수전단 전압과의 관계를 나타내는 전압강하율을 구하시오.

제 2 교시

※ 다음 문제 중 4문제를 선택하여 설명하시오.(각 25점)

1. 가스 터빈의 동작원리 및 특징에 대하여 설명하시오.
   (단, 기본 사이클 과정을 P-V 선도, T-S 선도를 제시하여 설명)

2. 계통에 연계되어 병렬운전 중인 발전기 A, B에서 임의 역률의 부하를 공급할
   때 다음에 대하여 설명하시오.
   1) 무효전력 배분
   2) 유효전력 배분
   3) 발전기 조속기의 특성에 따른 부하의 배분관계

3. 전력계통에서 고조파의 발생원, 영향, 대책에 대하여 설명하시오.

4. 상결선이 Dyn1인 변압기 보호를 위해 사용하는 기계식 비율차동계전방식의 변
   류기 결선도를 그리고, 여자돌입전류에 의한 오동작 방지대책에 대해 설명하시
   오.

5. 송전선로의 특성임피던스와 전파정수에 대하여 설명하시오.

6. 중성점 접지 방식의 종류를 접지임피던스의 종류와 크기에 따라 분류하고 설명
   하시오.

제 3 교시

※ 다음 문제 중 4문제를 선택하여 설명하시오.(각 25점)

1. 전력계통에서 수·화력 발전계통의 최적 경제운용에 대하여 설명하시오.
   (단, 낙차 변동은 무시)

2. 고신뢰 전력고급이 요구되는 지역에 적용 중인 신 배전계통시스템(CLS :
   Closed Loop Self-healing System)에서 다음에 대하여 설명하시오.
   1) CLS의 특징
   2) 현 배전계통시스템(Open Loop System)과의 비교
   3) 선로고장 발생 시 CLS의 동작 시퀀스

3. 동기조상기의 원리와 특징에 대하여 설명하시오.

4. 단락용량 증대가 전력계통에 미치는 영향과 그 경감대책에 대하여 설명하시오.

5. 가공송전선로를 재질에 따라 분류하고 재질별 도전율과 인장강도를 설명하시오.

6. 수력발전에 사용되는 수차 중 반동형 수차에 대하여 설명하시오.

제 4 교시

※ **다음 문제 중 4문제를 선택하여 설명하시오.(각 25점)**

1. 전기품질을 평가하는데 중요한 요소 중 하나인 전압 플리커(Voltage Flicker)에 대하여 다음을 설명하시오.
   1) 정의
   2) 관리기준
   3) 경감대책

2. 전력계통에서 주파수 f [Hz]를 변화시키는데 필요한 전력 특성 정수 K에 대하여 설명하시오.

3. 배전계통의 손실 경감 대책에 대하여 설명하시오.

4. 전력계통에서의 절연협조에 대하여 설명하시오.

5. 양수발전의 효율계산식을 유도하시오.

6. 전기에너지 저장장치의 종류에 대하여 설명하시오.

102회 발송배전기술사 출제문제

제1교시

※ 다음 문제 중 10문제를 선택하여 설명하시오.(각10점)

1. 대형 기력발전을 운용할 때 발전기 단자의 안전성을 높이기 위하여 발전기로부터 인출된 모선을 Isolated Phase Bus로 적용할 수 있다. 이에 대한 정의 및 장점을 간단히 설명하시오.

2. 전력계통용 차단기에 대한 차단 원리상 적용효과에 대하여 5가지로 간단히 설명하시오.

3. 지중송전케이블 Straight Joint 2종류를 설명하시오.

4. 가공송전선의 Corrosion의 대표적인 요인 3가지를 설명하시오.

5. 전력용 콘덴서와 연결되는 직렬 리액터의 설치 목적와 용량을 결정하는 근거를 설명하시오.

6. 전송 파라미터(Transmission Parameter)를 간단히 설명하고, 4단자 정수 각각의 물리적 의미를 설명하시오.

7. 발전기 정격용량 부족시 규정전압으로 시송전 하고자 하는 경우 고려 사항에 대하여 설명하시오.

8. 차단기 재폐로시 재폐로 시간, 무전압 시간, 소이온 시간에 대하여 각각 설명하시오.

9. 1기 무한대계통의 전력상차각 특성을 나타내는 기본식을 유도하고, 손실이 없는 경우 송수전단 전압의 상차각은 유효전력 및 리액턴스와 어떤 관계가 있는지 설명하시오.

10. 전력계통의 3상 단락 사고 고장계산 시 영상분, 정상분, 역상분 중 정상분만 고려하는 이유를 수식으로 설명하시오.

11. 피뢰기의 상용주파 허용 단자전압 결정방법에 대하여 설명하시오.

12. 수차의 회전속도 결정방법에 대하여 설명하시오.

13. 두 대의 동기발전기 병렬운전시 발전기 계자조정에 따른 각각의 역률변화에 대하여 설명하시오.

제2교시

※ 다음 문제 중 4문제를 선택하여 설명하시오.(각 25점)

1. 전기설비기술기준의 판단기준에 의한 무인변전소 시설의 설치기준을 설명하시오.

2. 송전선로용 철탑 건설시 주로 사용하는 철탑기초 형식 3가지를 설명하시오.

3. 3상 2회선 가공송전선로의 절연 설계시 유의하여야 할 사항을 설명하시오.

4. 아래 그림은 수용가 발전기가 전력회사 전력계통에 연계되어 있고 생산된 전력이 부하 측에서 소비되는 구성도이다. 정상상태로 운전중 그림과 같이 모선에서 지락사고 발생시 지락전류를 구하시오.

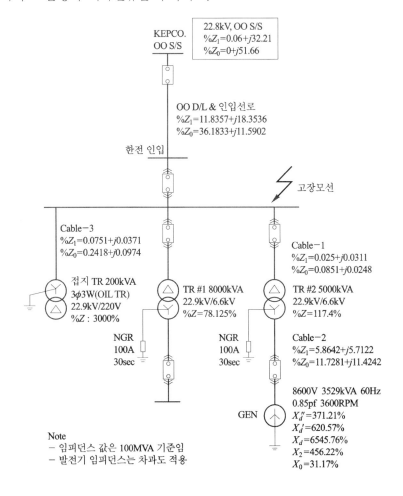

5. 변전기기의 내진 대책에 대하여 설명하시오.

6. 고압콘덴서 보호방식 중 NCS(Neutral Current Sensor) 및 NVS(Neutral Votage Sensor) 방식에 대하여 개념도를 그리고 동작 원리를 설명하시오.

제 3 교시

※ 다음 문제 중 4문제를 선택하여 설명하시오.(각 25점)

1. 전기설비기술기준의 판단기준에서 정한 분산형전원의 정의 및 설치기준을 설명하시오.

2. 대용량 변압기의 OLTC(On Load Tap Changer)의 설치 목적과 동작방식에 대하여 설명하시오.

3. 대용량 유입식 전력용 변압기에서 발생하는 내부고장의 종류 및 전기적, 기계적 보호장치에 대하여 설명하시오.

4. 전선로의 외부 이상 전압 중 직격뢰에 의한 뇌전압 및 뇌전류의 표준 충격파형을 그리고 설명하시오.

5. 배전선로에서 부하율과 손실의 관계를 손실계수 H와 부하율 F를 이용하여 설명하시오.

6. 가스터빈 기동장치에 대하여 설명하시오.

제 4 교시

※ 다음 문제 중 4문제를 선택하여 설명하시오.(각 25점)

1. 대지 저항률에 영향을 주는 요소와 접지설계과정을 단계별로 설명하시오.

2. GIS(Geographic Information System)을 이용한 송전선로 경과지 선정시 고려사항을 설명하시오.

3. 지중 배전설비의 환경친화형 디자인설계에 대하여 설명하시오.

4. 발전기의 자기여자현상과 방지대책에 대하여 설명하시오.

5. PPE(Personal Protective Equipment)의 Arc Flash 분석 방법 및 평가절차에 대하여 설명하시오.

6. 전력케이블의 진동, 방재, 활락, 내뢰의 방지대책에 대하여 설명하시오.

104회 발송배전기술사 출제문제

제 1 교시

※ 다음 문제 중 10문제를 선택하여 설명하시오.(각10점)

1. 6.6[kV] 또는 13.8[kV]급 공장 구내에 설치된 한시과전류 보호계전기 상호간의 협조 시간 간격을 제시하고, 이 간격을 유지하기 위한 시간 협조항목을 설명하시오.

2. 고압전동기용 과전류 계전기(50/51)를 정정하는 방법을 설명하시오.

3. 송전망에 사용하는 SPS(Special Protection System)에 대하여 설명하시오.

4. 대용량 발전기에 적용하는 예방진단시스템을 설명하시오.

5. 배전용에 사용하는 22.9[kV] Cable에서 CN/CV, CNCV-W, FR CNCO-W, TR CNCV-W의 구조(형태)와 특징을 설명하시오.

6. 수차발전기와 화력용 터빈발전기를 비교 설명하시오.

7. 전력계통에서 수전단 전압과 송전전력과의 관계에 대하여 설명하시오.

8. ESS(Energy Storage System)와 UPS(Uninterruptible Power Supply)를 비교 설명하시오.

9. 저압 지중배전계통 구성방식에 대하여 설명하시오.

10. 대용량 화력의 부하변동에 따른 발전기 자기부하제어특성을 설명하시오.

11. 전력시스템의 기본 신뢰도 지수에 관하여 설명하시오.

12. 아래 그림은 대용량 산업 플랜트 시스템이다. 변압기 TR2의 유지보수시 전동기 M2 전원 공급을 위한 전동기 절체방법 5가지를 설명하시오.

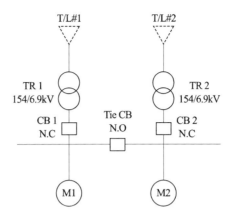

※ 다음 문제 중 4문제를 선택하여 설명하시오.(각 25점)

1. 신규로 계통에 연결할 터빈발전기의 동기가 불일치할 때
　(1) 터빈발전기에 발생할 수 있는 손상을 설명하시오.
　(2) 이 손상을 방지하기 위한 동기투입 조건을 제시하시오.
　(3) 비동기 투입될 경우 동기조건 별로 각각 예상되는 계통 운영상의 문제점을 설명하시오.

2. 가스터빈발전기 100[MW] 2기, 스팀터빈발전기 100[MW] 1기로 구성된 복합화력발전소의 주 단선도(Key Single Line Diagram)를 설계하고, 주요기기의 용량 선정 사유와 주요기기 사양을 설명하시오. (단, 발전기 전압 22[kV], 발전기 역률 80[%], 정지형여자기 사용, 고압전동기 전압 6.6[kV], 저압전동기 전압 0.46[kV], 송전 전압 154[kV] 사용)

3. 수력발전소에서 조압수조(Surge tank)의 기능과 서징작용(Surging) 및 조압수조의 종류와 특징에 대하여 설명하시오.

4. 전력계통에서 주파수제어(AFC)와 경제부하 배분(ELD)과의 협조제어 방식에 대하여 설명하시오.

5. 345[kVA] 변전소에서 변압기 1차측 과전류 계전기 정정시 다음 사항을 설명하시오.
　(1) 여자돌입전류를 고려한 Digital 계전기와 Analog 계전기에서 정한시 정정 차이점
　(2) 여자돌입전류 메커니즘(Mechanism) 및 발생원인

6. 다기 계통을 해석할 경우 상차각과 전력편차를 이용한 안정도 계산법을 설명하시오.

제 3 교시

※ 다음 문제 중 4문제를 선택하여 설명하시오.(각 25점)

1. 대용량 유연탄 화력발전소를 신규로 건설하고자 한다. 타당성조사 역무(work scope) 내용을 작업 순서대로 설명하시오.

2. 우리나라의 장기 전력계통 운영 계획을 수립하기 위한 일환으로 전력계통 신뢰도 및 품질유지를 위하여 검토해야 할 주요 역무 5가지 이상을 열거하고 설명하시오.

3. 화력발전소에서 급수 순환 방법에 의한 보일러 종류와 특징에 대하여 설명하시오.

4. 자동 부하전환 개폐기(ALTS)의 운영방법, 적용기준, 운전방식, 설치 시 유의사항에 대하여 설명하시오.

5. 대용량 발전소의 설계시 검토되는 다음 사항을 설명하시오.
   (1) 동기임피던스와 단락비 관계의 수식
   (2) 단락비를 크게 하기위한 동기기 제작 상 고려 사항
   (3) 단락비를 크게 할 경우 계통 특성에 미치는 영향

6. 연가(Transposition)의 목적을 선로정수 L과 C를 사용하여 설명하시오.

제 4 교시

※ 다음 문제 중 4문제를 선택하여 설명하시오.(각 25점)

1. 전압무효전력 제어에 이용되는 주요기기의 종류와 그 역할을 설명하시오.

2. 낙차가 작은 수력발전소에서 원통형(Tubular) 수차와 직결하여 사용하는 유도발전기의 장·단점을 설명하시오.

3. 전력계통의 부하 모선에서의 전압변동이 그 모선에 접속된 부하 응답모델의 소비전력에 미치는 영향에 대하여 설명하시오.

4. HVDC(High Voltage Direct Current) 시스템 구성 설비 중 다음 사항에 대하여 설명하시오.

(1) 필터 설계 시 주의사항, 최소용량, 설치목적

(2) 시스템에서 발생되는 고조파가 각종 기기에 미치는 영향

5. 분산전원을 연계할 경우 배전계통과 송전계통의 문제점 및 대책에 대하여 각각 설명하시오.

6. 그림과 같이 발전소 G는 1000[kVA]와 2000[kVA]를 갖는 발전소로서 발전소 내에 정격 차단용량 150[MVA]의 차단기가 사용되고 있다. 이 발전소를 1000[kVA]의 주변압기를 갖는 인접한 변전소 S와 연계해서 운전하고자 할 경우 발전기의 차단기는 절체하지 않고 연계선의 한류리액터 X를 삽입하려고 한다. 전압변동을 고려하여 10[%] 여유를 둘 경우의 리액턴스 X를 구하시오.

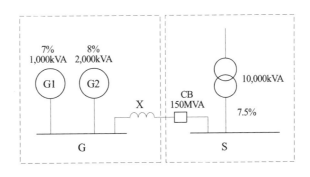

105회 발송배전기술사 출제문제

제 1 교시

※ 다음 문제 중 10문제를 선택하여 설명하시오. (각 10점)

1. THD(Total Harmonics Distortion)와 TDD(Total Demand Distortion)에 대하여 설명하시오.

2. 고조파 발생원이 많은 수용가에서 역률을 개선하는 방법에 대하여 설명하시오.

3. 송전선로에서의 뇌(雷) 차폐에 대하여 설명하시오.

4. 용량 1,000[kVA], 22,900/380[V] 변압기의 %Z가 5[%], $X/R = 7$인 경우, 지상역률 80[%]의 전부하(全負荷)로 운전하는 변압기의 전압변동률을 구하시오.

5. 변전소 내에서의 접촉전압과 보폭전압에 의한 위험을 방지하는 방법을 설명하시오.

6. 공장건물의 급전용량 산정 시 고려사항에 대하여 설명하시오.

7. 3상 동기발전기의 전기자 권선을 보통 Y결선으로 하고 Δ결선으로 하지 않는 이유를 설명하시오.

8. 송·변전 및 배전에서 보호계전 시스템의 목적과 기능을 설명하시오.

9. 풍력발전설비에서 기어드형(Geared Type)과 기어리스형(Gearless Type)의 장·단점을 설명하시오.

10. 변류기(CT)의 과전류정수에 대하여 설명하시오.

11. 발전기 병렬운전 조건을 나열하고 각 조건별 불일치 시 일어나는 현상을 설명하시오.

12. 배전자동화의 기능 및 목적을 설명하시오.

13. 전기기계형, 정지형, 디지털형 계전기의 특성을 비교하시오.

제 2 교시

※ 다음 문제 중 4문제를 선택하여 설명하시오. (각 25점)

1. 3상 변압기의 병렬운전 조건과 병렬운전이 가능한 각 결선 방법의 위상각변위에 대하여 설명하시오.

2. 154[kV] 설비에서 모선의 구성과 보호방식을 설명하시오.

3. 단락사고와 지락사고에 대한 방향성계전기의 정정(整定) 방법에 대하여 설명하시오.

4. 송전용 직류 차단기에 대하여 설명하시오.

5. 전력계통의 고장용량 증대에 따른 문제점 및 고장전류 억제대책에 대하여 설명하시오.

6. 풍력발전을 계통과 연계 시 전력계통에 미치는 영향과 대책에 대하여 설명하시오.

제 3 교시

※ 다음 문제 중 4문제를 선택하여 설명하시오. (각 25점)

1. 영상분 고조파가 발전기에 미치는 영향에 대하여 설명하시오.

2. 변압기 등가회로, 임피던스 전압을 설명하고 $\%Z$가 전력계통에 미치는 영향을 설명하시오

3. 발전기의 가속에 의한 탈조현상의 방지대책에 대하여 설명하시오.

4. 접지설계 절차를 단계별로 설명하시오.

5. 전력계통에서 과전압의 종류에 대하여 설명하고, 그중 개폐시 과전압의 발생원인 및 감소대책에 대하여 설명하시오.

6. 두 개의 3상 전원 G_1, G_2로부터 전력을 공급받는 3상 부하가 있다.
G_1에 연결된 선로는 $(1.4+j1.6)[\Omega]$
G_2에 연결된 선로는 $(0.8+j1)[\Omega]$
부하는 30[kW] (지상 역률 0.8)이다.
G_1이 선간전압 460[V], 15[kW](지상 역률 0.8)일 때 다음 물음에 답하시오.
1) 부하단 전압을 구하시오.

2) G_2단 전압을 구하시오.

3) G_2로부터 공급하는 유효 및 무효전력을 구하시오.

제 4 교시

※ 다음 문제 중 4문제를 선택하여 설명하시오. (각 25점)

1. 전력저장 장치에 대하여 설명하시오.

2. 특고압 케이블 금속시스(Sheath)의 유기전압 대책에 대하여 설명하시오.

3. 발송배전분야에서 감리 유형별 업무내용에 대하여 설명하시오.

4. 최적전원구성(Best Generation Mix)에 대하여 설명하시오.

5. 그림과 같이 F점에서 3상 단락고장이 발생하였다. 고장전류를 구하시오.
(단, 발전기는 정격전압으로 운전 중이며, 고장 전 전류는 0으로 가정한다.)
여기서 G_1 : 11[kV], 25[MVA], 15[%] G_2 : 11[kV], 15[MVA], 10[%]
변압기 : 11/33[kV], 40[MVA], 5[%]
변압기에서 고장점까지의 선로임피던스 : $(3 + j5)[\Omega]$

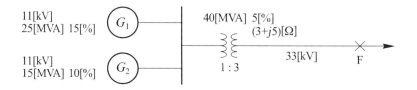

6. 동적 요금제(Dynamic Pricing)의 개념 및 유형에 대하여 설명하시오.

107회 발송배전기술사 출제문제

※ 다음 문제 중 10문제를 선택하여 설명하시오. (각 10점)

1. 알루미늄(Al) 권선 변압기의 특징을 동(Cu)권선 변압기와 비교하여 설명하시오.

2. 케이블의 단락전자력을 설명하고 아래 조건으로 케이블 단락전자력[kg/m]을 구하시오.

   (조건) (1) 케이블 $500[\mathrm{mm}^2]$에서 케이블 바깥지름 $D = 47[\mathrm{mm}]$
          (2) 단락전류 파고값 $I_m = 30[\mathrm{kA}]$
          (3) 케이블 배열에 따른 계수 $K = 0.866$

3. 보호계전기의 동작 협조곡선 작성 순서 및 유의사항에 대하여 설명하시오.

4. 변압기용량 산정 시 K-Factor와의 관계에 대하여 설명하시오.

5. 화력발전소의 절탄기와 공기예열기에 대하여 설명하시오.

6. 가공송전선의 진동과 도약을 감소시키는 방법을 설명하시오.

7. 전력계통에서 전압이 너무 높거나 낮을 경우 나타나는 현상을 전력공급자 측면에서 설명하시오

8. 배전선로의 전압강하에 대하여 전압강하율과 전압변동율로 설명하시오.

9. 동기발전기의 유효전력을 일정하게 운전하는 조건을 벡터도로 설명하시오.

10. 변압기의 여자돌입전류 발생 시 보호계전기 오동작 방지대책에 대하여 설명하시오.

11. 애자섬락전압의 종류와 특징을 설명하시오.

12. 지중케이블 접속 시 절연접속함 보호방식에 피뢰기를 사용한 방식을 설명하시오.

13. 중성점 접지 계통에서 NGR(Neutral Ground Reactor)설치목적과 적용개소에 대하여 설명하시오.

제 2 교시

※ 다음 문제 중 4문제를 선택하여 설명하시오. (각 25점)

1. 동기발전기 전압조정방식의 종류를 들고 각각에 대하여 설명하시오.

2. 케이블의 전기적 특성에서 손실과 전위경도에 대하여 설명하시오.

3. 초고압 송전선로 코로나 방전 시의 임계전압과 코로나 장해 및 방지대책에 대하여 설명하시오

4. 배전선로의 보호기기로 사용되는 자동 재폐로 차단기(Recloser)의 개요, 일반원리 및 동작순서에 대하여 설명하시오.

5. 전력계통의 안정도 향상대책에 대하여 설명하시오.

6. 영상분 고조파가 아래 설비에 미치는 영향과 대책에 대하여 설명하시오.
(1) 발전기   (2) 변압기   (3) 콘덴서   (4) 중성선케이블

제 3 교시

※ 다음 문제 중 4문제를 선택하여 설명하시오. (각 25점)

1. 전기방식(電氣防蝕)에 대하여 설명하시오.

2. 연료전지의 종류와 특징, 동작원리에 대하여 설명하시오.

3. 무부하 운전 중인 발전기 출력단자를 갑자기 3상 단락하였을 때 나타나는 돌발 3상 단락전류에 대하여 설명하시오.

4. 초전도 한류기의 개요 및 동작특성, 구성도와 동작원리에 대하여 설명하시오.

5. 유도장해의 원인과 대책에 대하여 설명하시오.

6. SVC(Static Var Compensator) 동작 원리와 제어방식에 대하여 설명하시오.

제 4 교시

※ 다음 문제 중 4문제를 선택하여 설명하시오. (각 25점)

1. 고압 유도전동기 보호방식에 대하여 설명하시오.

2. 아래 그림과 같은 계통에서 F점의 3상 단락전류를 계산하고, 이때의 각 선로의 고장전류 분포를 구하시오.

(단, 각 부분의 리액턴스는 그림에 주어진 바와 같고, 100[MVA], 66[kV] 기준임.)

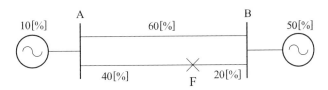

3. 수차 종류별 특정과 수차발전기의 비속도와 무구속속도에 대하여 설명하시오.

4. 전력계통의 전압·무효전력 제어방식에 대하여 설명하시오.

5. 전위 강하법을 이용한 접지저항측정에서 측정값 오차가 최소가 되는 조건 (61.8[%])에 대하여 설명하시오.

6. 활선상태 전력케이블의 열화진단법에 대하여 설명하시오.

108회 발송배전기술사 출제문제

※ 다음 문제 중 10문제를 선택하여 설명하시오. (각 10점)

1. 부하의 전압특성 중 일정임피던스 모델을 설명하고, 관련식으로 나타내시오.

2. 직류조류계산법을 설명하고, 직류조류계산의 기본방정식$(P = \dfrac{\delta_{km}}{X})$을 유도하시오.

3. 국내 345[kV] 계통에 적용하고 있는 보호계전방식과 그 특징을 설명하시오.

4. 부하단에서의 전력과 전압의 관계를 나타낸 $P_r - V_r$곡선을 그리고, 부하의 역률에 따른 전압안정도를 설명하시오.

5. 화력 또는 원자력발전소를 건설하기 위한 위치 선정시 고려해야 할 사항에 대해 설명하시오.

6. 발·변전소에서는 선로의 접속이나 분리를 위해 차단기 및 단로기를 설치하고 있다. 이들의 역할을 설명하고 조작시 유의사항에 대해 설명하시오.

7. 해수 양수 발전의 특징 및 문제점에 대해 설명하시오.

8. 가공선으로 사용되는 전선은 대표적으로 경동연선, 강심알루미늄선, 내열강심알루미늄선, 알루미늄 피복강선 등이 있다. 이들의 특징을 비교 설명하시오.

9. 공사감리업무 수행시 공사관리단계에서의 검측 업무 기본수행 방향 및 검측절차에 대해 설명하시오.

10. 배전선로에서 송전거리를 4배까지 늘리고자 할 경우 전압은 몇 배로 승압하여야 하는지 설명하시오.
(단, 전선과 전력, 전력손실, 역율은 동일하며, 승압전 전압 V_1, 승압 후 전압 V_2이다.)

11. 전력조류 계산을 통해서 알 수 있는 송전특성 및 계통의 운용과 계획적 측면에 대하여 설명하시오.

12. 고장전류 중 직류분에 의한 포화현상이 발생할 경우에 변류기는 과도적인 현상이 나타난다. 이에 대한 특성에 대하여 설명하시오.

13. 전기설비 기술기준에서 정하는 발전기 등의 보호장치에서 발전기 및 연료전지의 보호장치에 대해 설명하시오.

제 2 교시

※ 다음 문제 중 4문제를 선택하여 설명하시오. (각 25점)

1. 동기발전기의 등가회로를 나타내고, 동기기의 단락전류의 시간적 변화 상황을 설명하시오.

2. 전력계통에 사고 발생 시 발전기의 가속을 억제하기 위한 안정도 향상 대책이 필요하다. 발전기 1기 무한대 계통에 있어서 안정도 향상을 위한 대책을 설명하고, 구체적인 예(방안)를 제시하시오.

3. 전력계통에서 주파수 변동은 전력의 변동과 밀접한 관계가 있다. 발전기 출력·부하 전력의 주파수 특성과 주파수 추종운전(Governor free)에 대해 설명하시오.

4. 다음 그림에 보인 계통에서 1선 지락, 2선 지락, 2선 단락 사고가 발생하였을 경우 각각의 등가 정상 고장 임피던스를 구하시오.
   단, E_a : 고장점 F에서의 고장전 상전압
   Z_0, Z_1, Z_2 : 고장점 F에서 계통측을 본 배후의 영상, 정상, 역상 임피던스

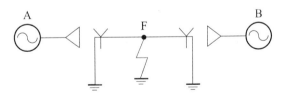

5. 목재 펠릿(Wood Pellet) 보일러 시스템의 안전장치 항목 및 판정기준에 대해 설명하시오.

6. 변전기기의 내진대책에 대하여 아래 순서로 설명하시오.
   1) 개요
   2) 동적 내진설계 시 고려사항
   3) 내진대책 중 지진파의 공진을 피하는 방법 및 부재를 강화하는 방법

제 3 교시

※ 다음 문제 중 4문제를 선택하여 설명하시오. (각 25점)

1. 다음 피뢰설비에 대한 물음에 답하시오.

1) 피뢰기의 설치 장소는 가능한 한 피보호 기기에 근접해서 설치하는 것이 유효하다는 것을 설명하시오.

2) 아래 그림과 같이 파동 임피던스 $Z_1 = 300\,[\Omega]$, $Z_2 = 200\,[\Omega]$ 의 2개의 선로 접속점 P에 피뢰기를 설치하였을 때 Z_1 의 선로로부터 파고 $E = 400\,[\mathrm{kV}]$ 의 전압파가 내습하였다. 선로 Z_2 에의 전압 투과파의 파고를 $75\,[\mathrm{kV}]$ 로 억제하기 위한 피뢰기의 저항(R)을 계산하시오.

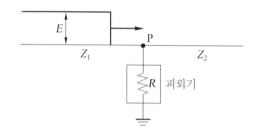

2. 계통 내에 미소한 외란이 있었을 때 발전기의 내부상차각이 어떻게 동요하는가를 나타내는 일반식을 유도하시오.

3. 전력계통의 전압을 규정값으로 유지하기 위한 무효전력 공급원에 대하여 설명하시오.

4. 화력발전에서 사용되는 미분탄연소방식의 장단점 및 버너에 분배하는 방법에 따른 종류에 대해 설명하시오.

5. 해상풍력 제어시스템의 제어요소 중 정상한계 내에서 통제하고, 유지해야 할 항목에 대하여 설명하시오.

6. 직류송전(HVDC) 변환설비의 전류형과 전압형에 대하여 설명하시오.

제 4 교시

※ 다음 문제 중 4문제를 선택하여 설명하시오. (각 25점)

1. 발전기의 등가회로를 나타내고, 발전기 돌발 3상 단락전류에 대하여 설명하시오.

2. 장거리 송전선로의 송전용량 결정시 고려해야 할 조건을 제시하고, 송전용량을 결정하기 위한 고유부하법과 송전용량 계수법에 대해 설명하시오.

3. 임의의 송전선에 대하여 다음과 같은 (1) 무부하 시험, (2) 단락 시험을 실시함으로써 이 송전선의 특성 임피던스 $\dot{Z}_o$와 전파정수 $\dot{\gamma}$를 구할 수 있음을 설명하시오.

4. 4단자 정수 $[\dot{A}_1,\ \dot{B}_1,\ \dot{C}_1,\ \dot{D}_1]$와 $[\dot{A}_2,\ \dot{B}_2,\ \dot{C}_2,\ \dot{D}_2]$인 선로가 병렬 접속되어 있을 경우, 이들을 종합한 합성 4단자 정수를 구하시오.

5. 송전 전력선 주위에 있는 통신선 사이에 발생할 수 있는 유도장해에 대한 대책으로 차폐선을 가설한다. 이때의 차폐계수에 대한 식을 유도하고, 차폐 효과에 대하여 설명하시오.

6. EESS(Electrical Energy Storage System)에 적용되는 전지에 대하여 설명하시오.
   1) EESS의 개요
   2) EESS 개념적 원리
   3) EESS 운영에 따른 분류
   4) 에너지 저장 장치용 전지적용 기술
   5) 에너지 저장시스템(EESS)으로서 적용되는 전지의 종류 3가지와 각각의 원리 및 장·단점

110회 | 발송배전기술사 출제문제

제1교시

※ 다음 문제 중 10문제를 선택하여 설명하시오. (각 10점)

1. 정현파의 실효값과 평균값의 의미를 설명하시오.

2. 동기발전기의 병렬운전 시 기전력의 크기(전압)가 다를 경우 발생되는 현상에 대하여 설명하시오.

3. 플랜트 전력계통의 Insulation coordination study에 대하여 설명하시오.

4. 무부하 변압기 1차 차단장치가 각 상 동시 투입이 되지 않았을 때의 현상에 대하여 설명하시오.

5. 변압기 온도상승시험에 대하여 설명하시오.

6. 154[kV], 100[MVA] 기준 임피던스가 3+j9[%]인 송전선로 수전단에 250+j50 [MVA]의 조류가 흐르고 수전단 전압이 154[kV]일 때 유효전력손실과 무효전력 손실을 구하시오.

7. 코로나 임계전압과 코로나 방지대책을 설명하시오.

8. 전력케이블의 손실에 대하여 설명하시오.

9. 거리계전기의 언더리치(Under reach)와 오버리치(Over reach)에 대하여 설명하시오.

10. 동수력학에서 연속의 정리와 베르누이의 정리를 설명하시오.

11. 가스터빈과 발전기, 제어장치가 하나의 패키지 형태인 마이크로 가스터빈 (MGT)의 특징을 설명하시오.

12. 수용가 측면에서의 Flicker 대책을 설명하시오.

13. 캐비테이션(Cavitation) 현상에 대하여 설명하시오.

제 2 교시

※ 다음 문제 중 4문제를 선택하여 설명하시오. (각 25점)

1. 6.6[kV] 비접지 선로에서 1선지락 사고 시 등가회로를 그리고 고장전류 및 영상 전압 산출식을 유도하시오.

2. 부하역율이 진상 및 지상일 경우 동기기의 전기자반작용에 대하여 각각 설명하 시오.

3. 3상 송전계통에서 중성점 전류전압에 대하여 설명하시오.

4. 전력퓨즈(Power Fuse)의 시간−전류 특성에 대하여 설명하시오.

5. 신배전 시스템의 하나인 FRIENDS(Flexible Reliable and Intelligent Electrical Energy Delivery System)의 특징과 기술적 과제에 대해 설명하시오.

6. 화석연료 사용에 따른 환경문제는 국가적으로 시급한 대책 마련이 요구되고 있 다. 화력발전소에서의 공해방지 대책에 대하여 설명하시오.

제 3 교시

※ 다음 문제 중 4문제를 선택하여 설명하시오. (각 25점)

1. 플랜트 전력설비의 Electrical System Study의 하나인 Arc Flash Analysis에 대하여 설명하시오.

2. 차단기의 Trip Free 및 Anti Pumping에 대하여 설명하시오.

3. 피뢰기 설치 위치와 피뢰기의 정격전압 결정 시 고려할 사항에 대하여 설명하시 오.

4. 변압기 내부고장 보호를 위한 기계식 보호장치에 대하여 설명하시오.

5. 전력케이블의 트리(Tree)현상에 대하여 설명하시오.

6. 중성선에 흐르는 제3고조파 전류로 인한 영향과 대책에 대하여 설명하시오.

제 4 교시

※ 다음 문제 중 4문제를 선택하여 설명하시오. (각 25점)

1. 가공선과 지중선이 결합되는 선로에 진행파가 진행시 결합점의 전위를 구하는 방법으로 Bewley가 고안한 격자도(lattice diagram)에 대하여 설명하시오.

2. 분산형전원의 전력계통 연계시 고려사항 중 FRT(Fault Ride Through)에 대하여 설명하시오.

3. 그림과 같은 계통의 선로 중앙에서 1선 지락 고장이 발생했을 때 영상, 정상, 역상대칭분회로 및 등가회로를 그리고 설명하시오.

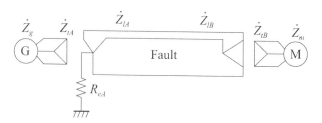

4. 배전선로에서 부하율이 좋으면 손실(옴손)이 적음을 부하율(F)과 손실계수(H)를 이용하여 설명하시오.

5. 과도회복전압(Transient Recovery Voltage)의 특성과 차단기에 미치는 영향을 설명하시오.

6. 송전선에서 무부하시험, 단락시험을 실시하여 특성임피던스 $\dot{Z}_\omega$와 전파정수 $\dot{\gamma}$를 구하는 방법을 설명하시오.

111회 발송배전기술사 출제문제

제1교시

※ 다음 문제 중 10문제를 선택하여 설명하시오. (각 10점)

1. 우리나라 전력계통에 신규로 연계될 때 요구되는 풍력발전기(20[MW] 이상)의 형식과 해당 발전기의 특성을 설명하시오.

2. 한류리액터의 역할 및 전력계통에 미치는 영향을 설명하시오.

3. 송전선로에서 연가(Transposition)의 목적을 설명하시오.

4. 페란티 현상(Ferranti Phenomenon)에 대하여 설명하시오.

5. 송전계통에서 사용되고 있는 재폐로 보호 방식을 설명하시오.

6. 변전소에서 접지를 하는 목적과 중요 접지개소에 대하여 설명하시오.

7. 양수발전소는 저수지용량에 따라 운전시간이 달라진다. 운전시간에 따른 양수발전소의 운전방식에 대하여 설명하시오.

8. 석탄 화력발전소에서 집진장치의 설치 목적과 종류에 대하여 설명하시오.

9. 가공송전선로의 지지물인 철탑의 기초공법 중 마이크로파일 공법에 대하여 개념도를 그리고 설명하시오.

10. 초고압 지중선로 중 154[kV] 케이블(Cable)의 접속방법 중 PMJ(Pre-molded Joint)공법, TMJ(Tape Molded Joint)공법, CSJ(Cold Shrinkable Joint)공법을 설명하시오.

11. 전기력선 밀도를 이용하여 대칭 정전계의 세기를 구하기 위한 법칙에 대하여 설명하시오.

12. 자동검침 시스템인 AMR과, 첨단검침 인프라 AMI에 대하여 설명하시오.

13. 아래 그림과 같은 발변전소의 2중모선(Double Bus)에서 평상시 No.1 T/L은 A모선에서 No.2 T/L은 B모선에서 공급하고 모선연락용 CB는 개방되어 있는 경우 다음의 각 물음에 답하시오.
   1) B모선을 점검하기 위하여 절체하는 조작순서를 쓰시오

2) B모선을 점검 후 원상 복귀하는 조작순서를 쓰시오.

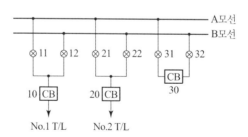

제 2 교시

※ 다음 문제 중 4문제를 선택하여 설명하시오.(각 25점)

1. 아래 그림을 참고하여 등면적법에 대하여 설명하시오.
(단, 가속·감속영역을 과도안정도와 연관하여 설명할 것)

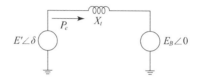

2. 계통에서 고장발생시 고장전류 저감을 위한 대책방안을 설명하시오.

3. 차단기의 정격과 동작 책무에 대하여 설명하시오.

4. 중수감속 중수냉각형 원자로에 대하여 설명하시오.

5. 변위전류에 대하여 다음 물음에 답하시오.

1) 전도전류와 변위전류의 개념을 설명하시오.

2) 전력용 유입콘덴서에 유전율이 2인 절연유에 인가된 전계가 $E = 200\sin\omega t$
[V/m]일 때 콘덴서 내부에서 변위 전류 밀도[A/m^2]를 계산하시오.

6. 피뢰기에 대하여 다음 물음에 답하시오.

1) 피뢰기의 방전 내량에 대하여 설명하시오.

2) 피뢰기 적용 시 고려사항을 설명하시오.

3) 피뢰기 설치 장소를 쓰고, 그림에서 피뢰기 시설이 의무화되어 있는 장소를
도면을 그리고 ⊗표시하시오.

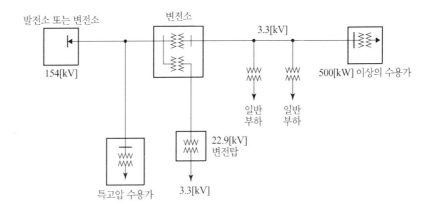

발전소 또는 변전소
154[kV]

변전소
3.3[kV]

500[kW] 이상의 수용가

일반
부하

일반
부하

22.9[kV]
변전탑

3.3[kV]

특고압 수용가

제3교시

※ 다음 문제 중 4문제를 선택하여 설명하시오. (각 25점)

1. 전력계통 신뢰도 및 전기품질 유지기준에서 운영예비력을 구성하고 있는 주파수
조정 예비력과 대기대체 예비력의 정의를 설명하시오.

2. 자동전압조절장치(AVR)의 동작특성에 관하여 설명하시오.

3. 원자력 발전소의 다중방호벽에 의한 안전개념에 대하여 설명하시오.

4. 전선 경간을 S[m], 전선의 최저점에서의 수평장력을 T[kg], 전선의 중량을
w[kg/m]라 할 때 전선 지지점에 고저차가 없는 경우의 이도 D[m]를 구하시오.

5. 철탑인상 공법의 필요성을 설명하고, Helper Tower 공법과 Enclosing 공법의
특성을 비교하여 설명하시오.

6. 발전기의 기본식을 이용하여 발전기 b상이 지락되었을 경우, b상의 지락전류
및 건전상의 전압을 구하시오.

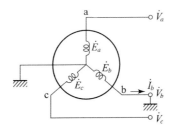

제 4 교시

※ 다음 문제 중 4문제를 선택하여 설명하시오. (각 25점)

1. 자동 발전 제어(AGC)의 역할과 동작특성을 설명하시오.
(단, 조속기 동작을 포함하여 서술한다.)

2. 고전압 직류(HVDC, High Voltage Direct Current) 변환 설비 중 전류형(LCC, Line Commutated Converter)과 전압형(VSC, Voltage Source Converter)의 차이점을 설명하시오.

3. 수차의 종류 중 펠톤 수차의 구조, 출력 및 효율에 대하여 설명하시오.

4. 중거리 송전선로의 T형 등가회로와 벡터도(수전단 전압을 기준벡터로 취한 경우)를 그리고 이를 이용하여 송전단의 전압 및 전류를 유도하시오.

5. 변압기의 등가회로를 작성하려고 한다. 다음 물음에 답하시오.
1) 등가회로를 작성하기 위해 단락시험과 개방시험의 회로도를 작성하시오.
(단, 변압기는 단상 2400/240[V], 15[kVA]이다.)
2) 단락시험과 개방시험으로 구할 수 있는 사항에 대하여 설명하시오.
3) 단락시험, 무부하 시험으로 변압기 효율을 구하는 식을 간단히 설명하시오.
4) %임피던스와 변압기 고장 시 단락전류, 변압기 전압 변동률과의 관계에 대하여 수식을 쓰고 설명하시오.

6. 정전압 송전에서 전력 원선도에 대하여 다음 물음에 답하시오.
1) 송, 수전단 전압이 각각 $\dot{V}_S$, $\dot{V}_R$인 3상 1회선 송전선에 의해 수전단의 평형 부하에 공급할 수 있는 최대 유효 전력을 구하시오. (단, 송전선 각상 임피던스는 $R+jX$이고 선로의 정전 용량은 무시하며, 이 송전선로는 정전압 송전 방식이다.)
2) 송전선의 수전단 전력원의 방정식이 $P_r^2 + (Q_r + 400)^2 = 250000$으로 표현되는 전력계통에서 무부하시 수전단전압을 일정하게 유지하는데 필요한 조상기의 종류, 조상용량을 원선도상에 표시하시오. (단, P[kW], Q[kVar]이다.)

112회

발송배전기술사 출제문제

제1교시

※ 다음 문제 중 10문제를 선택하여 설명하시오. (각 10점)

1. 지중케이블의 고장점 탐색 방법 중 머레이루프법(Murray Loop Method)에 대하여 설명하시오.

2. 변압기 과부하 운전 시 온도영향 및 수명과의 관계를 설명하시오.

3. 송전선로에서 발생되는 중성점 잔류전압에 대하여 설명하시오.

4. 능동형 전기품질 보상기에 대하여 설명하시오.

5. 대용량 유입식변압기의 기계적보호장치인 부흐홀쯔계전기와 충격압력계전기를 비교 설명하시오.

6. 몰드(Mold) 변압기 제조방법에 대하여 설명하시오.

7. 리튬이온축전지에 대하여 다음 내용을 설명하시오.
　 1) 양극재의 종류　　　　　 2) 구성 및 원리　　　　 3) 장·단점

8. APR-1400 원자력발전소의 개요 및 특징에 대하여 설명하시오.

9. 연선의 연입률(Pitch Ratio)에 대하여 설명하시오.

10. 배압식 터빈에 대하여 설명하시오.

11. 아래 그림과 같이 3상 3선식과 3상 4선식 선로로 각각 평형 3상 부하에 전력을 공급할 때 전선로 내의 손실 비율을 구하시오. (단, 선로의 길이와 전선의 중량은 같고 3상 4선식의 경우 전력선과 중성선의 굵기도 같다.)

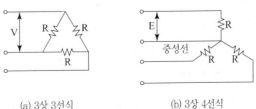

(a) 3상 3선식　　　　　　　(b) 3상 4선식

12. 변압기의 1차, 2차측에서 본 %임피던스가 동일함($\%Z_1 = \%Z_2$)을 설명하시오.

13. 변류기(CT)의 열적 과전류 강도와 기계적 과전류 강도에 대하여 설명하시오

제 2 교시

※ 다음 문제 중 4문제를 선택하여 설명하시오. (각 25점)

1. 발전기 단자에서 2상 단락사고 시 전류의 크기가 3상 단락사고 전류크기의 86.6[%]가 됨을 설명하시오.

2. 전력용변압기의 OIP(Oil Impregnated Paper)부싱과 RIP(Resin Impregnated Paper) 부싱을 비교 설명하시오.

3. 가스절연개폐장치(GIS : Gas Insulated Switch Gear)의 장점을 설명하고 25.8[kV] GIS 제작 및 설치 후 시행하는 시험내용에 대하여 각각 설명하시오.

4. 지중케이블 냉각방식에 대하여 설명하시오.

5. 전위, 전류의 진행파를 설명하고, 파동 임피던스(Surge Impedance) Z는 선로의 길이에 관계가 없고 전파속도(V)는 광속도와 같음을 설명하시오.

6. 대용량 발전기의 진상운전 목적과 진상운전 시 고려할 사항에 대하여 설명하시오.

제 3 교시

※ 다음 문제 중 4문제를 선택하여 설명하시오. (각 25점)

1. 강제 순환식 보일러와 관류식 보일러의 특징 및 장·단점에 대하여 설명하시오.

2. 1기 무한대 계통의 안정도 종류와 특징에 대하여 설명하시오.

3. 대용량 유입식변압기의 유중가스를 이용한 상태진단 및 고장진단 방법에 대하여 설명하시오.

4. 증기터빈 발전기에서 모터링(Motoring)운전의 개념, 영향 및 방지대책에 대하여 설명하시오.

5. 전력계통에서 계통전압이 너무 낮을 때와 높을 경우에 계통에 미치게 되는 영향을 설명하시오.

6. 단권변압기(Auto Transformer)의 장·단점과 자기용량보다 더 큰 부하로 운전할 수 있음을 설명하시오.

제 4 교시

※ 다음 문제 중 4문제를 선택하여 설명하시오. (각 25점)

1. 송전단 전압 $\dot{V}_s = V_s \angle \delta$, 수전단 전압 $\dot{V}_r = V_r \angle 0°$ 그리고 송전선로의 조건이 $R \ll X$ 일 때 송·수전단의 무효전력을 구하시오.

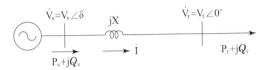

2. 애자의 섬락전압(Flashover Voltage)에 대하여 설명하시오.

3. 전력계통에 설치하는 한류기(Current Limitter)의 동작원리, 설치효과 및 종류별 특성에 대하여 설명하시오.

4. 화력발전소의 보일러 설계 시 고려하는 열부하율과 1000[MW]급의 보일러 연소방식에 대하여 설명하시오.

5. 전압, 전류의 진행파에서 전압투과계수(r_e), 전류투과계수(r_i) 및 반사계수(β)를 유도하고 아래의 관계식이 맞음을 설명하시오.

$$\text{[관계식]} \quad r_e - \beta = 1$$
$$r_i + \beta = 1$$

6. 분산형전원 배전계통 연계 기준에서 비정상 전압 혹은 비정상 주파수 발생 시 분산형 전원의 분리기준(시간)을 설명하시오.

113회 발송배전기술사 출제문제

제1교시

※ 다음 문제 중 10문제를 선택하여 설명하시오. (각 10점)

1. 수력발전소에서 낙차의 종류와 손실수두에 대하여 설명하시오.

2. 통합조류기(UPFC : Unified Power Flow Controller)에 대하여 설명하시오.

3. 부하의 유효전력이 일정한 경우와 부하의 피상전력이 일정한 경우에 역률 개선용 콘덴서의 용량 변화에 대하여 각각 설명하시오.

4. 관로 내 케이블 설치 시 발생하는 잼 레이쇼(Jam Ratio)에 대하여 설명하시오.

5. 갤로핑(Galloping) 현상의 원인 및 대책에 대하여 설명하시오.

6. 가스터빈의 열효율을 P-V 선도를 이용하여 설명하고 이용 가능한 에너지 면적을 표시하시오.

7. 변압기 병렬운전 조건과 3상 변압기의 병렬운전 가능 또는 불가능 결선에 대하여 각각 설명하시오.

8. 지중송전의 전력구 감시시스템의 주요기능 및 시스템 구성에 대하여 설명하시오.

9. 화력계통의 경제부하 배분 중 송전손실을 고려할 경우의 협조방정식을 구하시오.

10. 피뢰기에 관한 다음의 용어를 설명하시오.
    1) 정격전압   2) 제한전압   3) 방전전류
    4) 상용주파 방전개시전압   5) 충격 방전개시전압

11. 태양광 발전시스템에서 바이패스 다이오드(Bypass diode)와 역전류방지 다이오드(Blocking diode)에 대하여 설명하시오.

12. 그림과 같은 회로에서 전류 I_L을 중첩의 원리를 이용하여 구하시오.

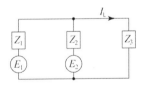

13. 원자력 발전에서 감속재(Moderator)의 역할, 구비조건, 종류에 대하여 각각 설명하시오.

제 2 교시

※ 다음 문제 중 4문제를 선택하여 설명하시오. (각 25점)

1. 초고압 전력계통의 전압·무효전력 제어방식에 대하여 각각 설명하시오.

2. 배전전력구의 규모 결정 시 고려사항 및 결정방법, 접지시설 방법에 대하여 각각 설명하시오.

3. 대용량 화력발전기와 승압변압기의 보호계전 단선도를 그리고, 계전기(87G, 40, 32, 24, 51V)의 보호목적과 원리에 대하여 각각 설명하시오.
   (단, 중성점접지 보호방식은 접지변압기를 사용하는 것으로 한다.)

4. 에너지저장장치(ESS)와 건물에너지관리시스템(BEMS)의 개요 및 용도, 의무적용 대상에 대하여 각각 설명하시오.

5. 다음 그림과 같은 회로에서 a상 완전지락 시 지락전류와 b상의 전압 V_b를 구하시오.

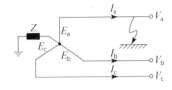

6. 변압기 1차측 중성점이 직접 접지되어 Y–△ 결선으로 운전 중인 상태에서 1차측 한 상이 결상되었을 때 변압기에 미치는 영향에 대하여 설명하시오.

제 3 교시

※ 다음 문제 중 4문제를 선택하여 설명하시오. (각 25점)

1. 발·변전소에 적용하고 있는 모선 회로구성 결정 시 고려사항과 모선 결선방식에 대하여 설명하시오.

2. 배전선로 보호기기 중 아래사항에 대하여 설명하시오.
   1) 선로용 퓨즈(Line Fuse)구성 요소별 적용 시 고려사항, 설치위치
   2) 자동 재폐로 차단기(Recloser)의 원리, 동작상태의 분류 및 동작순서(순시동작 2회, 지연동작 2회)

3. F_1점에서 3상 단락 고장이 발생한 경우, 다음 물음에 답하시오.
   1) F_1점에 유입되는 고장전류(kA)
   2) 차단기 C의 차단용량(MVA)
      (단, 모선 전압은 345[kV]이고, 각 부분의 설비용량과 임피던스는 그림과 같다.)

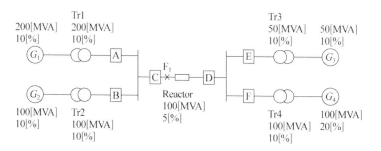

4. 가공송전선로의 이도 측정법에 대하여 설명하시오.

5. 고조파 전류가 콘덴서 회로에 미치는 영향과 대책에 대하여 설명하시오.

6. 발전기 출력과 주파수와의 관계, 속도조정률 및 조속기 프리(Governor Free)운전에 대하여 설명하시오.

제 4 교시

※ 다음 문제 중 4문제를 선택하여 설명하시오. (각 25점)

1. 화력발전소의 연료비 특성을 설명하시오.

2. 전력계통에서 주파수변동 및 부하변동의 원인과 특성에 대하여 각각 설명하시오.

3. 그림과 같은 3권선 변압기에서 외부고장이 발생했을 때 비율차동계전기용 변류기를 Y-Y 결선과 △-△ 결선으로 나누어 각각 그리고, 변압기 권선, 변류기, 억제코일(RE), 동작코일(OP)에 흐르는 전류를 표시하고 설명하시오.
(단, 변압기 및 변류기의 변성비는 1:1 이고 외부지락고장 전류는 300[A]이다.)

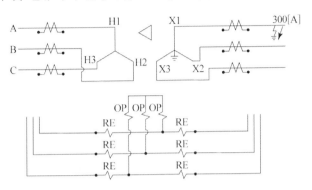

4. 가공 배전선로에서 지선의 종류를 장력유무와 사용목적에 따라 각각 설명하시오.

5. 디지털보호계전기의 구성도를 그리고 목적, 장단점, 주요 구성요소를 각각 설명하시오.

6. 대용량 케이블 계통에 연계된 화력발전소가 계통에서 분리되어 단독운전 할 경우, 계통 전압 및 발전기 운전상의 문제점과 대책에 대하여 각각 설명하시오.

114회 발송배전기술사 출제문제

※ 다음 문제 중 10문제를 선택하여 설명하시오. (각 10점)

1. 전력 조류 계산 시, 가우스-자이델법과 뉴턴-랩슨법의 특징을 설명하시오.

2. 현수 애자련의 전압분포 및 각 애자에 전압분담을 균등하게 하는 방법을 설명하시오.

3. 풍력발전의 출력제어 방식에 대하여 설명하시오.

4. 3상 교류발전기 무부하 운전 중 발전기 단자에서 3상 단락시 시간경과에 따른 단락전류와 리액턴스의 관계를 설명하시오.

5. 전력계통 고장파급방지시스템(SPS : Special Protection System)의 설치목적 및 기능에 대하여 설명하시오.

6. 차단기(CB), 부하개폐기(LBS), 단로기(DS)의 동작특성을 설명하시오.

7. 송전용량과 송전전압 및 송전거리와의 관계를 송전용량계수법을 이용하여 설명하시오.

8. 중성점 접지방식 중 소호리액터 접지방식의 원리에 대하여 설명하시오.

9. 변압기의 소음발생 원인 및 저감 대책에 대하여 설명하시오.

10. "전기설비기술기준 및 판단기준"에 의한 무인발전소 시설의 설치기준을 쓰시오.

11. 3상, 50[Hz], 6극, Y결선 동기발전기가 계자전류 3[A]에서 단자전압 1,000[V]로 운전 중 이다. 이 발전기를 60[Hz]로 운전할 경우, 발전기 단자전압을 구하시오. (단, 동기속도와 계자전류는 50[Hz]로 운전했을 때와 동일한 것으로 한다.)

12. 전압과 전류가 각각, $\dot{E} = E \angle \theta_1$, $\dot{I} = I \angle \theta_2$로 표현된 경우 복소전력 $\dot{W}$를 구하고 복소전력의 의미를 설명하시오.

13. 전력 계통의 경제운용 중 발전기의 등증분연료비법칙에 대하여 설명하시오.

제 2 교시

※ 다음 문제 중 4문제를 선택하여 설명하시오. (각 25점)

1. 개방 사이클 가스터빈과 밀폐 사이클 가스터빈에 대하여 설명하시오.

2. 원자력발전의 핵연료주기(Nuclear Fuel Cycle)에 대하여 설명하시오.

3. 전력계통에 투입되는 태양광발전 및 풍력발전의 용량이 증가함에 따라 발생할 수 있는 문제점, 원인 및 전력계통 측면에서의 대책을 설명하시오.

4. 전기저장장치(ESS)를 배터리형과 비배터리형으로 구분하여 종류별 작동원리 및 특징, ESS의 전력계통 적용방안에 대하여 설명하시오.

5. 변압기 Y-Y 결선방식의 특징과 송전선로에 적용 시 문제점에 대하여 설명하시오.

6. 절연물의 유전체손 발생원인, 유전체손의 벡터도와 수식, 전기설비에의 활용 방안에 대하여 설명하시오.

제 3 교시

※ 다음 문제 중 4문제를 선택하여 설명하시오. (각 25점)

1. 풍력발전의 특징, 풍차의 출력계수와 주속비, 적용 시 고려사항에 대하여 설명하시오.

2. 수력발전소의 종류를 운용방법에 따라 분류하고 설명하시오.

3. 회피비용(Avoid Cost)을 정의하고 분산형전원이 수도권에 설치될 경우 전력계통에서 발생하는 회피비용의 종류에 대하여 설명하시오.

4. HVDC와 HVAC 송전방식을 기술성, 환경성, 경제성 측면에서 비교하고, 전류형 HVDC와 전압형 HVDC를 비교 설명하시오.

5. 전력선이 통신선에 근접해 있을 경우 발생되는 유도장해에 대하여 다음을 설명하시오.
   1) 정전유도 및 전자유도
   2) 전력선측과 통신선측면에서의 유도장해 경감대책

6. 중거리 송전 선로의 특성과 π형 등가회로 및 벡터도를 설명하시오.

제 4 교시

※ 다음 문제 중 4문제를 선택하여 설명하시오. (각 25점)

1. 동기발전기 출력가능 곡선(Capability Curve)을 이용하여 동기발전기의 운전제한 조건 및 운전 시 주의사항을 설명하시오.

2. 가압수형 원자로(PWR)와 비등수형 원자로(BWR)에 대하여 설명하시오.

3. 태양광 발전시스템 설계절차를 간단히 설명하고, 다음 계산조건을 이용하여 태양광 설치에 필요한 모듈수 및 최종설치용량을 구하시오.

   〈계산조건〉

   1) 설치 예정용량 : 약 500[kW]

   2) 모듈 정격용량 : 300[W]

   3) 모듈 개방전압 : 38[V]/모듈

   4) 모듈 개방전압 온도계수 : $-0.4[\%/℃]$

   5) 인버터 최대 허용전압 : 1,000[V]

   6) 일사강도 : $1[kW/m^2]$

   7) 태양전지 동작 최저온도/표면온도 : $-20/25[℃]$

4. 전력수요관리의 유형을 일부하변동곡선에 적용하여 설명하시오.

5. 3상 3선식 송전선로에서의 인덕턴스 종류 3가지에 대하여 설명하시오.

6. 배전 계통의 손실계수, 부하율과 손실계수와 관계 및 분산손실 계수에 대하여 설명 하시오.

115회 발송배전기술사 출제문제

※ 다음 문제 중 10문제를 선택하여 설명하시오. (각 10점)

1. Faraday의 전자유도법칙(law of electromagnetic induction)을 설명하시오.

2. 가공전선의 굵기 결정 시 검토사항을 설명하시오.

3. 60[Hz] 정현파 교류의 파형을 그리고, 최대치와 실효치의 관계와 의미를 설명하시오.

4. 그림과 같이, 전원이 제거된 후 두 초기조건(즉, 초기전류 $i(0^-) = 0$, 초기전압 $v_C(0^-) = -V_0$)에 의하여 동작하는 LC 회로가 있다. 시간 $t \geq 0$일 때 이 회로에 흐르는 전류를 $i(t)$라고 하자. 전류 $i(t)$로 표시된 미분방정식을 구하시오.

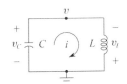

5. 태양광발전 시스템에서 인버터의 역할과 인버터 회로 절연방식인 아래의 3가지 방식을 설명하시오.

상용주파 변압기 절연방식, 고주파 변압기 절연방식, 트랜스리스(transless) 방식

6. 변압기의 Y-Δ, Δ-Y, Δ-Δ, Y-Y결선에서
전압의 각변위(angular displacement)에 대하여 설명하시오.

7. 동기발전기의 전기자 반작용의 영향과 대책에 대하여 설명하시오.

8. 2대의 발전기의 증분연료비(incremental fuel cost)가
$\lambda_1 = df_1/dP_1 = 0.012P_1 + 8.0$, $\lambda_2 = df_2/dP_2 = 0.008P_2 + 9.6$이고,
총 부하가 400[MW]이다. 선로손실을 무시할 때, 발전비용이 최소가 되는 최적 발전출력 P_1, P_2를 구하시오. (단, f_1, f_2의 단위는 원/hour, P_1, P_2의 단위는 [MW]이다.)

9. 송전선로에서 송전용량을 산정할 때 선로의 열적 한계(thermal limit), 전압강하 한계(voltage drop limit), 정상상태 안정도 한계(steady-state stability limit)를 고려해야 한다. 이 3가지 한계에 대하여 설명하시오.

10. 3상 송전선로의 영상, 정상, 역상 리액턴스를 구하는 방법을 설명하시오.

11. 부하의 역률을 개선하면 a)전력(유효전력, 무효전력 등), b)송전전류, c)임피던스의 관점에서 어떤 점이 달라지는지 설명하시오.

12. 가공송전선로의 미풍진동 현상의 발생원인, 문제점 및 방지대책에 대하여 설명하시오.

13. 발전기의 전력(P_G)−주파수(f) 특성과 부하의 전력(P_L)−주파수(f) 특성에 대하여 설명하시오.

제2교시

※ **다음 문제 중 4문제를 선택하여 설명하시오. (각 25점)**

1. 전력계통의 무효전력 발생원과 소비원을 열거하고, 무효전력의 과부족 시 문제점과 대책에 대하여 설명하시오.

2. 특성 임피던스가 각각 $Z_1 = 300[\Omega]$, $Z_2 = 400[\Omega]$인 두 개의 케이블이 그림과 같이 연결되어 있고, 6600[V]의 직류전압 신호가 좌측 케이블을 통하여 우측으로 전송되고 있다. 다음 물음에 답하시오.

(a) 케이블 지점 ab에서 좌측으로 반사되는 전압 V_1을 구하시오.

(b) 케이블 지점 ab에서 우측 케이블로 전달되는 전압 V_2를 구하시오.

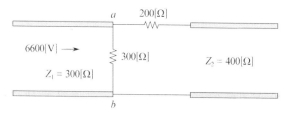

3. 수차의 비속도(N_s)를 설명하고, 수차(펠톤, 프란시스, 프로펠러, 카플란, 사류수차)별 비속도의 한계값과 비속도 측면에서 본 각 수차의 특징을 설명하시오.

4. 3상 평형회로의 각 상의 선로 임피던스가 Z_L, 각 상의 부하임피던스(Y 결선)가 Z이다. 3상 전원 V_a, V_b, V_c에 불평형전압이 나타날 때, 다음 경우에서 a상

선로에 흐르는 선전류 I_a를 구하시오.(단, 전원측과 부하측은 Y 결선이다.)

a) 중성점이 접지되어 있고, 접지임피던스가 Z_n인 경우

b) 중성점이 비접지인 경우

5. 전력계통에서 경제급전(economic load dispatch),
안전도제약 경제급전(security constrained economic load dispatch),
최적조류계산(optimal power flow)의 (a)목적, (b) 필요성,
(c) 계산방법을 비교 설명하시오.

6. 발전용 보일러의 종류 및 표준 석탄화력에 주로 쓰이는 관류형 보일러 방식의
원리, 구성 및 장·단점에 대하여 설명하시오.

제 3 교시

※ 다음 문제 중 4문제를 선택하여 설명하시오. (각 25점)

1. 다음은 전력 원선도에 관한 설명이다. 각각의 물음에 답하시오.
(1) 전력 원선도 상의 P손실, Q손실을 나타내고 전력원선도로부터 파악할 수 있
는 사항을 간략히 설명하시오.
(2) 일정역률($\cos\theta$)의 부하를 증가시키는 경우에 정전압을 유지하기 위한 수전단
의 조상설비 운용방법을 설명하시오.

2. 디젤엔진, 가스엔진, 가스터빈을 사용한 열병합발전 시스템의 구성도를 그려서
설명하고, 이들 원동기를 적용한 열병합발전시스템의 특징을 비교표로 나타내
시오.

3. 가공선로에 설치되어 있는 가공지선의 전자유도장해 차폐효과를 설명하시오.

4. 전원이 제거된 후에 내부 에너지에 의하여 동작하는 직렬 RL회로를 흐르는 전
류는 시정수가 10[ms]인 지수꼴로 감쇠하는 형태를 나타낸다. 저항값을 500[Ω]
만큼 증가시켰더니 시정수가 절반이 되었다고 한다. 회로의 L을 구하시오.

5. 아래와 같은 배전계통의 고장점 'A'에서 3상 단락전류(I_{3s})와 1선 지락전류(I_g)
를 대칭 좌표법으로 구하시오. (단, 소수점 둘째자리에서 반올림한다.)

· 전원측(계통) 임피던스 : 11[%] (100[MVA]기준)
· 주변압기의 임피던스 : 9.5[%] (자기용량에서)
· 3상 단락의 고장 저항은 무시하며, 1선 지락의 고장 저항값은 7.5[Ω]
· 정상 및 역상 임피던스(ACSR 95[mm²]) : 5.8 + j8.41[%/km]
· 영상 임피던스(ACSR 95 - 58[mm²]) : 14.02 + j32.36[%/km]

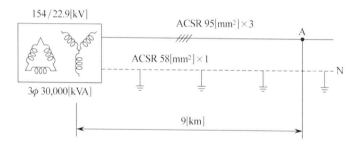

6. 원자력 발전의 안전성 확보를 위한 심층방어 개념과 원자로 사고예방 대책에 대하여 설명하시오.

제 4 교시

※ 다음 문제 중 4문제를 선택하여 설명하시오. (각 25점)

1. 발전기를 전력계통에 병입하여 운전하고자 할 때 발전기의 병렬운전 조건을 제시하고, 계통병입 절차 및 동기검정 방법을 설명하시오.

2. 케이블 DC 내전압시험과 비교해서 AC 내전압시험의 일종인 VLF(very low frequency) 시험의 필요성을 설명하고, VLF 내전압시험, VLF TD(tanδ)시험, VLF PD(부분방전) 시험법에 대하여 각각 설명하시오.

3. 발전기 단락비의 의미를 설명하고, 장거리 송전선로에서 발전기가 자기여자(self excitation) 현상을 일으키지 않을 조건을 설명하시오.

4. 케이블에 전기적 고장이 발생한 경우 사고점 탐지법을 3가지 들고 설명하시오.

5. 전력계통의 과도 안정도 해석에서 다음을 설명하시오.
   a) 2회선 중 1선로의 고장 시, 일정시간 후 고장 난 1회선이 차단되었을 경우 등면적법으로 안정도를 판별하는 방법
   b) 임계고장제거시간(critical clearing time)

6. 양수발전소의 효율은 70[%] 수준이다. 그럼에도 불구하고 양수발전소를 운용하는 이유를 설명하고, 양수발전소의 경제적 운용(최적 양수(pumping) 및 발전(generation)) 방법에 대하여 설명하시오.

116회 발송배전기술사 출제문제

제1교시

※ 다음 문제 중 10문제를 선택하여 설명하시오. (각 10점)

1. 그림과 같은 회로에서 전류 I_L을 밀만의 정리에 의해 구하시오.

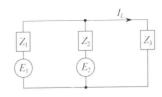

2. 국내 발전소의 냉각시스템에서 일과성 냉각시스템(Once through cooling system)과 재순환 냉각시스템(Recirculation cooling system)의 주요구성에 대하여 설명하시오.

3. 철탑을 사용 목적에 따라 분류하여 설명하시오.

4. 단심 케이블, H지 케이블, SL지 케이블에서 표현하는 절연저항(R_i)에 대하여 설명하시오.

5. R, L, C회로에서 직렬공진과 병렬공진에 대하여 설명하시오.

6. 지중 송전선 포설에서 프리 스네이크(Free snake) 현상에 대하여 설명하시오.

7. 전류와 자계의 세기에 관한 비오 사바르의 법칙(Biot-Savart's law)에 대해 설명하시오.

8. 가공선로와 지중선로의 파동임피던스(Surge impedance) 및 전파속도를 비교 설명하시오.

9. 랭킨사이클(Rankine cycle)의 T-S 선도를 사용하여 복수기 진공도 변화에 따른 증기터빈의 효율 변화에 대하여 설명하시오.

10. 그림과 같은 발전소에 설치된 선로 단로기(DS①, DS②)와 접지 단로기 및 차단기에 대하여 투입과 개방순서를 설명하시오.

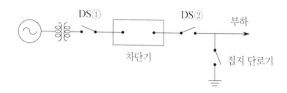

11. 코로나 임계전압의 정의 및 관계식을 쓰고 코로나 방지대책을 설명하시오.

12. n개의 모선에서 1개의 모선이 감소될 경우 사용할 수 있는 Kron의 행렬 축약 공식에 대하여 설명하시오.

13. 접지전극을 병렬로 설치하는 경우 집합효과에 대하여 설명하시오.

제 2 교시

※ 다음 문제 중 4문제를 선택하여 설명하시오. (각 25점)

1. 직류송전시스템의 구성형태에 있어서 다음 아래의 각 항목에 대하여 설명하시오.
1) Point-to-point방식
2) Back-to-Back방식
3) Multi-terminal방식

2. KS C IEC 62305에서 정의된 피뢰구역(Lightning protection zone)과 피뢰레벨(Lightning protection level)의 기본개념에 대하여 설명하시오.

3. 전력 케이블의 시스(Sheath) 유기전압을 낮추기 위하여 사용되는 접지방식 3가지에 대하여 설명하시오.

4. 기하학적 상사(Geometry Similarity)의 의미를 기술하고, 실제수차와 기하학적 상사인 수차의 비속도(Specific speed)식을 유도하시오.

5. 정격주파수 60[Hz]의 변압기를 50[Hz] 계통에 사용할 경우, 다음 사항들이 어떻게 변화하는지 설명하시오. (단, 철심은 포화 상태가 되지 않는다.)
1) 자속밀도
2) 히스테리시스와 와류손
3) 전압변동률
4) 온도상승

6. 도체에 전류가 흐르면 자속이 생겨 도체와 쇄교하게 된다. 반지름 r[m]의 직선상 도체에 전류 I가 흐르고 있을 경우 이 도체의 내부와 외부의 단위길이당 자속쇄교수를 구하시오.

제 3 교시

※ 다음 문제 중 4문제를 선택하여 설명하시오. (각 25점)

1. 전력계통에 분산전원이 연계되는 경우, 조류의 방향과 역률을 고려하여 전압강하를 계산하는 방법에 대하여 설명하시오.

2. 최근 발전소에 설치되고 있는 냉각수 심층 취·배수 시스템의 계통구성 및 주요 특성에 대하여 설명하시오.

3. 「신에너지 및 재생에너지 개발·이용·보급 촉진법」에 따라 신에너지 및 재생에너지를 각각 구분하여 설명하고 최근의 각 발전원별 발전량 비중과 특성을 설명하시오.

4. 단거리 선로에서 전압강하식을 유도하고, 전압강하가 유효전력 및 무효전력과 관계가 있음을 수식으로 설명하시오.

5. 발전기 기본식을 이용하여 선간 단락전류가 3상 단락전류의 $\dfrac{\sqrt{3}}{2}$ 배임을 설명하시오.

6. 변압기의 절연강도를 피뢰기 제한전압과 관련하여 설명하시오.

제 4 교시

※ 다음 문제 중 4문제를 선택하여 설명하시오. (각 25점)

1. 스마트그리드의 개념에 대해 설명하고, 소비자 중심의 스마트그리드 구현을 위한 최근 국내 정책과제에 대하여 설명하시오.

2. 선로나 기기에서의 전절연(Full insulation), 저감절연(Reduced insulation), 변압기에서의 단절연(Graded insulation), 균등절연(Uniform insulation)에 대하여 설명하시오.

3. 화력발전소의 열효율에 영향을 미치는 요소가 무엇인지를 쓰고, 설비적인 측면과 운영적인 측면에서의 열효율 향상 대책에 대하여 설명하시오.

4. 계통의 전력·주파수 특성을 발전기와 부하의 경우로 나누어 설명하시오.

5. 유도장해 경감대책으로 전력선과 통신선 사이에 차폐선을 설치하는데, 차폐선 설치에 따른 차폐효과에 대하여 설명하시오.

6. 화석연료의 연소로 인하여 발생하는 배기가스에 대한 영향과 대책에 대해 설명하고, 이때 발생하는 비회(fly ash)를 모으는 집진장치에 대하여 설명하시오.

117회 발송배전기술사 출제문제

※ 다음 문제 중 10문제를 선택하여 설명하시오. (각 10점)

1. 발전기 축전류의 발생 원인과 방지 대책에 대하여 설명하시오.

2. 154[kV] 가공송전선로 설계 시 적용되는 표준절연간격, 최소절연간격 및 이상 시 절연 간격에 대하여 설명하시오.

3. 지중송전케이블의 시스 와전류손실과 시스 순환전류손실에 대하여 설명하시오.

4. 동수력학에서 베르누이의 정리(Bernoulli's Theorem)를 설명하시오.

5. 몰드 변압기의 공장검사 시험항목에 대하여 설명하시오.

6. 전력용 변압기의 무부하손실과 부하손실에 대하여 설명하시오.

7. 부하 시 전압조정기(OLTC : On Load Tap Changer)에 대하여 설명하시오.

8. 계통의 고장 계산에서 기준전력을 100[MVA]로 할때 22.9[kV]와 154[kV]의 기준전류, 기준 임피던스를 구하시오.

9. 신에너지 및 재생에너지 개발·이용·보급 촉진법에 의한 신에너지와 재생에너지의 종류를 분류하고, 신재생에너지의 일반적인 장점에 대하여 설명하시오.

10. 분산형전원의 계통연계 시 고려사항을 설명하시오.

11. 전력케이블의 열화 검출 방법 중 정전 진단 방법을 설명하시오.

12. 지중선로 사고 탐색법 중 머레이 루프법을 설명하시오.

13. 고조파 전류에 의한 장해를 설명하시오.

※ 다음 문제 중 4문제를 선택하여 설명하시오. (각 25점)

1. 다음은 전력계통에서 준수해야 할 '전력계통 신뢰도 및 전기품질 유지기준' 항목이다. 각각에 대하여 설명하시오.

(1) 전압조정 목표

(2) 전압유지 범위

(3) 신재생발전기의 무효전력 출력

2. 한류리액터로 사용되는 건식 공심리액터의 구조적 특징을 설명하고, 현장적용 시 유의사항을 전기적, 자계적 측면에서 각각 설명하시오.

3. 교류(AC) 지중송전선로를 채용하는 이유와 장·단점을 가공송전선로와 비교하여 설명하시오.

4. 수차에서 발생하는 캐비테이션(Cavitation)에 대하여 개념, 문제점, 방지대책에 대하여 설명하시오.

5. 동기발전기의 동작원리와 구조를 설명하고, 회전계자형을 채택하는 이유에 대하여 설명하시오.

6. 시각 동기 위상측정장치(Phasor Measurement Unit, PMU)의 특징과 전력계통에서 활용할 수 있는 방안에 대하여 설명하시오.

제 3 교시

※ 다음 문제 중 4문제를 선택하여 설명하시오. (각 25점)

1. 화력발전소에서는 주말기동정지, 일일기동정지 등에 따른 설비 운전의 신축성을 주기 위하여 터빈 바이패스(By-pass) 계통을 채용한다. (1) 터빈 바이패스 계통도를 나타내고, (2) 터빈 바이패스 운전의 목적, (3) 보일러 형식별 터빈 바이패스 운전의 특징을 설명하시오.

2. 3상4선식 배전선로에서 중성선 단선 시 각 상에 발생하는 이상전압을 밀만의 정리를 이용하여 구하시오.

(계산조건 : 각 상의 전압 $E_a = 220[\text{V}] \angle 0°$, $E_b = 220[\text{V}] \angle -120°$,

$$E_c = 220[\text{V}] \angle -240°$$

각 상의 부하 임피던스 $Z_a = 1[\Omega]$, $Z_b = 2[\Omega]$, $Z_c = 3[\Omega]$

선로의 임피던스는 무시한다)

3. 접촉전압(Touch Voltage), 보폭전압(Step Voltage)에 대하여 설명하고 접촉전압 및 보폭전압 저감 방안을 설명하시오.

4. 3단계 거리계전기의 정정 시 설비의 오·부동작을 방지하기 위하여 고려되는 분류효과에 대하여 설명하시오.

5. 전압 안정도를 P-V곡선을 이용하여 설명하시오.

6. 전력계통의 단락전류 억제대책을 설명하시오.

제 4 교시

※ 다음 문제 중 4문제를 선택하여 설명하시오. (각 25점)

1. 복도체 가공송전선로의 서브스판 진동(Subspan Oscillation)에 대해서 설명하고, 2도체 송전선로보다 4도체 송전선로가 서브스판 진동에 더 취약한 이유를 설명하시오.

2. 그림과 같은 3상 배전선이 있다. 변전소 A의 전압을 3,300[V], 중간점 B의 부하를 50[A] (지상역률 80[%]), 말단의 부하를 50[A](지상역률 80[%])라고 한다. 지금 AB간의 선로 길이를 2[km], BC간의 선로 길이를 4[km]라 하고 선로의 임피던스는 r = 0.9[Ω/km], x = 0.4[Ω/km]라 할 때 다음 사항을 구하시오.

(1) B, C점의 전압

(2) C점에 전력용 콘덴서를 설치해서 진상 전류를 40[A] 흐르게 할 때 B, C점의 전압

(3) 전력용 콘덴서 설치 전후의 선로 손실

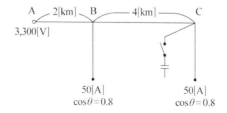

3. 발전소 건설을 위한 타당성 조사 방법에 대하여 설명하시오.

4. 원방감시 제어 시스템(Supervisory Control And Data Acquisition, SCADA)의 전력계통 상태 추정에 대하여 설명하시오.

5. 콘덴서 개폐에 따른 계통상의 문제점을 설명하시오.

6. 지중에 매설된 금속 구조물의 전기적인 부식현상을 방지하기 위해서는 전기방식 설비를 설치하고, 주기적으로 관대지전위차(管對地電位差)를 측정하여 관리한다. 관대지전위차에 대해서 설명하고, 측정목적과 측정방법 및 평가기준에 대하여 설명 하시오.

118회 발송배전기술사 출제문제

발송배전기술사 출제문제

제1교시

※ 다음 문제 중 10문제를 선택하여 설명하시오. (각 10점)

1. 발전기 후비보호 방식의 종류별 동작개념 및 특성을 비교 설명하시오.

2. 변압기 절연내력(Dielectric Strength)을 정의하고, 변압기 제작 후 절연내력을 검증하기 위한 시험에 대하여 설명하시오.

3. 기력 발전소의 열효율에 영향을 미치는 요소들에 대하여 설명하시오.

4. 철탑계탑공법(鐵塔繼塔工法)의 개요 및 특징에 대하여 설명하시오.

5. 지중케이블 냉각방식의 종류와 특징에 대하여 설명하시오.

6. 피뢰기 정격전압의 정의와 정격전압 결정시 고려사항에 대하여 설명하시오.

7. 전력계통의 특성 해석을 위한 부하응답 모델에 대하여 설명하시오.

8. 3전류계법으로 단상전력을 측정하는 방법을 설명하시오.

9. 전력수급 비상시 시행하는 순환단전 방법 및 제외 대상시설에 대하여 설명하시오.

10. 우리나라에서 실시하고 있는 중장기 배전계획의 절차를 설명하시오.

11. 태양광발전시스템에서 독립형과 계통연계형을 비교 설명하시오.

12. 파형율(Form Factor)과 파고율(Crest Factor)에 대하여 설명하고, 아래 파형에 대한 파형율과 파고율을 구하시오.

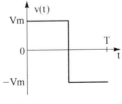

구형파(Square wave)

13. 전력계통을 망 방정식보다 모선 방정식으로 표현하는 이유를 설명하고, 다음 계통에 대하여 3단자 모선 방정식의 어드미턴스 Y_{11}, Y_{12}, Y_{13}를 구하시오.

(단, 계통 내부에는 기전력이 포함되지 않고, 충전커패시턴스, 전력콘덴서 등
은 부하로 취급)

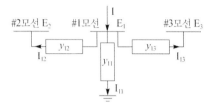

제 2 교시

※ 다음 문제 중 4문제를 선택하여 설명하시오. (각 25점)

1. 동기발전기의 병렬 운전조건이 일치하지 않을 때 발생하는 문제점에 대하여 설명하시오.

2. 전력구 풍냉시스템 송풍방식의 종류, 특징 및 적용기준을 설명하시오.

3. 해저케이블 경과지 조사 시 포설루트의 필요조건 및 조사항목을 설명하시오.

4. 전력품질의 정의와 평가지표에 대하여 설명하시오.

5. 다음과 같은 연료비 특성을 가진 2대의 발전기로 구성된 계통이 있다.

$$F_1 = 0.01P_{G1}^2 + 4P_{G1} + 8000 [10^3원/\mathrm{MWh}]$$

$$F_2 = 0.03P_{G2}^2 + 2P_{G2} + 10000 [10^3원/\mathrm{MWh}]$$

부하 P_R이 50[MW]일 때, 다음 조건에서 연료비를 비교하시오.

(1) P_{G1}, P_{G2}가 균등하게 부하 P_R을 분담할 경우

(2) P_{G1}, P_{G2}가 경제부하배분 출력으로 부하 P_R을 분담할 경우

6. 우리나라의 일반적인 배전계통 배전전압을 22.9[kV-Y] 3상4선식 다중접지방식으로 선정한 기술적, 경제적 이유에 대하여 설명하시오.

제 3 교시

※ 다음 문제 중 4문제를 선택하여 설명하시오. (각 25점)

1. 수차의 전기식 조속기와 기계식 조속기를 비교하고, 조속기의 속도조정률과 속도변동률에 대하여 설명하시오.

2. 345[kV] 및 154[kV] 변압기 중성점 피뢰기의 정격전압을 선정하고, 발전기 무부하운전 중 주변압기(22/345[kV], Δ-Y결선, 중성점 비접지)의 2차(고압)측에

서 1선지락 발생 시 중성점에 설치된 피뢰기의 건전성을 판정하시오.

3. 초전도 자기에너지 저장설비(SMES)의 기본구성, 동작원리, 특징 및 적용에 대하여 설명하시오.

4. 전선로나 변전소에 사용되는 애자의 염진해 대책에 대하여 설명하시오.

5. 국내에 적용 중인 'FACTS(Flexible AC Transmission System)' 설비에 대하여 보상대상, 제어목적, 동작원리 및 특징을 각각 설명하시오.

6. 사선상태에서 고전압 회전기기(발전기, 전동기)의 고정자 권선 절연진단 방법에 대하여 설명하시오.

제 4 교시

※ **다음 문제 중 4문제를 선택하여 설명하시오. (각 25점)**

1. 연료전지 중 고체산화물 연료전지(SOFC, Solid Oxide Fuel Cell)의 특성과 장·단점을 설명하시오.

2. 345[kV] 및 154[kV] 모선과 송전선에 적용되는 계기용변압기의 설치, 결선방식 및 용도에 대하여 설명하시오.

3. 유입식변압기의 유중가스를 이용한 상태진단 및 고장진단 방법에 대하여 설명하시오.

4. 1일 부하변동과 발전소 운용의 특징 및 기저부하, 중간부하, 첨두부하 담당 발전소의 요구조건에 대하여 각각 설명하시오.

5. ATS(Automatic Transfer Switch)와 CTTS(Closed Transition Transfer Switch)를 비교하고, 「분산형전원 배전계통 연계 기술기준」에 따라 비상발전기를 계통에 연결하기 위한 동기화 방법을 설명하시오.

6. 22.9[kV] 3상4선식 계통에서 3상 단락전류 I_s, 1선지락 고장전류 I_g를 구하시오. (단, 주변압기 자기용량은 3상 50[MVA]이고, 100[MVA]기준 정격전류(I_n) 및 1[Ω]당 고장저항값의 %Impedance는 각각 2500[A], 20[%]로 계산할 것)

⟨계산조건⟩
 1) 계통의 %Impedance(100[MVA]기준) : 15[%]
 2) 주변압기 %Impedance(자기용량에서) : 2.5[%]
 3) 선로의 정상 %Impedance(100[MVA]기준) : 30[%]
 4) 선로의 영상 %Impedance(100[MVA]기준) : 45[%]
 5) 1선지락 시 고장저항값 : 5[Ω]

119회 | 발송배전기술사 출제문제

제 1 교시

※ 다음 문제 중 10문제를 선택하여 설명하시오. (각 10점)

1. 투자율(Permeability)과 유전율(Permittivity)에 대하여 설명하시오.

2. 전력계통 운용의 자동화를 위한 제어방식 중 부하주파수제어(LFC : Load Frequency Control)에 대하여 설명하시오.

3. 소규모 신재생 발전설비의 증가로 인하여 전력시장에서 발생하는 부작용을 해소하기 위하여 도입된 '소규모 전력중개사업'에 대하여 설명하시오.

4. 22.9[kV-Y] 다중접지 배전선로에서 중성선의 역할 3가지를 설명하시오.

5. 종합고조파왜형률(THD : Total Harmonics Distortion)과 등가방해전류(EDC : Equivalent Disturbing Current)를 설명하시오.

6. 변압기의 실측효율 및 규약효율에 대하여 정의하고, 최대효율 조건을 설명하시오.

7. 가공송전선로에서 사용되는 스페이서 댐퍼(Spacer Damper) 유지보수에 사용되는 공법 중 스페이서 지그(Spacer Jig)공법을 설명하시오.

8. $R = 1[\Omega]$의 저항을 그림과 같이 무한히 연결할 때, ab간의 합성 저항을 구하시오.

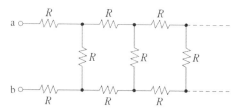

9. 6600/220[V]인 두 대의 단상 변압기 A, B가 있다. A 변압기의 용량은 30[kVA]로서 2차로 환산한 저항값과 리액턴스의 값은 $r_A = 0.03[\Omega]$, $x_A = 0.04[\Omega]$이고, B 변압기의 용량은 20[kVA]로서 2차로 환산한 저항값과 리액턴스의 값은 $r_B = 0.03[\Omega]$, $x_B = 0.06[\Omega]$이다. 이 두 변압기를 병렬 운전하여 40[kVA]의 부하를 연결한 경우, 각 변압기의 분담부하[kVA]를 구하시오.

10. 송전선로의 4단자 정수가 [A B C D]이고, 송전단 측에는 Z_S 변압기, 수전단 측에는 Z_R 변압기가 각각 접속되었을 경우 합성 4단자 정수를 구하시오.

11. 풍력발전의 풍력에너지(이론출력), 출력계수, 주속비의 정의 및 관계식을 설명하시오.

12. 운영예비력 중 주파수제어 예비력, 1차 예비력, 2차 예비력, 3차 예비력을 각각 설명하시오.

13. 원자력 발전에 관한 다음 용어를 설명하시오.
   (1) 붕괴열
   (2) 전자볼트(eV : Electron Volt)
   (3) α 선(Alpha Radiation)

제 2 교시

※ **다음 문제 중 4문제를 선택하여 설명하시오. (각25점)**

1. 원자로의 보호대책에 대하여 설명하시오.

2. 지중송전선로 케이블 포설공법인 장경간 와이어 포설공법을 캐터필러 (Caterpillar)와 롤러(Roller)를 이용한 방식과 비교하여 설명하시오.

3. 무효전력-전압제어에 대하여 전압특성을 중심으로 설명하고 무효전력 발생원의 종류에 대하여 설명하시오.

4. 집단에너지사업과 구역전기사업을 각각 설명하고. (1) 법적인 측면, (2) 열공급 측면, (3) 전기공급 측면, (4) 전기판매측면에서 비교하여 설명하시오.

5. 전력계통의 공급신뢰도 향상대책에 대하여 설명하시오.

6. 다음과 같은 조건일 때 원통형 동기발전기의 벡터도를 그리고, 전기자저항을 고려한 출력식에 대하여 설명하시오.

E : 1상의 내부유기기전력	V : 1상의 단자 전압
I : 전기자 전류	R_a : 전기자권선 저항
X_s : 전기자권선 동기리액턴스	θ : 역률각
$\alpha = \tan^{-1}\dfrac{R_a}{X_s}$: 전기자권선임피던스각	δ : 부하각

제 3 교시

※ 다음 문제 중 4문제를 선택하여 설명하시오. (각25점)

1. 발전기 자기여자 현상의 정의 및 방지대책을 기술하고, 송전전압 345[kV] 2회선, 선로길이 250[km], 선로의 작용정전용량 $0.01[\mu F/km]$라고 할 때, 이 선로에 자기여자를 일으키지 않고 충전하기 위한 발전기 최소용량[kVA]을 산정하시오. (단, 발전기의 단락비는 1.1, 포화율은 0.12이다.)

2. 최근 정보화기기 및 컴퓨터 등 극히 짧은 시간에 나타나는 파형변화와 전압변화에 민감한 기기들의 보급증가에 따른 전력품질 문제가 대두되고 있다. 전력품질의 정의와 전력품질의 정도를 나타내는 평가지표 및 대책에 대하여 설명하시오.

3. 에너지 저장방식을 역학적, 열적, 전자기적, 화학적 방식으로 구분하여 저장 원리를 설명하시오.

4. 전력거래 및 운영에 있어서 다음 용어를 설명하시오.
    (1) 발전원가
    (2) 발전단가
    (3) 정산단가
    (4) 구입단가
    (5) 판매단가
    (6) 균등화발전원가

5. 배전선로에서 손실 경감 대책에 대하여 설명하시오.

6. 현재 사용 중인 HSTACIR(High-strength Super Thermal-resistant Aluminum alloy Conductors INVAR Reinforced)을 대체하여 송전용량을 증대시킬 수 있는 신소재 전선의 종류 및 구조와 특성을 설명하시오.

제 4 교시

※ 다음 문제 중 4문제를 선택하여 설명하시오. (각25점)

1. 가공배전선로의 무정전 공법 중 공사용개폐기 공법, 바이패스 케이블 공법, 이동용 변압기차 공법에 대하여 설명하시오.

2. 수력 발전설비의 수차(Water Turbine)에서 발생하는 공동현상(Cavitation Phenomena)과 화력 발전설비에서 발생하는 비등현상(Ebullition Phenomena)

을 정의하고, 상평형선도 (Typical Phase Diagram)를 이용하여 공통점과 차이점을 설명하시오.

3. 다음 그림과 같이 3상 교류 발전기의 b, c상이 단락했을 경우 흐르게 될 고장전류 및 각 상에 나타나는 전압을 구하시오.

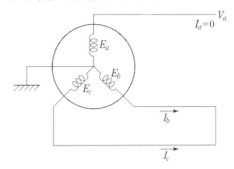

4. ESS(Energy Storage System)의 활용용도를 발전, 송·배전, 수용가 측면에서 설명하고, ESS 시장을 BTM(Behind the meter)과 FTM(In front of the meter)으로 구분하여 비교하시오.

5. 전압변동률 $\epsilon = p\cos\theta + q\sin\theta$ 가 됨을 증명하시오.
(단, p : %저항강하, q : %리액턴스강하)

6. 현재 국내에서 건설중인 500[kV] HVDC(High Voltage Direct Current) 가공 및 지중 송전선로의 개념에 대하여 설명하고, 지중송전선로 구간의 전력구 부대설비 구성에 대하여 설명하시오.

120회 발송배전기술사 출제문제

제1교시

※ 다음 문제 중 10문제를 선택하여 설명하시오. (각10점)

1. 배전선로 전압강하율 및 전압변동률에 대하여 설명하시오.

2. 허용 인체통과전류의 안전 한계에 대하여 설명하시오.

3. 애자의 건조섬락전압과 주수섬락전압에 대하여 설명하시오.

4. 표준 충격전압파형을 그리고, 파두장 및 파미장, 파두준도에 대하여 설명하시오.

5. 태양광 또는 풍력 등을 이용한 신재생에너지 발전과 관련된 아래의 약어를 설명하고, 약어 간의 연관사항을 설명하시오.
(1) RPS
(2) REC
(3) SMP
(4) (1)~(3) 약어 간의 연관사항

6. 전력계통의 안정도에서 동기화력(Synchronizing Power)을 설명하고, 1기 무한대 계통에서 전력-상차각을 이용한 안정도 판별에 대하여 설명하시오.

7. 화력발전기 운영 변동비의 대부분은 연료비이다. 가동단계별 전력생산비용 구성요소에 대하여 설명하시오.

8. 가공송전선로에서 전선벌어짐현상(Bird Cage)의 발생 원인과 원인별 방지대책을 설명하시오.

9. 수력발전에서 조압수조(Surge Tank)의 기능과 종류에 대하여 설명하시오.

10. 절연재료에 전압을 인가하여 어느 값에 도달하게 되면 급격하게 대전류가 흘러 도체와 같이 되는 현상을 절연파괴라고 한다. 다음 물음에 답하시오.
(1) 기체의 절연파괴를 파센의 법칙으로 설명하시오.
(2) 고체의 절연파괴를 열적 파괴와 전자적 파괴로 나눠서 설명하시오.

11. 태양광발전시스템에서 인버터의 단독운전 방지를 위한 수동적 검출 방식과 능동적 검출 방식에 대하여 설명하시오.

12. 수차의 공동현상(Cavitation) 발생원인 및 영향, 방지대책에 대하여 설명하시오.

13. 정격출력 240[MW] 수차발전기가 60[MW]의 출력으로 60[Hz] 전력계통에 접속되어 운전하고 있다. 계통의 주파수가 59.5[Hz]로 갑자기 낮아졌다면 이 발전기의 출력을 구하시오.(단, 이 수차발전기의 속도조정률은 4[%]이고 직선특성을 갖는다.)

제 2 교시

※ 다음 문제 중 4문제를 선택하여 설명하시오. (각25점)

1. 배전계통에 사용하는 보호기기의 다음 사항에 대하여 설명하시오.
  (1) T-C 특성곡선(Time-Current Characteristic Curve)
  (2) Pick-Up 배수
  (3) T-C 특성곡선과 Pick-Up 배수의 상호관계

2. 스마트그리드를 전력계통의 운영 측면과 산업적 측면에서 기존의 전력망과 비교하여 설명하시오.

3. 송전선로에서 발생하는 유도장해의 원인과 대책을 설명하시오.

4. 전력계통의 부하변동에 따른 다음 사항에 대하여 설명하시오.
  (1) 발전기의 출력 분담
  (2) 부하추종 예비력에 대하여 정의한 후 이것이 부족할 경우 전력생산비용의 상승 이유

5. 터빈 발전기의 가능 출력 곡선을 나타내고, 전압제어를 위한 무효전력 공급원으로서의 발전기를 설명하시오.

6. 화력발전소의 열효율 향상을 위한 열회수 장치의 종류를 나열하고, 설치 효과에 대하여 설명하시오.

제 3 교시

※ 다음 문제 중 4문제를 선택하여 설명하시오. (각25점)

1. 배전계통에서 플리커(Flicker)와 고조파의 원인 및 대책에 대하여 설명하시오.

2. 고압 및 저압 배전선로 구성방식과 특성에 대하여 각각 설명하시오.

3. 아래 사항에 대하여 설명하시오.

(1) 장거리 무부하 송전선을 시송전 할 경우 1상당 충전용량 크기

   (W_s : 1상당 충전용량, E_s, I_s : 송전전압, 전류, E_r, I_r : 수전전압, 전류)

(2) 1상분의 등가회로가 아래 그림과 같이 표현되는 무부하 지중 송전선로에 지금 $L = 20$[mH], $C = 50[\mu F]$ 일 때 이 선로의 수전단 전압은 송전단에 비해 몇 [%] 상승하는지 구하시오.(단, 전원의 주파수는 60[Hz]이다.)

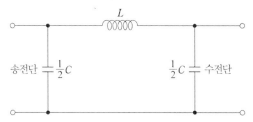

4. 동기조상기, 전력용콘덴서(Static Condenser), 분로리액터를 비교하여 설명하시오.

5. 수요관리(Demand Side Management)를 효율향상 측면과 부하관리 측면에서 설명하시오.

6. 최대출력 200[MW], 평균부하율 85[%]로 운전하고 있는 화력발전소가 있다. 이 발전소에서 15일간에 1.6×10^4[kL]의 중유를 소비하였다고 하면 이 발전소의 발전단 열효율 및 연료소비율은 각각 얼마인지 구하시오.(단, 중유의 발열량은 10000[kcal/L]라고 한다.)

제 4 교시

※ 다음 문제 중 4문제를 선택하여 설명하시오. (각25점)

1. 배전선로에서 역률개선에 따른 효과에 대하여 설명하시오.

2. 아래의 22.9[kV] 배전선로 보호장치 정정기준에 대하여 설명하시오.
   (1) 변전소 계전기(Relay)
   (2) 자동 재폐로차단기(Recloser)
   (3) 선로용 퓨즈(Fuse)

3. 수변전 설비에서 접지 설계 시 고려할 사항을 설명하시오.

4. 부하전류와 수전단전압과의 관계인 I–V곡선과 송전전력과 수전단전압과의 관계인 P–V곡선을 이용하여 안정운전영역과 최대 송전가능점을 표기하고 그 이유를 설명하시오.

5. 차단기의 트립(Trip) 방식은 제어전원에 따라 직류트립방식, 교류트립방식, CTD(Condenser Trip Device) 방식으로 나눌 수 있다. 각각의 트립방식을 회로도를 그려서 설명하시오.

6. 다음 그림과 같은 바깥반지름 R[m]과 안반지름 r[m]의 두 개의 동심 원통을 양전극 A, B로 하고 B를 접지해서 A, B 사이에 V[V]의 전압을 인가하면 A, B의 단위길이마다 각각 균등하게 $+q$[C/m], $-q$[C/m]의 전하가 생긴다. 이를 이용한 실제 송전선에서의 코로나 임계전압 E_0[kV]을 유도하고, 코로나 장해와 대책을 설명하시오. (단, 실제 송전선의 전선은 평행하고, $r \ll R$ 이다.)

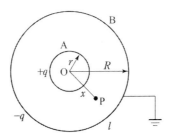

동심 원통 전극

121회 발송배전기술사 출제문제

제1교시

※ 다음 문제 중 10문제를 선택하여 설명하시오.(각10점)

1. 부유식(Floating) 해상 풍력발전 시스템의 형식을 분류하고, 장·단점을 설명하시오.

2. 석탄가스화발전소에서 연료열량을 Q_0, 가스터빈 입력열량을 Q_1, 가스터빈 출구열량을 Q_2, 증기터빈 입력열량을 Q_3, 증기터빈 출구 열량을 Q_4라고 할 때, 석탄가스화계의 효율까지 고려한 전체 열효율을 계산하시오.

3. 입축형 수차발전기의 추력 베어링 설치 위치에 따른 종류를 열거하고 설명하시오.

4. 최근 초전도 현상을 응용한 154[kV]급 초전도한류기가 계통에 운용되고 있다. 초전도체가 초전도 상태를 유지하기 위해서 필요한 3가지 임계값을 설명하시오.

5. 기본파에 3고조파가 유입된 경우 고조파에 의한 역률저하 현상을 수식으로 설명하시오. (단, 3고조파전류(I_3)는 기본파 전류(I_1)의 $I_3 = 0.36I_1$로 한다.)

6. 전력시장운영규칙에 따른 국내 풍력발전기의 순시전압 저하 시 유지성능에 대하여 설명하시오.

7. 태양광 발전량이 늘어나면서 나타날 수 있는 덕 커브(Duck Curve)현상에 대하여 설명하시오.

8. 고장파급방지장치(SPS : Special Protection System)에 의한 부하차단의 목적을 P-V곡선을 이용하여 간단히 설명하시오.

9. 배전 계통에 사용하는 스포트 네트워크 방식(Spot Network System)에 대해 간략하게 설명하고, 그 장·단점에 대하여 설명하시오.

10. 전압강하를 보상하기 위해 배전계통에서 사용하고 있는 전압조정 방법들에 대하여 설명하시오.

11. 단락 전류에 견딜 수 있는 고압케이블의 도체 단면적(최소치)을 구하기 위해 적용해야 할 사항을 설명하시오.

12. 계기용 변류기(Current Transformer)를 이용하여 영상전류를 얻기 위한 방법들의 회로도를 그리고 간단히 설명하시오.

13. 발전기의 여자설비를 제어하는 전력계통안정화장치(PSS : Power System Stabilizer)의 설치목적과 동작원리를 설명하시오.

제 2 교시

※ **다음 문제 중 4문제를 선택하여 설명하시오.(각 25점)**

1. 해수 염도차발전(SGE : Salinity Gradient Energy)에 대하여 설명하시오.

2. 전류형 초고압직류송전방식(HVDC)에서 다음 사항을 설명하시오.
   (1) Back to Back과 Point to Point 방식 비교
   (2) 전류실패(Commutation Failure) 현상
   (3) 필터(Filter) 설치 목적

3. 배전계통에서 사용하는 고압 차단기를 소호 매질에 따라 분류하고, 차단기별 동작 원리와 특징에 대하여 설명하시오.

4. 마이크로그리드의 정의, 특징, 기대효과, 구성요소에 대하여 설명하시오.

5. SSR(Sub Synchronous Resonance)에 대하여 다음 사항을 설명하시오.
   (1) 개념
   (2) 원인 및 문제점
   (3) 대책
   (4) 국내 발생 가능성

6. 절연레벨에 따른 절연방법을 설명하고, 우리나라 계통에서 저감절연 채택이 가능한 이유에 대하여 피뢰기 제한전압을 중심으로 설명하시오.

제 3 교시

※ 다음 문제 중 4문제를 선택하여 설명하시오.(각 25점)

1. 화력발전소의 스위치야드 송·수전 계통도를 그리고, 스위치야드의 형식 및 설치되는 변압기 특징을 설명하시오. (단, 송전용 스위치야드는 전압이 345[kV] 또는 154[kV]로 구성되고, 수전용 스위치야드는 154[kV]로 구성된다.)

2. 수차의 성능이나 특성을 나타내는 수차의 비속도(특유속도)에 대하여 다음 사항을 설명하시오.
   (1) 수차 종류에 따른 N_s(비속도)의 한계 값
   (2) 비속도와 낙차와의 관계
   (3) $N_s = N\dfrac{P^{1/2}}{H^{5/4}}$[m·kW]임을 증명

3. 전력계통 고장계산시 X/R Ratio가 나타내는 의미와 그 크기에 따라 보호기기 선정시 어떠한 영향이 나타나는지 설명하시오.

4. 배전계획은 전력회사가 배전계통 제반 업무와 자원 배분에 대한 최적의 스케줄을 찾아내는 중요한 의사결정절차라고 할 수 있다. 배전설비의 신설 및 보강 등을 위한 중장기 배전계획의 목적과 절차에 대하여 설명하시오.

5. 발전소나 변전소의 주접지망(Main Mesh) 설계 시 설계 순서를 나열하고, 그 내용을 설명하시오.

6. 유입변압기를 보호하기 위한 기계적 보호장치를 열거하고, 동작원리, 동작설정값 및 발생신호(경보, 트립)에 대하여 설명하시오.

제 4 교시

1. 다음 그림의 자기유지(Self Holding) 유접점 시퀀스회로를 무접점 논리회로로 바꾸고, 발전소에서 에너지절약 및 3상 유도전동기 돌입전류를 제한하기 위하여 적용되는 정지형(Soft Starter) 제어기와 가변속(VVVF) 제어기에 대하여 설명하시오.

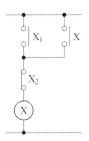

2. 전력계통의 절연은 이상전압의 크기에 의해 결정된다. 전력계통에서 발생하는 내·외부 이상전압의 원인을 열거하고 각각 설명하시오.

3. 고조파가 전력용 변압기에 미치는 영향과 대책에 대하여 설명하시오.

4. 배전손실은 배전용 변전소로부터 공급된 전력이 수용지점에 이르는 동안 발생하는 전기적 특성에 의한 손실(Technical Loss)과 전력량 관리상 손실(Non-Technical Loss)로 구분할 수 있다. 각 손실에 대한 발생요소와 해당 배전손실을 줄일 수 있는 방안에 대하여 설명하시오.

5. 계통운영시스템(EMS : Energy Management System)의 용어 중 다음사항에 대하여 설명하시오.
   (1) 조류계산의 목적과 각 모선에서의 기지값, 미지값
   (2) 상태추정(State Estimation)
   (3) 안전도제약경제급전(Security Constrained Economic Dispatch)

6. 우리나라 전력계통 운영의 문제점 중 다음 사항에 대한 원인 및 대책을 각각 설명하시오.
   (1) 고장전류 증가
   (2) 전압안정도 취약
   (3) 과도안정도 취약

122회 발송배전기술사 출제문제

제 1 교시

※ 다음 문제 중 10문제를 선택하여 설명하시오. (각10점)

1. 화력발전소에 사용되는 다음의 용어에 대하여 각각 설명하시오.
   (1) 증분연료비(Incremental Fuel Cost of Generation)
   (2) 등증분연료비 운전(Operation for Equal Incremental Fuel Cost)

2. 기력발전에 사용되는 추기 복수식 터빈과 추기 배압식 터빈에 대하여 각각 설명하시오.

3. 가변속 양수발전에 대하여 설명하시오.

4. AMI(Advanced Metering Infrastructure)연계 BTM(Behind The Meter) 서비스에 대하여 설명하시오.

5. 부하의 특성과 동작을 특정 짓는 부하모델 중 부하응답 모델에 대하여 설명하시오.

6. 직류조류계산법에 대하여 설명하시오.

7. 저압 뱅킹 배전방식에서 일어나는 캐스케이딩 현상을 설명하고, 그 대책에 대하여 설명하시오.

8. 직류 선로에서의 전압 강하율, 전압 변동율, 전력 손실율에 대하여 설명하시오.

9. 2기 계통에서 발전소 $P_{G1} = 149.7$ MW, 발전소 $P_{G2} = 167.7$ MW로 경제운용하고 있다. 발전소 P_{G2}의 증분 송전 손실이 0.1078 MW일 때의 발전소 P_{G1}의 페널티 계수(Penalty Factor)를 구하시오.

   (단, $\dfrac{dF_1}{dP_{G1}} = 2.0 + 0.04P_{G1}[10^3원/MWh]$, $\dfrac{dF_2}{dP_{G2}} = 3.0 + 0.03P_{G2}[10^3원/MWh]$ 이다.)

10. 변압기의 효율은 철손과 동손이 같아지는 부하일 때 최고 효율로 된다는 것을 증명하시오.

11. 송전선로의 선간전압을 2배로 높였을 경우 동일 전선, 동일전력, 동일손실 하에서의 송전거리는 어떻게 되는지 설명하시오.

12. 다음의 보호계전 관련 용어에 대하여 설명하시오.

   (1) 오차

   (2) 정동작

   (3) 정부동작

   (4) 오동작

   (5) 오부동작

   (6) 페일 세이프(Fail Safe)

13. 소호환(Arcing Ring) 또는 소호각(Arcing Horn)을 설치하는 이유를 설명하시오.

제 2 교시

※ 다음 문제 중 4문제를 선택하여 설명하시오. (각25점)

1. 직접접지계통, 고저항 접지계통, 비접지계통에서의 지락과전류계전기 결선 방법에 대하여 각각 설명하시오.

2. 전력설비 충전부에서의 Arc Flash 분석 및 평가절차, 경감대책에 대하여 각각 설명하시오.

3. 그림과 같은 4모선계통의 Y_{BUS} 행렬을 구하고, 중간에 있는 모선 ③을 소거하였을 때의 축약된 등가 Y_{BUS}^{eq} 를 구하시오. (단, 그림의 숫자는 단위법으로 나타낸 어드미턴스 값이다.)

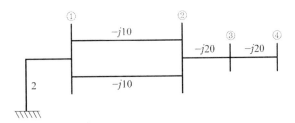

4. 전력계통에 접속하여 운전 중인 대용량 발전원이 전력계통으로부터 갑자기 탈락하는 경우에 나타나는 현상과 발·변전기기에 미치는 영향 및 정전범위 축소를 위한 대책에 대하여 설명하시오.

5. 어느 변전소에서 지상 역률 80%인 부하 6000kW에 전력을 공급하고 있었는데, 새로이 지상 역률 60%의 부하가 1200kW 더 늘어나게 되어서 콘덴서를 설치하고자 한다. 아래의 각 경우에 대하여 콘덴서 용량(kvar)을 구하시오.

   (1) 부하 증가 후 역률을 80%로 유지할 경우

   (2) 부하 증가 후 변전소의 용량(kVA)을 그대로 유지하고자 할 경우

   (3) 부하 증가 후 역률을 90%로 유지할 경우

6. 아래 그림과 같은 계통에서 기기의 A점에서 완전 지락이 발생하였을 경우

   (1) 이 기기의 외함에 인체가 접촉하고 있지 않을 경우 이 외함의 대지 전압은 몇 V로 되는지 구하시오.

   (2) 이 기기의 외함에 인체가 접촉하였을 경우 인체에는 몇 mA의 전류가 흐르는지 구하시오.

   (3) 인체 접촉 시 인체에 흐르는 전류를 10mA 이하로 하려면 기기의 외함에 시공된 접지 공사의 접지 저항 $R_3(\Omega)$의 값을 얼마의 것으로 바꾸어 주어야 하는지 구하시오.

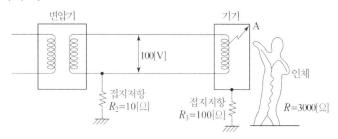

제 3 교시

※ 다음 문제 중 4문제를 선택하여 설명하시오. (각25점)

1. 발전기의 고정자 권선과 회전자 권선의 과부하 보호 방법에 대하여 각각 설명하시오.

2. 전력계통에서 주파수 변동은 전력의 변동과 밀접한 관계가 있다. 발전기 출력·부하전력의 주파수특성과 주파수 추종운전(Governor Free)에 대하여 설명하시오.

3. 전력계통에 연계되는 대규모 발전소의 절연협조(Insulation Coordination)에 대하여 설명하시오.

4. 발전기 가능 출력곡선에 대하여 설명하고 발전기의 운전한계를 결정하는 요인 중 열적제한 요인에 대하여 설명하시오.

5. 3φ3W식 및 3φ4W식 선로로 평형 3상 부하에 전력을 공급 시 선로 내의 손실비는 얼마인지 구하시오. (단, 선로의 길이와 전선의 총중량은 같고, 4선식의 경우 전력선과 중성선의 굵기는 동일함.)

6. 배전선로용 피뢰기의 성능 및 시험과 피뢰기 설치기준을 각각 설명하시오.

제 4 교시

※ 다음 문제 중 4문제를 선택하여 설명하시오. (각25점)

1. IGCC(Integrated Gasification Combined Cycle)와 IGFC(Integrated Gasification Fuel Cell Combined Cycle)에 대하여 설명하시오.

2. 전력계통의 안정도 향상 대책에 대하여 설명하시오.

3. 전력계통에서 철심포화 현상으로 발생하는 공진현상, 공진종류, 공진조건 및 대책을 각각 설명하시오.

4. 용량 100kVA, 6600/105V인 변압기의 철손이 1kW, 전부하 동손이 1.25kW이다. 이 변압기의 효율이 최고로 될 때의 부하는 몇 kW인지 구하고, 또 이 변압기가 무부하로 18시간, 역률 100%의 1/2 부하로 4시간, 역률 80%의 전부하로 2시간 운전된다고 할 때 이 변압기의 전일 효율을 구하시오. (단, 부하 전압은 일정하다.)

5. 교류단상 2선식 배전선로의 말단에 단일 부하가 집중되어 있을 경우 아래 사항에 대하여 설명하시오.
(1) 등가회로 및 벡터도(E_r를 기준벡터로)
(2) 전압강하와 전압강하율의 관계식 유도
(3) 부하전력과 무효전력을 사용하여 전압강하율 표현

6. 배전계통에서 발생하는 순시 전압강하에 대하여 설명하시오.

발송배전기술사 해설

발　　행 / 2020년 11월 13일

●

저　　자 / 김 세 동
펴 낸 이 / 정 창 희
펴 낸 곳 / 동일출판사
주　　소 / 서울시 강서구 곰달래로31길7 (2층)
전　　화 / (02) 2608-8250
팩　　스 / (02) 2608-8265
등록번호 / 제109-90-92166호

| 판 권 |
| 소 유 |

●

ISBN 978-89-381-1356-6　13560
값 / 55,000원